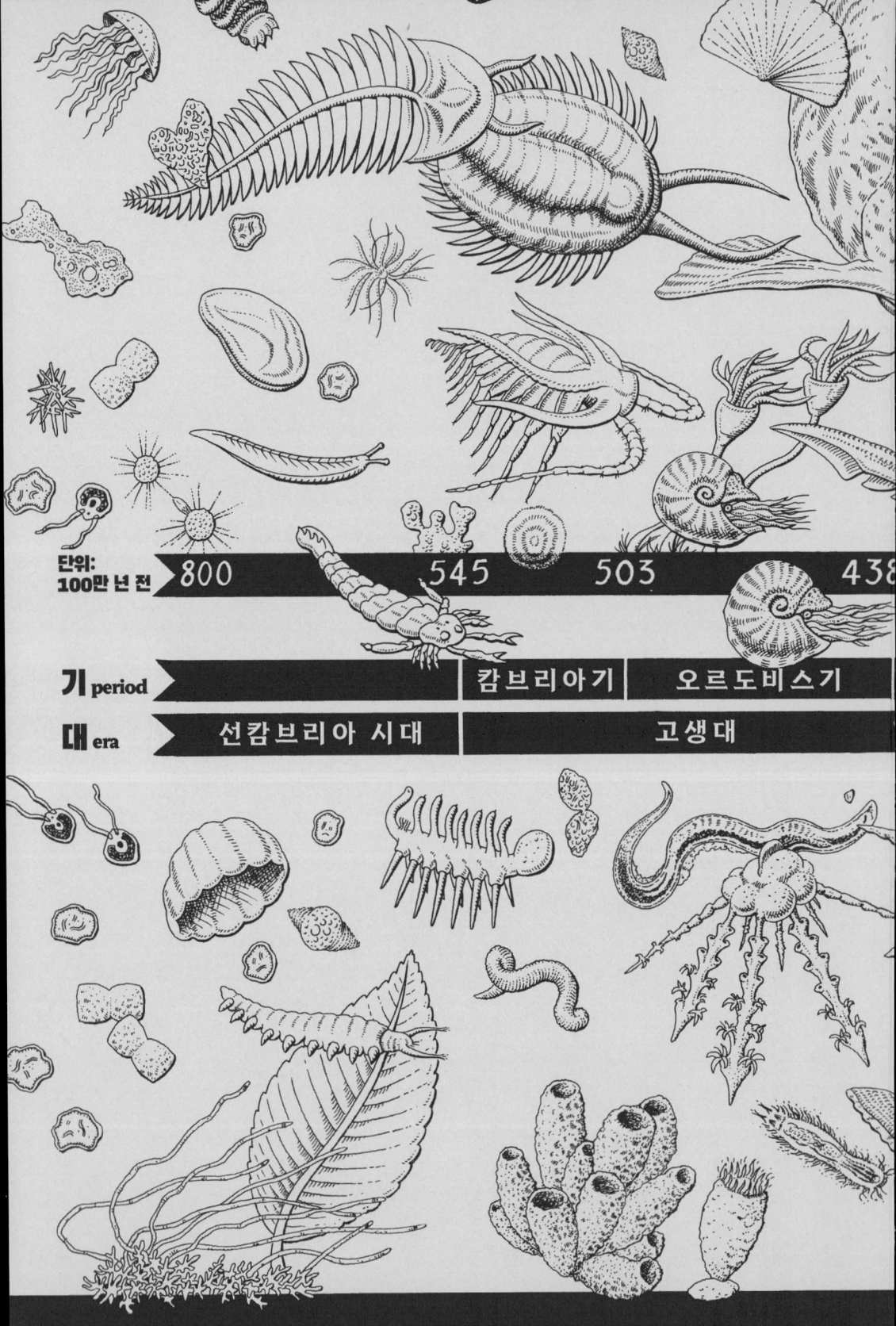

800		545	503	438

기 period

대 era

선캄브리아 시대	캄브리아기	오르도비스기
선캄브리아 시대	고생대	

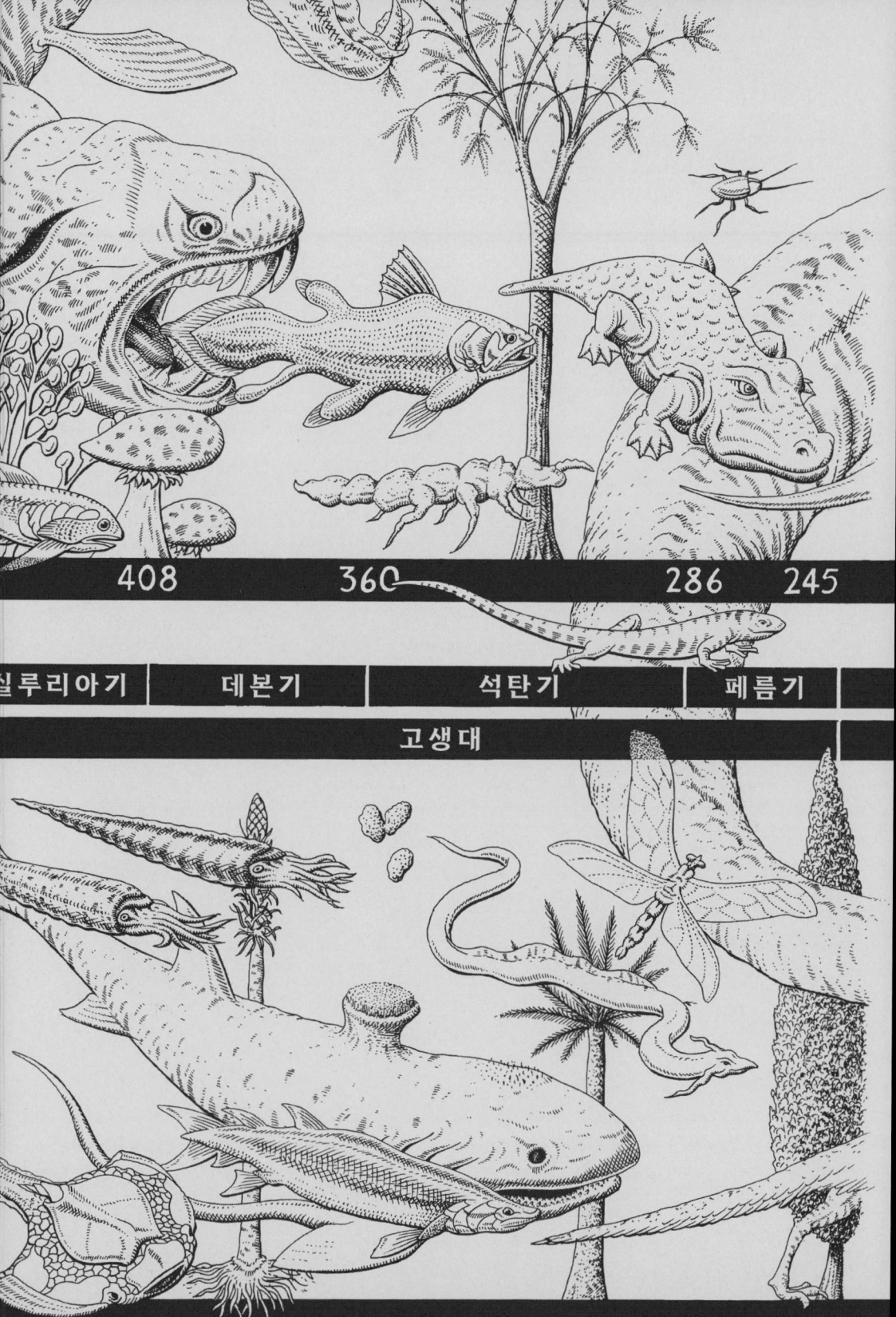

408 360 286 245

실루리아기 | 데본기 | 석탄기 | 페름기

고생대

거의 모든 것의 역사 2.0

거의 모든 것의 역사

2.0

A SHORT HISTORY OF NEARLY EVERYTHING

빌 브라이슨 | 이덕환 옮김

BILL BRYSON

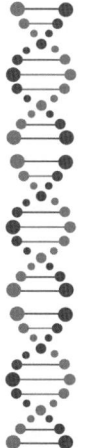

까치

A SHORT HISTORY OF NEARLY EVERYTHING 2.0

by Bill Bryson

역자 이덕환(李悳煥)

서울대학교 화학과 졸업(이학사), 서울대학교 대학원 화학과 졸업(이학석사), 미국 코넬 대학교 졸업(이학박사), 미국 프린스턴 대학교 연구원을 거쳐 서강대학교에서 34년 동안 이론화학과 과학커뮤니케이션을 가르치고 은퇴한 명예교수이다. 저서로는 『이덕환의 과학세상』 등이 있고, 옮긴 책으로는 『우리 몸을 만드는 원자의 역사』, 『지금 과학』, 『질병의 연금술』, 『화려한 화학의 시대』, 『같기도 하고 아니 같기도 하고』, 『아인슈타인 : 삶과 우주』, 『춤추는 술고래의 수학 이야기』 등 다수가 있으며, 대한민국 과학문화상(2004), 닮고 싶고 되고 싶은 과학기술인상(2006), 과학기술훈장웅비장(2008), 과학기자협회 과학과 소통상(2011), 옥조근정훈장(2019), 유미과학문화상(2020)을 수상했다.

거의 모든 것의 역사 2.0

저자 / 빌 브라이슨
역자 / 이덕환
발행처 / 까치글방
발행인 / 박후영
주소 / 서울시 용산구 서빙고로 67, 파크타워 103동 1003호
전화 / 02 · 735 · 8998, 736 · 7768
팩시밀리 / 02 · 723 · 4591
홈페이지 / www.kachibooks.co.kr
전자우편 / kachibooks@gmail.com
등록번호 / 1-528
등록일 / 1977. 8. 5
초판 1쇄 발행일 / 2003. 11. 30
개역판 1쇄 발행일 / 2020. 4. 10
제2판 1쇄 발행일 / 2026. 1. 5
3쇄 발행일 / 2026. 2. 5
값 / 뒤표지에 쓰여 있음
ISBN 978-89-7291-888-2 03400

조니, 잔테, 크리스에게
그리고 존 데이비드슨을 기리며

일러두기

본문에 나오는 각주에서 †는 저자의 주이고, *는 역자의 주이다.

차례

어느 날 물리학자 레오 실라르드가
친구 한스 베테에게 일기를 쓰고 싶다면서
"책으로 공개하지는 않겠지만, 그저 하느님을 위해서
진실을 기록할 생각이네"라고 말했다.
"하느님께서는 모든 진실을 알고 계시지 않겠나?"라는
베테의 물음에 실라르드는
"물론 그분은 진실을 알고 계시겠지만,
내가 그 진실을 어떻게 이해하고 있는지는
모르실 걸세"라고 대답했다.

— 한스 크리스천 폰 베이어, 『원자 길들이기*Taming the Atom*』

서론

환영하고 축하한다! 당신이 여기까지 올 수 있었다는 것이 나에게는 큰 기쁨이다. 나는 당신이 이곳까지 오기가 쉽지 않았다는 사실을 잘 알고 있다. 실제로 그 일은 당신이 생각하는 것보다 훨씬 더 어려웠을 것이다.

우선, 당신이 지금 이곳에 존재하기 위해서는 각자 떠돌아다니던 엄청나게 많은 수의 원자들이 놀라울 정도로 협력적이고 정교한 방법으로 배열되어야 했다. 너무나도 특별하고 독특한, 전무후무한 배열이다. 그 작은 입자들이 앞으로 오랫동안 아무 불평 없이 정교하고 협동적인 노력으로 당신의 몸을 유지하도록 해줄 것이고, 그런 노력의 가치를 인정받지 못하더라도 우리에게 귀중한 삶을 경험하도록 해줄 것이다.

원자가 그런 수고를 마다하지 않는 이유는 수수께끼이다. 원자 수준에서 보면, 당신의 존재 자체는 조금도 감사할 것이 못 된다. 당신의 원자가 헌신적으로 노력하지만, 사실 원자는 당신에게 아무런 관심이 없을 뿐만 아니라 당신이 존재한다는 사실도 인식하지 못한다. 자신이 그곳에 있다는 사실조차 모른다. 어쨌든 원자는 마음을 가지고 있지도 않고, 그들 스스로가 살아 있는 것도 아니다(다소 인상적인 상상이기는 하지만, 만약 족집게로 당신의 몸에서 원자를 하나씩 떼어내면 미세한 원자 먼지 더미가 생길 것이다. 그 원자들은 당신의 일부였지만, 실제로 한순간도 살아 있었던 적이 없었다).

그런데도 원자 모두가 당신이 존재하는 동안에는 무엇보다 소중한 단 하나의 목표를 위해서 노력할 것이다. 당신을 살아 있게 만드는 것이 바로 그 목표이다.

그렇지만 원자는 아주 변덕스럽다. 실제로 원자가 당신을 위해서 헌신하는 기간은 아주 잠깐에 불과하다. 정말 찰나에 지나지 않는다. 사람의 일생은 대략 70만 시간 정도에 지나지 않는다. 알 수 없는 이유로, 적당한 순간이 지나가거나 아니면 그에 가까운 순간에 당신의 원자는 당신의 존재를 마감하고 조용히 떨어져 나와서 다른 곳으로 달아날 것이다. 그것으로 원자와 당신과의 관계도 끝이다.

그렇지만 당신은 그런 일이 일어난다는 사실 자체에 감사해야 할 것이다. 우리가 알고 있는 한, 일반적으로 우주에서는 그런 일이 일어나지 않는다. 지구에서는 기꺼이 모여들어서 생명체를 만들어내는 똑같은 원자가 우주의 다른 곳에서는 그렇게 하지 않는다는 것은 정말 이상한 일이다. 다른 의미가 있는지는 모르겠지만, 화학적으로 볼 때 생명체는 놀라울 정도로 평범하다. 당신은 물론이고 다른 생명체를 만들기 위해서는 오로지 탄소, 수소, 산소, 질소와 약간의 칼슘, 소량의 황, 그리고 다른 평범한 원소가 조금씩만 있으면 된다. 동네 약국에서 찾지 못할 것은 하나도 없다. 당신을 구성하는 원자의 경우에, 유일하게 특별한 점은 그것이 당신을 구성하고 있다는 사실뿐이다. 물론 그것이 바로 생명의 기적이다.

원자가 없으면, 물이나 공기나 바위도 있을 수 없고, 별(항성)이나 행성도 있을 수 없으며, 저 먼 곳에 있는 성간 물질이나 휘도는 성운도 존재할 수 없다. 우리의 우주를 물질적으로 유용하게 만들어주는 모든 것이 원자로 구성되어 있다. 원자는 너무나 흔하면서도 꼭 필요한 것이어서 우리는 원자가 실제로 존재할 필요가 없다는 사실조차 간과하는 경우가 많다. 우주가 반드시 작은 입자들로 가득 채워져야 할 이유나, 우리 존재의 바탕이 되는 빛과 중력을 비롯한 물리적 성질을 가져야 할 이유는 없다. 사실은 우주 자체가 존재해야 할 이유가 없다. 실제로 우주는 아주 오랫동안 존재하지 않았다. 그 동안에는 원자도 없었고, 원자가 떠돌아다닐 공간도 없었다. 세상에는 아무것도, 정말 아무것도 없었다.

그래서 우리는 원자에게 감사해야 한다. 당신이 지금 존재하는 것은 원자가 존재하고 그 원자가 그렇게 배열되어 있다는 사실 덕분이다. 21세기를 살고 있는 당신이 그런 사실을 인식하는 지능을 가지게 된 것은 놀라운 생물학적 행운이다. 지구에서 생존한다는 것은 놀라울 정도로 까다로운 일이다. 태초부터 지금까지 지구에 존재했던 수십억의 수십억에 이르는 생물종 중에서 99.99퍼센트는 더 이상 우리와 함께 있지 않다. 이미 알고 있듯이, 지구에서의 삶은 찰나에 불과하고 놀라울 정도로 하찮다. 생명을 탄생시키는 일도 잘 하지만 멸종시키는 일에도 능숙한 지구에 우리가 살고 있다는 사실은 우리 존재의 진기한 특징이다.

지구상에 탄생한 생물종은 평균 100만 년에서 400만 년 정도 존재한다. 그러므로 당신이 수십억 년 동안 존재하고 싶다면 원자처럼 변덕스러워야 한다. 당신의 모습, 크기, 색깔, 다른 생물종과의 관계 등을 비롯한 모든 것을 수시로 바꿀 각오를 해야 하고, 반복적으로 그렇게 해야 한다. 그런 변화의 과정은 마구잡이로 일어나기 때문에 그런 일이 말처럼 쉽지는 않다. (길버트와 설리번의 오페레타 가사에 나오듯이) "원시적인 원형질의 원자 덩어리"가 지능을 가진 현대의 직립 인간으로 발전하기 위해서는 놀라울 정도로 오랜 기간에 걸쳐서 적절한 시기에 반복적으로 돌연변이가 일어나서 새로운 종으로 변해야 했다. 그래서 지난 38억 년 동안 당신은 산소를 싫어하기도 했고 좋아하기도 했으며, 지느러미와 팔다리와 멋진 날개를 기르기도 했고, 알을 낳기도 했으며, 혀를 날름거리기도 했고, 몸이 매끄럽기도 했고 털을 기르기도 했으며, 땅속에서 살기도 했고 나무 위에서 살기도 했으며, 사슴처럼 크거나 쥐처럼 작기도 했다. 그런 진화의 길에서 아주 조금만 벗어났더라도 당신은 지금 조류藻類처럼 동굴 벽에 붙어서 살거나, 바다코끼리처럼 자갈 해변에서 빈둥거리거나, 아니면 수심 20미터 물속에 사는 맛있는 갯지렁이를 잡아먹기 위해서 잠수하려고 머리 위의 숨구멍으로 공기를 뱉어내고 있을 것이다.

당신이 아주 오래 전부터 적절한 진화의 길을 따라오게 된 것도 행운이었지만, 당신의 가정에서 태어날 수 있었던 것도 역시 기적이었다. 지구에 산이나 강이나 바다가 생기기 훨씬 전이었던 38억 년 전부터, 당신의 친가와 외가의 조상들이 한 사람도 빠짐없이 모두 짝을 찾을 수 있을 정도로 매력적이었고, 자손을 낳을 수 있을 정도로 건강하게 오래 살 수 있었던 운명과 환경을 누렸다는 사실은 정말 놀라운 일이다. 당신의 조상 중에서 어느 누구도 싸우거나 병에 걸리거나 물에 빠지거나 굶거나 길을 잃고 헤매지도 않았고, 방탕에 빠지거나 부상을 당하지도 않았고, 적절한 순간에 적절한 짝에게 아주 적은 양의 유전물질을 전해주어 결국은 놀랍게도 아주 짧은 순간이기는 하지만 당신을 존재하도록 해주는 유일한 유전자 조합을 만드는 일까지도 외면하지 않았다.

이 책은 그런 일이 도대체 어떻게 일어났는지에 대한 것이다. 특히 아무것도 없었던 곳에서 무엇인가가 존재하는 곳까지 어떻게 오게 되었고, 아주 조금에 불과했던 그 무엇이 어떻게 우리로 바뀌었으며, 그 사이와 그 이후에 무슨 일이 일어났는지에 대해서도 살펴볼 것이다. 물론 그런 일은 너무나도 방대해서 이 책의 제목을 감히 『거의 모든 것의 역사』라고 붙였다. 실제로 모든 것의 역사를 살펴볼 수는 없겠지만, 운이 따른다면 이 책을 읽고 나서 그렇게 느낄 수도 있을 것이다.

내가 이 책을 쓰게 된 개인적인 동기는 초등학교에서 배운 과학 교과서 때문이었다. 초라하고 가까이하고 싶지 않으며 놀라울 정도로 두꺼운 1950년대의 전형적인 교과서였지만, 첫 부분에 나의 눈을 사로잡은 그림이 있었다. 큰 칼로 지구의 4분의 1을 잘라낸 단면을 그린 그림이었다.

그전에 그런 그림을 본 적이 없었다고 믿기는 어렵지만, 내가 정신이 팔렸다는 사실이 선명하게 기억나는 것을 보면 정말 그랬던 모양이다. 솔직히 처음 내가 관심을 가졌던 이유는 미국 평원에서 아무 생각 없이 동쪽으로 달리는 운전자가 갑자기 중앙아메리카와 북극을 가로지르는 6,400킬로미터 높이의 절벽에서 떨어지지는 않을까 하는 걱정 때문이었다. 그후 점차 나의 관심은 학구적으로 바뀌어서, 그 그림의 과학적 의미를 이해하게 되었다. 즉 지구가 불연속적인 층으로 이루어져 있고, 그 중심에는 철과 니켈이 태양 표면과 같은 정도의 온도로 뜨겁게 녹아 있다는 사실을 이해하게 되었다. 내가 그림의 설명을 보고 "어떻게 그런 사실을 **알아냈을까?**" 하고 경이로워했던 생각이 난다.

당시에는 그 정보의 정확성을 조금도 의심하지 않았다. 지금도 나는 외과 의사나 배관공처럼 남들이 알기 어려운 특별한 지식이 있는 사람을 신뢰하는 것과 마찬가지로 과학자의 주장을 믿고 싶어한다. 그렇지만 나는 어떻게 우리가 수천 킬로미터 밑의 땅속에 대해서 알아낼 수 있는지를 전혀 이해하지 못한다. 눈으로 본 적도 없고 X선이 통과할 수도 없는 지구의 내부가 어떻게 생겼고, 무엇으로 구성되어 있는지를 어떻게 알아낼 수 있을까? 나에게는 기적과도 같은 일이었다. 그것이 그때부터 과학에 대한 나의 생각이었다. 한껏 들뜬 나는 그날 밤 그 책을 집으로 가지고 와서 저녁을 먹기 전에 펼쳐보았다. 그런 모습을 보신 어머니가 나의 이마를 짚어보면서 어디 아프지 않으냐고 물어볼 것이라는 기대는 어긋나버렸지만, 나는 첫 쪽부터 책을 읽기 시작했다.

그런데 문제가 생겼다. 그 책이 전혀 흥미롭지 않았다는 것이다. 사실은 전혀 이해할 수 없었다. 무엇보다도 그 책에서는 보통 학생이 떠올릴 수 있는 의문에 대한 답을 찾을 수 없었다. 어떻게 지구 속에 뜨거운 태양이 존재하게 되었을까? 땅속에서 태양과 같은 것이 불타고 있다면, 왜 발밑의 땅은 뜨겁지 않을까? 내부의 다른 물질은 왜 녹아버리지 않을까? 아니면 녹고 있는 것일까? 그리고 속이 모두 타버리고 나면, 지구는 텅 빈 공간으로 꺼져

들어가고, 표면에는 큰 구멍이 생기게 될까? 그런 사실을 어떻게 알아낼까? 도대체 어떻게 알아냈을까?

그러나 그 책의 저자는 그런 자세한 문제에 대해서는 이상할 정도로 침묵했다. 사실은 배사구조背斜構造, 향사구조向斜構造, 축성단층軸性斷層과 같은 전문용어를 제외한 다른 모든 것에 대해서는 완전히 침묵해버렸다. 마치 저자가 냉정할 정도로 모든 것을 비밀로 감춰두면 심오해 보일 것이라고 믿은 모양이었다. 세월이 흐르면서 나는 그것이 나만의 생각은 아니라는 사실을 깨닫기 시작했다. 교과서의 저자는 자신이 설명하는 내용을 결코 흥미롭게 만들어서는 안 된다는 비밀스러운 약속을 한 것 같았다.

오늘날 나는 명쾌하고 감탄할 만한 수준의 글솜씨를 자랑하는 과학 저술가들이 많다는 사실을 알고 있다. 알파벳 중의 하나인 F만 선택하더라도 티머시 페리스, 리처드 포티, 팀 플래너리 세 사람이 떠오른다(이미 작고했지만 신화와 같았던 리처드 파인먼은 말할 필요도 없다). 그러나 불행히도 그들 중 어느 누구도 내가 배웠던 교과서를 저술하지 않았다.

내가 배웠던 모든 교과서는 모든 것을 수식으로 표현하면 명백해진다는 재미있는 생각을 가지고 있고 자신이 어린 시절에 심사숙고했던 문제를 설명해주면 미국의 어린이들이 고마워하리라는 잘못된 믿음을 가진 남성들이 만든 것이었다. 그래서 나는 과학은 엄청나게 재미없다고 생각하면서 자랐다. 한편으로는 반드시 재미없을 필요는 없다고 생각하기도 했지만, 가능하다면 과학에 대해서는 생각하지 않게 되었다. 그것 역시 한동안 과학에 대한 나의 입장이었다.

세월이 많이 흘러 성인이 된 후에 나는 태평양을 가로지르는 비행기에서 달빛이 비치는 바다를 무심하게 바라보고 있었다. 불현듯 내가 살고 있는 유일한 행성에 대해서 나 자신이 그야말로 아무것도 알지 못한다는 불편한 생각이 들기 시작했다. 예를 들면 오대호의 물과는 다르게 바닷물에서는 왜 짠맛이 나는지 몰랐다. 전혀 알 수가 없었다. 세월이 흐르면 바닷물의 염도

鹽度가 높아지거나 낮아지는지도 몰랐지만, 바닷물의 염도가 과연 관심의 대상이 될 수 있는지조차 알지 못했다(다행스럽게도 1970년대 말까지는 과학자들 역시 그런 의문들에 대한 답을 알지 못했다. 그들은 그저 그런 문제들에 대해서 큰 소리로 이야기하지 않았을 뿐이다).

물론 바닷물의 염도는 내가 알지 못했던 많은 것의 극히 일부분에 불과했다. 나는 양성자가 무엇이고 단백질이 무엇인지 몰랐고, 쿼크quark와 준성準星, quasar을 구별하지도 못했으며, 협곡의 바위층이 얼마나 오래되었는지를 지질학자가 어떻게 알아내는지도 몰랐다. 사실은 아는 것이 거의 없었다. 나는 그런 문제는 물론이고, 사람들이 그런 사실을 어떻게 밝혀내는지를 조금이라도 이해하고 싶다는, 조용하지만 예사롭지 않은 충동에 사로잡히기 시작했다. 내가 가지고 있던 관심 중에 가장 흥미로운 것이 바로 과학자가 어떻게 문제를 해결하는지의 문제였다. 지구가 얼마나 무겁고, 바위가 얼마나 오래되었고, 지구의 중심에는 무엇이 있는지를 과연 어떻게 알아낼까? 우주는 언제 어떻게 시작되었고, 우주가 처음 시작되었을 때에는 어떤 모습이었는지를 어떻게 이해할까?

원자의 내부에서 일어나는 일을 어떻게 알아낼까? 그리고 가능하다면, 아니 무엇보다도, 거의 모든 것에 대해서 알고 있는 것처럼 보이는 과학자들이 왜 지진을 예측하지 못하고, 다음 수요일 경기에 우산을 가지고 가야 하는지를 말해주지 못할까?

그래서 나는 인생의 일부를 책과 잡지를 읽는 데에, 그리고 놀라울 정도로 어설픈 질문에 대답해줄 고상하고 인내심을 가진 전문가를 찾아내는 데에 쓰기로 했다. 그 일에 모두 합쳐서 거의 5년이 걸렸다. 과학의 신비로움과 성과에 대해서 너무 기술적이거나 어렵지도 않고, 그러면서도 피상적인 수준을 넘어서서 이해하고 동감할 수 있는 글을 쓸 수는 없는지 확인해보고 싶었다.

그것이 바로 나의 생각이었고 희망이었다. 이 책은 바로 그런 목적으로 쓴

것이다. 어쨌든 우리에게는 다루어야 할 주제가 엄청나게 많고 주어진 시간
은 70만 시간이 채 되지 않으니, 이제 시작해보자.

제1부

우주에서
잊혀진 것

모든 행성은 같은 평면에 있다.
모든 행성은 같은 방향으로 회전한다.……
알다시피 그것은 완벽하다. 찬란하다.
신비롭기도 하다.

—천문학자 제프리 마시의
태양계에 대한 설명

제1장

우주의 출발

아무리 갖은 애를 써도, 당신은 양성자陽性子, proton가 얼마나 작고 공간적으로 얼마나 하찮은지 제대로 이해할 수 없을 것이다. 양성자가 그저 너무나도 작기 때문이다.

양성자는 물론 그 자체가 비현실적인 것으로, 원자의 아주 작은 일부분이다. 양성자는 알파벳 i의 점에 해당하는 공간에 100해垓 개가 들어갈 수 있을 정도로 작다. 그러니까 최소한으로 말하더라도, 양성자는 지나칠 정도로 작은 것이다.

물론 불가능한 일이지만, 만약 그런 양성자를 10억 분의 1 정도의 부피로 축소할 수 있다고 생각해보자. 그렇게 하면 원래의 양성자는 거대한 덩어리로 보이게 될 것이다. 이제 그렇게 작고 작은 공간 속에 어떻게 해서든지 대략 30그램 정도의 물질을 채워넣는다고 상상해보자. 훌륭하다. 이제 우주를 만들 준비가 된 셈이다. 나는 물론 당신도 팽창하는 우주를 만들고 싶어할 것이라고 가정한다. 만약 그 대신에 더 오래된 표준 빅뱅Big Bang 이론에 따른 우주를 만들고 싶다면 더 많은 물질이 필요하다. 사실은 우주가 시작된 후로 지금까지 존재했던 모든 티끌과 물질을 구성하는 입자들을 모은 후에, 그것들을 너무나도 작아서 그 크기를 말할 수도 없는 작은 공간에 전부 집어넣어야 한다. 그런 상태는 특이점特異點, singularity이라고 알려져 있다.

어떤 경우든, 정말 빅뱅(대폭발)에 대한 준비를 하자. 물론 당신은 안전한 곳에서 눈앞에 펼쳐지는 장관을 보고 싶을 것이다. 그러나 불행하게도 특이점 바깥에는 아무것도 없어서 안전하게 몸을 피할 곳이 없다. 우주가 팽창하기 시작한다고 해서, 비어 있던 공간을 채우게 되는 것이 아니다. 폭발이 일어나면서 만들어지는 공간만이 존재할 뿐이다.

그런 특이점을 어둠에 잠긴 끝없는 허공 속에서 잉태한 점으로 나타내고 싶겠지만, 그런 표현은 틀린 것이다. 그런 공간도 없고, 그런 어둠도 없다. 특이점에는 그것을 둘러싸고 있는 주위가 없다. 특이점은 공간을 차지하지도 않고, 존재할 곳도 없다. 그런 특이점이 얼마나 오랫동안 존재했는지를 물어볼 수도 없다. 돌연 좋은 생각이 떠오르듯 갑자기 존재하게 되었는지, 아니면 적절한 순간을 기다리면서 영원히 그곳에 있었는지도 알 수가 없다. 시간이라는 것도 존재하지 않는다. 특이점이 출현할 수 있는 과거도 없다.

즉 우리의 우주는 아무것도 없는 그야말로 무無에서부터 시작되었다.

특이점은 어떤 말로도 표현할 수 없을 정도로 짧고 광대한 영광의 순간에 단 한 번의 찬란한 맥박에 의해서 상상을 넘어서는 거룩한 크기로 팽창한다. 격동하던 최초의 1초 동안에 물리학을 지배하는 중력과 다른 모든 힘이 생겨난다(우주론 학자들은 그 최초의 1초를 더욱 자세한 조각으로 나누어 분석하는 일에 평생을 바칠 것이다). 1분도 지나지 않아서 우주의 지름은 수천조 킬로미터에 이르게 되지만, 여전히 빠른 속도로 팽창을 계속한다. 이제 온도가 100억 도에 이를 정도로 뜨거워져서 원자핵 반응을 통해 가벼운 원소들이 만들어진다. 주로 수소와 헬륨 그리고 (1억 개 중 1개 정도의) 리튬이 생겨난다. 최초의 3분 동안에 우주에 존재하거나 존재하게 될 모든 물질의 98퍼센트가 생성된다. 이제 정말 우리의 우주가 만들어진 것이다. 우주에는 가장 신비스럽고 훌륭한 가능성이 존재하고, 아름답기도 하다. 그런 모든 일이 샌드위치를 만들 정도의 짧은 시간에 완성되었다.

지극히 최근까지도 우주론 학자들은 창조의 순간이 100억 년 전 혹은 200억 년 전이었는지, 아니면 그 중간이었는지에 대해서 논쟁을 벌여왔다. 그러나 2003년에 윌킨슨 마이크로파 비등방 탐사선Wilkinson Microwave Anisotropy Probe이라는 놀라울 정도로 괴짜 같은 이름의 NASA 우주선으로부터 얻은 자료를 이용해서 우주의 나이를 137억7,000만 년으로 확실하게 밝혀냈다. 불확실성 범위는 고작 0.4퍼센트이다.

물론 지금도 우리는 모르는 것이 엄청나게 많고, 우리가 알고 있다고 여기는 것 중에도 사실은 모르거나, 또는 안다고 잘못 생각하는 것도 많다. 심지어 빅뱅의 개념조차도 아주 최근에 알아낸 것이다. 빅뱅의 개념은 1920년대에 벨기에의 성직자이면서 과학자였던 조르주 르메트르가 별다른 근거 없이 제안했을 때부터 떠돌았지만, 천체물리학에서 본격적으로 받아들이기 시작한 것은 1960년대 중반에 두 젊은 전파천문학자의 비상하면서도 우연한 발견 때문이었다.

그들이 바로 아노 펜지어스와 로버트 윌슨이었다. 1964년 그들은 뉴 저지 주의 홈델에 있는 벨 연구소 소유의 대형 통신 안테나를 활용하는 방법을 찾고 있었지만, 끊임없이 들려오는 잡음 때문에 실험을 수행할 수 없어서 고민하고 있었다. 난방용 스팀 파이프에서 나는 것과 같은 고른 잡음 때문에 실험이 불가능했다. 그 잡음은 끊임없이 들려왔고, 일정한 곳에서 오는 것도 아니었다. 하늘의 어느 쪽에서나 똑같이 들렸고, 밤과 낮, 계절에도 상관이 없었다. 1년 동안 두 젊은 천문학자는 그 잡음의 원인을 찾아내서 제거하려고 노력했다. 그들은 모든 전기 회로를 점검했다. 측정기구를 새로 만들면서 회로와 구부러진 전깃줄과 먼지 묻은 플러그까지 모두 점검했다. 접시 안테나에 올라가 이음새와 나사못에 절연 테이프를 붙여보기도 했다. 빗자루를 들고 올라가서, 훗날 논문에 "흰색의 유전誘電물질"이라고 표현했지만 더 상식적으로는 새똥이라고 부르는 것까지도 조심스럽게 쓸어냈다. 그래도 아무 소용이 없었다.

당시 두 사람은 전혀 모르고 있었지만, 그곳에서 겨우 50킬로미터 떨어진 프린스턴 대학교에서는 로버트 디키의 연구진이 반대로 두 사람이 없애려고 애쓰던 바로 그 잡음을 찾아내고자 혈안이 되어 있었다. 프린스턴 대학교의 과학자들은 러시아 태생의 천체물리학자 조지 가모브가 1940년대에 제안했던 주장을 확인하려고 애쓰고 있었다. 가모브는 우주를 자세히 살펴보면 빅뱅으로부터 남은 우주 배경 복사宇宙背景輻射, cosmic background radiation를 발견할 수 있을 것이라고 주장했다. 가모브는 계산을 통해서 그런 빛이 광활한 우주를 가로질러 지구에 도달하면 마이크로파가 될 것이라고 예측했다. 그는 그후에 발표한 논문에서 그런 실험에 사용할 수 있는 기구를 추천하기도 했다. 홈델에 있던 벨 안테나가 바로 그런 것이었다. 불행히도 펜지어스와 윌슨은 물론이고, 프린스턴 대학교의 과학자들 중에도 가모브의 바로 그 논문을 읽어본 사람이 아무도 없었다.

펜지어스와 윌슨을 괴롭히던 잡음이 바로 가모브가 추측했던 그것이었다. 실제로 두 사람은 대략 150조 킬로미터의 10억 배나 떨어진 곳에 있는 우주의 경계 또는 그 경계로 보이는 부분을 발견했던 것이다. 다시 말해서 그들은 우주에서 가장 오래된 빛, 즉 최초의 광자光子, photon를 "본" 셈이었다. 물론 가모브가 예언했던 것처럼, 그 빛은 오랫동안 먼 거리를 여행하면서 마이크로파로 바뀌어 있었다. 앨런 구스는 자신의 책 『인플레이션 우주론The Inflationary Universe』에서 이 발견의 의미를 이해하는 데에 도움이 될 비유를 제시했다. 만약 우주의 과거를 들여다보는 일을 엠파이어스테이트 빌딩의 100층에서 아래쪽을 내려다보는 것에 비유한다면(즉 100층은 현재를 나타내고, 건물의 바닥은 빅뱅이 일어난 시점을 나타낸다), 윌슨과 펜지어스의 발견이 이루어지던 당시에 사람들이 본 은하 중에서 가장 멀리 있는 것은 대략 60층 정도에 있고, 가장 멀리 떨어진 준성準星*은 20층 정도

---

* 중심의 작은 영역에서 엄청난 양의 에너지를 방출하기 때문에 100억 광년 이상의 거리에서도 관측되는 항성체.

에 있는 셈이었다. 그런데 펜지어스와 윌슨의 발견은 우리가 길바닥에서 1 센티미터 정도까지 볼 수 있도록 우리의 시야를 넓혀준 셈이었다.

　여전히 그런 잡음이 생기는 이유를 알아내지 못했던 윌슨과 펜지어스는 어느 날 프린스턴 대학교의 디키에게 전화를 걸어서 자신들의 문제를 설명하고, 도움을 줄 수 있는지를 물어보았다. 디키는 즉시 두 젊은이가 무엇을 발견했는지를 알아차렸다. "학생들, 모든 게 끝나버렸네." 전화를 마친 디키는 학생들에게 그렇게 한탄했다. 곧바로 「천체물리학 저널Astrophysical Journal」에 두 편의 논문이 발표되었다. 자신들이 경험한 잡음을 설명한 펜지어스와 윌슨의 논문과 그 정체를 규명한 디키 연구진의 논문이었다. 펜지어스와 윌슨은 우주 배경 복사를 찾고 있지도 않았고, 처음에는 그것이 무엇인지도 몰랐으며, 그것을 설명하거나 해석하는 논문을 발표한 적도 없었지만, 1978년에 노벨 물리학상을 받았다. 프린스턴 대학교의 과학자들은 동정을 받았을 뿐이다. 데니스 오버바이가 쓴 『우주의 고독Lonely Hearts of the Cosmos』에 따르면, 펜지어스와 윌슨은 「뉴욕 타임스New York Times」의 기사를 읽고 나서야 자신들의 발견이 얼마나 중요한 것인지를 깨달았다고 한다.

　그런데 우리도 우주 배경 복사 때문에 생기는 잡음을 언제나 경험한다. 텔레비전 방송이 없는 채널에서 보이는 무질서하게 물결치는 무늬 중에서 약 1퍼센트 정도는 오래 전에 일어났던 빅뱅의 잔재 때문에 생기는 것이다. 다음에 그런 화면을 보면 우주의 탄생 모습을 보고 있다는 사실을 기억하기 바란다.

모두가 빅뱅이라고 부르기는 하지만, 그것이 일반적으로 우리가 생각하는 폭발과는 다르다는 사실을 잘 설명해주는 책도 많다. 빅뱅은 엄청난 규모의 거대하고 갑작스러운 팽창에 더 가깝다. 그렇다면 그런 일이 일어난 이유는 무엇일까?

　한 가지 설명은 어쩌면 그런 특이점이 그 이전에 존재했던 우주가 수축되어 만들어졌다는 것이다. 즉 우주는 산소 공급기의 고무 주머니처럼 팽창하고 수축하는 순환 과정을 영원히 반복한다는 것이다. 한편 빅뱅이 "가짜 진공", "스칼라 장場" 또는 "진공 에너지"라고 부르는 어떤 것 때문에 일어났다는 주장도 있다. 아무것도 없는 없음[無]의 세계에 불안정성이 나타나도록 해주는 무엇인가 때문이라는 말이다. 없음에서 있음[有]이 생겨난다는 것이 불가능한 일처럼 보이지만, 한때는 없음의 세계였던 곳에서 오늘날의 우주가 생겨난 것은 그런 일이 실제로 가능하다는 충분한 증거가 될 수 있다. 우리의 우주는 수많은 다른 차원의 우주들 중의 하나에 불과할 수도 있고, 빅뱅은 어느 곳에서나 늘 일어나는 평범한 일일 수도 있다. 어쩌면 빅뱅이 일어나기 전까지의 시간과 공간은 우리가 상상하기에는 너무나도 낯선 전혀 다른 형태였을 수도 있고, 빅뱅은 우리가 도대체 이해할 수 없는 형태의 우주로부터 우리가 대강 이해할 수 있는 모습의 우주로 전환되는 과정을 뜻하는 것일 수도 있다. 스탠퍼드 대학교의 우주론학자 안드레이 린데 박사는 "이런 의문은 종교적인 문제와 매우 비슷하다"고 했다.

사실 빅뱅 이론은 폭발 그 자체가 아니라, 폭발이 일어난 이후에 대한 이론이다. 그러나 아주 오랜 시간이 지난 후는 아니다. 과학자들은 엄청나게 많이 계산하고 입자 가속기에서 벌어지는 일을 관찰하면 창조의 순간으로부터 10^{-43}초 후의 상태를 알아낼 수 있다고 믿는다. 우주는 그때까지만 해도 너무 작아서 현미경이 있어야 찾을 수 있을 정도였다. 처음 보는 이상한 숫자에 겁을 낼 필요는 없고, 가끔은 그런 숫자에 매달려서 우리가 얼마나 엄청나게 흥미로운 이야기를 하고 있는지를 되새길 필요가 있다. 10^{-43}초는 0.0000000000000000000000000000000000000000001초, 즉 1초의 1조의 1조의 1조의 1,000만 분의 1초이다.†

---

† 과학적 표기법 : 과학자들은 10의 거듭제곱을 이용해서, 쓰기도 불편하고 읽기도 어려운 큰 수를 줄여서 나타낸다. 예를 들면 10,000,000,000은 10^{10}으로 나타내고, 6,500,000은 6.5×10^6으로 나타낸다. 이런 표기법은 10×10(즉 100)을 10^2으로, $10 \times 10 \times 10$(즉, 1,000)은 10^3으로 분명하고 확실하게 나타낼 수 있다는 사실을 근거로 고안되었다. 작게 표시한 위첨자는 앞의

우주의 초기 상태에 대해서 우리가 알고 있거나 믿고 있는 것의 대부분은 스탠퍼드 대학교의 젊은 입자 물리학자였다가 지금은 매사추세츠 공과대학교에 있는 앨런 구스가 1979년에 처음 제시한 인플레이션 이론inflation theory 덕분이다. 당시 서른두 살이던 그는 스스로 인정했듯이 별다른 연구 업적을 내놓지 못하고 있었다. 만약 구스가 우연히 로버트 디키의 빅뱅 이론에 대한 강연에 참석하지 않았더라면, 그는 영원히 그런 훌륭한 이론을 생각해내지 못했을 수도 있다. 디키의 강연에 감명을 받은 구스는 우주론 중에서도 특히 우주의 탄생에 흥미를 가지기 시작했다.

그 결과가 바로 우주가 창조된 바로 직후에 갑자기 굉장한 팽창을 경험하게 되었다는 인플레이션 이론이었다. 우주는 탄생 직후 10^{-34}초마다 그 크기가 두 배로 커지면서 정신없이 팽창하기 시작했다. 그런 팽창은 1초의 100만 분의 100만 분의 100만 분의 100만 분의 100만 분의 1에 해당하는 10^{-30}초 이내에 끝나버렸지만, 그 결과로 손바닥에 들어갈 정도의 크기였던 우주가 무려 10,000,000,000,000,000,000,000,000배로 커졌다. 인플레이션 이론은 우리 우주가 생겨날 수 있도록 해준 물결과 소용돌이가 어떻게 만들어졌는지를 설명해준다. 만약 그런 것이 없었더라면, 물질의 덩어리와 별이 생기지 못했을 것이고 우주에는 그저 떠돌아다니는 가스와 영원한 어둠만이 존재했을 것이다. 구스의 이론에 따르면, 1초의 1조 분의 1조 분의 1조 분의 1,000만 분의 1(10^{-43})초 만에 중력이 출현했다. 그 직후에 전자기력과 함께 원자핵에 작용하는 강력強力과 약력弱力이 등장하면서 지금의 물리학이 시작되었다. 그리고 다시 짧은 순간이 지난 후에 수많은 소립자素粒子가 생겨

숫자가 곱해지는 횟수를 나타낸다. 위첨자가 음수인 경우는 소수점 아래 표시되는 0의 숫자를 나타낸다(즉 10^{-4}은 0.0001이다). 나는 이런 원칙을 환영하지만, 사람들이 "1.4×10^9세제곱킬로미터"를 보고 즉시 "14억 세제곱킬로미터"라고 이해하는 것은 놀랍다. 그리고 사람들이 책에서(특히 일반 독자를 위한 책에서 흔히 볼 수 있듯이) 후자보다 전자를 선택한다는 점도 마찬가지로 놀랍다. 많은 독자들이 나처럼 비(非)수학적일 것이라고 생각하므로 이 책에서는 우주적 규모의 문제를 설명하는 경우처럼 어쩔 수 없는 때가 아니라면 이런 표기법을 잘 쓰지 않을 것이다.

났다. 아무것도 없던 곳에서 갑자기 수많은 광자와 양성자와 전자와 중성자를 비롯한 온갖 것들이 생겨났다. 빅뱅 이론에 의하면, 그런 입자들이 각각 10^{79}에서 10^{89}개 정도씩 생겨났다고 한다.

물론 그런 숫자들은 가늠할 수 없는 규모이다. 그저 우리의 우주가 단 한 순간에 만들어졌다는 사실만 알면 충분하다. 빅뱅 이론에 따르면, 그렇게 만들어진 우주는 지름이 수천억 광년에서 무한 사이의 어떤 값이 될 정도로 광대하고, 별과 은하와 다른 복잡한 계界가 만들어질 준비를 완전히 마친 상태였다.[†]

우리의 관점에서 놀라운 사실은 모든 것이 우리에게 얼마나 유리하게 만들어졌는가 하는 것이다. 만약 우주가 아주 조금만 다르게 생성되었더라면, 만약 중력이 아주 조금 더 강했거나 아니면 조금 더 약했거나, 팽창이 조금 더 느리거나 아니면 조금 더 빠르게 일어났더라면, 우리 인간은 물론이고 우리가 서 있는 땅을 구성하는 안정한 원소들이 전혀 만들어지지 못했을 수도 있었다. 중력이 조금만 더 강했더라면 우주의 크기와 밀도와 성분이 달라져서, 우주 전체가 잘못 세운 텐트처럼 다시 쭈그러들었을 것이다. 반대로 만약 중력이 조금만 더 약했더라면, 아무것도 뭉쳐지지 못했을 것이다. 우주는 영원히 무미건조하게 흩어진 빈 공간으로 남았을 것이다.

그런 우연은 불가능해 보이기 때문에, 일부 전문가들은 아마도 엄청난 영겁의 시간에 걸쳐서 몇 조의 몇 조에 해당하는 수많은 빅뱅이 일어났고, 우리가 바로 이 우주에 사는 이유는 이 우주가 바로 우리가 존재할 수 있는 곳

[†] 모두가 알고 있듯이 빛보다 빨리 움직이는 것이 아무것도 없다면, 우주가 어떻게 빛의 속도보다 더 빠르게 팽창할 수 있는지에 대한 질문이 자연스럽게 제기된다. 그 법칙은 공간 안에서 움직이는 물체에만 적용되고, 우주적 팽창의 경우 움직이는 것은 공간에 들어 있는 물체가 아니라 공간 자체라는 것이 간단한 설명이다. 뜨거운 오븐 속에서 건포도가 들어 있는 빵이 부풀어오르는 경우를 생각해보자. 빵이 팽창하면, 그 속에 있는 건포도는 서로 멀리 떨어지게 되지만, 빵을 통과해서 움직이는 것이 아니라 그저 빵을 따라서 함께 움직일 뿐이다. 건포도가 독립적으로 움직인다면 건포도는 빛보다 더 빨리 움직일 수 없지만, 빵/우주에는 그런 한계가 적용되지 않는다.

이기 때문이라고 주장하기도 했다. 컬럼비아 대학교의 에드워드 P. 트라이언에 따르면, "왜 그렇게 되었는가 하는 질문에 대해서는 그저 우리의 우주가 가끔 만들어지는 우주들 중의 하나이기 때문이라고 대답할 수밖에 없다"고 말했다. 구스는 "트라이언 교수가 주장하는 것은 우주가 탄생할 가능성이 매우 희박하지만, 그중에서 얼마나 많은 우주가 실패했는지는 아무도 모른다는 뜻"이라고 덧붙였다.

영국의 왕립 천문대장을 역임한 마틴 리스(공식적으로는 러들로의 리스 남작)는 어쩌면 나름대로 독특한 특성과 조성을 가진 무한히 많은 우주가 존재할 수 있고, 우리가 살고 있는 우주에서는 우리가 존재할 수 있도록 물질이 구성되어 있을 뿐이라고 제안했다. 그는 아주 큰 규모의 옷가게를 예로 들면서, "다양한 종류의 옷이 진열된 옷가게에서는 당연히 자신의 몸에 맞는 옷을 찾을 수 있다고 믿는다. 마찬가지로 서로 다른 숫자의 조합에 의해서 지배되는 다양한 우주가 있다면, 생명이 존재하기에 적당한 특별한 숫자에 의해서 움직이는 우주가 있는 것도 당연하다. 우리가 바로 그런 우주에서 살고 있다"라고 했다.

리스는 6개의 숫자가 우리 우주를 지배하고 있으며, 그 숫자 중에서 하나라도 조금만 달라지면 모든 것이 지금과 같을 수가 없게 된다고 지적한다. 예를 들어서, 우주가 지금처럼 존재하기 위해서는 정밀하면서도 비교적 잘 정해진 방법을 통해서 수소가 헬륨으로 변환되어야 한다. 구체적으로는 수소가 헬륨으로 변환될 때 질량의 0.007퍼센트가 에너지로 바뀌어야 한다. 만약 그 값이 0.007퍼센트에서 0.006퍼센트로 조금만 바뀌어도 그런 변환은 절대 일어날 수가 없고, 그런 우주에는 수소만 존재하게 된다. 그 값이 0.008 퍼센트로 조금만 더 커지면, 우주에 존재하는 모든 수소는 사라지고 만다. 다시 말해서 우리가 알고 있는 숫자가 조금만 바뀌어도 우리가 알고 있는 우주는 더 이상 존재할 수 없게 된다.

그러니까 **지금까지는** 모든 것이 적절했다고 말할 수밖에 없다. 만약 중력이 조금 더 컸다면, 장기적으로 볼 때 언젠가는 우주가 팽창을 멈추고 다시 수축해서 결국은 또다른 특이점으로 변해버릴 것이고, 어쩌면 그후에 다시 모든 과정이 반복될 수도 있을 것이다. 만약 중력이 조금 약했다면, 우리의 우주는 끊임없이 팽창을 계속할 것이고, 결국은 모든 것이 너무 멀리 떨어져서 물질 사이의 상호작용이 불가능해졌을 것이다. 그런 우주는 공간은 넉넉하지만 아무런 변화도 없는 죽은 상태일 것이다. 세 번째 가능성으로, 우리의 중력이 우주론 학자의 용어로 "임계 밀도"를 유지하기에 적절했다면, 현재와 같은 상태가 무한히 계속되기에 적당한 규모가 유지될 것이다. 우주론 학자는 그런 상태를 모든 것이 적당하다는 뜻에서 가볍게 "골디락스* 상태"라고 부른다(여기에서 소개한 세 가지의 가능한 우주를 각각 닫힌 우주, 열린 우주, 평평한 우주라고 부른다).

이제 모든 독자들이 떠올렸을 의문을 살펴보자. 만약 우주의 끝으로 가서 커튼 바깥으로 머리를 내밀면 무슨 일이 벌어질까? 그 머리가 우주에 속하지 않는다면 도대체 어디에 **속할까**? 그 너머에는 무엇이 있을까? 실망스럽겠지만, 우주의 끝까지 절대로 갈 수 없다는 것이 그런 의문에 대한 대답이다. 사실이기는 하지만, 우주의 끝까지 가는 데에 너무 오래 걸리기 때문은 아니다. 직선으로 무한히 오래 가더라도 우주의 끝에는 절대 도달할 수 없기 때문이다. 오히려 처음 출발했던 곳으로 되돌아오게 된다(그때는 정말 완전히 지쳐서 포기해버릴 것이다). 그 이유는 우주가 상상하기는 어렵지만 (앞으로 살펴볼) 아인슈타인의 상대성 이론에 맞도록 휘어져 있기 때문이다. 당분간은 우리가 끊임없이 팽창하는 커다란 비눗방울 속에서 떠다니는 것은 아니라는 사실을 아는 것으로 충분하다. 공간은 유한하지만, 경계가 없도록 휘어져 있다. 공간이 팽창한다는 말이 적당하지 않을 수도 있다. 노벨 물리학상 수상자인 스티븐 와인버그가 오래 전에 말했듯이, "태양계와 은하

---

* 영국의 동화 "골디락스와 세 마리 곰"에서 유래된 이름.

가 팽창하는 것도 아니고, 공간 자체가 팽창하는 것도 아니다." 은하가 서로 멀어져가고 있을 뿐이다. 모든 것이 직관과는 맞지 않는다. 생물학자 J. B. S. 홀데인이 남긴 말이 잘 알려져 있다. "우주는 우리가 생각하는 것보다 조금 더 이상한 것이 아니라, 우리가 생각할 수 있는 것보다도 더 이상하다."

휘어진 공간이라는 말을 이해하려면, 평평한 표면으로 이루어진 우주에 살고 있어서 둥근 공을 본 적이 없는 사람을 지구로 데려오는 경우를 생각해보면 된다. 그 사람은 지구 표면에서 아무리 멀리 걸어가더라도 지구의 끝을 찾지 못하고 결국에는 처음 떠났던 곳으로 돌아올 것이다. 그 사람에게 그 이유를 설명해주면 무척 혼란스러워할 것이다. 우리도 차원이 더 높을 뿐이지, 평평한 세상에 살던 사람과 똑같은 혼란을 겪는 셈이다.

우주의 끝을 찾을 수 없는 것과 똑같은 이유로 우리는 우주의 중심에 서서 "이곳에서 모든 것이 시작되었다. 이곳이 바로 모든 것의 중심이다"라고 말할 수도 없다. 그저 우리는 언제나 우주의 중심에 있을 뿐이다. 실제로는 그런 사실을 확신할 수도 없고, 수학적으로 증명할 수도 없다. 그저 과학자들은 우리가 실제로 우주의 중심에 있을 수 없지만(이것이 무슨 뜻인지 생각해보자), 우리가 관찰할 수 있는 것은 그 위치에 상관없이 언제나 똑같아야 한다고 가정할 뿐이다. 아직도 우리는 진실을 알지 못한다.

우리에게 우주는 우주가 탄생한 이후로 수십억 년 동안 빛이 이동한 거리만큼만 존재할 뿐이다. 우리가 알고 있고, 이야기할 수 있는 가시적 우주는 그 지름이 대략 940억 광년光年*이다. 그러나 흔히 메타-우주라고 부르는 진짜 우주는 그보다 훨씬 더 크다고 주장하는 이론도 많다. 리스에 따르면, 우리가 볼 수 없는 메타-우주의 끝까지의 거리를 광년으로 표시하려면 "0을 10개나 100개가 아니라 수백만 개 정도 붙여야 할 것이다." 간단히 말해서 그 너머를 상상하지 않더라도 우주는 사람들이 흔히 생각하는 것보다 훨씬

---

* 빛이 1년 동안 진행할 수 있는 거리로 9.46073×10^{12}킬로미터에 해당한다.

더 크다.

　빅뱅 이론에도 많은 사람들이 오랫동안 의문을 가졌던 문제가 있었다. 즉, 빅뱅 이론은 우리가 지금 이곳에 어떻게 오게 되었는지를 설명하지 못한다는 것이다. 우주에 존재하는 모든 물질의 98퍼센트가 빅뱅에 의해서 만들어졌지만, 그 물질은 앞에서 설명한 것처럼 헬륨, 수소, 리튬과 같은 가벼운 원소뿐이다. 탄생 직후에 터져 나온 기체 덩어리에서는 우리의 존재에 결정적인 역할을 하는 탄소, 질소, 산소와 같은 무거운 원소가 만들어지지 않았다. 여기에서, 그런 원소가 만들어지려면 빅뱅이 일어날 때와 같은 정도의 열과 에너지가 필요하다는 사실이 문제가 된다. 그렇지만 빅뱅은 한 번뿐이었고, 그 당시에는 그런 원소가 만들어지지 않았다. 그렇다면 그것은 어디에서 왔을까? 흥미롭게도 그런 질문에 대한 답을 찾아낸 사람은 빅뱅을 단순한 이론이라고 깔보고 비웃기 위해서 빅뱅이라는 익살맞은 표현을 만든 우주론 학자였다.

　우리도 잠시 후에 그를 만나보겠지만, 우리가 어떻게 여기까지 오게 되었는지의 문제를 시작하기 전에 정확하게 "여기"가 어떤 곳인지를 생각해보는 편이 좋을 것이다.

제2장

태양계에 온 것을 환영한다

오늘날 천문학자들은 정말 놀라운 일을 할 수 있다. 누군가가 달 표면에서 성냥불을 켜면, 천문학자는 그 불꽃을 찾아낼 수 있다. 아주 멀리 있어서 눈으로 볼 수도 없는 별의 작은 진동과 흔들림으로부터 그 별의 크기와 특성은 물론이고 생명의 존재 가능성까지도 알아낼 수가 있다. 우주선으로는 50만 년이 걸릴 정도의 거리에 있는 별이라도 말이다. 전파 망원경을 사용하면, 태양계 바깥에서 전해지는 정말 희미한 전파의 속삭임까지도 알아낼 수 있다. 칼 세이건의 표현에 따르면, 천문학자들이 그런 관찰을 시작한 1951년 이후로 지금까지 수집한 전파의 에너지를 모두 합치더라도 그 양은 "눈송이 하나가 땅에 떨어질 때의 에너지보다도 적다." 1980년의 표현이었으니 그후로 총량은 분명히 늘어났겠지만, 누적 에너지의 총량은 여전히 매우 적을 것이다.

간단히 말해서 천문학자들이 마음만 먹으면 이 우주에서 일어나는 일 중에 알아내지 못할 것은 그렇게 많지 않다. 그래서 1978년까지도 명왕성에 위성이 있다는 사실을 아무도 몰랐다는 사실이 더욱 놀랍다. 그해 여름에 애리조나 주의 플래그스태프에 있는 미국 해군 천문대에서 근무하던 제임스 크리스티라는 젊은 천문학자가 평소처럼 명왕성의 사진을 살펴보던 중에

틀림없이 명왕성이 아닌 흐릿하고 불확실한 무엇인가가 있다는 사실을 알아냈다. 그는 로버트 해링턴이라는 동료와 상의한 후에 그것이 명왕성의 위성이라고 확신했다. 그런데 그것은 보통의 위성이 아니었다. 명왕성과의 상대적인 크기로 볼 때, 그 위성은 태양계에서 가장 큰 위성이었다.

당시에는 명왕성의 정체도 확실하지 않았던 터라 그런 발견은 명왕성의 위상에 커다란 충격이었다. 그때까지는 명왕성과 그 위성이 차지한 공간 전부를 명왕성이라고 생각했기 때문에, 이는 명왕성이 사람들이 생각했던 것보다 훨씬 더 작다는 뜻이었다. 명왕성은 가장 작은 행성인 수성보다도 더 작았다. 실제로 태양계에는 우리 달을 비롯해서 명왕성보다 더 큰 위성이 여러 개 있다.

그렇다면 우리 태양계에 존재하는 위성을 발견하기까지 왜 그렇게 오래 걸렸는지 의문이 떠오르는 것은 당연하다. 실제로 새로운 위성들이 계속 발견되고 있다는 이야기를 들으면 놀랄지도 모르겠다. 2023년에만 하더라도 국제천문연합이 목성 주위에 12개의 새로운 위성을 인정해서, 위성의 수가 이 책을 처음 발간했을 때보다 거의 3배나 되는 95개로 늘어났다. 그 발표가 있고 나서 몇 주일 후에는 토성의 위성이 놀랍게도 83개나 늘어나서 모두 145개가 되었고, 2025년에는 다시 128개가 늘어나서 정말 대단한 개수인 274개가 되었다. 태양계의 나머지 행성이 가진 위성을 전부 합친 것보다도 더 많은 숫자이다. 너무 많은 위성이 너무 빠르게 발견되는 바람에 새로 발견된 작은 위성들에는 전통적으로 신화에서 따오던 이름 대신에 S/2021 J3와 S/2017 J7처럼 딱딱한 목록식 이름을 붙이게 되었다.

이런 위성들을 더 일찍 발견하지 못하는 이유는 위성의 크기가 대부분 지름 1.6-3.2킬로미터 정도로 작고, 때로는 다른 위성들과 반대 방향으로 궤도를 돌기도 하기 때문이다. 새로 발견된 위성들은 대부분 감자 같이 생긴, 단순히 큰 암석이다. 실제로 현재 보편적으로 인정되는 위성의 정의는 크기에 상관없이 행성 주위를 회전하는 단단한 물체라는 정도이다. 그런 정의로

34   우주에서 잊혀진 것

는 앞으로 수백 개는 물론이고 수천 개의 위성이 더 발견될 것이 분명하다.

사실 오늘날 우리가 알고 있기로 명왕성의 위성은 단순히 1개가 아니다. 1978년에 크리스티가 발견한 카론과 2005년에서 2012년 사이에 발견된 다른 4개(닉스, 스틱스, 케르베로스, 히드라)를 포함해서 모두 5개의 위성이 있다.

명왕성 자체에도 지난 몇 년은 힘든 시간이었다. 가장 멀리 있는 행성이라는 지위는 한 세대도 유지하지 못했다. 명왕성은 정식으로 천문학 교육을 받은 적도 없이 무엇인가를 찾고 있던 클라이드 톰보라는 캔자스 주 출신의 젊은 청년에 의해서 1930년에 거의 기적적으로 발견되었다. 톰보는 애리조나 주의 로웰 천문대의 부유한 설립자였던 퍼시벌 로웰이 태양계의 가장자리에 있을 것이라고 확신한 무거운 기체 행성을 찾기 위해서 천문대에 채용되었다.

오늘날 로웰은 오래도록 영향력을 미쳤던 신념으로 가장 잘 기억된다. 그는 화성의 표면이 부지런한 화성인이 건설한 운하로 덮여 있다고 믿었다. 극지방의 물을 적도 근방의 건조하지만 생산성이 높은 지역으로 끌어오기 위해서 운하를 건설했다는 것이었다. 로웰은 해왕성 너머 어디인가에 아직 발견되지 않은 아홉 번째 행성이 존재할 것이라고 굳게 믿고, 그것을 행성 X라고 불렀다. 로웰은 자신이 직접 확인한 천왕성과 해왕성 궤도의 불규칙성을 근거로 그런 믿음을 가졌고 그 행성을 찾기 위해서 강박적으로 노력했지만, 성공하지는 못했다.

로웰이 사망한 후에 그 일은 톰보에게 맡겨졌다. 톰보는 대학을 다닌 적이 없었고 우주에 대한 지식은 대부분 「대중 천문학*Popular Astronomy*」이라는 잡지에서 얻은 것이었다. 그러나 그는 놀라울 정도로 부지런했다. 1년 동안 끈질긴 노력 끝에 그는 반짝이는 밤하늘에서 흐릿한 점으로 보이는 명왕성을 찾아냈다. 그것은 기적과 같은 발견이었다. 그런데 더욱 놀랍게도 로웰이 해왕성 너머에 다른 행성이 존재할 것이라고 믿게 된 근거였던 그의 관찰은 완전한 엉터리였다. 톰보는 자신이 새로 발견한 행성이 로웰이 생각했던 거대한 기체 덩어리와는 비슷하지도 않다는 사실을 곧바로 알아차렸다. 그러나 새로운 행성의 정체에 대한 의문은 당시 쉽게 열광하던 사회의 분위기 속에 묻혀버렸다. 명왕성은 미국인이 발견한 최초의 행성이었고, 그것이 멀리 떨어진 얼음덩어리에 불과하다는 사실에는 아무도 관심이 없었다. 새로운 행성을 명왕성Pluto이라고 부르게 된 것은 첫 두 글자가 퍼시벌 로웰 이름의 머리글자와 같았기 때문이기도 했다. 이미 사망한 로웰은 명왕성을 발견하도록 해준 천재로 추앙되었지만, 톰보는 그를 숭배하는 행성 천문학자를 제외한 일반인의 기억에서 사라졌다.

마침내 태양계는 아홉 번째 행성을 가지게 되었지만, 그 행성은 너무 멀리 있고 비정상적으로 작아서 매우 수상하고 신비스러웠다. 명왕성은 행성이 아니라 은하의 파편들이 많이 모인 카이퍼 벨트라는 곳에 있는 파편들 중에서 가장 큰 것에 불과하다고 믿는 천문학자도 많았다. 카이퍼 벨트는 1930년에 F. C. 레너드라는 천문학자가 이론적으로 제안했지만, 네덜란드 출신의 미국 천문학자 제라드 카이퍼가 그의 주장을 더욱 일반화시켰기 때문에 카이퍼 벨트라고 부르게 되었다.

명왕성이 다른 행성처럼 움직이지 않는다는 것은 분명한 사실이다. 다른 행성들은 대체로 같은 평면에서 공전하지만, 명왕성의 공전 평면은 멋으로 비스듬히 쓴 모자의 챙처럼 17도 정도 기울어져 있다. 명왕성의 궤도는 아주 불규칙해서, 태양을 한 바퀴 공전하는 동안 상당한 기간은 지구에 해왕성보다 더 가깝다. 1980년대와 1990년대에는 실제로 해왕성이 태양계의 가장 바깥에 위치한 행성이었다. 명왕성은 1999년 2월 11일에 가장 바깥으로 되돌아갔고, 앞으로 228년 동안 그 자리를 지킬 것으로 보인다.

그러니까 명왕성이 정말 행성이었다고 해도, 그것은 아주 독특한 행성이었다. 결국 우리 태양계가 암석으로 구성된 4개의 행성과 기체로 구성된 4개의 행성, 그리고 작고 외로운 얼음덩어리로 구성되어 있다는 뜻이었다.

2005년 여름에 캘리포니아 주의 팔로마 산 천문대의 천문학자들이 카이퍼 벨트에서 명왕성보다 더 크며 태양으로부터 명왕성보다 3배나 더 먼 거리에 있어서 태양을 한 바퀴 도는 데에 560년이나 걸리는 유별난 궤도를 가진 천체를 발견했다는 소식이 알려지면서 소동이 일어났다. 새로 발견된 행성은 비공식적으로, 1990년대의 유명한 텔레비전 드라마에 등장하는 전사 공주의 이름을 따라서 제나라고 알려졌지만, 결국에는ー솔직히 다행스럽게도ー에리스라는 그리스 신화에 등장하는 갈등의 여신의 이름이 붙었다.

그다음 해에 국제천문연맹이 프라하에서 개최한 유별나게 떠들썩했던 총회에서 에리스도 제대로 된 행성이 아니라 왜행성倭行星, dwarf planet이라는 새로운 천체로 분류되었다. 같은 총회에서 (화성과 목성 사이의 소행성 벨트에 있으며 애초에 행성 자격이 없었던 케레스와 함께) 명왕성도 왜행성으로 격하되면서 논란이 더욱 커졌다. 흥미롭게도 천문학자들은 그제서야 함께 모여서 무엇이 행성인지에 대한 공식적인 정의를 만들었다. 이제 행성이려면, 반드시 태양 주위를 공전해야 하고, 무겁고 공 모양이어야 하며, 근처를 지나가는 암석류를 흡수하거나 산란시킬 수 있을 정도의 중력을 행사해야 한다는 세 가지 기준을 만족해야 한다. 명왕성은 마지막 기준을 충족하지 못했다.

역설적으로 명왕성의 격하가 결정되고 10년도 지나지 않아서 NASA의 뉴허라이즌스 우주선이 명왕성을 지나가면서, 지금까지 생각했던 것보다 훨씬 더 흥미로운 사실을 발견했다. 아무 일도 일어나지 않는 얼음덩어리와는 전혀 다르게 명왕성에는 활성 빙하와 로키 산맥만큼 큰 산도 있고, 어쩌면 지하에 액체 상태의 물로 이루어진 바다가 있을 수 있고, 화산 활동의 조짐도 있는 것으로 확인되었다. 간단히 말해서, 명왕성은 태양계에서 가장 활동적인 곳이었다.

그러나 명왕성은 여전히 행성이 아니다.

그래서 지금 태양계는 8개의 행성, 5개의 왜행성(명왕성, 케레스, 마케마케, 하우메아, 에리스), 적어도 400개의 위성, 130만 개가 넘는 소행성, 그리고 4,000개가 조금 안 되는 혜성으로 이루어져 있다. 그러나 이미 살펴보았듯이 그 숫자들은 기록하는 속도만큼이나 빠르게 변한다. 명왕성의 경우 행성의 지위를 누리던 76년 동안 태양을 한 바퀴도 돌지 못했다.

이 모든 것의 핵심은 우리가 여러 면에서 제대로 알지도 못하는 태양계에 살고 있다는 것이다. 우주 전체의 광활함과 비교하면 비교적 작고 이웃처럼 보이는 우리의 태양계는 사실 우리가 상상하는 것보다 훨씬 더 크다.

단순한 교육과 재밋거리로, 우주선을 타고 여행한다고 생각해보자. 물론 그렇게 멀리는 아니다. 겨우 태양계의 가장자리 정도까지만 갈 것이다. 그러나 우주 공간이 얼마나 크고 우리가 차지하고 있는 공간이 얼마나 작은지를 이해하기에는 충분하다. 안타깝게도, 우리는 저녁 식사 시간에 맞추어 돌아오지 못한다. 빛의 속도로 가더라도 명왕성까지는 7시간이 걸린다. 물론, 우리는 그와 비슷한 속도로 갈 수도 없다. 우리는 우주선의 속도로 갈 수밖에 없고, 우주선은 훨씬 더 느리다. 1977년 지구에서 발사한 우주선 보이저 1호는 목성, 토성, 천왕성, 해왕성이 한 줄로 늘어서는 드문 배열을 천체 새총처럼 이용해서 점점 더 빠른 속도로 날아가서 반세기 만에 240억 킬로미터를 날아갔고, 지금도 매일 160만 킬로미터의 거리를 날아가고 있지만, 아직도 태양계 가장자리에는 가까이 가지도 못했다.[†]

그래서 긴 여행을 준비해야 한다. 앞으로 우리는 우주가 이름은 그럴듯하지만 불쾌할 정도로 평온한 곳이라는 사실을 깨닫게 될 것이다. 몇조 킬로미터 이내의 공간에서는 우리의 태양계가 가장 활발한 곳이다. 그러나 그 안에 있는 태양, 행성과 그 위성, 암석 덩어리로 채워진 소행성 벨트, 4,500개

[†] 보이저 1호와 그 자매선인 보이저 2호는 고작 5년 정도 운항하도록 설계되었지만, 이 글을 쓰는 순간에도 여전히 유용한 정보를 지구로 보내주고 있다. NASA 제트 추진 연구소의 행성 과학자인 린다 스필커에 따르면, 우주선에 탑재된 컴퓨터의 메모리 용량이 "자동차 문을 여는 전자 열쇠보다도 적다." 이 사실을 고려하면 실로 놀라운 성과이다.

정도의 알려진 혜성, 그리고 떠돌아다니는 다른 모든 파편을 모으더라도 그 공간의 1조 분의 1도 채우지 못한다. 그리고 지금까지 보았던 모든 태양계의 지도에 크기가 제대로 표현되어 있지 않다는 사실도 깨달을 것이다. 교실에서 볼 수 있는 그림에서는 대부분 행성이 이웃해서 늘어서 있고, 바깥쪽의 행성들은 서로 그림자를 드리운 것처럼 보인다. 이는 한 장의 종이에 모든 것을 그리기 위한 어쩔 수 없는 속임수에 불과하다. 해왕성은 목성 바로 뒤에 있는 것이 아니라 사실은 아주 멀리 떨어져 있다. 해왕성과 목성 사이의 거리는 목성과 지구 사이의 거리보다 5배나 멀고, 해왕성에 도달하는 태양 빛은 목성에 도달하는 태양 빛의 3퍼센트에 불과하다.

상대적인 크기를 고려한 태양계 그림에서 지구를 팥알 정도로 나타낸다면, 목성은 300미터 정도 떨어져 있어야 하고, 명왕성은 2.5킬로미터 정도 떨어져야 한다(더욱이 명왕성은 세균 정도의 크기로 표시되기 때문에 눈으로 볼 수도 없다). 태양에서 가장 가까운 별인 프록시마 켄타우리를 같은 비율로 나타내려면 1만6,000킬로미터 바깥에 표시해야 한다. 목성을 이 문장 끝에 있는 마침표 정도로 축소하면, 명왕성은 분자 정도의 크기가 되어야 하지만 여전히 10미터나 떨어진 곳에 있어야 한다. 그러니까 태양계의 크기는 정말 거대하다. 명왕성 정도의 거리에서 보면, 우리에게 따뜻하고, 포근하며, 피부를 그을리고, 생명을 주는 태양이 바늘 머리 정도로 작게 보인다. 태양은 그저 조금 밝은 별에 불과해 보일 것이다. 그렇게 텅 빈 공간을 생각하면, 상당히 중요한 다른 천체에 주의를 기울이지 못한 이유를 이해하게 될 것이다.

우리가 명왕성을 스쳐 지나갈 때는 빠른 속도로 명왕성을 지나가고 있다는 사실을 인식할 수 있을 것이다. 여행 계획에 따르면, 태양계의 가장자리까지 도달한 것으로 되어 있지만, 아직도 갈 길이 멀다. 교실의 그림에서는 전통적으로 명왕성이 마지막 천체로 표시되지만, 실제로 태양계는 그곳에서 끝나지 않는다. 사실은 끝에 가깝지도 않다. 태양계의 끝에 가려면 혜성들이 떠도는 광활한 천체 공간인 오르트 구름†을 지나야 한다. 오르트 구름은 실제로 광활한 영역의 거대한 비눗방울처럼 우리 태양계를 돌고 있는 혜성들의 가상적인 영역이라는 사실을 분명하게 알고 있어야 한다. 지금까지 아무도 본 적이 없어서, 오르트 구름이 어디에서 시작해서 어디에서 끝나는지는 아무도 정확하게 알지 못한다. 그러나 우리가 그곳에 도달하려면 대략 300년이 걸리고, 완전히 벗어나려면 아마도 3만 년이 걸린다는 추정이 상당한 설득력을 얻고 있다(6,000년 정도일 것이라는 주장도 있다. 정확한 값에 상관없이 몇 세대에 해당하는 오랜 시간이 걸린다는 사실은 분명하다).

물론 우리가 실제로 그런 여행에 나설 가능성은 없다. 우리가 지금까지 알고 있으며 합리적으로 상상할 수 있는 사실에 따르면, 우리 인간 중에 어느 누구도 태양계의 가장자리까지 갈 수 있으리라고 기대하기는 어렵다. 정말로 너무 멀기 때문이다. 태양계에서 거리를 나타내는 기본 단위는 태양과 지구 사이의 거리에 해당하며 천문단위Astronomical Unit라고 부르는 AU이다. 1AU는 1억4,959만7,870.7킬로미터로 매우 정확하게 정의된다. 명왕성은 지구로부터 40AU 정도 떨어져 있고, 오르트 구름의 중심부까지는 5만 AU나 된다. 다시 말해서 굉장히 멀리 있는 셈이다.

편의상 실제로 우리가 오르트 구름까지 갔다고 생각해보자. 가장 먼저 눈에 띄는 것은 이곳이 몹시 평온하다는 점이다. 우리는 모든 것으로부터 아주 멀리 떨어져 있다. 태양으로부터 너무 멀리 떨어진 그곳에서는 태양이 하늘에서 가장 밝은 별도 아니다. 그렇게 멀리 떨어진 작은 별이 이 모든 혜성들을 붙들고 있기에 충분한 중력을 미치고 있다는 사실이 신기할 뿐이다. 물론 그 힘은 그렇게 강하지 않아서 혜성들은 대략 시속 350킬로미터의 안정한 속도로 날아다닌다. 가끔 중력에 약간의 변화가 생기면, 외로운 혜성

---

† 정식 명칭은 외픽-오르트 구름이다. 1932년 에스토니아의 천문학자 에른스트 외픽이 처음 그 존재를 제안했고, 18년 후에 네덜란드의 천문학자 얀 오르트가 새로운 계산으로 그의 주장을 보완했다.

중 하나가 정상 궤도를 벗어난다. 텅 빈 공간으로 들어가서 다시는 돌아오지 않는 경우도 있지만, 태양 주위의 긴 궤도를 따라 움직이게 되는 경우도 있다. 장주기 혜성이라고 알려진 이런 혜성들이 1년에 서너 개씩 태양계 안쪽을 지나간다. 아주 가끔이기는 하지만, 길 잃은 방문객이 지구처럼 단단한 덩어리에 충돌하기도 한다. 그래서 우리가 지금 이곳에 온 것이다. 우리가 본 혜성이 태양계의 중심을 향해서 떨어지기 시작했기 때문이다. 이 혜성은 아이오와 주의 맨슨*을 향하고 있다. 혜성이 지구에 도달하기까지는 적어도 300만 년이나 400만 년이 걸린다. 혜성에 대해서는 나중에 더 이야기하기로 하자.

이것이 태양계이다. 그렇다면 태양계 너머에는 무엇이 있을까? 보기에 따라서 아무것도 없기도 하고, 엄청나게 많은 것이 있기도 하다.

간단히 말하면, 둘 중 어느 것도 아니다. 사람이 만든 가장 완벽한 진공도 성간星間만큼 비어 있지는 않다. 무엇인가가 있는 곳에 도달할 때까지 그렇게 텅 빈 공간이 엄청나게 펼쳐져 있다. 우주에서 우리와 가장 가까운 별자리인 프록시마 켄타우리 삼중성三重星 중에서도 가장 가까운 알파 켄타우리까지의 거리도 4.3광년이나 된다. 천문학에서는 거의 아무것도 아닌 거리이지만, 달까지의 거리보다 1억 배나 더 멀다. 우주선으로 그 별에 가려면 적어도 5만 년이 걸리고, 그곳에 가더라도 우리는 여전히 광활하게 텅 빈 별 무리 속에 있을 뿐이다. 그다음에 있는 시리우스까지 가려면 다시 4.6광년을 더 가야 한다. 우주를 가로질러 별 사이를 건너뛰려면 그렇게 멀리 가야 한다. 우리 은하의 중심에 도달하려면, 우리가 존재했던 것보다 더 오랜 세월이 걸린다.

다시 말하지만, 우주는 거대하다. 별 사이의 평균 거리는 30조 킬로미터나

---

* 7,300만 년 전에 운석이 충돌했던 곳.

된다. 빛의 속도에 가까운 속도라고 하더라도 부담스러운 거리이다. 물론 외계인이 장난삼아 윌트셔의 밀밭에 자국을 남기거나 대낮에 애리조나 주의 외딴 길에서 트럭을 몰고 가는 청소년들을 놀라게 하기 위해서 수십억 킬로미터를 여행할 수도 있겠지만, 그럴 가능성은 낮아 보인다.

그렇지만 통계적으로 볼 때, 어느 곳인가에 지능을 가진 생명체가 존재할 가능성은 높다. 우리 은하에 몇 개의 별이 있는지는 아무도 모른다. 1,000억에서 4,000억 개에 이를 것이라고 짐작할 뿐이다. 그리고 우리 은하는 가시적인 우주에 수없이 많은 은하(오늘날 많게는 2조 개에 이를 것으로 추정된다) 중 하나이다. 그런 엄청난 숫자에 매력을 느꼈던 코넬 대학교의 프랭크 드레이크 교수가 1960년대에 우주에 고등 생물이 존재할 가능성을 추정하는 유명한 방정식을 고안했다.

드레이크 방정식은 우주의 어느 부분에 존재하는 별의 수를 행성계를 가지고 있을 가능성이 있는 별의 수로 나누고, 그것을 다시 이론적으로 생명체가 있을 수 있는 행성계의 수로 나누고, 그것을 다시 생명이 고등 생물로 진화할 수 있는 환경을 갖춘 행성계의 수로 나누는 식으로 진행된다. 나누기를 할 때마다 숫자는 빠른 속도로 줄어들지만, 아무리 보수적으로 잡더라도 우리 은하에 존재할 수 있는 고등 문명의 수는 수백만 개라는 결과를 얻게 된다.

얼마나 재미있고 신나는 생각인가. 우리는 우리 은하계에만 존재하는 수백만 개의 문명 중 하나에 불과할 수도 있다. 불행하게도 우주의 공간이 너무 커서, 그 문명 사이의 평균 거리는 적어도 200광년이나 된다. 생각보다 엄청나게 먼 거리이다. 만약 외계인이 우리가 이곳에 있다는 사실을 알 수 있고, 망원경으로 우리를 볼 수 있다고 하더라도, 그들은 200년 전에 우리 지구를 떠난 빛을 보는 셈이다. 그러니까 그들은 지금의 우리를 보고 있는 것이 아니다. 그들은 원자가 무엇이고 유전자가 무엇인지도 모르고, 심지어 철길을 달리는 기차가 무엇인지도 모르는 사람을 보고 있을 것이다. 우리가 그런 관찰자로부터 편지를 받는다면, 말[馬]이 얼마나 잘 생겼는지, 고래 기름이 얼마나 좋은지에 대한 칭찬으로 시작할 가능성이 크다. 200광년이라는 거리는 우리가 상상도 하지 못할 만큼 멀다. 그저 우리를 넘어서는 것이다. 영국의 천문학자 마틴 리스가 지적했듯이, "심지어 생명이 존재하는 행성이 가까이 있다고 하더라도, 그들은 아마도 진화의 전혀 다른 단계에 있을 가능성이 매우 높다. 그리고 그곳의 생명은 예를 들어 물 대신 메테인처럼 완전히 다른 것을 토대로 할 수도 있는데, 그렇다면 그 행성은 우리와는 완전히 다른 곳일 것이다."

지구에서는 살아 있는 유기체의 부산물로만 만들어지는 황화 다이메틸이 풍부하게 존재한다고 2025년 4월에 보고된 K2-18b라는 행성이 그런 경우일 가능성이 크다. 따라서 K2-18b는 우주에서 생명이 존재할 것이 분명한 행성의 후보로 알려지게 되었다. 그러나 이 단계에서는 그곳에 생명이 존재한다고 하더라도 그 생명이 얼마나 복잡할지에 대해서는 알 수가 없다. 어쨌든 K2-18b는 1,150조 킬로미터나 떨어져 있어서 현실적으로 접촉하거나 자세히 살펴볼 수도 없다. 더욱이 황화 다이메틸은 냄새가 끔찍하다.

그러니까 우리가 문자 그대로 홀로 존재하는 것이 아니라고 하더라도, 실질적으로는 그런 셈이다. 칼 세이건은 우주 전체에 존재할 가능성이 있는 행성의 수가 상상을 넘어서는 1조 개의 100억 배일 것으로 추정했다. 그러나 그런 행성이 퍼져 있는 공간의 크기 역시 상상을 넘어선다.

세이건에 따르면, "만약 우주 공간에 우리를 아무렇게나 뿌린다면, 우리가 행성 부근에 떨어질 가능성은 1조의 1조의 10억(10^{33}, 1 다음에 0이 33개나 따라온다) 분의 1보다 더 작을 것이다."

세이건은 1996년 너무 이른 나이인 예순둘에 세상을 떠났기 때문에 이런 계산 결과는 수정이 되겠지만, 그의 우울한 결론은 바뀌지 않을 것이다. 그는 "세상은 소중하다"라고 했다.

제3장

에번스 목사의 우주

오스트레일리아의 시드니에서 서쪽으로 80킬로미터 정도 떨어진 블루 마운틴스에 사는 조용하고 쾌활한 성격의 로버트 에번스 목사는 지난 몇 년 동안 하늘이 맑고 달빛이 그렇게 밝지 않은 밤이면 언제나, 커다란 망원경을 뒷마당으로 들고 나가서 특별한 일을 계속해왔다. 그는 오랜 과거를 들여다보면서 죽어가는 별을 찾고 있었다.

물론 과거를 들여다보는 것은 쉬운 일이다. 그저 밤하늘을 올려다보면, 모든 것이 역사이다. 우리는 엄청나게 많은 역사를 볼 수 있다. 밤하늘의 별은 지금 현재 그곳에 있는 것이 아니라, 별빛이 그 별을 떠났던 때에 그곳에 있었을 뿐이다. 우리가 알고 있는 한, 우리가 믿고 따르는 동반자인 북극성[†]은 지난 1월이나, 1854년이나, 아니면 18세기 초에 이미 완전히 타버렸을 수도 있다. 그저 아직까지 그 소식이 우리에게 전해지지 않았을 뿐이다. 우리가 다만 말할 수 있는 것은 323년 전의 오늘까지는 북극성이 그곳에서 불타고 있었다는 사실뿐이다. 별은 언제나 죽어간다. 로버트 에번스는 천체들의 이별의 순간을 찾아내는 데에 다른 사람보다 월등히 뛰어난 능력을 가지고 있었다. 다시 말해서 그는 세상에서 가장 위대한 초신성supernova 사

---

† 북부 하늘의 북두칠성 중에서 천구의 북극에 가장 가까이 위치하고 있는 별.

냥꾼이었다.

초신성은 우리 태양보다 훨씬 더 큰 거대한 별이 수축되었다가 화려하게 폭발하면서 1,000억 개의 태양이 가진 에너지를 한순간에 방출하여 한동안 은하의 모든 별을 합친 것보다 더 밝게 빛나는 상태를 말한다. 2001년 그의 집에서 처음 만난 에번스는 나에게 "초신성은 1조 개의 수소폭탄이 한꺼번에 터지는 것과 같다"고 했다. 오스트레일리아 연합교회의 목사직에서 반쯤 은퇴한 에번스는 내가 이 책을 위해서 만났던 사람들 중에서 가장 겸손하고 여러 면에서 가장 독특한 사람이었다.

죽어가는 과정에서 일어나는 격렬한 폭발에도 불구하고, 대부분의 초신성은 상상할 수도 없을 정도로 먼 곳에 있기 때문에 우리에게 도달하는 빛은 희미하게 반짝이는 정도일 뿐이다. 한 달 남짓한 기간에만 관측되는 초신성이 다른 별과 구별되는 점은 하늘의 비어 있던 곳에서 갑자기 나타난다는 것뿐이다. 에번스 목사는 밤하늘을 가득 메우고 있는 수많은 별 중에 그렇게 비정상적이고 아주 가끔 반짝이는 작은 점을 찾아내는, 비교가 불가능한 기묘한 재능을 가졌다.

그것이 얼마나 대단한 일인지를 이해하려면, 검은 식탁보를 덮은 식탁 위에 한 줌의 소금을 뿌리는 경우를 생각해보면 된다. 흩어진 소금 알갱이 하나하나가 은하이다. 이제 이런 소금이 뿌려진 식탁 1,500개가 3킬로미터에 걸쳐서 늘어서 있다고 생각해보자. 소금이 무작위로 뿌려져 있는 그 식탁 중 어느 하나에 소금 알갱이 하나를 더 뿌리고 나서, 로버트 에번스 목사에게 그 소금 알갱이를 찾아내도록 하면, 그는 단번에 새로 더해진 소금 알갱이를 찾아낼 것이다. 그 소금 알갱이가 바로 초신성이다.

에번스 목사의 능력은 워낙 탁월해서 올리버 색스는 『화성의 인류학자*An Anthropologist on Mars*』의 자폐증에 걸린 천재에 대한 장에서 에번스를 소개했지만, "그가 자폐증에 걸렸다는 증거는 없다"고 덧붙였다. 색스를 한 번도 만난 적이 없는 에번스는 자신이 자폐증에 걸렸다는 주장과 천재라는 주장 모두를 웃음으로 받아넘겼다. 그러나 그는 자신의 재능을 어떻게 얻었는지에 대해서는 설명하지 못했다.

"나에게는 별들의 밭을 기억하는 재능이 있는 모양입니다." 오스트레일리아의 끝없는 숲이 시작되는 시드니 외곽의 헤이즐브룩 마을 가장자리에 있는, 그림 같은 에번스의 집으로 가서 그와 그의 부인 일레인을 방문했을 때, 그가 수줍은 표정으로 한 말이었다. "저는 다른 일에는 재주가 없습니다. 사람들 이름도 잘 기억하지 못합니다."

"물건을 넣어둔 곳도 기억하지 못해요." 부엌에 있던 일레인이 지적했다. 솔직하게 고개를 끄덕이면서 웃던 그는 나에게 망원경을 보고 싶으냐고 물었다. 나는 에번스의 뒷마당에 윌슨 산이나 팔로마 산의 천문대처럼 미닫이문이 달린 둥근 지붕과 자동으로 움직이는 의자가 설치된 작은 천문대가 있을 것이라고 생각했다. 그런데 뜻밖에도 그는 나를 뒷마당이 아니라 부엌 뒤에 있는 좁은 창고로 데려갔다. 책과 서류 더미가 가득한 창고에는 그가 직접 합판으로 만든 회전용 받침대 위에 크기와 모양이 가정용 온수 탱크 정도인 흰색 원통형 망원경이 놓여 있었다. 관측을 하고 싶으면, 그 망원경을 두 번에 나누어서 부엌 바깥에 있는 마루로 옮겨야 했다. 머리 위의 지붕과 언덕 아래에서 자라는 유칼립투스 나무 때문에 그곳에서 볼 수 있는 하늘은 우편함 크기 정도에 불과했다. 그는 그 정도면 충분하다고 나에게 확실하게 말해주었다.

초신성이라는 말은 놀라울 정도로 독특했던 천체물리학자 프리츠 츠비키가 1930년대에 처음으로 고안했다. 불가리아에서 태어나서 스위스에서 자란 츠비키는 1920년대에 캘리포니아 공과대학교에 오자마자 남들과 쉽게 다투는 성격과 엉뚱한 재능으로 유명해졌다. 대부분의 동료들은 뛰어나게 똑똑하지는 않았던 그를 "신경이 쓰이는 익살꾼" 정도로 여겼다. 건장한 체격의 그는 자신의 힘을 과시하려고 학교 식당의 마루로 뛰어내리기도 했고, 공공장소에서 한 손으로 팔굽혀펴기를 하는 모습을 보여주기도 했다.

그는 지나치게 공격적이어서, 결국은 가장 가까운 동료였던 월터 바데조차도 그와 단둘이 있기를 꺼려했다. 무엇보다도 츠비키는 독일인이었던 바데를 나치 동조자라고 모함했다. 츠비키는 윌슨 산 천문대로 올라간 바데에게, 만약 캘리포니아 공과대학교 캠퍼스에 다시 나타나면 죽여버리겠다고 협박한 적도 있었다.

그러나 츠비키는 놀라운 통찰을 보여주기도 했다. 1930년대 초반에 그는 천문학자들이 오랫동안 해결하지 못했던 문제에 관심을 가지게 되었다. 그때까지만 하더라도, 예상할 수 없는 곳에 가끔 새로운 별이 나타나는 현상을 설명할 수 없었다. 그는 별나게도 중성자中性子, neutron가 문제 해결의 핵심일 것이라는 생각을 했다. 얼마 전에 영국의 제임스 채드윅이 발견한 새로운 아원자亞原子 입자인 중성자가 큰 관심을 받고 있기도 했다. 그는 만약 별이 원자핵 정도의 밀도로 수축되면 상상하기 어려울 정도로 압축된 상태가 될 것이라고 생각했다. 원자들이 문자 그대로 압착되고, 전자도 원자핵에 밀려 들어가서 중성자가 만들어진다. 그렇게 되면 중성자별이 생겨난다. 무거운 포탄 100만 개가 조약돌 정도로 압축되었다고 상상해보면 된다. 물론 그 정도로도 충분하지 않다. 중성자별의 중심은 밀도가 대단히 커서, 한 숟가락 정도면 대략 5,000억 킬로그램이나 된다. 한 숟가락이 그 정도라는 말이다! 그뿐이 아니다. 츠비키는 별이 그렇게 수축되면, 엄청난 에너지가 남아서 우주에서 가장 큰 폭발이 일어난다는 사실을 인식했다. 그는 그렇게 생기는 폭발을 초신성이라고 불렀다. 그것은 창조의 과정에서 가장 큰 규모의 사건일 것이고, 실제로도 그렇다.

1934년 1월 15일에 발간된 「피지컬 리뷰Physical Review」라는 학술지에는 한 달 전에 츠비키와 바데가 스탠퍼드 대학교에서 발표한 초록이 실렸다. 24줄의 한 문단으로 된 짧은 초록에는 엄청나고 새로운 과학이 담겨 있었다. 그들은 초신성과 중성자별에 대한 최초의 논문에서 중성자별의 형성 과정을 확실하게 설명했고, 폭발의 규모도 정확하게 예측했으며, 덧붙여서 당시 우주에 가득 차 있는 것으로 밝혀진 우주선[†]이라는 신비로운 현상이 초신성 폭발 때문이라는 결론도 얻었다. 그런 주장은 아무리 양보를 하더라도 혁명적인 것이었다. 중성자별이 실제로 확인된 것은 그로부터 34년이 지난 후였고, 훨씬 더 오래 전에 확인된 우주선은 여전히 잘 이해되지 못하고 있다. 천체물리학자이자 노벨상 수상자인 킵 S. 손[*]의 말에 따르면, 그 초록은 "물리학과 천문학의 역사에서 가장 높은 수준의 선견지명이 담긴 논문이었다."

흥미롭게도 츠비키는 그런 일이 왜 일어나는지에 대해서는 거의 아무것도 이해하지 못했다. 손에 의하면, "그는 물리학 법칙을 잘 몰랐기 때문에 그 자신의 생각을 증명할 수 없었다." 츠비키의 재능은 거대한 생각을 하는 데에 있었다. 수학적인 문제는 바데와 같은 다른 사람들의 몫이었다.

츠비키는 우주에 존재하는 물질의 양이 지금과 같은 은하가 존재하기에는 충분하지 못했기 때문에 다른 형태의 중력이 있어야만 한다는 사실을 처음으로 인식했다. 오늘날 우리는 그런 중력을 암흑 물질dark matter이라고 부른다. 그러나 츠비키는 중성자별이 충분히 수축되면 그 밀도가 너무 커져서 빛마저도 그 중력을 빠져 나오지 못한다는 사실은 몰랐다. 그것이 바로 블랙홀black hole이다. 불행하게도 동료들은 츠비키를 외면했고 그의 새로운 주장에 흥미를 보이지 않았다. 5년 후에 중성자별에 대한 유명한 논문을 발표한 위대한 로버트 오펜하이머도 츠비키의 업적에 관해서는 한마디도 언급하지 않았다. 츠비키가 몇 년 전부터 같은 건물에서 그 문제와 씨름하고 있었는데도 말이다. 암흑 물질의 존재를 예측했던 츠비키의 주장에는 거의 40년 동안 아무도 관심을 가지지 않았다. 그동안 츠비키는 열심히 팔굽혀펴기

[†] 1925년 시카고 대학교의 로버트 밀리컨이 처음 제시한 우주선(宇宙線, cosmic ray)은 사실 광선을 뜻하는 선(線)이 전혀 아니라 거의 빛의 속도로 움직이는 전하를 가진 입자이다. 잘못된 것이었지만 그 이름은 계속 사용되고 있다(과학에서 이런 일이 흔하지는 않다). 우주선이 생명과 지구의 기후에 어느 정도 영향을 미치는지에 대해서는 여전히 논란이 계속되고 있다.

[*] 라이고(LIGO) 프로젝트를 통해서 중력파 검출에 기여한 공로로 2017년 노벨 물리학상을 수상했다. 영화「인터스텔라」의 이론적 토대를 제공한 과학자로도 유명하다.

를 했을 것이라고 짐작할 수 있을 뿐이다.

우리가 머리를 들면 볼 수 있는 하늘은 우주에서 놀라울 정도로 작은 일부에 지나지 않는다. 지구에서 맨눈으로 볼 수 있는 별은 모두 합쳐서 6,000개 정도이고, 그중에서도 한곳에 서서 볼 수 있는 것은 2,000개 정도뿐이다. 한곳에서 쌍안경을 이용하면 5만 개 정도의 별을 볼 수 있고, 5센티미터의 소형 망원경을 사용하면 30만 개 정도를 볼 수 있다. 에번스가 쓰는 것과 같은 40센티미터 망원경을 사용하면, 별의 수가 아니라 은하의 수를 세게 된다. 에번스는 집 마당에서 5만에서 10만 개 정도의 은하를 볼 수 있고 각각의 은하에는 수백억 개의 별이 있다고 나에게 말해주었다. 그런 숫자는 모두 믿을 만한 것이지만, 그렇다고 해도 초신성은 지극히 드물게 나타난다. 별은 수십억 년 동안 타다가 한순간에 빠르게 죽지만, 폭발하는 별은 매우 드물다. 대부분은 새벽에 장작불이 꺼지듯이 조용히 사라진다. 수천억 개의 별들로 이루어진 대부분의 은하에서도 초신성 폭발은 200년에서 300년에 한 번 정도 일어난다. 그러므로 초신성을 찾으려는 노력은 엠파이어스테이트 빌딩의 전망대에 올라서서 망원경으로 맨해튼을 둘러보면서 스물한 살 생일 케이크에 촛불을 켜는 사람을 찾아내는 것과 같다.

그래서 초신성을 찾아내는 데에 유용한 지침서를 만들고 싶다는 꿈에 부푼 조용한 말씨의 목사를 천문학자들이 정신 나간 사람으로 여겼던 것은 당연했다. 에번스는 당시 아마추어 천문가에게는 상당한 규모였지만 본격적인 관측용으로는 어림도 없었던 25센티미터 망원경으로 우주에서 아주 드물게 일어나는 현상을 찾아보겠다고 나선 것이었다. 에번스가 관찰을 시작했던 1980년에 천문학계에서 알려진 초신성의 수는 채 60개도 되지 않았다.

그러나 에번스에게는 장점이 있었다. 대부분의 천문학자들도 다른 사람들처럼 북반구에 살고 있었기 때문에, 그는 남반구의 하늘을 전부 독차지할 수 있었다. 특히 처음에는 그랬다. 더욱이 그는 재빠르게 움직였을 뿐 아니라 놀라운 기억력도 가지고 있었다. 대형 망원경은 조작하기가 어려워서 망원경을 제 위치로 고정하려면 많은 시간을 써야 한다. 그러나 에번스는 자신의 40센티미터 망원경을 결투에 나선 사수처럼 마음대로 돌릴 수 있었기 때문에 몇 초 만에 다른 곳을 살필 수 있었다. 그는 하룻밤에 400개의 은하를 관찰할 수 있었다. 반면, 대형 망원경을 사용하는 경우에는 50-60개를 관찰하면 다행이었다.

초신성을 찾아내는 일은 그것을 찾지 않으려는 노력과도 비슷하다. 그는 1980년부터 1996년까지 한 해 평균 2개씩 초신성을 찾아냈다. 수백 일 동안 하늘을 찾아헤맨 것에 비하면 형편없는 성과라고 할 수도 있었다. 15일 동안 3개를 찾은 적도 있었지만, 3년 동안 하나도 찾지 못했던 때도 있었다.

"사실 아무것도 찾지 못하는 것도 가치가 있었습니다." 그의 설명이었다. "그런 경험은 은하가 진화하는 속도를 알아내는 데에 도움이 됩니다. 증거가 없는 것이 그대로 증거가 되는 드문 경우랍니다."

그는 망원경 옆에 있는 탁자에 놓아두었던 사진과 논문을 보여주었다. 에번스의 자료는 먼 곳의 성운과 정교하고 찬란하게 빛나는 천체를 찍은 유명한 천문학 잡지의 컬러 사진과는 비교가 되지 않았다. 그저 후광이 비치는 작은 점들이 흩어져 있는 흑백사진에 불과했다. 나에게 보여준 한 장의 사진에는 가까이에 대고 보아야만 구별이 가능한, 희미하게 빛나는 별무리가 찍혀 있었다. 에번스는 그것이 천문학에서 NGC1365라고 알려진 은하에 속한 화로 자리라는 별자리의 모습이라고 설명해주었다(NGC는 그런 정보들이 수록된 "신규 일반 목록"*을 뜻한다. 한때는 더블린에서 두꺼운 책으로 발간되었지만, 오늘날에는 물론 데이터베이스로 정리되어 있다). 장엄하게 죽어가는 별에서 방출된 빛이 6,000만 년 동안 고요한 우주 공간을 달려와서, 2001년 8월 어느 날 밤하늘에 반짝이는 작은 별빛의 형태로 지구에 도달했다. 물론 그것을 발견한 사람은 유칼립투스 향기에 젖은 언덕에 있던 로

---

* New General Catalogue, 1888년 덴마크의 천문학자 욘 드레이어가 편집했던 천체 목록.

버트 에번스였다.

에번스에 따르면, "나는 우주 공간을 통해서 수백만 년을 지나온 빛이 지구에 도착하는 순간에 누군가가 하늘의 바로 그곳을 쳐다보고 있다가 그것을 발견한다는 생각만으로도 아주 만족합니다. 그런 정도의 사건이라면 당연히 누군가가 지켜보고 있어야겠지요."

초신성은 단순히 신기한 것 이상의 가치가 있다. 초신성에는 (에번스에 의해서 밝혀진 것을 포함하여) 여러 형태가 있고, 그중에서도 Ia형이라고 알려진 특별한 초신성은 언제나 같은 방법, 같은 임계 질량으로 폭발하기 때문에 천문학적으로 매우 중요하다. 이 초신성은 우주의 팽창 속도를 측정하는 "표준 촛불"로 활용할 수 있다. 표준 촛불은 다른 별의 밝기(따라서 상대적 거리)를 측정하고, 따라서 우주의 팽창 속도를 측정하는 기준이 되는 별이다. 초신성은 또한 2015년에 천체물리학자들이 처음 검출해서 환호했던 중력파gravitational wave의 중요한 발생원이기도 하다. 중력파에 대해서는 앞으로 조금 더 설명할 것이다.

1987년 캘리포니아 주에 있는 로런스 버클리 연구소의 솔 펄머터는 눈으로 찾아낼 수 있는 것보다 훨씬 더 많은 Ia형 초신성이 필요하다고 생각하고, 초신성을 찾아내는 체계적인 방법을 확립하는 일을 시작했다. 펄머터는 일종의 최고급 디지털 카메라인 전하 결합 소자와 복잡하게 연결된 컴퓨터로 구성된 멋진 측정장치를 만들었다. 그리고 그 장치로 초신성을 발견하는 작업을 자동화했다. 이제는 컴퓨터가 망원경으로 찍은 수천 장의 사진에서 초신성 폭발에 해당하는 밝은 점을 찾아준다. 버클리의 펄머터 연구진은 새로운 기술을 이용해서 5년 만에 무려 42개의 새로운 초신성을 찾아냈다. "전하 결합 소자를 이용하면, 망원경을 맞춰놓고 들어가서 텔레비전을 볼 수도 있습니다." 에번스가 불만스러운 듯이 말했다. "이제 초신성을 찾아내는 일에서도 낭만이 사라져버렸어요."

나는 그에게 새로운 기술을 사용할 생각이 있느냐고 물어보았다.

"아니요." 그의 대답이었다. "나는 내 방식을 훨씬 더 좋아합니다." 그는 웃으면서 자신이 가장 최근에 발견한 초신성 사진을 바라보았다. "아직도 가끔은 그들을 이길 수 있답니다."

로버트 에번스는 2022년 11월 8일에 여든다섯의 나이로 사망했다. 그가 47개의 초신성을 발견했다는 기록은 앞으로도 깨기 어려울 것이다.

"만약 가까운 곳에서 별이 폭발하면 어떻게 될까?"라는 의문은 당연한 것이다. 앞에서 살펴본 것처럼, 우리에게 가장 가까이 있는 별은 4.3광년 떨어진 알파 켄타우리이다. 만약 그 별에서 폭발이 일어난다면, 4.3년 후에는 거대한 깡통이 쓰러지는 것과도 같은 멋진 장관을 볼 수 있을 것이라고 생각하기 쉽다. 그러나 그런 폭발의 영향이 우리에게 도달하면 살이 모조리 타버릴 것이라는 사실을 알면서도 4년 4개월 동안 다가오는 재앙을 지켜보고만 있다면 어떤 기분일까? 그래도 사람들은 여전히 평소처럼 일하러 갈까? 농부는 씨를 뿌릴까? 상점의 점원은 배달을 해줄까?

몇 주일 후에 뉴햄프셔 주로 돌아온 나는 다트머스 대학교의 천문학자인 존 소스텐슨에게 그런 질문을 해보았다. 그는 웃으면서 대답했다. "아닙니다. 그런 소식이 빛의 속도로 전해지는 것처럼, 그 파괴력 역시 빛의 속도로 전해집니다. 그러니까 우리는 그 소식을 알게 되는 순간에 모두 죽게 될 겁니다. 그렇지만 그런 일은 일어나지 않을 테니 걱정할 필요는 없습니다."

그의 설명에 따르면 초신성 폭발이 우리를 직접 죽이려면 "놀라울 정도로 가까운 곳", 대략 10광년 이내에서 일어나야 한다. "우리에게 위험한 것은 우주선을 비롯한 여러 가지 복사선輻射線입니다." 그런 복사선은 기막힌 오로라를 만들어서 하늘 전체를 무시무시한 빛으로 가득 채울 것이다. 즐거운 일은 아니다. 그런 장관을 자아낼 정도라면, 자외선을 비롯한 우주의 공격으로부터 지구를 보호해주는 높은 곳의 자기층磁氣層도 완전히 파괴할 것이기 때문이다. 자기층이 없어지고 난 후에 햇빛을 쬐면 곧바로 타버린 피자가 되고 말 것이다.

소스텐슨의 설명에 의하면, 초신성 폭발이 일어나려면 특별한 종류의 별이 필요하기 때문에 우리에게는 그런 일이 일어나지 않을 것이라고 확신할 수 있다. 그런 별은 적어도 우리의 태양보다 10−20배 정도 더 커야 하지만, "우리 주변에는 그런 정도의 크기를 가진 별이 없다. 우주는 정말 놀라울 정도로 큰 곳이다." 가장 가까이 있는 후보는 오리온 자리에서 가장 밝은 별인 베텔기우스이다. 지난 몇 년 동안의 관측 결과에 따르면, 그곳에서 흥미로울 정도로 불안정한 일이 벌어지고 있는 것으로 보인다. 그러나 베텔기우스는 걱정할 필요가 없다. 그 별은 642.5광년이나 떨어져 있다.

맨눈으로 볼 수 있을 정도로 가까이에서 일어났던 초신성 폭발에 대한 기록은 대여섯 차례뿐이다. 1054년의 폭발로 게 성운이 만들어진 것이 그중 하나였다. 1604년에 일어났던 초신성 폭발은 낮에도 볼 수 있을 정도의 밝은 상태로 3주일 이상 계속되었다. 가장 최근에는 대大마젤란 성운으로 알려진 곳에서 폭발이 일어났는데, 남반부에서만 겨우 볼 수 있었다. 그 폭발은 16만9,000광년이나 떨어진 곳에서 일어났기 때문에 우리에게는 아무런 영향이 없었다.

초신성은 다른 핵심적인 의미에서 우리에게 매우 중요하다. 그런 폭발이 없었다면, 우리도 이곳에 존재할 수 없었을 것이다. 첫 장의 마지막에 수수께끼처럼 설명했던 이야기를 기억할 것이다. 즉 빅뱅에서 가벼운 원소는 많이 생겼지만, 무거운 원소는 만들어지지 않았다. 그런 원소는 훨씬 후에 만들어졌지만, 오랫동안 아무도 그런 원소가 어떻게 만들어지게 되었는지를 알아낼 수 없었다. 우리가 존재하려면 반드시 있어야 하는 탄소나 철과 같은 원소가 만들어지기 위해서는 가장 뜨거운 별의 중심보다도 더 뜨거운, 정말 뜨거운 것이 필요하다. 초신성이 바로 그 해답이었다. 그 사실을 밝혀낸 사람은 츠비키만큼 독특한 개성을 가지고 있었던 영국의 우주론 학자였다.

그는 요크셔 출신으로 2001년에 사망했을 당시 「네이처Nature」에 실린 추모사의 표현처럼 "우주론 학자였으며 논쟁가"였던 프레드 호일이었다. 「네이처」의 추모사에 따르면, 그는 "평생을 논쟁에 휩싸여 살면서 명성을 망치고 말았다." 예를 들면, 그는 아무런 증거도 없이 자연사 박물관이 귀중하게 소장 중이던 시조새 화석을 필트다운 사건*처럼 조작된 것이라고 주장했다. 박물관의 화석학자들은 며칠 동안 전 세계에서 걸려오는 기자들의 전화를 받느라고 고생해야만 했다. 그는 또한 지구의 생명은 물론이고 독감이나 선腺페스트와 같은 질병도 우주에서 전해졌다고 주장하기도 했다. 그는 사람의 코가 앞으로 튀어나오고, 콧구멍이 아래쪽을 향하게 된 것도 우주에서 떨어지는 병원균을 피하기 위해서라고 주장했다.

1949년의 라디오 방송에서 비웃듯이 "빅뱅Big Bang"이라는 말을 처음 만든 사람도 바로 그였다. 그는 우리가 알고 있는 물리학으로는 한곳에 모여 있던 모든 것이 왜 갑자기, 그리고 그렇게 극적으로 팽창하기 시작했는지를 설명할 수 없다는 사실을 지적했다. 호일은 우주가 끊임없이 팽창하며 그 과정에서 새로운 물질이 끊임없이 생겨난다는 정상상태steady-state 이론을 더 좋아했다. 호일은 만약 별이 속으로 터져버린다면, 핵물리학에서 밝혀진 과정들 때문에 무거운 원소의 합성이 시작되기에 충분한 1억 도가 넘는 온도에 도달할 수 있는 엄청난 양의 열이 방출될 수 있다는 사실도 지적했다. 호일은 1957년에 다른 사람들과의 공동 연구를 통해서 초신성 폭발에서 어떻게 무거운 원소가 생성될 수 있는지를 밝혀냈다. 그의 동료였던 W. A. 파울러는 그 업적으로 1983년 노벨상을 받았다. 그러나 안타깝게도 호일은 노벨상을 받지 못했다.

호일의 이론에 의하면, 폭발하는 별은 엄청난 양의 열을 방출해서 모든 새로운 무거운 원소를 만들고, 그렇게 만들어진 원소는 우주로 흩어져서 성간매질interstellar medium이라고 알려진 기체 상태의 구름을 형성한다. 그리고

---

* 1912년 영국 필트다운에서 발굴된 유골이 현생 인류의 조상일 것이라고 해서 관심을 모았으나, 조작된 것으로 1954년에 밝혀졌던 사건.

성간 물질은 결국 서로 뭉쳐져서 새로운 태양계가 태어난다. 그의 새로운 이론 덕분에 마침내 우리가 어떻게 태어나게 되었는지에 대한, 가능성이 높은 시나리오를 구성할 수 있게 되었다. 우리가 알고 있다고 생각하는 것은 대략 다음과 같다.

약 46억 년 전에 지금 우리가 있는 곳에서 지름이 약 240억 킬로미터 정도인 거대한 기체와 먼지 덩어리의 소용돌이가 뭉쳐지기 시작했다. 태양계에 존재하는 질량의 99.9퍼센트도 함께 뭉쳐져서 태양이 되었다. 남아서 떠돌아다니던 물질 중에서 아주 가까이 있던 2개의 아주 작은 알갱이가 정전기 힘에 의해서 합쳐졌다. 그것이 우리의 행성이 잉태되는 순간이었다. 미완성의 태양계 전체에서 그런 일이 벌어지고 있었다. 서로 충돌한 먼지 입자들은 점점 더 큰 덩어리로 뭉쳐졌다. 마침내 덩어리가 미행성체微行星體라고 부를 정도로 커졌다. 그런 미행성체들이 끊임없이 서로 부딪히고, 충돌하는 과정에서 멋대로 부서지거나 합쳐지기도 했다. 그러나 그런 일이 일어날 때마다 승자와 패자가 생겼다. 승자는 점점 더 커져서 자신이 움직이는 궤도를 지배하기 시작했다.

그런 일은 놀라울 정도로 빠르게 진행되었다. 작은 먼지 알갱이에서 지름이 수백 킬로미터인 작은 행성이 만들어지기까지 몇만 년 정도의 시간이 걸렸을 뿐이다. 대략 2억 년이 채 되지 않는 기간에 지구가 만들어졌다. 여전히 녹은 상태였던 지구는 주변에 떠다니는 파편과 끊임없이 충돌했다.

대략 그런 상태였던 약 44억 년 전에 화성 정도의 크기를 가진 천체가 지구에 충돌하면서 흩어진 파편에서 달이 만들어지기 시작했다. 떨어져 나간 물질은 몇 주일 만에 하나의 덩어리로 다시 뭉쳐졌고, 1년도 되지 않아서 지금까지 우리와 함께 지내고 있는 공 모양의 암석 덩어리가 완성되었다. 달의 물질 대부분은 지구의 중심이 아니라 표면에서 떨어져 나간 것들로 구성된 듯하다. 그래서 달에는 지구와 달리 철이 많지 않다. 이런 이론은 최근에 밝혀진 것처럼 알려졌지만, 사실은 1940년대에 하버드 대학교의 레지널드 데일리가 처음 제안했다. 유일하게 최근에 일어난 일은 사람들이 그의 이론에 관심을 가지게 되었다는 것뿐이다.

대부분 이산화탄소, 질소, 메탄, 황으로 이루어진 대기가 처음 만들어지기 시작한 것은 지구가 지금 크기의 3분의 1 정도 되었을 때였다. 생명과 관련이 있다고 상상하기 어려운 물질들로 만들어진 대기였지만, 실제로 생명은 그런 유독한 혼합물로부터 생겨났다. 이산화탄소는 강력한 온실 기체*이다. 그 당시에는 태양이 지금처럼 뜨겁지 않았기 때문에 정말 다행스러운 일이었다. 그런 온실 효과가 아니었다면, 당시의 지구는 영원히 얼어붙었을 것이고, 생명은 발을 붙일 수 없었을 것이다. 그렇게 해서 마침내 생명이 시작되었다.

다음 5억 년 동안 어린 지구에는 혜성과 운석과 다른 천체의 파편들이 끊임없이 쏟아졌고, 그 덕분에 바다를 채울 물과 생명이 탄생하는 데에 필요했던 성분이 만들어졌다. 지독하게 혹독한 환경이었지만, 어쨌든 생명은 시작되었다. 화합물의 작은 덩어리가 꿈틀거리더니 스스로 움직이기 시작했다. 우리가 생겨나기 시작한 것이다.

그로부터 40억 년이 흐른 지금 우리는 그런 일이 어떻게 일어났는지를 궁금해하기 시작했다. 다음에는 바로 그 문제를 알아보기로 하자.

---

* 적외선을 쉽게 흡수해서 행성에서 방출되는 복사열이 바깥으로 빠져나가지 못하게 해주는 대기의 구성 물질.

제2부

지구의 크기

제4장
사물의 크기

지금까지 이루어진 과학 탐사 중에서 1735년 프랑스 왕립 과학원의 페루 탐사만큼 엉망이었던 사례는 찾기 어려울 것이다. 수문학자水文學者 피에르 부게와 군인 출신의 수학자 샤를 마리 드 라 콩다민이 이끌었던 과학자와 탐험가로 구성된 탐사단은 안데스 지역에서의 삼각측량을 위해서 페루로 파견되었다.

당시 사람들은 지구를 자세하게 알고 싶다는 강한 욕망에 사로잡혀 있었다. 지구가 얼마나 오래되었고, 얼마나 무거우며, 우주의 어느 곳에 있고, 어떻게 지금의 상태가 되었는지에 대해서 알고 싶어했다. 프랑스 탐사단의 목표는 지구 둘레의 360분의 1에 해당하는 자오선 1도의 길이를 측정하여 지구 둘레에 대한 의문을 해결하는 것이었다. 그들이 측정하고자 했던 곳은 키토 부근의 야로키에서 지금의 에콰도르에 있는 쿠엥카에 이르는 직선거리로, 대략 320킬로미터 정도의 지역이었다.†

---

† 그들이 선택한 삼각측량법은 당시에 유행하던 방법으로, 삼각형의 한 변과 두 내각으로부터 자리에 앉아서 다른 길이를 모두 알아낼 수 있다는 기하학적 사실을 근거로 한 것이다. 예를 들면, 우리가 달까지의 거리를 알고 싶다고 해보자. 삼각측량법을 이용하려면, 우리 두 사람 사이에 어느 정도의 거리가 필요하다. 논의를 위해서 당신은 파리에 있고, 나는 모스크바로 가서 두 사람이 함께 같은 시각에 달을 쳐다본다. 두 사람과 달을 직선으로 연결하면 삼각

작업에 착수하자마자 일이 잘못되기 시작했고, 때로는 엄청나게 잘못되기도 했다. 알 수 없는 이유로 키토의 주민들을 자극한 탓에 돌로 무장한 주민들에게 쫓겨나기도 했다. 탐사단의 일원이었던 의사가 여자 문제로 인한 오해 때문에 살해되기도 했고, 식물학자가 미쳐버리기도 했다. 고열과 추락 사고로 사망한 대원도 있었다. 탐사단에서 서열 3위였던 장 고댕은 열세 살 소녀와 달아났고, 아무리 설득해도 돌아오지 않았다.

라 콩다민이 정부의 허가를 받기 위해서 리마에 가 있는 8개월 동안 탐사 작업을 중단했던 적도 있었다. 결국은 서로 말도 하지 않는 사이가 되어버린 라 콩다민과 부게는 함께 일할 수 없을 지경에 이르렀다. 지친 탐사단이 가는 곳마다 관리들은 프랑스 과학자들이 지구의 크기를 측정하려고 지구를 반 바퀴나 돌아왔다는 사실을 믿으려고 하지 않았다. 그들에게는 도대체 말이 되지 않는 이야기였다. 실제로 250년이나 지난 오늘날에도 상당히 이상하게 보이는 일이다. 그런 측정을 왜 프랑스에서 하지 않고, 많은 문제와 불편함을 감수하고 안데스까지 왔다는 말인가?

그 이유로, 18세기 과학자들, 특히 프랑스 과학자들이 단순한 방법보다는 우스꽝스러울 정도로 힘든 방법을 좋아했다는 점을 들 수 있다. 거기에 더해 프랑스 탐사단이 출발하기 훨씬 전에 영국의 천문학자 에드먼드 핼리가 제기한 현실적인 문제도 있었다. 부게와 라 콩다민이 굳이 남아메리카로 가야겠다는 꿈을 꾸기 훨씬 전의 일이었다.

핼리는 독특한 사람이었다. 그는 평생 선장, 지도 제작자, 옥스퍼드 대학

형이 된다. 당신과 나 사이의 거리와 함께 달을 바라보는 각도를 측정하면 나머지는 쉽게 계산할 수 있다(삼각형의 내각의 합은 언제나 180도이기 때문에, 두 개의 내각을 알면 나머지 내각의 크기도 바로 알 수 있고, 삼각형의 정확한 모양을 알고 나면, 한 변의 길이로부터 나머지 두 변의 길이도 쉽게 계산할 수 있다). 이 방법은 사실 기원전 150년에 그리스의 천문학자 니케아의 히파르코스가 지구와 달 사이의 거리를 알아내기 위해서 사용한 방법이었다. 지구상에서의 삼각측량법은 삼각형이 우주 공간을 향하지 않고 지도 위에 있다는 점을 제외하면 모든 원리가 똑같다. 자오선 1도의 길이를 측정하려면, 측정 기사들이 땅 위에 삼각형을 사슬처럼 이어서 그려야만 한다.

교의 기하학 교수, 왕립 조폐국의 부감사관, 왕립 천문대장, 심해 잠수정 개발자 등 다양한 일에서 성공을 거두었다. 그는 자기학磁氣學, 파도, 행성의 움직임, 아편의 효과 등에 대한 권위 있는 논문을 발표하기도 했다. 그는 최초로 기상도와 보험 통계표를 만들었고, 지구의 나이와 태양으로부터의 거리를 알아내는 방법을 제안하기도 했으며, 생선을 제철이 지난 후까지 신선하게 저장하는 방법을 고안하기도 했다. 흥미롭게도, 그가 하지 않았던 유일한 일이 바로 그의 이름이 붙은 혜성을 발견한 일이었다. 그는 자신이 1682년에 보았던 혜성이 실제로는 다른 사람들이 1456년, 1531년, 1607년에 관찰했던 혜성과 같은 것이라는 사실을 알아냈을 뿐이다. 그 혜성에 핼리의 이름이 붙은 것은 그가 사망하고 16년이 지난 1758년이었다.

그 자신의 업적도 대단했지만, 핼리가 인류에게 남긴 더욱 위대한 업적은 당시 가장 훌륭했던 두 사람과 과학을 두고 했던 작은 내기였다. 한 사람은 처음으로 세포에 대한 설명을 제시한 것으로 널리 알려진 로버트 훅이었고, 다른 한 사람은 유명했던 크리스토퍼 렌 경이었다. 사실 렌은 지금은 잘 알려져 있지 않지만, 건축가로 명성을 얻기 전에 천문학자였다. 1683년 어느 날, 런던에서 저녁 식사를 함께하던 세 사람은 천체의 움직임에 관한 이야기를 하게 되었다. 당시에는 행성이 타원이라고 알려진 일그러진 궤도를 따라 움직인다는 사실이 알려져 있었지만, 그 이유는 알지 못했다. 훗날 리처드 파인먼은 행성의 그런 궤도를 "아주 특별하고 정밀한 곡선"이라고 불렀다. 렌은 그 답을 알아내는 사람에게 2주일 정도의 봉급에 해당하는 40실링의 상금을 주겠다고 제안했다.

남의 아이디어를 마치 자기의 것인 양 주장하는 것으로 유명했던 훅은 자신이 이미 그 문제를 해결했지만, 다른 사람들이 그 문제를 해결하는 만족감을 빼앗기 싫다는 재미있고 창의적인 이유로 내용을 밝히기를 거부했다. 그는 "다른 사람들이 그 가치를 인정할 때까지 당분간 비밀로 해두고 싶다"고 했다. 그가 정말 그 문제에 대해서 생각해본 적이 있었는지는 모르겠지만, 어쨌든 그는 아무런 흔적도 남기지 않았다. 그렇지만 그 문제에 몰두했던 핼리는 그다음 해에 케임브리지까지 가서 루카스 수학 교수였던 아이작 뉴턴에게 과감하게 도움을 청했다.

뉴턴은 정말 이상한 인물이었다. 그는 상상도 할 수 없을 정도로 총명했지만, 혼자 있기를 좋아했다. 아무것에도 흥미를 느끼지 못했고, 편집증에 가까울 정도로 과민했으며, 매우 산만했고, 놀라울 정도로 기이한 행동을 하기도 했다(아침에 갑자기 떠오른 생각을 잊어버리지 않기 위해서 두 발을 흔들면서 몇 시간 동안 침대에 앉아 있었다고도 한다). 그는 케임브리지에 자신의 첫 번째 실험실을 세웠고, 그곳에서 정말 이상한 실험들을 했다. 한번은 가죽을 꿰맬 때 쓰는 긴 바늘을 눈구멍에 넣고 돌리기도 했다. 그저 "안구와 뼈 사이에 가장 깊숙한 곳까지" 바늘을 넣으면 무슨 일이 생기는지 보고 싶다는 이유 때문이었다. 아무 일도 일어나지 않았던 것은 기적이었다. 적어도 오래 지속되는 후유증은 생기지 않았다. 또한 자신의 시각視覺에 어떤 영향을 미치는지를 알아보려고 태양을 참을 수 있는 한 최대한 오랫동안 똑바로 쳐다보기도 했다. 다시 한번 그는 영구적인 손상을 입지는 않았지만, 어두운 방에서 며칠을 지낸 후에야 다행히 시력을 회복할 수 있었다.

그런 이상한 믿음과 변덕스러운 행동은 뉴턴이 기막힌 천재였던 탓이었다. 다만 그는 보통 때에도 기벽을 보였다. 당시 수학의 한계에 불만을 느낀 학생 시절에 이미 그는 완전히 새로운 형태의 수학인 미적분학을 고안했지만, 27년 동안 아무에게도 그런 사실을 밝히지 않았다. 마찬가지로 그는 빛에 대한 우리의 이해를 완전히 바꿔놓았으며 훗날 분광학分光學*이라는 새로운 과학 분야의 바탕이 되었던 광학에서도 중요한 성과를 거두었지만, 역시 30년 동안 아무에게도 그 내용을 말해주지 않았다.

놀라울 정도로 총명했던 그에게 진정한 과학은 그의 관심을 끈 다양한 문

---

* 빛의 흡수와 방출을 이용해서 물질의 정체와 성질을 연구하는 분야.

제들 중의 극히 일부에 지나지 않았다. 그는 적어도 반평생 이상을 연금술과 이상한 종교적인 관심을 해결하기 위해서 노력했다. 단순한 장난이 아니라 진심으로 헌신했다. 그는 성 삼위일체는 존재하지 않는다는 것을 주된 교리로 삼는, 아리우스주의*라는 위험스러울 정도의 이교도 집단을 아무도 모르게 추종하고 있었다(그런 점에서 뉴턴이 케임브리지의 트리니티[삼위일체] 칼리지 소속이었다는 사실이 역설적이다). 그는 솔로몬 왕의 사라진 성전의 설계도를 연구하기도 했고, 원본을 이해하기 위해서 히브리어를 공부하기도 했다. 그런 노력으로 예수 부활과 종말의 날짜를 알아낼 수학적 실마리를 찾을 수 있다고 믿었다. 그는 연금술에도 심취해 있었다. 1936년의 경매에서 뉴턴의 서류 가방을 구입한 경제학자 존 메이너드 케인스는 그 서류의 대부분이 광학이나 행성 운동에 대한 것이 아니라, 일편단심으로 비금속卑金屬을 귀금속으로 변화시키려는 연구에 대한 것임을 발견하고 몹시 놀랐다. 1970년대에 뉴턴의 머리카락을 분석한 결과에서는 수은 함유량이 자연 수준의 40배가 넘는다는 사실도 밝혀졌다. 당시의 수은은 연금술사나 모자나 온도계 제조공 이외에는 아무도 관심이 없던 금속이었다. 그가 아침에 떠올린 생각을 기억하지 못한 것도 당연한 일이었던 셈이다.

1684년 8월에 아무 예고도 없이 뉴턴을 찾아온 핼리가 그에게서 어떤 도움을 받으려고 했는지는 짐작만 할 수 있을 뿐이다. 그러나 뉴턴의 친구였던 아브라함 드무아브르 덕분에 훗날 우리에게는 과학에서 가장 역사적인 만남에 대한 기록이 남았다.

1684년 핼리 박사가 케임브리지를 방문했고, 두 사람이 한참을 이야기한 후에 핼리 박사가 그에게, 만약 태양에 의한 힘이 거리의 제곱에 반비례한다면 행성의 궤도가 어떤 모양이 될 것 같으냐고 물어보았다.

---

* 4세기 초에 알렉산드리아의 사제 아리우스에 의해서 시작된 이단적 그리스도교.

이 질문은 핼리가 정확한 방법은 몰랐지만, 어떤 이유에서인지 문제를 해결하는 핵심일 것이라고 짐작했던 역제곱 법칙inverse square law이라는 수학에 대한 것이었다.

아이작 경은 즉시 타원이 될 것이라고 대답했다. 경탄을 금치 못한 핼리 박사는 그것을 어떻게 알아냈느냐고 물어보았다. "왜 그러십니까? 계산으로 얻은 것입니다"라는 대답을 들은 핼리 박사는 즉시 그 계산 결과를 보여달라고 요구했지만, 아이작 경은 서류 더미에서 그 계산 결과를 찾아낼 수 없었다.

그것은 아주 놀라운 일이었다. 마치 누군가가 암을 고치는 방법을 발견했는데, 그 비법을 적은 서류를 어디에 두었는지 모르겠다고 하는 것과 같았다. 핼리의 추궁을 받은 뉴턴은 다시 계산해서 보여주기로 약속했다. 그는 약속을 지켰을 뿐 아니라, 훨씬 더 많은 일을 했다. 그는 2년 동안 칩거하면서 마침내 『프린키피아Principia』로 더욱 잘 알려진 그의 걸작 『자연철학의 수학적 원리』를 완성했다.

역사에서 인간의 지혜로 찾아내기에는 너무나도 예리하고 예상치 못했던 성과가 이룩된 적이 몇 차례 있었다. 너무 놀라운 성과에 관해서는 그렇게 밝혀진 사실과 그런 사실을 알아낸 사람 중에서 어느 쪽이 더 놀라운지를 가려내지 못하기도 한다. 『프린키피아』가 그런 경우였다. 뉴턴은 그 책 때문에 순식간에 유명인사가 되었다. 그는 남은 일생 동안 엄청난 갈채를 받고 명예를 누렸다. 무엇보다도, 영국에서 처음으로 과학적 업적으로 작위를 받았다. 미적분학의 정립을 둘러싸고 뉴턴과 오랫동안 치열하게 우선권을 다투었던 독일의 위대한 수학자 고트프리트 폰 라이프니츠마저 수학에서 그의 업적은 그 이전의 업적을 모두 합친 것과 같다고 인정했다. "누구보다도 신에게 가까이 간 인물"이라는 핼리의 표현은 당시 사람들은 물론이고 그 이후의 사람들에 의해서 수없이 인용되었다.

뉴턴의 표현에 따르면 "반거들충이"를 따돌리려고 의도적으로 어렵게 썼다는 『프린키피아』는 "어느 책보다도 읽기 어려운 책"으로 알려졌지만, 그 내용을 이해할 수 있는 사람들에게는 등대와도 같은 책이었다. 그 책은 천체의 궤도를 수학적으로 설명해주었고, 천체를 그렇게 움직이도록 만드는 힘인 중력의 개념을 처음으로 소개했다. 갑자기 우주의 모든 움직임을 이해할 수 있게 되었다.

간단히 말해서 『프린키피아』에는 물체는 미는 방향으로 움직이고, 다른 힘때문에 속도가 느려지거나 방향이 바뀌기 전까지는 직선을 따라 일정한 속도로 움직이며, 모든 작용에는 크기가 같고 방향이 반대인 반작용이 있다는 뉴턴의 세 가지 법칙과 중력의 보편적인 법칙이 담겨 있다. 우주의 모든 물체는 다른 것에 의해서 끌리게 된다는 뜻이다. 그렇게 보이지는 않겠지만, 지금 이곳에 앉아 있는 당신도 아주 약한 중력장을 통해서 벽, 천장, 램프, 반려용 고양이를 비롯해 주위에 있는 모든 것을 당신 쪽으로 끌어당기고 있다. 물론 주위의 모든 것도 당신을 끌어당긴다. 파인먼의 표현처럼, 두 물체가 서로를 끌어당기는 정도가 "각각의 질량에 비례하고, 둘 사이 거리의 제곱에 반비례한다"는 사실을 처음 알아낸 사람이 바로 뉴턴이었다. 다시 말해서 두 물체 사이의 거리를 2배로 하면, 둘 사이의 인력은 4배만큼 줄어든다. 그것은 다음과 같은 식으로 표현할 수 있다.

$$F = G\,\frac{Mm}{r^2}$$

물론 여러분이 유용하게 사용할 수 있는 식은 아니지만, 이 식이 멋있을 정도로 단순하다는 사실을 인정할 수는 있을 것이다. 간단한 곱셈과 한 번의 나눗셈만 하면, 당신의 위치에서 중력의 세기를 알 수 있다. 이 식은 실제로 인간이 밝혀낸 최초의 보편적인 자연법칙이고, 뉴턴이 보편적으로 높은 평가를 받는 것도 이 때문이다.

『프린키피아』가 발간되는 과정에 극적인 일이 발생했다. 핼리에게는 골치가 아프게도, 연구가 완성되어갈 무렵에 뉴턴과 훅 사이에 역제곱 법칙의 우선권에 대한 논쟁이 시작되었고, 뉴턴은 첫 두 권을 이해하기 위해서 꼭 필요한 제3권의 출판을 거부했다. 핼리는 고약한 교수를 위해서 바쁘게 오가며 아첨을 떨어서 겨우 제3권을 출판하도록 설득할 수 있었다.

그러나 핼리의 충격은 거기에서 끝나지 않았다. 출판을 약속했던 왕립학회가 재정 문제를 핑계로 갑자기 약속을 취소했다. 1년 전에『어류의 역사 *The History of Fishes*』라는 값비싼 실패작을 내놓았던 왕립학회는 수학 법칙에 관한 책이 시장에서 성공할 수 없으리라는 판단을 내렸다. 핼리는 재산이 그렇게 많지는 않았지만, 어쩔 수 없이 출판 비용을 자비로 지불해야 했다. 당시의 관습에 따라 뉴턴은 한 푼도 내지 않았다. 더욱 고약하게도, 당시 핼리는 왕립학회의 서기직을 수락했지만 왕립학회로부터 재정 문제 때문에 약속했던 연봉 50파운드를 줄 수 없게 되었다는 통보를 받았다. 왕립학회는 연봉 대신『어류의 역사』를 주겠다는 제안을 했다.

뉴턴 법칙은 파도의 출렁임과 행성의 움직임, 포탄이 지면에 떨어지기까지의 정확한 궤적, 시속 수백 킬로미터의 속도로 돌고 있는 지구 위에 서 있는 우리가 우주로 튕겨 나가지 않는 이유† 등을 비롯해서 많은 문제를 해결해주었다. 뉴턴 법칙의 의미가 완전히 받아들여지기까지는 상당한 시간이 걸렸다. 그러나 한 가지 사실에 대해서는 곧바로 논란이 시작되었다.

바로 지구가 정확하게 둥글지 않다는 주장이 문제였다. 뉴턴의 이론에 따르면, 지구 회전에 의한 원심력 때문에 지구는 극지방이 조금 납작하고 적도지방이 약간 부푼 모양이어야만 한다. 그렇다면 이탈리아와 스코틀랜드에서 자오선 1도 사이의 거리도 조금씩 달라야 한다. 더 구체적으로 말하면, 1

---

† 당신이 얼마나 빠르게 회전하고 있는지는 당신이 어디에 있는지에 따라서 달라진다. 지구의 회전 속도는 적도에서는 시속 1,600킬로미터이고, 극지방에서는 0이 된다. 런던에서는 회전 속도가 시속 998킬로미터이다.

도 사이의 거리는 극지방에서 멀어질수록 줄어들어야 한다. 지구가 완전한 공 모양이라는 당시 모든 사람이 믿고 있던 가정을 근거로 지구의 크기를 측정하려고 애쓰던 사람들에게는 반갑지 않은 소식이었다.

사람들은 정확한 측정을 통해서 지구의 크기를 알아내려고 이미 반세기 동안 노력하고 있었다. 그런 시도를 처음 했던 사람 중 한 명은 영국의 수학자 리처드 노우드였다. 젊은 시절의 노우드는 버뮤다에서 핼리의 장치를 흉내 낸 잠수정을 이용해서 바다 밑의 진주를 건져 돈을 벌어보려고 했다. 버뮤다에는 진주가 없었기 때문에 그런 시도는 당연히 실패했지만, 그보다도 노우드의 잠수정이 제대로 작동하지 않았다. 그러나 노우드는 그런 경험을 그대로 버릴 사람이 아니었다. 17세기 초의 버뮤다는 선장들에게 정확한 위치를 알아내기 어려운 곳으로 유명했다. 넓은 바다에서 작은 버뮤다의 위치를 정확하게 알아내는 일은 당시의 항해기술로는 절망적인 일이었다. 해리 海里*라는 개념도 정확하게 정립되지 않았던 때였다. 넓은 바다에서 계산을 조금만 잘못해도 버뮤다 크기의 목표물로부터 놀랄 정도로 크게 빗나갔다.

처음부터 삼각함수와 각도에 관심이 많았던 노우드는 수학적인 방법을 이용해 항해술을 발전시키기 위해서 1도 사이의 거리를 정확하게 측정하려는 노력을 시작했다.

노우드는 런던 탑에서 요크까지의 약 330킬로미터를 2년에 걸쳐 걸어가면서, 반복적으로 줄의 길이를 측정했다. 물론 지표면의 굴곡과 길의 굽어진 정도도 아주 정밀하게 보정했다. 마지막 단계는 런던에서 처음 출발했던 날과 같은 날, 같은 시각에 요크에서 태양을 바라보는 각도를 측정하는 일이었다. 그는 그런 자료를 이용하면 지구 자오선 1도 사이의 거리를 측정할 수 있고, 그것으로부터 지구 전체의 둘레를 계산할 수 있다고 믿었다. 그의 작업은 우스꽝스러울 정도로 거창한 것이었다. 조금만 틀리더라도 결과는 몇

---

* 영국의 천문학자 E. 건터의 제안으로 17세기부터 바다에서의 거리를 나타내기 위해서 사용한 단위이다. 위도 1분의 평균 거리로, 1929년의 국제 수로회의에서 1,852미터로 통일했다.

킬로미터나 오류가 생기는데, 놀랍게도 노우드는 자신의 측정이 "나무 부스러기 정도"의 오차로 정확하다고 자랑스럽게 발표했다. 실제로 548미터 정도의 오차가 있었다. 그의 결과를 미터 단위로 표시하면, 1도 사이의 거리는 110.72킬로미터이다.

노우드의 걸작으로 1637년에 발간된 『선원 실무*The Seaman's Practice*』는 곧바로 큰 인기를 끌었다. 모두 17판이 출판되었고, 그가 사망하고 25년이 지난 후에도 계속 출판되었다. 가족과 함께 버뮤다로 되돌아간 노우드는 농장주로 성공을 거뒀고, 여가 시간에는 처음부터 좋아했던 삼각함수를 공부했다. 그는 버뮤다에서 38년을 살았다. 행복하고 즐겁게 살 수도 있었겠지만, 사실은 그렇지 못했다. 영국에서 버뮤다로 가는 배에서 그의 두 아들은 너새니얼 화이트라는 목사와 같은 선실을 사용했는데, 무슨 일이 있었는지 젊은 교구 목사는 가능한 모든 방법으로 노우드 가족을 괴롭히는 일에 평생 전력을 다했다.

노우드의 두 딸도 결혼에 실패해서 아버지에게 고통을 주었다. 사위 중 한 사람은 목사의 사주를 받았는지, 사소한 일로 끊임없이 노우드에게 소송을 제기했다. 그는 법정에 출두하기 위해서 버뮤다를 건너다니는 일을 계속해야만 했다. 1650년대의 버뮤다에서는 마녀재판이 성행했다. 말년의 노우드는 비밀스러운 기호가 가득한 삼각함수에 대한 서류들이 마귀와 교신했다는 증거가 되어 처참하게 처형당할 것이라는 두려움에 떨면서 살아야 했다. 말년의 불행했던 그의 삶에 대해서는 구체적으로 알려진 사실이 거의 없다. 확실한 것은 노우드가 그들에게 복수를 했다는 것이다.

그런 일이 일어나는 동안 지구의 둘레를 측정하려는 열풍은 프랑스로 번져갔다. 그곳에서는 천문학자 장 피카르가 사분의四分儀,* 추시계, 천정의天頂儀** 그리고 (목성의 위성의 움직임을 관측하기 위해서 만든) 망원경을 이

---

* 0에서 90도까지의 눈금을 이용해서 별의 위치를 측정하는 기구.
** 수직회전축, 수평회전축, 망원경의 축을 이용해서 별의 위치를 측정했던 기구.

용해서 놀라울 정도로 복잡한 삼각측량법을 개발했다. 2년 동안 프랑스를 돌아다니면서 삼각측량을 했던 그는 1669년에 1도 사이의 거리가 110.46킬로미터라는 더 정확한 측정 결과를 발표했다. 프랑스 사람들이 매우 자랑스럽게 여겼던 그 결과는 물론 지구가 완전한 공 모양이라는 가정을 근거로 한 것이었다. 그런 상황에서 갑자기 뉴턴이 지구가 완전한 구가 아니라고 주장한 것이다.

그런데 피카르가 사망한 후에, 아버지와 아들인 조반니와 자크 카시니가 더 넓은 지역에서 피카르의 측정을 반복해본 결과, 거꾸로 지구의 적도가 아니라 극지방이 더 불룩한 것으로 밝혀지면서 문제는 더욱 복잡해졌다. 그들의 결과에 따르면, 뉴턴의 주장은 확실히 틀렸다. 프랑스 과학원이 부게와 라 콩다민을 남아메리카로 파견해서 새로운 측정을 시도했던 것은 바로 그 때문이었다.

그들은 지구의 구 모양에 정말 차이가 있는지를 확인하기 위해서 적도에서 가까운 안데스 지역을 선택했다. 산악 지역에서는 더 넓은 시야를 확보할 수 있다고 생각했다. 그러나 실제로 페루의 산악 지방에는 안개가 끼는 날이 많았기 때문에, 탐사단은 몇 주일을 기다려서 겨우 1시간 정도 측정을 할 수 있었다. 더욱이 그들이 택했던 곳은 지구상에서 가장 접근하기 어려운 지역이기도 했다. 페루 사람들은 자신들의 땅을 "아주 우연한 사고로 만들어진 곳"이라는 뜻으로 무이 악시덴타도muy accidentado라고 불렀고, 실제로도 그랬다. 프랑스 탐사단은 지구상에서 가장 험한 산악 지방을 지나야 했다. 지형이 너무나도 험해서 그 지역의 노새조차 넘지 못할 정도였다. 그뿐 아니라 산에 접근하기 위해서는 위험한 강을 걸어서 건너야 했고, 정글을 헤쳐나가야 했으며, 바위로 덮인 고지대의 황무지를 지나야 했다. 지도에 표시되어 있지도 않았고, 보급품을 구할 수도 없는 지역이었다. 그러나 부게와 라 콩다민은 정말 끈질겨서, 무려 9년 반이라는 길고 힘들고 햇빛에 그을리는 시간을 견디며 탐사를 계속했다.

그러나 그들은 탐사를 마치기 직전에, 북부 스칸디나비아의 질척이는 습지와 위험한 빙하로 나름의 고생을 했던 프랑스의 두 번째 탐사단이 뉴턴의 예측대로 극지방으로 갈수록 1도 사이의 거리가 실제로 더 길어진다는 사실을 확인했다는 소식을 들었다. 지구 적도에서의 둘레가 극지방을 연결한 둘레보다 43킬로미터 더 불룩했다.

부게와 라 콩다민은 자신들이 원하지도 않았고, 이제는 자신들이 처음 밝혀내지도 못한 결과를 얻기 위해서 거의 10년을 보냈던 셈이다. 맥이 풀린 그들은 프랑스의 다른 탐사단의 결과가 옳다는 사실을 확인하는 것으로 임무를 마칠 수밖에 없었다. 여전히 서로 말을 하지 않았던 두 사람은 해안에 도착한 후에 서로 다른 배를 타고 귀국했다.

뉴턴이 『프린키피아』에서 예측했던 또다른 문제는 산 부근에 추를 매달아두면 지구의 중력과 함께 산의 중력 질량이 작용하기 때문에 추가 산 쪽으로 아주 조금 기울어진다는 것이었다. 그것은 단순한 호기심의 문제가 아니었다. 만약 추가 기울어진 정도와 산의 질량을 정확하게 알아낼 수 있다면, 그것으로부터 G라고 하는 보편적인 중력 상수의 값과 더불어 지구의 질량도 파악할 수 있게 된다.

부게와 라 콩다민은 페루의 침보라소 산에서 실험을 해보았지만, 기술적인 어려움과 두 사람 사이의 다툼 때문에 정확한 측정에는 실패했다. 그 문제는 30년 후에 영국의 왕립 천문대장 네빌 매스켈린이 다시 도전할 때까지 묻혀 있어야 했다. 데이바 소벨의 잘 알려진 『경도 이야기Longitude』에 따르면, 매스켈린은 유명한 시계 제조공 존 해리슨의 능력을 인정하지 않았던 바보이자 악당이었다. 그러나 그는 소벨의 책에는 소개되지 않은 훌륭한 업적을 남기기도 했다. 지구의 질량을 알아내는 방법을 고안한 사람이 바로 그였다.

매스켈린은 질량을 알아낼 수 있을 정도로 모양이 균형 잡힌 산을 찾아내야 한다는 사실을 알아차렸다. 그의 주장을 받아들인 왕립학회는 믿을 만한 사람에게 영국 제도를 돌아보면서 그런 산을 찾아내도록 했다. 매스켈린은 그 일에 적합한 사람을 알고 있었다. 천문학자이자 측량기사였던 찰스 메이슨이었다. 매스켈린과 메이슨은 11년 전에 금성이 태양을 지나가는 엄청나게 중요한 천문학적 사건을 측정하는 연구에 함께 참여하면서 친구가 되었다. 지칠 줄 모르던 에드먼드 핼리는 이미 오래 전에 지구상의 특정한 위치에서 그런 현상을 측정하고, 삼각측량법의 법칙을 이용하면 태양까지의 거리를 알아낼 수 있을 뿐 아니라, 그 결과로부터 태양계의 다른 모든 천체까지의 거리를 보정할 수 있다고 주장했다.

불행하게도 금성이 지나가는 일은 규칙적으로 일어나지 않았다. 8년 간격으로 두 번 일어난 후에는 한 세기 이상 잠잠하기 때문에 핼리는 그런 일을 다시 볼 수가 없었다.† 그러나 그의 주장은 잊히지 않았다. 핼리가 사망하고 거의 20년이 지난 1761년에 금성이 다시 태양을 통과했을 때에는 과학계가 만반의 준비를 마치고 있었다. 사실 그전의 다른 어떤 천문학적인 사건보다 더 철저하게 대비하고 있었다.

어려운 작업을 견디는 본능이 있었던 과학자들은 시베리아, 중국, 남아프리카, 인도네시아, 위스콘신의 숲을 포함해 전 세계 100여 곳으로 흩어졌다. 프랑스는 32명의 관측대를 파견했고, 영국은 18명을 파견했으며, 스웨덴, 러시아, 이탈리아, 독일, 아일랜드 등에서도 관측대를 보냈다.

이것은 과학 분야에서의 역사상 최초의 국제 협력 사업이었다. 그러나 거의 모든 곳에서 문제가 생겼다. 많은 관측대원이 전쟁, 질병, 조난 등으로 임무를 수행하지 못했다. 목적지에 도착했던 사람들도 장비가 부서지거나 열대병에 걸리는 어려움을 겪었다. 역시 이번에도 기억에 남을 정도로 가장 불행했던 참가자는 프랑스 사람이었다. 장 샤프는 몇 달에 걸쳐 정교한 장비가 부서지지 않도록 조심하면서 마차와 보트와 썰매를 타고 시베리아를 헤

---

† 가장 최근의 금성 통과는 2004년과 2012년에 일어났다. 다음 금성 통과는 2117년과 2125년에 일어날 것이다.

쳐나갔다. 그러나 그가 목적지 바로 앞에 도착했을 때에는 봄비로 엄청나게 불어난 강이 길을 막고 있었다. 지역의 주민들은 하늘을 향하고 있는 그의 관측장비 때문에 재앙이 닥쳐왔다고 비난했다. 샤프는 측정을 제대로 해보지도 못하고 겨우 목숨만 건져서 도망쳐야 했다.

티머시 페리스가 『물리학의 길Coming of Age in the Milky Way』에서 잘 묘사한 것처럼, 기욤 르 장티는 더욱 운이 없었다. 르 장티는 인도에서의 관측을 위해서 1년 전에 프랑스를 떠났지만, 여러 가지 문제로 금성이 지나가는 날에도 여전히 바다 위에 있었다. 출렁이는 배 위에서는 연속적인 관측이 불가능했기 때문에 최악의 장소에 있었던 셈이다. 르 장티는 그래도 포기하지 않고 인도에 도착해서 1769년에 다가올 다음 기회를 기다렸다. 8년이라는 긴 시간을 가지게 된 그는 최고급 관측대를 세우고 장비를 점검하고 또 점검하면서 모든 것을 완벽하게 준비했다. 두 번째 통과가 일어났던 1769년 6월 4일의 날씨는 맑았지만, 금성이 통과하기 시작하자 태양을 가렸던 구름이 금성이 완전히 통과할 때까지 정확하게 3시간 14분 7초 동안 그대로 남아 있었다.

르 장티는 겨우 기운을 되찾아 장비를 챙겨서 부근의 항구로 가던 도중에 이질에 걸렸고, 거의 1년 동안 누워 있어야 했다. 지친 상태로 겨우 배에 도착하기는 했지만, 이번에는 배가 아프리카 해안에서 만난 허리케인으로 난파되었다. 아무것도 얻지 못한 채로 돌아왔을 때에는 그의 가족들이 이미 사망신고를 하고 그의 재산을 나누어 가진 후였다.

18명의 영국 관측대원이 겪었던 어려움은 비교적 괜찮은 편이었다. 메이슨은 함께 갔던 젊은 측량기사 제러마이아 딕슨과 잘 지내면서 오랜 친구가 되었다. 그들은 수마트라 섬으로 가서 관측하라는 지시를 받았지만, 출발한 지 하루 만에 프랑스 구축함의 공격을 받았다(비록 과학자들은 서로 협력하고 있었지만, 국가들은 그렇지 않았다). 메이슨과 딕슨은 높은 파도 때문에 너무 위험해서 모든 것을 포기해야겠다는 요청서를 왕립학회로 보냈다. 그러나 왕립학회는 급료를 이미 지급했고, 정부와 과학계가 모두 그들의 성과를 기대하고 있으며, 일을 중단한다면 그들의 명성이 돌이킬 수 없는 손상을 입을 것이라는 냉정한 답변을 보내왔다. 독촉을 받은 그들은 계속 항해했지만, 도중에 수마트라 섬이 프랑스에 함락되었다는 소식을 듣고 결국은 희망봉에서 항해를 중단할 수밖에 없었다. 영국으로 돌아오던 중에 대서양에 있는 세인트 헬레나에 들렀던 그들은 그곳에서 매스켈린을 만났다. 그도 역시 구름 때문에 관측에 실패한 상태였다. 메이슨과 매스켈린은 곧 친한 친구가 되어, 파도를 즐기며 몇 주일 동안 행복하고 어느 정도는 유용하기도 했던 시간을 보냈다.

매스켈린은 그 직후 영국으로 돌아와서 왕립 천문대장이 되었고, 더욱 성숙해진 메이슨과 딕슨은 윌리엄 펜과 볼티모어 경 사이에서 일어난, 펜실베이니아 주와 메릴랜드 주의 경계선을 둘러싼 분쟁을 해결하기 위해서 미국의 황야에서 4년 동안 390킬로미터를 측량하는 위험한 작업을 해야 했다. 그 결과로 그어진 유명한 메이슨-딕슨 경계선은 훗날 노예주와 자유주를 구분하는 상징적인 중요성을 인정받게 되었다(경계를 측량하는 것이 그들의 주 임무였지만, 그들은 18세기에 측정된 위도 1도 사이의 거리 중에서 가장 정확한 결과를 얻었고, 천문학적으로 중요한 몇 가지 관측에 성공하기도 했다. 그들은 고약한 귀족들의 경계선 분쟁을 해결한 것보다 그런 성과 때문에 영국에서 더욱 유명해졌다).

한편 유럽에서는 매스켈린을 비롯한 독일과 프랑스의 왕립 천문대장들이 1761년의 금성 통과 관측에 실패했다는 사실을 인정할 수밖에 없었다. 역설적이기는 하지만, 너무 많은 관측을 시도했던 것이 문제였다. 관측 결과를 모아본 결과, 너무 상반되는 것이 많아서 도저히 해결할 수가 없었다. 결국 금성 통과에 대한 가장 성공적인 관측의 명예는 당시까지 이름이 전혀 알려지지 않았던 요크셔 출신의 선장 제임스 쿡에게 돌아갔다. 그는 타히티 섬의 맑은 언덕에서 1769년의 금성 통과를 관측했다. 그런 다음에는 오스트레일리아의 지도를 작성하여 영국 왕실의 지배를 주장했다. 영국으로 돌아온 그의 보고에 따라서, 프랑스의 천문학자 조제프 랄랑드는 지구와 태양 사이의 평균 거리가 1억5,000만 킬로미터가 조금 넘는다는 결과를 얻을 수 있었다 (천문학자들은 19세기에 관측되었던 두 차례의 금성 통과 결과로부터 얻은 1억4,959만 킬로미터를 사용하고 있다. 오늘날 우리가 알고 있는 정확한 거리는 $1.49597870691 \times 10^8$킬로미터이다). 마침내 우주에서 지구의 위치가 결정된 것이다.

과학 영웅이 되어 영국으로 돌아온 메이슨과 딕슨은 왠지 사이가 멀어졌다. 18세기 과학의 역사적인 순간에 자주 등장했던 두 사람의 사생활에 대해서는 놀라울 정도로 알려진 것이 없다. 초상이나 기록도 남아 있지 않다. 『영국 인명사전』에도 딕슨에 대해서는 "탄광에서 출생한" 것으로 알려져 있고, 1777년에 더럼에서 사망했다는 것 이외에는 아무 기록이 없다. 오랫동안 메이슨과 함께 일했다는 사실과 이름 이외에는 아무것도 알려지지 않은 셈이다.

메이슨은 그나마 조금 나은 편이다. 1772년에 매스켈린의 요청으로 중력편향 실험에 적당한 산을 찾으러 나섰던 그는 마침내 테이 호수 위쪽의 중부 스코틀랜드 고지대에 있는 시할리온 산이 적당하다는 보고를 보냈다는 사실이 알려져 있다. 그러나 그는 탐사에 대한 흥미를 잃었고, 그후로 다시는 탐사에 참여하지 않았다. 이후의 행적에 대해서 알려진 것으로는 1786년에 부인과 8명의 아이들과 함께 느닷없이 필라델피아에 나타났다는 것뿐이다. 아마도 매우 궁핍한 상태였던 모양이다. 18년 전에 측량을 마친 후로는 미국에 간 적이 없었던 그가 그곳으로 갈 이유도 없었고, 그를 반겨줄 친구나 후원자도 없었다. 그는 그로부터 몇 주일 후에 사망했다.

메이슨의 거절로, 적당한 산을 측량하는 일은 매스켈린에게 맡겨졌다. 매스켈린은 1774년 여름 넉 달 동안 스코틀랜드의 외딴 산골짜기에 설치한 천막에서 측량기사들을 지휘하면서 지냈다. 측량기사들은 모든 가능한 곳에 대해서 수백 번씩 측정을 반복했다. 그렇게 얻은 숫자를 이용해서 산의 질량을 알아내는 복잡한 계산은 찰스 허턴이라는 수학자가 맡았다. 측량기사들은 지도에 고도를 표시하는 숫자를 가득 적어넣었다. 허턴은 혼란스러워 보이는 숫자 대신, 고도가 같은 점을 연필로 연결하면 산의 모양을 알아보기가 훨씬 쉬워진다는 사실을 발견했다. 실제로 그렇게 하면 산의 전체적인 모양과 경사를 곧바로 알아볼 수 있었다. 허턴이 발명한 것이 바로 등고선等高線이었다.

허턴은 시할리온 산에서의 측정을 근거로 지구의 질량이 대략 50억 톤의 1조 배라고 밝혔고, 그것을 이용해서 태양을 비롯한 태양계에 있는 중요한 천체의 질량을 모두 알아낼 수 있었다. 그래서 한 번의 실험을 통해서 지구, 태양, 달, 다른 행성, 그리고 위성의 질량을 모두 알아냈고, 덤으로 등고선을 그리는 방법도 개발해냈다. 한여름의 성과로는 그리 나쁘지 않았다.

그러나 그런 결과에 모두가 만족하지는 않았다. 시할리온 산 실험의 단점은 산의 실제 밀도를 알 수 없었기 때문에 정말 정확한 숫자를 얻을 수 없었다는 것이다. 허턴은 산의 밀도가 물의 2.5배에 해당하는 보통 암석의 밀도와 같을 것이라고 가정했다. 물론 그런 가정은 쉽게 받아들이기는 어려웠다.

전혀 어울리지 않았지만, 그 문제에 흥미를 가진 사람은 요크셔 지방의 손힐이라는 조용한 마을에 살던 존 미셸이라는 시골 목사였다. 외딴곳에서 평범하게 살기는 했지만, 미셸은 18세기의 위대한 과학자였다. 다른 것은 제쳐두더라도, 그는 지진이 파동의 성질을 가진다는 사실을 밝혔고, 자기학과 중력에 관해서 독창적인 연구를 했으며, 정말 놀랍게도 블랙홀의 존재 가능성을 알아내기도 했다. 그것은 다른 사람보다 무려 200년이나 앞선 것이었고, 뉴턴조차도 생각하지 못했던 획기적인 주장이었다. 독일 태생의 음악가 윌리엄 허셜이 자기 인생의 진정한 관심사는 천문학임을 깨달았을 때 망원경 제조법을 가르쳐달라고 부탁했던 사람이 바로 미셸이었고, 그 덕분에 그

는 행성의 과학에 획기적인 업적을 남겼다.[†]

그러나 미셸이 남긴 업적 가운데 가장 천재적이고 큰 영향을 남긴 것은 지구의 질량을 측정하기 위해서 고안하고 제작한 장치였다. 불행하게도 그는 실험을 수행하기 전에 사망했고, 헨리 캐번디시라는 지극히 내성적인 런던의 유명한 천재 과학자가 그의 아이디어와 장비를 이어받게 되었다.

캐번디시는 이미 유명한 과학자였다. 데번셔와 켄트 공작의 손자로 훌륭한 귀족 집안에서 태어난 캐번디시는 당시 영국에서 가장 재능 있는 과학자였지만, 가장 독특한 사람이기도 했다. 얼마 되지 않는 그의 전기 작가들의 말에 의하면, 그는 "거의 병적일 정도"로 수줍음이 많았다. 그에게는 사람을 만나는 것 자체가 몹시 불편한 일이었다.

하루는 현관을 나서던 그가 자신을 존경해서 빈에서 막 도착한 오스트리아 사람과 마주치게 되었다. 그를 알아본 오스트리아 사람은 흥분해서 찬사를 늘어놓았다. 갑자기 주먹질을 당한 사람처럼 놀라서 그 찬사를 듣던 그는 참지 못하고 현관문을 활짝 열어둔 채 마당을 가로질러 대문 밖으로 도망쳐버렸다. 그가 마음을 가라앉히고 집으로 돌아오기까지는 몇 시간이 걸렸다. 그는 하인과도 편지를 통해서만 대화했을 정도였다.

위대한 박물학자 조지프 뱅크스가 매주 개최하는 과학 모임을 좋아했던 그는 가끔 사교 모임에 참석하기도 했다. 그러나 사람들은 언제나 캐번디시에게 접근하거나 그를 쳐다보아서도 안 된다는 사실을 잘 알고 있었다. 그에게 가까이 가고 싶은 사람은 마치 우연인 것처럼 다가가서 "허공에 이야기하듯이 말을 해야 했다." 만약 과학적으로 의미가 있는 이야기의 경우에는 웅얼거리는 답변을 들을 수 있었다. 그러나 캐번디시는 새된 목소리로 신경질적인 외마디 소리를 지르고는 조용한 곳으로 가버렸기 때문에 진짜 허

[†] 허셜은 1781년에 행성을 발견한 최초의 현대인이 되었다. 그 행성에 영국 왕 조지의 이름을 붙이려고 했던 그의 시도는 실패하고 말았다. 그 행성은 그리스 신화에 등장하는 하늘의 신을 따라 천왕성(Uranus)이라고 부르게 되었다.

공에 대고 이야기하게 되는 경우가 많았다.

　부유하면서도 혼자 있기를 좋아했던 그는 클래펌에 있는 자신의 집에서 누구의 방해도 받지 않고 전기, 열, 중력, 기체 그리고 물질의 조성을 비롯한 자연과학의 전 분야에 대한 실험에 열중할 수 있었다. 18세기 후반에 과학에 흥미를 느낀 사람들은 기체나 전기와 같은 기본적인 물리적 성질에 큰 관심을 가졌고, 종종 사리분별력보다는 열정에 휩싸여 그 결과로 무엇을 할 수 있을지 알아보기 시작했다. 잘 알려져 있듯이, 미국의 벤저민 프랭클린은 목숨을 걸고 번개 속에서 연을 날렸다. 프랑스에서는 필라트르 드 로지에가 입안에 가득 머금은 수소를 불꽃 위로 뿜어서 수소가 정말 폭발적으로 연소된다는 사실을 증명했다. 그는 그 실험 때문에 눈썹을 모두 태웠다. 캐번디시 역시 더 이상 펜을 잡고 있을 수 없을 때까지 자신의 몸에 점점 더 많은 양의 전류를 흘려보면서 그 느낌을 글로 적었다. 실험 중에 의식을 잃기도 했다.

　캐번디시는 평생에 걸쳐 획기적인 발견을 했다. 그는 최초로 수소를 분리했고, 수소와 산소를 결합시켜서 물을 만들었다. 그러나 그와 관련해 이상하지 않은 일은 거의 없었다. 그는 발표한 논문에서 아무에게도 밝히지 않은 의외의 실험 결과가 있다고 암시해서 동료 과학자들을 분노하게 하기도 했다. 모든 것을 비밀로 덮어두려는 그의 성격은 뉴턴과 비슷한 정도가 아니라 훨씬 심했다. 전기 전도에 대한 그의 실험은 다른 사람보다 한 세기나 앞섰지만, 불행하게도 19세기가 될 때까지 세상에 알려지지 않았다. 실제로 그가 했던 실험은 대부분 케임브리지의 물리학자 제임스 클러크 맥스웰이 그의 논문집을 발간했던 19세기 말까지 공개되지 않았다. 그의 결과가 알려진 것은 이미 다른 사람들에게 공로가 돌아간 후였다.

　캐번디시가 다른 사람에게 밝히지 않았던 것은 많았다. 특히 그는 에너지 보존 법칙, 옴 법칙, 돌턴의 부분 압력 법칙, 리히터의 역비례 법칙, 샤를의 기체 법칙, 전기 전도 법칙을 발견했거나 예상했다. 그것도 일부에 지나지 않는다. 과학사학자 J. G. 크라우더에 의하면, 캐번디시는 "조류潮流의 마찰에 의한 지구 자전 속도의 감소에 대한 켈빈과 G. H. 다윈의 연구, 지역에 따른 대기 냉각 효과에 대한 1915년 라머의 발견……혼합물의 결빙에 대한 피커링의 연구, 불균일계의 평형에 대한 루스붐의 연구 중 일부"를 이미 알고 있었다고 한다. 그리고 그는 비활성 기체로 알려진 원소의 발견으로 이어질 직접적인 실마리를 남겼는데, 그중 일부는 너무나 찾기가 어려워서 마지막 원소는 2002년에야 발견되었다.* 그러나 우리에게 가장 흥미로운 것은 그가 예순일곱 살이었던 1797년 늦여름에 했다고 알려진 실험이다. 그는 아마도 과학적인 존경심 때문에 존 미셸이 그에게 남겨준 장비 상자에 관심을 가지게 되었을 것이다.

조립을 마친 미셸의 장비는 18세기형 헬스장 체력 단련 기구와 비슷했다. 장비에는 추, 평형추, 진자, 축, 비틀림 줄이 설치되어 있었다. 기계의 중심에는 납으로 만든 158킬로그램짜리 공 2개가 작은 공 2개 옆에 매달려 있었다. 큰 공에 의해서 나타나는 작은 공의 중력 편향을 측정하면 중력 상수를 정확하게 측정할 수 있으리라는 생각이었다. 중력 상수를 알면 지구의 무게(더 정확하게는 질량)†를 알아낼 수 있다.

중력 때문에 행성이 궤도를 돌고 낙하하는 물체가 땅에 충돌하므로 중력이 상당히 큰 힘이라고 생각하기 쉽지만, 사실은 그렇지 않다. 태양과 같은 육중한 물체가 지구와 같은 육중한 물체를 붙들고 있을 때에만 강하게 보일

---

* 1785년 대기 중의 질소를 연구하던 중 비활성 성분이 있다는 결론을 얻었지만, 인정을 받지 못했다. 아르곤은 영국의 레일리 경과 윌리엄 램지가 1894년 태양의 스펙트럼을 분석하던 중에 발견되었다. 1895년에 헬륨이 발견되었고, 1898년에 크립톤, 네온, 제논이 발견되었으며, 1900년에 라돈이 발견되었다. 마지막 비활성 기체인 오가네손은 2002년에 러시아 두브나의 실험실에서 합성되었다. 비활성 기체는 과학적으로 매우 안정하기 때문에 다른 원소와 결합해서 화합물을 형성하지 않지만, 특별한 경우에는 화합물을 만들기도 한다.
† 물리학자들에게 질량과 무게는 서로 다르다. 질량은 어느 곳에서나 똑같지만, 무게는 행성처럼 거대한 물체의 중심에서 얼마나 멀리 떨어져 있는지에 따라서 달라진다. 달에 가면 무게는 줄어들지만, 질량은 변하지 않는다. 지구에서는 질량과 무게가 거의 같아서 물리학 교실에서가 아니라면 질량과 무게가 동의어라고 생각해도 좋다.

뿐이다. 작은 규모에서는 놀라울 정도로 약하다. 책상에서 책을 들어올리거나 바닥에서 동전을 집어올릴 때마다 우리는 책이나 동전에 미치는 지구의 중력을 이겨내는 셈이다. 캐번디시는 새털처럼 지극히 가벼운 수준에서 중력을 측정하려고 했다.

정교함이 중요했다. 측정 장비가 설치된 방에서는 작은 속삭임도 허용할 수 없었기 때문에 캐번디시는 옆방에서 작은 구멍을 통해서 망원경으로 측정을 했다. 그의 실험은 믿을 수 없을 정도로 정교했고, 17가지의 서로 관련된 측정을 모두 마치기까지 거의 1년이 걸렸다. 마침내 계산을 끝낸 캐번디시는 지구의 질량이 오늘날의 단위로 표시하면 1.3×10^{22}파운드, 즉 60억 톤의 1조 배에 해당한다고 발표했다.[†]

오늘날 과학자들은 박테리아의 질량도 측정할 수 있을 정도로 정교하고 20미터 떨어진 곳에서 하품을 하면 결과가 달라질 정도로 민감한 장비를 사용하지만, 1797년 캐번디시의 측정 결과보다 훨씬 더 정확한 결과를 얻지는 못한다. 오늘날 지구의 질량은 캐번디시의 결과가 1퍼센트 정도 다른 59억 7,250만 톤의 1조 배로 밝혀져 있다. 이런 결과가 모두 캐번디시가 측정하기 110년 전에 뉴턴이 아무런 실험적 증거도 없이 제시했던 값과 거의 같다는 사실도 흥미롭다.

그러니까 18세기 말에 이르러 과학자들은 지구의 모양과 크기는 물론이고, 태양과 다른 행성으로부터의 거리도 정확하게 알게 되었다. 집을 한 번도 떠나지 않고서도 지구의 질량을 알아낼 수 있게 되었다. 이제 지구의 나이를 알아내는 것은 비교적 간단한 일이라고 생각하기 쉽다. 필요한 것이 모두 발아래에 있으니까 말이다. 그러나 사실은 그렇지 않았다. 인간은 자신이 살고 있는 행성의 나이를 알아내기도 전에 원자를 쪼개고, 텔레비전과 나일론과 즉석커피를 먼저 만들었다.

[†] 미터법의 톤은 2,204파운드이다. 반면 미국의 톤은 2,000파운드이고, 영국의 톤은 2,240파운드이다.

그 이유를 알아내려면 스코틀랜드의 북쪽으로 가서, 잘 알려지지 않았던 지질학이라는 새로운 과학 분야를 만들어낸 천재를 만나야 한다.

제5장

채석공 採石工

헨리 캐번디시가 런던에서 실험을 끝낼 무렵에 640킬로미터 떨어진 에든버러에서는 제임스 허턴의 죽음과 함께 또다른 결정적인 순간이 다가오고 있었다. 물론 허턴에게는 나쁜 소식이었지만, 과학계에는 좋은 소식이었다. 존 플레이페어라는 사람이 모욕을 당할 걱정 없이 허턴의 결과를 마음대로 수정할 수 있는 길이 열렸다는 것이었다.

모든 면에 예리한 통찰력을 가지고 있으며 활기 넘치는 대화를 할 수 있는 허턴은 함께하기에 좋은 사람이었고, 지구가 만들어지는 이상할 정도로 느린 과정을 이해하는 문제에 대해서는 대적할 사람이 없었다. 그러나 불행하게도 그에게는 자신의 생각을 다른 사람이 이해할 수 있도록 정리하는 능력이 없었다. 어느 전기 작가가 크게 한탄했듯이, 그는 "수사학적인 표현을 모르는 사람이었다." 그가 남긴 거의 모든 글은 도저히 이해할 수 없는 것이었다. 1795년에 그가 남긴 걸작인 『지구에 대한 이론*A Theory of the Earth with Proofs and Illustrations*』은 다음과 같았다.

우리가 살고 있는 세상은 물질로 이루어져 있다. 현재보다 먼저 존재했던 땅이 아니라, 현재로부터 거슬러올라가서 우리가 세 번째라고 생각하고, 바다 표면 위에 있는 육지보다 앞서 바닷물에 잠겨 있었던 땅으로 구성되어 있다.

그렇지만 허턴은 거의 혼자서, 그리고 몹시 성공적으로 지질학이라는 과학 분야를 개척함으로써 지구에 대한 우리의 생각을 완전히 바꿔놓았다.

1726년에 유복한 스코틀랜드 가정에서 태어난 허턴은 물질적인 풍요를 누릴 수 있었고, 여러 가지 가벼운 일과 학문을 즐길 수 있었다. 처음에는 의학을 공부했지만, 자신이 좋아하는 분야가 아니라는 사실을 깨닫고는 농학으로 관심을 돌려서 베릭셔의 가족 농장에서 편안하게 원하는 연구를 할 수 있었다. 그러나 결국 들판과 가축에 대한 흥미를 잃어버린 그는 1768년부터 에든버러로 옮겨가서 석탄재로부터 염화암모늄을 생산하는 사업으로 성공했다. 그는 여러 과학 연구로 바쁜 시간을 보냈다. 당시 에든버러는 학문의 중심지였고, 허턴은 그런 분위기를 좋아했다. 그는 오이스터 클럽이라는 사교 모임의 중심인물이 되어서 경제학자 애덤 스미스, 화학자 조지프 블랙, 철학자 데이비드 흄과 함께 저녁 시간을 보냈고, 가끔은 벤저민 프랭클린이나 제임스 와트를 방문하기도 했다.

당시의 전통이 그랬듯이, 허턴은 광물학에서부터 형이상학에 이르기까지 거의 모든 것에 관심을 가지고 있었다. 화학 실험을 하기도 했고, 석탄 채광이나 운하 건설기술을 고안하기도 했고, 암염 광산을 둘러보기도 했으며, 유전遺傳을 연구하기도 했고, 화석을 수집하고, 비가 내리는 이유와 공기의 조성, 운동 법칙 등에 대한 이론을 제시하기도 했다. 그러나 그가 특별히 흥미를 느꼈던 것은 바로 지질학이었다.

광적으로 호기심이 강했던 시기에 사람들의 흥미를 끈 의문 중에는 오랫동안 사람들이 궁금해하던 것도 있었다. 오래된 조개껍데기와 같은 해양 생물의 화석이 산꼭대기에서 자주 발견되는 이유가 바로 그런 것이었다. 도대체 그런 화석이 어떻게 그곳까지 옮겨졌을까? 그 답을 알고 있다고 생각하던 사람들은 두 집단으로 갈라졌다. 수성론水成論, neptunism을 주장하는 사람들은 높은 곳에 있는 조개껍데기를 포함해서 지구상의 모든 것을 해수면의 오르내림으로 설명할 수 있다고 확신했다. 그들은 산과 언덕과 다른 모든 것이 지구 자체만큼이나 오래되었고, 조개껍데기가 산꼭대기로 올라간 것은 세계적인 홍수 때문이라고 믿었다.

그와는 달리 화성론火成論, plutonism을 주장하는 사람들은 지구의 표면이 화산이나 지진에 의해서 끊임없이 바뀌었을 뿐, 변덕스러운 물과는 아무 상관도 없다고 주장했다. 화성론자들은 홍수를 일으켰던 물이 모두 어디로 갔느냐는 고약한 의문을 제기하기도 했다. 한때 알프스 산맥을 덮을 정도의 물이 있었다면, 홍수가 끝난 지금은 그 물이 도대체 어디에 있는가? 그들은 지구의 표면뿐 아니라 내부에도 엄청난 힘이 작용하고 있다고 믿었다. 그렇지만 그들도 조개껍데기가 어떻게 산 위로 올라갔는지를 분명하게 설명하지 못했다.

허턴은 바로 그 수수께끼 같은 문제에 대해서 놀라운 통찰력을 가지고 있었다. 자신의 농장을 관찰한 허턴은 바위가 침식되어 흙이 만들어지고, 그런 흙이 시냇물과 강물에 의해서 끊임없이 씻겨 내려가서 다른 곳에 퇴적된다는 사실을 알고 있었다. 그는 만약 그런 과정이 계속 진행된다면 지구는 편평해질 것이라는 사실을 깨달았다. 그러나 주변에는 어디에나 언덕이 있었다. 새로운 산과 언덕이 생겨나는 과정이 반복되려면, 어떤 형태건 재생과 융기의 과정이 있어야만 했다. 마침내 그는 해양 화석이 홍수 때문이 아니라, 산이 융기해서 그곳에 있게 된 것이라는 결론을 얻었다. 그는 새로운 암석과 대륙이 만들어지고 산맥이 융기되는 것은 지구 내부의 열 때문이라는 사실도 유추해냈다. 지질학자들이 그런 이론의 의미를 완전히 이해해서 판 구조론으로 받아들이기까지 200년이 걸렸다는 사실은 그렇게 중요하지 않다. 무엇보다도 허턴이 제기한 이론에 따르면, 지구에서 일어나는 변화는 누구도 상상하지 못할 정도로 엄청나게 느린 속도로 진행된다. 그의 이론은 지구에 대한 우리의 인식을 완전히 바꿔놓았다.

1785년에 허턴은 자신의 이론을 긴 논문으로 정리해서 에든버러 왕립학회에서 여러 차례에 걸쳐 발표했지만, 아무도 그의 주장에 관심을 가지지 않았다. 그의 발표는 다음과 같았다.

형성 원인이 분리된 구조 안에서 시작되는 경우도 있다. 구조가 열에 의해서 활성화되면 구조를 구성하는 적절한 물질의 반응에 의해서 광맥을 구성하는 틈이 만들어진다. 틈이 만들어지는 구조의 외부에 그 원인이 있을 수도 있다. 심한 균열과 파열이 일어난 적도 있었다. 그 원인은 아직도 명백하게 밝혀지지 않았지만, 가능성이 전혀 없는 것 같지는 않다. 지구의 단단한 구조에서 나타나는 모든 균열과 단층에서 광물이나 광맥의 적절한 물질이 발견되는 것은 아니기 때문이다.

말할 필요도 없이 이런 설명을 듣는 사람들은 아무도 그가 무슨 이야기를 하는지 짐작도 할 수 없었다. 더 길게 설명하면 어쩌면 더 분명해질 수도 있을 것이라는 동료들의 격려 덕분에 그는 10년에 걸쳐서 완성한 걸작을 1795년에 두 권의 책으로 출판했다. 두 권을 합쳐서 1,000쪽에 가까운 그의 책은 가장 회의적이던 동료들이 예상했던 것보다도 훨씬 더 못했다. 완성된 내용 중 거의 절반은 프랑스 책을 원문 그대로 인용한 것이었다. 더 형편이 없었던 제3권은 허턴이 사망하고 100년이 훨씬 지난 1899년에야 발간되었고, 미완성이었던 제4권은 결국 나오지 못했다. 허턴의 『지구에 대한 이론』은 중요한 과학 고전 중에서 실제로 읽은 사람의 수가 가장 적은 책이라고 할 수 있다. 19세기의 가장 위대한 지질학자였고, 모든 것을 읽어보았던 찰스 라이엘조차도 그의 책은 이해할 수 없다고 인정했다.

다행스럽게도 허턴에게는 유명한 일기 작가인 제임스 보즈웰과 같은 역할을 해준 존 플레이페어가 있었다. 에든버러 대학교의 수학 교수이자 그의 가까운 친구였던 존 플레이페어는 비단결 같은 글을 쓸 줄 알았을 뿐 아니라, 허턴과 오랜 세월을 함께한 덕분에 허턴이 주장하고자 했던 내용을 제대로 이해하고 있었다. 플레이페어는 허턴이 사망하고 5년이 지난 1802년에 허턴의 이론을 쉽게 해설한 『지구에 대한 허턴 이론의 해설*Illustrations of the Huttonian Theory of the Earth*』을 발간했다. 그 책은 지질학에 흥미를 가지고 있던 사람들에게 큰 환영을 받았다. 물론 1802년에는 그런 사람이 많지 않았지만, 사정은 곧 바뀌게 되었다. 그 이유를 알아보자.

1807년 겨울, 런던에서 서로 마음이 통하던 13명이 코번트 가든의 롱 에이커에 있는 프리메이슨 주점에 모여서 지질학회라는 사교 모임을 결성했다. 한 달에 한 번씩 한두 잔의 독한 마데이라 포도주를 곁들인 즐거운 식사를 하면서 지질학에 대한 의견을 나누는 모임이었다. 형식적으로 참석하는 사람들을 막으려고 의도적으로 식사비를 꽤 비싼 15실링으로 정했다. 그러다가 곧 사람들이 모여 새로운 발견에 관해서 이야기를 나눌 본부를 가진 정식기구가 필요해졌다. 비록 남성만의 모임이었지만, 10년이 지나지 않아서 회원 수는 400명을 넘어섰다. 지질학회는 영국의 유명한 과학회였던 왕립학회의 명성을 위협할 지경이 되었다.

회원들은 11월에서 6월 사이에는 한 달에 두 번씩 모임을 열고, 여름 동안에는 대부분 야외 답사를 하러 다녔다. 이들은 광물을 이용해서 돈을 벌거나 학자가 되고 싶어했던 사람들이 아니라, 전문가 수준의 그런 생활을 취미로 삼을 만큼 부와 여유를 누리던 신사들이었다. 1830년에는 회원이 745명으로 늘어났다. 그런 식의 모임은 다시 볼 수 없었다.

오늘날에는 상상하기 어렵지만, 지질학은 19세기 사람들을 흥분시켰고 사회에도 긍정적인 영향을 주었다. 어떤 과학 분야도 그런 적이 없었고, 앞으로도 그럴 것이다. 로더릭 머치슨이 1839년에 경사암硬砂岩에 대한 다양한 연구 결과를 지루하게 설명했던 『실루리아계*The Silurian System*』는 한 권에 8기니(1기니＝21실링)일 정도로 비쌌을 뿐 아니라, 허턴의 책처럼 읽기가 어려웠는데도 베스트셀러가 되어 4판까지 발간되었다(머치슨의 후원자들까지도 그 책에서 "문학적 매력은 찾을 수 없다"는 사실을 인정했다). 그리고 위대한 찰스 라이엘이 1841년에 미국으로 건너가 보스턴에서 몇 차례의 강연을 했을 때에도, 해양 제올라이트*와 이탈리아 남부 캄파니아의 지진운동에 대한 놀라운 이야기를 듣기 위해서 당시로는 엄청난 숫자였던 3,000명의 청중이 로웰 연구소 강당을 가득 메웠다.

지금도 그렇지만 특히 당시 영국의 지식인들은 시골로 가서 그들의 표현처럼 약간의 "돌 깨기" 작업에 빠져들기를 좋아했다. 그런 작업을 매우 진지하게 여겼던 그들은 그에 걸맞게 모자와 검은 옷을 갖추는 것이 관행이었다. 옥스퍼드의 윌리엄 버클랜드 목사는 야외 탐사를 나갈 때 학사복을 입는 버릇이 있었다.

야외 답사를 좋아했던 사람들 중에는 특별한 인물도 있었다. 앞에서 설명했던 머치슨도 그런 사람이었다. 30년이 넘도록 여우를 쫓아다녔고, 사냥총으로 날아가는 새를 잡는 일에 열중했고, 「타임스*The Times*」를 읽거나 카드게임을 즐기는 것 외에는 다른 취미가 없었던 그가 우연히 암석에 흥미를 가지게 되면서 놀라울 정도로 빠르게 지질학 분야의 거장이 되었다.

한편, 초창기의 사회주의자였고 "피를 흘리지 않는 혁명"과 같은 도전적인 제목의 글을 발표하기도 했던 제임스 파킨슨이라는 박사도 있었다. 그는 1794년에 극장에서 조지 3세의 목에 독화살 권총을 쏘아 암살을 시도한, 별난 "장난감 총 사건"에 연루되었다는 혐의를 받기도 했다. 파킨슨은 추밀원에 소환되어 심문을 받았지만, 수갑을 차고 오스트레일리아로 추방되기 직전에 조용히 혐의를 벗을 수 있었다. 보수적인 생활로 돌아간 그는 지질학에 흥미를 가지게 되어 지질학회의 창립 회원이 되었고, 지질학 분야의 고전으로 50년 동안 계속 출판된『구세계의 유기 유물*Organic Remains of a Former World*』을 저술했다. 그러나 오늘날 그는 당시에는 "떨리는 마비"라고 불렸고, 이후에는 파킨슨병으로 알려진 질병으로 기억된다.

---

* 비석(沸石)이라고도 부르는 규산 알루미늄 광물로 흡착제나 분리용 분자체로 이용된다.

(파킨슨이 유명했던 이유가 하나 더 있다. 그는 역사상 유일하게 1785년에 복권에 당첨되어 자연사 박물관을 소유하게 되었다. 런던의 레스터 광장에 있던 그 박물관을 건립한 애슈턴 레버 경은 무절제한 유물 수집으로 결국은 파산했다. 파킨슨은 1805년까지 그 박물관을 소유했지만, 더 이상 박물관을 유지할 수가 없어서 소장품을 팔아버렸다.)

성격이 독특한 사람은 아니었지만, 다른 사람들을 모두 합친 것보다 더 큰 영향을 남긴 사람이 바로 찰스 라이엘이었다. 라이엘은 허턴이 사망한 해에 110킬로미터 떨어진 키노디라는 마을에서 출생했다. 그는 스코틀랜드에서 태어났지만, 스코틀랜드 사람들이 술을 많이 마신다며 싫어했던 어머니 때문에 영국 남부 햄프셔 주의 뉴포레스트에서 자랐다. 대다수의 19세기 신사 과학자들처럼, 라이엘도 부유한 집안 출신이었고 강한 지적 호기심을 가지고 있었다. 역시 이름이 찰스인 그의 아버지는 시인 단테와 이끼류에 대한 전문가로 명성을 얻었다(영국의 시골에서 흔히 볼 수 있는 오르토트리키움 리엘리라는 이끼의 이름은 그에게서 유래된 것이다). 아버지의 영향을 받은 라이엘도 자연사에 관심을 가졌지만, 옥스퍼드 대학교를 다니던 중에 야외 탐사에서 학사복을 입는 것으로 유명했던 윌리엄 버클랜드 목사에게 매료된 후로는 평생을 지질학에 바쳤다. 버클랜드도 재미있는 기인奇人이었다. 그는 정말 훌륭한 업적을 남기기도 했지만, 괴팍한 버릇으로 기억되기도 한다. 특히 그는 야생동물원을 가지고 있었던 것으로 유명했다. 크고 위험한 짐승이 집 안이나 정원에서 뛰어다니도록 놓아두기도 했다. 그는 또한 생존하는 모든 동물을 먹고 싶어했던 것으로도 유명했다. 버클랜드는 손님들에게 구운 기니피그, 반죽을 입힌 쥐, 구운 고슴도치, 삶은 동남아시아 민달팽이를 내놓기도 했다. 버클랜드는 그런 음식들을 모두 좋아했지만, 집두더지는 역겹다고 싫어했다. 그런 그가 동물의 분뇨가 화석화된 분석糞石의 전문가가 된 것은 당연했고, 자신이 수집한 표본으로 만든 테이블도 가지고 있었다.

그는 진지한 과학 연구를 할 때도 매우 특이했다. 어느 날 한밤중에 버클랜드 부인은 남편이 갑자기 흥분해서 "여보, 멸종한 파충류 케이로테리움의 발자국은 거북이 발자국처럼 생긴 것이 분명해"라고 소리치는 바람에 잠에서 깨어났다. 두 사람은 잠옷 바람으로 부엌으로 달려갔다. 부인이 급하게 만든 밀가루 반죽을 식탁 위에 펴놓았고, 버클랜드 목사는 집에서 기르던 거북을 잡아왔다. 거북을 밀가루 반죽 위에 올려놓고 막대기로 찔러서 걸어가도록 했던 두 사람은 정말 그 발자국이 버클랜드가 연구하던 화석과 일치한다는 사실을 알아냈다. 찰스 다윈은 버클랜드가 어릿광대와 같다고 생각했고 실제로도 그렇게 표현했다. 그러나 라이엘은 버클랜드가 통찰력을 가진 사람이라고 여겼고, 1824년에 그와 함께 스코틀랜드를 둘러볼 정도로 그를 좋아했다. 그 여행에서 돌아온 라이엘은 곧 변호사 일을 포기하고 전업으로 지질학 연구를 시작했다.

라이엘은 지독한 근시이면서 사시여서 사람들에게 좋은 인상을 주지는 못했다(결국 그는 시력을 완전히 잃었다). 그는 생각에 잠길 때면 이상한 자세를 취하는 특이한 버릇이 있었다. 의자 2개에 걸쳐서 앉아 있기도 했고, (다윈의 표현에 따르면) "일어선 채로 머리를 의자의 앉는 부분에 대는 자세로 쉬기도 했다." 아주 깊은 생각에 빠져들면, 엉덩이가 마룻바닥에 닿을 정도로 의자 깊숙이 앉아 있기도 했다. 라이엘이 유일하게 직장에 다녔던 기간은 런던의 킹스 칼리지에서 지질학 교수로 있었던 1831년부터 1833년까지였다. 그는 1830년에서 1833년 사이에 세 권으로 된 『지질학의 원리 *The Principles of Geology*』를 발간했다. 그 책의 내용은 한 세대 전에 찰스 허턴이 처음으로 주장했던 내용을 더욱 구체화하고 다듬은 것이었다(라이엘은 허턴이 쓴 책을 읽어보지는 않았지만, 존 플레이페어가 다시 쓴 책은 열심히 읽었다).

허턴과 라이엘의 시대 사이에 새로운 지질학적 논쟁이 불거졌다. 오늘날에는 그 논쟁을 과거의 수성론과 화성론 논쟁과 혼동하기도 한다. 격변설

catastrophism과 동일과정설uniformitarianism 사이의 논쟁은 이름과는 달리 오랫동안 심각하게 이어졌다. 이름에서 알 수 있듯이, 격변설을 주장하는 사람들은 지구의 모양이 재앙에 가까운 갑작스러운 사건에 의해서 만들어졌다고 믿는다. 그런 변화를 일으킨 사건이 대부분 홍수였기 때문에 격변설을 수성론과 같은 것이라고 잘못 생각하게 되었다. 버클랜드와 같은 성직자들은 성서에 나오는 노아의 홍수까지도 본격적인 과학 문제에 포함시키는 격변설에 관심이 많았다. 반면에 동일과정설에서는 지구상에서의 변화가 점진적이었고, 거의 모든 과정은 오랜 시간에 걸쳐서 느리게 일어났다고 믿는다. 그런 주장을 처음 한 사람은 허턴이었지만, 라이엘의 책이 더 널리 알려졌기 때문에 당시는 물론이고 지금도 사람들은 대부분 라이엘을 현대 지질학의 아버지로 여기게 되었다.

라이엘은 지구상에서의 변화가 균일하고 일정하다고 믿었다. 그래서 과거에 일어났던 일은 모두 오늘날에도 계속되는 현상으로 설명할 수 있다고 생각했다. 라이엘과 그의 추종자들은 격변설을 믿지 않는 정도가 아니라 혐오했다. 격변설을 믿는 사람들은 지구상에서 동물이 멸종되고 새로운 종이 다시 출현하는 일이 반복되었다고 주장했는데, 박물학자 T. H. 헉슬리는 그런 주장을 "화가 나서 포커판을 뒤엎고 새로운 카드를 가져오라고 하는 것과 같다"고 조롱조로 표현했다. 모르는 것을 설명하는 너무나 편리한 방법이라는 것이었다. 라이엘의 지적처럼 "그런 주장보다 더 무지無知를 조장하고 호기심을 무디게 만드는 것은 없다."

그러나 라이엘은 중요한 사실을 무시하고 있었다. 그는 산맥이 어떻게 만들어지는지를 제대로 설명하지 못했고, 빙하가 변화의 요인이라는 사실도 눈치채지 못했다. 그는 빙하기에 대한 루이 아가시의 주장을 "지구의 냉동"이라는 말로 비웃으면서 받아들이지 않았고, 포유류는 "가장 오래된 화석 지역에서도 발견될 것"이라고 믿었다. 또한 동물과 식물이 갑작스러운 멸종을 맞이했다는 주장을 거부했고, 포유류, 파충류, 어류와 같은 주요 생물들이 태초부터 함께 존재해왔다고 믿었다. 이런 모든 주장은 옳지 않은 것으로 밝혀졌다.

그렇지만 라이엘의 영향력은 과소평가할 수 없었다. 『지질학의 원리』는 그의 생전에 12판까지 발간되었고, 그 책에 소개된 개념은 20세기의 지질학까지 이어져 내려왔다. 다윈은 비글 호 항해에서 초판을 읽은 후에 "『지질학의 원리』의 가장 큰 장점은 사람의 마음을 통째로 뒤바꿔 라이엘이 한 번도 본 적이 없는 것도 부분적으로는 그의 눈을 통해서 볼 수 있도록 해준다는 점이다"라고 했다. 다시 말해서 다윈은 당시의 사람들처럼 라이엘을 거의 신神이라고 여겼다. 라이엘의 영향력은 정말 대단해서, 1980년대에 지질학자들이 충돌로 인한 멸종 이론을 받아들이기 위해서 그의 이론 일부를 포기해야 했을 때에도 엄청난 부담을 감수해야만 했다. 그 이야기는 다시 설명할 것이다(제13장 참고).

한편 지질학에는 해결해야 할 과제가 많았지만, 모든 문제가 원만하게 진행된 것은 아니었다. 처음부터 지질학자들은 암석을 생성된 시기에 따라서 분류하려고 했지만, 언제를 경계로 삼을 것인지를 두고 심각한 논란이 벌어졌다. 그중에서도 데본기 대논쟁*은 오랫동안 계속되었다. 그 논쟁은 케임브리지의 애덤 세지윅 목사가 당초 로더릭 머치슨이 실루리아기에 만들어졌다고 옳게 주장했던 암석층을 캄브리아기의 것이라고 잘못 주장하면서 시작되었다. 몇 년 동안 계속되었던 논쟁은 뜨겁게 달아올랐다. 화가 난 머치슨은 친구에게 "드 라 베슈는 더러운 개 같다"라고 적은 편지를 보내기도 했다. 마틴 J. S. 루드윅의 훌륭하기는 하지만 무미건조한 『데본기 대논쟁The Great Devonian Controversy』의 소제목을 훑어보면, 당시 사람들의 감정이 얼마나 극단적이었는지를 알 수 있다. 처음에는 "신사적인 논쟁의 무대"와 "경사암硬砂岩의 발견"처럼 평범하게 시작하지만, "경사암을 둘러싼 공방", "반증

---

* 1830년대 후반 데번셔 지방에서 발견된 지층의 해석에 대해서 영국 지질학회에서 일어났던 논란.

과 반박", "고약한 소문들", "위버의 주장 철회", "관구장의 제자리 찾기", (그 논쟁이 정말 심각한 전쟁이었다는 사실을 의심하지 않도록) "머치슨, 라인란트 공격 시작"으로 이어진다. 싸움은 1879년에 캄브리아기와 실루리아기 사이에 오르도비스기라는 새로운 지질학적 시대를 삽입하는 방법으로 간단하게 해결되었다.

초기에는 학계에 영국 사람들이 주로 활동했기 때문에 지질학 용어 중에는 영국 용어가 압도적으로 많다. 데본기는 영국의 데본이라는 지역에서 유래되었다. 캄브리아기는 웨일스의 로마 이름에서 유래되었고, 오르도비스기와 실루리아기는 고대 웨일스 부족이었던 오르도비스족과 실루리아족의 이름과 관계가 있다. 그러나 다른 지역에서도 지질학 연구가 활발해지면서 다양한 이름이 쓰이게 되었다. 쥐라기는 프랑스와 스위스 사이에 있는 쥐라 산맥을 뜻한다. 페름기는 옛 러시아의 우랄 산맥에 있던 페름이라는 지역과 관계가 있다. 라틴어로 "분필creta"에서 유래된 백악기Cretaceous는 J. J. 도말리우스 달로이라는 특이한 이름을 가진 벨기에의 지질학자가 붙인 것이었다.

본래 지질학에서는 지질시대를 제1기, 제2기, 제3기, 제4기로 구분했다. 그러나 그런 구분은 너무 단순해서 곧바로 수정되기 시작했다. 이제는 제1기와 제2기는 아무도 사용하지 않고, 제4기는 부분적으로 사용된다. 그래서 오늘날에는 제3기만 널리 사용되고 있으나, 세 번째라는 의미는 사라졌다.

라이엘은 『지질학의 원리』에서 공룡시대 이후의 시기를 구분하기 위해서 세世, epoch와 계界, series라는 시간 단위를 도입했다. 홍적세Pleistocene("가장 최근"), 플라이오세Pliocene("최근"), 마이오세Miocene("비교적 최근"), 그리고 아주 애매하기는 하지만 올리고세Oligocene("조금 최근")가 그것이다. 본래 라이엘은 "Meiosynchronous"나 "Pleiosynchronous"처럼 "-synchronous"라는 어미를 붙이려고 했다. 그러나 당시 영향력이 있었던 윌리엄 휴얼 목사가 어원학상의 이유로 반대를 하면서 "Meioneous"나 "Pleioneous"처럼 "-eous"를 붙일 것을 제안했다. 그러니까 "-cene"이라는 어미는 일종의 타협안이었던 셈이다.

오늘날 아주 일반적으로 보면, 지질시대는 우선 크게 명왕누대Hadean, 시생누대Archean, 원생누대Proterozoic, 현생누대Phanerozoic 등 4개의 누대累代로 구분하고, 이를 다시 선캄브리아 시대Precambrian, 고생대Paleozoic(그리스어로 "고대 생물"), 중생대Mesozoic("중간 생물"), 그리고 신생대Cenozoic("새로운 생물")를 비롯한 4개의 "대代, era"로 나눈다(많게는 10개의 대로 나누는 경우도 있다). 그런 대는 다시 10여 개로부터 20여 개로 나누어져서, 흔히 "기紀, period"라고 부르지만, "계系, system"라고 부르기도 한다. 이것들 중에서 백악기, 쥐라기, 트라이아스기, 실루리아기, 페름기, 데본기 등은 비교적 잘 알려져 있다.[†]

그리고 라이엘이 제안했던 홍적세나 마이오세와 같은 "세"는 화석학 연구가 활발하게 이루어지고 있는 최근의 6,500만 년만을 대상으로 하는 것이고, 그것을 다시 절stage, age로 세분하기도 한다. 이 이름은 광맥의 경우처럼 일리노이세, 디모인세, 크루아세, 키메리지세처럼 고약한 지명을 따라서 붙는다. 존 맥피에 따르면, 그런 이름을 모두 합치면 "수백 개"나 된다고 한다. 전문적으로 지질학에 종사하지 않는 사람은 그런 이름을 들어볼 가능성이 없다는 사실이 다행스럽다.

더욱 혼란스럽게도, 북아메리카의 절은 유럽의 절과 이름이 다르지만, 시기적으로는 대략 비슷하다. 예를 들어서 북아메리카의 신시네티절은 대략 유럽의 아슈질절과 그보다 조금 일찍 만들어진 카라독절이 약간 합쳐진 것에 해당한다. 이뿐 아니라, 교과서나 사람마다 다른 분류법을 사용한다. 현세를 7개의 세로 구분하는 사람도 있고, 4개의 세로 만족하는 사람도 있다.

[†] 시험을 볼 것은 아니지만 지질시대를 기억해야 할 필요가 있다면, 존 월퍼드가 말했듯이 대(선캄브리아 시대, 고생대, 중생대, 신생대)는 한 해의 계절이라고 생각하고, 기(페름기, 제3기, 쥐라기 등)은 달이라고 생각하면 도움이 된다.

제3기와 제4기 대신에 고제3기와 신제3기라고 부르는 책도 있다.

때로는 고생대, 중생대, 신생대를 모두 합쳐서 현생누대라고 부르기도 한다. 최근에는 많은 사람들이 산업혁명 이후 인간의 활동이 지구의 생태계에 결정적인 영향을 미친 기간을 설명하기 위해 인류세Anthrophocene(그리스어의 "새로운 인간")라는 용어를 쓰기도 하지만, 인류세는 공식 명칭은 아니다. 2024년에 지질학적 명칭을 결정하는 국제층서위원회가 인류세의 시작을 알리는 정확한 지질학적 지층이 없다는 이유로 인류세의 승인을 거부했다.

이런 이름이 비非전문가에게는 매우 혼란스럽지만, 지질학자에게는 단순히 유행의 문제일 뿐이다. 영국의 고생물학자 리처드 포티는 캄브리아기와 오르도비스기의 구분에 대한 20세기의 오랜 논란에 대해서 "생명의 역사에서 은유적으로 보면 밀리초에 불과한 기간의 문제를 놓고 어른들이 불같이 화를 내는 것과 같다"고 했다.

오늘날에는 정교한 연대 측정법이 사용되지만, 19세기의 지질학자들은 대부분 희망을 근거로 한 짐작에 의존할 수밖에 없었다. 가장 어려웠던 문제는 암석과 화석을 연대순으로 늘어놓을 수는 있지만, 그것들이 얼마나 오랜 시간에 걸쳐서 형성되었는지는 알아낼 수 없다는 점이었다. 어룡류에 속하는 이크티오사우루스의 유골을 살펴본 버클랜드는 그것이 "1만 년 또는 1만 년의 1만 배 전"에 살았을 것이라고 추정할 수밖에 없었다.

믿을 만한 연대 추정법이 없는데도 추정을 시도한 사람은 많았다. 아일랜드 교회의 제임스 어셔 대주교가 1650년에 성서의 기록을 비롯한 여러 가지 유물을 신중하게 검토해서 『구약성서 연대기Annals of the Old Testament』라는 두꺼운 책을 발간했던 것이 가장 잘 알려져 있다. 역사학자와 저술가는 지구가 기원전 4004년 10월 23일 정오에 창조되었다는 그의 주장에 감탄할 수밖에 없었다.[†]

[†] 거의 모든 책이 어셔에 대해서 설명하지만, 그와 관련된 세부적인 사실은 놀라울 정도로 다양하다. 그가 그런 주장을 했던 것이 1650년이라는 책도 있고, 1654년 또는 1664년이라는 책도

어셔의 주장이 과학적이라는 미신과도 같은 믿음은 19세기까지도 이어졌고, 진중한 책도 마찬가지였다. 그런 모든 문제를 바로잡은 사람이 바로 라이엘이었다. 스티븐 제이 굴드는 『시간의 화살, 시간의 순환*Time's Arrow*』에서, 1980년대에 유행하던 책에서 "라이엘이 책을 내기 전까지는 학자들 대부분이 지구가 젊다는 사실을 인정했다"는 내용을 소개했다. 사실은 그렇지 않았다. 마틴 J. S. 루드윅에 따르면, "지질학계에서 인정을 받는 지질학자 중에서 국적에 상관없이 『창세기』의 직해주의적直解主義的 해석에 따른 시간 척도를 믿는 사람은 아무도 없었다." 19세기의 가장 독실한 사람이었던 버클랜드 목사마저도 성서는 하늘과 땅이 첫날에 만들어졌다고 주장하지는 않았고, 단순히 "태초에" 만들어졌다고 했을 뿐이라고 지적했다. 그는 그 태초가 "100만 년의 100만 배 동안" 계속되었을 수도 있다고 했다. 지구가 오래되었다는 사실은 누구나 인정했다. 문제는 얼마나 오래되었는지였다.

처음으로 지구 나이를 추정하려던 사람들 중에는 신뢰할 수 있었던 에드먼드 핼리도 있었다. 그는 1715년에 바다 전체에 녹아 있는 소금의 총량을 매년 바다로 유입되는 소금의 양으로 나누면 바다가 존재했던 기간을 알 수 있을 것이고, 그것으로부터 지구의 대략적인 나이를 짐작할 수 있을 것이라고 주장했다. 논리적으로는 그럴듯했지만, 바다에 녹아 있는 소금의 총량이나 매년 바다로 유입되는 소금의 양을 알아낼 수 있는 사람은 아무도 없었다. 그런 양을 측정하는 실험은 도저히 불가능했다.

비록 과학적이라고 하기는 어렵지만, 최초의 그럴듯한 측정은 프랑스의 뷔퐁 백작 조르주-루이 르클레르에 의해서 1770년대에 이루어졌다. 탄광에 들어가본 사람은 누구나 알고 있듯이, 지구가 상당한 양의 열을 방출한다는 사실은 오래 전부터 알려져 있었지만, 열이 식어가는 속도를 추정할 방법이

있다. 지구의 탄생일이 10월 26일이라고 적은 책도 많다. 그의 이름 "Ussher"를 "Usher"로 잘못 기록한 책도 있다. 자세한 이야기는 스티븐 제이 굴드의 『여덟 마리 새끼 돼지(*Eight Little Piggies*)』에 소개되어 있다.

없었다. 뷔퐁 백작은 하얗게 빛날 정도로 가열한 둥근 공을 만지며 열이 소실되는 속도를 추산하는 실험을 했다(물론 처음에는 아주 가볍게 만졌을 것이다). 그 결과로부터 그는 지구의 나이가 7만5,000년에서 16만8,000년 사이일 것이라고 추정했다. 물론 엄청나게 작은 값이었지만, 당시로는 획기적인 결과였다. 끝내 뷔퐁 백작은 그런 주장 때문에 파문당할 위기에 처하게 되었다. 약은 사람이었던 그는 곧바로 자신의 경솔했던 이교적 주장을 사과했지만, 그후에 쓴 글에서는 아무 거리낌 없이 자신의 주장을 반복했다.

19세기 중엽에 이르러서 지식인은 대부분 지구의 역사가 적어도 수백만 년은 될 것이며 어쩌면 수천만 년이 될 수도 있겠지만 그보다 더 길지는 않을 것이라고 믿게 되었다. 그래서 1859년에 찰스 다윈이 『종의 기원On the Origin of Species』에서, 영국 남부에서 켄트 주, 서리 주, 서식스 주에 이르는 윌드 지역의 지질학적 변화가 무려 3억666만2,400년에 걸쳐서 완성되었다고 했던 주장은 더욱 놀라운 것이었다. 그의 주장은 인상적일 정도로 구체적이었을 뿐 아니라 당시 사람들이 믿던 지구의 나이와 너무나도 차이가 났기 때문에 더욱 놀라웠다.[†] 다윈은 이 주장으로 논란이 심화되자 제3판에서는 그 내용을 빼버렸다. 그러나 문제는 여전히 남아 있었다. 다윈을 비롯한 몇몇 지질학자들에게는 지구의 역사가 매우 길어야 했지만, 아무도 그것을 밝혀낼 방법을 몰랐다.

위대한 켈빈 경이 그 문제에 흥미를 가지게 된 것은 다윈에게는 물론이고 과학의 발전에도 불행한 일이었다(그는 의심할 나위 없이 위대한 인물이었지만, 당시까지는 평범한 윌리엄 톰슨이었고 예순여덟 살이던 1892년이 되어서야 작위를 받았다. 여기에서는 그의 이름을 소급해서 쓰는 관행을 따르기로 한다). 켈빈은 19세기의 가장 훌륭한 인물이었고, 어쩌면 시대를 통틀어 훌륭한 인물이었을 수도 있다. 역시 평범한 과학자가 아니었던 독일의 헤

[†] 다윈은 정확한 숫자를 아주 좋아했다. 훗날 발표한 글에서는 영국의 땅 1에이커에 5만3,767마리의 지렁이가 살고 있다고 했다.

르만 폰 헬름홀츠는 켈빈이 자신이 만나본 사람 중에서 가장 훌륭하며 "지혜롭고 명석하며, 유연한 사고력을 가진 사람"이라고 했다. 그는 "그와 함께 있으면 멍하게 느껴질 때도 있다"고 풀이 죽어서 말했다.

켈빈은 실제로 빅토리아 시대의 슈퍼맨이었기 때문에 헬름홀츠의 언급이 사실일 수도 있었을 것이다. 켈빈은 1824년 벨파스트에 있던 왕립 학술연구소 수학 교수의 아들로 태어났고, 그의 가족은 곧 글래스고로 이사했다. 그곳에서 신동으로 소문이 난 켈빈은 열 살에 글래스고 대학교에 입학했다. 그는 스무 살이 될 때까지 런던과 파리의 연구소에서 연구했고, 케임브리지 대학교를 졸업했다(그는 조정과 수학에서 우등상을 받았고, 음악회를 개최할 여유도 있었다). 그는 졸업과 동시에 케임브리지 대학교의 피터하우스 대학 특별 교수로 임명되었고, (영어와 프랑스어로) 순수수학과 응용수학 분야의 논문 수십 편을 발표하기도 했다. 그 논문은 놀라울 정도로 창의적이었기 때문에 상급자의 눈을 피해 익명으로 발표해야 했다. 스물두 살에 글래스고 대학교로 돌아가 자연철학 교수가 된 그는 53년 동안 그곳에 머물렀다.

1907년 여든세 살로 사망할 때까지 그는 661편의 논문을 발표했고, 69건의 특허를 획득해서 부자가 되었으며, 자연과학의 거의 모든 분야에서 명성을 얻었다. 무엇보다도 그는 냉장법을 가능하게 해준 방법을 제안했고, 오늘날 그의 이름이 붙어 있는 절대온도 척도를 고안했으며, 바다 너머까지 전보를 보낼 수 있는 증폭 장치를 발명했고, 해양용 나침반에서 최초의 음파 수심 측정장치에 이르기까지 수많은 선박 항해 기구를 개발하기도 했다. 실용적인 성과만도 그 정도였다.

전자기학, 열역학, 빛의 파동 이론 등에 대한 그의 이론 연구도 역시 혁명적이었다.[†] 그가 하지 못했던 단 하나의 문제가 바로 지구의 정확한 나이를

---

† 특히 그는 열역학 제1법칙의 정립에 공헌했다. 이 법칙에 대해서 소개하려면 한 권의 책이 필요하겠지만, 화학자 P. W. 앳킨스의 명료한 설명을 통해서 어렴풋이 이해할 수는 있을 것이다. "열역학에는 모두 네 개의 법칙이 있다. 그 세 번째에 해당하는 제2법칙이 가장 먼저 알려졌고, 첫 번째인 제0법칙은 가장 나중에 발견되었다. 제1법칙이 두 번째였다. 제3법칙은 다른

알아내는 것이었다. 그는 중년이 지난 후에 그 문제에 흥미를 가지게 되었지만, 정확한 답을 얻지는 못했다. 그는 1862년 「맥밀란스*Macmillan's*」라는 대중잡지에 실었던 글에서 처음으로 지구의 나이를 9,800만 년이라고 주장했지만, 2,000만 년이나 4억 년일 가능성도 있다고 했다. 대단히 조심스러웠던 그는 만약 "위대한 창조의 과정에서 오늘날 우리에게 알려지지 않은 무엇인가가 있었다면" 그의 계산이 틀릴 수도 있다고 인정했다. 물론 그런 일은 절대로 없으리라고 믿었던 것은 확실했다.

세월이 흐르면서 켈빈은 자신의 주장을 점점 더 강하게 밝히기 시작했지만, 계산은 점점 더 부정확해졌다. 그는 끊임없이 자신의 추정치를 줄여나갔다. 처음의 최대 4억 년이 1억 년으로 줄었고, 다시 5,000만 년으로 줄었다가 1897년에는 2,400만 년이 되었다. 의도적인 것은 아니었다. 당시의 물리학으로는 태양과 같은 크기의 물체가 수천 년 넘게 연료가 바닥나지 않은 상태로 끊임없이 타오르는 이유를 설명할 수 없었기 때문이다. 그래서 어쩔 수 없이 태양과 그 행성의 역사가 비교적 짧을 것이라고 믿었다.

거의 모든 화석 증거가 그런 주장과 맞지 않는다는 것이 문제였고, 19세기에는 갑자기 엄청나게 많은 화석 증거가 쏟아져 나왔다.

법칙들과는 전혀 다른 의미의 법칙이다." 간단히 말하면, 제2법칙은 언제나 약간의 에너지가 낭비된다는 것이다. 아무리 효율적인 기관을 만들더라도 언제나 에너지 낭비가 있기 때문에 결국은 멈춰 서게 되므로 영구기관을 만들 수는 없다. 제1법칙 때문에 결코 새로운 에너지를 만들어낼 수 없으며, 제3법칙 때문에 절대온도 0도 이하로 내려갈 수가 없다. 언제나 어느 정도의 온기는 남아 있을 것이기 때문이다. 데니스 오버바이가 지적했던 것처럼, 세 개의 열역학 법칙은 (1) 이길 수도 없고, (2) 비길 수도 없으며, (3) 포기할 수도 없다는 뜻이라고 농담처럼 표현되기도 한다.

제6장

성난 이빨을 드러낸 과학

정확하게 누구였는지는 잊혔지만, 1787년 뉴저지 주의 어떤 사람이 우드버리 크리크라는 지역의 강바닥에 솟아 나온 거대한 대퇴골을 발견했다. 그 유골은 지금까지 알려진 어떤 종에도 맞지 않았고, 더욱이 뉴저지 주에 살던 생물이 아닌 것이 분명했다. 지금까지도 확인된 바가 거의 없기는 하지만, 그 유골은 큰 오리 부리를 가진 공룡인 하드로사우르의 것으로 여겨진다. 당시에는 공룡의 존재가 알려지지 않았다. 그 유골은 미국의 최고 해부학자였던 카스파 위스타 박사에게 보내졌고, 그는 그해 가을 필라델피아에서 개최된 미국 철학회 총회에 그 사실을 보고했다. 불행하게도 위스타는 그 유골의 가치를 전혀 알아보지 못했고, 다만 그것이 정말 거대한 동물의 유골이라는 정도의 사실만을 평범하고 조심스럽게 설명하는 데에 그쳤다. 결과적으로 그는 다른 사람보다 50년 앞서서 공룡을 발견할 수 있었던 기회를 놓친 셈이었다. 사실 아무도 관심을 두지 않았던 그 유골은 창고에 처박혀 있다가 어디론가 사라졌다. 그러니까 그 유골은 최초로 발견되었지만, 가장 먼저 사라진 공룡 유골이 되었다.

당시 미국은 이미 몸집이 큰 고대 동물의 잔해에 열광하고 있었기 때문에 사람들이 새로 발견된 유골에 관심이 없었던 것은 정말 놀라운 일이었다.

그런 유행은 앞에서 소개한 프랑스의 위대한 박물학자 뷔퐁 백작의 이상한 주장 때문이었다. 그는 신세계의 모든 생물은 모든 면에서 구세계의 생물보다 열등하다고 주장했다. 광범위한 문제를 다룬 유명한 『박물지*Histoire Naturelle*』에서 그는 아메리카는 물이 한곳에 고여 있고, 땅은 메마르고, 짐승은 크기가 작고 활기도 없으며, 썩어가는 습지와 햇볕이 들지 않는 숲에서 나는 "고약한 냄새" 때문에 생물이 약할 수밖에 없는 곳이라고 주장했다. 그런 환경에 사는 아메리카 원주민이 활기가 없는 것도 당연했다. 뷔퐁 백작의 사려 깊은 표현에 따르면, "그들은 수염이나 체모도 없고, 여성에게 관심도 없으며" 그들의 생식기는 "작고 허약하다."

뷔퐁 백작의 그런 주장은 다른 학자들에게서 놀라울 정도로 열렬한 지지를 받았다. 특히 아메리카의 자연을 본 적이 없는 사람들이 더욱 그랬다. 네덜란드의 코르네일러 더 파우는 유명한 『아메리카에 대한 철학적 연구*Recherches Philosophiques sur les Américains*』에서 아메리카 원주민 남성은 생식능력이 보잘것없을 뿐 아니라 "남성답지 않은 정도가 지나쳐서 가슴에서 젖이 나올 정도"라고 했다. 그런 주장은 믿을 수 없을 정도로 오랫동안 사라지지 않았고, 유럽의 책에는 19세기 말까지도 반복해서 등장했다.

그런 비방에 대해서 미국 사람들이 분개했던 것은 당연했다. 토머스 제퍼슨은 『버지니아 주 비망록*Notes on the State of Virginia*』에 격한 반박문을 발표했다. 그 내용을 제대로 이해하지 못하면 이상하게 보일 정도였다. 그는 뉴햄프셔 주의 친구 존 설리번 장군에게 20명의 군인을 북부의 숲으로 파견해서 뷔퐁 백작에게 보낼 큰 사슴을 잡아오도록 요청하기도 했다. 아메리카 포유류의 몸집과 위엄을 확실하게 보여주기 위해서였다. 적당한 사슴을 찾아내는 데에는 2주일이 걸렸다. 그러나 잡은 사슴에는 제퍼슨이 바라던 멋진 뿔이 없었다. 사려 깊었던 설리번은 엘크인지 수사슴의 것인지를 알 수 없는 뿔을 함께 보내주었다. 프랑스 사람이 도대체 어떻게 알 수 있겠는가?

그러는 동안 위스타의 고향인 필라델피아의 박물학자들은 처음에는 "위대한 아메리카 미확인 동물"로 알려졌다가 훗날 매머드라고 잘못 확인되었던, 코끼리를 닮은 동물의 유골을 끼워 맞추고 있었다. 그 유골은 처음에는 켄터키 주의 빅본릭이라는 곳에서 발견되었지만, 곧 이어서 미국 전역에서 발굴되었다. 미국에는 한때 정말 거대한 동물이 살았던 것처럼 보였고, 그런 사실은 뷔퐁 백작이 퍼트렸던 어리석은 골 지역 사람들의 억지 주장을 반박하는 증거가 될 수 있었다.

미국의 박물학자들은 미확인 동물의 거대함과 난폭함을 보여주고 싶은 욕심에 너무 집착한 나머지 몸집을 6배나 크게 추정했고, 무시무시한 발톱이 있었다고 주장했다. 실제로 그 발톱은 근처에서 발견된 거대한 육상 공룡인 메갈로닉스의 발톱이었다. 그 짐승이 "호랑이만큼의 민첩함과 난폭함"을 가지고 있었다고 믿었던 그들은 바위 위에서 먹이를 잡으려고 고양이처럼 날쌔게 달려드는 모습을 그림으로 그리기도 했다. 그러나 훗날 엄니를 발견한 후에는 온갖 모양의 짐승 머리를 상상해야만 했다. 복원작업에 참여했던 한 사람은 엄니를 거꾸로, 퓨마의 송곳니처럼 윗턱에 붙여서 공격적인 모습이 되도록 만들기도 했다. 엄니를 뒤쪽으로 휘어지게 붙인 후에 그 동물이 물속에서 살았다고 하기도 했고, 그 엄니로 나무를 잡은 자세로 잠을 잤을 것이라는 흥미로운 주장을 펴기도 했다. 그러나 미확인 동물에 대한 가장 적절한 결론은 그 동물이 멸종되었다는 것이었고, 뷔퐁 백작은 그것이 바로 자연의 퇴화를 확실하게 보여주는 증거라며 즐거워했다.

뷔퐁 백작은 1788년에 세상을 떠났지만, 논란은 계속되었다. 촉망받는 화석학자였던 젊고 권위적인 조르주 퀴비에가 1795년 파리에 도착한 유골을 살펴보았다. 퀴비에는 이미 한 무더기의 흩어진 유골을 순식간에 복원해서 사람들을 놀라게 했다. 그는 이빨 한 개나 턱뼈 조각만 보면 그 동물의 모양과 성질을 설명할 수 있고, 덤으로 그 동물의 종과 속을 알아낼 수도 있다고 알려져 있었다. 육중하게 움직이던 괴물의 모습을 미국에서는 아무도 알아내지 못해서, 공식적으로 퀴비에가 그 발견자가 되었다. 그는 그 동물에게 놀랍게도 "젖꼭지 이빨"이라는 뜻의 마스토돈이라는 이름을 붙였다.

그런 논란에 관심을 가지게 된 퀴비에는 1796년에 최초의 정식 멸종 이론을 담은 「현존 코끼리와 화석 코끼리의 종에 대한 기록」이라는 기념비적인 논문을 발표했다. 지구는 가끔 전 지구적 재앙을 겪었고, 그 과정에서 일부 생물종이 완전히 사라졌다는 것이다. 그런 주장에는 하느님이 무책임했다는 의미가 담겨 있었기 때문에 퀴비에처럼 신앙심이 깊은 사람에게는 몹시 불편한 것이었다. 하느님 스스로 창조했던 생물을 멸종시킨 이유는 무엇이었을까? 세상에 정교한 질서가 존재하고, 세상에 살고 있는 모든 생물은 스스로의 위치와 목적을 가지고 있으며, 그런 사실은 과거로부터 변함없이 이어지고 있다는, 거대한 존재의 사슬이라는 믿음에 그런 주장은 맞지 않았다. 제퍼슨 역시 모든 생물이 사라지거나 또는 진화한다는 생각을 받아들일 수 없었다. 그래서 제퍼슨은 미시시피 너머로 용감한 탐사대를 파견해서 풍족한 평원에서 풀을 뜯는 건강한 마스토돈을 비롯한 거대한 짐승 무리를 찾아내는 것이 과학적으로는 물론 정치적으로도 가치가 있는 일이라고 믿게 되었다. 제퍼슨의 개인 비서이면서 신뢰하는 친구였던 메리웨더 루이스가 탐사대의 공동 대표 겸 대표 박물학자로 선발되었다. 살아 있거나 죽은 동물에서 무엇을 찾아보아야 할 것인지에 대해서 도움을 줄 조수로 선택된 사람은 다름 아닌 카스파 위스타였다.

권위적인 명사였던 퀴비에가 파리에서 자신의 멸종설을 주장하고 있던 같은 해의 같은 달에, 영국 해협의 건너편에서는 이름이 알려져 있지 않은 한 영국인이 화석의 가치에 대한 중요하고 새로운 통찰력을 키워가고 있었다. 윌리엄 스미스는 서머싯 콜 운하 건설 현장의 젊은 감독이었다. 1796년 1월 5일 서머싯의 여관에 앉아 있던 그는 자신을 유명하게 만들 생각을 글로 쓰고 있었다. 암석을 이해하려면, 상관관계를 밝혀줄 방법이 필요했다. 다시 말해서 데본에서 발굴한 석탄기의 암석이 웨일스에서 발굴한 캄브리아기의 암석보다 더 최근의 것이라는 사실을 밝혀줄 근거가 필요했다. 스미스는 화석에서 그 실마리를 찾을 수 있다는 사실을 알아차렸다. 지층이 바뀔 때마다 화석이 사라지고, 그다음 층에는 다른 화석이 발견된다. 어떤 화석이 어느 지층에서 발견되는지를 살펴보면, 서로 다른 곳에 있는 암석의 상대적인 연대를 비교할 수 있을 것이다. 탐사원으로 일하면서 그런 생각을 하게 된 스미스가 작성한 영국의 암석층에 대한 지도는 여러 차례의 수정을 거친 다음 1815년에 책으로 출판되었다. 그의 지도는 현대 지질학의 초석이 되었다(이 이야기는 사이먼 윈체스터의 유명한 『세계를 바꾼 지도*The Map that Changed the World*』에 자세하게 소개되어 있다).

그러나 스미스는 그런 통찰력을 가지고 있기는 했지만, 불행하게도 왜 암석이 그런 방법으로 쌓이는지를 이해하는 데에는 이상할 정도로 관심이 없었다. 그는 "나는 지층이 어떻게 만들어졌는지에는 관심이 없고, 다만 지층이 그렇게 되어 있다는 사실을 아는 것으로 만족한다"는 기록을 남겼다. "그런 이유를 밝혀내는 것은 광물 탐사원의 일이 될 수 없다."

지층에 대한 스미스의 주장은 멸종 이론을 도덕적으로 더욱 불편하게 만들었다. 우선, 하느님이 생물을 가끔이 아니라 반복적으로 멸종시켰다는 사실을 확인해주었다. 그렇다면 하느님은 단순히 경솔한 정도가 아니라, 이상할 정도의 적개심을 가지고 있었다는 뜻이다. 또한 어떤 종은 멸종했는데, 어떻게 다른 종은 다음 지질시대까지 아무 문제없이 생존할 수 있었는지도 설명이 필요했다. 멸종에는 성서에 나오는 노아의 홍수만으로는 설명할 수 없는 부분이 있는 것이 분명했다. 퀴비에는 자신의 만족을 위해서 「창세기」에는 가장 최근에 있었던 홍수만 기록되어 있다고 주장함으로써 문제를 해결하려고 했다. 하느님은 아무 상관도 없는 그 이전의 멸종 소식을 모세에게 알려주고 싶지 않았던 모양이라고 말이다.

19세기 초에 이르자 화석의 중요성을 인정할 수밖에 없었고, 그래서 공룡 유골의 중요성을 알아차리지 못했던 위스타의 실수는 더욱 아쉽게 여겨졌다. 어쨌든 느닷없이 모든 곳에서 유골이 등장하기 시작했다. 미국인은 공룡을 발견할 수 있는 몇 차례의 기회를 모두 놓치고 말았다. 1806년 루이스와 클라크의 탐사대는 몬태나 주에 있는 헬 크리크를 지나고 있었다. 훗날 그야말로 온통 공룡 유골이 널려 있던 곳으로 밝혀진 지역을 지나던 탐사대는 바위에 박혀 있는 분명한 공룡 유골을 살펴보았으면서도 아무것도 알아차리지 못했다. 플리너스 무다라는 시골 소년이 매사추세츠 주의 사우스 해들리에 있는 오래된 암석 광산에 몰래 숨어 들어갔던 덕분에 뉴잉글랜드의 코네티컷 강 계곡에서 또다른 유골과 화석화된 발자국이 발견되었다.

안키사우루스의 유골을 비롯해서 그곳에서 발굴된 유골 중의 일부는 지금까지 보존되어 예일 대학교의 피보디 박물관에 소장되어 있다. 1818년에 발굴된 유골은 처음으로 검사를 거쳐서 보존된 것이었지만, 불행하게도 1855년까지 그 가치를 인정받지 못했다. 카스파 위스타는 1818년에 사망했지만, 토머스 너탈이라는 식물학자가 멋진 덩굴 관목에 그의 이름을 붙여서 기대하지 못했던 불후의 명성을 얻게 되었다.* 일부 청교도적인 식물학자들은 지금도 위스타리아wistaria라는 철자를 고집한다.

그러나 이 시기에 이르러서 화석학(고생물학)의 중심은 영국으로 옮겨갔다. 1812년 도싯 해안의 라임 레기스라는 지역에 살던 메리 애닝이라는 아주 특별한 어린이가 영국 해협의 가파르고 위험한 절벽에 묻혀 있던 거대한 바다 괴물의 화석을 발견했다. 당시 그녀의 나이는 열하나, 열둘, 혹은 열셋이었다고 하는데, 길이가 5미터나 되는 그 동물은 오늘날 이크티오사우루스라고 알려져 있다.

그 발견은 놀라운 업적의 시작이었다. 그로부터 35년 동안 애닝은 자신이 수집한 화석을 관광객에게 판매했다("She sells seashells on the seashore[그녀는 바닷가에서 바다 조개를 판다]"라는 발음하기 어려운 유명한 우스갯소리가 그녀로부터 유래되었다고 흔히 일컬어진다). 그녀는 또다른 바다 괴물

---

* 등나무 속의 식물을 위스테리아(wisteria) 또는 위스타리아(wistaria)라고 한다.

인 플레시오사우루스 역시 최초로 발견했고, 최초이면서 가장 완벽한 익수룡을 발견하기도 했다. 정확하게 말하자면 이들은 모두 공룡은 아니었지만, 당시 사람들은 공룡이 무엇인지 몰랐기 때문에 아무 문제가 되지 않았다. 언젠가 이 세상에 지금 우리가 알고 있는 것과는 전혀 다른 모습의 짐승이 살고 있었다는 사실을 알아낸 것만으로 충분했다.

애닝은 단순히 화석 찾기에만 뛰어난 것이 아니었다. 그녀를 당할 사람이 없기도 했지만, 화석을 다치지 않도록 정교하게 발굴하는 그녀의 능력이 더욱 중요했다. 만약 런던 자연사 박물관의 고대 해양 파충류관을 찾아볼 기회가 있다면, 그녀가 어려운 여건에서 누구의 도움도 없이 가장 간단한 도구만으로 이룩한 업적이 얼마나 굉장한 규모이고 얼마나 아름다운 것이었는지를 확인해보기 바란다. 플레시오사우루스의 경우에는 그녀가 10년에 걸쳐서 발굴한 것이다. 애닝은 특별한 교육을 받지는 못했지만 학술 연구에 충분할 정도의 정교한 그림과 설명을 남기기도 했다. 그녀의 기술이 뛰어났음에도 불구하고, 그런 발견의 기회는 흔치 않았고 그녀는 평생 가난하게 살아야 했다.

아마도 화석학의 역사에서 매리 애닝처럼 인정받지 못한 사람도 드물었지만, 그런 사람이 또 있었다. 서식스의 시골 의사였던 기디언 앨저넌 맨텔이 바로 그 사람이다.

호리호리했던 맨텔은 허영심이 많고, 자기 생각에만 빠져 있고, 까다롭고, 가족을 돌보지 않는 등의 여러 가지 단점의 소유자였다. 그러나 그보다 더 훌륭한 아마추어 화석학자는 없었다. 그의 부인이 헌신적이고 세심했던 것도 그에게는 행운이었다. 1822년 어느 날 그가 서식스의 시골로 왕진을 간 사이에 집 근처로 산보를 나갔던 맨텔의 부인은 구멍을 메우려고 쌓아둔 흙무더기 속에서 작은 호두알 크기 정도의 구부러진 갈색 돌을 발견했다. 남편이 화석에 관심이 많고 그것이 화석일 수도 있겠다고 생각한 그녀는 그

돌을 남편에게 가져다주었다. 맨텔은 즉시 그것이 화석화된 이빨이라는 사실을 알아차렸고, 조금 더 살펴본 후에는 그 짐승이 초식 파충류이고, 몸길이가 수십 미터에 달할 정도로 거대했으며, 백악기에 살았다는 사실을 알아냈다. 그가 알아낸 사실은 모두 정확했지만, 그때까지만 하더라도 누구도 그와 비슷한 것을 보거나 상상해본 적이 없었기 때문에 그의 결론은 대단히 과감한 것이었다.

그는 자신의 발견이 과거에 대해서 알려진 사실을 전부 뒤엎을 정도로 굉장한 것임을 알고 있었다. 그의 친구 윌리엄 버클랜드—탐사를 나갈 학사복과 실험적인 입맛을 가진—가 조심하는 것이 좋겠다고 충고해주었기 때문에, 맨텔은 3년 동안이나 자신의 결론을 뒷받침해줄 증거를 찾아내려고 안간힘을 썼다. 그는 이빨을 파리의 퀴비에에게 보내서 의견을 물어보기도 했지만, 위대한 프랑스 학자는 그것이 하마의 것이라면서 던져버렸다(훗날 퀴비에는 자신답지 않았던 실수에 대해서 진심으로 사과했다). 런던의 헌터 박물관에서 연구하던 어느 날, 그는 동료로부터 그 이빨이 자신이 연구하던 남아메리카 이구아나의 이빨과 흡사하다는 이야기를 들었다. 급히 비교해본 결과 정말 비슷했다. 그래서 맨텔이 발견한 동물에게는 아무 관계도 없지만 햇볕을 좋아하는 이구아나라는 도마뱀의 이름을 따라서 이구아노돈이라는 이름이 붙었다.

맨텔은 왕립학회에 발표할 논문을 준비했다. 그러나 불행하게도 그때 옥스퍼드셔의 돌산에서 또다른 공룡이 발견되었다는 사실이 공식적으로 발표되었다. 그 사실을 밝힌 사람은 맨텔에게 서두르지 말라고 주의를 주었던 바로 그 버클랜드 목사였다. 그 공룡에게는 메갈로사우루스라는 이름이 붙었는데, 실제로 버클랜드에게 그 이름을 추천해준 사람은 파킨슨병을 처음 밝힌 급진주의자 제임스 파킨슨 박사였다. 오늘날 버클랜드는 메갈로사우루스를 연구한 지질학의 선구자로 기억된다. 「런던 지질학회 회보 *Transactions of the Geological Society of London*」에 실린 그의 논문에 따르면, 그

동물의 이빨은 도마뱀처럼 턱뼈에 직접 붙어 있지 않고, 악어처럼 치강齒腔 속에 꽂혀 있었다. 버클랜드는 그런 사실을 알아차렸지만, 그것이 무엇을 뜻하는지는 몰랐다. 메갈로사우루스는 완전히 새로운 동물이었다. 그의 논문에서는 예리함이나 통찰력을 찾아보기 어려웠지만, 공룡에 대한 최초의 공식적인 설명으로 인정을 받았다. 그래서 공룡 발견의 공로는 맨텔이 아니라 그에게 돌아갔다.

이런 실망스러운 일이 평생 자신을 따라다닐 것이라는 사실을 짐작하지 못했던 맨텔은 계속해서 화석을 찾아다녔다. 1833년에 그는 또다른 거물인 힐라에오사우루스를 찾아냈고, 채석장 인부와 농부로부터 화석을 구입하여 영국에서 가장 많은 화석을 수집한 사람이 되었다. 맨텔은 훌륭한 의사였고 놀라운 유골 수집가였지만, 그의 재능을 널리 인정받지는 못했다. 얼마 지나지 않아서 브라이턴에 있던 그의 집은 화석으로 가득 찼고, 그의 수입은 대부분 화석 구입에 쓰였다. 그 자신을 빼면 아무도 관심을 보이지 않았던 책을 발간하는 데에도 상당한 비용이 들었다. 1827년에 발간된『서식스 지방의 지질학적 현상*Illustrations of the Geology of Sussex*』은 겨우 50부가 판매되었기 때문에 그는 당시에는 엄청난 거금이었던 300파운드를 손해 보고 말았다.

절망에 빠진 맨텔은 자신의 집을 박물관으로 개조해서 입장료를 받을 생각을 했다. 그러나 그런 상업적인 활동이 과학자로서는 물론이고 신사로서의 명성도 잃게 만든다는 사실을 알아차린 그는 결국 사람들을 무료로 입장시킬 수밖에 없었다. 수백 명씩 떼를 지어서 끊임없이 찾아오는 관람객 때문에 그와 가족들의 생활은 완전히 망가졌다. 결국 그는 빚을 갚기 위해서 수집품의 대부분을 팔아버릴 수밖에 없었다. 그 직후에 그의 아내가 네 아이 중 둘을 데리고 떠나버렸다. 놀랍게도 이것은 어려움의 시작에 불과했다.

런던 남부의 시드넘에 있는 크리스털 궁 공원에는 세계 최초로 세워진 실물 크기의 공룡 모형이 이상한 모양으로 잊힌 채 서 있다. 한때 그곳은 런던에서 가장 유명한 곳이었다. 리처드 포티의 지적에 따르면, 사실 그곳은 세계 최초의 테마 파크였다. 엄밀하게 보면 모형은 정확하지 않았다. 이구아노돈의 엄지발가락은 코에 스파이크처럼 붙어 있고, 네 개의 튼튼한 다리로 버티고 서 있는 모습이 당당하기는 하지만 어쩐지 너무 크게 웃자란 개처럼 보이기도 한다(실제로 이구아노돈은 네 다리로 서지 않는 이족 동물이었다). 오늘날 그 모습을 보면서 당시 사람들이 이 육중한 괴물 때문에 서로에게 비수를 꽂고 으르렁거렸다는 사실을 짐작하기는 어렵지만, 실제로 그런 일이 있었다. 자연사에서 공룡보다 더 격렬하고 지속적인 논쟁의 대상이 된 고생물은 찾아보기 어렵다.

시드넘은 공룡 모형을 제작할 당시에는 런던의 변두리였고, 넓은 공원이 있어서 1851년 대박람회가 열렸던, 유리와 철로 만든 유명한 크리스털 궁을 짓기에 적당한 장소였다. 자연스레 공원의 이름도 그렇게 붙었다. 콘크리트로 제작된 공룡들은 일종의 덤이었던 셈이다. 1853년 새해 전야에는, 미완성의 이구아노돈의 내부에서 21명의 훌륭한 과학자들이 유명한 저녁 만찬을 함께했다. 그러나 이구아노돈을 발견하고 확인했던 기디언 맨텔은 초대받지 못했다. 상석에 앉은 사람은 신생 화석학 분야에서 가장 널리 알려진 스타였다. 그의 이름은 리처드 오언이었고, 지난 몇 년 동안 그가 이룩한 훌륭한 업적 덕분에 기디언 맨텔의 삶은 지옥이 되고 말았다.

오언은 영국 북부의 랭커스터에서 자라면서 의사 수련을 받았다. 타고난 해부학자였던 그는 자신의 일에 너무 빠져든 나머지 해부용 시체에서 팔다리와 장기 등을 불법으로 몰래 집으로 가져와서 여유롭게 해부하기도 했다. 어느 날 방금 떼어낸 아프리카 흑인 선원의 머리를 넣은 가방을 메고 집으로 돌아가던 오언은 젖은 자갈에 미끄러져 넘어지면서 가방에 들어 있던 머리가 거리에 떨어져 어느 집 대문을 지나 현관 앞에 멈추는 모습을 놀라서 바라보기도 했다. 떨어진 머리가 굴러와서 자신의 집 현관에 멈추는 것을 본 주인이 무슨 말을 했을지는 짐작만 할 수 있을 뿐이다. 사색이 된 젊은이가 급하게 뛰어와서 아무 말 없이 머리를 집어들고 뛰어가는 모습을 멍하게 바라보고만 있었을 것이다.

오언은 스물한 살이던 1825년에 런던으로 옮겨와서 왕립 외과대학에서 비싼 의학용과 해부학용 표본을 정리하는 일을 하게 되었다. 표본 대부분은 유명한 외과의사였고 의학적으로 관심을 가질 만하다면 지칠 줄 모르고 무엇이든 수집했던 존 헌터의 연구실에서 기증한 것이었다. 그러나 헌터가 사망하면서 표본의 중요성을 설명해주는 서류가 분실되는 바람에 목록이 만들어지거나 정리된 적이 없었다.

오언은 탁월한 추론과 정리 능력을 발휘했다. 그는 또한 자신이 유골을 끼워 맞추는 일에서는 파리의 위대한 퀴비에와 필적할 정도의 뛰어난 실력을 갖춘 해부학자임을 보여주었다. 동물 해부학의 전문가로 소문이 나면서 그는 런던 동물원에서 죽은 동물에 대한 우선권을 부여받았다. 그는 언제나 동물의 사체를 직접 살펴볼 수 있도록 자신의 집으로 가져오게 했다. 하루는 집으로 돌아오던 그의 부인이 현관 앞에서 방금 죽은 코뿔소의 사체를 발견하기도 했다. 그는 모든 동물에 대한 전문가가 되었다. 오리너구리와 가시두더지를 비롯한 새로 발견된 유대류부터 운 나쁜 도도새와 마오리족에 의해서 잡아먹히기 전까지 뉴질랜드를 휩쓸던 모아라는 멸종된 거대한 새에 이르기까지 살아 있는 동물이나 멸종된 동물을 가리지 않았다. 그는 1861년에 바이에른 지방에서 발견된 시조새의 존재를 처음 보고했고, 최초로 도도새에 대한 비문碑文을 쓰기도 했다. 그는 평생에 걸쳐서 600편에 이르는 해부학 논문을 발표했다. 놀라운 성과였다.

그러나 무엇보다도 오언은 공룡과 관련된 업적으로 널리 기억된다. 그는 1841년에 공룡dinosauria이라는 말을 처음 만들어냈다. "무시무시한 도마뱀"이라는 뜻의 그 이름은 부적절한 것이었다. 오늘날 우리가 알고 있는 것처럼, 모든 공룡이 고약하지는 않았다. 토끼보다 작고 수줍어하는 종류도 있었다. 그러나 더욱 심각한 문제는 공룡이 3,000만 년이나 일찍 출현했던 도마뱀의 일종이 아니라는 사실이었다. 오언은 그 동물이 파충류라는 사실을 알고 있었기 때문에 아주 좋은 그리스어인 헤르페톤herpeton이라는 말을 쓸 수도 있었을 텐데, 왠지 그렇게 하지 않았다. 모든 공룡이 하나의 목目에 속하는 것도 아니다. 그는 공룡에 새의 꼬리를 가진 조반목鳥盤目과 도마뱀의 꼬리를 가진 용반목龍盤目의 두 종류가 있다는 사실을 알아차리지 못했다. 그런 실수는 당시 표본이 많지 않았다는 사실을 고려하면 이해할 만한 것이기는 했다.

오언은 외모나 성격이 모두 매력적이지 않았다. 중년에 찍은 그의 사진을 보면, 그는 길고 곧은 머리카락과 튀어나온 눈을 가져서 빅토리아 시대를 그린 연속극에 등장할 것 같은 악한처럼 음흉하게 보인다. 어린 아이가 놀랄 정도였다. 냉정하고 오만했던 그는 자신의 야망을 위해서라면 아무런 망설임이 없었다. 그는 찰스 다윈이 유일하게 싫어했던 사람이었다. 스스로 생을 마감한 오언의 아들조차 자신의 아버지를 "유감스러울 정도로 가슴이 차가운 사람"이라고 표현했다.

해부학에 대한 놀라운 재능 덕분에 오언이 뻔뻔스러울 정도로 부정직했다는 사실도 문제가 되지 않았다. 1857년에 박물학자 T. H. 헉슬리는『처칠 의학 인명록Churchill's Medical Directory』에 오언이 국립 광산학교의 비교해부학 및 생리학 교수로 등재되어 있다는 사실을 우연히 발견했다. 바로 그 직위에 있었던 헉슬리에게는 놀라운 사실이었다.『처칠 의학 인명록』에 어떻게 그런 오류가 발생했는지 알아보던 그는 오언 박사 자신이 직접 자료를 제출했다는 사실을 알게 되었다. 오언이 휴 팔코너라는 동료 박물학자의 업적을 자신의 것으로 주장했다는 사실도 밝혀졌다. 표본을 빌려간 후에 그런 사실 자체를 부인한 적도 있었다. 치아의 생리학에 대한 이론의 우선권을 두고 여왕의 주치의와 격한 논쟁을 벌이기도 했다.

오언은 자신이 싫어하는 사람을 못살게 괴롭혔다. 젊은 시절에는 몰래 영향력을 발휘해서 로버트 그랜트라는 젊은이를 동물학회에서 쫓아내기도 했다. 그랜트는 장래가 촉망되는 해부학자였다. 하루아침에 필요한 해부학 표본을 얻을 수 없게 된 그랜트는 매우 놀랐다. 연구를 할 수 없게 된 그는 결국 의욕을 잃고 무명의 인물로 전락할 수밖에 없었다.

그러나 오언이 기디언 맨텔보다 더 심하게 괴롭혔던 사람은 없었다. 아내, 아이들, 의사직, 그리고 애써 수집했던 화석까지 모두 잃는 불운을 겪은 맨텔은 런던으로 이사했다. 오언이 공룡의 정체를 밝혀내고 이름을 붙이는 영광을 누리기 시작한 운명적인 1841년에 맨텔은 런던에서 끔찍한 사고를 당했다. 마차를 타고 클래펌 광장을 건너가던 그는 좌석에서 떨어지면서 고삐에 얽혀버렸는데, 말이 놀라서 달리는 바람에 울퉁불퉁한 길 위로 마구 끌려갔다. 그는 회복 불가능할 정도로 척추를 심하게 다쳤다. 구부정하고 다리를 절게 된 그는 만성 통증에 시달렸다.

오언은 맨텔의 불행을 그냥 넘기지 않았다. 기록에서 맨텔의 업적을 조직적으로 지우기 시작했다. 맨텔이 몇 년 전에 이름을 붙였던 생물종의 이름을 바꾸고 마치 자신이 발견한 것처럼 꾸몄다. 오언은 왕립학회에서의 영향력을 이용해서 맨텔의 독창적인 논문의 출판을 거부하기도 했다. 고통과 박해에 지친 맨텔은 1852년에 자살했다. 그의 휘어진 척추는 왕립 외과대학에 기증되었는데, 역설적이게도 그 대학의 헌터 박물관 소장이었던 리처드 오언이 그 관리 책임자가 되었다.

그러나 맨텔에 대한 모욕은 거기에서 끝나지 않았다. 맨텔이 사망한 직후에 「문예신문 _Literary Gazette_」에 놀라울 정도로 냉담한 추모사가 실렸다. 맨텔은 엉터리 해부학자였고 그의 화석학 연구는 대부분 "정확한 지식" 없이 이루어진 것이라는 내용이었다. 이구아노돈의 발견마저도 퀴비에와 오언의 업적이었다고 주장했다. 필자가 밝혀져 있지는 않았지만, 형식으로 보아서 오언이 쓴 것이 분명했다. 자연과학계에는 그런 글을 쓸 사람이 없었다.

그러나 이 무렵 오언의 사악함이 그의 발목을 잡기 시작했다. 자신이 의장으로 있던 왕립학회의 위원회에서 벨렘나이트 belemnite라는 멸종된 연체동물에 대한 그의 논문을 근거로 그에게 최고의 명예였던 왕실 메달을 수여하기로 하면서 그의 추락이 시작되었다. 이 시기의 역사를 잘 담고 있는『가공할 도마뱀Terrible Lizard』을 남긴 데버라 캐드버리에 따르면, "그의 논문은 그렇게 독창적인 것도 아니었다." 채닝 피어스라는 아마추어 박물학자가 이미 4년 전에 벨렘나이트를 발견해서, 지질학회에 공식적으로 보고했다는 사실이 밝혀졌다. 오언도 지질학회의 바로 그 모임에 참석했음에도 불구하고, 왕립학회에서 발표한 자신의 논문에는 그런 사실을 언급하지 않았다. 그는 이름도 벨렘니테스 오어니Belemnites owenii라고 고쳐버렸다. 오언에게 수여되었던 왕실 메달이 취소되지는 않았지만, 얼마 되지 않던 추종자조차 등을 돌리게 되었다.

결국 헉슬리가 오언으로부터 불이익을 당한 많은 사람을 대신해서 앙갚음을 해주었다. 헉슬리는 투표를 통해서 오언을 동물학회와 왕립학회에서 축출했다. 헉슬리는 그 마무리로 왕립 외과대학의 헌터 교수 자리까지 차지했다.

오언은 더 이상 중요한 연구를 할 수 없게 되었지만, 우리 모두에게 고마운 일을 해주었다. 영국 박물관의 자연사 부서의 책임자가 된 1856년부터 그는 런던 자연사 박물관 건립을 위해서 노력을 기울였다. 1880년 사우스 켄싱턴에 세워진 웅장하고 사람들에게 사랑받는 고딕 건물은 그의 안목을 잘 보여준다.

오언 이전의 박물관은 대부분 지식인이 드나들며 공부하는 곳으로 설계되었지만, 지식인마저도 출입이 쉽지 않았다. 영국 박물관이 처음 세워졌을 때에는 관람을 원하는 사람이 서면으로 신청을 해야 했고, 출입할 자격이 있는지를 심사받기 위한 짤막한 면담을 거쳐야 했다. 면담에 합격하면 다시 박물관을 찾아가서 입장권을 받아야 했고, 박물관의 보물을 직접 보기 위해서는 박물관을 세 번째로 방문해야 했다. 그리고 나서도 관람객들은 무리를 지어 빠르게 이동해야 했고, 혼자 남아서 서성거리는 일은 절대 허용되지 않았다. 오언은 박물관이 모든 사람을 환영하고, 심지어 직장인이 저녁에 찾아올 수도 있게 만들고 싶어했다. 그는 박물관의 많은 공간을 일반 전시에 할애했다. 전시품에 자세한 설명을 붙여서 관람객이 무엇을 보고 있는지를 알 수 있도록 하자는 제안도 했다. 당시로는 급진적인 주장이었다. 놀랍게도 그의 제안은 T. H. 헉슬리에 의해서 무산되었다. 헉슬리는 박물관이 연구기관이어야 한다고 믿었다. 그러나 오언은 자연사 박물관이 모든 사람을 위한 곳이라고 주장함으로써 박물관에 대한 인식을 완전히 바꿔놓았다.

그러나 타인을 위해서 노력하겠다는 그의 이타주의가 개인적인 경쟁자에게까지 적용되지는 않았다. 그가 공식적으로 했던 마지막 일은 찰스 다윈의 동상 건립을 반대하는 로비 활동이었다. 오늘날 다윈의 동상은 입구 홀의 계단에서 들어오는 사람들을 따스하게 내려다보고 있다.

당연히 리처드 오언의 속 좁은 다툼이 19세기 화석학의 가장 추한 모습일 것이라고 생각하겠지만, 실은 바다 건너로부터 최악의 상황이 다가오고 있었다. 세기말이 다가오던 미국에서의 경쟁은 파괴적이라고 해야 할 정도로 악의적이었다. 에드워드 드링커 코프와 오스니얼 찰스 마시라는 괴팍하고 무자비했던 두 사람 때문이었다.

두 사람은 닮은 점이 많았다. 둘 다 싸움닭에 성질이 고약했고, 집요했으며, 이기적이었고, 샘이 많았으며, 남을 믿지 않았고, 언제나 불행하다고 투덜거렸다. 화석학의 세계는 이 두 사람의 경쟁으로 완전히 달라졌다. 처음에는 사이가 좋았던 두 사람은 화석에 상대방의 이름을 붙여줄 정도로 서로를 존경했고, 1868년에는 1주일 동안 함께 일을 하기도 했다. 그러나 두 사람 사이에 알 수 없는 이유로 문제가 생긴 모양이었다. 그다음 해부터 적대감을 드러내기 시작하더니 그후로 30년 동안 서로를 끔찍하게 증오하는 사이가 되어버렸다. 자연과학 분야에서 두 사람보다 더 서로를 경멸한 경우는 없었을 것이다.

둘 중 여덟 살 연상인 마시는 조용하고 학구적이었다. 단정하게 수염을 기르고 성격도 말끔했던 그는 탐사 여행을 좋아하지 않았고, 막상 가서도 화석을 찾아내는 데에 능숙하지 못했다. 한 역사학자의 말에 따르면, 그는 "공룡 화석이 나무토막처럼 널려 있는" 와이오밍 주의 코모 블러프에 있는 유명한 공룡 유적지에서조차 화석을 찾아내지 못했다. 그러나 그에게는 원하는 것은 무엇이든 구입할 수 있는 능력이 있었다. 뉴욕 북부에 살던 농부의 아들인 그 자신이 넉넉한 편은 아니었지만, 엄청난 부자이면서 너그러운 후원자였던 조지 피보디가 그의 외삼촌이었다. 마시가 자연사에 관심을 가지게 되었을 때, 피보디는 예일 대학교에 짓고 있던 자신의 박물관을 마시가 좋아하는 것으로 채우도록 충분한 자금을 후원해주었다.

아버지가 필라델피아의 부유한 사업가였던 코프는 더 직접적인 특권을 가지고 있었고, 마시보다 훨씬 더 모험을 즐겼다. 조지 암스트롱 커스터의 부대가 몬태나 주 리틀빅혼 강의 전투에서 인디언에게 참패를 당했던 1876년 여름에 코프는 그 근처에서 화석을 수집하고 있었다. 코프는 인디언의 땅에서 화석을 수집하기에 적절한 때가 아니라는 이야기를 듣고 나서도 아무 망설임 없이 작업을 계속했다. 작업을 포기하기에는 성과가 너무 좋았다. 자신의 틀니를 빼서 보여주고 다시 끼우며 크로족族의 마음을 돌리기도 했다.

10여 년 동안 서로 조용히 적대감을 표시하던 마시와 코프에게 1877년에 일이 터졌다. 그해에 친구와 함께 모리슨 근처를 산책하던 아서 레이크스라는 콜로라도 주의 교사가 화석을 발견했다. 그것이 "거대한 도마뱀"의 화석이라는 사실을 알아차린 레이크스는 몇 점의 표본을 마시와 코프에게 보내주었다. 기분이 좋았던 코프는 레이크스에게 수고비로 100달러를 보내면서, 그 화석을 발견했다는 사실을 마시를 포함한 누구에게도 알리지 말아달라고 부탁했다. 어쩔 줄 몰랐던 레이크스는 마시에게 자신의 표본을 코프에게 전해주도록 요청했다. 마시는 레이크스의 요청을 따랐지만, 그에게는 평생 잊을 수 없는 모욕이었다.

그 사건으로 점점 더 신랄하고, 음흉하며, 심지어 우스꽝스럽기까지 한 두 사람의 전쟁이 시작되었다. 둘은 발굴현장에 숨어서 상대방에게 돌을 던지기도 했다. 마시의 나무 상자를 쇠 지렛대로 열던 코프가 현장에서 붙잡히기도 했다. 두 사람은 글을 통해서 서로에게 욕을 하고, 상대방의 결과를 비하했다. 이 경우를 제외하면, 증오를 통해서 과학이 빠르고 성공적으로 발전한 사례는 찾아보기 어려울 것이다.

두 사람의 노력으로 미국에서 발견된 공룡 화석의 수는 몇 년 만에 9개에서 거의 150개까지 늘어났다. 스테고사우루스, 브론토사우루스, 디플로도쿠스, 트리케라톱스처럼 오늘날 우리가 알고 있는 공룡은 대부분 이 두 사람이 발견했다.[†] 그러나 너무 서두른 탓에 두 사람은 새로 발견한 것이 이미 발견했던 것과 같다는 사실을 알아차리지 못한 경우도 있었다. 두 사람은 우인타테레스 안케프스라는 종을 적어도 22차례나 "발견하기도" 했다. 엉망으로 뒤섞인 분류를 정리하는 데에 몇 년이 걸렸다. 두 사람 중에는 코프가 과학계에서 훨씬 더 유명했다. 숨이 막힐 정도로 부지런했던 코프는 대략 1,400편의 논문을 썼고, 공룡을 포함해 1,300종의 새로운 화석을 발굴했다. 논문의 수와 발굴했던 화석의 수가 모두 마시의 두 배가 넘었다. 코프가 말년에 다른 일에 몰두하지 않았더라면 더 많은 성과를 거둘 수도 있었을 것이다. 그러나 1875년에 유산을 물려받은 그는 미련하게도 은銀에 투자해서 모든 재산을 탕진했다. 그는 책과 논문과 화석으로 가득했던 필라델피아 판자촌의 단칸방에서 지내야 했다. 반면에 마시는 뉴헤이븐의 화려한 저택에서 말년을 보냈다. 코프는 1897년에 사망했고, 마시는 그로부터 2년 후에 사망했다.

코프는 말년에 또다른 흥밋거리를 찾아냈다. 그는 진심으로 자신이 호모 사피엔스의 기준 표본으로 선정되기를 바랐다. 다시 말해서 자신의 유골이

---

† 바넘 브라운이 1902년에 발견한 티라노사우루스 렉스가 대표적인 예외이다.

인류를 대표하는 표본으로 공식적으로 인정받고자 했다. 최초로 발견된 유골이 그 종의 기준 표본이 되는 것이 일반적이었지만, 인간의 경우에는 최초로 발견된 유골이 존재하지 않으므로 기준 표본이 설정되어 있지 않았다. 그 자리를 자신이 차지하고 싶었던 것이다. 이상하기도 하고 쓸데도 없는 희망이었지만, 아무도 반대할 명분을 찾지 못했다. 코프는 자신의 유골을 카스파 위스타의 후손들이 세운 필라델피아의 학술단체인 위스타 연구소에 기증하려고 했다. 그러나 그가 죽은 후에 준비된 유골에서는 매독 초기 증상의 흔적이 발견되었기 때문에 인간의 기준 표본으로 선정될 수 없었다. 결국 코프의 청원에도 불구하고 그의 유골은 지금까지도 조용히 보관되고 있다. 아직도 현생 인류의 기준 표본은 존재하지 않는다.

이 극적인 이야기의 등장인물이었던 오언은 코프나 마시보다 몇 년 앞선 1892년에 사망했다. 말년에 정신질환을 앓은 버클랜드는 맨텔이 사고를 당했던 곳에서 그리 멀지 않은 클래펌의 정신병원에서 추위에 떨다가 사망했다. 맨텔의 휘어진 척추는 거의 100년 가까이 헌터 박물관에 전시되어 있다가, 다행스럽게도 독일군의 대폭격으로 흔적도 없이 사라졌다. 맨텔의 몇몇 유품은 자식에게 상속되었고, 1840년에 뉴질랜드로 이민을 갔던 아들 월터에 의해서 그곳으로 옮겨졌다. 월터는 유명한 키위*가 되어 결국 원주민청의 관리가 되었다. 그는 1865년에 유명한 이구아노돈 이빨을 비롯한 아버지의 유품을 웰링턴의 콜로니얼 박물관(오늘날의 뉴질랜드 박물관)에 기증했다. 그 유물은 지금도 그곳에 전시되어 있다.

물론 19세기의 위대한 화석 사냥꾼들이 죽었다고 해서 공룡 사냥이 끝난 것은 아니었다. 놀랍게도 본격적인 사냥은 실제로 막 시작되었다고 보아야 한다. 코프와 마시가 사망한 해의 중간에 해당한 1898년에는 당시까지 밝혀졌던 어떤 화석보다도 더 중요한 화석이 발견되었다. 마시가 주로 찾아다녔

---

* "뉴질랜드 사람"이라는 뜻.

던 와이오밍 주의 코모 블러프에서 몇 킬로미터 떨어지지 않은 본 캐빈 채석장에서의 일이었다. 주목을 받게 되었다는 표현이 더 적절할 수도 있다. 그곳의 언덕에서는 심하게 풍화된 수많은 화석이 발견되었다. 사실 그 수가 너무 많아서 어떤 사람은 그것으로 오두막을 짓기도 했기 때문에 "본 캐빈Bone Cabin"이라는 이름이 붙여졌다. 첫 두 해 동안에 50톤의 고대 유골이 발굴되었고, 그후로 5–6년 동안 수만 톤이 더 발굴되었다.

20세기에 들어서면서 화석학자들은 더욱 많은 양의 고대 화석을 확보했다. 그러나 그때까지도 그 화석이 얼마나 오래되었는지를 확인할 수 없었던 것이 문제였다. 더욱 고약했던 것은 당시까지 공인된 지구의 나이로는 과거에 존재했던 것으로 확실한 누대累代, 대代, 기期 등을 제대로 설명할 수 없었다는 점이다. 위대한 켈빈 경이 주장했듯이 지구의 나이가 정말 2,000만 년 정도에 불과하다면, 고대 생물은 모두 거의 같은 지질학적 순간에 등장했다가 사라졌어야 했다. 그런 해석은 분명히 앞뒤가 맞지 않았다.

켈빈 이외에 이 문제에 관심을 가졌던 다른 과학자들의 결론은 불확실성을 더욱 심화시켰을 뿐이다. 더블린의 트리니티 칼리지에서 존경받는 지질학자였던 새뮤얼 호턴은 지구의 나이가 다른 사람의 추정치를 훨씬 뛰어넘는 23억 년이라고 주장했다. 그 수치가 너무 크다는 지적을 받은 그는 똑같은 자료를 이용해서 다시 계산했고, 이번에는 1억5,300만 년이라는 결과를 얻었다. 같은 트리니티 칼리지의 존 졸리는 에드먼드 핼리의 바다 소금 이론을 수정했지만, 틀린 가정을 너무 많이 도입했기 때문에 그의 결론은 더욱 절망적이었다. 지구의 나이가 8,900만 년이라는 그의 결과는 켈빈의 주장과 거의 같았지만, 현실적이지 못했다.

19세기가 끝날 때까지도 그런 혼란은 계속되었고, 책에 따라서 캄브리아기의 복잡한 생물이 태어날 때부터 지금까지 300만 년, 1,800만 년, 6억 년, 7억9,400만 년, 24억 년 또는 그 중간의 어떤 숫자에 해당하는 세월이 흘렀다는 결론을 모두 찾을 수 있다. 1910년까지도 미국의 조지 베커가 내놓은

5,500만 년이라는 추정치가 가장 신뢰할 만한 결과였다.

문제가 극도로 혼란스러웠을 때, 새로운 접근법을 이용한 아주 특별한 숫자가 등장했다. 어니스트 러더퍼드라는 건방지고 똑똑한 뉴질랜드 소년이 지구의 나이가 적어도 수억 년은 될 것이고, 어쩌면 그보다 훨씬 더 오래되었을 것이라는 확실한 증거를 제시했다.

놀랍게도 그가 제시했던 근거는 연금술이었다. 그의 근거는 자연적이고 자발적이고 과학적으로 믿을 수 있으며 신비술과는 구별되었지만, 어쨌든 연금술이었음에는 틀림이 없었다. 뉴턴이 아주 틀린 것은 아니었음이 밝혀진 셈이었다. 그것이 정확히 어떻게 근거가 되었는지는 물론 또다른 이야기이다.

제7장

근원적인 물질

화학이 정식 과학 분야로 정립되기 시작한 것은 옥스퍼드의 로버트 보일이 화학자와 연금술사를 처음으로 구별했던 『회의적 화학자*The Sceptical Chymist*』를 발간한 1661년부터였다. 그러나 이후에도 화학은 엉뚱한 전환을 거듭하면서 느리게 발전했다.

18세기를 지나면서 양측의 학자들은 이상할 정도로 잘 지내고 있었다. 광물학에 대한 『지하의 물리학*Physica Subterranea*』이라는 놀라운 저술을 남긴 독일의 요한 베허조차도 적당한 물질을 찾아내기만 하면 자신을 투명인간으로 만들 수 있다고 믿었다.

초기의 화학이 이상하고 때로는 우연한 발견을 통해서 정립되기 시작했다는 사실을 가장 잘 보여주는 것은 1669년 독일의 헤니히 브란트의 발견이었다. 무슨 이유 때문이었는지는 알 수 없지만, 브란트는 사람의 소변을 증류하면 금을 얻을 수 있다고 믿었다(색깔이 비슷하다는 사실도 중요한 이유였던 것 같다). 그는 지하창고에 50통의 소변을 모아서 몇 달 동안 저장했다. 그리고 여러 가지 난해한 과정을 거쳐서 소변을 고약한 반죽으로 만든 후에 다시 반투명한 왁스로 변환시켰다. 물론 금을 얻지는 못했지만, 이상하고 흥미로운 일이 일어났다. 시간이 지나면서 그 물질이 빛을 내기 시작했다.

게다가 공기 중에 놓아두면 저절로 불이 붙기도 했다.

"불을 담고 있는"이라는 뜻의 그리스어와 라틴어 어원으로부터 유래된 이름이 붙은 인燐, phosphorus이라는 그 물질은 상업적 가치가 매우 높았지만, 제조비용이 너무 비싸서 쓸모가 없었다. 인 30그램의 판매가격은 오늘날의 가치로 환산하면 1,200파운드 정도에 해당하는 6기니로, 금보다 훨씬 더 비쌌다. 처음에는 군인들로부터 원료를 얻었지만, 그렇게 해서는 산업적인 규모의 대량 생산이 불가능했다. 1750년대에 칼 셸레라는 스웨덴의 화학자가 고약한 냄새가 나는 소변을 사용하지 않고도 인을 생산하는 법을 알아냈다. 오늘날까지도 스웨덴이 성냥 생산 대국이 된 것은 일찍부터 인에 관한 기술을 개발했기 때문이다.

셸레는 독특한 동시에 기막힐 정도로 운이 없는 사람이었다. 첨단 기구를 구입할 수 없을 정도로 가난한 약사였던 그는 염소, 플루오린, 망가니즈, 바륨, 몰리브데넘, 텅스텐, 질소, 산소의 8가지 원소를 발견했지만, 그 업적을 하나도 인정받지 못했다. 아무도 그의 발견에 관심을 가지지 않거나, 독립적으로 같은 연구를 했던 다른 사람이 결과를 발표한 후에 그의 논문이 발표되기도 했다. 그는 암모니아, 글리세린, 타닌산처럼 유용한 화합물을 발견했고, 염소를 표백제로 사용할 수 있다는 사실을 알아낸 최초의 과학자였다. 그의 발견으로 엄청난 부자가 된 사람도 있었다.

셸레의 유일한 단점은 그가 사용하던 모든 물질을 직접 맛보아야 한다는 고집이 있었다는 점이었다. 수은은 물론이고 자신이 발견한 사이안산[青酸]도 예외가 아니었다. 사이안산은 150년 후에 에르빈 슈뢰딩거가 자신의 유명한 사고실험에 사용하려고 선택했을 정도로 강한 독성으로 유명했다(제9장 참조). 셸레는 결국 자신의 무분별한 고집에 희생되고 말았다. 1786년에 겨우 마흔세 살이던 그는 실험대 앞에서 죽은 채로 발견되었다. 실험대 위에는 수많은 독성 물질이 있었고, 그중 단 하나만으로도 그를 죽음으로 몰아넣기에는 충분했다.

세상이 좀더 정의롭고 스웨덴어를 쓰는 사람들이 좀더 많았더라면, 셸레는 세계적인 명성을 얻었을 것이다. 그러나 성과는 영어를 사용하는 지역의 몇몇 유명한 인사들의 업적이 되고 말았다. 셸레는 1772년에 산소를 발견했지만, 놀라울 정도로 복잡한 여러 가지 이유로 그의 논문은 제때 발표되지 못했다. 독립적으로 연구를 하기는 했지만, 훨씬 뒤였던 1774년 여름에야 같은 원소를 발견한 조지프 프리스틀리가 그 공로를 인정받았다. 셸레가 염소 발견의 업적을 인정받지 못했다는 사실은 더욱 놀랍다. 아직도 거의 모든 교과서는 염소를 발견한 사람이 험프리 데이비라고 소개한다. 데이비가 염소를 발견한 것은 사실이지만, 그의 발견은 셸레보다 36년이나 늦었다.

화학은 18세기 동안 뉴턴과 보일로부터 셸레, 프리스틀리, 헨리 캐번디시로 이어지는 먼 길을 왔지만, 아직도 갈 길은 멀었다. 18세기가 끝날 때까지도 모든 지역의 과학자들은 존재하지도 않는 물질을 찾으려고 애를 썼고, 실제로 그런 물질을 발견했다고 믿기도 했다(프리스틀리의 경우에는 더욱 오랫동안 그랬다). 오염된 공기, 연소의 활성 물질이라고 알려졌던 플로지스톤phlogiston, 플로지스톤이 제거된 산酸, 플록스,* 칼스,** 수륙 생물과 같은 것이 모두 그런 예였다. 이외에도 무생물에 생명을 불어넣는 힘인 엘랑 비탈élan vital이 어디인가에 존재한다고 믿기도 했다. 그런 영묘한 존재가 어디에 있는지는 누구도 몰랐지만, 사람들은 적어도 두 가지 사실은 밝혀졌다고 믿었다. (메리 셸리의 소설『프랑켄슈타인Frankenstein』에 나오는 것처럼) 사람에게 갑자기 전기를 흘려주면 깨어난다는 사실, 그리고 어떤 물질에는 존재하지만 다른 물질에는 존재하지 않는 것이 있다는 사실이었다. 그래서 화학은 (엘랑 비탈이 있는 물질에 대한) 유기화학과 (엘랑 비탈이 없는 물질에 대한) 무기화학의 두 분야로 갈라지게 되었다.

화학을 현대의 수준으로 도약시키기 위해서는 통찰력이 있는 사람이 필

---

* 물질이 타고 남은 재.
** 금속회(灰).

요했고, 한 프랑스인이 바로 그런 계기를 마련했다. 그의 이름은 앙투안-로랑 라부아지에였다. 1743년에 태어난 라부아지에는 하급의 귀족 출신이었다(그의 아버지가 돈을 주고 작위를 샀다). 그는 1768년에 사람들이 몹시 싫어했던 페름 제네랄Ferme Générale이라는 징세 청부업 회사의 경영에 참여했다. 정부를 대신해서 세금과 수수료를 징수하는 하는 회사였다. 라부아지에 자신은 어떤 면으로 보더라도 온화하고 공정한 사람이었지만, 그 회사는 전혀 딴판이었다. 부자에게는 세금을 걷지 않고 빈자에게만 세금을 부과했고, 그나마도 원칙이 없었다. 그러나 라부아지에는 그런 회사를 통해서 자신이 가장 좋아하던 과학 연구에 필요한 자금을 얻을 수 있었다. 한창 사업이 번성할 때에 그의 개인 수입은 연간 15만 리브르에 이르렀다. 오늘날의 화폐로 거의 1,200파운드에 달하는 액수였다.

넉넉한 수입이 보장된 사업을 시작하고 3년 후에 그는 상급자의 열네 살 된 딸과 결혼했다. 그 결혼은 진정한 마음과 가슴의 결합이었다. 라부아지에 부인은 예리한 지혜를 가졌고, 남편을 도와서 좋은 결과를 얻도록 해주었다. 바쁜 사업과 사교활동에도 불구하고, 두 사람은 하루에 5시간 넘게 과학 연구를 했다. 이른 아침 2시간과 저녁 3시간을 실험실에서 보냈고, 두 사람이 "행복의 날"이라고 부르던 일요일에는 하루종일 실험을 했다. 라부아지에는 화약 감독관 일을 하고, 밀수꾼을 막기 위해서 파리 시 주변에 성을 쌓는 일을 감독했으며, 미터법을 제정하는 데에도 참여했고, 훗날 원소의 이름을 합의하는 근거가 되었던 『화학 명명법Méthode de Nomenclature Chimique』을 공동으로 저술하기도 했다.

프랑스 왕립 과학원의 유력한 회원이었던 그는 최면술, 교도소 개혁, 곤충의 호흡, 파리의 수돗물 공급 등 다양한 문제에 대한 상당한 지식과 관심이 필요했다. 전망이 밝은 젊은 과학자가 과학원에 제출한 새로운 연소 이론에 대해서 라부아지에가 부정적인 의견을 발표했던 1780년에 그는 바로 그런 위치에 있었다. 그 이론은 실제로 틀린 것이었지만, 그 사람은 라부아지에를 결코 용서하지 않았다. 그의 이름은 장-폴 마라였다.

라부아지에는 유일하게 원소를 발견하는 일에는 성공하지 못했다. 당시에는 비커와 불꽃과 흥미로운 가루를 가진 사람이라면 누구나 새로운 것을 발견할 수 있었다. 지금은 알려진 원소 중 3분의 2가 발견되지 않은 상태였으나, 라부아지에는 단 하나의 원소도 발견하지 못했다. 비커가 모자라서는 분명히 아니었다. 라부아지에는 파격적일 만큼 훌륭한 개인 실험실에 무려 1만3,000개의 비커를 가지고 있었다. 그 대신 그는 다른 사람의 발견을 분명하게 이해했다. 그는 플로지스톤과 독성 공기 이론을 부정했고, 산소와 수소가 무엇인지를 밝혀내고 현대적인 이름을 붙여주었다. 간단히 말해서 그는 화학에 엄밀성, 명료성을 가져왔고, 연구법을 정립했다.

그리고 그의 훌륭한 기구는 실제로 아주 유용했다. 몇 년에 걸쳐서 그와 부인은 가장 정교한 측정이 필요한 극도로 정확한 실험에 빠져 있었다. 예를 들면, 그들은 누구나 믿었던 것과 달리 쇠가 녹이 슬면 가벼워지는 것이 아니라 더 무거워진다는 놀라운 사실을 발견했다. 어떻게 그런지는 몰랐지만, 녹이 스는 물체는 공기로부터 어떤 원소를 흡수하는 것이 확실했다. 그 결과는 물질이 사라지는 것이 아니라 변환이 된다는 사실을 처음 밝혀낸 것이었다. 이 책을 태우면 책을 구성하는 물질이 재와 연기로 바뀌지만, 우주에 있는 물질의 총량은 언제나 같다. 질량 보존이라고 알려진 그 결과는 혁명적이었다. 그러나 불행하게도 그것은 다른 혁명—프랑스 혁명—과 같은 시기에 일어났고, 라부아지에는 혁명에서 패배한 쪽에 서 있었다.

라부아지에는 사람들이 증오하던 페름 제네랄을 운영했을 뿐 아니라, 파리를 봉쇄하는 성을 쌓는 일에도 열심히 참여했다. 반란을 일으킨 시민들이 가장 먼저 공격한 것이 바로 그가 쌓은 성이었다. 1791년에 국민의회의 지도자가 된 마라는 그런 사실을 놓치지 않고 라부아지에를 공격했고, 그를 사형에 처해야 한다고 강력하게 주장했다. 그후 페름 제네랄은 곧바로 폐쇄되었다. 얼마 지나지 않아서 마라는 그에게 구박을 받았던 샤를로트 코르데라는 젊은 여자에 의해서 목욕탕에서 살해되었지만, 라부아지에의 목숨을 구하기에는 너무 늦었다.

1793년에는 극렬했던 공포정치가 더욱 극심해졌다. 10월에는 마리 앙투아네트가 단두대로 보내졌다. 뒤늦게 스코틀랜드로 도망치려던 라부아지에 부부도 체포되었다. 5월에 라부아지에는 페름 제네랄의 동료 31명과 함께, 마라의 흉상이 걸려 있던 혁명재판소에서 재판을 받았다. 8명은 무죄로 석방되었지만, 라부아지에를 비롯한 나머지 사람들은 프랑스 단두대 처형 장소였던 혁명궁(오늘날의 콩코르드 궁)으로 보내졌다. 라부아지에는 장인이 처형당하는 모습을 본 후에 단두대에 올라 사형되었다. 그로부터 3개월도 되지 않은 7월 27일에 프랑스 혁명의 지도자였던 로베스피에르도 같은 장소에서 처형을 당함으로써 공포정치가 막을 내렸다.

라부아지에가 처형되고 100년이 지난 후 파리에 그의 동상이 세워졌다. 그 동상은 누군가가 그와 전혀 닮지 않았다는 사실을 지적할 때까지 많은 사람을 감탄시켰다. 결국 조각가는 자신이 가지고 있던 수학자이자 철학자인 콩도르세 후작의 초상화를 근거로 동상을 제작했다고 실토했다. 그는 아무도 진실을 모를 것이라고 생각했고, 알더라도 상관하지 않을 것이라고 믿었다. 사실 그의 두 번째 짐작이 옳았다. 그로부터 반세기가 지나도록 콩도르세 후작을 닮은 라부아지에 동상은 그 자리에 그대로 있었다. 그러나 제2차 세계대전 중의 어느 날 아침에 그 동상은 녹여져서 고철이 되었다.

1800년대 초에 영국에서는 "아주 즐거운 느낌"이 들게 해주는 것으로 밝혀져서 웃음 기체라고도 불리던 산화이질소N_2O를 흡입하는 것이 유행했다. 거의 반세기 동안 웃음 기체는 젊은이들이 가장 좋아하는 약품이었다. 철학 연습회라는 학술 단체는 한동안 그 일에만 빠져 있었다. 극장에서도 "웃음 기체의 저녁"이라는 행사를 열었다. 관중들은 웃음 기체를 깊이 들이마신 자원자들의 우스꽝스러운 걸음걸이를 보고 즐겼다. 1846년이 되어서야 산화이질소를 마취제로 사용할 수 있다는 사실이 밝혀졌다. 이 기체를 가장 실용적으로 사용할 방법을 찾아내기까지 얼마나 많은 환자들이 외과의사의 수술 때문에 불필요한 고통을 겪었는지는 누구도 알 수 없을 것이다.

이런 사실을 소개하는 이유는 길고 힘들었던 18세기를 지나온 화학이 19세기 초에는 마치 20세기 초의 지질학과 마찬가지로 본연의 의미를 잃고 방황했음을 보여주기 위해서이다. 제대로 된 장비가 없었다는 것도 이유가 될 수 있다. 예를 들면, 19세기 후반에 원심 분리기가 개발되기 전에 할 수 있는 실험은 아주 제한되어 있었다. 사회적인 이유도 있었다. 일반적으로 말해서 화학은 석탄, 잿물, 염료 등을 다루던 사업가의 과학이었다. 신사들은 지질학과 자연사와 물리학에 더 관심이 많았다(영국과 비교해서 유럽의 사정은 조금 달랐지만, 크게 다르지는 않았다). 19세기에 관찰된 가장 중요한 현상 중의 하나였던 브라운 운동을 발견한 사람은 화학자가 아니라 스코틀랜드의 식물학자 로버트 브라운이었다는 것이 그런 사실을 잘 보여준다. 브라운 운동은 분자의 존재를 알려준 물리적 현상이었다(브라운은 1827년에 물에 떠 있는 꽃가루가 아무리 오래 기다려도 가라앉지 않고 무한히 떠서 움직인다는 사실을 알아차렸다. 그런 영구적인 움직임을 야기하는 보이지 않는 분자의 작용은 오랫동안 수수께끼였다).

럼퍼드 백작이라는 눈부시게 기발한 사람이 아니었더라면, 사정은 더욱 나빴을 것이다. 멋진 작위에도 불구하고 그는 1753년에 매사추세츠 주의 워번에서 평범한 벤저민 톰프슨으로 태어났다.

톰프슨은 기세당당하고 야망에 차 있었으며 "성격과 외모가 멋졌고" 용감하기도 했으며 놀라울 정도로 총명했지만, 양심의 가책 같은 것에는 아무 관심이 없었다. 그는 열아홉 살에 자신보다 열네 살이나 연상인 부유한 미망인과 결혼을 했지만, 미국에서 혁명이 일어났을 때에는 영국 편을 들어서 한동안 영국을 위한 첩보 활동을 하기도 했다. 1776년에 "자유에 대한 열의가 없다"는 이유로 체포될 위기에 처한 그는 부인과 아이들을 버려둔 채로,

뜨거운 기름통과 새털 주머니로 무장한 반군을 피해서 도망쳤다.

그는 처음에는 영국으로 도망쳤다가, 독일로 가서 바이에른 정부의 군사 고문으로 일했다. 관리들에게 좋은 인상을 준 그는 1791년에 신성 로마 제국의 럼퍼드 백작이 되었다. 그는 뮌헨에 영국 정원이라는 유명한 공원을 설계하고 건설하기도 했다. 그런 일을 하는 동안에도 그에게는 진정한 과학실험을 할 여유가 있었다. 그는 열역학 분야의 세계적인 권위자가 되었고, 유체의 대류와 해류의 순환 원리를 처음으로 규명했다. 그는 커피 메이커, 보온 내의, 그리고 지금도 사용되는 럼퍼드 난로를 비롯한 몇 가지 유용한 물건도 발명했다. 프랑스에 체류 중이던 1805년에는 앙투안-로랑과 사별한 라부아지에 부인에게 구혼해서 결국은 결혼했다. 그러나 이 결혼은 실패했고, 두 사람은 곧 이혼했다. 럼퍼드 백작은 계속 프랑스에서 그의 전처들을 제외한 다른 모든 사람의 존경을 받으며 살다가 1814년 그곳에서 사망했다.

여기에서 그를 소개하는 이유는 영국에 잠깐 머물렀던 1799년에 그가 왕립 연구소를 설립했기 때문이다. 18세기 말과 19세기 초에 영국에서는 수많은 학술단체가 설립되고 있었다. 한동안 왕립 연구소는 새로 등장하던 화학을 연구하는 유일한 연구소였다. 연구소가 설립된 직후에 연구소의 화학 교수로 임명되었고, 저명한 강연자이면서 생산적인 연구자로 명성을 얻은 험프리 데이비가 많은 기여를 했다.

데이비는 취임한 직후부터 포타슘, 소듐, 마그네슘, 칼슘, 스트론튬, 알루미늄†을 비롯한 원소들을 발견하기 시작했다. 그렇게 많은 원소들을 발견하게 된 것은 그가 특별히 부지런했기 때문이 아니라 용융溶融된 물질에 전

---

† 알루미늄의 철자는 뒤죽박죽이었는데, 데이비에게 어울리지 않는 우유부단함 때문이었다. 그는 1808년에 발견한 알루미늄을 처음에는 "알루뮴(alumium)"이라고 불렀다. 어떤 이유에서인지 그는 마음을 바꾸었고, 4년 후에는 "알루미눔(aluminum)"이라고 부르기 시작했다. 미국에서는 그의 의견을 그대로 따랐지만, 영국 사람들은 소듐, 칼슘, 스트론튬처럼 "-ium"이라는 어미와 어긋난다는 이유로 새로운 표기법 대신에 "알루미늄(aluminium)"이라는 표기법을 쓰기 시작했다. 다른 많은 업적과 함께 데이비는 광부가 사용하는 안전 램프도 발명했다.

기를 흘리는 천재적인 기술인 전기 분해법을 개발했기 때문이다. 그는 모두 합쳐서 당시에 알려졌던 원소의 20퍼센트에 해당하는 12개의 원소를 발견했다. 만약 젊은 데이비가 웃음 기체에 깊이 빠져들지 않았더라면 더 많은 원소를 발견했을 수도 있었을 것이다. 그는 웃음 기체에 너무 깊이 중독되어서, 하루에 거의 서너 차례씩 흡입해야만 했다. 그가 1829년에 세상을 떠난 것도 웃음 기체 때문이었을 것이다.

다행히도 다른 곳에는 제정신으로 일을 하던 사람이 있었다. 1808년에 존 돌턴이라는 완고한 퀘이커 교도가 처음으로 원자의 본질을 알아냈고(뒤에 더 자세하게 설명할 것이다), 1811년에는 콰레콰와 체레토 백작이었으며 로렌초 로마노 아마데오 카를로 아보가드로라는 멋진 오페라식 이름을 가진 이탈리아 사람이 아주 중요한 법칙을 발견했다. 같은 압력과 온도에서 같은 부피의 통에 들어 있는 기체에는 기체의 종류에 상관없이 같은 수의 분자가 들어 있다는 법칙이다.

아보가드로 법칙이라고 알려지게 된 이 법칙은 두 가지 점에 주목할 필요가 있다. 첫째, 이 법칙은 원자의 크기와 질량을 정확하게 측정할 수 있는 길을 열어주었다. 화학자들은 아보가드로의 수학을 이용해서 결국 원자의 지름이 정말 작은 0.00000001센티미터라는 사실을 밝혀냈다. 둘째로는 거의 50년 동안 아무도 그것을 몰랐다는 점이다.[†]

그렇게 된 것은 부분적으로 아보가드로 자신이 매우 소극적이었기 때문

[†] 이 법칙 덕분에 아보가드로가 사망하고도 오랜 세월이 흐른 후에 화학 측정의 기본 단위가 된 아보가드로 수가 정립되었다. 아보가드로 수는 수소 기체 2.016그램(또는 그것과 같은 부피를 가진 다른 기체) 속에 들어 있는 분자의 수이다. 그 값은 엄청나게 큰 6.0221367×10^{23}이다. 화학을 배우는 학생들은 오래 전부터 재미로 그 숫자가 얼마나 큰지 계산해왔다. 그 숫자는 미국 전체를 14.5킬로미터 두께로 덮을 수 있는 팝콘 알갱이의 수, 태평양에 있는 물을 담기 위해서 필요한 컵의 수, 또는 지구 전체를 320킬로미터의 두께로 덮을 수 있는 청량음료 캔의 수에 해당한다. 미국의 1페니 동전을 아보가드로 수만큼 모으면, 지구상의 모든 사람이 1조 달러씩 나누어 가질 수 있다. 정말 큰 숫자이다("아보가드로 수"라는 이름은 1909년 프랑스의 물리학자 장 페랭의 제안으로 붙여졌고, 국제도량형총회에서는 2019년에 아보가드로 수를 $6.02214076 \times 10^{23}$의 값을 가진 물리상수로 정의했다/역주).

이다. 그는 혼자 연구했고, 동료 과학자와 교류도 하지 않았고, 논문도 많이 발표하지 않았으며, 학술회의에도 참석하지 않았다. 그러나 사실 당시에는 그가 참석할 만한 회의도 많지 않았고, 화학 분야의 학술지도 많지 않았다. 화학의 발전으로 산업혁명이 일어났음에도, 화학이 수십 년간 체계적인 과학으로 성장하지 못했다는 사실은 매우 특이한 일이다. 런던 화학회는 1841년에야 조직되었고, 1848년에야 정기적으로 학술지를 발간하기 시작했다. 지질학회, 지리학회, 동물학회, 원예학회, (박물학자와 식물학자의) 식물분류학회와 같은 영국의 학술단체들은 그때 이미 적어도 20년 이상의 역사를 가지고 있었다. 경쟁 상대였던 화학 연구소도 미국 화학회가 조직된 다음 해인 1877년에야 설립되었다. 화학은 조직화가 무척 느렸기 때문에, 1811년의 아보가드로의 중요한 발견이 널리 알려지게 된 것도 1860년에 카를스루에에서 최초의 국제 화학 학술대회가 개최된 후부터였다.

화학자들은 오랫동안 고립되어 연구했기 때문에 공통의 관습도 뒤늦게 등장했다. 19세기 말까지만 하더라도 H_2O_2라는 기호가 물을 나타내기도 했고, 과산화수소를 나타내기도 했다. C_2H_4는 에틸렌을 나타내기도 했지만, 습지에서 나오는 기체인 메탄이라고 생각하는 화학자도 있었다. 어느 곳에서나 공통으로 사용되는 분자의 이름을 거의 찾아볼 수 없었다.

화학자들은 또한 황당할 정도로 다양한 기호와 약어를 대개는 스스로 만들어서 사용했다. 스웨덴의 J. J. 베르셀리우스가 당시에 꼭 필요했던 일관성 있는 방법을 제안했다. 그리스어나 라틴어의 이름을 근거로 원소를 나타내는 약자를 결정하자는 그의 제안에 따라서, 철은 Fe(라틴어의 ferrum), 은은 Ag(라틴어의 argentum)로 결정되었다. 질소nitrogen의 N, 산소oxygen의 O, 수소hydrogen의 H처럼 많은 원소기호가 영어에서 유래한 것처럼 보이는 것은 영어가 월등한 위치에 있었기 때문이 아니라, 라틴어에서 파생된 언어였기 때문이다. 베르셀리우스는 분자를 구성하는 원자의 수를 나타내기 위해서 H^2O처럼 위 첨자를 쓸 것을 제안했다. 그러나 결국 특별한 이유 없이 H_2O

처럼 아래 첨자를 쓰는 것이 유행이 되어버렸다.

가끔 정리되기는 했지만 19세기 후반까지도 화학은 매우 혼란스러운 상태였다. 그래서 사람들은 1869년에 드미트리 이바노비치 멘델레예프라는 상트 페테르부르크 대학교의 독특하고 정신 나간 사람처럼 보이는 교수가 명성을 얻게 된 것을 반기게 되었다.

멘델레예프는 1834년에 시베리아 서쪽 끝에 있는 토볼스크에서 출생했다. 그의 집안은 고등교육을 받았고, 상당히 부유했으며, 대가족이었다. 사실은 가족의 규모가 너무 커서 형제가 몇 명이었는지조차 정확하게 알려져 있지 않다. 형제의 수가 13명이라는 기록도 있고, 16명이라는 기록도 있다. 그러나 그가 막내였다는 사실은 확실하다. 그의 가족이 항상 운이 좋았던 것은 아니었다. 드미트리가 어렸을 때, 지역학교의 교장이었던 그의 아버지는 시력을 잃었고, 어머니도 일자리를 잃었다. 틀림없이 유별난 여성이었던 그의 어머니는 성공적으로 운영되는 유리 공장의 감독 자리를 얻을 수 있었다. 그러나 그 공장이 1848년에 화재로 불에 타버리면서 넉넉하던 가정형편은 몹시 어려워졌다. 막내를 교육해야 한다는 집념이 강했던 불굴의 멘델레예프 부인은 아들 드미트리를 무임승차로 6,400킬로미터나 떨어진 상트 페테르부르크로 데리고 가서 그곳의 교육학 연구소에 입학시켰다. 런던에서 적도 기니까지와 맞먹는 거리였다. 피로에 지쳤던 그녀는 곧바로 사망했다.

멘델레예프는 열심히 학업을 마쳤고, 지방대학에 취직했다. 그곳에서 그는 능력은 있었지만, 엄청나게 뛰어난 화학자는 아니었다. 오히려 그는 실험실에서의 능력보다는 1년에 한 번 정도 이발을 했던 탓에 헝클어진 머리와 수염으로 더 유명했다. 그는 서른다섯이던 1869년부터 원소를 배열하는 방법에 관해서 연구하기 시작했다. 당시에는 원소를 (아보가드로 법칙을 이용한) 원자량이나 (금속이나 기체와 같은) 공통적인 성질에 따라 두 가지 방법으로 분류했다. 멘델레예프의 획기적인 업적은 두 가지 방법을 통합해서 하나의 표를 만들 수 있다는 사실을 알아낸 것이다.

과학에서 흔히 그렇듯이, 이미 그보다 3년 앞서서 존 뉴랜즈라는 영국의 아마추어 화학자가 그런 방법을 예상했었다. 그는 원소를 원자량에 따라서 나열하면 어떤 성질이 여덟 번째마다 반복된다고 주장했다. 서로 조화를 이루는 원소가 있다는 뜻이었다. 아직은 때가 너무 이르다는 사실을 고려하더라도, 뉴랜즈가 그런 특성이 피아노 건반의 옥타브 배열을 닮았다고 해서 "옥타브 법칙"이라고 불렀던 것은 현명하지 못한 일이었다. 어쩌면 뉴랜즈의 설명 방법에 문제가 있었을 수도 있겠지만, 당시에 그의 주장은 터무니없다고 여겨져서 웃음거리가 되고 말았다. 모임에 참석했던 사람들 중에서 넉살이 좋은 사람은 그에게 원소를 이용해 짧은 노래를 연주할 수도 있는지 묻기도 했다. 풀 죽은 뉴랜즈는 자신의 주장을 더 이상 펼치지 못했고, 결국은 화학 분야를 완전히 떠났다.

멘델레예프는 조금 다른 방식으로 접근해서 원소를 7개씩 묶었지만, 근본적으로는 같은 법칙을 찾아냈다. 갑자기 그의 주장이 기막힌 것처럼 보였고, 사람들도 놀라울 정도로 잘 이해했다. 원소의 성질이 주기적으로 반복되기 때문에 그가 발견한 것을 주기율표라고 부르게 되었다. 멘델레예프는 무늬와 숫자에 따라서 카드를 행과 열로 늘어놓는 미국의 카드놀이 솔리테어 solitaire에서 아이디어를 얻었다고 알려져 있다. 그는 카드놀이와 비슷한 방법으로 원소를 늘어놓고, 가로줄을 주기週期라고 부르고, 세로줄을 족族이라고 불렀다. 원소를 그렇게 배열하자 위-아래와 좌-우로 분명한 규칙성이 드러났다. 구체적으로 말해서, 세로줄에는 화학적 성질이 비슷한 원소가 들어갔다. 그래서 금속에 속하는 구리 밑에 은이 오고, 그 밑에는 금이 놓이고, 기체에 속하는 헬륨, 네온, 아르곤이 같은 줄에 들어간다(실제로는 학교에서 배워야 하는 원자가전자原子價電子의 수가 주기율표에서의 원소의 위치를 결정한다). 한편, 가로줄에는 원자핵에 들어 있는 양성자의 수에 해당하는 원자번호가 늘어나는 방향으로 원소가 배열된다.

원자의 구조와 양성자의 중요성에 대해서는 다음 장에서 설명할 것이기 때문에 여기에서는 원소를 체계적으로 늘어놓는 방법만 이해하면 된다. 수소는 양성자가 1개이기 때문에 원자번호가 1이고, 주기율표의 첫 칸에 들어간다. 우라늄은 양성자가 92개여서 주기율표의 거의 끝부분에 있는 원자번호 92에 해당하는 칸에 들어간다. 필립 볼이 지적했던 것처럼, 그런 뜻에서 화학은 수를 세는 것으로 충분하다(원자번호와 원자량은 구별해야 한다. 원자의 질량을 나타내는 원자량은 원소가 가지고 있는 양성자와 중성자의 수에 의해서 결정된다).

물론 그때까지도 알려지지 않았거나 이해하지 못했던 것이 많았다. 수소는 우주에서 가장 흔한 원소이지만, 그로부터 30년이 지날 때까지도 수소에 대해서 많이 알아내지는 못했다. 두 번째로 흔한 원소인 헬륨은 주기율표가 발견되기 1년 전에야 그 존재가 확인되었고, 그전에는 그런 원소가 있을 것이라는 사실을 짐작도 하지 못했다. 게다가 헬륨은 지구가 아니라 태양에서 발견되었는데, 일식이 일어나는 동안 분광기分光器를 통해서 그 존재가 밝혀졌다. 그래서 그리스의 태양신인 헬리오스를 따라서 헬륨이라는 이름이 붙었다. 실제로 헬륨을 처음 분리한 것은 1895년이었다. 그래도 멘델레예프의 발견으로 이제 화학은 튼튼한 근거를 마련하게 되었다.

주기율표는 많은 사람들에게 추상적으로 그럴듯한 것에 지나지 않지만, 화학자에게는 가장 훌륭한 질서와 명확함을 뜻한다. 『지구상 원소의 역사와 용도The History and Use of Our Earth's Chemical Elements』의 로버트 E. 크레브스에 따르면, "화학 원소의 주기율표는 우리가 찾아낸 가장 정교한 조직표임에 틀림이 없다." 지금까지 화학의 역사를 소개하는 모든 글에서도 비슷한 주장을 찾을 수 있을 것이다.

오늘날에는 118종의 원소가 알려져 있다. 그중에서 94개는 (언제나 흔한 것은 아니지만) 자연에 존재하는 것이고, 나머지 24종은 실험실에서 인간에 의해 만들어진 것이다. 멘델레예프의 시대에는 63개의 원소만이 알려져 있었다. 그는 당시에 알려진 원소만으로는 완전한 주기율표를 만들 수 없다는

표 준 주 기 율 표
Periodic Table of the Elements

표기법:

| 원자 번호 |
| 기호 |
| 원소명(국문) |
| 원소명(영문) |

1	2	3	4	5	6	7	8	9	10	11	12	13	14	15	16	17	18
1 H 수소 hydrogen																	2 He 헬륨 helium
3 Li 리튬 lithium	4 Be 베릴륨 beryllium											5 B 붕소 boron	6 C 탄소 carbon	7 N 질소 nitrogen	8 O 산소 oxygen	9 F 플루오린 fluorine	10 Ne 네온 neon
11 Na 소듐 sodium	12 Mg 마그네슘 magnesium											13 Al 알루미늄 aluminium	14 Si 규소 silicon	15 P 인 phosphorus	16 S 황 sulfur	17 Cl 염소 chlorine	18 Ar 아르곤 argon
19 K 포타슘 potassium	20 Ca 칼슘 calcium	21 Sc 스칸듐 scandium	22 Ti 타이타늄 titanium	23 V 바나듐 vanadium	24 Cr 크로뮴 chromium	25 Mn 망가니즈 manganese	26 Fe 철 iron	27 Co 코발트 cobalt	28 Ni 니켈 nickel	29 Cu 구리 copper	30 Zn 아연 zinc	31 Ga 갈륨 gallium	32 Ge 저마늄 germanium	33 As 비소 arsenic	34 Se 셀레늄 selenium	35 Br 브로민 bromine	36 Kr 크립톤 krypton
37 Rb 루비듐 rubidium	38 Sr 스트론튬 strontium	39 Y 이트륨 yttrium	40 Zr 지르코늄 zirconium	41 Nb 나이오븀 niobium	42 Mo 몰리브데넘 molybdenum	43 Tc 테크네튬 technetium	44 Ru 루테늄 ruthenium	45 Rh 로듐 rhodium	46 Pd 팔라듐 palladium	47 Ag 은 silver	48 Cd 카드뮴 cadmium	49 In 인듐 indium	50 Sn 주석 tin	51 Sb 안티모니 antimony	52 Te 텔루륨 tellurium	53 I 아이오딘 iodine	54 Xe 제논 xenon
55 Cs 세슘 caesium	56 Ba 바륨 barium	57-71 란타넘족 lanthanoids	72 Hf 하프늄 hafnium	73 Ta 탄탈럼 tantalum	74 W 텅스텐 tungsten	75 Re 레늄 rhenium	76 Os 오스뮴 osmium	77 Ir 이리듐 iridium	78 Pt 백금 platinum	79 Au 금 gold	80 Hg 수은 mercury	81 Tl 탈륨 thallium	82 Pb 납 lead	83 Bi 비스무트 bismuth	84 Po 폴로늄 polonium	85 At 아스타틴 astatine	86 Rn 라돈 radon
87 Fr 프랑슘 francium	88 Ra 라듐 radium	89-103 악티늄족 actinoids	104 Rf 러더포듐 rutherfordium	105 Db 더브늄 dubnium	106 Sg 시보귬 seaborgium	107 Bh 보륨 bohrium	108 Hs 하슘 hassium	109 Mt 마이트너륨 meitnerium	110 Ds 다름슈타튬 darmstadtium	111 Rg 뢴트게늄 roentgenium	112 Cn 코페르니슘 copernicium	113 Nh 니호늄 nihonium	114 Fl 플레로븀 flerovium	115 Mc 모스코븀 moscovium	116 Lv 리버모륨 livermorium	117 Ts 테네신 tennessine	118 Og 오가네손 oganesson

57 La 란타넘 lanthanum	58 Ce 세륨 cerium	59 Pr 프라세오디뮴 praseodymium	60 Nd 네오디뮴 neodymium	61 Pm 프로메튬 promethium	62 Sm 사마륨 samarium	63 Eu 유로퓸 europium	64 Gd 가돌리늄 gadolinium	65 Tb 터븀 terbium	66 Dy 디스프로슘 dysprosium	67 Ho 홀뮴 holmium	68 Er 어븀 erbium	69 Tm 툴륨 thulium	70 Yb 이터븀 ytterbium	71 Lu 루테튬 lutetium
89 Ac 악티늄 actinium	90 Th 토륨 thorium	91 Pa 프로트악티늄 protactinium	92 U 우라늄 uranium	93 Np 넵투늄 neptunium	94 Pu 플루토늄 plutonium	95 Am 아메리슘 americium	96 Cm 퀴륨 curium	97 Bk 버클륨 berkelium	98 Cf 캘리포늄 californium	99 Es 아인슈타이늄 einsteinium	100 Fm 페르뮴 fermium	101 Md 멘델레븀 mendelevium	102 No 노벨륨 nobelium	103 Lr 로렌슘 lawrencium

점으로 보아 아직 발견되지 않은 원소가 있을 것이라고 짐작할 정도로 현명했다. 그의 주기율표는 새로 발견되는 원소가 들어갈 위치를 정확하게 예측했다.

지금까지 알려진 가장 무거운 원소는 2002년 러시아의 실험실에서 합성된 오가네손으로, 러시아의 핵물리학자 유리 오가네시안의 이름이 붙여졌다. 원자량은 두둑한 118이다. 그것을 덧없다고 하는 것은 과장일 수 있다. 이 글을 쓸 때까지 만들어진 오가네손 원자의 수는 고작 5개에 지나지 않는다.

원소의 원자번호가 어디까지 커질 수 있는지는 아무도 모른다. 유명한 물리학자인 리처드 파인먼은 137번 이후의 원자는 존재할 수 없을 것이라고 믿었다. 상한이 170번대 초반일 것이라고 생각하는 사람도 있다. 1990년대까지만 하더라도 112번 이후의 원소는 발견할 수 없다는 것이 상식이었다.

원소의 이름을 정하는 일은 성가신 일이 되기도 한다. 1960년대에는 러시아와 미국의 과학자들이 모두 거의 같은 시기에 104번 원소를 발견했다고 주장했다. 그러나 러더포듐이라는 이름에 합의하는 데에는 30년이 걸렸다. 오늘날 국제순수응용화학연합IUPAC은 원소의 이름에 대한 최종 권한을 신중하게 행사한다. 용어, 명명법, 기호 부문간 위원회와 화학명명법, 구조표현 부문이 (소위원회와 전문위원회의 조언을 받아서) 기초적인 추천안을 작성한 후에 국제순수응용물리학연합IUPAP과 함께 운영하는 공동실무팀에서 최종안을 만든다. 이 작업에 몇 년이 걸리기 때문에 2016년에 IUPAC와 IUPAP가 니호늄(113번 원소), 모스코븀(115번 원소), 테네신(117번 원소), 오가네손(118번 원소)을 비롯한 4종의 원소 이름을 발표한 것은 대단한 소식이었다.

오가네손은 특히 논란거리였다. 생존하는 과학자의 이름이 붙은 원소는 2개뿐이기 때문이다. 나머지 하나는 글렌 시보그의 이름이 붙여진 시보귬이다. 이 이름에 합의하는 데에는 12년이 걸렸다. 새로 발견된 매우 무거운 원소에 이름을 붙이는 데에는 몇 년이 걸리는데, 원소 자신은 수백만 분의 몇 초도 지나지 않아 부서져서 더 이상 존재하지 않는다는 것은 조금 역설적이다.

19세기에 이루어진 업적 중에서 화학자에게 놀라웠던 것이 또 있었다. 그 업적은 1896년에 우라늄 염鹽 덩어리를 서랍 속에 들어 있던 포장된 사진판 위에 아무렇게나 던져둔 앙리 베크렐에 의해서 시작되었다. 얼마 후에 사진판을 꺼내본 그는 마치 빛에 노출된 것처럼 우라늄 덩어리의 흔적이 사진판에 새겨져 있는 것을 발견하고 깜짝 놀랐다. 우라늄 염이 알 수 없는 종류의 빛을 방출하고 있었던 것이다. 자신의 발견이 중요한 것일 수도 있다고 생각했던 베크렐은 이상한 일을 했다. 대학원 학생에게 그 이유를 알아보도록 맡긴 것이다. 다행히도 그 학생은 폴란드에서 얼마 전에 이민을 온 마리 퀴리였다. 막 결혼한 남편 피에르와 함께 일하던 퀴리는 어떤 종류의 암석은 상당한 양의 에너지를 일정하게 방출하면서도 겉으로 보기에 크기는 물론이고 다른 어떤 성질도 달라지지 않는다는 사실을 발견했다. 부부는 그 암석이 아주 효율적인 방법으로 질량을 에너지로 변환시킨다는 사실은 알아낼 수 있었다. 물론 그런 사실은 10여 년이 지난 후에 아인슈타인이 설명해줄 때까지는 아무도 이해할 수 없었다.

마리 퀴리는 그런 현상을 "방사능放射能"*이라고 불렀다. 퀴리 부부는 그 연구를 하던 중에 두 종류의 원소를 발견했다. 하나는 그녀의 조국 이름을 따라서 폴로늄이라고 불렀고, 다른 하나는 라듐이라고 불렀다. 1903년에 퀴리 부부와 베크렐은 노벨 물리학상을 공동으로 수상했다(그후 마리 퀴리는 1911년에 화학 분야에서 두 번째 노벨상**을 받음으로써 화학상과 물리학상을 모두 받은 유일한 과학자가 되었다).

몬트리올의 맥길 대학교에 있던 뉴질랜드 출생의 젊은 어니스트 러더퍼드는 새로 밝혀진 방사성 물질에 관심을 가졌다. 그는 프레더릭 소디라는 동

---

* 원자핵이 분열되는 과정에서 알파선(헬륨 원자핵), 베타선(고에너지 전자), 감마선(고에너지 전자기파 복사)이 방출되는 현상.
** 순수한 라듐을 분리한 공로로 받았다.

료와 함께 적은 양의 물질에 엄청난 양의 에너지가 들어 있다는 사실과 지구가 뜨거운 이유가 대부분 그런 방사성 붕괴 때문이라는 사실을 밝혀냈다. 그들은 또한 방사성 원소가 붕괴하면, 다른 원소가 된다는 사실도 발견했다. 우라늄 원자가 며칠 후에는 납 원자로 변해버릴 수 있다는 것이다. 정말 놀라운 사실이었다. 그것이 바로 연금술이었다. 아무도 그런 일이 자연에서 저절로 일어나리라고는 상상도 하지 못했다.

실용주의자였던 러더퍼드는 그런 현상을 유용하게 활용할 수 있다는 사실을 알아낸 최초의 과학자였다. 그는 방사성 물질의 시료가 붕괴해 절반으로 줄어드는 데에 일정한 시간이 걸린다는 사실을 발견했다. 그것이 바로 잘 알려진 반감기半減期†였고, 그는 신뢰할 수 있을 정도로 일정한 속도로 일어나는 붕괴 현상을 일종의 시계로 활용할 수 있다는 사실을 깨달았다. 현재 남아 있는 방사성 물질의 양과 그것이 얼마나 빠르게 붕괴하는지를 알면 거꾸로 그 시료의 연대를 계산할 수 있다. 그는 우라늄 광석인 역청우라늄광* 조각을 연구해서 그것이 7억 년이나 되었다는 사실을 밝혀냈다. 당시 사람들이 믿었던 지구의 나이보다 훨씬 오래된 것이었다. 러더퍼드는 1904년 봄 런던의 왕립 연구소에서 강연을 했다. 105년 전 럼퍼드 백작이 설립했을 때에는 위풍당당한 단체였지만, 모두가 소매를 걷어붙이고 왕성하게 활동하던 빅토리아 후기에 이르러서는 그런 전통이 아주 오랜 시절의 이

---

† 원자의 어느 절반이 사라지고 어느 절반이 다음 반감기까지 살아남을 것인지를 어떻게 결정하는지 묻는다면, 반감기가 사실은 원소에 대한 일종의 보험계리표와 같은 단순한 통계적 의미일 뿐이라고 답할 수 있다. 반감기가 30초인 물질의 시료를 가지고 있다면, 시료에 있는 모든 원자가 정확하게 30초, 60초, 90초처럼 깔끔하게 정해진 기간에만 존재하게 되는 것이 아니다. 각각의 원자는 완전히 무작위적인 기간 동안 살아 있게 되고, 그 기간은 30초의 배수와는 아무 상관이 없다. 각각의 원자는 지금으로부터 2초만 있을 수도 있고, 몇 년, 몇십 년, 또는 몇 세기 동안 살아남을 수도 있다. 아무도 확실하게 말할 수는 없다. 그러나 우리가 말할 수 있는 것은 시료를 전체로 볼 때 사라지는 속도가 30초마다 시료의 절반이라는 것이다. 다시 말해서, 반감기는 규모가 큰 시료에 적용되는 평균 속도이다. 예를 들어 미국의 10센트짜리 동전은 반감기가 대략 30년이라는 사실을 밝혀낸 사람이 있었다.

* 50−80퍼센트의 우라늄을 포함하는 산화 우라늄 광물.

야기처럼 보였다. 러더퍼드는 자신의 새로운 방사성 붕괴 이론에 대해서 강연을 하던 중에 역청 우라늄광 덩어리를 꺼내서 보여주었다. 재치가 있었던 러더퍼드는 그 자리에 켈빈이 졸면서 앉아 있다는 사실을 알아차리고, 켈빈 자신이 지구의 내부에 새로운 종류의 열원熱源이 존재한다면 자신의 계산을 수정해야 한다고 주장했던 사실을 상기시켰다. 러더퍼드는 바로 그 새로운 열원을 찾아냈던 것이다. 방사능 덕분에 지구는 켈빈의 계산에서 얻었던 2,400만 년보다 훨씬 더 오래되었음이 분명하게 밝혀졌다. 켈빈은 러더퍼드의 예의 바른 발표에 주목하고 있었지만, 사실 그 내용을 인정하지는 않았다. 그는 결코 수정된 숫자를 인정하지 않았고, 죽는 날까지도 지구의 나이에 관한 자신의 연구가 가장 정확하고 중요한 과학적 기여라고 믿었다. 자신이 열역학에서 남긴 업적보다 그것이 훨씬 더 위대한 성과라고 말이다.

러더퍼드의 새로운 발견은 가장 과학적인 혁명이었지만, 누구나 그의 발견을 환영하지는 않았다. 더블린의 존 졸리는 1930년대에 사망할 때까지도 지구의 나이가 8,900만 년 이상일 수 없다고 끈질기게 주장했다. 러더퍼드의 추정이 너무 길다고 걱정하는 사람도 있었다. 붕괴의 정도를 측정하는 방사성 연대 측정법으로 지구의 실제 나이가 10억 년이 넘는다는 사실을 밝혀내기까지는 수십 년이 더 걸렸다. 과학이 올바른 길로 들어서기는 했지만, 아직도 먼 길을 가야 했다.

켈빈은 1907년에 사망했다. 드미트리 멘델레예프도 같은 해에 세상을 떠났다. 켈빈과 마찬가지로 멘델레예프도 나이가 들면서 쇠퇴하기 시작했지만, 그의 말년은 평온하지 못했다. 멘델레예프는 점점 더 별나고 상대하기 어려운 사람이 되어갔다. 그는 방사선이나 전자를 비롯해 새로운 것은 대부분 인정하지 않았다. 그는 유럽 전역의 실험실과 강의실을 휘젓고 다니는 것으로 말년을 보냈다. 1955년에는 101번 원소에 그의 이름이 붙여져서 멘델레븀이 되었다. 폴 스트래선은 그 이름이 "불안정한 원소에 적당하다"고 했다.

물론 방사능은 아무도 예측하지 못했던 방향으로 발전을 계속했다. 1900년대 초에 피에르 퀴리는 뼈에 심한 통증과 만성 피로감을 느끼는 방사선 질병의 징후를 경험하기 시작했고, 병은 계속 깊어만 갔다. 그는 1906년에 파리의 도로를 건너던 중에 마차에 치여서 사망했기 때문에 그 병이 어떤 결과로 이어졌을지에 대해서는 확실하게 알 수가 없다. 마리 퀴리는 1914년에 파리 대학교에 유명한 라듐 연구소를 설립하는 등의 일을 하면서 유명한 과학자가 되었다. 그녀는 두 번의 노벨상을 받았지만, 과학원의 회원이 되지는 못했다. 과학원의 회원이었던 나이 든 사람은 물론이고 프랑스 사회에서도 피에르가 사망한 이후에 기혼의 물리학자와 사랑에 빠졌던 그녀의 행동을 용납하기 어려웠던 것이 중요한 이유였을 것이다.

방사능처럼 신비로운 에너지원이라면 좋은 면이 있을 것이라고 생각하는 사람이 많았다. 그래서 치약과 완하제緩下劑에 방사성 토륨을 넣기도 했고, 1920년대 말까지도 뉴욕 주의 핑거 레이크 지역에 있던 글렌 스프링스 호텔은 "방사성 미네랄 온천"으로 유명했다(다른 곳도 많았을 것이 틀림없다). 생활용품에 방사성 물질의 사용이 금지된 것은 1938년이 되어서였다. 그러나 1934년에 백혈병으로 사망한 마리 퀴리에게는 너무 뒤늦은 조치였다. 방사능의 치명적인 효과가 오래 지속된다는 사실은 1890년대에 마리 퀴리가 사용했던 서류와 요리 책에서도 밝혀졌다. 그녀의 실험 노트는 납으로 밀폐된 통 속에 보관되어 있고, 보호복을 입은 사람만 그것을 볼 수 있다.

초기의 핵 과학자들이 그 위험성을 모른 채로 연구에 몰두한 덕분에 20세기 초가 되었을 때에는 지구가 유서 깊은 행성이라는 사실이 분명해졌다. 그러나 지구가 얼마나 오래되었는지에 대해서 확실하게 알게 되기까지는 반세기가 더 필요했다. 그 사이에 과학은 원자의 시대라는 새로운 시대로 접어들고 있었다.

제3부

새로운 시대의
도래

제8장

아인슈타인의 우주

19세기가 막을 내리던 시기의 과학자들은 자신들이 자연계에 숨어 있는 신비의 대부분을 알아냈다는 만족감에 젖어 있었다. 몇 가지만 예로 들더라도 전기, 자기, 기체, 광학, 음향학, 속도론, 통계역학 등이 모두 정리되었다. X선, 음극선, 전자, 방사선 등을 발견했고, 옴, 와트, 켈빈, 줄과 에르그, 암페어 등의 단위도 만들어냈다.

　물체를 진동하게 하거나, 가속시키거나, 섭동攝動을 주거나, 증류를 하거나, 결합을 시키거나, 질량을 측정하거나, 기화시키는 일도 할 수 있었고, 그 과정에서 여러 가지 보편적인 법칙을 알아내기도 했다. 빛의 전자기장 이론, 리히터의 상호비례 법칙,* 샤를의 기체 법칙,** 결합 부피의 법칙,*** 열역학 제0법칙,**** 원자가 법칙,***** 질량작용의 법칙****** 등을 비롯해서 수를 헤아리기 어려울 정도로 많은, 중요하고 웅대한 법칙 모두가 그 시기에 발견

---

* 분자를 생성하는 원자들의 질량 사이에 간단한 비례 관계가 존재한다는 법칙.
** 기체의 부피가 온도에 비례한다는 법칙.
*** 분자를 형성하는 원자들의 부피 사이에 간단한 비례 관계가 존재한다는 법칙.
**** 두 물체 사이의 열적 평형을 정의하는 법칙.
***** 원소의 화학적 성질은 원자가 가진 전자들 중에 가장 외곽에 있는 원자가전자들에 의해서 결정된다는 법칙.
****** 화학반응이 일어나는 속도는 반응물질 농도의 거듭제곱에 비례한다는 법칙.

된 중요하고 웅대한 법칙이다. 세상이 완전히 바뀌었고, 천재들이 만들어낸 기계와 기구 때문에 모두가 들떠 있었다. 이제 과학에서는 더 이상 알아낼 것이 없다고 믿은 학자도 있었다.

1875년에 킬 출신의 젊은 독일인 막스 플랑크는 수학과 물리학 중에서 어느 것을 공부할지를 고민하고 있었다. 사람들은 그에게 물리학 분야에서의 중요한 일은 모두 끝났으니 물리학을 선택하지 말라고 진심으로 조언했다. 새로 시작되는 세기에는 그런 결과들을 정리하고 수정하는 일만 남아 있을 뿐이고, 더 이상의 혁명이 일어날 가능성은 없다고 말이다. 플랑크는 그런 말을 믿지 않았다. 그는 이론물리학을 공부했고, 몸과 마음을 바쳐서 열역학의 핵심인 엔트로피에 관해서 연구하기 시작했다. 야망에 찬 젊은이였던 그에게는 그 문제가 가장 전망이 밝아 보였다.[†] 그는 1891년에 자신의 결과를 발표했지만, 실망스럽게도 예일 대학교의 윌러드 기브스라는 소심한 성격의 학자가 이미 엔트로피에 관한 중요한 연구를 발표했다는 사실을 알게 되었다.

사람들은 대부분 기브스의 이름을 들어본 적도 없겠지만, 그는 매우 똑똑한 사람이었다. 그는 유럽에서 공부했던 3년을 제외한 평생을 코네티컷 주 뉴헤이븐의 집과 예일 대학교를 연결하는 세 블록 안에서 사람들의 눈에 띄지 않는 조용한 삶을 살았다. 예일 대학교에서의 처음 10년 동안에는 봉급을 받지도 않았다(그에게는 다른 생계수단이 있었다). 대학교에서 교수 생활을 시작한 1871년부터 1903년에 사망할 때까지, 그의 강의에 관심을 가졌던 학생은 학기마다 한 명 정도에 불과했다. 다른 사람들은 이해할 수 없는

[†] 구체적으로 말해서 엔트로피는 계의 무질서도를 나타내는 척도이다. 대럴 에빙은 그의 『일반화학(General Chemistry)』 교과서에서 카드 더미를 이용해 엔트로피를 설명했다. 포장되어 있는 상태처럼, 무늬의 종류에 따라서 A에서 킹까지 순서대로 정리된 카드는 질서 있는 상태에 해당한다. 카드를 섞으면 무질서한 상태가 된다. 엔트로피는 그런 상태의 무질서한 정도를 표현하는 척도이며, 카드를 추가로 섞을 때 특별한 배열이 나올 확률을 가늠하는 방법이기도 하다. 엔트로피를 완전히 이해하려면 열적 불균일성, 격자 간격, 화학양론적 관계와 같은 개념에 대해서도 알아야 하지만, 이것이 엔트로피의 기본적인 개념이다.

자신만의 표기법으로 가득했던 그의 논문은 매우 어려웠다. 그러나 그의 난해한 수식 속에는 뛰어난 천재적 통찰력이 숨어 있었다.

윌리엄 H. 크로퍼의 말을 따르면, 기브스가 1875년부터 1878년까지 발표했던 몇 편의 논문들이 『불균일 물질의 평형에 대하여On the Equilibrium of Heterogeneous Substances』라는 제목의 책으로 묶였는데, 이 책은 "기체, 혼합물, 표면, 고체, 상변화相變化……화학반응, 전기화학 전지, 침전, 삼투현상" 등에 관계된 거의 모든 열역학 법칙을 놀라울 정도로 명백하게 설명했다. 기브스의 연구 덕분에 열역학이 크고 시끄러운 증기기관의 열과 에너지에만 적용되는 것이 아니라, 화학반응을 원자 수준에서 이해하는 데에도 핵심적인 역할을 할 수 있다는 사실이 밝혀졌다. 기브스가 발간한 『불균일 물질의 평형에 대하여』는 "열역학 분야의 『프린키피아』"라고 알려졌지만, 그는 무슨 까닭에서인지 자신의 기념비적인 업적을 심지어 코네티컷 주에서도 찾아보기 어려웠던 「코네티컷 예술과학원 회보Transactions of the Connecticut Academy of Arts and Sciences」에 싣기로 했다. 플랑크가 너무 늦게 그에 대한 소문을 듣게 되었던 것은 당연한 일이었다.

조금은 낙심했겠지만, 플랑크는 개의치 않고 다른 문제에 매달리기 시작했다.† 그가 관심을 가졌던 문제에 대해서 알아보기 전에, 잠시 오하이오 주의 클리블랜드에 있던 당시 케이스 응용과학대학을 살펴보아야 한다. 1880년대에 앨버트 마이컬슨이라는 중년의 물리학자가 친구인 화학자 에드워드 몰리와 함께 일련의 실험을 하고 있었다. 실험의 결과는 이상하고 혼란스러웠지만, 앞으로 설명하게 될 문제와 깊은 관계가 있었다.

---

† 플랑크의 사생활은 매우 불행했다. 그가 사랑했던 첫 부인은 1909년에 세상을 떠났고, 두 아들 중 막내는 제1차 세계대전 중에 죽었다. 그는 쌍둥이 딸을 무척 귀여워했다. 그중 한 딸은 출산 중에 사망했고, 언니의 아기를 돌보아주러 갔던 나머지 딸은 형부와 사랑에 빠져버렸다. 두 사람은 결혼했지만, 2년 후에 그녀 역시 출산 중에 사망했다. 플랑크가 여든다섯이던 1944년에는 연합군의 폭격으로 집이 파괴되면서, 논문과 일기를 비롯해 평생 모은 모든 것이 사라졌다. 이듬해에는 그의 아들이 히틀러 암살 계획에 참여했다는 죄로 체포되어 사형을 당했다.

마이컬슨과 몰리는 전혀 뜻밖에도 에테르ether의 존재를 부정하는 결과를 얻었다. 오래 전부터 사람들은 안정적이고 눈에 보이지도 않으며 질량과 마찰도 없으면서 빛을 전달하는, 에테르라는 가상적인 매질이 우주에 가득 차 있다고 믿었다. 데카르트가 처음 제안했고 뉴턴이 인정한 이후로 거의 모든 사람들이 철석같이 믿던 에테르는 19세기 과학에서도 빛이 텅 빈 공간을 어떻게 지나가는지를 설명하는 절대적이고 핵심적인 개념으로 인정받고 있었다. 특히 빛과 전자기파가 모두 진동의 일종인 파동이라는 사실이 밝혀진 1800년대에는 그런 존재가 필수적이었다. 진동이 일어나기 위해서는 매질이 반드시 필요했기 때문에 에테르에 대한 집착은 절대적이었다. 영국의 위대한 물리학자 J. J. 톰슨은 1909년에 "에테르는 사변적思辨的인 철학적 논리로 만들어낸 괴상한 존재가 아니다. 그것은 우리가 숨 쉬는 공기처럼 필수적인 것이다"라고 주장하기도 했다. 그가 그런 주장을 했던 때는 에테르가 존재하지 않는다는 사실이 거의 확실하게 밝혀지고도 4년이 지난 후였다. 사람들은 정말 에테르에 빠져 있었다.

앨버트 마이컬슨의 삶은 19세기의 미국이 기회의 땅이었다는 사실을 보여주는 좋은 본보기였다. 1852년에 독일과 폴란드의 접경 지역에서 가난한 유대 상인의 아들로 태어난 그는 어렸을 때 가족과 함께 미국으로 이주해서, 아버지가 의류 상점을 경영했던 캘리포니아 주의 금광 지역에서 성장했다. 너무 가난해서 대학을 다닐 수 없었던 그는 워싱턴 DC로 가서 산책을 나가는 율리시스 S. 그랜트 대통령과 함께 걸을 기회를 만들기 위해서 매일 백악관의 정문 부근을 서성거렸다(매우 순수한 시대였던 것이 분명하다). 끈질긴 마이컬슨에게 깊은 감명을 받은 그랜트 대통령은 결국 그를 해군사관학교에 무료로 입학시켜줄 것을 약속했다. 마이컬슨은 바로 그곳에서 물리학을 배웠다.

10년 후에 클리블랜드에 있는 케이스 대학교의 교수가 된 마이컬슨은 공간을 지나가는 물체가 만들어내는 일종의 맞바람에 해당하는 에테르 편류

偏流라는 것을 측정하는 일에 관심을 가지게 되었다. 뉴턴 물리학에 따르면, 에테르를 지나가는 빛의 속도는 관찰자가 광원으로 다가가는지 아니면 멀어지는지에 따라서 달라져야 했다. 그러나 아무도 그 정도를 측정할 수 없었다. 타원형 트랙을 달리는 선수처럼 지구가 우주의 별을 배경으로 반년 동안은 한 방향으로 움직이고 나머지 반년 동안은 그 반대 방향으로 움직인다는 사실을 깨달은 마이컬슨은 지구가 서로 반대되는 위치에 있는 계절에 빛의 속도를 정확하게 측정해서 비교하면 그 답을 알아낼 수 있을 것이라고 생각했다.

마이컬슨은 전화기를 발명해서 신흥 부자가 된 과학자 알렉산더 그레이엄 벨을 설득해서, 빛의 속도를 매우 정확하게 측정할 수 있도록 고안한 간섭계干涉計, interferometer*라는 독창적이고 민감한 장치의 제작 비용을 지원받았다. 그런 후에 그는 잘 알려지지 않은 천재였던 몰리와 함께 몇 년에 걸쳐서 세심한 측정을 반복했다. 그 작업은 아주 정교하고 힘이 드는 일이었다. 일시적이기는 했지만 지독한 신경쇠약으로 한동안 작업을 포기한 적도 있었던 마이컬슨은 1887년에 드디어 원하던 결과를 얻었다. 그러나 그 결과는 두 과학자가 처음부터 기대했던 것과는 전혀 달랐다.

캘리포니아 공과대학교의 천체물리학자 킵 S. 손에 따르면, "빛의 속도는 방향과 계절에 **상관없이** 언제나 똑같다." 정확하게 200년 만에 처음으로, 뉴턴의 법칙이 언제 어디에서나 성립되는 것이 아닐 수도 있다는 사실을 암시하는 결과였다. 윌리엄 H. 크로퍼의 표현에 따르면, 마이컬슨-몰리의 결과는 "물리학의 역사에서 가장 유명한 부정적 결과였다." 마이컬슨은 그 업적 덕분에 미국인으로는 최초로 노벨 물리학상을 받았지만, 20년을 기다려야 했다. 그러는 동안 마이컬슨-몰리의 실험은 과학의 뒷전에서 고약한 냄새처럼 불쾌하게 여겨졌다.

---

* 서로 다른 경로를 지나온 빛이 합쳐질 때 나타나는 간섭무늬를 분석하는 장치.

놀랍게도 마이컬슨은 자신의 성과에도 불구하고, 20세기에 과학 연구가 거의 마무리 단계에 이르렀다고 믿은 사람들 중의 한 명이었다. 「네이처」에 실린 글에 의하면, 당시의 사람들은 "몇 개의 작은 탑을 더 쌓아올리고, 지붕에 붙일 몇 개의 조각품을 만들기만 하면 된다"고 생각했다. 사실 인류는 많은 사람들이 대부분을 이해하지 못하고, 아무도 모든 것을 이해하지 못하는 과학의 세기로 들어서고 있었다. 과학자들은 입자와 반反입자가 떠도는 어리둥절한 영역에서 방황하게 되었다. 나노초(10억 분의 1초)가 길고 지루하게 느껴질 정도로 짧은 시간에 존재하다가 사라지는 물질을 비롯해서 모든 것이 이상하게 보이는 세상이었다. 과학은 물체를 눈으로 보고 손으로 만지고 측정할 수 있는 거시세계로부터 모든 일이 상상도 할 수 없을 정도로 빠르게 진행되는 미시세계로 들어서고 있었다. 양자의 시대로 들어선 것이다. 그 문을 처음 두드린 사람은 그때까지만 해도 불행한 삶을 살고 있던 막스 플랑크였다.

1900년 마흔두 살의 나이로 베를린 대학교에서 이론물리학 교수로 재직 중이던 플랑크는 에너지가 흐르는 물처럼 연속적인 것이 아니라 자신이 양자量子, quantum라고 부르는 개별적인 입자임을 밝힌 새로운 "양자론quantum theory"을 제창했다. 그것은 이전과 전혀 다른 새로운 개념이었고, 훌륭한 것이었다. 그의 이론은 곧바로 마이컬슨-몰리 실험의 수수께끼를 해결해주었다. 빛은 파동이 아니라는 사실을 증명했던 것이다. 그리고 긴 안목으로 보면, 그의 양자론은 현대 물리학 전체의 기초로 자리 잡게 되었다. 어쨌든 그것은 세상이 바뀌리라는 최초의 증거였다.

그러나 정말 새로운 시대의 시작을 알리는 기념비적인 사건은 대학교의 실험실이 아니라, 베른의 국립 특허국 도서관에만 출입할 수 있었던 스위스의 젊은 사무관이 「물리학 연보Annalen der Physik」라는 독일의 물리학 학술지에 몇 편의 논문을 발표한 1905년에 일어났다. 그는 베른의 특허국에서 3급 특허심사관으로 일하고 있었다(2급으로 승진시켜달라는 요청이 거부된 직후였다).

그의 이름은 알베르트 아인슈타인이었다. 그는 획기적이었던 그해에 「물리학 연보」에 다섯 편의 논문을 발표했다. C. P. 스노에 따르면, 그중의 세 편은 "물리학 역사상 가장 훌륭한 논문"이었다. 한 편은 플랑크의 새로운 양자론을 이용해서 광전효과光電效果를 검토한 것이었고, 다른 한 편은 부유 입자의 움직임, 즉 브라운 운동에 관한 것이었으며, 나머지 한 편은 특수 상대성 이론Special Theory of Relativity에 관한 것이었다. 그의 첫 논문은 빛의 성질을 설명한 것으로 그에게 노벨상을 안겨주었다(그 덕분에 텔레비전이 만들어질 수 있었다).[†] 두 번째 논문은 원자가 정말 존재한다는 사실을 증명했다. 다만 놀랍게도 원자의 존재에 대해서는 논쟁이 끊이지 않았다. 세 번째 논문은 세상을 완전히 바꿔버렸다.

아인슈타인은 1879년에 독일 남부의 울름에서 태어나 뮌헨에서 성장했다. 잘 알려져 있듯이, 그는 세 살이 될 때까지도 말을 배우지 못했다. 1890년대에 아버지의 전기 사업이 실패하면서 그의 가족은 밀라노로 이사했고, 10대가 된 알베르트는 교육을 위해서 스위스로 갔다. 그는 첫 번째 대학입학 시험에 실패했다. 1896년에는 강제 징집을 피해서 독일 시민권을 포기하고, 고등학교 교사를 양성하는 취리히 공과대학교의 4년 과정에 입학했다. 그는 똑똑하기는 했지만 뛰어난 학생은 아니었다.

1900년에 졸업한 그는 몇 달 후부터 「물리학 연보」에 논문을 발표하기 시작했다. 빨대에 들어 있는 유체의 물리학에 대한 그의 첫 논문은 플랑크의 양자론과 같은 호에 발표되었다. 1902년부터 1904년까지는 통계역학에 대

[†] 아인슈타인의 업적은 "이론 물리학의 발전에 기여한 공로"라고 조금 애매하게 표현되었다. 그는 1921년까지 16년을 기다려서 상을 받았다. 모든 사실을 고려하면 상당히 긴 세월이었지만, 프레더릭 라이너스나 독일의 에른스트 루스카와 비교하면 아무것도 아니었다. 1957년에 중성미자(中性微子, neutrino)를 검출한 라이너스는 38년이 지난 1995년에 노벨상을 받았고, 1932년에 전자 현미경을 개발한 루스카는 반세기가 넘게 지난 1986년에 노벨상을 받았다. 사망한 후에는 노벨상을 수여하지 않기 때문에 상을 받기 위해서는 천재성과 함께 수명도 중요하다.

한 몇 편의 논문을 발표했다. 그러나 그는 자신이 발표한 결과가 미국의 코네티컷 주에서 조용히 연구하던 J. 윌러드 기브스가 이미 1901년에 발간한 『통계역학의 기본 원리Elementary Principles of Statistical Mechanics』에 실려 있다는 사실을 모르고 있었다.

그는 동급생인 헝가리 출신의 밀레바 마리치와 사랑에 빠졌다. 그들은 결혼하기 전인 1901년에 딸을 낳았지만 입양을 보냈다. 그후로 아인슈타인은 그 딸을 한 번도 만나지 못했다. 그와 마리치는 2년 후에 결혼했다. 한편 아인슈타인은 1902년에 스위스 특허국에 취직해서 7년 동안 그곳에서 근무했다. 그는 그곳에서의 일을 좋아했다. 그 일이 마음에 들기는 했지만, 물리학을 포기할 정도로 매력적이지는 않았다. 특수 상대성 이론을 발표했던 1905년에 그는 그런 상황이었다.

「움직이는 물체의 전기동력학에 대하여」라는 논문은 지금까지 발표된 논문 중에서 가장 뛰어난 것이었다. 논문의 내용뿐 아니라 형식도 그랬다. 각주나 인용문도 없었고, 수식도 거의 없었으며, 영향을 주었거나 앞서 이루어졌던 연구에 대한 언급도 없었다. 특허국에서 함께 근무하던 미셸 베소라는 친구가 도움을 주었다는 사실만 언급했을 뿐이다. C. P. 스노에 의하면, 아인슈타인이 "누구의 도움을 받지도 않고, 다른 사람의 의견을 듣지도 않은 채 완전히 자신의 생각만으로 그런 결론을 얻은 것처럼 보인다. 실제로 그의 성과는 분명히 그렇게 얻어진 것이다."

E = mc²이라는 그의 유명한 방정식은 그 논문이 아니라 몇 개월 후에 발표된 짤막한 보충자료에 들어 있었다. 학교에서 배운 것처럼 이 식에서 E는 에너지를 나타내고, m은 질량, c²은 빛의 속도를 제곱한 것이다. 간단히 말해서, 이 식은 질량과 에너지가 동등하다는 의미를 담고 있다. 질량과 에너지는 존재의 두 가지 형식으로, 에너지는 물질을 해방시켜주며 물질은 준비된 상태로 기다리는 에너지라는 뜻이다. 빛의 속도를 제곱한 c²은 엄청나게 크기 때문에 이 식에 따르면 물질에 갇혀 있는 에너지의 양은 그야말로 어마

어마하다.†

특별히 건장하지 않더라도 평균 체격을 가진 성인이라면 몸속에 적어도 7×10^{18}줄joule 정도의 에너지가 있는 셈이다. 그것은 대형 수소 폭탄 30개 정도가 터질 때의 에너지와 비슷하다. 물론 그런 에너지를 방출시키는 방법이 필요하겠지만, 비유를 하자면 그렇다는 뜻이다. 세상에 존재하는 모든 것은 그런 정도의 에너지를 가진다. 다만 우리가 그 에너지를 활용하는 방법을 모를 뿐이다. 지금까지 만든 것들 중에서 가장 큰 에너지를 가진 우라늄 폭탄도 방출시킬 수 있는 에너지는 그 속에 포함된 총 에너지의 1퍼센트 이하이다.

아인슈타인의 이론은 얼음 조각처럼 녹아버리지도 않는 우라늄 덩어리가 어떻게 엄청난 에너지를 일정한 속도로 방출할 수 있는지를 설명해주었다 ($E = mc^2$에 따라서 아주 효율적으로 질량을 에너지로 전환하기 때문이다). 별들이 수십억 년 동안 불타면서도 연료가 바닥나지 않는 이유도 설명해주었다(같은 이유 때문이다). 아인슈타인은 간단한 식을 통해서 지질학자와 천문학자들이 단번에 수십억 년을 이야기할 수 있도록 해주었다. 무엇보다도 특수 상대성 이론은 빛의 속도가 일정하고 절대적이라는 사실을 밝혀주었다. 어떤 것도 빛의 속도를 넘어설 수 없다. 그의 이론 덕분에 빛은 우주의 본질을 이해하기 위한 핵심적인 개념이 되었다(절대 농담이 아니다). 그뿐이 아니다. 빛을 전달해준다는 에테르가 존재하지 않는다는 사실을 명백하게 밝혀서 오랜 숙제를 해결했다. 아인슈타인 덕분에 우리는 그런 에테르가 필요 없는 우주를 가지게 된 셈이다.

당시의 물리학자들은 관행적으로 스위스 특허국의 하급 관리의 주장에 관심을 보이지 않았다. 그래서 아인슈타인의 논문에 유용한 내용이 많이 담겨 있다는 사실을 거의 알아채지 못했다. 아인슈타인은 우주의 심오한 신비

---

† 빛의 속도를 c로 나타내게 된 이유는 정확하게 알 수 없지만, 데이비드 보더니스에 의하면 빠르다는 뜻을 가진 라틴어 켈레리타스(celeritas)에서 유래되었을 것이라고 한다.

를 밝혀냈음에도 불구하고 대학의 강사직조차 얻을 수 없었다. 고등학교 교사가 되려던 꿈도 포기했다. 그는 3급 특허심사관 일로 돌아갔다. 그러나 연구를 계속했다. 당시만 하더라도 그의 연구는 아직 완성 단계가 아니었다.

갑자기 떠오르는 생각을 공책에 적어두느냐는 시인 폴 발레리의 질문에 아인슈타인은 깜짝 놀란 표정으로 그를 쳐다보았다. "아니요. 전혀 그럴 필요가 없답니다. 갑자기 생각이 떠오르는 경우가 거의 없답니다." 아마도 아주 가끔 떠오르는 생각이 정말 훌륭했던 모양이다. 아인슈타인의 다음 생각은 사람들이 떠올렸던 생각 중에서도 가장 훌륭한 것이었다. 원자 과학의 역사를 정리한 부어스, 모츠, 위버에 따르면 정말 그랬다. 그들에 따르면, "한 사람에 의해서 창조된 이론이 인류가 지금까지 이룩한 가장 높은 수준의 지적 성과임이 틀림없다." 물론 최고의 찬사였다.

기록으로 전해지는 이야기에 따르면, 아인슈타인은 1907년경에 지붕에서 일하던 인부가 땅으로 떨어지는 모습을 보고 중력에 대해서 생각하기 시작했다고 한다. 그런 이야기가 흔히 그렇듯이 사실이라고 믿기는 어렵다. 아인슈타인에 따르면, 의자에 앉아 있던 중에 우연히 중력 문제를 생각하게 되었다고 한다.

실제로 아인슈타인에게 떠올랐던 생각은 중력 문제에 대한 해답의 시작과도 같았다. 그는 처음부터 자신의 특수 상대성 이론에 무엇인가가 빠져 있고, 그것이 바로 중력이라는 사실을 분명하게 알고 있었다. 특수 상대성 이론이 "특수한" 이유는 속도가 줄어들지 않는 상태로 움직이는 물체를 대상으로 한다는 것이었다. 그렇다면 움직이는 물체, 특히 빛이 중력과 같은 장애물을 만나면 어떻게 될까? 거의 10년 동안 그 문제와 씨름하던 그는 마침내 1917년 초에 「일반 상대성 이론에 대한 우주론적 고려」라는 논문을 발표했다.

물론 1905년의 특수 상대성 이론도 엄청나게 중요한 업적이었지만, C. P. 스노가 지적했던 것처럼 만약 아인슈타인이 특수 상대성 이론을 밝혀내지 못했더라도 다른 누군가가 아마도 5년 이내에 같은 결과를 얻었을 것이다. 그런 이론은 밝혀질 수밖에 없었다. 그러나 일반 상대성 이론General Theory of Relativity은 전혀 달랐다. 1979년에 스노는 "그의 이론이 없었더라면, 우리는 오늘까지도 그런 이론의 등장을 기다리고 있었을 것"이라고 했다.

헝클어진 머리에 파이프를 물고 있는 수수한 모습의 아인슈타인은 너무나도 훌륭한 인물이었기 때문에 사람들의 눈에 띌 수밖에 없었다. 그는 전쟁이 끝난 1919년부터 갑자기 세상에 알려지기 시작했다. 그의 상대성 이론은 보통 사람들이 이해조차도 할 수 없는 것이라는 소문이 돌기 시작했다. 『E = mc²』이라는 훌륭한 책을 쓴 데이비드 보더니스가 지적했던 것처럼, 그에 관한 이야기를 싣기로 한 「뉴욕 타임스」가 골프 특파원이던 헨리 크라우치에게 인터뷰를 맡겼던 것이 사태를 더욱 고약하게 만들었다. 하필이면 그를 선택한 이유는 지금까지도 의문으로 남아 있다.

절망적일 정도로 전문성이 없었던 크라우치는 거의 모든 것을 엉터리로 보도했다. 그의 엉터리 기사 중에는 아인슈타인이 세상에서 오직 12명만이 "이해할 수 있는" 자신의 책을 출간해줄 출판사를 찾아냈다는 내용도 있었다. 그런 책도 없었고, 그런 출판사도 없었으며, 그런 과학자도 없었다. 그렇지만 그의 기사가 사실인 것처럼 알려졌다. 대중에게는 세계에서 상대성 이론을 이해하는 과학자의 수가 훨씬 더 적다고 잘못 알려지기 시작했다. 그런 잘못된 인식을 바로잡기 위해서 과학계가 어떤 노력도 하지 않았던 것도 사실이었다.

어느 기자로부터 당신이 세상에서 아인슈타인의 상대성 이론을 이해할 수 있는 세 사람 중의 한 명인지 질문을 받은 영국의 천문학자 아서 에딩턴 경은 잠시 깊이 생각한 후에 "누가 세 번째 사람인지를 알아내려는 중입니다"라고 대답했다고 한다. 사실 상대성 이론의 문제는 미분 방정식이나 로렌츠 변환과 같은 복잡한 수학을 포함한다는 점이 아니라(포함하기는 한다. 사실은 아인슈타인도 그런 수학의 도움을 받았다), 그것이 사람들의 직관에 완전히 어긋난다는 점이었다.

상대성 이론을 간단히 설명하면, 공간과 시간이 절대적이지 않고 관찰자와 관찰되는 대상 모두에게 상대적이며, 속도가 빨라질수록 그 차이가 더욱 커진다는 것이다. 우리는 절대로 빛의 속도보다 빠른 속도로는 움직일 수 없고, 우리가 더 빨리 가려고 노력할수록 외부의 관찰자가 보기에는 더욱더 왜곡된 것처럼 보인다.

과학 해설가는 일반인에게 그런 개념을 이해시킬 방법을 찾아내기 시작했다. 적어도 상업적으로 볼 때, 수학자이자 철학자인 버트런드 러셀이 쓴 『상대성 이론 ABC*The ABC of Relativity*』라는 책이 비교적 성공한 편이었다. 러셀이 도입한 이미지는 그 이후로 널리 알려졌다. 그는 독자에게 길이가 100미터인 기차가 광속의 60퍼센트로 움직이는 모습을 상상해보도록 했다. 승강장에 서서 그 기차가 지나가는 모습을 보는 사람에게는 기차의 길이가 80미터로 줄어든 것처럼 보이고, 기차 위의 모든 것도 같은 정도로 줄어든 것처럼 보인다. 만약 기차 승객의 말을 들을 수 있다면, 녹음기를 느리게 틀어놓은 것처럼 말이 분명하게 들리지 않고 느리게 느껴지고, 승객의 움직임도 마찬가지로 답답하게 느껴질 것이다. 기차에 있는 시계조차도 보통 속도의 5분의 4로 움직이는 것처럼 보일 것이다. 그러나 기차에 타고 있는 사람은 그런 왜곡을 느끼지 못한다는 것이 핵심이다. 그들에게는 기차 위의 모든 것이 정상으로 보인다. 오히려 그들에게는 승강장에 서 있는 사람이 이상하게 수축된 듯이 느껴지고, 느리게 움직이는 것처럼 보인다. 움직이는 물체와 상대적인 관찰자의 위치가 문제라는 사실을 이해할 수 있을 것이다.

실제로 그런 효과는 우리가 움직일 때마다 나타난다. 미국을 횡단한 비행기에서 내린 사람은 출발지에 남아 있는 사람에 비해서 수천억 분의 1초 정도 젊어진다. 방을 걸어 다니더라도 시간과 공간에 대한 경험이 아주 조금씩 달라진다. 계산에 의하면 시속 160킬로미터로 던진 야구공이 홈 베이스를 지날 때가 되면, 질량이 0.000000000002그램 정도 늘어난다. 그러니까 상대성 효과는 실제로 존재하고, 그 크기도 측정이 되었다. 문제는 그런 변화가 우리의 일상생활에서 알아내기에는 너무나도 미미하다는 것이다. 그러나 우주에 존재하는 빛, 중력, 그리고 우주 자체에서는 그런 차이가 심각한 결과를 초래한다.

그러니까 상대성 이론이 이상하게 보이는 이유는 우리가 일상생활에서 그런 경험을 하지 못하기 때문이다. 그런데 다시 보더니스의 말을 빌리면, 우리가 일상적으로 경험하는 상대성 효과도 있다. 소리의 경우가 그렇다. 공원에서 누군가가 크게 틀어놓은 음악 소리가 더 멀리 갈수록 더 작게 들린다는 사실은 누구나 알고 있다. 음악 소리 자체가 작아졌기 때문이 아니라, 관찰자의 상대적인 위치가 바뀌었기 때문이다. 달팽이처럼 너무 작거나 느리게 움직여서 그런 경험을 하기 어려운 경우라면, 두 관찰자가 라디오 스피커의 음량을 서로 다르게 느낀다는 사실을 믿기 어려울 것이다.

일반 상대성 이론의 개념 중에서 우리의 직관에서 벗어나기 때문에 가장 이해하기 어려운 것은 시간이 공간의 일부라는 주장이다. 우리는 본능적으로 시간이 영원하고, 절대적이고, 불변이라고 생각한다. 일정하게 재깍거리는 시간은 무엇으로도 방해할 수 없다. 그런데 아인슈타인의 주장에 따르면, 시간은 변화할 수 있을 뿐 아니라 실제로 끊임없이 변화하고 있다. 시간은 심지어 모양도 가지고 있다. 스티븐 호킹의 표현을 빌리면, 시간은 3차원의 공간과 "풀어헤칠 수 없도록 서로 얽힌" 시공간時空間이라는 기묘한 차원을 만들어낸다.

시공간의 개념을 설명하는 일반적인 방법은 매트리스나 고무판처럼 쉽게 휘어지는 평면 위에 쇠구슬처럼 무겁고 둥근 물체가 올려져 있는 모습을 상상하는 것이다. 쇠구슬이 놓여 있는 평면은 쇠구슬의 무게 때문에 조금 늘어나서 눌린다. 그런 현상이 바로 태양과 같은 무거운 물체(쇠구슬)가 시공간(물질)에 미치는 효과와 비슷하다. 무거운 물체가 시공간을 늘어나고 휘어지고 구부러지게 만든다. 만약 훨씬 더 작은 구슬이 같은 평면 위를 굴러간다면, 그 구슬은 뉴턴의 법칙에 따라서 직선으로 움직이려고 하겠지만, 무거운 물체 가까이에서는 아래로 늘어진 평면의 기울기 때문에 아래쪽으로 휘어지면서 무거운 물체 쪽으로 이끌리게 된다. 그것이 바로 시공간의 휘어짐에 의해서 생기는 중력이다. 질량을 가진 모든 물체는 우주의 평면에 약간의 짓눌림을 만들어낸다. 그래서 데니스 오버바이가 말했던 것처럼, 우주는 "결국 축 늘어진 매트리스와 같다." 그런 관점에서 보면 중력은 결코 결과가 아니다. 물리학자 미치오 카쿠에 따르면 중력은 "'힘'이 아니라 휘어진 시공간의 부산물"이고, "어떤 의미에서는 중력이 존재하지도 않는다. 행성과 별을 움직이게 만드는 것은 공간과 시간의 뒤틀림일 뿐이다.

물론 늘어진 매트리스에 비유한 설명으로는 시간의 효과를 충분히 고려할 수 없기 때문에 한계가 있다. 그러나 3차원의 공간과 1차원의 시간이 격자 모양으로 짜인 실처럼 서로 얽혀 있는 차원을 상상하는 것이 거의 불가능하기 때문에 우리의 능력으로 이해할 수 있는 것도 그 정도에 불과하다. 어쨌든 창문을 내다보던 젊은이가 생각해내기에는 놀라울 정도로 엄청난 개념이라는 점에는 모두가 동의할 것이다.

무엇보다도 아인슈타인의 일반 상대성 이론은 우주가 팽창하거나 수축해야 한다는 주장을 담고 있다. 그러나 우주론 학자가 아니었던 아인슈타인은 우주가 고정되어 있고, 영원하다는 일반적인 통념을 그대로 받아들였다. 그는 거의 반사적으로 자신의 식에 우주상수宇宙常數, cosmological constant라는 것을 포함시켰다. 중력의 효과를 의도적으로 상쇄시키는 그 상수는 수학적인 멈춤 버튼과 같은 것이었다. 과학의 역사를 다룬 책에서는 아인슈타인의 그런 실수를 항상 용납하지만, 실제로 그것은 엄청난 과학적 실수였고 그도 그 사실을 알고 있었다. 그는 그것을 "내 인생의 가장 큰 실수"라고 했다.

아인슈타인의 이론은 연못에 이는 물결처럼 중력의 물결이 빛의 속도로 우주를 가로질러 바깥으로 퍼져나가면서 시공간을 왜곡시키는 중력파의 존재도 예측한다. 중력파는 거의 정확하게 한 세기가 지난 후인 2015년에야 레이저 간섭계 중력파 관측소LIGO라고 알려진, 무겁고 지나칠 정도로 민감한 2개의 안테나에 의해서 검출되었다. 많은 사람이 그 발견을 현대 과학의 위대한 순간 중 하나라고 생각했다. 매사추세츠 공과대학교의 매슈 에번스는 「MIT 뉴스*MIT News*」의 기자에게 "천체물리학의 완전히 새로운 시대가 열렸다"고 말했다. "우리는 언제나 망원경으로 하늘에서 빛, 라디오파, X선과 같은 전자기파를 바라본다. 이제 중력파는 우리에게 우주를 알게 해주는 완전히 새로운 방법이다."

우연의 일치였지만, 아인슈타인이 자신의 이론에 우주상수를 포함시킨 시점과 비슷한 시기에 애리조나 주의 로웰 천문대에서 일하던 베스토 슬라이퍼라는 우주적인 이름을 가진 인디애나 주 출신의 천문학자가 먼 곳의 별에서 오는 빛을 분광기로 분석하고 있었다. 그는 별이 우리로부터 멀어지는 듯 보인다는 사실을 발견했다. 슬라이퍼가 관찰하던 별은 분명히 도플러 이동 현상†을 나타내고 있었다. 도플러 효과는 자동차 경기장에서 자동차가 지나갈 때 소리가 달라지는 것과 같은 현상으로, 빛에도 적용된다. 멀어져가는 은하에서 나타나는 도플러 효과를 적색 편이red shift라고 부른다(우리에게서 멀어져가는 빛은 스펙트럼의 붉은 쪽으로 이동하고, 다가오는 빛은 푸른 쪽으로 이동한다).

슬라이퍼는 빛에서 나타난 그런 효과를 최초로 관찰했고, 그것이 우주의 움직임을 이해하는 중요한 단서가 될 수 있다는 사실을 인식했다. 안타깝게도 아무도 그에게 큰 관심을 기울이지 않았다. 기억하겠지만, 화성에 운하가

---

† 1842년에 그런 효과를 발견한 오스트리아의 물리학자 요한 크리스티안 도플러의 이름을 따서 붙여졌다. 간단히 설명해보자. 움직이는 물체에서 나오는 음파가 정지해 있는 측정장치(예를 들어서 사람의 귀)에 도달하면, 어떤 물체를 움직이지 않는 벽을 향해 누르는 것과 마찬가지로 압축된다. 소리를 듣는 사람에게는 그런 압축 때문에 (이이 음처럼) 음정이 높아지는 듯이 느껴진다. 음원(音源)이 멀어지면 음파가 늘어져서 (으으 음처럼) 음정이 낮아지는 것처럼 느껴진다.

있다는 주장에 집착했던 퍼시벌 로웰 덕분에 1910년대에 건설된 로웰 천문대는 그후로 모든 면에서 천문학 연구의 첨단 기지 역할을 하고 있었다. 슬라이퍼가 아인슈타인의 상대성 이론을 몰랐던 것과 마찬가지로 사람들은 슬라이퍼의 성과를 알지 못했다. 그래서 그의 발견은 아무런 영향을 남기지 못했다.

그 대신 영광은 자존심 덩어리였던 에드윈 허블에게 돌아갔다. 허블은 아인슈타인보다 10년 늦은 1889년에 오자크스 호숫가에 있는 미주리 주의 작은 마을에서 태어나서, 그곳과 시카고 외곽에 있는 휘턴에서 성장했다. 부모로부터 건강한 육체를 물려받은 에드윈은 보험회사를 운영하던 아버지 덕분에 넉넉한 생활을 했다. 그는 건강하고 뛰어난 운동선수였고, 매력적이고 똑똑하고 아주 잘생겼다. 윌리엄 H. 크로퍼에 따르면, "아주 매력적"이었던 그를 "아도니스"(그리스 신화에 나오는 미소년)라고 부르는 사람들도 있었다. 그는 자신이 매우 용감해서 물에 빠진 사람을 구하기도 했고, 프랑스의 전쟁터에서 겁에 질린 사람을 안전하게 구하기도 했으며, 시범경기에서 세계 챔피언 타이틀을 가진 권투 선수를 한 방에 쓰러트리기도 했다고 자랑했다. 모두가 사실이라고 믿기 어려운 이야기였다. 재능이 넘치는 그였지만 상습적인 거짓말쟁이이기도 했다.

허블이 어렸을 때부터 터무니없을 만큼 화려한 수상 경력을 가지고 있었다는 것도 믿기 어려울 정도였다. 1906년 고등학교 육상경기 대회에 참가한 그는 장대높이뛰기, 투포환, 투원반, 투해머, 제자리높이뛰기, 높이뛰기에서 우승을 했고, 1,600미터 이어달리기에서도 우승을 했다. 7종 경기에서 우승을 했고, 멀리뛰기에서도 3등을 했다. 그해에 그는 높이뛰기에서 일리노이 주 기록을 세우기도 했다.

학업에서도 성공적이었던 그는 아무 어려움 없이 시카고 대학교의 물리학과와 천문학과에 진학했다(우연히도 앨버트 마이컬슨이 당시의 학과장이었다). 그는 최초의 옥스퍼드 대학교 로즈 장학생으로 선발되었다. 3년 동안의 영국 생활이 그를 완전히 바꿔놓았던 것이 틀림없다. 1913년에 휘턴으로 돌아온 그는 스코틀랜드의 인버네스풍의 외투를 걸치고, 파이프 담배를 피우며, 이상할 정도로 허풍스러운 억양을 쓰기 시작했다. 영국식도 아니었지만 그렇다고 해서 영국식이 아닌 것도 아닌 그의 이상한 버릇은 평생토록 바뀌지 않았다. 그는 훗날 1920년대의 대부분을 켄터키 주에서 변호사로 일했다고 주장했지만, 사실 뒤늦게 박사학위를 받고 잠시 육군에 복무하기 전까지는 인디애나 주의 뉴올버니에서 고등학교 교사와 야구 코치로 일했다(그는 휴전이 되기 한 달 전에 프랑스에 도착했기 때문에 아마도 진짜 총소리는 한 번도 들어본 적이 없었을 것이다).

그는 서른 살이던 1919년에 캘리포니아 주로 가서 로스앤젤레스 인근의 윌슨 산 천문대에서 일하기 시작했다. 그리고 뜻밖에도 그는 20세기의 가장 뛰어난 천문학자가 되었다.

여기에서 잠깐 당시 사람들이 우주에 대해 아는 것이 얼마나 적었는지를 살펴볼 필요가 있다. 오늘날의 천문학자들은 가시적인 우주에 아마도 1,500억 개에서 2,000억 개 사이의 은하가 있을 것이라고 믿고 있다. 허블 우주 망원경의 관측 자료를 근거로 한 외삽으로, 많게는 2조 개나 된다고 추정하는 사람도 있다. 하한값이라고 하더라도 그것은 우리가 상상하는 것보다 훨씬 더 큰 수이다. 은하 하나를 냉동 콩 정도의 크기로 잡아도 1,500억 개면 옛날의 보스턴 가든이나 로열 앨버트 홀처럼 거대한 공연장을 가득 메울 수 있다(브루스 그레고리라는 천체물리학자가 실제로 그런 계산을 했다). 에드윈 허블이 처음 망원경을 들여다보기 시작한 1919년에 우리에게 알려진 은하는 우리의 은하(은하수) 하나뿐이었다. 별은 모두 은하의 일부이거나 멀리 떨어진 주변의 기체 덩어리라고 생각했다. 허블은 그런 생각이 틀렸다는 사실을 빠르게 밝혀냈다.

그로부터 10년 동안 허블은 우주가 얼마나 오래되었는가, 그리고 얼마나 큰가 하는 두 가지 가장 근본적인 문제에 도전했다. 그 문제를 해결하기 위해서는 두 가지 사실을 밝혀내야 했다. 은하가 서로 얼마나 멀리 떨어져 있고, 그들이 우리로부터 얼마나 빨리 멀어지고 있는지(후퇴 속도)를 말이다. 적색 편이는 은하가 멀어져가는 속도를 가르쳐주기는 했지만, 은하가 얼마나 멀리 있는지를 알려주지는 못했다. 그것을 알아내기 위해서는 밝기를 분명하게 알고 있는 "표준 촛불"이 필요했다. 그런 기준이 있어야만 다른 별의 밝기(와 상대적인 거리)를 정확하게 측정할 수 있다.

허블에게는 얼마 전에 헨리에타 스완 레빗이라는 천재적인 여성이 그 방법을 알아낸 것이 큰 행운이었다. 레빗은 하버드 대학교 천문대에서, 그들의 표현처럼 컴퓨터로 일하고 있었다. 천문대에서는 별의 사진을 보고 계산하는 일을 하는 사람들을 컴퓨터computer라고 불렀다. 그 일은 다른 말로 표현하면 고역이었지만, 당시 하버드는 물론이고 대부분의 천문대에서 여성에게 맡겼던 작업 중에서 실제 천문학에 가장 가까운 것이었다. 바람직한 일은 아니었지만, 그런 관행에도 뜻밖의 장점이 있었다. 여성은 그런 식으로라도 의미 있는 일에 참여할 수 있었고, 그 결과 남성이 압도하던, 우주의 자세한 구조를 밝히는 일에 여성의 이름을 남길 수 있게 되었다.

역시 컴퓨터로 일하면서 별에 대한 오랜 경험을 쌓은 애니 점프 캐넌이 고안한 항성 분류체계는 오늘날에도 사용될 정도로 실용적이다. 레빗의 업적은 그보다 더 중요했다. 그녀는 (처음 발견되었던 케페우스 자리의 이름을 따라) 세페이드 변광성Cepheid variable이라고 알려진 형태의 별이 마치 별의 심장 박동처럼 일정한 리듬으로 맥동한다는 사실을 알아냈다. 세페이드 변광성은 많지는 않지만, 그중 하나는 널리 알려져 있다. 북극성이 바로 세페이드 변광성이다.

오늘날에는 세페이드 변광성이 천문학 용어로 "주계열성主系列星"을 지나서 적색 거성赤色巨星이 되어가는 늙은 별이기 때문에 그렇게 맥동한다는 사실이 밝혀져 있다. 적색 거성을 이해하려면 1차 이온화된 헬륨 원자의 성질 등을 비롯해서 많은 지식이 필요하기 때문에 여기에서 설명하기에는 너무 복잡하다. 그러나 간단히 말하면, 남아 있는 연료를 모두 태우는 과정에서 아주 규칙적으로 밝아졌다가 어두워지는 과정을 반복하는 상태이다. 천재였던 레빗은 하늘의 서로 다른 곳에 있는 세페이드 변광성의 상대적인 크기를 비교하면 서로 얼마나 떨어져 있는지를 알아낼 수 있다는 사실을 깨달았다. 그렇다면 세페이드 변광성을 "표준 촛불"로 사용할 수 있을 것이다. 그녀가 사용했던 "표준 촛불"이라는 말은 지금도 널리 쓰이고 있다. 그러나 그 방법으로 알아낼 수 있는 거리는 절대적인 것이 아니라 상대적인 거리일 뿐이다. 그렇지만 그것은 엄청난 규모의 우주에서 거리를 측정할 수 있는 최초의 방법이었다.

(레빗과 캐넌이 사진판의 흐린 점들로부터 우주의 기본적인 성질을 알아내고 있던 때에 마음대로 최고급 망원경을 들여다볼 수 있었던 하버드의 천문학자 윌리엄 H. 피커링은 달에 나타나는 검은 지역이 계절에 따라 이동하는 곤충 때문이라는 그야말로 독창적인 그의 이론을 세우고 있었다는 사실을 기억하면 당시의 상황을 더 잘 이해할 수 있을 것이다.)

에드윈 허블은 레빗이 고안한 우주의 척도와 베스토 슬라이퍼의 적색 편이를 함께 사용해서 두 별 사이의 거리를 측정하기 시작했다. 1923년에 그는 M31이라고 알려진 안드로메다 자리의 희미한 점이 가스 구름이 아니라 별의 덩어리이고, 그 자체가 지름이 10만 광년이나 되며, 적어도 90만 광년이나 떨어져 있는 은하라는 사실을 밝혀냈다. 우주는 아무도 상상하지 못할 정도로 광대했다. 정말 거대할 정도로 광대했다. 1924년에 그는 「나선 성운 속의 세페이드 변광성」(성운星雲, nebulae은 "구름"을 뜻하는 라틴어에서 유래된 것으로 은하를 나타내기 위해서 허블이 사용한 말이다)이라는 기념비적인 논문을 발표했다. 결국 그는 우주는 우리의 은하만이 아니라 수많은 독립적인 은하로 구성된 "섬 우주"라는 사실을 밝혔다. 그런 은하 중에는 우리 은하보다 훨씬 더 크고 먼 곳에 있는 것도 있다.

허블은 그런 발견만으로도 명성을 얻을 수 있었다. 그러나 그는 도대체 우주가 얼마나 큰가 하는 문제에 도전하면서 더욱 놀라운 사실을 발견했다. 허블은 애리조나 주의 슬라이퍼처럼, 먼 곳에 있는 은하의 스펙트럼을 측정하기 시작했다. 그는 윌슨 산 천문대에 새로 설치된 2.5미터 후커 망원경과 자신의 재능을 이용해서 하늘에 있는 (우리 자신이 속한 은하를 제외한) 모든 은하가 우리에게서 멀어지고 있다는 사실을 알아냈다. 더욱이 은하가 멀어지는 속도와 거리는 명백하게 서로 비례했다. 즉 멀리 있는 은하일수록 더 빨리 멀어졌다.

정말 놀라운 결과였다. 우주는 모든 방향으로 빠르고 균일하게 팽창하고 있었다. 그런 사실로부터 우주가 한곳의 점에서 시작되었을 것이라는 사실을 깨닫기는 그리 어렵지 않았다. 그때까지 누구나 상상했던 것처럼 우리의 우주는 안정적이거나 고정되어 있거나 영원히 텅 빈 공간이 아니라, 태초가 있었다는 것이다. 따라서 종말이 있을 가능성도 생각할 수 있게 되었다.

스티븐 호킹이 말했듯이, 그전에는 그 누구도 팽창하는 우주를 생각해본 적 없었다는 사실이 오히려 신기하다. 뉴턴을 비롯해서 그 이후의 천문학자들에게 당연해 보였던 정적인 우주는 그 스스로 수축되어야 했다. 그런 정적인 우주에서 별이 무한히 타고 있다면 우주는 엄청나게 뜨거워졌어야 하고, 특히 인간과 같은 존재는 견딜 수 없을 정도로 뜨거워졌어야 한다는 문제도 있었다. 팽창하는 우주의 개념은 그런 문제를 모두 해결해주었다.

사상가이기보다는 관측가였던 허블은 자신이 발견한 것의 의미를 완전히 이해하지는 못했다. 이는 그가 아인슈타인의 일반 상대성 이론을 몰랐기 때문이기도 했다. 당시에는 이미 아인슈타인과 그의 이론이 세계적으로 널리 알려져 있었기 때문에 그런 사실은 놀라운 것이었다. 더욱이 당시 앨버트 마이컬슨은 늙고 쇠약하기는 했지만, 여전히 세계에서 가장 뛰어나고 존경받는 과학자였다. 마이컬슨은 1929년에 윌슨 산 천문대에서 자신이 신뢰했던 간섭계를 이용해서 빛의 속도를 측정할 예정이었다. 그런 그는 허블에게 아인슈타인의 이론을 적용해볼 수 있을 것이라는 이야기를 분명히 해주었을 것이다.

어쨌든 허블은 기회가 있었지만 이론적인 업적을 이룩하지는 못했다. 그 대신 (매사추세츠 공과대학교에서 박사학위를 받은) 벨기에 출신의 성직자 겸 과학자인 조르주 르메트르가 두 가닥을 서로 합쳐서, 우주가 "원시 원자 primeval atom"라는 기하학적인 점으로부터의 영광스러운 폭발로 시작되었으며 그후로 끊임없이 서로 멀어져가고 있다는 자신의 "불꽃 이론"을 정립했다. 현대의 빅뱅(대폭발) 개념에 잘 맞는 주장이었지만, 너무 때 이른 주장이어서 르메트르의 업적은 이 책에서처럼 한두 줄로 설명될 뿐이다. 그런 이론이 제대로 인정받기까지는 수십 년이 더 필요했고, 빅뱅 이론은 펜지어스와 윌슨이 뉴저지 주의 안테나에서 들리는 잡음에서 우주 배경 복사를 우연히 발견하면서부터 단순히 흥미로운 이론이 아니라 정립된 이론으로 인정받기 시작했다.

허블과 아인슈타인은 모두 그 큰 이야기에 참여하지 못했다. 당시에는 아무도 짐작하지 못했지만, 두 사람은 자신들의 일을 거의 마친 상태였다. 1936년에 허블은 특유의 형식으로 자신의 굉장한 업적을 자랑하는 『성운의 왕국The Realm of the Nebulae』이라는 유명한 책을 발간했다. 그는 그 책에서 처음으로 자신이 아인슈타인의 이론을 알고 있었다는 사실을 인정했다. 그러나 200쪽 분량의 책에서 그 부분에 대한 이야기는 4쪽에 불과했다.

허블은 1953년 예순셋의 나이에 심장마비로 사망했다. 당시에 천문학은 물리학과 다른 분야로 간주되었기 때문에 그는 노벨상을 받지 못했다(그 이후에 상황이 달라졌다). 그에 대해서 재미있는 사실이 남아 있었다. 그의 부인은 어떤 이유에서인지 장례식을 거부했고, 그의 시신을 어떻게 처리했는지를 절대 밝히지 않았다. 20세기의 가장 위대한 천문학자의 행방은 그가 사망하고 70년이 넘게 흐른 오늘날까지도 밝혀지지 않고 있다. 그를 추모하려면, 1990년에 발사되어 지금도 550킬로미터 높이의 상공에서 여전히 작동 중인, 그의 이름이 붙은 허블 우주 망원경을 바라보아야 한다.

제9장

위대한 원자

아인슈타인과 허블이 거대한 우주의 구조를 밝혀내기 위해서 분투하는 동안 다른 사람들은 더 가까이 있으면서도 멀기는 마찬가지인 무엇인가를 이해하기 위해서 애쓰고 있었다. 언제나 신비로웠던 작은 원자原子, atom가 바로 그것이었다.

캘리포니아 공과대학교의 위대한 물리학자 리처드 파인먼은 만약 과학의 역사를 한 줄로 줄여서 표현한다면, "모든 것이 원자로 되어 있다"는 것이라고 말한 적이 있다. 원자는 어디에나 존재하고, 모든 것을 구성한다. 주변을 둘러보면 모든 것이 원자이다. 별이나 탁자나 의자처럼 딱딱한 것만이 아니라, 그 사이를 채우고 있는 공기도 원자로 되어 있다. 더욱이 그런 원자의 수는 정말이지 상상을 넘어선다.

원자의 기본적인 모임이 바로 분자分子, molecule("작은 덩어리"라는 뜻의 라틴어에서 유래되었다)이다. 분자란 2개 이상의 원자가 안정한 형태로 모인 것이다. 2개의 수소 원자에 1개의 산소 원자가 더해지면 물 분자가 된다. 글을 쓰는 사람이 글자보다는 단어로 생각하는 것처럼, 화학자도 원자보다 분자로 생각하는 경향이 있다. 그런데 화학자가 더 중요하게 생각하는 분자 역시 수없이 많다. 해수면의 높이에서 섭씨 0도의 경우에, 각설탕 1개 정도에 해당하는 1세제곱센티미터의 공간(1기압)에는 450억 개의 10억 배 (4.5 × 10^{19}) 정도의 분자가 들어 있다. 우리 주위의 어느 곳이나 1세제곱센티미터 속에는 그 정도의 분자가 들어 있다. 창밖에 펼쳐진 세상이 몇 세제곱센티미터나 될지 상상해보라. 창밖에 보이는 시야를 각설탕으로 모두 채우려면 각설탕이 몇 개나 필요할까? 우주를 채우려면 몇 개나 필요할까? 간단히 말해서 원자는 정말 엄청나게 많다.

원자는 신기할 정도로 영속적이다. 수명이 아주 긴 원자는 정말 여러 곳을 돌아다닌다. 우리 몸속에 있는 원자는 이미 몇 개의 별을 거쳐서 우리에게 왔을 것이고, 수백만에 이르는 생물의 일부였을 것이 거의 분명하다. 우리는 정말로 엄청난 수의 원자로 구성되어 있을 뿐 아니라, 우리가 죽고 나면 그 원자는 모두 재활용된다. 그래서 우리 몸속에 있는 원자 중의 상당수, 많게는 10억 개에 달하는 원자가 한때 셰익스피어의 몸속에 있었을 수도 있다. 부처와 칭기즈 칸, 베토벤은 물론이고 여러분이 기억하는 거의 모든 역사적 인물로부터 물려받은 것도 각각 10억 개씩은 될 것이다(원자가 완전히 재분배되기까지는 수십 년이 걸리기 때문에 반드시 역사 속의 인물이어야 한다. 당신이 아무리 원하더라도 엘비스 프레슬리의 몸속에 있던 원자는 아직 당신의 몸속에 들어가지 못했을 것이다). 그러니까 수명이 상대적으로 짧은 우리는 모두 윤회하고 있는 셈이다.

우리가 죽고 나면, 우리 몸속에 있던 원자는 모두 흩어져서 다른 곳에서 새로운 목적으로 사용된다. 나뭇잎의 일부가 될 수도 있고, 다른 사람의 몸이 될 수도 있으며, 이슬방울이 될 수도 있다. 그렇지만 원자는 실질적으로 영원히 존재한다. 원자가 얼마나 오래 살 수 있는지는 아무도 확실하게 알지는 못하지만, 마틴 리스는 아마도 10^{35}년은 될 것이라고 한다. 보통의 방법으로 나타내기에는 너무나도 큰 숫자이다.

무엇보다도 원자는 작다. 정말 작다. 50만 개의 원자를 맞대어 늘어놓더라도, 사람의 머리카락 뒤에 숨길 수 있을 정도이다. 그러니까 각각의 원자는 상상도 할 수 없을 정도로 작다. 그래도 이제 그 크기에 대해서 알아보자.

이 책에 인쇄된 "-"보다도 더 짧은 밀리미터에서 시작해보자. 밀리미터를 1,000개의 조각으로 똑같이 나누면, 한 조각의 길이가 1마이크로미터가 된다. 미생물이 그 정도의 크기이다. 대표적으로 짚신벌레는 그 폭이 2마이크로미터, 즉 0.002밀리미터 정도이다. 정말 작다. 리처드 파인먼에 따르면, 물 한 방울 속에서 헤엄치고 있는 짚신벌레를 맨눈으로 보기 위해서는 물방울의 지름을 12미터 정도로 확대해야 한다. 그런데 같은 물방울 속에 들어 있는 원자를 보려면, 물방울의 지름을 24킬로미터 정도로 확대해야 한다.

다시 말해서 원자는 완전히 다른 수준에서 작은 존재이다. 원자 수준의 크기로 내려가려면, 1마이크로미터의 조각을 다시 1만 분의 1로 나누어야 한다. 그것이 바로 원자의 크기이다. 1밀리미터의 1,000만 분의 1 정도면 우리의 상상을 완전히 넘어설 정도로 가느다랗다. 원자 하나와 1밀리미터의 비율은 종이 한 장의 두께와 엠파이어 스테이트 빌딩 높이의 비율과 비슷하다는 사실을 기억하면, 어느 정도인지를 쉽게 짐작할 수 있을 것이다.

원자는 수명이 대단히 길고 수가 많아서 유용하지만, 대단히 작아서 그 존재를 알아내고 이해하기가 어렵다. 원자가 작고, 많으며, 거의 파괴할 수 없다는 세 가지 특성과 세상 모든 것이 원자로 이루어져 있다는 사실을 처음 깨달았던 사람은 흔히 짐작하듯이 앙투안-로랑 라부아지에나 헨리 캐번디시나 험프리 데이비가 아니라, 제7장에서 화학을 처음 소개할 때 등장한 존 돌턴, 즉 교육도 제대로 받지 않은 평범한 퀘이커 교도였다.

돌턴은 1766년에 코커머스 부근의 레이크 디스트릭트 변두리에 살던 열성적인 퀘이커 교도인 가난한 직조공 집안에서 태어났다(4년 뒤에 태어난 시인 윌리엄 워즈워스도 역시 코커머스 출신이다). 그는 예외라고 할 만큼 뛰어난 학생이었다. 믿기 어렵겠지만, 그는 열두 살에 시골에 있던 퀘이커 학교를 책임질 정도로 뛰어났다. 돌턴이 매우 조숙했다는 사실뿐 아니라 그 학교가 어떤 학교였는지도 짐작할 수 있을 것이다. 그러나 그의 일기에 따르면, 당시의 그는 라틴어로 된 뉴턴의『프린키피아』원서를 비롯해서 그 정도 수준의 다른 책을 읽고 있었다. 역시 학교 책임자로 일하던 열다섯 살에는 인근에 있는 켄들에서 학생을 가르쳤고, 그로부터 10년 후에는 맨체스터로 옮겨가서 나머지 50년을 그곳에서 보냈다. 맨체스터에서 그는 기상학에서부터 문법에 이르기까지 다양한 분야를 활발하게 연구하면서 책과 논문을 발표했다. 색깔을 구별하지 못하는 자신의 증상을 체계적으로 연구하기도 했다. 그래서 오랫동안 색맹을 돌터니즘이라고 부르게 되었다. 그러나 본격적으로 명성을 얻게 된 것은 1808년에 발간한『화학원리의 새로운 체계*A New System of Chemical Philosophy*』라는 훌륭한 책 때문이었다.

사람들은 900쪽에 이르는 그의 책의 겨우 5쪽 분량의 짧은 장에서 처음 현대적인 개념으로 정립된 원자를 만났다. 모든 물질의 근본에는 지나칠 정도로 작고, 더 이상 나눌 수 없는 입자가 존재한다는 것이 돌턴의 단순한 주장이었다. 그는 "수소 원자를 새로 만들거나 파괴하는 것은 태양계에 새로운 행성을 만들거나 현재 존재하는 행성을 소멸시키는 것과 같다"고 주장했다.

원자의 개념과 용어는 새로운 것이 아니었다. 모두가 고대 그리스에서 처음 사용되기 시작했다. 원자의 상대적인 크기와 특성을 알아내고, 그것이 서로 어떻게 결합되는지를 알아낸 것이 돌턴의 업적이었다. 예를 들면, 수소가 가장 가벼운 원소라는 사실을 알아낸 그는 수소의 원자량을 1이라고 정했다. 또한 물은 산소와 수소가 7:1로 결합된 것이라고 믿었기 때문에 산소의 원자량을 7이라고 정했다. 그는 그런 방법으로 당시에 알려진 원소의 상대적인 질량을 알아낼 수 있었다. 산소의 원자량은 7이 아니라 16이기 때문에 그의 결과가 모두 정확하지는 않았지만, 그의 원칙은 옳았고 그것이 현대 화학은 물론 다양한 현대 과학의 기초가 되었다.

돌턴은 비록 지위가 낮은 영국 퀘이커 교도에 지나지 않았지만 그런 업적 때문에 유명해졌다. 1826년에 프랑스의 화학자 P. J. 펠티에가 원자의 영웅을 만나려고 맨체스터를 방문했다. 그가 거창한 연구소에서 일하고 있을 것이라고 생각한 펠티에는 뒷골목의 작은 학교에서 소년들에게 초급 산수를 가르치고 있던 그를 보고 깜짝 놀랐다. 과학사학자 E. J. 홈야드에 따르면, 위대한 사람을 보고 몹시 당황했던 펠티에는 더듬거리며 말했다고 한다.

어린 소년에게 더하기, 빼기, 곱하기, 나누기를 가르치고 있는 사람이 바로 유럽 전역에 널리 알려진 화학자라는 사실을 믿을 수 없었던 그는 프랑스어로 "댁이 바로 돌턴 씨가 맞습니까?"라고 물어보았다. 퀘이커 교도는 아무렇지도 않게 "그렇습니다"라고 대답한 후에 "이 학생에게 산수를 가르치는 동안 잠시 앉아서 기다려주시겠습니까?"라고 했다.

돌턴은 사회적 명성에는 관심이 없었지만, 왕립학회의 회원으로 선임되었고 온갖 메달과 함께 상당한 연금도 받게 되었다. 1844년에 그가 사망하자 4만 명의 조문객이 몰려들었고, 장례 행렬은 3킬로미터나 이어졌다. 『영국 인명사전』에 소개된 내용 중에서 그에 대한 것이 가장 긴 편이며, 19세기 과학자들 중에서 그와 비슷한 정도의 분량으로 소개된 사람은 다윈과 라이엘 정도뿐이었다.

그러나 돌턴의 주장은 한 세기가 지난 후까지도 가설로 남아 있었고, 오스트리아 빈의 물리학자 에른스트 마흐—음속의 단위(마하 수)에 그의 이름이 남아 있다—를 비롯한 당시의 몇몇 유명한 과학자들은 원자의 존재를 믿지도 않았다. 마흐는 "원자는 어떤 감각으로도 느낄 수 없다.……단순히 생각 속에만 존재할 뿐이다"라고 불평을 했다. 특히 독일어를 사용하는 지역의 과학자들은 원자의 존재에 대해서 심한 거부감을 느꼈고, 원자의 개념을 열광적으로 추구했던 위대한 이론물리학자 루트비히 볼츠만이 1906년에 스스로 생을 마감한 것도 그런 회의감 때문이라는 주장도 있다.

원자의 존재에 대해서 논란의 여지가 없는 확실한 근거를 제시한 사람은 1905년에 브라운 운동에 대한 논문을 발표한 아인슈타인이었다. 그러나 아인슈타인의 업적은 사람들의 관심을 끌지 못했다. 더욱이 아인슈타인 자신도 일반 상대성 이론을 정립하기 위한 연구에 빠져들었다. 원자 시대의 첫 번째 등장인물은 아니었지만, 첫 번째 진짜 영웅으로 떠오른 사람은 어니스트 러더퍼드였다.

러더퍼드는 1871년에 뉴질랜드의 "시골"에서 태어났다. 스티븐 와인버그의 표현에 따르면, 그의 부모는 약간의 아마亞麻를 재배하고 많은 자식을 기르기 위해 스코틀랜드에서 이민을 떠났다. 그는 멀리 떨어진 나라의 시골에서 성장했기 때문에 주류 과학계와는 아무런 관련이 없었다. 그러나 1895년에 장학금을 받게 된 덕분에, 당시 세계에서 물리학 연구가 가장 활발했던 케임브리지 대학교의 캐번디시 연구소에 들어갈 수 있었다.

물리학자들은 다른 과학 분야를 경멸하는 태도로 악명이 높다. 오스트리아의 위대한 물리학자 볼프강 파울리는 부인이 자신을 버리고 화학자에게 가버린 사실을 알고는 깜짝 놀라서 비틀거리기까지 했다. 파울리는 친구에게 "그녀가 투우사에게 갔다면 이해를 하겠는데, 화학자라니……" 하고 놀라워했다고 한다.

러더퍼드도 같은 생각을 했던 모양이었다. "물리학을 제외한 다른 과학은 우표 수집에 불과하다"고 했던 그의 말은 널리 알려졌다. 그러나 역설적이게도 그는 1908년에 물리학이 아니라 화학 분야의 노벨상을 받았다.

러더퍼드는 운이 좋은 사람이었다. 천재였던 것도 행운이었지만, 물리학과 화학이 그렇게 재미있고, (그의 생각과는 다르게) 서로 잘 어울리던 시기에 살았던 것은 더욱 큰 행운이었다. 두 분야가 그렇게 많이 겹쳤던 때는 다시는 없었다.

엄청난 성공에도 불구하고, 러더퍼드는 사실 정말 똑똑한 사람은 아니었다. 실제로 그는 수학에 무척 약했다. 강의 중에도 수식을 설명하지 못하고 중간에 포기하면서 학생들에게 스스로 해결해보라고 한 경우가 많았다. 그의 오랜 동료였고 중성자를 발견한 제임스 채드윅에 따르면, 러더퍼드는 실험도 잘 하지 못했다고 한다. 다만 그는 끈기가 있었고, 개방적이었다.

그는 총명하다기보다는 기민했고, 대담하기도 했다. 어느 전기 작가의 표현에 따르면, 그는 "언제나 가능한 한 먼 곳에 있는 첨단을 향해 달려가고 있었다. 다른 사람보다 훨씬 먼 곳을 지향했다." 해결하기 어려운 문제에 부딪히면, 그는 다른 사람들보다 훨씬 더 오랫동안 더 열심히 노력하고, 정통적이지 않은 설명이라도 수용할 준비가 되어 있었다. 그의 가장 위대한 업적은 엄청나게 긴 시간 동안 실험실에 앉아서 산란되는 알파 입자의 수를 직접 세고 있었다는 것이었다. 일반적으로 그런 일은 다른 사람에게 맡기는 경우가 많았다. 그는 원자가 가진 힘을 활용할 수만 있다면 "이 세상 전부를 연기 속으로 사라지게 할" 폭탄을 만들 수 있다는 사실을 깨달은 사람 중 하나였다. 어쩌면 그가 최초였을 수도 있다.

러더퍼드는 몸집이 컸고, 목소리는 소심한 사람을 움츠리게 만들 정도로 컸다. 언젠가 그가 대서양 건너편으로 무선 방송을 할 것이라는 소문을 들은 동료가 "굳이 무선을 쓸 필요가 있나?"라고 냉소적으로 물은 적도 있었다. 그는 또한 좋은 의미로 자신감이 넘쳤다. 누군가 그에게 언제나 파동의 마루에 서 있는 것 같다고 말하자, 그는 "그렇지요. 내가 만들고 있는 것이 바로 파동이거든요"라고 대답했다고 한다. C. P. 스노는 어느 날 케임브리지의 양복점에서 러더퍼드가 "매일 조금씩 치수가 늘어나는군요. 내 정신도 그렇답니다"라고 즐겁게 말하는 것을 엿들었다고 한다.

그러나 그가 캐번디시 연구소에 도착했던 1895년에는 아직 몸의 치수와 명성이 먼 곳에 있었다.† 당시는 과학에서 놀라울 정도로 사건이 많았던 때였다. 그가 케임브리지에 도착한 해에는 독일의 뷔르츠부르크 대학교에서 빌헬름 뢴트겐이 X선을 발견했고, 그다음 해에는 앙리 베크렐이 방사선을

---

† 이 이름도 역시 헨리 캐번디시의 집안에서 유래되었다. 제7대 데번셔 공작이었던 윌리엄 캐번디시는 뛰어난 수학자였고, 빅토리아 시대 영국의 막강한 귀족이었다. 그는 1870년에 연구소를 짓도록 6,300파운드를 대학교에 기증했다.

발견했다. 그리고 캐번디시 연구소도 오래도록 빛날 명성을 얻기 시작했다. 1897년에 그곳에서 J. J. 톰슨과 동료들이 전자를 발견했고, C. T. R. 윌슨은 1911년에 (앞으로 살펴볼) 입자 검출기를 만들었으며, 1932년에는 제임스 채드윅이 중성자를 발견했다. 더 훗날인 1953년에 제임스 왓슨과 프랜시스 크릭이 DNA의 구조를 발견했던 곳도 바로 캐번디시 연구소였다.

처음에 러더퍼드는 무선 통신을 연구했다. 약 1.5킬로미터나 떨어진 곳까지 깨끗한 신호를 보내는 방법을 찾아낸 것은 당시로는 상당한 성과였다. 그러나 앞으로 무선 통신이 쓸모가 많지 않을 것이라는 선배의 충고를 들은 그는 무선 통신 연구를 포기했다. 그러나 러더퍼드는 전체적으로 볼 때 캐번디시에서 그렇게 성공한 과학자는 아니었다. 그곳에서 3년을 보내고도 별 소득이 없었던 그는 몬트리올의 맥길 대학교로 옮겼고, 그곳에서 비로소 위대한 과학자로 성장했다. 그러나 "원소의 붕괴에 대한 연구와 방사성 물질의 화학"에 대한 업적으로 노벨상을 받게 되었을 때에는 맨체스터 대학교로 옮긴 다음이었고, 사실 원자의 구조와 성질을 밝혀낸 그의 가장 중요한 업적도 바로 그곳에서 완성되었다.

20세기 초에 톰슨이 전자를 발견하면서부터 원자가 다른 입자로 구성되어 있다는 주장이 설득력을 얻게 되었다. 그러나 원자가 과연 어떤 입자로 구성되어 있고, 그 입자가 어떻게 모여 있으며, 그 모양이 어떤지에 대한 정보는 밝혀지지 않았다. 원자가 빈틈없이 잘 쌓을 수 있는 육면체 모양일 것이라고 생각한 물리학자도 있었다. 그러나 당시에는 원자가, 양전하를 가진 조밀하고 단단한 덩어리 속에 음전하를 가진 전자가 건포도처럼 들어 있는 건포도 빵이나 푸딩과 같을 것이라는 생각이 더 일반적이었다.

1910년에 러더퍼드는 금 박막에 알파 입자라고 부르는 이온화된 헬륨 원자를 쏘아보냈다(당시 그의 실험을 돕던 한스 가이거*는 훗날 그의 이름이

---

* 훗날 가이거는 나치 추종자가 되어, 자신을 도와주었던 사람들을 포함한 유대인 동료들을 배반하는 일에 조금도 주저하지 않았다.

붙은 방사선 검출기를 발명했다). 러더퍼드는 일부 입자가 뒤로 튕겨 나온다는 사실에 깜짝 놀랐다. 그것은 마치 종이 한 장을 향해 발사한 38센티미터 포탄이 튕겨서 자신의 무릎으로 되돌아오는 것과 같은 일이었다. 그는 오랜 생각 끝에 그런 현상에 대해서는 단 한 가지 설명만 가능하다는 사실을 깨달았다. 뒤로 튕겨져 나온 입자는 원자의 중심에 있는 작고 단단한 무엇인가에 충돌한 것이고, 나머지 입자는 아무런 방해도 받지 않고 지나간 것이다. 결국 러더퍼드는 원자의 대부분은 빈 공간이고, 중심에는 밀도가 아주 큰 핵이 있다는 사실을 깨달았다. 그것은 매우 훌륭한 발견이었지만, 심각한 문제가 있었다. 당시에 알려져 있던 물리학의 모든 법칙에 따르면, 그런 원자는 존재할 수 없었다.

여기에서 잠시 우리가 오늘날 알고 있는 원자의 기본적인 구조를 살펴보자. 모든 원자는 전기적으로 양전하陽電荷를 가진 양성자陽性子, 전기적으로 음전하陰電荷를 가진 전자電子, 그리고 전하를 가지지 않은 중성자中性子의 세 종류 입자로 구성되어 있다. 양성자와 중성자는 원자핵에 뭉쳐져 있고, 전자는 그 바깥에 퍼져 있다. 원자의 화학적 정체는 양성자의 수에 의해서 결정된다. 1개의 양성자로 된 원자는 수소이고, 2개인 원자는 헬륨이며, 3개는 리튬이다. 양성자의 수가 늘어날 때마다 새로운 원소가 만들어진다(원자에 들어 있는 양성자의 수는 언제나 전자의 수와 똑같아서 전자의 수에 의해서 원소의 정체가 결정된다고 하기도 한다. 결국 두 숫자가 같기 때문이다. 양성자는 원자의 정체를 결정하고, 전자는 개성을 결정한다고 하기도 한다).

중성자는 원자의 정체에 영향을 주지는 않지만, 질량에는 영향을 미친다. 일반적으로 중성자의 수는 양성자의 수와 대략 같지만, 조금씩 다를 수도 있다. 중성자를 1-2개 더하면 동위원소同位元素, isotope가 된다. 고고학의 연대 측정법에서 쓰는 것이 바로 동위원소이다. 예를 들면, 탄소-14는 6개의 양성자와 8개의 중성자를 가진 탄소 원자를 말한다(14는 양성자와 중성자

수의 합이다).

중성자와 양성자는 원자의 핵을 차지한다. 원자의 핵은 매우 작다. 원자 부피의 수십억 분의 100만 분의 1에 불과하다. 그러나 원자 질량은 대부분 원자의 핵에 집중되어 있어서 그 밀도는 놀라울 정도로 크다. 크로퍼에 따르면, 원자를 성당 크기 정도로 확대하더라도, 원자핵은 파리 한 마리 정도에 불과하다. 그런데 그 파리의 무게가 성당 전체의 무게보다 수천 배나 더 무겁다. 1910년의 러더퍼드가 머리를 긁적일 수밖에 없었던 것이 바로 텅 비어 있는 공간의 문제였다.

원자가 대부분 빈 공간으로 되어 있다면, 결국 우리가 주변에서 경험하는 단단함이라는 것은 환상에 불과하다. 지금도 상당히 놀라운 사실이다. 진짜 세상에서 2개의 물체가 가까워질 때, 실제로 2개의 단단한 당구공처럼 서로 충돌하는 것이 아니다. 티머시 페리스는 "그런 것이 아니라, 두 공의 음전하 때문에 생긴 전기장電氣場이 서로 반발하는 것이다.……만약 그런 입자가 전하를 가지고 있지 않다면, 두 공은 은하처럼 아무런 방해도 받지 않고 서로 겹쳐서 지나갈 수 있을 것"이라고 설명한다. 의자에 앉아 있는 사람은 실제로 의자에 앉아 있는 것이 아니라, 1옹스트롬(1억 분의 1센티미터) 정도의 높이에 떠 있는 셈이다. 사람과 의자의 전자가 더 이상 서로 가까워지는 것을 절대 허용하지 않는다.

거의 모든 사람이 상상하는 원자의 모형은 1-2개의 전자가 태양 주위를 돌고 있는 행성처럼 핵 주변을 날아다니는 것이다. 그런 이미지는 1904년에 나가오카 한타로라는 일본의 물리학자가 영리하게 고안한 것일 뿐이다. 그런 이미지는 완전히 틀린 것이지만 원자와 마찬가지로 수명이 길었다. 아이작 아시모프가 자주 말했듯이, 그런 모형 덕분에 여러 세대의 과학소설 작가들은 세상 속에 세상이 있는 이야기를 지어내게 되었다. 원자는 사람이 살고 있는 작은 태양계이고, 우리의 태양계는 훨씬 더 큰 어떤 구조 속의 작은 티끌에 불과하다는 것이다. 몇 년 동안 심지어 유럽 입자물리 연구소CERN

도 나가오카의 이미지를 로고로 사용했다. 사실은 물리학자들이 곧바로 밝혀냈던 것처럼, 전자는 궤도를 돌고 있는 행성과는 조금도 비슷하지 않다. 오히려 전자는 회전하는 선풍기의 날개와 같아서 궤도를 돌면서 모든 공간을 빈틈없이 채워준다(선풍기의 날개는 모든 곳에 있는 **것처럼** 보일 뿐이지만, 전자는 **실제로** 모든 곳에 있다는 점이 근본적으로 다르다).

1910년은 물론이고, 그로부터 여러 해가 지나고도 그런 사실의 대부분이 거의 알려져 있지 않았던 것은 말할 필요가 없다. 러더퍼드의 발견은 궤도를 돌고 있는 전자들이 서로 충돌할 수 있다는 사실을 비롯한 심각한 문제를 제기했다. 보통의 전기동력학 이론에 따르면, 그렇게 날아다니는 전자는 에너지를 모두 잃어야 한다. 전자가 한순간에 모든 에너지를 잃어버리면 핵으로 휘돌아 들어가게 되고, 그렇게 되면 전자와 원자핵 모두에 큰 재앙이 된다. 양전하를 가진 양성자가 서로 튕겨져 나가면서 원자 전체를 폭파하지 않고 원자핵 속에 안정하게 뭉쳐져 있는 이유도 설명하기 어려웠다. 아주 작은 원자의 세계에서 일어나는 일은 우리가 경험하는 거시세계에 적용되는 법칙에 지배되지 않는다는 사실이 확실한 것처럼 보였다.

아원자亞原子의 세계를 파고들던 물리학자들은 그것이 단순히 우리가 알고 있는 세상과 다를 뿐 아니라, 우리가 상상할 수 있는 어떤 것과도 다르다는 사실을 깨닫게 되었다. 리처드 파인먼은 "원자의 거동은 우리의 경험과 너무나도 다르기 때문에, 초보자는 물론이고 경험이 많은 물리학자들까지도 익숙해지기 어렵고, 이상하고 신비롭게 보일 수밖에 없다"고 했다. 파인먼이 그런 말을 했을 때는 이미 물리학자들이 반세기에 걸쳐서 이상한 원자의 특성에 익숙해진 후였다. 그러니까 그런 사실이 처음 밝혀지기 시작했던 1910년대 초의 러더퍼드와 그 동료들이 어떻게 느꼈을지 짐작할 수 있을 것이다.

러더퍼드와 함께 일했던 사람들 중에는 닐스 보어라는 온화하고 상냥한 덴마크 젊은이가 있었다. 보어는 원자의 구조에 대한 수수께끼를 풀고 있던

1913년에 아주 흥미로운 생각을 해냈고, 기념비적인 논문을 쓰기 위해서 신혼여행까지 연기했다.

물리학자들은 원자처럼 작은 것을 직접 볼 수가 없기 때문에 러더퍼드가 박막에 알파 입자를 충돌시켰던 것처럼 원자에 충격을 주면 무슨 일이 일어나는지를 관찰해서 원자의 구조를 알아내야 했다. 가끔 이해할 수 없는 결과가 나오기도 했던 것은 놀랄 일이 아니었다. 수소 원자의 스펙트럼 측정도 오랫동안 풀리지 않던 수수께끼 중 하나였다. 수소 원자가 특정한 파장의 빛만 방출하며 다른 파장의 빛은 방출하지 않는다고 관찰된 것이었다. 그것은 마치 철저한 감시를 받고 있는 사람이 특정한 장소에서는 발견되지만, 두 장소 사이를 이동하는 중에는 절대 발견되지 않는 것과도 같은 일이었다. 아무도 그런 일이 어떻게 가능한지를 이해하지 못했다.

바로 그 문제를 해결하려고 애쓰던 보어가 갑자기 그 답을 알아냈고, 그에게 명성을 안겨줄 논문 작성을 서두르게 되었다. 「원자와 분자의 구성에 대하여」라는 제목의 그 논문에서 그는 전자가 핵으로 끌려 들어가지 않는 이유가 전자가 확실하게 정의된 궤도만 차지할 수 있기 때문이라고 주장했다. 그의 새로운 이론에 따르면, 두 궤도 사이를 움직이는 전자는 한 궤도에서 사라지는 바로 그 순간에 다른 궤도에서 나타나지만, 그 사이의 공간은 절대로 지나갈 수가 없다. "양자 도약quantum leap"이라고 알려진 이 유명한 발상은 정말 이상한 것이었지만 믿지 않을 수가 없었다. 그의 이론에 따르면, 전자가 핵으로 휘돌아 들어가는 재앙도 일어날 수 없을 뿐 아니라, 수소 원자의 고약한 스펙트럼 문제도 함께 해결되었다. 전자는 특별한 궤도에만 존재할 수 있으므로 특정 궤도에만 나타나는 것이었다. 그것은 놀라운 통찰이었고, 그 덕분에 보어는 아인슈타인이 노벨상을 받은 이듬해인 1922년에 노벨 물리학상을 받았다.

한편 J. J. 톰슨의 뒤를 이어서 캐번디시 연구소의 책임자가 되어 케임브리지로 돌아온 근면한 러더퍼드는 원자핵이 왜 폭발하지 않는지를 설명하는 모델을 찾아냈다. 그는 양성자 사이의 반발력을 상쇄시켜주는 어떤 입자가 있을 것이라고 생각하고, 그것을 중성자라고 불렀다. 이 생각은 단순하고 매력적이었지만, 증명하기는 쉽지 않았다. 러더퍼드의 동료인 제임스 채드윅은 무려 11년이나 걸려서 마침내 1932년에 중성자의 존재를 밝히는 데에 성공했다. 그 역시 1935년에 노벨 물리학상을 받았다. 이 분야의 역사에 대해서 부어스와 그의 동료가 지적했던 것처럼, 원자폭탄을 개발하려면 중성자를 완전히 이해해야 했기 때문에 중성자의 발견이 지연된 것은 어쩌면 다행스러운 일이었다(전하를 가지지 않은 중성자는 원자 중심의 전기장에 의해서 밀려나지 않는다. 그래서 원자의 핵을 향해서 중성자를 어뢰처럼 발사하면 핵분열[fission]이라고 알려진 파괴적인 과정이 시작된다). 그들의 주장에 따르면, 만약 중성자가 1920년대에 발견되었더라면 "최초의 원자폭탄은 유럽, 특히 독일에서 개발되었을 가능성이 매우 높았다."

실제로 유럽의 과학자들은 전자의 이상한 특성을 이해하기 위해서 모든 노력을 기울였다. 그들이 해결해야 했던 가장 중요한 문제는 전자가 입자처럼 행동하기도 하지만, 파동처럼 행동하기도 한다는 것이었다. 도저히 불가능해 보였던 그런 이중성 때문에 물리학자들은 거의 미칠 지경이었다. 그로부터 10년 동안 유럽 전역의 물리학자들은 그 현상을 설명하기 위해서 최선을 다해 노력하면서 여러 가지 가설을 제시했다. 프랑스에서는 공작 집안의 귀공자였던 루이-빅토르 드 브로이 공작이 전자 자체를 파동이라고 생각하면 전자의 비정상적인 특성을 이해할 수 있다는 사실을 발견했다. 오스트리아의 에르빈 슈뢰딩거는 그의 주장을 더욱 발전시켜서 파동 역학波動力學, wave mechanics이라고 불리는 유용한 물리학 체계를 정립했다. 거의 같은 시기에 독일의 물리학자 베르너 하이젠베르크는 파동 역학과 경쟁할 수 있는 행렬 역학行列力學, matrix mechanics을 제안했다. 그러나 행렬 역학은 수학적으로 너무 복잡해서 하이젠베르크 자신을 포함한 사람들 대부분이 그 의미를 제대로 이해할 수 없었다(언젠가 하이젠베르크는 친구에게 "행렬이 무엇인지 모르겠다"고 한탄하기도 했다). 그렇지만 행렬 역학을 사용하면 슈뢰 딩거가 설명하지 못했던 문제가 해결되기도 했다.

결국 물리학은 서로 상반되는 전제를 근거로 하면서도 결론은 똑같은 두 가지 이론을 가지게 되었다. 상상도 할 수 없는 상황이었다.

1926년에 이르러 마침내 하이젠베르크는 두 가지 이론을 결합해서 양자 역학量子力學, quantum mechanics이라고 알려진 새로운 분야를 정립했다. 전자 는 파동으로도 설명할 수 있는 입자라는 의미를 담고 있는 하이젠베르크의 불확정성 원리uncertainty principle가 그 핵심이었다. 양자론의 근거가 되는 불 확정성不確定性이란 전자가 공간에서 움직이는 과정 혹은 어느 순간에 존재 하는 위치를 알아낼 수는 있지만, 두 가지 모두를 알아낼 수는 없다는 뜻이 다.[†] 어느 하나를 측정하려고 시도하면, 반드시 다른 하나의 측정을 방해하 게 된다. 더 정밀한 측정기구가 있다고 해결되는 문제가 아니라, 우주가 가 지고 있는 불변의 특성 때문에 생기는 문제라는 것이다.

우리는 불확정성 원리 때문에 전자가 어느 순간에 어디에 있는지를 절대 로 정확하게 예측할 수 없다. 전자가 어느 곳에 있을 확률만 이야기할 수 있 을 뿐이다. 데니스 오버바이가 말했듯이, 전자는 관찰될 때까지는 존재하지 않는다. 또는 조금 다르게 표현하면, 전자는 관찰되기 전까지는 "어느 곳에 나 있으면서, 어느 곳에도 존재하지 않는다."

물리학자들 역시 그런 설명을 혼란스럽게 여긴다는 사실을 생각하면, 여 러분이 혼란스러워하는 것은 당연한 일이다. 오버바이에 따르면, "보어는 양자론에 대한 이야기를 듣고도 불같이 화를 내지 않는 사람은 자신이 무슨

[†] 하이젠베르크의 불확정성 원리와 관련된 불확정성이라는 말 자체에 대해서 약간의 불확정 성이 있다. 마이클 프라인은 자신의 희곡 「코펜하겐」의 후기에서 Unsicherheit, Unschärfe, Unbestimmtheit 등의 독일어 단어들이 있지만, 어느 것도 영어의 "uncertainty"와 정확하 게 맞지 않는다는 사실을 지적했다. 프라인은 하이젠베르크의 원리를 나타내는 단어로는 "indeterminacy"가 더 적절하고, "indeterminability"가 더욱 적절하다고 제안했다. 하이젠베르 크 자신은 일반적으로 "Unbestimmtheit"라는 단어를 사용했다.

이야기를 들었는지 이해하지 못한 것이라고 말한 적도 있었다." 원자가 어떤 것이라고 생각해야 하는가 하는 질문을 받은 하이젠베르크는 "생각하려고 애쓰지 말아야 한다"고 대답했다.

그러니까 원자는 사람들이 흔히 만들어낸 이미지와는 전혀 다르다는 사실이 밝혀졌다. 전자는 행성이 태양 주위를 공전하는 것처럼 핵 주위를 날아다니는 것이 아니라, 특별한 모양을 가진다고 분명하게 말할 수 없는 구름에 더 가깝다고 할 수 있다. 원자의 "껍질"은 많은 그림에서 흔히 묘사되듯이 단단하고 반짝이는 외피와 같은 것이 아니라, 애매하게 퍼져 있는 전자 구름의 가장 바깥 부분일 뿐이다. 전자 구름 자체도 통계적인 확률로 정의되는 영역에 불과한 것으로, 전자가 그 바깥에서 돌아다닐 가능성이 매우 낮다는 것을 뜻할 뿐이다. 만약 원자를 직접 볼 수가 있다면 그것은 경계가 분명한 금속성 공이 아니라 보풀이 매우 일어난 테니스공에 더 가까울 것이다(물론 실제로는 둘 다 아니며, 여러분이 지금까지 보았던 어느 것과도 비슷하지 않다. 지금 여기서 설명하고 있는 세상은 우리가 주변에서 보아왔던 세상과는 모습이 전혀 다르다).

그런 이상한 일이 끝없는 것처럼 보인다. 제임스 트레필에 따르면, 과학자들은 이제 "우리의 머리로는 도저히 이해할 수 없는 우주의 영역"을 만나게 되었다. 파인먼에 따르면, "크기가 작은 것은 크기가 큰 것과는 전혀 다르게 행동한다." 미시세계를 더 깊이 파고들던 물리학자들은 전자가 한 궤도에서 다른 궤도로 건너뛸 때 그 중간의 공간을 지나가지 않을 뿐 아니라 아무것도 존재하지 않던 곳에서 물질이 갑자기 존재하는 새로운 세상도 발견했다. 매사추세츠 공과대학교의 앨런 라이트먼의 설명에 따르면, 그런 물질은 "나타날 때와 마찬가지로 순식간에 사라지기도 한다."

양자론에서 가장 인상적인 불가능성은 아마도 1925년 볼프강 파울리가 주장했던 배타 원리排他原理, exclusion principle라고 할 수 있다. 어떤 아원자 입자 쌍은 서로 상당히 멀리 떨어져 있더라도 상대가 무엇을 하고 있는지를 즉시 "알아차린다"는 것이다. 입자는 스핀spin이라고 하는 성질을 가지고 있는데, 양자론에 따르면 한 입자의 스핀이 결정되는 순간에 그와 짝을 이루고 있는 다른 입자는 아무리 멀리 떨어져 있더라도 순식간에 반대의 스핀을 가지게 된다.

과학 저술가 로런스 조지프의 말에 따르면, 당신에게 똑같이 생긴 당구공 2개가 있는데 하나는 오하이오 주에, 다른 하나는 멀리 피지에 있다고 하자. 그중 하나를 한쪽 방향으로 회전시키면, 다른 하나가 즉시 반대 방향으로 똑같은 속도로 회전되는 것과도 같다. 놀랍게도 그런 사실은 1997년에 제네바 대학교의 물리학자들이 서로 반대 방향으로 약 12킬로미터를 쏘아보낸 광자들 중에서 어느 하나를 건드리면 다른 광자도 순간적으로 반응한다는 사실을 밝혀냄으로써 증명되었다.

학술대회에 참석했던 보어가 새로운 이론이 단순히 미친 정도가 아니라 더 이상은 불가능할 정도로 미친 생각이라는 것이 문제라고 말할 정도였다. 슈뢰딩거는 양자 세계가 우리의 직관에서 얼마나 벗어나는지를 보여주기 위해서 유명한 사고실험을 제안했다. 상자 속에 가상적인 고양이와 함께, 사이안산(청산가리)이 담긴 작은 병을 넣고 방사성 원자 하나를 병에 연결한다. 그 원자가 한 시간 이내에 붕괴하면, 병이 자동적으로 깨어져서 고양이를 중독시킨다. 그러나 원자가 붕괴하지 않으면, 고양이는 살아남는다. 우리는 어느 경우가 될지 알 수 없으므로, 과학적으로는 고양이가 100퍼센트 살아 있으면서 동시에 100퍼센트 죽었다고 여길 수밖에 없다. 스티븐 호킹은 "우주의 현재 상태조차도 정확하게 측정할 수 없다면, 아무도 미래의 사건을 정확하게 예측할 수 없다"고 흥분해서 주장했다.

양자론의 이런 이상한 특성 때문에 양자론의 전부 또는 일부를 싫어하는 물리학자도 많았다. 특히 아인슈타인보다 양자론을 더 싫어한 사람은 없었다. 그에게 경이적인 해annus mirabilis였던 1905년에 광자가 어떤 경우에는 입자처럼 행동하지만, 다른 경우에는 파동처럼 행동한다는 사실을 가장 설득력 있게 설명한 사람이 바로 그였다는 사실을 고려한다면, 그가 양자론을 그렇게 싫어한 것은 역설적이다. 그런 설명이 바로 새로운 물리학의 핵심이기 때문이다. 그는 "양자론은 충분히 주목받을 가치가 있다"고 점잖게 말하기는 했지만, 진심으로 양자론을 좋아하지는 않았다. 그는 "신은 주사위 놀이를 하지 않는다"고 말했다.[†]

아인슈타인은 신이 창조한 우주에서 영원히 알 수 없는 것이 존재한다는 사실을 믿을 수가 없었다. 더욱이 입자가 수조 킬로미터 떨어진 곳에까지 순간적으로 영향을 미친다는 장거리 작용의 개념은 특수 상대성 이론에 완전히 어긋났다. 특수 상대성 이론에 따르면 어떤 것도 빛의 속도보다 빨리 움직일 수 없음에도 불구하고, 물리학자들은 아원자의 수준에서는 정보가 빛보다 더 빨리 전달될 수 있다고 주장했던 것이다(입자가 어떻게 그렇게 할 수 있는지에 대해서는 아무도 설명을 하지 못했다. 물리학자 야키르 아하라노프에 따르면, 과학자들은 이 문제를 "애써 외면하고 있다").

한편 양자 물리학 때문에 전에는 생각하지 못했던 골치 아픈 문제가 생겼다. 갑자기 우주의 특성을 설명하기 위해서 두 세트의 법칙이 필요하게 되었다. 미시세계를 설명하는 양자론과 더 큰 우주를 위한 상대론이 그것이었다. 상대론에서의 중력은 행성이 태양 주위를 공전하는 이유와 은하들이 뭉쳐지는 경향을 나타내는 이유를 아주 잘 설명해주었지만, 입자 수준에서는 아무 의미가 없었다. 원자가 존재하는 이유를 설명하려면, 다른 종류의 힘을 도입해야 했다. 결국 1930년대에 강력强力과 약력弱力이 발견되었다. 강력은 양성자가 서로 뭉쳐서 원자핵을 만들 수 있도록 해준다. 약력은 일부 방사성 원소의 붕괴 속도를 조절하는 등의 좀더 미묘한 역할을 한다.

약력은 그 이름과는 달리 중력보다 수십억 배나 더 강하고, 강력은 그보

[†] 그런 뜻으로 말했다고 알려져 있다. 실제로 그가 했던 말은 "신이 가지고 있는 카드를 훔쳐보기는 어려운 듯싶다. 그러나 신이 '텔레파시'를 이용해서 주사위 놀이를 한다는 것은 한순간도 믿을 수가 없다"였다.

다 훨씬 더 강력하다. 그러나 그 영향은 아주 좁은 범위에서만 나타난다. 강력이 작용하는 범위는 원자 지름의 10만 분의 1 정도에 불과하다. 원자의 핵이 아주 단단하게 뭉쳐져서 밀도가 큰 이유도 강력 때문이지만, 크고 복잡한 원자핵이 불안정한 경향을 보이는 이유 역시 강력이 모든 양성자를 붙들어줄 수 없기 때문이다.

결국 물리학은 매우 작은 세상을 위한 법칙과 아주 큰 우주를 위한 법칙으로 양분되어 거의 독립적으로 발전하게 되었다. 아인슈타인은 그런 사실도 좋아하지 않았다. 그는 남은 평생을 대통일 이론을 정립해서 문제를 해결하려고 노력했지만, 번번이 실패하고 말았다. 성공했다고 생각했던 적도 있었지만, 결국은 그렇지 않다는 사실이 밝혀졌다. 시간이 지나면서 그는 점차 주류로부터 소외되기 시작했고, 동정을 받기도 했다. 스노에 따르면 "그의 동료들은 모두 그가 일생의 후반부를 낭비했다고 믿었고, 지금도 많은 사람들이 그렇게 생각한다."

그러나 다른 분야에서는 진정한 발전이 이루어지고 있었다. 1940년대 중반에 이르러서 과학자들은 원자를 엄청난 수준까지 이해하게 되었다고 믿었다. 그런 사실은 1945년 8월에 일본에서 2기의 원자폭탄이 폭발함으로써 가장 정확하게 증명되었다.

이때의 물리학자들은 자신들이 원자를 거의 정복했다고 생각했다. 그러나 실제로는 입자물리학은 엄청날 정도로 복잡해지고 있었다. 조금 어려운 이야기를 시작하기 전에, 탐욕과 사기와 엉터리 과학과 불필요한 죽음을 통해서 마침내 지구의 나이를 알아내게 된 이야기를 먼저 살펴보자.

제10장

납의 탈출

1940년대 말에 시카고 대학교의 대학원생이던 클레어 패터슨은 지구의 나이를 정확하게 결정할 수 있는 새로운 납 동위원소 측정법을 개발하고 있었다(귀족 같은 이름과 달리 그는 아이오와 주의 농촌 출신이었다). 불행하게도 그가 사용하던 시료는 엉망으로 오염된 것이었다. 대부분의 시료에는 정상치의 200배에 가까운 납이 포함되어 있었다. 그 이유가 토머스 미즐리 2세라는 오하이오 주의 가여운 발명가 때문이라는 사실을 패터슨이 알아내기까지는 몇 년이 걸렸다.

원래 기술자로 훈련받은 미즐리가 평생 기술자로 남아 있었다면, 세상은 분명 더 안전해졌을 것이다. 하지만 그는 화학을 산업적으로 응용하는 일에 관심을 가지게 되었다. 1921년에 오하이오 주의 데이턴에 있는 제너럴 모터스 연구소에서 근무 중이던 그는 테트라에틸 납이라는 화합물을 연구하다가 그것이 자동차 엔진의 노킹knocking 현상이라는 이상 연소異常燃燒를 크게 줄여준다는 사실을 발견했다.

납이 위험한 물질이라는 사실은 이미 널리 알려져 있었지만, 20세기 초에는 거의 모든 소비재에 납이 들어 있었다. 음식물을 넣은 통조림 캔도 납으로 땜질을 했다. 물을 넣어두는 물탱크도 납으로 도금했다. 살충제인 비소

산 납을 과일에 뿌리기도 했고, 치약 튜브에도 납을 사용했다. 일상용품 중에서 납을 사용하지 않는 제품을 찾아보기 어려울 지경이었다.† 그러나 휘발유의 첨가제였던 테트라에틸 납만큼 우리 생활에 지속적으로 심각한 영향을 미친 경우는 찾아보기 어렵다.

납은 신경독성 물질이다. 납을 너무 많이 섭취하면 뇌와 중추신경계에 회복 불가능한 손상이 생긴다. 납에 과다 노출되면 시력 상실, 불면증, 콩팥 기능 상실, 청신경 상실, 암, 마비, 경련 등의 증상이 나타난다. 극단적인 경우에는 갑자기 극심한 망상에 빠져들어 주변 사람을 해친 후에 결국 혼수상태에 빠졌다가 사망하기도 한다. 그러니까 아무도 납을 지나치게 섭취하고 싶어하지 않는다.

반면에 납은 쉽게 추출해서 가공할 수 있어서 산업적으로 생산하여 큰 이익을 남길 수 있는 물질이었다. 특히 테트라에틸 납은 엔진의 노킹 현상을 막아주는 것이 틀림없었다. 그래서 1923년에 제너럴 모터스와 듀퐁과 뉴저지 주의 스탠더드 오일은 충분한 양의 테트라에틸 납을 생산하기 위해서 합작으로 에틸가솔린 사(훗날의 에틸 사)를 설립했다. 그 합작은 매우 성공적이었다. 그들은 "납"보다 독성은 덜하고 친밀감은 더 있어 보이도록 "에틸"이라고 이름 붙인 휘발유 첨가제를 1923년 2월 1일부터 (사람들이 흔히 생각하는 것보다 훨씬 다양한 방법으로) 소비자에게 공급했다.

거의 즉시 생산현장의 작업자들이 비틀거리며 걷고, 기억력을 상실하는 등의 납 중독 증상을 나타내기 시작했다. 그와 동시에 에틸 사는 적극적으로 연관성을 부인하는 대책을 시행했고, 수십 년 동안은 그 덕을 볼 수 있었다. 화학 산업의 역사를 흥미진진하게 설명한 샤론 버치 맥그레인의 『화학의 프로메테우스*Prometheans in the Lab*』에 따르면, 회사의 대변인은 한 공장의 작

---

† 상당히 최근까지 그랬다. 오래 전에 미국 질병통제예방센터는 납에는 안전 기준이라는 것이 존재하지 않는다고 했지만, 미국 식품의약국은 2023년에야 유아식에 납에 대한 기준을 제시했다.

업자들이 회복 불능의 환각 증상을 앓게 되자, 기자에게 "너무 열심히 일을 하는 바람에 그렇게 된 모양"이라고 냉혹하게 발표했다. 유연有鉛 휘발유를 생산한 초기부터 15명의 작업자가 사망했고, 병에 걸린 사람의 수는 셀 수도 없었으며, 대부분이 극심한 고통을 겪었다. 회사는 언제나 누출, 유출, 중독과 같은 부끄러운 사고를 철저하게 덮어버렸기 때문에 정확한 숫자는 알 수 없다. 그러나 때로는 뉴스를 억제하는 일이 불가능했다. 환기시설이 고장난 공장 한 곳에서 며칠 사이에 5명의 작업자가 사망하고, 35명이 평생 걸음을 제대로 걷지 못하는 장애인이 된 1924년의 사고가 그런 경우였다.

새로운 제품의 위험성에 대한 소문이 퍼지자, 에틸을 개발한 원기 왕성했던 토머스 미즐리는 기자들을 안심시키기 위해서 공개 실험을 하기로 결심했다. 회사의 안전 조치를 설명하던 그는 자신의 손에 테트라에틸 납을 붓기도 하고, 테트라에틸 납이 담긴 비커를 60초 동안 코에 대는 모습을 보여주면서, 그런 일을 매일 반복해도 아무 문제가 없을 것이라고 주장했다. 사실 미즐리는 납 중독의 위험성을 너무나도 잘 알고 있었다. 몇 달 전에 그 자신이 과다 노출로 심각하게 앓아눕기도 했다. 그는 기자들에게 허풍을 떨기 위해서가 아니었다면 납 근처에는 가지도 않았을 것이다.

유연 휘발유의 성공으로 들뜬 미즐리는 당시의 또다른 기술적 문제에 도전했다. 1920년대의 냉장고는 독성이 강한 가스가 새어 나올 가능성이 있는 매우 위험한 기계였다. 1929년 오하이오 주의 클리블랜드에 있는 병원의 냉장고에서 일어난 누출 사고로 100여 명이 사망하기도 했다. 미즐리는 안정하고, 불연성이고, 부식성이 없으며, 호흡으로 들이마셔도 괜찮은 가스를 개발하려는 연구에 돌입했다. 후회하게 될 일을 해내는 초능력이 있었던 그는 클로로플루오로탄소CFC를 발명했다.

산업적으로 생산된 제품이 그렇게 빨리, 그렇게 불행한 결과로 이어졌던 사례는 극히 드물다. CFC는 1930년대 초부터 생산되기 시작하여 곧바로 자동차 에어컨에서부터 탈취제 스프레이에 이르기까지 1,000여 종의 제품에 사용되었다. 그러나 반세기 후에는 그것이 성층권의 오존층을 파괴한다는 사실이 밝혀졌다. 잘 알려졌듯이, 그것은 좋은 일이 아니었다. 오존은 산소 원자 2개로 구성된 보통의 산소와는 달리 산소 원자 3개로 된 산소의 한 형태이다. 지상에서는 오염물질인 오존이 저 높은 곳의 성층권에서는 위험한 자외선을 흡수하는 좋은 일을 하고 있다는 것은 화학적으로도 신기한 일이다. 그러나 그렇게 유용한 오존이 엄청나게 많은 것은 아니다. 성층권의 오존을 균일하게 분포시키면 그 두께는 겨우 2밀리미터 정도에 불과하다. 그래서 성층권 오존의 균형을 깨뜨리기도 쉬웠고, 순식간에 심각한 문제가 되기도 쉬웠다. 클로로플루오로탄소도 역시 그렇게 흔한 물질은 아니다. 지구에 있는 CFC를 모두 합쳐도 대기의 10억 분의 1에 불과할 정도이지만, 그 파괴력은 놀라울 정도이다. 1킬로그램의 CFC는 대기 중의 오존 7만 킬로그램을 파괴시킬 수 있다. CFC는 대기 중에서 오래 살아남는다. 거의 한 세기 동안 대기 중에 머무르면서 끊임없이 교란을 일으킨다. CFC는 열을 잘 흡수하기도 한다. CFC는 이산화탄소보다 1만 배나 더 효과적으로 온실 효과를 악화시킨다. 물론 온실 효과에서는 이산화탄소도 시시한 편이 아니다. 간단히 말해서 클로로플루오로탄소는 20세기 최악의 발명품 중의 하나로 밝혀졌다.

미즐리는 CFC가 얼마나 파괴적인지 밝혀지기 전에 사망했다. 그의 죽음도 기억에 남을 만큼 특별했다. 소아마비에 걸려서 다리를 절게 된 미즐리는 여러 개의 도르래에 모터를 연결해서 침대에 누운 자신의 몸을 뒤척여주는 장치를 개발했다. 1944년에 그는 기계가 움직이는 과정에서 엉켜버린 줄이 목에 감겨 질식했다.

만약 어떤 물건이 얼마나 오래되었는지를 알아내고 싶다면, 1940년대의 시카고 대학교에 가보아야 한다. 그곳에서는 윌러드 리비가 탄소 연대 측정법을 개발하고 있었다. 그의 탄소 연대 측정법 덕분에 과학자들은 그전에는 측정할 수 없었던 유골이나 유기물 잔해의 연대를 정확하게 측정할 수 있게 되었다. 그때까지만 하더라도, 신뢰할 수 있는 연대는 기원전 3000년 정도였던 이집트의 제1왕조까지였다. 예를 들면 마지막 대륙빙大陸氷이 언제 녹았고, 크로마뇽인이 언제 프랑스의 라스코 동굴을 장식했는지는 확실하게 알아낼 수가 없었다.

아주 유용한 방법을 개발한 리비는 그 공로로 1960년에 노벨상을 받았다. 그의 방법은 모든 살아 있는 생물체에 들어 있는 탄소-14라는 동위원소가 생물체가 죽는 순간부터 정확하게 측정할 수 있는 속도로 붕괴한다는 사실을 근거로 했다. 탄소-14는 반감기가 대략 5,600년이다. 그래서 리비는 주어진 시료에 들어 있는 탄소 중에 얼마만큼 붕괴했는지를 알아냄으로써 그 시료의 나이를 아주 정확하게 알아낼 수 있었다. 물론 한계는 있었다. 반감기가 8차례 정도 지나면, 원래의 방사성 탄소 중에서 0.39퍼센트만 남게 되는데, 그 양이 너무 적어서 신뢰할 수 있는 측정이 불가능했다. 그러니까 방사성 탄소 연대 측정법은 4만 년 정도까지만 사용할 수 있다.

이 방법이 널리 알려지면서, 이상하게도 그것의 문제점이 함께 드러나기 시작했다. 우선, 리비의 식에 포함된 기본적인 붕괴상수의 값이 3퍼센트 정도 틀렸다는 사실이 밝혀졌다. 그러나 이미 세계적으로 수천 번의 측정이 이루어진 후였다. 과학자들은 모든 측정 결과를 수정하지는 않기로 했다. 그래서 팀 플래너리에 따르면, "오늘날 당신이 읽는, 수정되지 않은 탄소 연대 측정의 원자료는 실제보다 3퍼센트 정도 젊다." 문제는 그것만이 아니었다. 탄소-14 시료가 쉽게 오염될 수 있다는 사실도 밝혀졌다. 예를 들면, 시료를 채취할 때 아무도 모르게 묻은 식물성 물질의 조각도 문제가 될 수 있었다. 2만 년 이하의 시료의 경우에는 약간의 오염이 문제 되지는 않지만, 오래된 시료의 경우에는 남아 있는 원자의 수가 많지 않기 때문에 심각한 문제가 된다. 플래너리의 비유에 따르면, 오래되지 않은 시료의 경우는 1,000달러를 세다가 1달러를 잘못 세는 것과 같고, 오래된 시료는 2달러를 세다가 1달러를 잘못 세는 것과 같다.

더욱이 리비의 방법은 대기 중의 탄소-14의 양과 생물체에 의해서 흡수되는 속도가 역사 이래로 일정하게 유지되어왔다는 가정을 기초로 했다. 그러나 사실은 그렇지 않다. 우리가 지금 알고 있는 사실에 의하면, 대기 중에 있는 탄소-14의 양은 지구의 자기장이 우주선宇宙線을 얼마나 잘 비껴가게 만드느냐에 따라서 달라지고, 역사적으로 그 변화의 정도는 상당했다. 그것은 탄소-14를 이용한 연대 측정이 언제나 정확하지는 않다는 뜻이다. 특히 사람들이 아메리카에 처음 도착한 연대가 문제였고, 그래서 심각한 논란이 벌어지기도 했다.

마지막으로 전혀 기대하지 않았지만, 연대를 측정하는 생물이 무엇을 먹고 살았는지처럼 전혀 상관없는 요인으로 인해서 측정값이 크게 차이가 난다는 점이었다. 매독이 신세계에서 처음 등장했는지, 아니면 구세계에서 전파되었는지를 둘러싼 오래된 논란이 그런 사례였다. 고고학자들은 영국 북부 헐 지방의 수도원 묘지에서 매독에 걸린 수도사의 유골을 발견했다. 처음에는 그가 콜럼버스의 항해 이전에 병에 걸린 것으로 생각했지만, 당시의 수도사들이 어류를 많이 섭취했기 때문에 그 유골이 실제보다 훨씬 오래된 것처럼 보인다는 사실이 알려졌다. 수도사들이 매독에 걸렸던 것은 확실했지만, 언제 어떻게 그런 병에 걸렸는지는 여전히 알아내지 못했다.

탄소-14를 이용하는 연대 측정법의 여러 가지 어려움 때문에 과학자들은 오래된 유물의 연대를 측정하는 새로운 방법을 개발해야 했다. 진흙 속에 포획된 전자를 측정하는 열발광법熱發光法이나 시료에 전자기 파동을 쪼인 후에 전자의 진동을 측정하는 전자 스핀 공명법electron spin resonance이 그런 방법이다. 다만 그런 방법이 훌륭하기는 했지만 20만 년 이상 된 유물, 혹은 지구의 나이를 알아내기 위해서 필요한 암석과 같은 무기물의 연대 측정에는 사용할 수가 없었다.

암석의 연대 측정은 너무나도 어려워서 세상의 거의 모든 사람이 포기한 적도 있었다. 굳은 결단력을 가진 아서 홈스라는 영국의 교수가 아니었더라면, 그 일은 영원히 중단된 채로 남아 있었을 것이다.

홈스는 그가 성취한 성과만큼이나 극복한 난관으로 볼 때도 영웅적인 인물이었다. 홈스 개인의 전성기였던 1920년대에는 이미 지질학은 유행이 지나버렸고, 물리학이 새로 각광받고 있었다. 특히 지질학의 발상지였던 영국에서는 사회적 지원이 거의 중단된 상태였다. 몇 년 동안 홈스는 더럼 대학교의 유일한 지질학 교수였다. 암석의 방사放射 분석 연대 측정법 실험을 하려면, 장비를 빌려서 재조립해야만 했다. 대학에서 간단한 연산 기계를 마련해주기까지 거의 1년 동안 계산을 중단했던 적도 있었다. 가족을 부양할 수입을 얻기 위해서 대학교를 떠나야 했던 적도 있었다. 타인 강변의 도시 뉴캐슬에서 골동품 상점을 운영하기도 했고, 지질학회의 연회비 5파운드를 내지 못했던 적도 여러 번 있었다.

홈스가 사용하려던 방법은 이론적으로는 간단했다. 1904년에 어니스트 러더퍼드가 관찰했던 것처럼, 원자가 다른 원소로 붕괴되는 속도가 시계로 사용할 수 있을 만큼 일정하다는 사실을 이용하는 것이었다. 포타슘-40이 아르곤-40으로 변환되는 데에 얼마나 오래 걸리는지를 알고 시료에 들어 있는 두 원소의 양을 알아내면, 그 시료가 얼마나 오래되었는지를 알아낼 수 있다. 홈스는 우라늄이 납으로 붕괴하는 속도를 측정해서 암석의 연대를 계산하려고 했다. 궁극적으로 그는 지구의 연대를 측정하고 싶어했다.

그러나 여러 가지 기술적인 어려움을 극복해야 했다. 홈스는 아주 적은 시료로부터 정확한 측정값을 얻어내기 위해 매우 복잡한 장치가 필요했다. 그래서 1946년에 지구의 나이가 적어도 30억 년은 되었고, 어쩌면 그보다도 더 오래되었을 수도 있다고 자신 있게 발표할 수 있었던 것은 상당한 성과였다. 불행하게도 그는 자신의 결과를 인정하지 않으려는 보수적인 동료들의 저항에 부딪쳤다. 당시의 과학자들은 그의 연구 방법은 인정하면서도, 그가 발견한 것은 지구의 나이가 아니라 지구를 생성시킨 물질의 나이라고 주장했다.

그 시기에 시카고 대학교의 해리슨 브라운은 (퇴적층이 아니라 열을 받아서 생성된) 화성암에 들어 있는 납 동위원소의 양을 알아내는 새로운 방법을 개발했다. 그 일이 엄청나게 따분하다는 사실을 깨달은 그는 젊은 클레어 패터슨에게 박사학위 과제로 그 일을 일임했다. 그가 패터슨에게 새로운 방법으로 지구의 나이를 알아내는 일은 "아주 쉬울" 것이라고 설득했다던 일화는 잘 알려져 있다. 실제로는 몇 년이 걸렸다.

패터슨은 1948년부터 연구에 착수했다. 토머스 미즐리의 화려했던 발전 행로와 비교하면, 패터슨이 지구 연대 측정에 성공하기까지의 과정은 김이 빠진 느낌이다. 그는 처음에는 시카고 대학교에서, 이후에는 캘리포니아 공과대학교에서(1952년에 옮겼다) 무려 7년 동안이나 청정 실험실에서 오래된 암석 시료를 엄선하여 납/우라늄 비율을 정확하게 측정해야 했다.

지구의 나이를 측정하려면, 납과 우라늄을 포함하면서 지구만큼이나 오래된 암석 시료가 필요했다. 그보다 연대가 짧은 암석을 사용하면 당연히 잘못된 결론을 얻게 된다. 그런데 그렇게 오래된 암석은 지구상에서 쉽게 발견되지 않는다. 1940년대 말까지만 하더라도 오래된 암석이 왜 그렇게 드문지를 이해하지 못했다. 놀랍게도 오래된 암석이 어디로 갔는가를 제대로 이해하게 된 것은 우주 시대에 들어선 후였다(그 해답은 앞으로 살펴보게 될 판 구조론에 있었다). 그런 사실을 이해하기까지 패터슨은 지극히 한정된 시료를 이용할 수밖에 없었다. 마침내 그는 지구 바깥에서 온 암석을 사용함으로써 시료 부족 문제를 해결할 수 있다는 천재적인 생각을 하게 되었다. 그는 운석을 시료로 선택했다.

그는 훗날 사실로 밝혀지기는 했지만, 당시로서 과감한 가정을 도입했다. 그는 운석이 대부분 태양계의 초기에 행성을 만들고 남은 것이기 때문에 옛날의 화학적 특성을 비교적 잘 보존하고 있을 것이라고 생각했다. 그는 떠돌아다니던 운석의 연대를 측정하면, 지구의 나이도 (충분히) 정확하게 알 수 있을 것이라고 믿었다. 그러나 언제나 그렇듯이 모든 것이 말처럼 그렇게 간단하지는 않았다. 운석은 흔하지 않았고, 운석의 시료를 얻기는 더욱 힘들었다. 더욱이 브라운의 측정법은 너무도 까다로워서 상당한 개선이 필요했다. 우선 패터슨의 시료는 공기 중에 노출되기만 하면 대기 중의 납에 의해서 끊임없이 오염되었다. 적어도 한 설명에 의하면, 세계 최초의 청정 실험실을 개설하게 된 것도 바로 그 문제 때문이었다.

대단한 인내심을 가진 패터슨이 마침내 시료를 분석할 준비를 마치기까지 무려 7년이 걸렸다. 1953년에 그는 일리노이 주의 아르곤 국립 연구소를 찾아가서 오래된 결정 속에 갇혀 있는 극미량의 우라늄과 납의 양을 측정할 수 있는 최신형 질량 분석기를 사용하기 위한 허가를 받았다. 마침내 결과를 얻은 그는 몹시 흥분해서, 어린 시절을 보낸 아이오와 주의 고향 집으로 차를 몰아 달려갔고, 그의 어머니는 아들이 혹시 심장병에 걸린 것이 아닌가 싶어서 병원에 데려가 진단을 받게 했다.

그 직후 패터슨은 위스콘신 주에서 열린 학술회의에서 지구의 나이가 정확하게 45억5,000만 년(±7,000만 년)이라고 밝혔다. 맥그레인이 "50년이 지난 후에도 변함없는 숫자"라고 감탄했던 결과였다. 200년 동안의 노력 끝에 마침내 지구의 나이가 밝혀진 것이다.

어려운 과제를 해결한 패터슨은 곧바로 대기 중에 떠도는 납의 정체를 밝히는 일을 시작했다. 그는 납이 인체에 미치는 영향에 대해서 알려진 것이 거의 없을 뿐 아니라, 일부 알려진 사실도 오류이거나 오해의 여지가 많다는 사실에 놀라지 않을 수가 없었다. 그리고 지난 40년 동안 이루어진 납의 영향에 대한 모든 연구를 납 첨가제 생산회사가 지원했다는 놀라운 사실도 알아냈다.

화학 독성학에 대한 전문 교육을 전혀 받지 않은 의사가 수행한 5년간의 연구에서는 자원자에게 상당한 양의 납을 흡입하거나 섭취하도록 한 후에 그들의 소변이나 대변을 검사했다. 연구를 수행한 의사는 불행히도 납이 노폐물과 함께 배출되지 않는다는 사실을 몰랐던 모양이었다. 납은 뼈와 혈액에 축적되기 때문에 위험한데도 불구하고, 뼈와 혈액은 전혀 검사하지 않았다. 의사는 납이 인체에 무해하다는 결론을 얻고 말았다. 패터슨은 대기 중에 상당한 양의 납이 존재한다는 사실을 확인했다. 납은 쉽게 사라지지 않으므로 당시에 대기 중으로 배출된 납은 지금까지도 그대로 남아 있을 것이다. 또한 대기 중에 떠다니는 납의 90퍼센트가 자동차 배기구에서 배출된 것으로 보였지만, 그런 사실을 분명하게 증명하지는 못했다. 그런 결론을 내리려면, 당시 대기 중 납의 농도와 테트라에틸 납을 사용하기 시작한 1923년 이전의 농도를 비교해보아야 했다. 그는 얼음에서 그런 정보를 얻을 수 있으리라는 생각을 했다.

그린란드와 같은 지역에서는 내린 눈이 매년 층을 이루며 쌓인다는 사실이 알려져 있었다(계절에 따른 온도 차 때문에 겨울과 여름에 내린 눈의 색깔이 조금씩 다르다). 패터슨은 눈이 쌓여 있는 층에 따라 납의 농도를 측정하면 지난 수백 년, 심지어는 수천 년 중의 어느 해에 대기 중에 있었던 납의 농도를 알아낼 수 있을 것이라고 생각했다. 그것이 바로 현대 기후학 연구의 기초가 된 빙핵氷核 연구의 시작이었다. 패터슨은 1923년 이전에는 대기 중에 납이 거의 존재하지 않았고, 그후로는 납의 양이 지속적으로 늘어나서 위험수위에까지 이르게 되었다는 결과를 얻었다. 이제 그에게는 휘발유에 납을 사용하지 못하게 막는 일이 평생의 목표가 되었다. 그는 큰 목소리로 납 산업계와 그로부터 이익을 얻는 집단을 끊임없이 비판하기 시작했다.

그것은 지옥 같은 시간이었다. 에틸 사는 고위직의 많은 후원자를 가진, 세계적으로 강력한 기업이었다(이사진 중에는 대법원 판사였던 루이스 파월과 내셔널지오그래픽 사의 길버트 그로스베너와 같은 사람도 있었다). 패터슨의 연구비가 갑자기 취소되면서 연구 자금을 확보하기도 어려워졌다. 아메리칸 석유협회는 그와의 연구 계약을 파기했고, 중립적인 정부기관이라고 간주된 미국 공중보건국도 마찬가지였다.

패터슨은 자신이 재직하던 대학에도 부담스러운 존재가 되었다. 납 산업계에서는 대학교의 이사에게 그의 활동을 중단시키거나 그를 해임하도록 압력을 행사했다. 제이미 링컨 키트먼이 「네이션The Nation」에 보도한 내용에 따르면, 에틸 사의 경영자들은 "패터슨을 해임하면" 캘리포니아 공과대학교에 석좌 교수직을 위한 기금을 주겠다고 제안했다. 미국 연구위원회는 1971년에 대기 중의 납에 의한 중독 위험을 조사하기 위한 실무진을 꾸리면서 대기 중의 납에 대해서는 논란의 여지가 없는 전문가였던 그를 제외시키는 고약한 일도 했다.

패터슨이 결코 흔들리거나 입을 다물지 않았던 것은 그의 위대한 업적이었다. 마침내 그의 노력 덕분에 1970년 청정대기법이 제정되었고, 1986년에는 미국에서 모든 유연 휘발유의 판매가 금지되었다. 그러자 거의 즉시 미국인의 혈중 납 농도가 80퍼센트나 감소했다. 그러나 대기 중에 배출된 납은 영원히 사라지지 않기 때문에, 오늘날 살아 있는 사람들은 한 세기 전의 사람들보다 혈중 납 농도가 몇백 배나 더 높다. 맥그레인이 지적한 것처럼 미국은 "대부분의 유럽 국가보다 44년이나 뒤늦게" 실내용 페인트에 납 사용을 금지시켰다. 놀랍게도 엄청난 독성에도 불구하고, 미국이 식품 저장 용기에서 납을 퇴출시킨 것은 1993년이었다.

토머스 미즐리가 우리에게 남겨준 또다른 골칫거리인 클로로플루오로탄소는 미국에서 1974년에 금지되었고 세계적으로는 2010년부터 금지되었지만, 그 이전에 (탈취제나 모발용 스프레이 등을 통해서) 대기 중으로 새어나간 고약한 작은 악마는 틀림없이 앞으로도 오랫동안 대기 중에 남아서 오존층을 파괴할 것이다. 더욱 고약하게도, 불법적인 생산 때문에 그 수치가 여전히 늘어나고 있다. 불법적인 공장이 어디에 있고, 누가 책임지고 있는지는 아무도 모른다. 그러나 불법적인 생산이 지구 온난화에 미치는 영향은 스위스가 연간 배출하는 탄소 배출량에 버금가기 때문에 적은 양이라고 할 수 없다.

　클레어 패터슨은 1995년에 사망했다. 그는 자신의 연구로 노벨상을 수상하지는 못했다. 지질학자는 노벨상을 받은 적이 없다. 더욱 안타깝게도, 반세기 동안 꾸준하게 이타적인 업적을 쌓아왔음에도 불구하고 명성을 얻거나 관심을 끌지도 못했다. 20세기에 가장 영향력 있는 지질학자였다고 충분히 주장할 수 있음에도 클레어 패터슨이라는 이름을 들어본 사람은 많지 않다. 대부분의 지질학 교과서에서도 그의 이름을 찾아볼 수 없다. 최근에 발간된 지구 연대 측정의 역사를 소개한 두 권의 대중 과학서에서는 그의 이름을 잘못 소개하기도 했다. 학술지 「네이처」의 서평은 패터슨을 여성이라고 소개하는 놀라운 실수를 저지르기도 했다.

　어쨌든 1953년까지의 클레어 패터슨의 업적 덕분에 모든 사람이 지구의 나이에 대해서 합의를 했다. 이제는 지구가 자신이 들어 있는 우주보다 더 오래되었다는 것이 문제였다.

제11장

마크 왕의 쿼크

1911년에 습기가 많기로 유명한 스코틀랜드의 벤네비스 산의 정상을 정기적으로 올라가서 구름이 형성되는 과정을 연구하던 C. T. R. 윌슨이라는 과학자가 구름을 더 쉽게 연구하는 방법이 있을 것이라는 생각을 하게 되었다. 케임브리지 대학교의 캐번디시 연구소로 돌아온 그는 인공적인 구름 상자를 만들었다. 실험실 조건에서 합리적인 구름 모형을 만들 수 있도록 공기를 식히거나 가습할 수 있는 간단한 장치였다.

그 장치는 잘 작동했고, 뜻밖의 쓸모도 있었다. 상자 속에서 가짜 구름을 만드는 씨앗 역할을 하도록 가속한 알파 입자를 통과시키자, 마치 상공을 날아가는 비행기의 비행운처럼 눈에 보이는 흔적이 생겼다. 그것은 아원자亞原子 입자가 실제로 존재한다는 확실한 증거였다.

그 결과로부터 캐번디시 연구소에 있던 과학자 두 명이 더욱 성능이 좋은 양성자 빔 장치를 만들었고, 캘리포니아 버클리 대학교의 어니스트 로런스는 널리 알려진 인상적인 사이클로트론cyclotron*을 만들었다. 새로운 장치는 모두 양성자처럼 전하를 가진 입자를 원형 또는 직선의 궤도를 따라서 충분

---

* 자기장을 이용해서 전하를 가진 입자가 원운동을 하도록 하면서 가속하는 장치로 여기에서 나오는 고속 중성자선이나 알파선과 같은 방사선을 의료용으로 사용한다.

히 빠른 속도로 가속한 후에 다른 입자에 충돌시켜서 어떤 파편이 떨어져서 날아가는지를 살펴본다는 점에서는 동일한 원리를 이용했다. 그래서 그런 장치를 원자 충돌 장치라고 부르기도 한다. 가장 난해한 과학이라고 할 수는 없었지만, 매우 효과적인 장치였다.

물리학자들은 점점 더 크고 야심 찬 기계를 제작하여 뮤온, 파이온, 하이퍼론(중핵자), 중간자, K-중간자, 힉스 보손, 중간 벡터 보손, 중입자, 타키온과 같은 새로운 입자들을 발견하거나 가정하게 되었고, 그런 입자의 종류는 끝이 없어 보였다. 물리학자들조차도 불편한 지경에 이르렀다. 이탈리아의 물리학자 엔리코 페르미는 어느 특정한 입자의 이름을 묻는 학생에게 "만약 내가 그런 입자의 이름을 모두 기억할 수 있었다면 식물학자가 되었겠지"라고 대답했다.

오늘날 가속기들은 만화영화의 주인공 플래시 고든이 전투에 사용하는 것처럼 보이는 이름을 가진다. 예를 들면 슈퍼 양성자 싱크로트론, 대형 전자-반전자 가속기, 상대성 중이온 가속기, 그리고 물론 스위스 CERN의 유명한 대형 강입자 충돌기 등이 있다. 그런 가속기들은 엄청난 양의 에너지를 이용해서, 하나의 양성자가 27킬로미터의 터널을 1초도 안 되는 시간에 1만 1,000번을 돌 정도로 활성화된 상태로 가속할 수 있다. 너무 흥분한 과학자들이 실수로 블랙홀을 만들거나, 또는 이론적으로는 다른 아원자 입자에 작용하면 그 수가 걷잡을 수 없이 폭증한다는 "기묘체strangelet"*를 만들어내는 것이 아닐까 하고 두려워하는 사람도 있다. 당신이 지금 이 글을 읽고 있다면, 그런 일이 아직까지는 일어나지 않았다는 뜻이다.

입자를 발견하려면 상당한 집중력이 필요하다. 그런 입자는 단순히 작고 빠를 뿐 아니라 감질날 정도로 순간적으로만 존재하기 때문이다. 입자가 10^{-24}초 동안만 존재했다가 사라지기도 한다. 아무리 게으른 입자라고 하더

---

* 거의 같은 수의 업, 다운, 스트레인지 쿼크가 결합된, 이론적으로만 가능한 미지의 물질.

라도 10^{-7}초 이상 돌아다니는 경우는 없다.

어떤 입자는 기가 막힐 정도로 잘 빠져나가기도 한다. 매초 지구에는 1조 개의 1조 배의 1만 배(10^{28})의, 작고 질량도 거의 없는 중성미자가 쏟아져 들 어오지만, 거의 모두가 지구는 물론이고 지구에 살고 있는 모든 생명체를 아무 일 없이 통과한다. 지구에 도달하는 중성미자는 대부분 태양의 내부에 서 일어나는 핵분열 반응에서 나온 것이다. 그중의 몇 개라도 붙잡으려면, 다른 복사의 방해를 받지 않는 폐광과 같은 지하의 방에 5만7,000리터의 중수重水*를 담은 통을 준비해야 한다.

아주 가끔, 지나가던 중성미자 하나가 물을 구성하는 원자의 핵에 충돌하 여 아주 작은 양의 에너지를 방출한다. 과학자들은 에너지가 방출되는 횟수 를 세어 얻어내는 정보로 우주의 근본적인 성질을 조금 더 이해하게 된다.

오늘날 새로운 입자를 발견하려면 엄청난 비용이 필요하다. 현대 물리학 에서 찾으려고 하는 입자의 크기와 그런 일에 필요한 시설 사이에는 이상한 반비례 관계가 있다. CERN은 연구단지나 마찬가지이다. 1954년에 설립되 어 프랑스와 스위스의 국경에 위치한 이 연구소는 1960년대의 형편없는 디 자인 축제의 잔해처럼 보이는 실용적인 건물이 어수선하게 모여 있는 듯 보 이지만, 현대의 기술적 경이로움 중 하나인 둘레 27킬로미터의 지하 터널이 보이지 않게 설치되어 있는 곳이다.

제임스 트레필이 말했듯이, 원자를 쪼개는 일은 아주 쉽다. 실제로 형광등 을 켤 때마다 그런 일이 일어난다. 그러나 원자핵을 쪼개려면 많은 돈과 전 기가 필요하다.** 원자핵을 구성하는 입자인 쿼크 수준에 도달하려면 훨씬 더 많은 돈과 전기가 필요하다. 그런 일에 필요한 수조 전자볼트***의 에너

---

* 수소(H) 대신 중수소(D)가 결합되어 있는 물.

** 여기서 "원자를 쪼갠다"는 것은 원자를 구성하고 있는 전자를 방출시켜서 "이온화"시키는 것 을 말하고, "원자핵을 쪼갠다"는 것은 핵분열 반응으로 새로운 원자를 만드는 것을 말한다.

*** 1개의 전자가 1볼트의 전위차를 가진 전극 사이에서 가속될 때의 운동 에너지로, 1.602×10^{-19} 줄(J)에 해당한다.

지를 만들려면 중앙아메리카에 있는 작은 국가의 1년 예산에 버금가는 비용이 필요하다. CERN의 대형 강입자 충돌기의 건설에는 1만 명이 넘는 과학자와 기술자, 그리고 10년이 넘는 기간, 500억 파운드가 넘는 비용이 들었다.*

그러나 그런 숫자도, 지금은 불행히 중단된 초전도 슈퍼 가속기에 들어간 엄청난 규모의 투자와 그로부터 얻을 수 있었을 결과와 비교하면 아무것도 아니다. 1980년대에 텍사스 주의 왁사해치 부근에 건설 중이던 초전도 슈퍼 가속기는 미국 의회에서 일어난 스스로의 거대한 충돌에 의해서 사라져버렸다. 과학자들은 이 슈퍼 가속기를 이용해서 우주가 탄생할 당시 처음 10조 분의 1초의 상황을 재현함으로써 흔히 "물질의 궁극적인 본질"이라고 부르는 정보를 얻을 수 있을 것으로 믿었다. 길이가 84킬로미터에 이르는 터널을 통해서 입자를 정말 놀라운 99조 전자볼트까지 가속할 예정이었다. 정말 거대한 계획이었다. 80억 달러(결국 100억 달러까지 늘어났다)의 건설비와 매년 수억 달러에 이르는 운영비가 필요한 정말 엄청난 사업이기도 했다. 그런데 20억 달러를 투자해서 22킬로미터의 터널을 완성했던 1993년에 의회가 슈퍼 가속기 사업을 중단하기로 결정함으로써, 이 사업은 땅에 판 구덩이에 쓸데없이 돈을 쏟아부은 역사적으로 대표적인 사례가 되고 말았다.

간단히 말해서 입자 물리학은 엄청나게 비싸기는 하지만 생산적인 분야이다. 지금까지 발견된 입자는 200종을 넘지만, 리처드 파인먼의 말에 의하면, 안타깝게도 "이 모든 입자 사이의 관계와 자연에서 그것이 어떤 용도로 쓰이고, 서로 어떤 관계인지를 이해하는 일은 엄청나게 어렵다."

상자를 여는 방법을 찾아낼 때마다 그 속에 들어 있는 또다른 상자를 발견하게 되는 셈이다. 빛의 속도보다 더 빨리 움직일 수 있는 타키온이라는 입자가 있다고 믿는 사람도 있다. 중력이 나타나도록 해준다는 중력자를 찾아내려는 사람도 있다. 더 이상 발견할 입자가 없을 때까지 가려면 얼마나

---

* 대형 강입자 충돌기(LHC)는 예정보다 3년 늦은 2008년부터 가동을 시작했고, 2012년에는 세계 최초로 힉스 보손의 존재를 확인하는 성과를 거두었다.

더 가야 하는지는 짐작하기 어렵다. 칼 세이건은『코스모스*Cosmos*』에서 1950 년대의 과학소설처럼, 전자 수준에 도달하면 그 속에 또다른 우주가 들어 있다는 사실을 발견하게 될 가능성도 있다고 주장했다. "그 속에는 엄청나게 많은 종류의 훨씬 더 작은 소립자가 은하나 그보다 더 작은 구조처럼 조직화되어 있을 것이고, 그다음 수준에 도달하면 역시 같은 일이 끊임없이 반복될 것이다. 즉, 우주 속에 우주가 들어 있는 형상이 끝없이 반복된다. 더 큰 규모로 올라가더라도 마찬가지일 것이다."

그런 세상은 우리의 이해 범위를 벗어난다. 오늘날에는 입자 물리학의 입문서도 "뮤온과 반反중성미자, 그리고 반反뮤온과 중성미자로 붕괴하는 전하를 가진 파이온과 반反파이온의 평균 수명은 각각 2.603×10^{-8}초이고, 2개의 광자光子로 붕괴하는 중성 파이온의 평균 수명은 대략 0.8×10^{-16}초이며, 뮤온과 반反뮤온은 각각⋯⋯"처럼 말장난 같은 이야기로 가득하다. 그런 식의 이야기가 끝없이 계속된다. 일반인을 위해서 가장 명쾌하게 설명했다고 알려진 스티븐 와인버그의 책도 그런 수준이다.

1960년대에 캘리포니아 공과대학교의 물리학자 머리 겔만은 이 문제를 조금 단순화하기 위해서 입자를 분류하는 새로운 방법을 개발했다. 와인버그의 말을 빌리면, 그것은 "수많은 강입자를 경제적으로 이해하려는 노력" 이었다. 강입자는 물리학자가 양성자와 중성자처럼 강력에 의해서 지배되는 입자들을 총칭하는 용어이다. 겔만의 이론에 따르면, 모든 강입자는 더 작고, 더 기본적인 입자로 구성되어 있다. 그의 동료인 리처드 파인먼은 새로운 기본 입자를 컨트리 송 가수 돌리 파턴의 이름을 따라 **파톤**parton이라고 부르자고 했지만, 받아들여지지 않았다. 결국 그 입자는 **쿼크**quark라는 이름으로 알려지게 되었다.†

---

† 나는 물리학자들이 경입자를 구성하는 부분에 패트론(patron)이라는 용어를 쓴다는 말을 듣고 매우 기뻤다. 다행스러운 우연의 일치로, 위대한 물리학자 제임스 클러크 맥스웰(1831-1879)은 스코틀랜드의 덤프리스와 갤로웨이에 있는 패트론이라는 작은 도시에서 성장했고, 그곳에 묻혔다.

겔만은 제임스 조이스의 소설 『피네건의 경야竟夜』에 나오는 "마크 왕에게 세 개의 쿼크를!Three Quarks for Muster Mark!"이라는 문장에서 쿼크라는 이름을 따왔다(눈썰미가 좋은 물리학자들은 "쿼크"라는 단어를 겔만이 선호했던 것처럼 '스트로크stork[황새]'와 운율을 맞춰 "코크"라고 발음할 것이다. 그러나 조이스가 의도했던 발음은 '라크스larks[종달새]'와 운율을 맞춘 "콰크"였으리라). 그러나 쿼크의 단순성도 오래가지 못했다. 쿼크의 정체가 알려지기 시작하면서, 쿼크를 다시 분류해야 할 필요가 생겼다. 쿼크는 너무 작아서 우리가 알아낼 수 있는 색깔이나 맛이나 또는 다른 물리적인 성질을 나타내지는 않지만, 업up, 다운down, 스트레인지strange, 참charm, 톱top, 보텀bottom의 여섯 가지 종류로 나누어진다. 물리학자들은 이상하게도 그것들을 "향香, flavor"이라고 부르는데, 각각이 다시 적색, 녹색, 청색의 세 가지 색깔로 나뉜다(이런 용어들은 당시 캘리포니아 주에서 유행했던 사이키델릭 풍조와 무관하지 않다고 생각할 수도 있다).

결국 이런 모든 것으로부터 아원자 입자를 설명하기 위한 원자 표준 모형이라는 것이 등장했다. 표준 모형은 17종의 기본 입자로 구성되고, 그런 입자는 페르미온(이탈리아의 물리학자 엔리코 페르미의 이름에서 유래)와 보손(인도의 물리학자 사티엔드라 나트 보스의 이름에서 유래)의 두 종류로 구분한다. 페르미온은 물질을 만드는 벽돌이고, 다시 쿼크와 경입자lepton로 구분한다. 이들은 글루온이라고 부르는 입자에 의해서 서로 결합되고, 쿼크와 글루온이 원자의 핵을 구성하는 양성자와 중성자를 만든다. 한편, 경입자에는 (전자, 전자 중성미자, 뮤온, 뮤온 중성미자, 타우, 타우 중성미자의) 6종류가 있고, 쿼크는 수를 세는 방법에 따라 6종에서 36종이 되기도 한다. 마지막으로 보손boson은 힘을 생성하고 전달하는 입자로, 광자와 글루온이 포함된다.

지금까지 살펴본 것처럼 표준 모형은 쉽게 이해할 만하지는 않지만, 아주 아주 작은 입자의 세계에서 일어나는 현상을 모두 설명할 수 있는 가장 단순한 모형이다. 리언 레더먼이 1985년에 다큐멘터리에서 말했듯이, 물리학자는 대부분 표준 모형이 우아하지도 않고 단순하지도 않다고 느낀다. 레더먼은 표준 모형이 "너무 복잡하고, 임의적인 변수들이 너무 많다"면서, "창조자가 우리가 알고 있는 우주를 창조하는 과정에서 20개의 변수를 맞추기 위해서 20개의 손잡이를 돌리고 있었다는 사실을 받아들이기 어렵다"고 했다. 물리학은 궁극적인 단순성을 추구해야만 하는데, 지금 우리가 알고 있는 물리학은 겉으로는 우아해 보이지만 사실은 매우 지저분하다고 할 수 있다. 레더먼에 따르면, "그런 모형이 아름답지 않다는 깊은 공감대가 형성되어 있다."

이 아원자 입자의 조각 맞추기에서 빠져 있는 한 조각이 바로 오랫동안 이론상으로만 제기되었고, 거의 모든 사람이 들어보기는 했겠지만 물리학계의 바깥에서는 이해하는 사람을 찾기 어려웠던 힉스 입자(또는 보손)였다. 힉스 입자는 1960년대에 여러 물리학자들에 의해서 이론화되었다. 제안자가 8명이라는 주장도 있는데, 그중에 에딘버러 대학교의 피터 힉스의 이름이 영원히 붙었다(그는 항상 다른 사람과 공적을 나누려고 했다). 처음에는 힉스 자신도 그 중요성을 완전히 인정하지 못했지만, 힉스 장場과 힉스 보손이 없으면 별, 행성, 은하는 물론이고 우리 자신도 존재할 수 없다는 사실이 밝혀졌다. CERN의 과학자 테진더 비르디는 2009년 CERN을 방문한 나에게 "힉스가 없으면, 우리는 모두 복사輻射의 연기에 지나지 않는다"고 쾌활하게 말했다.

힉스 입자는 우주에 스며들어서 다른 기본 입자가 질량을 가지도록 해주는 힉스 장을 만든다. 힉스 입자는 우리에게 빛이 존재하도록 해주는 광자에 비유할 수 있지만, 광자가 전기 스위치를 켜면 수백만 개가 만들어지는 것과 달리, 힉스 보손 1개를 만들기 위해서는 거대한 가속기를 건설하고 1,250억 전자볼트의 에너지를 한 점에 모아야만 한다. 그렇게 하더라도 힉스 입자는 아주 드물게 순간적으로만 만들어진다.

대형 강입자 충돌기LHC는 우주가 만들어진 직후 100만 분의 100만 분의 1초에 존재했던 조건을 재현하기 위해서 설계되었고, 오늘날 지구상의 가장 뛰어난 사람들은 의자를 끌어다놓고 앉아서 LHC를 지켜볼 수 있다. 입자 물리학자들은 입자를 지극히 폭력적인 방법으로 충돌시켜서 무엇이 튀어나오는지를 살펴보는, 놀라울 정도로 직설적인 방법으로 우주의 비밀을 알아낸다. 2개의 스위스제 시계를 서로에게 발사한 후에 그 파편으로부터 시계의 작동방식을 알아내겠다는 시도에 그런 과정을 비유하기도 한다.

처음 보면 LHC 자체는 볼품이 없다. LHC는 기본적으로 긴 원형의 콘크리트 터널에 설치해놓은 반짝이는 파이프에 지나지 않는다. 도시의 도로 밑에 묻어놓은 상하수도관과 크게 다르지 않다. 그러나 기능적으로 LHC는 보석과도 같다. 입자를 만족스럽게 가속하려면, 입자가 지나가는 매질에는 달의 표면처럼 공기가 없어야 하고, 깊은 우주처럼 차가워야 한다. 27킬로미터의 관—사실은 입자를 서로 반대 방향으로 발사하기 위해서 2개의 관이 필요하기 때문에 54킬로미터가 된다—을 그런 상태로 유지하는 것은 숨이 멎을 정도의 정밀도가 요구되는 일이다.

LHC를 완전히 활성화시키면, 입자 빔이 매초 27킬로미터 길이의 트랙을 1만1,245번 회전하면서 그 속도가 광속光速의 99.9999991퍼센트에 이르게 된다. 입자의 속도가 충분히 빨라서, 광선과 CERN의 입자 빔을 동시에 4.3 광년 떨어져 있는 알파 켄타우리라는 별에 쏘아보내면, CERN의 빔이 광선보다 고작 2초 늦게 도달할 정도이다. 입자가 관의 벽에 부딪히거나 우주로 날아가지 않고 트랙을 계속 돌게 만드는 일은 놀라울 정도로 정교한 작업이다. 명령에 따라 입자가 서로 충돌하도록 만드는 일은 더욱 어렵다.

이 모든 것이 아무도 알지 못했던 단 하나의 완전히 가상적인 입자의 존재를 알아내기 위한 것이다.

그러니 2012년 LHC에서 마침내 힉스 입자를 성공적으로 만들어냈을 때의 기쁨을 상상할 수 있을 것이다. 그러나 떠들썩했던 영광의 순간은 놀라울 정도로 수명이 짧았다. 새로운 힉스 입자가 등장했다가 사라지기까지는 1초의 1조 분의 10억 분의 10분의 1(10^{-22})초가 걸렸다. 사실 아무도 보손 자체를 보지는 못했다. 다만 충돌에서 튕겨 나오는 것을 통해서 추론했을 뿐이다.

그다음 해에 피터 힉스와 브뤼셀 자유대학교의 프랑수아 앙글레르가 공동으로 노벨 물리학상을 받았다. 피터 힉스는 2024년 아흔넷의 나이로 사망했다. 그는 언젠가 힉스 입자가 자신이 생각해낸 아이디어 중에 유일하게 정말 좋은 것이었다고 말한 적이 있었다.

힉스 보손의 발견은 표준 모형의 마지막 잃어버린 조각에 해당했지만, 모든 의문을 풀어주지는 못했다. 우선 표준 모형은 중력에 대해서 아무것도 설명하지 못한다. 표준 모형을 아무리 살펴보아도 탁자에 놓인 모자가 천장으로 튕겨 올라가지 않는 이유를 설명할 수가 없다. 물리학자들은 모든 것을 통일하기 위해서 끈 이론string theory을 고안했고, 그것을 다듬고 확장해서 초끈 이론superstring theory으로 확장했다. 이 이론에서는 쿼크나 전자와 같은 모든 기본 입자들을 전통적으로 생각하던 점 입자가 아니라 다차원(한 이론에서는 10차원, 다른 이론에서는 11차원)에서 진동하는 에너지의 "끈"이라고 본다. 끈이 진동하는 방식에 따라서 그 입자가 전자인지, 광자인지, 아니면 다른 입자인지가 결정된다. 끈 이론은 (사실 수학적으로 우기면) 중력을 만들어내는 가상의 입자인 중력자의 존재를 설명해서, 표준 모형의 가장 골칫거리를 해결해준다는 큰 장점이 있다.

한 가지 수수께끼는 초끈 이론이 5가지나 되는데, 모두가 수학적으로 큰 문제는 없지만, 어느 것도 완벽하지 않고, 어느 것이 가장 정확한 이론이라고 말할 수도 없다는 것이다. 그래서 프린스턴 고등연구소의 미국 물리학자 에드워드 위튼은 5가지의 서로 다른 이론이 있는 것이 아니라 모두가 같은 이론의 서로 다른 측면에 해당한다고 주장했다. 눈먼 사람이 코끼리의 서로 다른 부분을 만져보고 코끼리의 모습을 설명하려는 것과 같다는 것이다. 위튼의 새로운 아이디어 덕분에 모든 이론을 합쳐서 M 이론이라는 것이 만들어졌다. 이 이론에는 막membrane이라고 알려진 표면이 등장한다. 물리학계에서 유행에 밝은 사람들은 이 막을 간략하게 브레인brane이라고 부른다.

이런 모든 개념적 발전이 물리학자들에게, 일종의 초보적인 만물 이론이라고 할 수 있는 비교적 깔끔한 이론을 제공하기는 하지만, 그것은 지나칠 정도로 밀도가 높고 기술적이다. 그 결과, 이런 이론에 대한 과학자들의 설명이 공원 벤치에 앉은 낯선 사람의 이야기와 걱정스러울 정도로 닮아가기 시작했다. 예를 들면 물리학자 미치오 카쿠는 초끈 이론의 입장에서 우주의 구조를 이렇게 설명한다.

에크파이로틱(ekpyrotic, 대충돌 과정)은 무한히 먼 과거에 휘어진 5차원 공간에 서로 평형으로 놓인 한 쌍의 비어 있던 브레인에서 시작되었다.……다섯 번째 차원의 벽을 형성하는 두 개의 브레인은 그보다 더 먼 과거에 양자 요동에 의해서 아무것도 없는 것으로부터 갑자기 튀어나와서 서로 떨어져 나갔을 수도 있다.

폴 데이비스가 「네이처」에 기재한 글에서 말한 것처럼 이제 물리학은 "비과학자의 입장에서는, 옳지만 이상하게 보이는 것과 완전히 정신 나간 것을 구별하기가 거의 불가능한 상황"에 이르렀다. 스티븐 와인버그가 "현대 과학철학자의 지도자"라고 불렀던 칼 포퍼는 언젠가, 모든 설명이 추가적인 설명을 필요로 하기 때문에 물리학의 궁극적인 이론은 존재하지 않으며 "더 근본적인 원리의 무한한 연쇄 고리"가 만들어질 뿐이라고 말한 적이 있다. 어쩌면 그런 지식은 우리가 닿을 수 없는 곳에 있을 수도 있다. 와인버그는 『최종 이론의 꿈Dreams of a Final Theory』에서 "지금까지는 다행스럽게도 우리의 지적 자원이 고갈되지 않은 것으로 보인다"고 했다. 이 분야는 앞으로 더욱 발전하겠지만, 그런 지식 역시 일반인이 이해할 수 있는 수준을 넘어설 것이 거의 확실하다.

20세기 중반에 물리학자들이 매우 작은 세상을 혼란스러운 눈빛으로 들여다보는 동안, 천문학자들도 역시 우주 전체에 대한 이해가 얼마나 불완전한지를 깊이 인식했다.

앞에서 설명했듯이 에드윈 허블은 우리 눈에 보이는 거의 모든 은하가 우리에게서 멀어지고 있으며, 더 멀리 있는 은하일수록 더 빠른 속도로 멀어지고 있다는 사실을 밝혀냈다. 즉 은하가 멀어지는 속도가 은하까지 거리에 거의 비례하기 때문에 $H_0 = v/d$라는 간단한 식으로 표현할 수 있다는 사실을 알아냈다(여기에서 H_0는 상수이고, v는 은하의 후퇴 속도, 그리고 d는 우리로부터 은하까지의 거리를 나타낸다). 그래서 H_0를 허블 상수라고 부르고, 이 관계식을 허블 법칙이라고 한다. 허블은 자신의 식을 이용해서 은하의 나이가 대략 20억 년일 것이라고 주장했다. 지구를 비롯한 우주의 많은 것들이 그보다 훨씬 더 오래되었을 것이라는 사실은 이미 1920년대 말부터 거의 확실하게 밝혀져 있었기 때문에, 허블의 계산 결과는 조금 의아했다. 그래서 이 숫자를 더욱 정확하게 수정하는 일이 우주론의 가장 중요한 과제가 되었다.

허블 상수에 대해서 유일하게 변하지 않는 것은 그 값이 얼마인지에 대한 의견이 매우 다양하다는 사실이다. 천문학자들은 1956년에 세페이드 변광성의 밝기가 생각했던 것보다 훨씬 다양하다는 사실을 알아냈다. 세페이드 변광성은 모두 같은 것이 아니라 두 종류로 나뉜다. 그런 사실을 이용해서 다시 계산한 우주의 나이는 70억 년에서 200억 년 사이였다. 그 값이 아주 정확하지는 않았지만, 적어도 지구의 생성을 설명할 수 있을 정도로 충분히 오래되었다는 사실은 확인이 되었다.

그후 윌슨 산 천문대에서 허블의 자리를 이어받은 앨런 샌디지와 프랑스 태생의 텍사스 대학교 천문학자 제라드 드 보쿨레르 사이에 오랜 논쟁이 시작되었다. 샌디지는 몇 년에 걸친 계산 끝에 허블 상수의 값이 50이고, 따라서 우주의 나이는 200억 년이라는 결과를 얻었다. 그러나 드 보쿨레르는 허블 상수의 값이 100일 것이라고 확신했다.[†] 그 값을 사용하면 우주의 크기와 나이는 샌디지가 얻은 결과의 절반으로 줄어들어서, 우주의 나이는 100억 년이 된다. 1994년에 캘리포니아 주에 있는 카네기 천문대의 연구진이 허블 우주 망원경의 관측자료를 다시 분석해본 결과에 따르면, 우주의 나이가 80억 년 정도에 불과할 수도 있다고 밝혀짐으로써 문제는 더욱 불확실해졌다. 그렇게 주장했던 사람들조차도 그 값이 우주에 존재하는 일부 항성의 역사보다 더 작다는 사실을 인정했다. 2003년 2월에는 NASA와 메릴랜드 주의 고더드 우주비행 센터의 연구진이 윌킨슨 마이크로파 비등방성 위성이라는 신형의 최첨단 인공위성으로 얻은 관측자료를 근거로 우주의 나이가 137.7억 년이고, 오차범위가 5,000만 년이라는 신뢰할 만한 결과를 발표했고, 그것이 현재의 답으로 널리 인정되고 있다.

우주에 대해서 절대적인 최종 결론을 얻기 힘든 이유는 관측자료의 해석이 쉽지 않기 때문이다. 그런 사정은 밤에 야외에 나가서 멀리 있는 2개의 전등이 얼마나 멀리 떨어져 있는지를 알아내고자 한다고 상상해보면 쉽게 이해할 수 있다. 천문학에서 사용하는 간단한 방법을 이용하면, 두 전등의 밝기가 같고, 하나가 다른 것보다 50퍼센트 더 먼 곳에 있다는 정도는 쉽게 알아낼 수 있다. 그러나 가까이 있는 전등이 37미터 떨어진 곳에 있는 58와트

[†] 물론 "상수의 값이 50"인 것과 "상수의 값이 100"인 것이 정확하게 무슨 뜻인지 궁금할 것이다. 그것은 천문학에서 사용하는 측정 단위와 관련이 있다. 천문학자들은 대화를 하는 경우를 제외하면, 광년이라는 단위를 사용하지 않는다. 그 대신, "parallex(시차[視差])"와 "second(초[秒])"를 합쳐서 만든 "파섹(parsec)"이라는 단위를 사용해서 거리를 나타낸다. 파섹은 항성 시차라고 부르는 보편적인 측정을 근거로 한 것으로 3.26광년에 해당한다. 우주의 크기처럼 정말 큰 거리는 100만 파섹에 해당하는 메가파섹으로 나타낸다. 허블 상수는 "킬로미터 매 초 매 메가파섹"으로 표현된다. 따라서 천문학자가 허블 상수가 50이라고 하는 것은 "50킬로미터 매 초 매 메가파섹"을 뜻한다. 일반인에게는 물론 전혀 의미 없어 보이겠지만, 본래 천문학적 단위를 사용하는 모든 거리가 워낙 커서 무의미해 보이는 것이 당연하다. 2024년에 인정되는 허블 상수의 값은 천문학자들의 표기법으로 67.8-73킬로미터 매 초 매 메가파섹의 범위에 들어간다.

짜리 전구인지, 아니면 36.5미터 떨어진 곳에 있는 61와트짜리 전구인지는 쉽게 알아낼 수 없다. 더욱이 지구 대기의 변화, 은하 사이에 존재하는 먼지, 중간에 있는 별에 의한 왜곡 등의 여러 요인들에 의해서 천체 관측의 결과가 달라질 수 있다는 사실도 고려해야 한다. 결국 모든 계산에 어쩔 수 없이 무한하게 이어지는 가정을 도입해야 하고, 그런 가정에는 모두 반박의 가능성이 있다. 또한 망원경을 사용하려면 상당한 비용이 필요하고, 적색 편이를 측정하려면 망원경을 엄청나게 오래 사용해야 했다. 밤을 새워 측정해서 겨우 하나의 측정값을 얻을 수도 있다. 그래서 천문학자들은 아주 부족한 근거로부터 결론을 내려야 했지만, 그런 문제를 두려워하지는 않았다. 저널리스트인 제프리 카의 표현에 따르면 우주론에서는 "두더지가 파놓은 흙더미 정도의 근거를 바탕으로 산처럼 거대한 이론을 세운다." 마틴 리스 역시 "[우리의 이해 수준이] 얼마나 만족스러운지를 살펴보면, 이론이 훌륭하다는 사실보다는 자료가 얼마나 부족한지를 깨닫게 된다"고 더 세련되게 표현했다.

우주가 무엇으로 구성되어 있는가처럼 아주 초보적인 수준에서도 우리가 모르는 것이 엄청나게 많다는 것이 현실이다. 우주의 모든 것을 설명하기 위해서 필요한 물질의 양에 대한 과학자들의 계산도 실망스러울 정도이다. 정확한 비율은 어떤 계산을 따르느냐에 따라서 달라지는 경향이 있지만, 대략 우주의 25퍼센트는 암흑 물질, 70퍼센트는 마찬가지로 정체를 알 수 없는 암흑 에너지이고, 공식적으로 바리온 물질baryonic matter이라고 알려져 있으며 우리에게 익숙한 물질은 고작 5퍼센트에 지나지 않는다.

암흑 물질은 더 이상 보이지 않을 수가 없을 정도로 어둡다. 암흑 물질은 빛과 완전히 결별한 상태이다. 빛을 방출하지도, 흡수하지도, 반사하지도 않는다. 하버드 대학교의 리사 랜들 교수는 유리판처럼 빛이 암흑 물질을 그냥 지나가므로 "투명 물질transparent matter"이라고 부르자고 제안했다. 암흑 물질의 존재는 워싱턴 DC 카네기 연구소의 천문학자였던 베라 루빈 (1928-2016)이 자신이 연구하던 은하가 매우 빠르게 회전하므로 가장 바깥에 있는 별은 던져진 원반처럼 깊은 우주로 날아가야만 한다는 사실을 깨달은 1960년대 이후에 우주론적으로 분명해졌다. 그런데도 어떤 보이지 않는 질량을 가진 무엇에 의해서 그런 일이 일어나지 않았다. 그것이 츠비키가 이론화했던 암흑 물질에 대한 최초의 공식적 확인이었고, 지금까지 계속되고 있는 탐사의 원동력이 되고 있다.

영국 더럼 대학교의 카를로스 프렝크만큼 암흑 물질 연구에 오랫동안 헌신한 사람은 거의 없다. 이제 70대에 들어선 프렝크는 겸손하고, 한없이 선량하고, 널리 존경받고, 보기 드물게 끈질긴 사람인데, 암흑 물질을 찾는 사람에게 끈기는 필수이다. 프렝크는 40년 넘게 암흑 물질에 매달려왔다. 그는 "우주는 자신의 신비를 가볍게 포기하지 않는다. 우주는 우리를 자신을 위해서 노력하도록 만든다"고 즐겁게 말했다.

나치 독일의 유대인 난민 아버지와 가톨릭 신자였던 스페인-멕시코 출신 어머니의 아들로 태어난 프렝크는 멕시코에서 유복하게 성장했다. 멕시코와 케임브리지에서 물리학을 공부한 그는 1980년대 중반에 더럼에 정착하기 전까지의 젊은 시절을 캘리포니아 대학교 버클리에서 보냈다. 오늘날 그는 더럼 대학교의 오그던 기본 물리학 교수이고, 계산 우주론 연구소의 소장이다. 그는 은하 형성에 대한 연구로 노벨상 후보로 자주 거론된다.

"내가 처음 연구를 시작했을 때 암흑 물질은 대부분의 천문학자들이 인정하지도 않았고, 우주론은 분야로 존재하지도 않았습니다." 그가 명예교수로 있는 케임브리지의 킹스 칼리지에서 2024년 여름에 만난 그가 나에게 말했다. "당시에 암흑 물질은 '잃어버린 물질'이라고 불렀습니다."

버클리에서 프렝크는 잃어버린 물질이 무엇으로 이루어져 있는지를 찾아내기 위해서 모였던 유명한 "4인방"의 일원이었다. 후보 물질은 크게 뜨거운 암흑 물질과 차가운 암흑 물질의 두 가지의 넓은 그룹으로 구분했다. 이 이름들은 실제로 그런 입자를 만졌을 때의 느낌과는 아무 상관이 없었고, 오히려 그들이 움직이는 것으로 추정되는 속도를 나타냈다.

컴퓨터 모델을 통해서 우주의 첫 순간을 재현하는 것이 그들의 계획이었다. 그때까지는 해본 적이 없던 일이었다. 이론화된 모든 재료와 변수를 (암흑 물질에 대한 최선의 추정과 함께) 대형 컴퓨터에 입력하고, 오늘날 우리가 알고 있는 우주와 일치하는 결과가 나오기를 기대했다. 그것은 매우 야심찬 시도였고, 카를로스는 "우리는 젊고 야망이 넘쳤고, 이것은 완전히 새로운 분야였다. 우리가 신경을 써야 할 상사도 없었고, 존경해야 할 유명한 과학자도 없었다"라고 기억했다.

창조의 새벽에 대한 시뮬레이션은 부드럽게 말해서 까다로운 도전이었다. 많은 양의 코드를 쓰고 다시 써야 했고, 방정식과 씨름하고 수없이 반복하며 가정을 끊임없이 수정해야 했다. 1980년대 초의 컴퓨터는 지금보다 훨씬 초보적이었다. "그 당시가 얼마나 더 어려웠는지 믿지 못할 것입니다." 카를로스가 말했다. "우리가 처음 시작했을 때, 동료였던 마크 데이비스는 알려진 은하의 지도를 작성하는 데에만 5년을 보냈습니다. 오늘날의 컴퓨터로는 10분이면 할 수 있는 일이지요."

버클리 연구진은 우주에 널리 퍼져 있는 것으로 알려졌으며 뜨거운 암흑 물질로 분류될 중성미자를 암흑 물질로 선택했다.

작업에는 2년의 집중적인 노력이 필요했지만, 시뮬레이션의 결과는 완전한 실패였다. "우리의 모델링은 실제 우주와는 전혀 다른 우주를 만들어냈다"는 것이 프렝크의 안타까운 회고였다. "대단히 실망스러운 일이었습니다. 이성적으로는 '뭐, 적어도 우리는 과학의 발전에 기여했다'고 생각했습니다. 그러나 속으로는 '아, 젠장'이라고 했습니다." 그가 활짝 웃으며 말했다.

우주가 중성미자로 가득 채워져 있기는 했지만, 우주를 만드는 데에 필요한 모든 암흑 물질을 설명하기에는 충분히 풍부하지도 않았고, 질량이 충분하지도 않은 것으로 밝혀졌다.

카를로스 프렝크는 이어 말했다. "그래서 다음 단계로 우리는 차가운 암흑 물질로 우주를 시뮬레이션하기로 결정했습니다. 순전히 그것을 배제할 것이라는 기대를 품었지만, 놀랍게도 우리가 얻은 결과는 실제 우주와 놀라울 정도로 닮아 있었습니다." 암흑 물질을 구성하는 것이 분명한 입자를 뜻하는 WIMPS(약한 상호작용의 무거운 입자)라는 조금 역설적인 새 용어가 만들어졌다.

상황은 여전히 그 수준에 머물러 있다. CERN과 같은 시설에서 40여 년 동안 집중적으로 노력했지만, 우리는 지금도 암흑 물질이 정확히 무엇인지 모른다. 인간의 지적 능력으로 우리가 전혀 아무것도 없는 상태에서 이렇게 복잡하고 장엄하고, 불타는 별과 소용돌이치는 은하와 가느다란 성운과 블랙홀과 다른 모든 것으로 가득한 우주가 어떻게 존재하게 되었는지를 밝혀낸 것은 인류 역사상 최고의 지적 성취 중 하나이다. 어떤 의미에서 암흑 물질의 조성은 단순한 세부 사항일 뿐이다.

그러나 그런 세부 사항에 신경이 쓰이는 데에는 분명한 이유가 있다. 긍정적인 답을 찾지 못하고 시간이 흐르면서, 액시온,† 뉴트랄리노, 무거운 불활성 중성미자, 자가-상호작용하는 암흑 물질, 초경량 암흑 물질, 다른 차원에 감춰진 입자, 원시 블랙홀, 초경량 보손, 심지어 다양한 종류의 암흑 물질 입자로 구성된 전체 "암흑 영역"에 이르기까지 암흑 물질에 대한 다양한 대안적 가능성이 제시되어왔다.

카를로스는 거의 모든 대안적 제안들이 단순히 인내심이 부족해서 제시된 것이라고 생각했다. "아주 똑똑한 사람들이 할 일이 없으면 아무 근거도 없이 아무것도 아닌 아이디어를 만들어냅니다. 우리는 순간적인 만족을 추구하는 세상에서 살고 있지만, 물리학에서는 그런 방식이 통하지 않습니다. 사람들은 힉스 보손의 사례를 기억해야 합니다. 그 입자를 발견하기까지 50년이 걸렸습니다. 우리가 암흑 물질을 찾아온 시간보다 훨씬 더 긴 시간이었지

---

* 흥미롭게도 액시온(Axion)이라는 세탁용 세제의 이름에서 유래된 액시온이라는 이름은 미국의 노벨상 수상자 프랭크 윌첵이 가상의 입자에 붙인 것이다. 어린 시절 어머니와 함께 슈퍼마켓에 갔던 그는 세제의 이름에 매력을 느끼고, "나에게 입자에 이름을 붙일 기회가 생긴다면, 액시온이라고 부르겠다"라고 생각했다고 한다.

요. 우리에게는 더 많은 인내심이 필요합니다."

우리가 언제쯤 답을 찾게 될지를 묻자, 그는 이렇게 답했다. "나는 우리가 5년 안에 암흑 물질을 발견하게 될 것이라고 생각합니다. 미안하지만 나는 지난 20년 동안 그렇게 말해왔습니다. 그 질문에 진지하게 답하자면, 예측이 불가능하다는 것입니다."

암흑 물질은 흔히 암흑 에너지와 함께 묶어서 설명된다. 그러나 그 둘이 어떤 식으로 서로 연결되어 있는지는 분명하지 않다. 암흑 에너지는 훨씬 더 새로운 개념이다. 암흑 에너지라는 용어는 우주의 팽창이 사실은 모든 사람의 기대와는 정반대로 가속되고 있다는 사실이 밝혀진 후인 1998년에 마이클 터너라는 시카고 대학교의 천체 물리학자가 만든 것이다. 두말할 필요도 없이 우주는 매우 큰 곳이어서, 전체를 팽창시키려면 막대한 에너지가 필요하다. 그래서 암흑 에너지가 모든 곳에 있는 모든 것의 대략 70퍼센트(어쩌면 그 이상)를 차지할 것이라는 계산도 있다.

역설적으로, 암흑 물질의 정체를 밝혀내려는 40년간의 노력에도 불구하고 카를로스와 동료들이 그가 "패러다임 전환"이라고 부르는 돌파구를 찾아낸 것은 암흑 에너지 덕분이었다. 더럼 대학교는 애리조나 주의 키트피크 국립 천문대에 있는 특별하게 개조한 망원경을 통해서 우주를 전례 없이 자세하게 연구하는, 암흑 에너지 분광학 장치DESI를 운영하는 국제 협력에 참여하고 있다.

카를로스는 나에게 이렇게 말했다. "덕분에 우리는 우주의 팽창 속도를 매우 정밀하게 측정했고, 이미 팽창이 느려지고 있다는 사실을 발견했습니다. 우주는 여전히 팽창하고 있지만, 더 느리게 팽창하고 있습니다. 정확하게 언제가 될지 계산해보지는 않았지만, 아주 먼 미래의 언젠가 우주가 붕괴한 후에 어쩌면 또다른 빅뱅으로 팽창하게 될 수도 있습니다. 이미 그런 일이 여러 차례 반복되었을지도 모르지요. 중요한 것은 이것이 우주론 상수를 불필요하게 만든다는 점입니다. 우주적 팽창은 사실 상수가 아니기 때문입니다. 팽창은 시간에 따라서 변화합니다. 그것이 변화하는 이유는 해결해야 할 또 하나의 신비이지만, 그것은 미래 세대의 일이 되겠지요."

이런 모든 결과에 따르면, 결국 우리는 우리가 볼 수도 없고 정체를 확인할 수도 없는 물질과 에너지로 채워져 있으며 우리가 제대로 이해하지 못하는 성질을 가진 물리 법칙에 따라 작동하는 우주에 살고 있다는 것이다. 간단히 말해서, 우리는 우주에 대해서 더 많이 배울수록, 우주를 더 이해하지 못하게 되는 역설적인 상황에 처해 있다.

조금은 불안한 수준에서 이야기를 마치고, 다시 지구의 문제로 돌아가서 우리가 이해하고 있는 것들을 살펴보자. 지금쯤에는 우리가 지구마저도 완전히 이해하지 못했으며, 지금 우리가 이해하는 것도 그리 오래 전에 알아낸 것은 아니라는 이야기를 듣더라도 놀랍지 않을 것이다.

제12장

움직이는 지구

1955년 알베르트 아인슈타인이 생을 마감하기 전에 전문가로서 마지막으로 했던 일은 찰스 햅굿이라는 지질학자가 쓴 『움직이는 지각 : 지구 과학의 핵심 문제에 대한 열쇠*Earth's Shifting Crust : A Key to Some Basic Problems of Earth Science*』라는 책에 짧기는 하지만 열광적인 서문을 쓴 것이었다. 햅굿의 책은 대륙이 움직이고 있다는 주장을 단호하게 부정했다. 독자들이 관대한 웃음에 동참하도록 독려하는 어조로, 그는 몇몇 멍청한 사람들이 "일부 대륙들 간의 모양이 일치하는 것처럼 보인다"는 사실에 관심을 가지는 모양이라고 지적했다. 그는 그런 사람들이 "남아메리카가 아프리카와 맞물리는 듯 보이고……대서양 양쪽 해안의 암석층이 서로 일치한다고 주장하기도 한다"고 비난했다.

햅굿은 지질학자였던 K. E. 캐스터와 J. C. 멘데스가 대서양의 양쪽을 집중적으로 연구해서 유사성이 존재하지 않는다는 사실을 분명하게 밝혔다면서 그런 주장을 단호하게 부정했다. 그러나 대서양의 양쪽에서 발견되는 암석층이 아주 비슷한 정도가 아니라 **정확하게 일치**한다는 사실을 고려하면, 캐스터와 멘데스가 정말 무엇을 살펴보았는지는 아무도 알 수 없다.

그러나 그 주장은 햅굿을 비롯하여 당시의 지질학자들도 받아들이지 않았다. 햅굿이 언급한 이론은 1908년에 프랭크 버슬리 테일러라는 미국의 아마추어 지질학자가 처음 주장했다. 테일러는 부유한 집안 출신이었기 때문에 학계의 간섭을 받지 않고 자신이 원하는 것을 마음대로 연구할 수 있었다. 그는 다른 사람들과 마찬가지로 아프리카와 남아메리카의 마주 보는 해안이 서로 닮았다는 사실에 주목했고, 그것으로부터 대륙이 한때는 미끄러지면서 돌아다녔다는 생각을 했다. 그는 아무런 과학적 근거는 없었지만 결과적으로는 선견지명을 보여준, 대륙이 서로 충돌하면서 산맥이 솟아올랐다는 주장도 했다. 그러나 충분한 증거를 제시하지 못했기 때문에 그의 주장은 진지하게 고려할 필요가 없는 엉터리로 간주되었다.

그러나 알프레트 베게너라는 독일 마르부르크 대학교의 기상학자이자 이론가가 테일러의 주장을 받아들여서 완성했다. 베게너는 여러 식물과 화석의 이형異形들이 당시에 인정되던 지구 역사의 표준 모형에 잘 맞지 않아서 도저히 해석할 수 없다는 사실을 깨달았다. 그는 궁금해했다. 유대류가 어떻게 남아메리카에서 오스트레일리아로 옮겨갔을까? 스칸디나비아와 뉴잉글랜드 지방에 똑같은 종류의 달팽이가 살게 된 이유는 무엇일까?

노르웨이에서 북쪽으로 600킬로미터나 떨어진 스피츠베르겐과 같은 얼어붙은 지역의 석탄층이나 아열대 유물은 따뜻한 기후였던 곳에서 이곳으로 이동한 것이 아니라면 도대체 어떻게 설명할 수 있을까?

베게너는 세계의 대륙이 한때는 판게아Pangaea라고 부르는 하나의 대륙이었기 때문에 식물과 동물이 서로 섞일 수 있었고, 그후에 대륙이 서로 떨어져서 지금의 위치로 움직여갔다는 이론을 정립했다. 그는 그런 주장을 모아 1912년에 독일에서 『대륙과 대양의 기원Die Entstehung der Kontinente und Ozeane』이라는 책을 발간했다. 그는 제1차 세계대전의 혼란에도 불구하고 3년 후에 이 책을 영문으로도 발간했다.

베게너의 이론은 전쟁 때문에 관심을 끌지 못했지만, 1920년에 일부를 개정하고 보완한 책을 다시 발간했을 때에는 곧바로 논쟁의 대상이 되었다.

대륙이 움직인다는 사실은 누구나 인정했지만, 사람들은 대륙이 옆으로가 아니라 위아래로 움직인다고 생각했다. 지각 평형설地殼平衡設, isostasy이라고 알려진 수직 운동이 일어나는 이유와 구체적인 방법에 대한 적당한 이론은 없었지만, 그런 생각은 몇 세대에 걸쳐서 전해져온 지질학 이론의 기초였다. 그중에서도 20세기 직전에 오스트리아의 에두아르트 쥐스가 제창한 "구운 사과" 이론은 나의 학창 시절까지도 교과서에 남아 있었다. 그 이론에 따르면, 바다와 산맥은 녹아 있던 지구가 냉각되면서 마치 구운 사과처럼 주름이 생겼기 때문에 만들어졌다. 그런 정적인 구조는 튀어나온 부분은 침식에 의해서 깎이고, 파인 부분은 메워져서 결국 지구가 특징이 없는 둥근 공 모양이 될 것이라는 제임스 허턴의 오래된 주장을 무시한 것이었다.

또한 20세기 초에 러더퍼드와 소디가 밝혀낸 것처럼 지구의 내부에는 엄청난 양의 열이 있어서, 쥐스가 제안했던 그런 종류의 냉각과 수축이 불가능하다는 것도 문제였다. 어쨌든 쥐스의 이론이 옳다면, 산악 지방은 지구상에 균일하게 분포해야 할 것이고, 그 생성 연대도 대체로 같아야 할 것이다. 물론 실제로는 그렇지 않다. 1900년대 초반에 이미 우랄 산맥이나 애팔래치아 산맥은 알프스 산맥이나 로키 산맥보다 수억 년 먼저 생겼다는 사실이 명백하게 밝혀졌다. 이제 새로운 이론이 등장할 시기가 다가온 것이 분명했다. 불행하게도 알프레트 베게너는 지질학자들이 바라던 사람이 아니었다.

우선 지질학의 기초에 의문을 제기하는 그의 극단적인 의견은 당연히 관객들의 환영을 받지 못했다. 그런 도전을 지질학자가 제기했다면 충분히 골치 아팠겠지만, 베게너에게는 지질학 배경이 전혀 없었다. 다행스럽게도 그는 기상학자였다. 일기예보 전문가였고, 그것도 독일인이었다. 그 정도면 구제할 수 없는 결격 사유였다.

지질학자들은 최선을 다해서 그가 제시한 근거를 반박하고, 그의 주장을 비웃었다. 화석 분포의 문제는 필요한 곳에 "육교陸橋"가 있었다는 주장으로 해결해버렸다. 거의 같은 시기에 히파리온이라는 고대의 말[馬]이 프랑스와 플로리다 주에서 살았다는 사실이 밝혀졌을 때는 대서양을 가로질러서 육교를 그려넣었다. 남아메리카와 동남아시아 지역에서 맥류貘類*에 속하는 동물이 같은 시기에 살고 있었다는 사실이 밝혀졌을 때에도 육교를 그렸다. 결국 선사시대의 바다 대부분은 북아메리카와 유럽, 브라질과 아프리카, 동남아시아와 오스트레일리아, 그리고 오스트레일리아와 남극 대륙 등을 잇는 가상의 육교로 채워졌다. 생물종이 이동했다고 주장해야 하면 덩굴손 같은 연결선을 아무렇게나 그려넣었다가, 아무 흔적도 없이 지워버리기도 했다. 물론 그런 육교의 존재를 밝혀줄 실질적인 근거는 아무것도 없었다. 그보다 더 엉터리일 수 없었지만, 지질학자들은 반세기 동안 그런 독선에 빠져 있었다.

그러나 그런 육교를 이용하더라도 설명이 불가능한 문제가 있었다. 유럽에서 잘 알려진 삼엽충의 일종이 뉴펀들랜드에서도 발견되었는데, 섬의 한쪽 부분에서만 발견되었다. 3,000킬로미터가 넘는 험한 대양을 건너갈 수 있었던 삼엽충이 어떻게 폭이 300킬로미터에 불과한 섬의 반대쪽으로는 진출하지 못했는지를 설득력 있게 설명할 수 없었던 것이다. 유럽과 북아메리카의 태평양 북서 해안에서만 발견된 또다른 삼엽충의 일종은 더욱 고약했다. 그 중간 지역에서는 발견되지 않는 것으로 보아, 육교가 아니라 고가 횡단 도로가 필요했다. 그렇지만 1964년의 『브리태니커 백과사전』에서도, 두 주장 중에서 "심각한 이론적 문제"가 있는 것은 베게너의 주장이라고 지적했다.

베게너가 실수를 했던 것은 분명했다. 그는 그린란드가 매년 1.6킬로미터씩 서쪽으로 움직이고 있다고 주장했지만, 말도 안 되는 것이었다(실제로는 1센티미터 정도 움직인다). 무엇보다도 그는 대륙이 어떻게 움직이는지를 확실하게 설명하지 못했다. 그의 이론을 믿으려면, 거대한 대륙이 쟁기로 밭

---

* 중앙아메리카, 남아메리카, 동남아시아에 서식하는 기제목의 포유류로, 4개의 앞발굽과 3개의 뒷발굽이 있고, 코와 윗입술이 길게 자란 야행성 초식동물.

을 갈 듯이 단단한 지각을 따라서 움직이면서도 실제로는 골을 만들지 않는다는 이상한 설명을 인정해야만 했다. 당시에 알려진 사실만으로는 그런 거대한 움직임을 일으킬 원인을 제대로 설명할 수가 없었다.

그런 문제를 해결한 사람은 지구의 나이를 알아내는 일에 많이 기여했던 영국의 지질학자 아서 홈스였다. 홈스는 지구 내부의 방사성 열 때문에 대류 현상이 일어난다는 사실을 최초로 이해한 과학자였다. 이론적으로는 그런 대류가 지표면의 대륙을 옆으로 미끄러지게 할 정도로 충분히 클 수 있다. 그는 1944년에 처음 발간된, 유명하고 영향력 있는 저서 『자연 지질학 원리 *Principles of Physical Geology*』에서 처음으로 대륙 이동설을 밝혔다. 오늘날 우리가 알고 있는 이론은 기본적으로 그의 이론에서 출발했다. 그러나 그의 주장은 너무 극단적이어서 다양한 비판을 받았다. 특히 미국에서는 대륙 이동설에 대한 거부감이 다른 지역보다 훨씬 오래 지속되었다. 미국의 어느 비평가는 홈스가 자신의 주장을 너무 명백하고 확실하게 밝혀서 학생들이 그것을 사실이라고 믿을까 봐 걱정된다고 주장하기도 했다.

그러나 다른 지역에서는 새로운 이론을 조심스럽게 받아들이고 있었다. 1950년에 영국 과학진흥협회의 투표에 의하면, 참석자의 과반수가 대륙 이동설을 인정했다(햅굿은 즉시 그 숫자를 인용하면서 영국의 지질학자들이 얼마나 비극적인 오류를 저지르고 있는지를 지적했다). 그러나 이상하게도 홈스는 자신이 없었던 모양이다. 그는 1953년에 "지질학자의 양심으로는 대륙 이동설이 훌륭하다고 생각하지만, 그에 대한 거부감을 완전히 떨쳐버릴 수가 없다"고 고백했다. 미국에서도 대륙 이동설을 지지한 사람이 전혀 없었던 것은 아니다. 하버드 대학교의 레지널드 데일리가 대륙 이동설을 지지했지만, 앞에서 설명했듯이 그는 달이 우주적 충돌로 만들어졌다고 주장한 사람이었다. 그의 주장은 흥미롭고 고려할 가치가 있었지만, 진지하게 받아들기에는 너무 화려한 느낌이 들었다. 대부분의 미국 학자들은 대륙이 영원히 지금의 위치에 있었고, 그 표면의 특성은 수평 운동이 아닌 다른 요인으로 생겼다고 믿었다. 그러나 흥미롭게도 석유회사 소속 지질학자들은 석유를 찾아내려면 정확하게 판 구조론에 나오는 표면 운동을 인정해야 한다는 사실을 오래 전부터 알고 있었다. 그러나 석유회사의 지질학자들은 석유를 찾는 일만 했을 뿐, 학술적인 논문은 쓰지 않았다.

아무도 해결하지 못했고, 해결할 엄두도 내지 못했던 지구 이론의 중요한 문제가 또 하나 있었다. 도대체 그 많은 양의 퇴적물이 모두 어디로 갔는가? 지구의 강은 매년 5억 톤의 칼슘을 비롯해서 엄청난 양의 침식물을 바다로 흘려보낸다. 퇴적의 속도에 그런 퇴적 작용이 지속되었던 기간을 곱하면, 바다 밑에 있는 퇴적층의 높이가 대략 20킬로미터나 된다는 믿을 수 없는 숫자가 나온다. 다시 말해서 지금쯤이면 바다 밑이 해수면보다 훨씬 높이 솟아 있어야 한다는 뜻이다. 과학자들은 이런 역설적인 문제를 가장 간단한 방법으로 해결해왔다. 그냥 무시해버렸다. 그렇지만 결국은 더 이상 무시할 수 없는 상황에 다다르고 말았다.

제2차 세계대전 중에 프린스턴 대학교의 해리 헤스라는 광물학자가 케이프 존슨 호라는 공격용 수송선의 책임자로 임명되었다. 이 배에는 해안 상륙 시 도움이 될, 음향 측심기라는 최신형 수심 측정장치가 설치되어 있다. 그 장치가 과학적인 목적으로도 유용할 것이라는 사실을 깨달은 헤스는 바다 한가운데에 있을 때는 물론이고 전투 중에도 그 기계를 절대 끄지 않았다. 그가 얻은 결과는 전혀 상상하지 못한 것이었다. 만약 모든 사람이 믿는 것처럼 바다 밑바닥이 오래 전에 만들어진 것이라면, 강이나 호수의 바닥에 쌓인 진흙처럼 바다 밑에도 두꺼운 퇴적층이 쌓여 있어야 했다. 그러나 헤스의 측정 결과는 오래된 퇴적층이 멋진 굴곡을 이루고 있으리라는 기대와는 완전히 달랐다. 거의 모든 곳이 깊은 계곡, 협곡, 크레바스로 가득했고, 아널드 기요라는 프린스턴의 옛 지질학자의 이름을 따서 기요라고 부르는, 화산 활동으로 형성된 산이 곳곳에 널려 있었다. 모든 것이 수수께끼였지만, 전쟁의 임무를 수행해야 했던 헤스는 그런 생각을 가슴에 묻어두었다.

전쟁이 끝난 후에 프린스턴 대학교로 돌아온 헤스는 강의로 바쁜 나날을 보내면서도 바다 밑의 신비를 잊지 못했다. 한편 1950년대에 해양학자들은 바다 밑에 대한 더욱 복잡한 탐사를 계속했다. 그 과정에서 그들은 더욱 놀라운 사실을 발견했다. 지구에서 가장 크고 거대한 산맥의 대부분이 바다 밑에 있었던 것이다. 그런 산맥이 마치 야구공의 실밥처럼, 전 세계의 바다 밑에서 연속적으로 이어져 있었다. 여러분이 아이슬란드에서 이 산맥을 따라가기 시작한다면, 남쪽으로 대서양의 한가운데를 가다가 아프리카의 아래쪽을 돌아서, 인도양과 남대양을 지나 오스트레일리아의 아래쪽을 돌아서, 멕시코 북부의 바하 칼리포르니아를 향해 태평양을 건너다가 갑자기 미국의 서해안을 지나 알래스카에 도착할 것이다. 대서양의 아소르스 제도나 카나리아 제도 또는 태평양의 하와이 같은 섬이나 군도는 해저 산맥 중의 높은 봉우리가 수면 위로 올라와서 만들어진 것이었다. 그러나 해저 산맥은 대부분 수천 길의 소금물 속에 아무에게도 알려지지 않은 채 잠겨 있었다. 가지 친 부분까지 모두 합치면 해저 산맥의 길이는 무려 7만 5,000킬로미터에 이른다.

그중에서 아주 작은 부분만이 얼마 전부터 알려져 있었다. 19세기에 해저 케이블을 설치하던 사람들은 대서양의 한가운데에 산처럼 튀어나온 부분이 있다는 사실을 알아냈지만, 그런 산이 연속적으로 이어져 있다는 사실은 알 수 없었다. 전체적인 규모는 깜짝 놀랄 정도였다. 더욱이 도저히 설명할 수 없는 물리학적인 특이점도 발견되었다. 대서양 중심에 있는 산마루의 중간에 폭이 20킬로미터나 되고 전체 길이는 1만 9,000킬로미터나 되는 해구海溝라고 부르는 깊은 계곡이 있었다. 그 모습은 마치 껍질이 갈라져서 벌어지는 밤송이처럼 지구가 실밥을 따라 갈라지면서 벌어지고 있는 것과 같았다. 말도 안 되고 맥 빠지는 상상이었지만, 그 증거는 반박할 길이 없었다.

그 후 1960년에 이루어진 시추의 자료에 의해서 대서양의 해저 산맥이 상당히 최근에 생겼으며, 그곳으로부터 동쪽이나 서쪽으로 갈수록 점점 더 오래 전에 만들어졌다는 사실이 밝혀졌다. 그런 정보를 입수한 해리 헤스는 단한 가지 설명만이 가능하다는 사실을 깨달았다. 바다 밑에서 해저 산맥을 중심으로 양쪽으로 새로운 지각地殼이 만들어지고 있고, 오래된 지각은 새로운 지각에 의해서 양쪽으로 밀려나고 있다는 것 말이다. 대서양의 바닥은 결국 지각을 하나는 북아메리카 쪽으로, 다른 하나는 유럽 쪽으로 이동시키는 두 개의 대형 컨베이어 벨트로 구성되어 있는 셈이다. 그런 과정은 해저 확장설이라고 알려지게 되었다.

움직이는 지각이 대륙과의 경계에 도달하면, 섭입攝入이라고 알려진 과정을 통해서 땅속으로 다시 들어간다. 그것이 바로 퇴적층이 어디로 갔는지에 대한 설명이다. 결국 퇴적층은 지구의 밥그릇 속으로 되돌아가고 있었던 것이다. 그리고 대양의 바닥이 왜 상대적으로 젊은 편인지에 대한 설명도 가능해졌다. 대양의 바닥 중에서 1억7,500만 년보다 오래된 곳은 발견된 적이 없었다. 그런 사실은 대륙의 암석이 수십억 년씩 된 것과 비교하면 수수께끼같은 일이었다. 그런데 이제 헤스는 그 이유를 알게 되었다. 바다 밑에 있는 암석은 해변에 도달할 때까지만 존재하기 때문이다. 그의 이론은 상당히 많은 것들을 멋지게 설명해주었다. 헤스는 생각을 정리해서 중요한 논문을 발표했지만, 아무도 거들떠보지 않았다. 때로는 정말 좋은 생각이 받아들여지지 않는 경우가 있다.

한편 이미 수십 년 전에 발견된 현상으로부터 서로 독립적으로 연구를 하던 두 사람이 지구의 역사에 대한 이상한 사실을 알아내고 있었다. 1906년에 베르나르 브뤼네라는 프랑스의 물리학자는 지구의 자기장이 가끔 방향을 바꾸며, 그것이 당시에 만들어진 암석에 영원히 기록된다는 사실을 발견했다. 구체적으로 철광석의 작은 결정은 생성 당시의 지구 자기장의 방향에 따라서 배향配向을 하게 되고, 암석이 식어서 단단해지면 그 방향을 그대로 유지한 채로 남는다는 것이었다. 암석은 그런 식으로 생성 당시 지구의 자기 방향을 "기억하게" 된다. 그런 사실은 오랫동안 단순한 호기심의 대상이었지만, 1950년대에 영국의 암석에 기억된 고대 자기장의 모양을 연구하던 런던 대학교의 패트릭 블래킷과 뉴캐슬 대학교의 S. K. 런콘은 자료에 따르면 마치 부두에 묶여 있다가 떠내려가는 배처럼, 영국이 아주 먼 옛날에 그 축에서 벗어나 북쪽으로 움직였다는 사실을 발견하고 정말 깜짝 놀랐다. 더욱이 유럽의 자기장 배열을 같은 시기의 아메리카의 배열과 나란히 놓으면 한 글자를 찢었다가 붙인 것처럼 정확하게 들어맞는다는 사실도 발견했다. 신비로운 결과였다. 그러나 그들의 발견 역시 무시되고 말았다.

모든 실마리를 꿰는 일은 케임브리지 대학교의 드러먼드 매슈스라는 지구물리학자와 대학원 학생이었던 프레드 바인에게 맡겨졌다. 1963년에 두 사람은 대서양 바닥에서 측정한 자기장에 관한 연구 결과를 이용해서, 해양의 바닥이 정확하게 헤스가 제안했던 것처럼 확장되고 있으며 대륙 역시 움직이고 있다는 사실을 명백하게 밝혀냈다. 운이 나빴던 캐나다의 지질학자 로런스 몰리도 거의 같은 시기에 같은 결론을 얻었지만, 자신의 논문을 실어줄 학술지를 찾을 수가 없었다. 결국 "그런 추측은 칵테일 파티에서는 흥미로운 화제가 되겠지만, 진지한 과학 학술지에 발표할 수는 없다"라고 했던 「지구물리학 연구*Journal of Geophysical Research*」 편집자의 말은 유명한 웃음거리가 되었다. 어느 지질학자는 훗날 그 논문을 "지구과학 분야에서 게재가 거절된 가장 중요한 논문일 것"이라고 했다.

어쨌든 움직이는 지각이라는 생각이 받아들여질 때가 온 셈이다. 1964년 런던에서 왕립학회 주최로 그 분야의 가장 중요한 인물들이 참석하는 심포지엄이 개최되었는데, 갑자기 모든 사람이 개종을 한 듯했다. 그 심포지엄에서는 지구가 서로 연결된 부분으로 만들어진 모자이크이고, 그런 조각들의 거대한 충돌 때문에 지구 표면의 특징이 나타난다는 데에 의견이 모아졌다.

단순히 대륙만이 아니라 지각 전체가 움직인다는 사실이 밝혀지면서 "대륙 이동"이라는 이름은 곧바로 폐기되었지만, 각 부분의 이름이 결정되기까지는 상당한 시간이 걸렸다. 처음에는 사람들이 "지각 블록" 또는 "포장석"

이라고 부르기도 했다. 그러다가 1968년 말에 세 사람의 미국 지진학자들이 「지구물리학 연구」에 발표한 논문에서부터 지각의 움직이는 각 부분을 판 plate이라고 부르게 되었다. 판 구조론plate tectonics이라는 이름도 같은 논문에서 비롯되었다.

그러나 옛날 개념은 쉽게 사라지지 않으며, 모두가 서둘러서 신기한 새 이론을 받아들이는 것도 아니었다. 1970년대에 들어서서도, 가장 유명하고 영향력 있는 지질학 교과서 중의 하나였던, 유명한 해럴드 제프리스의 『지구 The Earth』에서는 1924년의 초판에서와 마찬가지로 판 구조론이 물리학적으로 불가능하다고 고집스럽게 주장했다. 그는 대류와 해저 확장설도 인정하지 않았다. 1980년에 발간된 존 맥피의 『분지와 산맥Basin and Range』에 따르면, 당시의 미국 지질학자 여덟 명 중 한 사람은 판 구조론을 인정하지 않았다고 한다.

오늘날 우리는 크기를 정의하는 방법에 따라서 지구 표면이 8-12개의 대형 판과 20개 정도의 작은 판으로 구성되며 그런 판이 모두 서로 다른 방향과 속도로 움직인다는 사실을 알고 있다. 크기가 크고 비교적 활동이 없는 것도 있지만, 작고 에너지가 충만한 것도 있다. 그런 판이 그 위에 놓여 있는 육지와 특별한 관계를 맺고 있는 것은 아니다. 예를 들면 북아메리카 판은 북아메리카 대륙보다 훨씬 더 크다. 서쪽 경계는 대륙의 서해안과 거의 일치하지만(판 경계에서 생기는 융기와 충돌 때문에 북아메리카의 서부 지역에 지진이 자주 발생한다), 동쪽 경계는 해안선과 전혀 상관없이 대서양의 해저 산맥까지 확장되어 있다. 아이슬란드는 가운데를 중심으로 나뉘어 반쪽은 아메리카에 속하고, 나머지 반쪽은 유럽에 속한다. 한편 뉴질랜드는 인도양과는 멀리 떨어져 있지만 거대한 인도양 판의 일부이다. 대부분의 판이 그런 식이다.

현재의 대륙과 과거의 대륙 사이의 관계는 상상하던 것보다 훨씬 더 복잡한 것으로 밝혀졌다. 카자흐스탄은 한때 노르웨이와 뉴잉글랜드에 붙어 있었던 것으로 밝혀졌다. 스태튼 섬은 한쪽만 유럽에 속하고, 대부분은 뉴펀들랜드에 속한다. 매사추세츠 해변의 자갈과 가장 가까운 것은 오늘날의 아프리카에 있다. 스코틀랜드의 고원과 스칸디나비아 지역은 대부분 아메리카에 속한다. 남극 대륙의 섀클턴 산맥의 일부는 한때 미국 동부의 애팔래치아 산맥에 속했을 수도 있다. 다시 말해서 암석은 이리저리 돌아다녔다.

끊임없이 일어나는 변화 때문에 판들이 하나의 거대하고 정지된 판으로 뭉쳐지지는 못한다. 모든 것이 현재와 같은 식으로 계속된다면, 대서양은 결국 태평양보다 훨씬 커질 때까지 확대될 것이다. 캘리포니아 주의 대부분은 떨어져 나가서 태평양의 마다가스카르가 될 것이다. 아프리카가 북쪽으로 밀려 올라가서 유럽에 붙게 되면, 지중해는 사라지고 파리에서부터 콜카타에 이르는 지역에는 히말라야와 같은 거대한 산맥이 솟아오르게 될 것이다. 오스트레일리아는 북쪽에 있는 섬을 모두 삼켜버린 후에 탯줄 같은 해협을 통해서 아시아와 연결될 것이다. 이것은 미래에 일어날 변화가 아니라 미래의 결과일 뿐이다. 변화는 현재 일어나고 있다. 지금 우리가 살고 있는 대륙은 연못 위의 나뭇잎처럼 떠다니고 있다. 지구 위치 파악 시스템GPS* 덕분에 우리는 유럽과 북아메리카가 달팽이와 같은 속도로 서로 멀어지고 있다는 사실을 알아낼 수 있다. 유럽과 아메리카는 사람의 평균 일생 동안 대략 2미터 정도씩 멀어지고 있다. 충분히 오래 기다린다면, 움직이는 대륙을 타고 로스앤젤레스에서 샌프란시스코까지도 갈 수 있다. 우리가 그런 변화를 실감하지 못하는 것은 우리의 수명이 너무 짧기 때문이다. 지구본에서 지금 볼 수 있는 모습은 지구 역사의 0.1퍼센트에 해당하는 기간에 만들어진 대륙의 스냅 사진일 뿐이다.

지구는 암석으로 된 행성 중에서 유일하게 판 구조를 가지고 있다. 지구가 그런 구조를 가지게 된 이유는 일종의 신비이다. 단순히 지구가 계속 끓어

---

* 미국 국방성에서 1978년부터 구축한 시스템으로, 600킬로미터 상공에 떠 있는 24개의 인공위성 중 4개로부터 수신한 신호의 시차를 근거로 경도와 위도 그리고 고도를 알아낼 수 있다.

오르기에 적절한 양의 물질을 적절한 방법으로 가지고 있기 때문일 수 있다. 비록 이론적인 추정에 불과하기는 하지만, 판 구조는 지구에서 생명체가 살아가는 데에 매우 중요한 역할을 하는 것으로 보인다. 물리학자이면서 과학 저술가인 제임스 트레필에 의하면 "지질학적 판의 연속적인 움직임이 지구 생명체의 발달에 영향을 미치지 않았다고 믿기는 어렵다." 그는 판 구조에 의해서 나타나는 기후의 변화를 비롯한 변화가 생물의 지능을 발달시킨 중요한 요인일 것이라고 제안했다. 지구에서 일어났던 몇 차례의 멸종 사태 중에서 일부는 대륙의 이동 때문이었을 것이라고 주장하는 사람도 있다. 2002년 11월에 영국 케임브리지 대학교의 토니 딕슨은 「사이언스Science」에 발표한 논문에서 암석의 역사와 생명체의 역사 사이에 깊은 관계가 있을 것이라고 강력하게 주장했다. 딕슨은 지난 5억 년 동안에 바닷물의 화학적 조성이 갑자기 크게 변했던 적이 있었으며 그런 변화가 일어난 시기가 대부분 생물학사의 중요한 사건과 관계가 있다는 것을 발견했다. 작은 생물이 엄청나게 번성해서 영국 남부 해안에 흰색 암석으로 된 절벽이 만들어졌던 일과 캄브리아기에 해양 생물 중에 조개류가 번성했던 일 등이 그런 예이다. 가끔 바닷물의 화학적 조성이 크게 바뀌는 정확한 이유는 알 수 없지만, 해저 산맥이 열리고 닫혔던 것이 영향을 미쳤을 것이 분명하다.

어쨌든 판 구조론은 고대의 히파리온이 어떻게 프랑스에서 플로리다로 옮겨갈 수 있었는지를 비롯해서 지구 표면에서 일어나는 동적 현상은 물론이고, 내부에서 일어나는 일도 상당히 설명해주었다. 지진, 군도群島의 형성, 탄소 순환 과정, 산의 위치, 빙하기의 시작, 생명의 기원, 이런 모든 일들이 새로 등장한 훌륭한 이론의 영향을 받지 않을 수 없었다. 맥피가 지적했던 것처럼, 지질학이 "갑자기 지구 전체를 이해할 수 있도록 해주는" 현기증 나는 위치에 섰다.

그러나 한계는 있었다. 아직까지도 과거 대륙의 분포에 대해서는 많은 사람이 생각하는 것만큼 확실하게 이해하지 못하고 있다. 교과서에는 과거의 대륙을 확실한 것처럼 그려놓고, 로라시아, 곤드와나, 로디니아, 판게아와 같은 이름을 붙이기도 하지만, 대부분은 확실한 증거가 없는 결론을 근거로 한 것이다. 조지 게일로드 심프슨이 『화석과 생명의 역사*Fossils and the History of Life*』에서 지적한 것처럼, 고대 세계의 식물과 동물 종은 절대 나타나지 말아야 할 곳에 등장하고, 꼭 등장해야 할 곳에서는 모습을 보이지 않는 경향이 있었다.

오스트레일리아, 아프리카, 남극 대륙, 남아메리카를 연결하는, 고대의 거대한 대륙이었다는 곤드와나의 형태는 대부분 글로소프테리스*Glossopteris*라는 고대 고사리의 분포를 근거로 추정한 것이다. 그러나 곤드와나와는 아무런 관련이 없는 것으로 알려진 지역에서도 훨씬 후기에 살았던 글로소프테리스가 발견되었다. 그런 골치 아픈 문제는 대부분 무시되어왔고, 지금도 사정은 마찬가지이다. 트라이아스기에 살았던 리스트로사우루스라는 파충류 역시 남극 대륙에서부터 아시아에 이르는 모든 지역에서 발견됨으로써 그 대륙들이 서로 연결되어 있었던 것으로 짐작할 수 있지만, 같은 시기에 곤드와나의 일부였던 것으로 간주되는 남아메리카와 오스트레일리아에서는 발견된 적이 없었다.

지표면의 구조 중에서 판 구조론으로 설명할 수 없는 것도 많다. 덴버의 경우가 그렇다. 누구나 알고 있듯이 덴버의 고도는 약 1.6킬로미터이지만, 그런 융기는 비교적 최근에 일어났다. 공룡이 지구를 휩쓸고 다니던 때의 덴버는 수심 수천 미터 아래에 있었다. 그렇지만 덴버의 암석에서는 판의 충돌이 일어났을 때 예상되는 균열이나 변형을 찾아볼 수 없다. 덴버는 판의 충돌에 따른 영향을 받기에는 그 경계에서 너무 멀리 떨어져 있었다. 만약 그런 일이 생겼다면 양탄자의 한쪽 끝을 밀었더니 다른 쪽에 주름이 생겼다는 것과 같은 이야기가 된다. 덴버는 알 수 없는 이유로 지난 수백만 년 동안 빵이 부풀어 오르는 듯이 밀려 올라갔던 셈이다. 아프리카의 남부도 마찬가지이다. 폭이 1,600킬로미터나 되는 지역이 지난 1억 년 동안 거의 1.5킬로미터나 밀려 올라갔지만, 판의 활동과는 무관해 보인다. 한편, 오스트레일리아는 기울어지면서 가라앉고 있다. 그 지역의 판은 지난 1억 년 동안 아시아를 향해 북쪽으로 움직였고, 앞부분은 거의 200미터 아래로 꺼져버렸다. 인도네시아는 아주 느리게 가라앉으면서 오스트레일리아를 함께 끌고 들어가는 것처럼 보인다. 이런 것도 모두 판 구조론으로는 설명이 되지 않는다.

알프레트 베게너는 자신의 주장이 인정받는 것을 보지 못했다. 1930년에 그린란드로 탐사를 떠난 그는 쉰 살 생일날 홀로 앉아서 보급품을 챙기고 있었다. 그는 돌아오지 못했고, 며칠 후에 얼음 위에서 얼어 붙은 채로 발견되었다. 그는 현장에 묻혔고, 여전히 그곳에 남아 있다. 물론 그가 사망했을 때보다 1미터 정도 북아메리카 쪽으로 움직여갔을 것이다.

아인슈타인 역시 자신이 잘못된 이론을 지지했다는 사실을 알지 못했다. 사실 그는 대륙 이동설을 쓰레기라고 비난하는 찰스 햅굿의 책이 발간되기도 전인 1955년에 뉴저지 주의 프린스턴에서 세상을 떠났다.

판 구조론의 출현에 결정적으로 기여했던 해리 헤스도 역시 같은 시기에 프린스턴에서 여생을 보내고 있었다. 전도유망한 월터 앨버레즈라는 그의 학생이 결국 전혀 다른 방법으로 과학계를 완전히 바꿔놓았다. 지질학에서의 지각 변동이 비로소 시작되었고, 그런 변화를 일으킨 사람이 바로 젊은 앨버레즈였다.

제4부

위험한 행성

제13장

충돌!

사람들은 오래 전부터 아이오와 주에 있는 맨슨 지역의 땅 밑에 무엇인가 이상한 것이 있다는 사실을 알고 있었다. 1905년에 마을의 수도 시설을 건설하기 위해서 시추를 하던 인부가 이상하게 변형된 암석이 쏟아져 나온다는 사실을 보고했다. 훗날 공식 보고서에는 그런 암석을 "용융된 모암母巖 속에 들어 있는 결정형結晶形 쇄설각력암碎屑角礫岩" 또는 "거꾸로 뒤집어진 분출물 덩어리"라고 표현했다. 시추공에서 퍼 올린 물의 수질도 이상했다. 빗물과 같은 정도의 단물이었다. 아이오와 주에서는 천연 단물이 발견된 적이 없었다.

맨슨의 이상한 암석과 단물은 호기심의 대상이었지만, 아이오와 대학교의 연구진이 당시에도 지금처럼 2,000명 정도의 주민이 살던 아이오와 주 북서쪽의 작은 마을을 찾기까지는 41년이 걸렸다. 1953년에 몇 개의 시험용 시추를 마친 대학교의 지질학자들은 그 지역의 지질이 정말 특이하다는 사실을 인정했고, 암석이 변형된 이유는 아마도 알려지지는 않았지만 아주 오래 전에 있었던 화산 활동 때문일 것이라고 추정했다. 그런 결론은 당시의 일반적인 상식에 따른 것이었지만, 지질학적으로는 더 이상 틀릴 수가 없을 정도의 엉터리였다.

맨슨에 생긴 지질학적인 상처는 땅속이 아니라, 적어도 1억6,000만 킬로미터 떨어진 곳에서 시작된 것이었다. 아주 오래된 과거 언젠가 맨슨이 얕은 바다 밑에 있었을 때, 지름이 대략 2.4킬로미터이고 무게가 12조 톤 정도인 암석이 음속의 200배 정도의 속도로 대기권을 뚫고 들어와 지구에 충돌하면서 상상하기 어려울 정도의 갑작스럽고 격렬한 충격이 발생했다. 현재 맨슨이 있는 지역에 깊이가 5킬로미터 정도에 지름이 32킬로미터 정도인 크레이터crater가 순식간에 생겼다. 아이오와 주의 물을 센물로 만들던 석회암은 흔적도 없이 사라져버렸고 그 대신 1905년에 시추 인부가 이상하게 생각했던, 충격을 받은 암석이 등장했다.

맨슨 충돌은 미국 본토에서 일어났던 가장 큰 규모의 충돌이었다. 그 이후로는 어떤 종류의 충돌도 그런 규모는 아니었다.[†]

멋진 광경을 좋아하는 사람들에게는 불행한 일이겠지만, 분출된 물질은 물웅덩이에서 튀긴 물방울처럼 곧바로 다시 크레이터 안으로 떨어졌고, 250만 년이 흐르는 동안 크레이터의 나머지 부분은 대륙빙이 지나가는 과정에서 빙하에 있던 점토층으로 꼭대기까지 채워졌고, 오늘날 맨슨을 중심으로 몇 킬로미터에 이르는 지역의 풍경은 세월이 흐르면서 부드럽게 깎여나가 탁자처럼 평평해졌다. 오늘날 맨슨 크레이터에 대해서 들어본 사람이 많지 않은 것은 그런 이유 때문이다.

최근에 맨슨 주민들에게 일어났던 가장 큰 일은 메인 스트리트의 상가와 도시의 대부분을 휩쓸고 지나간 1979년의 토네이도였다. 위험이 닥쳐오는 것을 미리부터 알 수 있다는 것이 평평한 지역의 장점이다. 거의 모든 주민이 메인 스트리트의 한쪽에 모여서 토네이도가 옆으로 비켜가기를 바라면서 30분 동안 지켜보았지만 결국은 질겁하고 달아나버렸다. 불행히도 그중 3명

[†] 적어도 지질학적 기록으로 구별할 수 있는 범위에서는 그렇다. 지구의 역사에서 더 이전에는 더 큰 충돌이 있었지만, 그런 충돌의 증거는 지구의 지각에서 끝없이 일어난 교란으로 완전히 사라졌다.

은 충분히 빨리 달아나지 못해서 사망했다.

현재 맨슨 주민은 매년 6월에 1주일 동안을 "크레이터의 날"로 정하고, 당시의 불행을 잊으려고 축제를 연다. 그러니까 그 행사는 사실 크레이터와는 아무런 관련이 없는 것이다. 땅속에 묻혀서 볼 수도 없는 충돌 위치를 이용해서 돈을 버는 방법은 아무도 찾아내지 못했다.

"아주 가끔 사람들이 찾아와서 크레이터를 보려면 어디로 가야 하는지를 물어보지만, 우리가 대답해줄 수 있는 것은 아무것도 볼 것이 없다는 말뿐입니다." 맨슨 도서관의 친절한 사서인 앤 슈랍콜이 2001년 도서관을 방문한 나에게 말했다. "그러면 사람들은 실망해서 가버립니다." 사실 아이오와 주민은 물론이고 사람들은 대부분 맨슨 크레이터에 대해서 들어본 적도 없다. 지질학자들에게조차 각주에 들어갈 정도로만 알려져 있을 뿐이다. 그러나 1980년대에 짧은 기간이기는 했지만, 맨슨이 지구상에서 지질학적으로 가장 신나는 곳이었던 적이 있었다.

이야기는 유진 슈메이커라는 총명한 젊은 지질학자가 운석 크레이터를 방문한 1950년대 초부터 시작된다. 오늘날에는 애리조나 주의 운석 크레이터가 지구상에 남아 있는 운석 충돌 현장 중에서 가장 유명한 곳으로 알려져서 관광객들이 많이 찾지만, 당시에는 방문객이 많지도 않았고 1903년에 그곳의 소유권을 주장하던 대니얼 M. 배링어라는 부유한 광산 기술자의 이름을 따라 배링어 크레이터라고 알려진 곳이었다. 배링어는 그 크레이터가 철과 니켈이 많이 들어 있는 1,000만 톤짜리 운석에 의해서 생성되었고, 그것을 채굴하면 엄청난 수입을 얻을 수 있으리라고 확신했다. 운석은 물론이고 모든 것이 충돌과 함께 증발해버렸다는 사실을 몰랐던 그는 26년 동안 터널을 파느라 엄청난 돈을 쏟아부었지만 모두가 허사였다.

오늘날의 수준에서 보면 1900년대 초의 크레이터 연구는 아무리 좋게 보아도 시시할 정도로 초보적이었다. 초기의 선구적인 연구자인 컬럼비아 대학교의 G. K. 길버트는 충돌의 효과를 이해하기 위해서 오트밀에 돌을 던져보기도 했다(이유는 알 수 없지만, 길버트는 컬럼비아 대학교의 실험실이 아니라 호텔 방에서 그런 실험을 했다). 길버트는 실험을 통해서 달에 있는 크레이터는 그런 충돌에 의해 만들어졌지만, 지구상의 크레이터는 그렇지 않다는 결론을 얻었다. 당시에는 달에 대한 그의 주장도 매우 이례적인 것이었다. 대부분의 과학자는 그 정도도 받아들이지 않았다. 그들에게 달의 크레이터는 고대의 화산 폭발의 증거일 뿐이었다. 지구에 생긴 크레이터는 대부분 침식되었고, 남아 있는 것도 모두 다른 이유로 생겼거나 원인을 밝히기에는 너무 예외적인 것이라서 설명할 필요가 없다고 생각했다.

슈메이커가 활동할 당시의 일반적인 생각은 운석 크레이터가 지하의 수증기 폭발로 생겼다는 것이었다. 슈메이커는 지하 수증기 폭발에 대해서는 아무것도 몰랐다. 그런 것은 어디에도 존재하지 않았기 때문에 슈메이커가 알 수도 없었다. 그러나 그는 폭발에 대해서는 많은 것을 알고 있었다. 대학을 마친 그가 처음 했던 일 중의 하나가 바로 네바다 주의 유카 평원에 있던 핵 시험장의 폭발 현장을 연구하는 것이었기 때문이다. 그는 배링어와 마찬가지로 운석 크레이터에서 어떤 화산 활동의 흔적도 찾아볼 수 없고, 비정상적으로 고운 실리카와 자철광 가루를 비롯한 엄청나게 다양한 물질이 발견되는 것으로 보아 우주로부터의 충돌이 있었을 가능성이 높다는 결론을 얻었다. 흥미를 느낀 그는 여가 시간에 연구를 시작했다.

처음에는 동료 엘리너 헬린과 함께했고, 그후에는 부인 캐롤라인과 조수 데이비드 레비와 함께 일했던 슈메이커는 내태양계*를 체계적으로 살펴보기 시작했다. 그들은 캘리포니아 주의 팔로마 산 천문대에서 한 달에 1주일씩, 지구의 궤도를 가로지르는 천체, 주로 소행성과 같은 것을 찾아보았다.

"우리가 시작했을 당시에는 천문학 관측의 역사상 모두 합쳐서 10여 개의 소행성이 발견되었을 뿐이었다." 몇 년 후에 텔레비전 인터뷰에서 슈메이커

---

* 태양계에서 수성, 금성, 지구, 화성처럼 암석으로 이루어진 지구형 행성으로 이루어진 부분. 바깥쪽의 행성들은 외태양계라고 부른다.

가 한 말이었다. "20세기의 천문학자들은 결국 태양계를 포기하는 대신 별과 은하로 관심을 돌렸다."

슈메이커와 그의 동료들이 찾아낸 것은 누구도 상상하지 못했던 위험이, 그것도 엄청난 위험이 존재한다는 사실이었다.

잘 알려진 것처럼 소행성은 화성과 목성 사이에서 느슨하게 띠를 이루며 공전하는 암석 덩어리들이다. 태양계의 그림에서는 언제나 고리 모양으로 뭉쳐 있는 것처럼 보이지만, 사실 태양계에는 엄청난 공간이 있기 때문에 소행성은 대부분 서로 150만 킬로미터 넘게 떨어져 있다. 그곳에 도대체 얼마나 많은 소행성들이 떠돌아다니고 있는지는 아무도 모르지만, 그 수는 10억 개를 넘을 것으로 추산된다. 소행성은 목성의 중력 때문에 큰 행성으로 뭉쳐지지 못한 작은 행성일 것으로 추측된다.

1801년 첫날에 주세페 피아치라는 시칠리아 사람이 최초의 소행성을 발견했다. 1800년대에 소행성이 처음 발견되었을 때에는 그것을 행성이라고 생각했다. 그래서 처음의 2개는 케레스와 팔라스라고 불렸다. 그것이 행성과는 비교도 할 수 없을 정도로 작다는 사실이 알려진 것은 윌리엄 허셜이라는 천문학자의 영감 어린 추론 덕분이었다. 그는 "별 모양"이라는 뜻의 그리스어로부터 "asteroid"라는 이름을 붙였지만, 사실 소행성은 별과는 비슷하게 생기지도 않았기 때문에 적절한 이름은 아니었다. 사실은 오늘날 사용되기도 하는 "planetoid(미행성)"라는 이름이 더 적절하다.

1800년대에는 소행성을 찾아내는 일이 유행이어서 세기말까지 대략 1,000개의 소행성이 발견되었다. 그러나 아무도 그 발견을 체계적으로 기록하지 않았던 것이 문제였다. 그래서 1900년대 초에 이르러서는 새로 등장한 소행성이 정말 새로운 것인지 아니면 그 전에 발견했지만 제대로 기록되지 않았던 것인지를 확실하게 알 수 없었다. 또한 이 시기에 이르러서는 돌덩어리에 불과한 소행성과 같은 평범한 것에 시간을 낭비하고 싶어하는 천체물리학자도 거의 없었다. 네덜란드 태생의 천문학자인 헤라르트 카이퍼를 비롯한 소수의 천문학자만 태양계에 관심을 가졌다. 카이퍼 벨트(제2장 참고)가 바로 그의 이름을 딴 것이다. 텍사스 주의 맥도널드 천문대에서의 그의 관측, 그리고 그 뒤를 이어 신시내티의 소행성 센터와 애리조나 주의 우주 경계 계획을 통한 관측 덕분에 20세기 말에는 719 앨버트라고 알려진 소행성을 제외한 거의 모든 소행성을 추적할 수 있게 되었다. 1911년 10월에 마지막으로 관측되었던 719 앨버트는 89년 동안 행방불명이었다가 2000년에야 마침내 추적되었다.

그러니까 소행성 연구의 입장에서 보면, 20세기는 오랜 노력으로 장부 정리를 위한 연습을 했던 셈이다. 천문학자들이 나머지 소행성을 관측하기 시작한 것은 20세기의 마지막 몇 년 동안이었다. 2024년 7월까지 기록된 (이름이 붙은 소행성은 물론 명왕성과 케레스와 같은 몇 개의 잡동사니를 합친) "소행성minor planet"의 수는 대략 140만 개에 이르지만, 전체적으로는 10억 개에 이를 수도 있어서 그 수를 세는 일은 갈 길이 멀다. 어떤 의미에서는 그것은 문제가 아니었다. 소행성을 확인한다고 안전해지는 것도 아니기 때문이다. 태양계에 존재하는 모든 소행성에 이름을 붙이고 그 궤도를 확인한다고 해도, 소행성이 궤도를 벗어나서 지구로 날아오는 이유는 아무도 모른다. 우리는 지구에서 암석이 교란되는 일도 예측하지 못한다. 그러니 우주 공간에 떠도는 돌덩어리에 대해서는 아무것도 짐작할 수 없는 것이 당연하다. 우주에 떠도는 소행성에 대해서는 우리가 붙인 이름 이외에는 아무것도 모른다.

지구의 공전궤도가 일종의 궤도 고속도로라고 한다면, 그 길을 달리는 자동차는 우리뿐이다. 그러나 고개를 돌려서 살펴보지도 않고 길을 건너는 보행자가 끊임없이 이어진다고 생각해보자. 우리가 알고 있는 것은 그런 보행자가 시속 10만 킬로미터의 속도로 달리고 있는 우리 앞에서 알 수 없는 빈도로 길을 건넌다는 사실뿐이다. 제트 추진 연구소의 스티븐 오스트로의 표현에 따르면, "만약 버튼을 눌러서 지구의 궤도를 가로지르는 소행성 중에 크기가 10미터가 넘는 것에 불이 켜지게 할 수 있다면, 하늘에서 1억 개가 넘는 소행성을 볼 수 있을 것이다." 다시 말해서 멀리서 반짝이는 수천 개의 별이 아니라, 가까이에서 아무렇게나 움직이는 소행성이 엄청나게 많다는 뜻이다. "그런 소행성 모두가 지구와 충돌할 가능성이 있고, 모두가 하늘에서 조금씩 다른 길과 속도로 움직이고 있다. 우리는 그저 그것을 볼 수가 없을 뿐이다." 소행성이 존재한다는 사실 자체가 걱정스러운 일이다.

달에 만들어진 크레이터를 근거로 추정한 것에 불과하기는 하지만, 우리의 궤도를 정기적으로 가로지르는 소행성 중에서 우리의 문명 전부를 폐허로 만들 수 있는 (즉, 지름 1킬로미터 이상의) 소행성만 하더라도 대략 2,000개나 된다. NASA의 제트 추진 연구소에 따르면, 그중 적어도 10퍼센트는 여전히 관측으로 밝혀지지 않은 것으로 생각된다. 국제천문연합의 소행성센터는 2024년까지 모두 합쳐서 지름이 30미터 이상인 1만9,000개의 지구근접 천체Near Earth Object를 확인했다. 집채 정도의 작은 소행성이라고 하더라도 도시 정도는 파괴할 수 있다. 비교적 작은 소행성 중에서 지구의 궤도를 가로지르는 소행성의 수는 수십만에서 수백만 개가 될 것이 분명하고, 그것을 모두 추적하는 일은 도저히 불가능하다.

그런 소행성은 1991년에 처음 관찰되었고, 그나마도 이미 지나간 후였다. 1991 BA라고 이름 붙인 그 소행성은 17만 킬로미터 떨어진 곳을 지나가는 과정에서 관측되었다. 우주에서 그런 정도의 거리를 지나가는 것은 총알이 소매를 스치는 것과도 같은 일이다. 3년 후에는 조금 더 큰 소행성이 지금까지의 기록 중에서 가장 가까운 10만 킬로미터 떨어진 곳을 지나갔다. 그것도 역시 지나간 후에야 발견되었기 때문에 아무런 예고도 없이 지구에 충돌할 수도 있었던 셈이다. 2016년에서 2021년 사이에 300개가 넘는 소행성이 달보다 더 가까운 거리에서 지구를 지나갔다. 정말 아슬아슬한 거리이다.

예상하지 못했던 방문객 중에서 가장 이상했던 것은 2017년 10월 지구를 스쳐 지나간 오우무아무아Oumuamua라는 신비한 성간 천체였다. (하와이 말로 "선구자" 또는 "정찰병"이라는 뜻의) 오우무아무아는 마우이의 천문대에서 일하던 캐나다 천문학자 로버트 웨릭이 처음 발견했다. 오우무아무아는 그때까지 보았던 다른 천체들과는 움직임이 달랐다. 그것은 소행성의 보통 속도의 4배에 달하는 시속 32만 킬로미터로 움직였다. 예상을 뒤엎고 태양 주위를 타원형 궤도로 도는 대신 직선으로 계속 움직였다. 실제로 태양 근처를 지나가면서 속도가 더 높아지면서, 가속 페달을 밟은 듯이 더 빠르게 지나가버렸다.

놀라웠던 사실은 오우무아무아가 지구 궤도를 통과해서 지나간 후까지도 우리가 그것을 보지 못했다는 것이다. 과학자들은 여전히 그것이 혜성인지, 길을 잃은 소행성인지, 얼음덩어리인지, 아니면 전혀 다른 무엇인지를 모르고, 그 움직임에 대한 설명은 시작하지도 못했다. 하버드 대학교의 천체물리학자 애비 러브는 그것이 인공적으로 만들어진 것, 즉 고도로 발달한 문명이 만들어낸 것으로 아마도 지금은 마치 파편처럼 우주 공간을 날아가고 있을 것이라고 주장했다. 마치 우리 자신이 만든 2대의 보이저 우주선이 영원히 우주를 떠다니는 유령 물체가 되고 있듯이 말이다.

유진 슈메이커가 사람들에게 내태양계의 위험성에 대한 경각심을 일깨우려고 노력하는 동안, 이탈리아에서는 컬럼비아 대학교 러몬트 도허티 실험실 출신의 젊은 지질학자에 의해서 아무 상관도 없어 보이는 다른 일이 조용하게 진행되고 있었다. 1970년대 초에 움브리아 지역의 구비오라는 산골 마을 부근에 있는 보타치오네 계곡이라는 멋진 협곡을 탐사하던 월터 앨버레즈는 고대의 백악기와 제3기의 석회석층 사이에 있는 붉은색의 얇은 점토층에 관심을 가지게 되었다. 지질학에서 KT 경계†라고 알려진 두 지질 시대의 경계는 화석 기록에서 공룡을 비롯해 지구상의 동물 중에 거의 절반이 갑

---

† C는 캄브리아기를 나타내기 때문에 CT가 아니라 KT라고 부르게 되었다. 사람들에 따라서 다르지만, K는 그리스어의 "kreta" 또는 독일어의 "Kreide"에서 유래되었다고 하기도 한다. 두 단어가 모두 백악질(白堊質)과 마찬가지로 "분필"을 뜻한다.

자기 사라진 6,500만 년 전에 해당한다. 앨버레즈는 0.6센티미터에 불과한 얇은 점토층과 지구 역사에서의 그런 극적인 순간이 어떤 관계가 있지는 않을까 하는 의문을 가졌다.

당시에 공룡의 멸종에 대한 일반적인 생각은 한 세기 전 찰스 라이엘의 주장 그대로였다. 공룡이 수백만 년에 걸쳐서 서서히 멸종했다는 것이다. 그러나 얇은 점토층은 다른 곳에서는 몰라도 적어도 움브리아 지역에서는 어떤 갑작스러운 일이 있었다는 사실을 분명하게 암시하고 있었다. 그러나 불행하게도 1970년대에는 그 정도의 퇴적이 일어나려면 얼마나 걸리는지를 알아낼 방법이 없었다.

보통의 경우라면 앨버레즈는 그 문제를 그대로 던져두었겠지만, 다행히도 그는 다른 분야의 전문가로부터 전폭적인 도움을 받을 수 있었다. 바로 그의 아버지 루이스였다. 루이스 앨버레즈는 노벨 물리학상을 받은 유명한 핵물리학자였다. 그는 암석에 집착하는 것을 좋아하지 않았지만, 이번 문제는 그에게도 흥미로웠다. 우주에서 날아온 먼지에 그 답이 있을 수도 있다는 생각이 떠올랐기 때문이다.

매년 지구에는 대략 3만 톤의 "우주 소구체小球體", 즉 우주 먼지가 날아와서 쌓인다. 한곳에 모아놓으면 상당한 양이 되겠지만, 지구 전체에 흩뿌리면 아주 적은 양이다. 그런 먼지 속에는 지구에서는 쉽게 발견할 수 없는 이국적인 원소가 들어 있다. 이리듐도 그런 원소 중 하나로, 우주에는 지구에서보다 1,000배 이상 더 흔하게 존재한다(그 이유는 지구가 만들어지던 초기에 대부분의 이리듐이 지구의 중심으로 가라앉았기 때문이라고 생각된다).

앨버레즈는 프랭크 아사로라는 캘리포니아 주의 로런스 버클리 실험실 동료가 중성자 방사화放射化 분석법이라는 방법을 이용해서 진흙의 화학적 조성을 아주 정밀하게 결정하는 기술을 개발했다는 사실을 알고 있었다. 작은 원자로에서 나오는 중성자를 시료에 쪼인 후에 방출되는 감마선의 양을 측정하는 방법으로 매우 까다로운 기술이었다. 앨버레즈는 아사로가 도자기 조각을 분석하던 방법으로 아들의 진흙 속에 들어 있는 이국적인 원소의 양을 측정한 후에 연평균 퇴적 속도와 비교하면, 그 진흙층이 형성되기까지 얼마나 오랜 시간이 걸렸는지를 알아낼 수 있다고 생각했다. 1977년 10월 어느 오후에 루이스 앨버레즈와 월터 앨버레즈는 아사로를 찾아가서 실험해줄 수 있는지를 물었다.

상당히 뻔뻔스러운 요청이었다. 그들의 샘플은 두께로 보아 아주 짧은 기간에 형성되었을 것이 자명했다. 정체가 확실하지 않은 지질학 샘플을 가지고 가서 몇 달이 걸리는 아주 힘든 실험으로 뻔한 사실을 확인해달라는 부탁을 한 셈이었다. 그런 실험을 통해서 정말 극적인 결과를 얻으리라고는 짐작조차 할 수가 없었다.

"글쎄요. 두 사람은 아주 매력적이었고, 설득력이 있었습니다." 인터뷰에서 아사로가 한 말이다. "그리고 흥미로운 문제인 것 같기도 해서 시도해보기로 약속을 했지요. 그러나 다른 할 일이 워낙 많았기 때문에 8개월이 지난 후에야 시작하게 되었습니다." 그는 당시의 실험 노트를 살펴본 후 말했다. "1978년 6월 21일 오후 1시 45분에 샘플을 기계에 넣었습니다. 224분이 지난 후에는 아주 흥미로운 결과가 나오고 있다는 사실을 알 수 있었기 때문에 기계를 멈추고 결과를 살펴보았습니다."

사실 그 결과는 너무나도 의외여서 세 사람은 무엇이 잘못되었다고 생각했다. 앨버레즈의 샘플에 들어 있던 이리듐의 양은 예상보다 훨씬 많아서 보통 값의 300배가 넘었다. 그로부터 몇 달 동안 아사로와 그의 동료 헬렌 미셸은 한 번에 30시간이 넘게 걸리는 실험을 반복했지만(아사로는 "일단 시작하면 멈출 수가 없었다"고 했다), 언제나 결과는 같았다. 덴마크, 스페인, 프랑스, 뉴질랜드, 남극 대륙 등에서 가져온 다른 샘플을 분석해본 결과, 이리듐은 전 세계적으로 분포하고 있었고, 거의 모든 곳에서 상당히 많은 양이 검출되었다. 심지어 보통 값의 500배가 넘는 경우도 있었다. 그렇게 급격한 상승이 있었다는 것은 무엇인가 엄청나고, 갑작스럽고, 어쩌면 재앙에 가까운 일이 벌어졌음을 뜻했다.

오랜 심사숙고 끝에 앨버레즈는 지구에 운석이나 혜성이 충돌했다는 것이 가장 가능성이 높은 설명이라는 결론을 얻었다. 적어도 그들에게는 그렇게 보였다. 지구가 가끔 엄청난 규모의 충돌을 겪었다는 주장은 생각처럼 그렇게 새로운 것은 아니었다. 이미 1942년에 노스웨스턴 대학교의 천체물리학자 랠프 B. 볼드윈이 「대중 천문학」이라는 잡지에 실은 글에서 그런 가능성을 주장했다(다른 학술지에서는 그의 논문을 실어주지 않았기 때문에 그 잡지에 투고할 수밖에 없었다). 천문학자 에른스트 외픽과 노벨 화학상 수상자 해럴드 유리도 그런 주장을 지지한다는 사실을 여러 차례 공개적으로 밝혔다. 심지어 그것은 화석학자에게도 새로운 주장이 아니었다. 1956년에 오리건 주립대학교의 M. W. 드 로벤펠스 교수는 「화석학 *Journal of Paleontology*」에 발표한 논문에서 마치 앨버레즈의 이론을 미리 예측이나 했던 것처럼 우주로부터의 충돌로 공룡이 멸종했다고 주장했다. 1970년에는 미국 화석학회의 회장이었던 듀이 J. 매클래런이 연례 정기 학회에서 데본기의 프라스니아 멸종이 어쩌면 외계로부터의 충돌 때문이었을 것이라고 주장했다.

이 시기에 이르러서는 그런 주장이 얼마나 일반화되었는지를 강조라도 하듯이 할리우드의 영화사가 1979년에 실제로 헨리 폰다, 내털리 우드, 칼 몰던이 아주 큰 바위덩어리와 함께 출연한 「지구의 대참사」라는 영화를 제작하기도 했다("지름 8킬로미터……시속 5만 킬로미터로 떨어지는 운석. 숨을 곳은 없다!").

그래서 1980년 첫 주에 미국 과학진흥협회의 모임에서 앨버레즈 부자가 공룡의 멸종이 수백만 년에 걸쳐 느리게 진행되던 냉혹한 과정이 아니라, 단 한 번의 폭발적인 사건에 의해서 일어났다는 주장은 놀라운 것이 아니었다.

그렇지만, 실제로 그들의 주장은 충격적이었다. 모든 분야에서 그랬지만, 특히 화석학계의 학자들에게는 엄청나게 이단적인 주장이었다.

아사로의 회고에 따르면, "글쎄요, 당시 우리는 그 분야의 아마추어였다는 사실을 기억해야 합니다. 월터는 고지자기학古地磁氣學을 전공하는 지질학자였고, 루이스는 물리학자였고, 저는 방사화학자였습니다. 그런 우리가 화석학자들에게 그들이 한 세기가 넘도록 고민하던 문제를 해결했다고 말하고 있었습니다. 그 사람들이 우리의 주장을 곧바로 받아들이지 않았던 것은 전혀 놀랄 일이 아니었습니다." 루이스 앨버레즈는 농담처럼 말했다. "우린 면허도 없이 지질학을 연구하다가 들통이 나버린 셈이었죠."

그러나 충돌 이론에는 훨씬 더 심각하고 근본적으로 끔찍한 의미가 담겨 있었다. 라이엘 이후의 자연사에서는 천문학적인 현상이 점진적으로 일어난다는 것이 일반적인 생각이었다. 1980년대에 이르면 격변설은 오래 전에 잊혀 더 이상 상상할 수도 없었다. 대부분의 지질학자에게 재앙에 가까운 충돌 이론은 유진 슈메이커의 표현처럼 "그들의 과학적 종교"에 어긋났다.

루이스 앨버레즈가 화석학자들과 그들의 과학적 지식을 공개적으로 비하했던 것도 도움이 되지 못했다. 그가 「뉴욕 타임스」의 글에서 "그들은 훌륭한 과학자가 아니라, 우표 수집가에 더 가깝다"라고 했던 것은 지금도 거부감이 느껴지는 표현이다.

앨버레즈 이론을 반대하던 사람들은 이리듐 축적을 설명하기 위해서 온갖 대안을 제시했다. 예를 들면, 인도 지역에서 장기간에 걸쳐 일어났던 데칸 트랩(데칸은 지명이고, 트랩은 용암의 종류를 가리키는 스웨덴 말이다)이라는 화산 폭발 때문이라고 주장하기도 했다. 무엇보다도 그들은 화석 기록에서는 이리듐 축적이 이루어지던 시기에 공룡이 갑자기 사라졌다는 증거를 찾을 수 없다고 고집을 부렸다. 다트머스 대학교의 찰스 오피서가 가장 극렬하게 반대했다. 그는 이리듐이 화산 활동으로 축적된 것이라고 주장했지만, 신문 인터뷰에서는 그에 대한 확실한 증거는 없다고 실토했다. 설문 조사에 따르면, 1988년까지도 미국 화석학자들의 절반 이상이 공룡의 멸종은 소행성이나 혜성의 충돌과는 무관하다고 믿었던 것으로 밝혀졌다.

앨버레즈 부자의 이론을 가장 확실하게 밝혀줄 증거는 충돌 현장이었지만, 그들은 그런 장소를 파악하지 못하고 있었다. 그런 상황에서 유진 슈메이커가 등장했다. 슈메이커는 사위가 아이오와 대학교의 교수였기 때문에 아이오와 주와 인연이 있었고, 특히 자신의 연구를 통해서 맨슨 크레이터에 대해서도 많은 것을 알고 있었다. 그의 노력 덕분에 이제는 모든 사람이 아이오와 주를 바라보게 되었다.

지질학의 중요성은 지역에 따라서 크게 다르다. 대체로 평평하고, 지층구조학적으로 아무런 특징이 없는 아이오와 주와 같은 곳에서는 비교적 할 일이 많지 않다. 알프스 산맥의 봉우리나 흘러내리는 빙하도 없고, 거대한 원유나 귀금속이 매장된 곳도 없으며, 화산쇄설류의 흔적조차도 없다. 아이오와 주에 고용된 지질학자가 맡는 가장 큰 업무는 양돈업자를 비롯한 "동물 사육업자들"이 정기적으로 제출하는 분뇨 관리 계획을 평가하는 것이다. 아이오와 주에서는 2,400만 마리(이 책을 처음 썼을 때는 1,500만 마리였다)의 돼지를 사육하기 때문에 관리해야 할 분뇨의 양도 엄청나다. 실제로 아이오와 주의 농장에서는 인분人糞보다 훨씬 많은 매년 490억 톤의 가축 분뇨가 배출된다. 아이오와 주의 지하수 수질을 깨끗하게 유지하는 일은 매우 중요하지만, 아무리 열심히 노력해도 그것을 피나투보 화산에서 흘러내리는 용암을 피해서 달아나거나, 그린란드 대륙빙의 갈라진 틈에서 고대 생명체가 들어있는 석영을 긁어모으는 것과는 비교할 수 없다. 그러니까 1980년대 중반에 세계의 모든 지질학적 관심이 맨슨과 그곳의 크레이터에 집중되었을 때, 아이오와 주의 자연자원부를 휩쓸었던 흥분이 어느 정도였을지를 쉽게 짐작할 수 있을 것이다.

세기말에 붉은 벽돌로 지은, 아이오와 시의 트로브리지 홀에는 아이오와 대학교의 지구과학과가 있는데, 아이오와 주 자연자원부의 지질학자들은 그 건물의 다락방 같은 곳에서 일한다. 주 정부의 지질학자들이 언제부터 대학교에서 일하기 시작했고 왜 그렇게 되었는지를 아는 사람은 없지만, 천장도 낮고 비좁은 그 사무실을 보면, 대학교가 그런 공간을 선뜻 제공하지는 않았다는 사실을 쉽게 알 수 있다. 그곳으로 가는 길은 마치 지붕으로 올라가 창문을 통해서 들어가는 느낌이었다.

브라이언 위츠크와 레이 앤더슨은 모두 은퇴했지만, 서류, 잡지, 차트 뭉치, 무거운 암석 샘플 더미로 가득한 그곳에서 몇 년을 행복하고 생산적으로 일했다(지질학자들은 서류를 눌러놓을 문진文鎭이 없어서 당황하는 적이 없다).

비가 내리던 2001년 6월의 어느 날 아침에 그들의 사무실에서 위츠크와 함께 처음 만난 앤더슨은 당시의 기억을 즐겁게 떠올리면서 "갑자기 우리가 중심에 서게 되었지요"라고 말해주었다. "그때는 멋진 시절이었습니다."

나는 그들에게 모두의 존경을 받는 유진 슈메이커에 관해서 물어보았다. 위츠크는 주저 없이 말했다. "그저 훌륭한 분이었습니다. 그분이 아니었으면 모든 일이 시작되지도 못했을 것입니다. 그분의 적극적인 지원에도 불구하고 일이 본 궤도에 오르기까지 2년이 걸렸습니다. 시추는 비용이 많이 드는 일이지요. 당시에는 30센티미터를 시추하는 데에 35달러가 들었고, 지금은 더 비쌉니다. 우리는 900미터를 파 내려가야 했습니다."

"그보다 더 깊이 파기도 했어요." 앤더슨이 덧붙였다. "그랬지요." 위츠크도 동의했다. "몇 군데에서는 말입니다. 그러니까 엄청난 비용이 필요했어요. 우리 예산으로는 도저히 감당할 수가 없었습니다."

그래서 아이오와 주 지질조사소와 미국 지질조사소의 공동사업이 시작되었다. "적어도 우리는 그것이 공동사업이라고 **생각했어요.**" 조금 쓸쓸한 웃음을 띠면서 앤더슨이 말했다.

"우리에게는 정말 많은 것을 배울 수 있었던 기회였습니다." 위츠크가 말을 이었다. "당시에는 엉터리 과학도 흔했습니다. 사람들은 신중하게 검토해보지도 않고 성급하게 결론을 내리기도 했습니다." 1985년 미국 지질학회

연합의 연례 학술회의가 그랬다. 미국 지질조사소의 글렌 이젯과 C. L. 필모어는 맨슨 크레이터가 공룡 멸종이 일어나던 시기에 생성되었다고 밝혔다. 그 주장은 언론의 집중적인 관심을 끌었지만, 불행히도 너무 성급한 주장이었다. 자료를 더 분석해본 결과에 따르면, 맨슨은 그 크기도 너무 작았고 공룡 멸종보다 900만 년이나 앞섰다.

앤더슨과 위츠크가 그런 문제에 대해서 처음 알게 된 것은 사우스 다코타에서 열린 학술회의에서였다. 사람들은 동정 어린 눈길로 그들을 바라보면서, "크레이터가 쓸모없어졌다면서요"라고 물어왔다. 그들은 이젯을 비롯한 미국 지질조사소의 과학자들이 새로운 숫자를 공개했고, 맨슨 크레이터가 멸종을 일으킨 원인이 될 수 없다고 주장했다는 사실도 그곳에서 처음 알게 되었다.

"정말 기절할 소식이었지요." 앤더슨의 기억이었다. "우리는 정말 중요한 것을 발견했다고 생각했는데, 갑자기 모든 의미가 사라져버렸으니까요. 그러나 그보다 더 고약했던 것은 우리와 함께 일한다고 생각했던 사람들이 새로 발견한 사실을 우리에게 알려주지도 않았다는 점이었습니다."

"왜 안 가르쳐주었을까요?"

그는 어깨를 으쓱했다. "누가 알겠습니까? 어쨌든 과학이 어떤 경우에는 얼마나 형편없어질 수 있는지를 알게 된 경험이었습니다."

이제는 은퇴했지만, 브라이언과 레이는 여전히 아이오와 대학교의 객원 교수로 학생들을 가르치고, 맨슨 크레이터에 여전히 열정적이었다. 나는 2024년 늦은 여름에 아이오와 시에 있는 위츠크의 집에서 그들을 다시 만났다. 그들은 여전히 무적의 한 쌍으로 즐겁게 서로 말을 주고받고 있었다. 그들은 분명히 서로를 아끼고 존중했지만, 소행성이 떨어진 곳이 물이었는지 아니면 땅이었는지에 대해서는 여전히 논쟁을 계속하고 있었다.

우리가 처음 만난 이후로 맨슨 크레이터에는 큰 변화가 없었다. 충돌이 일아난 시기는 7,480만 년 전에서 7,590만 년 전(오차 범위 10만 년)으로 약 100만 년 정도 앞당겨졌지만, 그외에는 새로운 정보가 없었다. 최근 아이오와 지질학계에 일어난 큰 일은, 2013년 아이오와 주의 북동쪽에 있는 데코라라는 도시 바로 밑에서 또다른 중요한 충돌 크레이터가 발견되었다는 것이었다. 대략 4억7,000만 년 전의 일이었고, 지역적으로는 엄청나게 파괴적이었겠지만, 영원한 멸종을 일으킬 정도는 아니었다.

맨슨에 관한 가장 크고 영원한 수수께끼는 최초의 시추자들이 맨슨의 밑에서 물을 찾기 위해서 놀라울 정도의 끈기를 보여주었던 이유가 무엇이었는지이다.

"1905년의 첫 시추에서는 물을 찾기 위해 300미터를 파내려 가야 했습니다." 위츠크의 설명이었다. "보통 시추는 그보다 훨씬 얕은 곳에서 포기합니다. 몇 년 후에 그들은 물을 찾기 위해 다시 깊은 곳까지 시추를 했습니다."

앤더슨이 말을 이었다. "그후로 우리는 여러 곳을 시추해봤지만, 다시는 물을 찾지 못했습니다. 1980년대에 유전을 찾던 석유회사가 더 깊은 곳까지 시추를 했고, 심지어 5,000미터까지 뚫었지만 물을 찾지는 못했습니다. 그래서 첫 시추자들이 단 두 번의 시도에서 모두 물을 발견했던 일은 기적과도 같았습니다."

맨슨 충돌이 공룡 멸종의 원인에서 배제되면서 원인을 찾기 위한 노력은 다른 곳으로 옮겨갔다. 1990년에 애리조나 대학교의 앨런 힐데브란트는 우연히 「휴스턴 크로니클Houston Chronicle」의 기자를 만났다. 그 기자는 뉴올리언스에서 남쪽으로 950킬로미터 정도 떨어진 멕시코 유카탄 반도의 프로그레소라는 도시 인근에 있는 칙술루브에 생성 원인을 알 수 없으며 지름이 200킬로미터나 되는 거대한 구덩이가 있다는 사실을 알고 있었다. 그 구덩이는 유진 슈메이커가 애리조나 주의 운석 크레이터를 처음 방문했던 해인 1952년에 멕시코의 석유회사 페멕스가 처음 발견했지만, 회사의 지질학자들은 당시의 일반적인 생각처럼 화산에 의해서 생긴 것이라고 믿었다. 그곳을 찾아간 힐데브란트는 곧바로 그곳이 바로 자신이 찾던 곳임을 알아차렸다. 1991년 초가 되자, 칙술루브가 충돌 현장이라는 사실은 거의 모든 사람이 만족할 수 있을 정도로 확실해졌다.

아직도 많은 사람들이 충돌로 생길 수 있는 일을 확실하게 이해하지 못한다. 스티븐 제이 굴드의 글에 의하면, 그 자신도 "나는 그런 일의 영향에 대해서 처음에 강한 의구심을 품었던 것으로 기억한다……지름이 10킬로미터에 불과한 덩어리가 어떻게 지름이 1만3,000킬로미터나 되는 지구에 그렇게 엄청난 혼란을 가져올 수 있다는 말인가?"라고 생각했다.

다행스럽게도, 슈메이커와 레버가 목성을 향해서 날아가고 있던 슈메이커-레비 9 혜성을 발견함으로써 그 이론을 자연스럽게 시험해볼 수 있게 되었다. 인간이 역사상 처음으로 혜성의 충돌 모습을 직접 목격할 수 있게 된 것이다. 새로운 허블 우주 망원경 덕분이었다. 커티스 피블스에 따르면, 대부분의 천문학자는 아무런 기대도 하지 않았다. 더욱이 그 혜성은 하나의 둥근 덩어리가 아니라 21개의 조각으로 나누어진 것이었다. 한 천문학자는 "목성이 아무 일 없이 혜성을 삼켜버릴 것"이라고 믿었다고 했다. 충돌이 일어나기 1주일 전에 「네이처」는 "커다란 쉭 소리가 다가오고 있다"는 제목의 글을 실었다. 충돌의 결과는 유성우流星雨에 불과할 것이라는 예측이었다.

1994년 7월 16일에 시작된 충돌은 1주일 동안 계속되었고, 유진 슈메이커를 제외한 모든 사람의 예상보다 규모가 훨씬 더 컸다. G핵이라고 알려진 파편은 당시 지구에 존재하던 모든 핵무기를 합친 것보다 75배나 되는 600만 메가톤 정도의 힘으로 충돌했다. G핵은 크기가 작은 산 정도에 불과했지만, 목성의 표면에 지구 정도 크기의 상처를 남겼다. 그 충돌은 앨버레즈 이론을 비판하던 사람들에게 가한 최후의 일격이었다.

루이스 앨버레즈는 칙술루브 크레이터나 슈메이커-레비 혜성의 발견을 보지 못하고 1988년에 사망했다. 슈메이커 역시 일찍 세상을 떠났다. 슈메이커-레비 충돌 3주년이 되던 때에 그는 부인과 함께 매년 방문하던 오스트레일리아의 오지에 있었다. 지구에서 가장 한적한 곳 중의 하나인 타나미 사막의 비포장 도로를 달리던 그들은 언덕을 넘어가던 중에 마주 오던 자동차와 정면으로 충돌했다. 슈메이커는 현장에서 사망했고, 그의 부인은 부상을 당했다. 그의 유해 일부는 우주선 루나 프로스펙터에 실려 달로 보내졌다. 나머지 유해는 운석 크레이터 부근에 뿌려졌다.

앤더슨과 위츠크는 더 이상 맨슨 크레이터가 공룡을 죽게 했다고 주장하지는 않지만, 앤더슨은 맨슨 크레이터가 "미국 본토에서 가장 큰 충돌 크레이터로, 지금까지도 가장 완벽하게 보존되어 있다"(맨슨의 중요성을 강조하려면 약간의 말장난이 필요하다. 1994년에 충돌 현장으로 확인되었던 체서피크 만의 크레이터처럼 더 큰 것도 있지만, 모두 해안에서 떨어진 곳에 있거나 변형이 일어났다)고 말했다. 앤더슨에 따르면, "칙술루브는 2-3킬로미터의 석회석 밑에 있고, 다른 크레이터는 대부분 해안에서 멀리 떨어져 있어서 연구하기가 어렵지만, 맨슨에는 쉽게 접근할 수가 있다. 더욱이 땅속에 묻혀 있었기 때문에 비교적 원래의 모습이 그대로 남아 있는 편이다."

만약 비슷한 크기의 돌덩어리가 다시 우리를 향해서 돌진해온다면 어떤 경보를 받을 수 있는가를 물어보았다.

앤더슨은 가볍게 대답했다. "아마도 아무런 경보도 받을 수 없을 것입니다. 돌덩어리가 뜨겁게 달궈지기 전에는 맨눈으로는 볼 수 없을 테고, 그런 일은 대기권에 진입한 후에야 일어납니다. 지구에 충돌하기 대략 1초 전에 말입니다. 우리가 이야기하는 대상은 가장 빠른 총알보다도 수십 배나 빨리 날아옵니다. 누군가가 망원경으로 발견하는 수밖에 없지만, 그것도 가능성이 매우 낮습니다. 정말 마른하늘에 날벼락처럼 떨어지겠지요."

충돌의 파괴력이 어느 정도일지는 지구로 다가오는 각도, 속도, 궤적, 정면 충돌인지 측면 충돌인지, 그리고 충돌하는 물체의 질량과 밀도 등의 여러 요인들에 의해서 완전히 달라진다. 그러나 모든 대형 충돌에는 한 가지 공통점이 있다. 충돌의 각도와 상관없이 엄청난 양의 분출물이 공기 중으로 곧바로 솟구친 후에, 충돌에 의한 극단적인 열에 의해서 어떻게 뒤섞이고 변환되는지(지질학자들의 용어로는 "충격받음")에 상관없이, 다시 구덩이로 떨어진다는 것이다.

"그것이 충격의 숨길 수 없는 흔적입니다." 레이가 설명했다. "지구에서 자연적으로 일어나는 다른 일에서는 그런 결과가 나오지 않습니다."

맨슨 충돌에서 방출된 에너지의 양을 계산해서 오늘날 그런 충돌이 발생한다면 어떤 결과가 벌어질지를 추정해본 앤더슨과 위츠크의 결과는 끔찍했다.

우주적인 속도로 날아오는 소행성이나 혜성이 지구 대기권에 진입하면, 그 속도가 너무 빨라서 그 앞쪽에 있는 공기가 비켜날 여유가 없어 자전거 펌프 속에서처럼 압축된다. 그런 펌프를 써본 사람은 누구나 알고 있듯이, 공기가 압축되면 곧바로 뜨거워진다. 그래서 대기에 진입한 소행성의 앞쪽에 있는 공기의 온도는 태양 표면 온도의 10배에 가까운 6만 도까지 올라간다. 운석이 지나가는 경로에 있는 사람, 집, 공장, 자동차를 비롯한 모든 것은 불 속에 던져진 셀로판처럼 순식간에 찌그러진다.

대기권에 진입한 운석은 1초 이내에 지표면에 충돌한다. 한순간 전까지만 하더라도 맨슨의 사람들처럼 아무것도 모르고 일상생활을 하던 곳에 말이다. 운석 자체는 순간적으로 기화해버리지만, 그 충격으로 1,000세제곱킬로미터의 돌이나 흙과 함께 엄청날 정도로 뜨겁게 가열된 가스가 바깥쪽으로 분출된다. 충돌 현장으로부터 250킬로미터 이내에서는, 진입 당시의 열로부터 살아남은 모든 생물이 죽는다.

직접적인 영향권 바로 바깥에서 가장 먼저 나타나는 재앙은 인간의 눈으로는 본 적 없는 엄청나게 눈부신 빛이다. 충돌의 순간부터 1-2분 이내에 상상도 할 수 없는 규모의 종말과 같은 광경이 펼쳐진다. 하늘 끝까지 닿는 무시무시한 어둠이 시속 1,300킬로미터로 퍼져나가면서 시야를 완전히 차단한다. 그런 어둠은 소리의 속도보다 훨씬 빠르게 움직이기 때문에 소름 끼칠 정도로 조용히 다가온다. 오마하나 디모인의 고층 건물에서 우연히 그 광경을 목격하는 사람은 놀라운 혼란 직후에 순식간에 모든 것이 사라지는 광경을 보게 될 것이다. 시카고, 세인트루이스, 캔자스 시티, 트윈 시티를 포함한 덴버에서부터 디트로이트에 이르는 거의 모든 중서부 지역에 서 있던 모든 것이 쓰러지거나 불길에 휩싸이고, 거의 모든 살아 있는 생물은 순식간에 죽어버릴 것이다. 북쪽으로 서스캐처원에서 남쪽으로 텍사스와 조지아에 이르는 1,500킬로미터 이내에 있는 사람은 바람에 넘어지고, 날아오는 파편에 사정없이 얻어맞을 것이다.

그런데 그것은 초기의 충격파에 불과하다. 그후에 나타나게 될 피해가 어느 정도일지는 알 수 없지만, 엄청난 전 세계적 규모가 될 것은 분명하다. 몇 시간 이내에 시커먼 구름이 세상을 뒤덮을 것이고, 시뻘겋게 달아오른 돌덩어리와 파편이 날아다니면서 전 세계가 불길에 휩싸일 것이다. 하루 만에 적어도 15억 명이 넘는 사람이 목숨을 잃을 것으로 추정된다. 전리층電離層이 심하게 교란되면서 모든 통신 시설이 작동하지 않을 것이기 때문에 생존자들은 무슨 일이 벌어졌는지, 어디로 몸을 피해야 하는지도 알 수가 없게 된다. 사실 그런 것은 문제도 아니다. 어느 사람이 말했듯이, 도망치는 일은 "죽음의 순간을 조금 늦출 뿐이다. 생명을 유지시키는 지구의 능력이 어느 곳에서나 똑같은 정도로 줄 것이기 때문에 어떠한 피난 노력으로도 사망자를 크게 줄이지는 못할 것이다."

충돌과 그 이후의 화재로 인한 그을음과 떠다니는 재가 햇볕을 차단할 것이다. 그런 상태가 몇 달 또는 몇 년 동안 지속되면 식물의 성장 주기가 파괴된다. 2001년에 캘리포니아 공과대학교의 연구진이 KT 충돌로 생긴 퇴적층의 헬륨 동위원소를 분석해본 결과에 따르면, 지구의 기후가 1만 년 이상 영향을 받았던 것으로 밝혀졌다. 그런 분석 자료는 지질학적 관점에서 공룡의 멸종이 순식간에 엄청난 규모로 일어났음을 뒷받침하는 증거로 사용되었다. 인류가 그런 충돌을 얼마나 잘 견뎌낼 수 있을 것인지, 또는 과연 견뎌낼 수 있기나 할 것인지는 짐작만 할 수 있을 뿐이다.

그런 일이 맑은 하늘에서 느닷없이 일어날 가능성이 매우 높다는 사실을 기억해두기 바란다.

그런데 우리가 다가오는 운석을 발견했다고 생각해보자. 과연 우리가 무엇을 할 수 있을까? 우리가 핵무기를 발사해서 그것을 산산조각낼 수 있다고 생각하는 사람이 많다. 그러나 그런 주장에는 문제가 있다. 존 S. 루이스가 지적한 것처럼, 우리의 미사일은 우주에서 작동하도록 개발된 것이 아니다. 미사일은 지구의 중력을 벗어날 수 없고, 만약 벗어난다고 하더라도 우주에서 수백만 킬로미터를 날아갈 수 있는 조정장치도 붙어 있지 않다.

2022년에 NASA가 실험용으로 DART(Double Asteroid Redirection Test)라고 부르는 우주선을 디모르포스라는 소행성에 충돌시켜서 그 진행 방향을 조금 바꾸는 데에 성공했다. 지구를 향해 날아오는 소행성을 충분히 일찍 발견하기만 한다면, 그런 노력으로 소행성을 파괴하거나 옆으로 밀어낼 수 있을 것이라는 희망을 품게 되었다. 그러나 과거의 근접 사고에서 알 수 있듯이, 그런 희망은 대단히 위험한 것이다. 1년 전의 경고조차도 적절한 조치를 취하기에는 부족할 수 있다는 지적도 있었다. 그러나 우리가 기껏해야 6개월 전에 그런 물체가 다가오고 있다는 사실을 알게 될 가능성이 훨씬 더 크다. 혜성도 마찬가지이다. 그렇게 되면 너무 늦다. 1929년부터 분명하게 목성의 주위를 돌고 있었던 슈메이커-레비 9 혜성을 발견하기까지는 반세기가 넘게 걸렸다.

어떤 물체가 지구를 향해서 다가오고 있다는 사실을 알게 되더라도, 정확한 궤적을 계산하는 일은 너무 어렵고 오차범위가 크기 때문에 충돌이 일어나기 몇 주일 전이 되어야만 충돌 가능성을 확실하게 알 수 있게 된다. 물체가 다가오는 동안에 우리는 불확실성의 범위 안에 들어 있을 뿐이다. 인류 역사에서 가장 흥미로운 몇 달이 될 것이 확실하다. 그런 후에 그 물체가 안전하게 지나간다면 얼마나 흥겨울지 상상이 될 것이다.

"맨슨 충돌과 같은 일이 대체 얼마나 자주 일어납니까?" 나는 앤더슨과 위츠크에게 마지막으로 물어보았다.

"아마도 평균 수백만 년에 한 번 정도일 것입니다." 위츠크가 대답했다.

"그것이 비교적 작은 규모의 사건이었다는 점을 기억해야 합니다. 맨슨 충돌로 멸종된 생물종이 얼마나 되는지 아세요?" 앤더슨이 물었다.

"모르겠군요"라고 내가 대답했다.

"하나도 없었습니다." 그는 묘한 만족의 분위기를 풍기면서 말했다. "단 하나도요."

물론 위츠크와 앤더슨은 모두 지구의 상당한 부분에, 앞에서 설명한 것과 같은 엄청난 파괴가 일어났을 수 있다는 사실에는 동의했다. 지면에서 수백 킬로미터 범위는 완전히 파괴되었을 것이다. 그러나 생명은 끈질긴 것이어서, 연기가 사라지고 난 후에는 거의 모든 생물종 중에 다행스럽게 생존한 것이 있었기 때문에 영원히 사라진 종은 없었다.

어떤 생물종을 완전히 멸종시키기는 매우 힘들다는 것이 그나마 좋은 소식인 것 같다. 그렇지만 그런 좋은 소식이 사실은 믿을 만하지 못하다는 사실은 나쁜 소식이다. 더욱 고약한 사실은 그런 끔찍한 위험이 하늘에서만 다가오는 것이 아니라는 점이다. 앞으로 살펴보겠지만, 지구 자체도 충분히 심각한 위험 요소를 가지고 있다.

제14장

땅속에서 타오르는 불

1971년 여름 마이클 부르히스라는 젊은 지질학자는 자신이 자란 오처드라는 작은 마을에서 그리 멀지 않은 네브래스카 주의 풀숲을 살펴보고 있었다. 가파른 협곡을 지나던 그는 숲속에서 이상하게 반짝이는 것을 살펴보기 위해서 언덕을 기어 올라갔다. 그곳에는 완벽하게 보존된 어린 코뿔소의 두개골이 얼마 전에 내린 폭우에 깨끗하게 씻겨 있었다.

그 위로 몇 미터 떨어진 곳은 북아메리카에서 발견된 가장 특별한 화석층이라는 사실이 밝혀졌다. 지금은 물이 말라버렸지만 동물이 물을 마시던 샘이었던 그곳은 코뿔소, 얼룩말을 닮은 말, 뾰족한 이빨을 가진 사슴, 낙타, 거북을 비롯한 다양한 동물의 공동묘지가 되었다. 모두가 지질학에서 마이오세라고 알려진 대략 1,200만 년 전에 일어난 알 수 없는 재앙으로 죽은 것이었다. 네브래스카 주는 오늘날 아프리카의 세렝게티와 같은 드넓고 뜨거운 평원이었다. 동물의 잔해는 3미터가 넘은 화산재에 묻혀 있었다. 그런데 네브래스카 주에는 화산이 하나도 없었다는 것이 수수께끼였다.

부르히스가 발견한 지역에는 오늘날 멋진 안내소와 더불어 지질정보와 화석층의 역사가 잘 전시된 박물관을 갖춘 "주립 화산재 화석층 공원"이 조성되어 있다. 안내소에는 방문객이 화석을 손질하는 화석학자의 모습을 큰 창문을 통해서 볼 수 있도록 만든 실험실도 있다. 내가 그곳을 방문했을 때에는 푸른 작업복을 입은 유쾌한 반백의 인물이 혼자 작업에 열중하고 있었다. 그가 출연한 BBC 다큐멘터리를 보았던 나는 그 사람이 바로 마이클 부르히스임을 알아보았다. 주변에 아무것도 없는 그곳을 찾는 사람이 많지 않은 탓인지, 부르히스는 기꺼이 나에게 이곳저곳을 소개해주었다. 그는 자신이 화석을 처음 발견했던 곳을 보여주려고 나를 계곡 위 6미터 높이에 있는 곳까지 데려가기도 했다.

 "이곳은 유골을 찾기에는 적당한 곳이 아니랍니다." 그는 즐거운 듯이 말했다. "그런데 나는 유골을 찾으려던 것이 아니었습니다. 당시에 나는 네브래스카 주 동부의 지질학 지도를 만들 생각이었어요. 그러려면 이곳저곳을 살펴보고 다녀야 했지요. 내가 이 계곡에 올라가지 않았거나 두개골이 빗물에 씻기지 않았더라면, 나는 그냥 이곳을 지나쳤을 것이고 이곳은 눈에 띄지 않았을 것입니다." 그는 발굴현장이었던 곳에 세워진, 지붕이 덮인 구조물을 가리켰다. 그곳에는 대략 200마리의 동물 유골이 뒤섞여 있었다.

 나는 그곳이 유골을 찾기에 적당한 곳이 아닌 이유를 물어보았다. "글쎄요. 유골을 찾으려면 노출된 암석을 살펴보아야 합니다. 그래서 대부분의 화석학자는 뜨겁고 건조한 지역을 찾아다니지요. 그런 곳이라고 특별히 유골이 더 많은 것은 아닙니다. 다만 그런 곳에서 유골을 발견할 확률이 더 높기 때문이지요." 그는 아무 변화도 기대할 수 없는 넓은 초원을 손으로 가리키면서 말했다. "이런 곳에서는 어디에서부터 시작해야 하는지를 알 수가 없어요. 이런 곳에도 정말 훌륭한 유골이 있을 수는 있지만, 겉으로 드러나는 실마리를 찾을 수 없답니다."

 처음에 그들은 동물이 산 채로 파묻혔다고 생각했다. 실제로 부르히스는 1981년 「내셔널 지오그래픽*National Geographic*」에서 그렇게 주장했다. "그곳을 '선사시대 동물의 폼페이'라고 불렀지요." 그의 말이었다. "그러나 우리는 곧바로 그 동물이 갑자기 죽지 않았다는 사실을 깨달았어요. 그러니까 그렇게 불렀던 것은 잘못이었습니다. 그 동물들은 자극성이 강한 재를 많이 흡입하면 걸리게 되는 폐비대 골이영양증骨異營養症을 앓고 있었습니다. 그 동물들은 이 부근 수백 킬로미터에 이르는 지역에 수 미터 두께로 쌓여 있던 재를 흡입했던 것입니다."

그는 회색의 진흙 같은 흙덩어리를 집어서 나의 손바닥 위에 부스러뜨려 보여주었다. 가루였지만 모래처럼 보이기도 했다. 그는 설명을 계속했다. "곱지만 독성이 강해서 흡입하기에는 고약한 것이었죠. 그래서 동물들은 안식처를 찾아 샘으로 왔지만 결국은 비참하게 죽어갔습니다. 재가 모든 것을 망쳐버린 셈이죠. 재는 풀과 잎을 덮었고, 물은 더 이상 마실 수 없는 잿빛의 진흙 덩어리가 되었습니다. 조금도 유쾌하지 않은 광경이었겠지요."

BBC 다큐멘터리에서는 네브래스카 주에 그렇게 많은 화산재가 있었다는 사실이 놀랍다고 했다. 그러나 네브래스카 주에 거대한 화산재 층이 있다는 사실은 오래 전부터 알려져 있었다. 거의 한 세기에 가깝도록 화산재를 캐내서 코메트와 아작스와 같은 가정용 세척 분말로 사용해왔다. 그러나 신기하게도 아무도 그런 화산재가 어디에서 온 것인지를 궁금해하지 않았다.

"말씀드리기가 조금 부끄럽기는 합니다." 부르히스가 웃음을 지으며 말했다. "화산재가 어디서 온 것이냐는 「내셔널 지오그래픽」 편집자의 질문을 받고 나서야 처음 생각하게 되었고, 모른다고 대답할 수밖에 없었습니다. 아무도 몰랐지요."

부르히스는 미국 서부의 동료들에게 화산재의 샘플을 보내서 비슷한 것을 본 적이 있는지 물었다. 몇 달 후에 아이다호 지질조사소의 빌 보니크센이라는 지질학자가 그 샘플이 아이다호 남서부의 부르노-야비지라는 곳의 화산 퇴적층과 일치한다고 알려주었다. 네브래스카 평원의 동물을 죽음에 몰아넣었던 것은 화산 폭발 장소로부터 1,600킬로미터나 떨어진 네브래스카 주 동부에 3미터가 넘는 화산재가 쌓일 정도로 상상을 넘어서는 엄청난 규모로 일어났던 화산 폭발이었다. 그후 미국 서부에는 지하에 엄청난 규모의 마그마 덩어리가 있는 거대한 화산 위험 지역이 있어서, 가끔 재앙에 가까운 규모의 화산 폭발이 일어난다는 사실이 밝혀졌다. 지금도 화산 위험 지역은 그곳에 그대로 남아 있다. 오늘날 우리는 그곳을 옐로스톤 국립공원이라고 부른다.

우리는 우리의 발밑에서 무슨 일이 일어나는지에 대해서 놀라울 정도로 아는 것이 없다. 포드가 자동차를 만들고, 월드 시리즈 야구가 시작된 때에도 우리가 지구에 핵이 있다는 사실조차도 몰랐다는 사실은 정말 놀라운 일이다. 대륙이 물 위에 떠 있는 수련 잎처럼 지구 표면을 움직여 다닌다는 사실이 상식이 된 것도 고작 수십 년 전의 일이다. 리처드 파인먼에 따르면, "이상하게 보이겠지만, 우리는 지구의 내부보다는 태양 내부에 물질이 어떻게 분포되어 있는가에 대해서 더 잘 안다."

지구 표면에서 중심까지의 거리는 그렇게 멀지 않은 6,370킬로미터이다. 계산에 의하면, 지구의 중심까지 우물을 파고 벽돌을 떨어뜨리면 바닥에 닿기까지 겨우 45분이 걸린다(그러나 벽돌이 지구의 중심에 도달하면 중력장이 아래쪽이 아니라 위쪽을 비롯한 모든 방향을 향하게 될 것이기 때문에 무중력 상태에 놓일 것이다). 지구의 중심을 뚫고 들어가보려는 우리의 노력은 정말 미미했다. 한두 곳의 남아프리카 금광이 3킬로미터까지 들어갔지만, 대부분의 광산은 지표에서 겨우 400미터를 넘지 않는다. 만약 지구가 사과였다면, 우리는 아직 껍질도 벗겨보지 못한 셈이다. 정말 우리는 지구 중심의 근처에 가보지도 못했다.

한 세기 전까지만 하더라도, 가장 박식한 과학자도 지구의 내부에 대해서 아는 것은 석탄 광부의 수준을 벗어나지 못했다. 땅속을 파고 들어가다가 암석에 부딪히면 그것이 전부였다. 그러던 1906년에 과테말라의 지진 기록을 살펴보던 아일랜드의 지질학자 R. D. 올덤은 지구 내부 깊숙한 곳까지 침투한 충격파가 어떤 장벽을 만난 것처럼 비스듬한 각도로 튕겨진다는 사실을 발견했다. 3년 후에 자그레브의 지진 기록을 검토하던 크로아티아의 지진학자 안드리야 모호로비치치도 역시 비슷한 반사파를 발견했지만, 이번에는 훨씬 얕은 곳에서 발생한 것이었다. 그는 지각과 그 밑에 있는 층인 맨틀 사이의 경계면을 발견한 것이다. 맨틀의 존재는 모호라고 줄여서 부르는 모호로비치치 불연속면이 발견되었을 때부터 알려져 있었다.

우리는 그때부터 여러 층으로 된 지구의 내부에 대해서 희미하게나마 알아내기 시작했다. 다만 정말 희미한 수준이었다. 뉴질랜드에 발생한 지진에서 얻은 기록을 연구하던 덴마크의 잉게 레만이 지구에 두 개의 핵이 있다는 사실을 발견한 것은 1936년이었다. 오늘날 밝혀진 사실에 따르면, 내부의 핵은 단단한 고체이지만, (올덤이 발견한) 외부의 핵은 액체 상태이고 지구의 자기가 나타나는 곳으로 보인다.

레만이 지진 기록으로부터 지구 내부에 대한 지식을 쌓아가는 동안, 캘리포니아 주에 있는 캘리포니아 공과대학교의 지질학자 두 사람은 연속적으로 일어나는 지진을 비교하는 방법을 고안 중이었다. 그들은 찰스 리히터와 베노 구텐베르크였지만, 공정성과는 아무 상관이 없는 이유로 그들이 함께 고안한 척도에는 곧바로 리히터의 이름만 붙었다(그 척도는 사실 리히터와도 상관이 없었다. 지진 척도에 자신의 이름을 붙여서 부른 적이 한 번도 없을 정도로 겸손했던 리히터는 언제나 "크기 척도"라고 불렀다).

과학자가 아닌 사람들은 언제나 리히터 규모Richter magnitude를 잘못 이해해왔다. 리히터의 사무실을 방문한 사람들이 그 유명한 규모가 일종의 기계라고 생각하고 그것을 보여달라고 하던 초창기보다는 사정이 나아지기는 했다. 물론 규모는 기계가 아니라 개념이었다. 규모는 지표면에서 측정한 지진의 정도를 임의의 잣대로 표현한 것으로, 지수 함수적으로 증가한다. 그래서 규모 7.3인 지진은 6.3인 지진보다 10배나 더 강하고, 5.3인 지진보다는 100배나 더 강력하다. 적어도 이론적으로는 지진의 상한은 없고, 마찬가지로 하한도 없다. 규모는 단순히 힘의 크기를 나타내는 것으로 그 피해의 정도와는 무관하다. 땅속 650킬로미터에 있는 맨틀에서 발생한 규모 7의 지진은 지표면에 아무런 피해도 주지 않는다. 그러나 지표에서 6-7킬로미터 아래에서 발생한, 훨씬 더 규모가 작은 지진은 넓은 지역을 폐허로 만들 수 있다. 또한 하층토의 성질, 지진의 지속 시간, 여진의 횟수와 정도, 그 지역의 물리적인 환경 등도 영향을 준다. 그래서 지진의 세기가 중요한 것은 사실이지만, 규모가 크다고 해서 반드시 지진의 피해가 커지는 것은 아니다.

규모가 고안된 후에 일어난 지진 중에 가장 큰 것은 1960년 칠레 해안의 태평양에서 발생한 지진이었다. 칠레 지진은 당초 리히터 규모 8.6으로 기록되었지만, 훗날 (미국 지질조사소를 비롯한) 몇몇 기관에 의해서 그야말로 엄청난 규모인 9.5로 밝혀졌다. 그런 사실에서 알 수 있는 것처럼, 규모를 측정하는 일은 엄밀한 과학이라고 할 수가 없다. 특히 사람이 살지 않는 외딴 곳에서 일어나는 지진은 더욱 그렇다. 칠레 대지진은 남아메리카의 해안 지방 전체에 피해를 주었을 뿐만 아니라, 그 결과로 일어난 해일은 태평양을 건너 1만 킬로미터 떨어진 하와이 힐로의 중심가를 덮쳐서 건물 500채를 파괴하고 60명의 인명 피해를 냈다. 해일은 일본과 필리핀에까지 영향을 미쳐서 더 많은 희생자가 발생했다.

거의 같은 규모였지만 훨씬 더 파괴적이었던 인도양 지진은 2004년 12월 26일 인도네시아 수마트라 섬의 해안가에서 발생했고, 단층의 길이가 거의 1,300킬로미터에 달했다. 리히터 규모로 9.2에서 9.3 정도였던 이 지진은 10분간 이어졌고, 14개국의 해안을 30미터 높이의 해일이 덮치며 22만8,000명이 사망해서 역사상 가장 치명적인 지진으로 기록되었다. 그것과 비교해서 1906년의 샌프란시스코 지진은 리히터 규모 7.8이었고, 지속 시간이 30초도 되지 않았다.

지진은 상당히 흔하다. 지구에서는 하루 평균 두 차례 정도 규모 2.0 이상의 지진이 발생한다. 사람들을 놀라게 하기에 충분한 지진이다. 주로 태평양 연안을 비롯한 특정 지역에서만 발생하는 경향이 있기는 하지만, 지진은 거의 모든 곳에서 일어날 수 있다. 미국에서는 플로리다 주와 텍사스 주 동부 그리고 중서부의 북쪽 지방만이 비교적 지진이 드문 곳으로 알려져 있다. 뉴잉글랜드 지역에서는 규모 6.0 이상의 지진이 두 차례(1638년과 1755년) 일어났다. 2002년 4월에는 뉴욕 주와 버몬트 주의 경계에 있는 샘플레인 호 근처에서 규모 5.1의 지진이 발생해서 상당한 피해가 발생했고, 뉴햄프셔 주 지방에서도 (내가 직접 경험했듯이) 벽에 걸어둔 그림이 떨어지고 침대에 누워 있던 아이들이 놀라는 일이 생겼다.

지진의 가장 흔한 형태는 캘리포니아 주의 샌 앤드레이어스 단층처럼 두 개의 판이 서로 만나는 곳에서 일어나는 것이다. 두 개의 판이 서로 충돌하면, 한쪽이 밀려날 때까지 압력이 높아진다. 일반적으로 지진이 일어나는 간격이 길어지면, 그렇게 쌓인 압력이 높아져서 지진의 규모가 훨씬 커진다. 그런 면에서 도쿄가 특히 걱정스럽다. 그래서 런던 유니버시티 칼리지의 재난 전문가 빌 맥과이어는 도쿄를 "죽음을 기다리는 도시"라고 부른다(물론 관광 안내서에서 흔히 볼 만한 문구는 아니다). 일본은 지진이 자주 일어나는 국가로 잘 알려져 있지만, 그중에서도 도쿄는 세 개의 지질학적인 판이 만나는 근처에 있다. 많은 사람들이 기억하듯이 2011년 3월 9일 일본의 동해안에서 해일과 함께 발생한 파괴적인 9.1 규모의 지진으로 거의 2만 명의 사람이 사망하고, 후쿠시마 원자력 발전소가 물에 잠기는 바람에 3,000억 달러가 넘는 경제적 피해가 발생했다.

비슷한 규모의 지진이 도쿄를 덮칠 것이라는 우려가 있다. 1923년의 관동 대지진으로 당시 인구가 고작 300만 명이던 도쿄에서 적어도 14만2,000명이 사망했다. 관동 지진 이후 도쿄 지역은 두려울 정도로 조용했기 때문에 땅속에서는 한 세기 이상 응력이 쌓여왔을 것이다. 일본의 지진학자들은 도쿄에서 이번 세기 중에 관동 대지진 규모의 지진이 발생할 가능성이 70퍼센트라고 보고 있다.

잘 이해하지 못하고 드물면서도 어느 곳에서나 일어날 수 있어서 더욱 두려운 것이 바로 판 내부에서 일어나는 지진이다. 판 경계에서 멀리 떨어진 곳에서 일어나는 지진은 전혀 예측할 수가 없다. 그리고 그런 지진은 더 깊은 곳에서 발생하기 때문에 더 넓은 지역에 영향을 준다. 미국에서 일어난 그런 지진 중에서 가장 심했던 것은 1811년과 1812년에 미주리 주의 뉴 마드리드에서 세 차례에 걸쳐서 일어난 강력한 지진이었다. 지진은 12월 16일 자정 직후에 시작되었다. 사람들은 농장에서 키우던 가축이 놀라서 부르짖는 소리에 잠을 깼다(지진이 일어나기 전에 짐승들이 불안한 모습을 보이는 것은 단순히 옛날부터 전해오는 이야기가 아니다. 정확한 이유는 밝혀지지 않았지만 잘 알려진 사실이다). 그리고 나서는 땅속 깊은 곳에서 엄청난 파열음이 들려왔다.

집을 뛰쳐나온 사람들은 땅이 1미터 높이까지 출렁거리고, 몇 미터 깊이로 갈라지는 모습을 보았다. 강한 황 냄새가 코를 찔렀다. 4분 동안 지속된 진동은 엄청난 재산 피해를 남겼다. 우연히 그 지역에 머무르던 화가 존 제임스 오듀본이 그 광경을 목격했다. 강력한 지진은 사방으로 퍼져나가서 600킬로미터 떨어진 신시내티의 굴뚝을 쓰러뜨렸고, "동부 해안의 보트를 파괴하고……워싱턴 DC의 의사당에 세워져 있던 발판이 부서졌다"는 보고도 있었다.

비슷한 세기의 지진이 1월 23일과 2월 4일에도 일어났다. 그 이후로 뉴 마드리드는 평화로웠지만, 같은 장소에서 그런 지진이 다시 일어나는 경우는 없기 때문에 놀라운 일은 아니다. 지금 우리가 알고 있기로는 그런 지진은 벼락처럼 아무렇게나 일어난다. 다음에는 그런 지진이 시카고, 파리 또는 킨샤사에서 일어날 수도 있다. 아무도 짐작조차 할 수 없다. 판 내부의 지진은 왜 일어날까? 땅속 깊은 곳의 무엇 때문일 것이다. 그 이상은 알 수 없다.

1960년대에 들어서자 지구의 내부에 대해서 아는 것이 너무 적다는 사실을 깨달은 과학자들이 새로운 노력을 시작했다. 구체적으로는, 너무 두꺼운 대륙의 지각을 피해서 해저 바닥으로부터 모호로비치치 불연속면까지 구멍을 뚫어서 채취한 지구의 맨틀 샘플을 분석해보겠다는 계획을 세웠다. 지구 내부에 있는 암석의 성질을 이해할 수 있다면, 그것이 서로 어떻게 작용하는지를 알게 될 것이고, 그렇게 되면 지진이나 다른 불행한 재앙을 예측할 수 있을 것이라고 생각했다.

모홀Mohole 계획이라고 불렀던 그 작업은 당연히 실패하고 말았다. 멕시코 연안의 태평양 4,000미터 밑에 있는 비교적 얇은 지각에 5,000미터 깊이까지 구멍을 뚫으려고 했다. 그러나 해양학자의 말에 따르면, 바다 위에 떠 있는 배에서 하는 시추 작업은 "엠파이어스테이트 빌딩의 꼭대기에서 스파게티 가닥으로 뉴욕의 보도에 구멍을 뚫으려고 하는 일과 같은 것이었다." 작업은 번번이 실패했다. 가장 깊이 파내려간 것이 180미터였다. 모홀 계획은 "노 홀No Hole" 계획이 되고 말았다. 아무런 결과도 없이 비용만 늘어나자, 의회는 1966년에 작업을 중단시켰다.

4년 후에 소련 과학자들은 육지에서 자신들의 운을 시험해보기로 했다. 그들은 핀란드 국경 근처에 있는 러시아의 콜라 반도에 있는 한 지점을 선택해서 15킬로미터의 구멍을 뚫는 일을 시작했다. 작업은 생각보다 어려웠지만, 소련 사람들은 놀라울 정도의 인내심을 발휘했다. 19년 후에 작업을 포기할 때까지 1만2,262미터까지 시추를 했다. 지각의 부피는 지구 전체 부피의 0.3퍼센트에 불과하고 콜라에서 뚫은 시추공은 지각의 3분의 1에도 미치지 못한다는 점을 고려하면, 우리가 결코 지구의 내부를 정복했다고 할 수는 없다.

흥미롭게도 비록 구멍의 깊이는 깊지 않았지만, 그것으로부터 알아낸 모든 것이 놀라웠다. 과학자들은 지진파의 연구를 통해서 지층의 구조에 상당한 확신을 가지고 있었다. 4,700미터까지는 퇴적암이 있고, 그다음 2,300미터까지는 화강암이 있으며, 그 밑에는 현무암이 있을 것이라고 믿었다. 그러나 실제로는 퇴적암이 예상보다 50퍼센트나 깊은 곳까지 퍼져 있었고, 현무암층은 찾을 수 없었다. 더욱이 땅속은 예상보다 훨씬 뜨거웠다. 지하 1만

미터에서의 온도는 예상치의 두 배에 가까운 섭씨 180도나 되었다. 그러나 가장 놀라웠던 사실은 깊은 곳의 암석이 물로 포화되어 있다는 점이었다. 당시에는 그런 일이 불가능하다고 생각했다.

지구의 내부를 볼 수 없게 되자, 다른 방법이 동원되기 시작했다. 대부분은 내부를 통해서 전달되는 파동을 이용하는 방법이었다. 우리는 이미 다이아몬드가 만들어지는 킴벌라이트 광관鑛管을 통해서 맨틀에 대한 정보를 얻고 있었다. 지구 깊은 곳에서 폭발이 일어나면, 마그마 탄환이 초음속의 속도로 표면을 향해서 발사된다. 그런 일은 완전히 멋대로 일어난다. 이 책을 읽는 동안 뒷마당에서 킴벌라이트 광관이 폭발할 수도 있다. 지하 200킬로미터나 되는 깊은 곳에서 일어나는 폭발로 형성되는 킴벌라이트 광관을 통해서 지표면이나 그 근처에서는 쉽게 볼 수 없는 것이 솟아오를 수도 있다. 감람암橄欖岩과 감람석橄欖石 결정이 발견되기도 하고, 100군데 중의 1곳 정도에서는 다이아몬드가 발견되기도 한다. 킴벌라이트 분출물에는 엄청난 양의 탄소가 들어 있지만, 대부분은 기화되거나 흑연으로 바뀐다. 그런 분출물이 아주 가끔 적당한 속도로 분출되어 적당한 속도로 식으면 다이아몬드가 된다. 남아프리카 공화국이 세상에서 다이아몬드가 가장 많이 생산되는 국가가 된 것은 바로 그런 광관 때문이다. 우리가 아직은 모르고 있지만 어느 곳엔가 더 큰 광관이 존재할 수도 있다. 지질학자들은 인디애나 주 북부 지역에 그야말로 엄청난 규모의 광관이나 광관 집단이 있을 것이라는 증거를 알고 있기는 하다. 이 지역 곳곳에서 20캐럿 이상의 다이아몬드가 발견되었다. 그러나 아무도 광관을 찾아내지는 못했다. 맥피가 지적했듯이, 아이오와 주의 맨슨 크레이터처럼 빙하에 의해서 퇴적된 흙 밑이나 오대호 밑에 그런 광관이 숨겨져 있을 수도 있다.

그렇다면 우리는 지구의 내부에 대해서 얼마나 알고 있을까? 아주 조금뿐이다. 대부분의 과학자는 우리 발밑의 세상이 암석으로 이루어진 바깥쪽의 지각, 뜨겁고 끈적끈적한 암석으로 된 맨틀, 액체 상태의 외핵外核, 그리고 고체 상태의 내핵內核의 네 층으로 이루어졌다는 사실은 인정한다.[†] 지표면에 많이 있는 규산염硅酸鹽은 상대적으로 가볍기 때문에 그것만으로는 지구 전체의 밀도를 설명할 수 없다. 즉 지구의 내부에는 더 무거운 것이 있어야 한다. 또한 지자기地磁氣가 생성되려면 액체로 된 지구 내부의 층에 금속 원소가 집중되어 있는 벨트가 있어야 한다는 사실도 알고 있다. 일반적으로 알려진 사실은 이 정도이다. 그 이상을 넘어서, 그런 층이 어떻게 서로 작용하고 있고, 왜 그런 성질을 가지고 있으며, 앞으로 그런 층이 어떤 특성을 보일지에 대해서는 적어도 어느 정도의 불확실성이 존재한다. 일반적으로 그 불확실성의 정도는 대단히 크다.

우리가 직접 볼 수 있는 부분인 지각에 대해서도 상당한 논란이 있다. 거의 모든 지질학 교과서에 따르면, 대륙 지각의 두께는 바다 밑에서는 5-10킬로미터 정도이고, 대륙 밑에서는 대략 40킬로미터이며, 높은 산맥 지역에서는 65-95킬로미터라고 하지만, 그런 일반적인 설명으로는 이해하기 어려운 수수께끼가 많다. 예를 들면, 시에라 네바다 산맥 아래의 지각은 30-40킬로미터에 불과하지만, 아무도 그 이유를 모른다. 만약 그것이 사실이라면, 모든 지구물리학 법칙에 따라서 시에라 네바다는 젖은 모래 위에 서 있는 것처럼 밑으로 가라앉아야 한다(실제로 그렇다고 생각하는 사람도 있다).

지구의 지각이 언제, 어떻게 형성되었는지에 대해서 지질학자들은, 초기에 갑자기 만들어졌다는 집단과 상당한 시간이 흐른 후에 서서히 만들어졌다는 집단으로 나뉜다. 두 집단 사이에는 상당히 깊은 골이 존재한다. 1960년대에 초기 폭발 이론을 제안했던 예일 대학교의 리처드 암스트롱은 남은 평생을 자신의 의견을 인정하지 않는 사람들과 싸워야 했다. 「지구Earth」라는 잡지의 보도에 따르면, 그는 1991년에 암으로 사망하기 직전까지도 "오스트

[†] 지구의 내부 구조에 대한 자세한 정보를 원한다면, 여러 층의 규모는 평균적으로 다음과 같다. 0-40킬로미터까지는 지각, 40-400킬로미터까지는 상부 맨틀, 400-650킬로미터는 상부와 하부 맨틀의 전이대(轉移帶), 650-2,700킬로미터는 하부 맨틀, 2,700-2,890킬로미터는 "D"층, 2,890-5,150킬로미터는 외핵, 5,150-6,378킬로미터는 내핵이다.

레일리아의 지구과학 학술지를 통한 논쟁에서 자신의 주장을 비판하는 사람들이 미신을 퍼트리고 있다고 심하게 나무랐다." 그의 동료에 따르면, "그는 결국 화병으로 죽었다."

지각과 상부 맨틀의 일부를 "암석"을 뜻하는 그리스어 "lithos"를 따서 암석권岩石圈, lithosphere이라고 부르고, 그 밑을 받치고 있는 약한 암석층은 "힘이 없는"이라는 뜻의 그리스어에서 유래된 연약권軟弱圈, asthenosphere이라고 부르지만, 그런 이름은 전혀 만족스럽지 못하다. 암석권이 연약권 위에 떠 있다는 설명은 연약권이 정말 부력이 있는 듯한 잘못된 인식을 남길 수 있다. 암석이 지표면에서 흐르는 물질과 같다고 생각하는 것 역시 잘못이다. 암석도 점성을 가지기는 하지만, 유리와 같은 의미에서의 점성일 뿐이다. 그렇게 보이지 않을 수도 있지만, 지구상의 모든 유리는 끊임없이 작용하는 중력 때문에 아래쪽으로 흐르고 있다. 유럽 성당의 아주 오래된 유리를 살펴보면 아래쪽이 위쪽보다 눈에 띄게 두꺼운 것을 볼 수 있다. 사실 유리는 흐르지만, 인간이 만든 것에서 찾아보기에는 너무 느리게 흐른다. 시계의 작은 바늘이 움직이는 속도조차도 맨틀에서 암석이 흐르는 속도보다 1만 배나 더 빠르다. 그런 움직임이 지구의 판처럼 옆으로만 이루어지는 것은 아니다. 대류라고 알려진 뒤섞임 과정으로 암석이 위아래로 움직이기도 한다.

18세기 말의 별난 과학자 럼퍼드 백작이 최초로 그런 대류 현상이 있을 것이라고 주장했다. 비과학적이기는 했지만 60년 후에 오즈먼드 피셔라는 영국의 교구 목사가 지구의 내부에 움직일 수 있는 유체가 있다고 주장했다. 그러나 그런 주장이 받아들여지기까지는 오랜 시간이 걸렸다.

1970년경에 땅속에서의 움직임이 얼마나 소란스러운지를 알게 된 지구물리학자들은 큰 충격을 받았다. 쇼나 보걸이 『벌거벗은 지구 : 새로운 지구물리학Naked Earth : The New Geophysics』에서 말했듯이, "그것은 마치 수십 년에 걸쳐서 지구 대기가 대류권과 성층권 등의 층으로 이루어져 있다는 사실을 알아낸 과학자들이 갑자기 바람의 존재를 인식한 것과 같았다."

맨틀에서의 대류 현상이 얼마나 깊은 곳에서 일어나는지에 대해서는 논란이 계속되고 있다. 650킬로미터부터라는 사람도 있고, 3,000킬로미터부터라는 사람도 있다. 제임스 트레필이 지적했듯이, 그런 차이가 나는 이유는 "서로 다른 두 분야에서 얻은 두 세트의 자료가 서로 일치하지 않기 때문이다." 지구화학자들은 지구 표면에서 발견되는 원소 중에 분명히 상부 맨틀보다 훨씬 더 깊은 곳에서 올라온 것이 있다고 주장한다. 따라서 상부와 하부 맨틀의 물질이 가끔 섞이는 것이 분명하다. 그러나 지진학자들은 그런 주장을 뒷받침해줄 증거가 없다고 주장한다.

그러니까 우리가 말할 수 있는 것은, 지구의 중심을 향해서 가는 중간의 어느 곳에서부터는 연약권이 끝나고 완전한 맨틀이 시작된다는 것뿐이다. 지구 부피의 82퍼센트나 되고, 질량의 65퍼센트를 차지하는 맨틀은 관심을 끌지 못하고 있다. 지구과학자와 일반 독자들은 모두 더 깊은 곳에서 일어나는 (지자기와 같은) 일이나 지표면에 더 가까운 곳에서 일어나는 (지진과 같은) 일에만 흥미가 있기 때문이다. 우리는 150킬로미터 정도까지의 맨틀이 주로 감람석으로 이루어져 있음을 알고 있지만, 그 다음의 2,650킬로미터까지가 무엇으로 채워져 있는지는 잘 알지 못한다. 「네이처」에 따르면, 감람석은 아닌 것으로 보인다. 그러나 그 이상은 아무도 모른다.

맨틀의 아래쪽에는 고체로 된 내핵과 액체로 된 외핵이 있다. 물론 핵에 대한 우리의 지식은 간접적으로 밝혀진 것뿐이지만, 어느 정도의 합리적인 가정을 할 수는 있다. 지구 중심의 압력은 지표면보다 300만 배 이상 높아서 모든 암석은 단단한 고체로 존재한다. 다른 실마리도 있다. 지구의 역사로부터 알아낸 사실에 따르면, 내핵은 열을 저장하는 능력이 탁월하다. 비록 추정에 불과하지만, 지난 40억 년 동안 핵의 온도는 110도 이상 떨어지지 않았다. 지구의 핵이 얼마나 뜨거운지는 정확하게 알 수는 없지만, 대략 태양 표면의 온도와 비슷한 섭씨 4,000-7,000도 정도일 것으로 짐작된다.

외핵에 대해서 알려진 것은 더 적다. 그러나 외핵은 유체이고 지자기가 발생하는 곳이라는 점에는 모두가 동의한다. 1949년 케임브리지 대학교의 E. C. 불러드는 지구 핵의 액체 부분이 결과적으로 전기 모터와 같은 방식으로 회전하기 때문에 지구의 자기장이 생겨난다는 이론을 주장했다. 지구 내부의 유체에서 일어나는 대류가 마치 전선에 흐르는 전류와 같은 역할을 한다는 것이다. 지자기가 정확하게 어떤 이유로 생기는지는 확실하게 알 수 없지만, 지구의 핵이 회전하고, 그것이 액체라는 사실과 깊은 관련이 있는 것으로 보인다. 예를 들면 달이나 화성처럼 액체로 된 핵이 없는 천체에서는 자기장이 나타나지 않는다.

지구 자기장의 세기가 가끔 변한다는 사실이 알려져 있다. 공룡이 살던 때에는 지금보다 3배나 더 강했다. 그리고 변화가 심하기는 하지만 대략 평균적으로 50만 년마다 지자기의 방향이 바뀐다는 사실도 알려져 있다. 마지막 반전은 75만 년 전에 일어났다. 때로는 수백만 년 동안 같은 방향으로 유지되기도 한다. 3,700만 년 동안 지속된 것이 가장 긴 기록이었던 것 같다. 그러나 2만 년 만에 반전이 일어난 적도 있었다. 지난 1억 년 사이에 대략 200번 정도의 반전이 있었는데, 그 진짜 이유는 알 수가 없다. 지자기의 반전은 "지질학에서 가장 중요한 문제"로 꼽힌다.

바로 지금 그런 반전이 일어나고 있을 수도 있다. 지난 한 세기 동안에만 지구 자기장의 세기가 6퍼센트 정도 감소했다. 자기장이 더욱 감소하면 나쁜 소식이 된다. 냉장고에 메모를 붙여주고 나침반의 바늘이 북쪽을 가리키도록 해주는 자기장은 우리의 생존에 필수적인 역할을 한다. 자기장에 의한 보호막이 없으면, 우주에 가득한 우주선이 우리 몸속으로 쏟아져 들어와서 DNA를 엉망으로 망칠 것이기 때문이다. 자기장이 제대로 존재하면, 지구 표면으로 향하던 우주선은 밴 앨런 대帶라는 영역으로 들어가게 된다. 우주선이 대기권 상층부의 입자와 충돌하면 오로라로 알려진 황홀한 빛을 발산하기도 한다.

흥미롭게도 우리가 지구의 내부에 대해서 무지한 가장 큰 이유는 전통적으로 지구에서 일어나는 일과 그 내부에서 일어나는 일을 연관시키려는 노력이 거의 없었기 때문이다. 쇼나 보걸에 의하면, "지질학자와 지구물리학자들은 같은 학술회의에 참석하지도 않고, 같은 문제를 해결하기 위해서 공동으로 노력하지도 않는다."

우리가 지구 내부의 동력에 대해서 전혀 이해하지 못하고 있다는 사실이 가장 잘 드러나는 때가 바로 지구가 이상하게 움직일 때이다. 우리의 지식이 얼마나 제한적인지를 가장 잘 보여주는 예가 1980년 워싱턴 주의 세인트 헬렌스 화산 폭발이었다.

그때까지 미국 본토의 48개 주는 65년 이상 화산 폭발을 경험한 적이 없었다. 세인트 헬렌스 산의 상태를 관찰하기 위해서 불려온 화산학자들이 경험했던 것은 하와이의 화산 폭발뿐이었다. 그러나 훗날 밝혀진 사실에 따르면, 두 화산은 전혀 유형이 달랐다.

세인트 헬렌스 산은 3월 20일부터 불길하게 흔들리기 시작했다. 1주일도 지나지 않아서, 양이 많지는 않았지만 하루에 최고 100차례에 걸쳐 용암이 터져 나오기 시작했고, 지진이 끊임없이 계속되었다. 주민들은 안전한 거리라고 생각했던 13킬로미터 바깥으로 대피했다. 세인트 헬렌스 산은 우르릉거림이 심해지면서 세계적인 관광명소가 되었다. 신문에서는 가장 좋은 광경을 볼 수 있는 장소를 소개했다. 헬리콥터를 탄 텔레비전 기자들이 거듭해서 산 정상 위로 날아다녔고, 심지어 등산을 시도하는 사람도 있었다. 어느 날에는 70대 이상의 헬리콥터와 경비행기가 산 정상을 맴돌기도 했다. 그러나 시간이 흘러도 더 극적인 광경이 보이지 않자, 사람들은 불안해했지만 화산이 폭발하지 않는다는 것이 일반적인 견해였다.

4월 19일에는 산의 북쪽 측면이 눈에 띄게 부풀어올랐다. 놀랍게도 책임 있는 위치에 있던 사람들 중에서 어느 누구도 그것이 측면 폭발의 징조임을 알아차리지 못했다. 지진학자들은 여전히 옆으로 폭발한 적이 한 번도 없었던 하와이 화산의 특징을 근거로 분석을 하고 있었다. 끔찍한 일이 벌어질 것이라고 믿은 사람은 터코마에 있는 전문대학의 지질학 교수인 잭 하이드 뿐이었다. 그는 세인트 헬렌스 산에는 하와이의 화산과는 달리 열린 분출구가 없기 때문에, 내부에 압력이 쌓이면 엄청난 규모로 터져 나올 것이고 그렇게 되면 큰 재앙이 발생할 것이라고 지적했다. 그러나 아무도 공식 조사단의 일원이 아닌 하이드의 주장에 관심을 기울이지 않았다.

일요일이던 5월 18일 아침 8시 32분에 화산의 북쪽 측면이 붕괴하면서 엄청난 양의 흙과 암석이 시속 240킬로미터로 경사면을 따라 쏟아졌다. 인류 역사상 가장 큰 규모의 산사태였고, 흘러내린 토사의 양은 맨해튼 전체를 120미터 두께로 덮을 정도였다. 1분도 지나지 않아서 북쪽 측면은 더욱 약해졌고, 세인트 헬렌스 산은 히로시마 원자폭탄의 2만5,000배에 달하는 에너지로 폭발하면서 시속 1,000킬로미터로 살인적으로 뜨거운 먼지를 쏟아냈다. 근처에 있던 사람들이 도망치기에는 너무 빠른 속도였다.† 화산이 보이지 않으니 안전하다고 믿었던 곳에 있던 사람들조차 피할 수가 없었다. 결국 57명이 사망했고, 그중에서 23구의 시신은 찾을 수도 없었다. 일요일이 아니었더라면 희생의 규모는 훨씬 더 컸을 것이다. 주중에는 많은 수의 벌목 인부가 위험 지역에서 작업을 하고 있었을 것이기 때문이다. 30킬로미터 떨어진 곳에서도 사망자가 나왔다.

그날 가장 운이 좋았던 사람은 해리 글리컨이라는 대학원 학생이었다. 그는 산에서 9킬로미터 떨어진 곳에 있는 관측소에서 일할 예정이었지만, 5월 18일에 캘리포니아 주에서 있을 대학 면접 때문에 폭발이 일어나기 전날 현장을 떠났다. 그를 대신해서 일하게 된 사람이 데이비드 존스턴이었다. 존스턴은 화산 폭발을 처음 보고했지만, 곧바로 사망했다. 그의 시신은 찾지 못했다. 그러나 글리컨의 행운도 오래가지는 않았다. 11년 후에 그는 역시 잘못된 예측을 내린 사례였던 일본의 운젠 산에서 터져 나온 과열된 화산재와

---

† 세인트 헬렌스 산 폭발의 위력에 대한 추정치는 히로시마 원자폭탄의 1,500배에서 2만7,000배에 이르기까지 매우 다양하다. 여기에 제시된 수치는 미국 정부에서 사용한 수치이다.

가스와 녹은 화쇄암火碎岩에 희생된 43명의 과학자와 기자 중의 한 사람이 되었다.

화산학자라고 해서 예측력이 세계에서 가장 형편없는 사람들은 아니겠지만, 자신들의 예측이 얼마나 틀린지를 깨닫는 능력은 형편없는 것이 분명하다. 운젠 산의 비극이 일어나고 2년이 지나지 않아서, 애리조나 대학교의 스탠리 윌리엄스를 단장으로 하는 화산 관측단이 콜롬비아의 갈레라스라는 활화산을 내려오고 있었다. 얼마 전의 사고에도 불구하고, 윌리엄스 관측단의 16명 중에서 단 2명만이 안전 헬멧을 비롯한 보호장비를 갖추고 있었다. 화산이 폭발하면서 과학자 6명과 그들을 따르던 관광객 3명이 사망했고, 윌리엄스를 비롯한 몇 사람은 심한 부상을 입었다.

다시 워싱턴 주로 돌아와서 세인트 헬렌스 산은 정상이 400미터가 낮아졌고, 600제곱킬로미터의 숲이 사라졌다. (일부 보도에서는 30만이라고 하지만) 15만 채의 집을 지을 목재가 날아갔다. 피해액은 27억 달러로 추산되었다. 10분 이내에 거대한 연기와 화산재가 1만8,000미터 높이까지 솟아올랐다. 48킬로미터 떨어진 곳을 지나던 비행기에도 돌이 날아갔다고 한다.

인구 5만 명의 워싱턴 주 도시 야키마는 130킬로미터 떨어진 곳에 있었는데, 폭발이 일어나고 90분 만에 그곳에도 화산재가 떨어지기 시작했다. 화산재 때문에 낮이 밤으로 변했고, 자동차, 발전기, 전기 스위치 장치 등 모든 기계에 이상이 생겼으며, 보행자는 숨을 쉴 수 없었고, 공기 정화 장치가 막히면서 결국 모든 것이 멈춰섰다. 공항은 폐쇄되었고, 도시로 통하는 고속도로도 막혔다.

모든 일이 두 달 동안이나 위협적으로 으르렁거리던 화산에서 바람이 불어가는 쪽에서 일어났다. 그러나 야키마는 화산 폭발에 대한 비상계획을 갖추지 못했다. 재난이 닥쳤을 때 작동했어야 할 도시의 긴급 방송 시스템은 "일요일 근무자가 기계 작동법을 몰랐기 때문에" 작동하지 않았다. 야키마는 3일 동안 마비되었고, 외부세계로부터 고립되었다. 공항은 폐쇄되었고,

도로를 통한 접근도 불가능했다. 세인트 헬렌스 산의 폭발 이후로 쏟아진 화산재는 1.5센티미터에 불과했다. 그런 것을 염두에 두고, 옐로스톤 폭발이 어느 정도일지를 생각해보기 바란다.

제15장
위험한 아름다움

1960년대에 옐로스톤 국립공원에서 화산의 역사를 연구하던 미국 지질조사소의 밥 크리스티안센은 이상하게도 다른 사람은 한 번도 의심하지 않던 문제에 대해서 의문이 생겼다. 그는 공원 안에서 화산을 발견할 수 없다는 사실을 깨달았다. 간헐천과 증기 분출구가 널려 있는 옐로스톤이 화산 지역의 특성을 가지고 있다는 사실은 오래 전부터 알려져 있었고, 그런 지역이라면 당연히 화산을 비교적 쉽게 알아볼 수 있어야 했다. 그럼에도 불구하고 크리스티안센은 공원의 화산을 찾지 못했다. 특히 화산 폭발로 만들어지는 함몰 구조인 칼데라를 찾을 수 없었다.

사람들은 흔히 화산이라고 하면, 터져 나온 마그마가 대칭적인 모양으로 쌓여서 형성되는 고전적인 원뿔 모양의 후지 산이나 킬리만자로 산을 떠올린다. 그런 화산은 놀라울 정도로 순식간에 만들어진다. 멕시코의 파리쿠틴에 사는 농부는 1943년에 자신의 땅에서 연기가 피어오르는 것을 보고 깜짝 놀랐다. 1주일이 지나자 놀랍게도 그의 땅에는 152미터나 되는 원뿔 모양의 산이 생겼다. 2년이 채 되지 않아서 그 산은 높이가 430미터에 지름이 800미터가 넘는 규모로 커졌다. 쉽게 눈에 띄는 그런 관입형貫入型 화산은 지구에 1만 개 정도 있다. 그러나 산이 형성되지 않아서 잘 알려지지 않은 종류의 화산도 있다. 그런 화산은 폭발력이 너무 강해서 단 한 번의 강력한 폭발로도 거대하게 함몰된 칼데라(가마솥을 뜻하는 라틴어 cauldron에서 유래되었다)라는 구덩이가 생긴다. 옐로스톤은 바로 그런 종류의 화산 지역임이 틀림없었으나 크리스티안센은 어디에서도 칼데라를 찾을 수가 없었다.

마침 그 당시에 NASA에서 새로 개발한 고공 카메라를 시험하기 위해서 옐로스톤 국립공원의 사진을 찍었고, NASA의 한 관리가 그 사진을 확대하여 공원의 안내소에 걸어두면 좋겠다고 생각해서 사본을 국립공원에 보내주었다. 그 사진을 보자마자 크리스티안센은 칼데라를 찾지 못했던 이유를 알았다. 9,000제곱킬로미터에 이르는 공원 전체가 하나의 칼데라였다. 폭발로 생긴 분화구의 지름은 거의 65킬로미터로, 지표면에서는 도저히 그 모양을 알아볼 수 없었다. 과거 어느 시기에 옐로스톤에서는 누구도 상상할 수 없는 엄청난 규모의 폭발이 일어났던 것이 틀림없다.

옐로스톤은 초대형 화산으로 밝혀졌다. 그 화산은 지하 200킬로미터보다 더 깊은 곳에서 솟아오른 녹은 암석이 모여 있는 거대한 열점熱點 위에 올라앉아 있다. 옐로스톤의 분출구와 간헐천과 온천 그리고 뜨거운 진흙 구덩이가 모두 그 열점에서 방출되는 열 때문에 생긴 것이다. 지하에 있는 마그마 방chamber의 지름은 공원의 크기와 비슷한 72킬로미터 정도이고, 가장 두꺼운 곳의 두께는 약 13킬로미터나 된다. 그러니까 옐로스톤을 찾은 사람들은 크기가 로드 아일랜드 주 정도이고, 13킬로미터 높이까지 쌓아놓은 TNT 덩어리 위를 돌아다니는 셈이다. 그런 마그마 웅덩이에서 생긴 압력 때문에 옐로스톤과 그 주변 지역은 약 500미터 높이로 솟아오르게 되었다. 만약 폭발이 발생한다면, 상상을 넘어서는 재앙이 될 것이다.

옐로스톤 밑에 있는 불안정한 마그마의 거대 상승류(슈퍼플룸superplume)는 마티니 잔과 비슷하게 아래쪽은 가늘고, 지표면 가까이에서는 넓게 퍼진 모양을 이루고 있다. 지름이 1,900킬로미터나 되는 곳도 있다. 그런 용암은 항상 폭발적으로 터져 나오지는 않는다. 6,500만 년 전에 인도의 데칸 트랩이 형성되던 때처럼 엄청난 양의 용암이 연속적으로 흘러나오는 경우도 있다. 흘러내린 용암은 50만 제곱킬로미터를 뒤덮었고, 그때 뿜어져 나온 독성 가스는 공룡 멸종에 영향을 주었을 것이다. 분명 도움이 되지는 않았다.

그런 상승류는 드물지 않다. 현재 지구상에는 30개 정도의 상승류가 활성 상태로 존재하며, 아이슬란드, 하와이, 아소르스 제도, 카나리아 제도, 갈라파고스 제도 그리고 남태평양 한가운데에 있는 작은 핏케언 제도 등 세계적으로 유명한 섬이나 제도가 모두 그런 상승류로 생긴 것이다. 그러나 옐로스톤을 제외한 다른 상승류는 모두 바다에 있다. 옐로스톤의 상승류가 왜, 어떻게 대륙판 밑에 들어가게 되었는지는 아무도 모른다. 다만 옐로스톤 지역의 지각이 매우 얇고, 그 밑이 매우 뜨겁다는 두 가지 사실만 확실하게 알고 있다. 그러나 열점 때문에 지각이 얇아진 것인지, 아니면 지각이 얇아서 그곳에 열점이 생긴 것인지에 대해서는 오래 전부터 열띤 논쟁이 계속되고 있다. 지각의 대륙적 특성에 따라서 폭발의 양상은 크게 달라진다. 비교적 온화하게 거품으로 사라지는 다른 초대형 화산들과는 달리 옐로스톤은 폭발적으로 터질 수도 있다. 그런 폭발이 자주 일어나지는 않지만, 폭발이 일어나면 멀리 물러서 있고 싶을 것이다.

1,650만 년 전에 있었던 것으로 보이는 최초의 폭발 이후로 100여 차례에 걸친 폭발이 이어졌는데, 그중에서 가장 최근에 있었던 3차례의 폭발은 기록이 남아 있다. 마지막 폭발은 세인트 헬렌스 화산의 1,000배 정도였고, 그 전의 것은 280배였으며, 그 전의 것은 규모를 짐작하기도 어려울 정도로 강력했다. 세인트 헬렌스 화산보다 적어도 2,500배에서 8,000배의 규모였을 것으로 추정된다.

그런 폭발과 비교할 만한 것은 아무것도 없다. 최근에 있었던 가장 큰 폭발은 1883년 8월에 인도네시아의 크라카타우 산에서 일어났으며, 9일 동안 이어진 폭발은 영국 해협의 해류에도 영향을 미쳤다. 그런데 크라카타우 산에서 분출된 물질의 부피가 골프공 정도였다면, 옐로스톤에서 있었던 가장 큰 폭발로 분출된 물질을 뭉치면 사람이 몸을 숨길 수 있을 정도로 큰 공이 될 것이다. 그런 잣대로 보면, 세인트 헬렌스 산의 경우는 완두콩 정도에 불과하다.

200만 년 전 옐로스톤의 폭발에서 뿜어져 나온 화산재의 양은 뉴욕 주를 20미터의 두께로 덮어버리거나, 캘리포니아 주를 6미터의 두께로 덮어버릴 수 있을 정도였다. 마이클 부르히스가 네브래스카 주 동부에서 발견한 화석 유적에 쌓여 있던 화산재도 바로 그 폭발에서 발생한 것이었다. 폭발이 일어난 곳은 오늘날의 아이다호 주에 해당하지만, 지각이 연평균 2.5센티미터 정도씩 움직였기 때문에 수백만 년이 지난 오늘날은 와이오밍 주의 서부 바로 밑이 되었다(열점은 위를 향하고 있는 아세틸렌 토치처럼 그 자리에 그대로 남아 있다). 폭발이 시작되었을 때 쏟아져 나온 화산재가 쌓이면, 아이다호 주 농부가 오래 전부터 감자를 재배하던 풍요로운 토양이 된다. 지질학자들의 농담에 따르면, 앞으로 200만 년이 더 흐르면 옐로스톤에서는 맥도널드에서 판매할 감자튀김을 생산하게 될 것이고, 몬태나 주의 도시 빌링스에 사는 사람들은 간헐천 주위를 걷게 될 것이라고 한다.

옐로스톤의 마지막 폭발에서 뿜어진 재는 미국 미시시피 주 서부의 거의 전부에 해당하는 19개 주 전부 또는 일부와 캐나다와 멕시코 일부까지를 뒤덮었다. 그 지역이 바로 전 세계 곡물의 거의 절반이 생산되는 미국의 곡창지대라는 점을 기억해야 한다. 그러나 화산재는 봄이 되면 녹아버리는 폭설과는 다르다. 작물을 다시 재배하려면 화산재를 어디론가 치워야 한다. 뉴욕의 세계 무역 센터가 서 있던 6만 5,000제곱미터의 부지에서 18억 톤의 잔해를 치우는 데에는 수천 명의 인부가 8개월 동안 일을 해야 했다. 캔자스 주에 쌓인 화산재를 치우는 일이 어느 정도일지 상상해볼 수 있을 것이다.

그것도 기후에 미치는 영향은 고려하지 않은 것이다. 지구상에서 일어난 가장 마지막 초대형 화산 폭발은 7만 4,000년 전에 수마트라 섬 북부의 토바 산에서 터졌다. 당시의 폭발이 엄청났다는 사실 이외에는 그 규모가 어느 정도였는지 알 수 없다. 그린란드의 빙핵氷核 분석에 의하면 토바 산의 폭발 이후로 적어도 6년 동안 "화산 겨울"이 계속되었다는 사실은 확인되었지만, 흉작이 얼마나 오랫동안 계속되었는지는 아무도 알 수 없다. 그 폭발로 인류는 멸종 직전의 위기에 처했고, 그로부터 2만 년 동안 매우 위험한 상태였다. 말할 필요도 없이, 단 한 번의 화산 폭발로부터 회복하기까지는 매우 오랜 시간이 걸렸다.

가설에 불과했던 그런 주장이 갑자기 심상치 않게 받아들여지기 시작한 것은 1973년에 일어난 이상한 일 때문이었다. 알 수 없는 이유로 공원의 중심에 있는 옐로스톤 호수의 물이 갑자기 남쪽의 둑 위로 넘치면서 초원이 물에 잠겼고, 북쪽에서는 물이 사라졌다. 급히 조사에 나선 지질학자들은 공원의 상당한 지역이 불길하게도 불룩 솟아오르고 있다는 사실을 발견했다. 그래서 아동용 수영장의 한쪽을 들어올렸을 때와 마찬가지로 호수의 한쪽이 위로 솟아오르면서 반대쪽으로 물이 넘쳤던 것이다. 1984년이 되자, 공원 중심부의 100제곱킬로미터가 넘는 지역이 마지막으로 공식적인 지질 조사를 했던 1924년보다 무려 1미터 넘게 높아져 있었다. 그런데 1985년에는 공원의 중심부가 20센티미터나 낮아졌다. 지질학자들은 그런 일을 일으킬 수 있는 것이 불안정한 마그마 방뿐이라는 사실을 알게 되었다. 옐로스톤은 옛날에 끝나버린 초대형 화산이 아니라 현재 활동 중인 화산이었다. 옐로스톤에서는 대략 60만 년마다 엄청난 폭발이 일어났다는 사실을 알게 된 것도 이때였다. 흥미롭게도 마지막 폭발은 63만 년 전이었다. 옐로스톤이 다시 폭발할 시기가 다가온 것처럼 보일 수도 있다.

"그렇게 느껴지지는 않겠지만, 우리는 지금 세계에서 가장 규모가 큰 활화산 위에 서 있답니다." 2001년 6월 어느 날의 상쾌한 이른 아침에 매머드 온천에 있는 공원 사무실 앞에서 만난 옐로스톤 국립공원의 지질학자 폴 도스는 거대한 할리-데이비드슨 오토바이에서 내리면서 그렇게 말했다. 인디애나 주 출신의 도스는 당시에는(지금도 그렇다) 부드러운 말씨의 상냥하고 지극히 사려 깊은 사람으로 국립공원의 안내원처럼 보이지는 않았다. 그는 희끗희끗한 수염을 길렀고, 긴 머리는 뒤로 묶었다. 한쪽 귀에는 작은 사파이어 귀걸이를 하고 있었다. 빳빳한 공원 안내원 제복을 입은 그는 배가 약간 나와 있었다. 공무원이라기보다는 블루스 가수처럼 보였다. 실제로 그는 하모니카로 블루스를 연주하는 연주자였다. 그렇지만 그가 열정을 쏟는 분야는 지질학이었다. 올드페이스풀 간헐천이 있는 쪽을 향해서 낡았지만 힘센 사륜구동차를 함께 타고 가던 그는 "지질학을 연구하기에는 세상에서 가장 좋은 곳에 있는 셈"이라고 하면서 자신이 하루 종일 현장에서 하는 일을 나에게 소개해주었다.

둥글고 장엄한 산과 아메리카 들소가 풀을 뜯는 초원과 굽이치는 냇물과 하늘빛 호수와 수를 셀 수 없을 정도로 많은 야생생물이 있는 옐로스톤은 말할 필요도 없이 눈부시게 아름답다. 도스는 "지질학자라면 이보다 더 좋은 곳을 찾을 수는 없을 것"이라고 말했다. "베어투스 협곡에는 지구 역사의 4분의 3까지 거슬러 올라가는 30억 년이나 된 암석이 있고, 그곳에는 광천鑛泉도 있습니다." 그는 황 냄새가 나는 온천을 가리키며 말했다. "이곳에서는 암석이 만들어지는 과정을 볼 수 있지요. 그 중간의 상상할 수 있는 모든 것을 볼 수가 있습니다. 이곳보다 지질학적으로 더 명백하고, 더 아름다운 곳은 본 적이 없습니다."

그는 말을 멈추고 서쪽의 산 사이에 멀리 있는, 갤러틴이라고 알려져 있는 협곡을 가리켰다. "저 협곡은 길이가 100에서 110킬로미터 정도 될 겁니다. 저 협곡이 어떻게 저곳에 만들어졌는지는 아무도 몰랐답니다. 그런데 밥 크리스티안센은 산이 터져서 날아가는 바람에 생긴 것이라는 사실을 알아냈습니다. 100킬로미터에 이르는 산이 사라졌다면, 무엇인가 엄청난 일이 있었다는 사실을 짐작할 수 있을 겁니다. 크리스티안센은 6년에 걸쳐서 모든 사실을 알아낼 수 있었지요."

나는 옐로스톤이 폭발한 이유가 무엇인지 물어보았다.

"아무도 모릅니다. 화산은 아주 이상한 겁니다. 이탈리아의 베수비오 화산은 1944년에 폭발할 때까지 300년 간 활화산 상태였다가 갑자기 죽어버렸습니다. 그후로는 조용했지요. 더 큰 폭발을 위해서 에너지를 비축하고 있다고 생각하는 화산학자도 있지만, 그것이 사실이라면 그 주변에 300만 명이 살고 있는 오늘날에는 좀 걱정스러운 일이지요. 그렇지만 아무도 모른답니다."

"그런데 만약 옐로스톤이 다시 폭발한다면 그 사실을 어느 정도 빨리 알아낼 수 있습니까?"

그는 어깨를 으쓱하면서 말했다. "지난번에 폭발할 때에는 그 주위에 아무도 없었습니다. 그러니까 어떤 징조가 있었는지 아는 사람이 아무도 없지요. 아마도 지진이 계속 이어지고, 일부 지역이 솟아오르고, 간헐천이나 수증기 분출구에서 물이나 수증기가 뿜어져 나오는 방법이 조금 바뀌겠지요."

그런데 문제는 옐로스톤에서 경고의 징후라고 여겨지는 거의 모든 현상이 이미 나타나고 있다는 점이다. "화산이 폭발하기 전에 지진이 일어나는 것이 일반적인 현상인데, 이 공원에서는 이미 지진이 자주 발생하고 있습니다. 매년 많게는 3,000번의 지진이 발생합니다. 대부분은 느낄 수도 없을 정도로 미약하지만, 그런 것도 지진임이 틀림없습니다."

그는 간헐천의 분출방식이 바뀌는 것도 실마리가 될 수 있지만, 그것도 역시 예측이 불가능하다고 했다. 한때는 엑셀시어 간헐천이 공원에서 가장 유명한 곳이었다. 그 간헐천은 일정한 주기로 100미터까지 장엄하게 물을 분출했는데, 1890년에 갑자기 분출이 중단되었다. 그후 1985년부터 갑자기 분출이 재개되었지만, 그 높이는 25미터에 불과했다. 지금은 공중 120미터까지 물을 뿜는 스팀보트 간헐천이 세계에서 가장 큰 것이지만, 그 주기가 4일에서 50년에 달해서 예측이 불가능하다. "오늘과 다음 주에 분출된다고 해도, 그다음 주나 지금으로부터 20년 후에 어떻게 될지를 알려주지는 않는답니다." 도스가 말했다. "공원 전체가 끊임없이 변화하기 때문에 이곳에서 일어나는 현상으로는 어떤 결론도 내릴 수 없습니다."

23년이 지난 오늘날에도 폴 도스는 여전히 버튼식 귀걸이와 말총머리를 하고 오토바이를 타고 하모니카로 블루스를 연주하지만, 이제는 동쪽으로 2,400킬로미터 떨어진 인디애나 주 에번즈빌의 서던 인디애나 대학교의 지질학 교수로 은퇴 준비를 하고 있다. 내가 다시 그를 만난 것도 그곳에서였다. 도스가 처음 나를 만나고 얼마 되지 않아서 공원안내원을 그만두고, 대학으로 자리를 옮겼다는 사실은 놀라운 일이었다. "힘든 결정이었지만, 아내와 저 모두 연로한 부모님과 가까운 곳에서 지내고 싶었고, 교직을 그리워하고 있었다는 사실도 한몫을 했습니다."

그러나 도스는 여전히 옐로스톤과 가까운 관계를 유지하고 있다. 그는 공원에서 여름 세미나를 열고, 고생하는 퇴역 군인에게 며칠 동안의 자연 치유를 제공하는 봉사를 한다. 그의 표현에 따르면, 자연 치유란 "이야기하면서, 산책을 하고, 단순히 훌륭한 야외 활동을 즐기는 일"이다.

오늘날 도스는 재앙적인 분출의 위험에 대해서 훨씬 더 낙관적이다. "오늘날 우리의 기술은 20년 전보다 크게 발전했습니다." 그가 나에게 말해주었다. "지금은 마그마의 특이한 움직임을 감지하는 장비가 공원 전체에 설치되어 있습니다."

그는 재앙적인 분출을 걱정할 이유가 없다고 생각한다. "늘상 등장하는 60만 년 주기는 과거에 일어났던 일을 빼놓고 가장 최근에 일어난 세 번의 분출만을 근거로 한 것입니다. 그것만으로는 경향을 알 수 없습니다. 분출이 똑딱거리는 시계처럼 일어나지는 않습니다. 사실 오늘날 우리가 측정하는 거의 모든 변수는 마그마 시스템이 식어가고 있어서 대규모 분출의 가능성은 낮아지고 있음을 시사합니다. 만약 무슨 일이 생긴다면, 대규모의 폭발이 아니라 하와이나 아이슬란드에서 일어나는 것과 같은 현무암 용암이 흘러내리는 일에 더 가까울 것입니다. 물론 그것도 상당한 혼란을 불러일으키겠지만, 치명적이지는 않겠지요."

옐로스톤에서는 긴 세월 동안 많은 분출이 있었지만, 지난 7만 년 동안에는 분출이 전혀 없었다. 위험이 크지 않다는 사실을 열심히 강조하는 옐로스톤 당국은 공포가 지나치게 과장되었다고 분명하게 밝히고 있다. 웹사이트에 따르면, "때로는 사람들이 진실을 안다고 생각하면서 엉터리 정보를 퍼트리기도 한다"고 지적한다. 미국 지질조사국은 옐로스톤의 메가 분출의 가능성을 어느 해라도 고작 0.00014퍼센트로 추정한다. 새로운 기술을 이용한 2022년의 조사에 따르면, 옐로스톤 밑에 있는 용융 마그마 덩어리는 알려져 있었던 것보다 훨씬 더 큰 것으로 밝혀졌다. 그렇다고 마그마가 더 급변한다는 뜻이 아니고, 단순히 알려져 있던 것보다 양이 더 많다는 뜻일 뿐이다. 마그마는 여전히 화산이 분출하는 임계값보다는 훨씬 아래에 있는 것으로 보인다. 구체적으로 마그마의 16에서 20퍼센트 정도가 녹아 있는 상태이다. 분출이 시작되려면 대략 35퍼센트 수준이 필요한 것으로 알려져 있다.

한편 옐로스톤 공원의 내부는 물론이고 그 부근에도 다른 위험 요소들이 널려 있다. 공원 바로 바깥에 있는 헤브젠 호수라는 곳에서 1959년 8월 17일 밤에 벌어진 일이 대표적이다. 그날 자정 20분 전에 헤브젠 호수에서 비극적인 지진이 일어났다. 규모 7.5의 그 지진은 아주 강한 것은 아니었지만, 갑자기 생긴 뒤틀림으로 산허리가 전부 무너졌다. 그때는 지금처럼 많은 사람들이 옐로스톤을 찾지는 않았지만, 여름의 절정이었다. 산에서는 8,000만 톤의 암석이 시속 160킬로미터 이상의 속도로 굴러내렸고, 엄청난 힘과 모멘텀으로 벌어진 산사태는 계곡의 반대편 산 위로 120미터까지 밀어닥쳤다. 그 중간에 록 크리크 캠프장이 있었다. 캠핑을 하던 사람들 중에서 28명이 사망했고, 그중에서 19명은 너무 깊이 묻혀서 시신도 찾지 못했다. 재앙은 순식간에 발생했고, 가슴 아플 정도로 변덕스러웠다. 같은 텐트에서 자던 세 형제는 살아남았다. 그런데 그 옆의 텐트에서 자고 있던 그들의 부모는 쓸려가려 시신조차 찾을 수 없었다.

열수熱水 폭발도 중요한 위험 요소이다. 그런 폭발은 때와 장소를 가리지 않고, 아무런 예고도 없이 일어날 수 있다. "아시다시피, 우리는 의도적으로 방문객을 열 지대로 유도합니다." 올드페이스풀의 분출 광경을 보고 난 후에 도스가 말했다. "사람들이 보고 싶어하는 것이 바로 그것이니까요. 옐로스톤에 있는 간헐천과 온천의 수가 전 세계에 있는 것을 합친 것보다 많다는 사실을 알고 계시나요? 모두 합쳐서 대략 1만 개가 있고, 그 수는 언제나 늘어나고 있습니다."

그의 지적은 2024년 여름에 극적으로 확인되었다. 조용하던 7월의 어느 날 아침 10시 직전에 거대한 폭발이 공기를 가르면서 수증기, 진흙, 암석이 30미터 높이까지 치솟았다. 일반적인 옐로스톤 간헐천보다 훨씬 더 넓고, 높고, 어두웠다. 폭발로 산책로의 일부가 부서졌고, 주변에 야구공 크기의 돌이 쏟아졌으며, 여러 관광객들이 머리부터 발끝까지 진흙 범벅이 되었지만, 놀랍게도 중상자는 없었다.

"아무도 다치지 않은 것은 기적이었습니다." 도스는 기억을 떠올렸다. "그런데 실제로 그런 일이 자주 생깁니다. 다만 산책로 바로 옆에서는 자주 일어나지 않을 뿐이죠. 보통 그런 일은 아무도 없는 외딴 곳에서 벌어집니다."

그가 말을 이었다. "아주 오랜 옛날에는 지름이 1.6킬로미터가 넘는 폭발이 일어났어요. 그런 일이 언제 어디에서 발생할지는 아무도 예측할 수 없습니다. 그저 그런 일이 일어날 때 그곳에 있지 않기를 바라는 수밖에요."

거대한 낙석도 위험하다. 1999년에 가디너 캐니언에서 큰 낙석이 떨어졌지만, 다행히 아무도 다치지 않았다. 오후 늦게 도스와 나는 사람이 많이 지나다니는 공원의 도로 위로 바위가 걸려 있는 곳에 서 있었다. 갈라진 틈이 분명하게 보였다. 도스는 사려 깊게 말했다. "어느 때라도 떨어질 수 있죠."

"농담이겠죠." 내가 말했다. 즐겁게 캠핑을 하려는 사람을 가득 태운 차가 그 도로를 계속 지나다녔다.

"그래요. 그럴 가능성은 크지 않습니다." 그가 덧붙였다. "그럴 수도 **있다**는 뜻일 뿐이지요. 앞으로 수십 년 동안 그대로 있을 수도 있어요. 아무 징조도 없을 뿐이에요. 이곳에 오는 사람들은 위험을 감수하는 수밖에 없어요. 그게 전부입니다."

매머드 온천으로 돌아가기 위해서 차로 걸어가던 도스가 덧붙였다. "그러나 대개 나쁜 일은 일어나지 않습니다. 바위가 떨어지지도 않고, 지진이 일어나지도 않지요. 새로운 분출구가 갑자기 만들어지지도 않습니다. 모든 것이 불안정하면서도 정말 놀랍고 신기할 정도로 조용하지요."

"지구처럼 말이에요." 내가 지적했다.

"맞습니다." 그가 동의했다.

옐로스톤의 위험은 방문객이나 공원 직원에게 모두 적용된다. 도스는 우리가 처음 만났던 5년 전 근무를 시작한 첫 주일에 무시무시한 경험을 했다. 어느 날 밤에 젊은 하계 임시 직원 3명이 따뜻한 연못에서 수영을 하거나 햇볕을 쬐는 "열탕"이라는 불법 행위를 하고 있었다. 분명한 이유로 공개적으로 밝히지는 않지만, 옐로스톤의 연못이 모두 위험스러울 정도로 뜨거운 것은 아니다. 들어가서 누워 있기에 적당한 곳도 있으며, 하계 임시 직원 중에는 규정에 어긋나는 줄 알면서도 그런 연못에 들어가기도 했다. 어리석게도 세 직원은 손전등을 가지고 가지 않았다. 따뜻한 연못 주변의 흙은 얇은 껍질 같은 곳이 많아서 뜨거운 분출구로 미끄러져 떨어질 수가 있으므로 이는 매우 위험한 행동이었다. 어쨌든 세 사람은 기숙사로 돌아오던 중에 작은 개울을 건너야 했다. 가는 길에 그랬던 것처럼 건너뛸 요량으로 뒤로 몇 걸음 물러선 그들은 서로 손을 잡고 하나, 둘, 셋을 센 후에 도움닫기를 해서 멀리뛰기를 했다. 그런데 실제로 그곳은 보통 개울이 아니라 매우 뜨거운 연못이었다. 그들은 어둠 속에서 그 연못을 알아보지 못했다. 1시간 후에 셋 중 한 사람이 사망했고, 나머지 두 사람은 운 좋게 살아남았다.

훨씬 더 최근인 2022년에는 캘리포니아 주에서 온 방문객이 웨스트 섬의 끓어오르는 샘에 떨어지거나 뛰어들어서, 완전히 녹아버렸다. 2주일이 지난 후에 그의 다리 일부가 물 위에 떠오르면서 그의 사망 사실이 알려졌다. 분명한 경고 표시에도 불구하고, 사람들은 딱딱한 흙이 얇아서 쉽게 부서진다는 사실을 알아채지 못하고 더 가까이 보려고 산책로나 오솔길을 벗어났다가 발목 깊이의 뜨거운 진흙 속에 빠지게 된다. 1872년에 옐로스톤 공원이 개장한 이래로 고작 22명이 뜨거운 물에 빠져서 사망했다는 사실은 실제로 기적 같은 일이다.

2024년 가을에 공원을 다시 방문했을 때, 나는 몇 달 전에 갑작스럽게 극적인 분출이 발생했던 곳으로부터 멀지 않은 상부 간헐천 분지에 있는 에메랄드 연못에서 이 생각이 떠올랐다. 에메랄드 연못은 대단한 곳이 아니라, 지름이 6-9미터에 지나지 않고, 물빛도 에메랄드가 아니라 그저 뿌연 오렌지색인 연못이지만 역사적인 곳이기는 하다.

1965년에 부부 생물학자였던 토머스 브록과 루이즈 브록은 여름 채집 여행 중에 정신 나간 실험을 했다. 두 사람은 연못가에 있는 황갈색의 찌꺼기를 가져가서 생명체가 있는지를 살펴보았다. 그 찌꺼기 속에 살아 있는 미생물이 가득했다는 사실은 두 사람을 비롯해서 세상의 많은 사람들을 깜짝 놀라게 했다. 생물이 살기에는 너무 뜨겁거나, 너무 산성이거나, 아니면 너무 많은 양의 독성 화학물질이 있다고 생각했던 물속에서 살 수 있는 호극성好極性 미생물이 처음 발견된 것이었다. 놀랍게도 에메랄드 연못이 바로 그런 곳으로, 설폴로부스 아시도칼다리우스*Sulpholobus acidocaldarius*와 테르모필루스 아쿠아티쿠스*Thermophilus aquaticus*로 알려진 두 가지 단세포 생물이 살고 있는 것으로 밝혀졌다. 섭씨 50도 이상에서는 아무것도 살아남지 못할 것이라고 생각했지만, 그보다 2배나 더 뜨겁고 산성인 물속에서 줄지어 햇볕을 쬐고 있는 미생물이 있었던 것이다.[†]

[†] 그후에 옐로스톤 국립공원 전체에서 열 내성을 가진 여러 종류의 미생물이 발견되었지만, 공원에 서식하는 호극성 미생물의 99퍼센트는 여전히 알려지지 않은 것으로 보인다.

브록이 새로 발견한 2종의 박테리아 중의 하나인 테르모필루스 아쿠아티쿠스의 정체는 거의 20년 간 의문에 싸여 있었다. 그러다가 캐리 B. 멀리스라는 캘리포니아의 과학자가 그 속에 들어 있는 내열 효소를 이용해서 중합효소 연쇄 반응polymerase chain reaction, PCR이라고 알려진 화학적 마술을 일으킬 수 있다는 사실을 알아냈다. 그 방법을 사용하면 아주 적은 양의 DNA도 많은 양으로 복제할 수가 있다. 이상적인 조건이라면 단 하나의 분자로도 가능하다. 그것은 일종의 유전학적 복사법으로, 학술연구에서부터 경찰의 법의학 작업, 무엇보다도 대중에게 각인된 코로나19 감염에 대한 기본적이고 보편적인 실험실 진단에 이르는 모든 유전과학의 핵심적인 수단이 되었다. 그 공로로 1993년에 노벨 화학상을 수상했던 멀리스는 2019년에 사망했다.

한편 섭씨 80도 이상에서 사는 초고온성 미생물도 발견되었다. 지금까지 발견된 생물 중에서 가장 뜨거운 곳에서 사는 것은 섭씨 113도에 이르는 해저 분출구의 벽에 붙어서 사는 피롤로부스 푸마리*Pyrolobus fumarii*이다.

순수한 황산 웅덩이나 마리아나 해구의 바닥처럼 생명이 살기에는 불가능할 정도로 거친 환경에서도 편안하게 살아가는 다른 미생물도 발견되었다. 지각 밑으로 거의 7킬로미터나 내려간 곳에서 수소와 메탄에 의존해서 살면서, 대사 활동이 매우 느려서 수천 년을 생존할 것으로 보이는 미생물도 있다. 원자로 내부의 벽과 국제우주정거장의 외부 표면에 붙어서 살고 있는 것으로 밝혀진 데이노코쿠스 라디오두란스*Deinococcus radiodurans*가 가장 강인하고 파괴가 불가능한 생명체인 것으로 보인다.

생명은 우리가 생각했던 것보다 훨씬 더 지략이 있고, 환경에 잘 적응하는 것으로 밝혀졌다. 앞으로 살펴보겠지만, 전체적으로 우리를 반기지 않는 듯한 세상에서 살고 있는 우리에게는 아주 반가운 소식이다.

제5부

생명, 그 자체

제16장

고독한 행성

생물로 존재하는 것은 쉬운 일이 아니다. 지금까지 알고 있기로, 우주 전체에서 생물이 존재하는 곳은 우리 은하에서도 별로 드러나지 않는 지구뿐이고, 그나마도 몹시 인색한 곳이다.

저 깊은 바닷속의 해구부터 가장 높은 산 정상까지에서 생물이 살고 있는 범위는 겨우 20킬로미터 남짓에 불과하다. 우주 전체의 공간과 비교한다면 정말 작은 공간이다.

인간에게 주어진 공간은 더욱 작다. 우리는 4억 년 전에 바다에서 육지로 올라와 산소를 호흡하면서 살기로 성급하고도 위험한 결정을 내린 생물종에 속하기 때문이다. 인간은 이 같은 결정으로 지구상에서 생물이 살 수 있는 공간의 99.5퍼센트로 추정되는 공간을 포기해야 했다.

우리는 물속에서 호흡할 수 없을 뿐만 아니라 그 압력도 견디지 못한다. 물은 공기보다 1,300배나 더 무거워서 물속으로 들어가면, 압력이 10미터마다 1기압 정도씩 급격하게 높아진다. 육지에서는 150미터 높이의 쾰른 대성당이나 워싱턴 기념비에 올라가더라도 압력의 변화를 느끼기가 어렵다. 그러나 물속에서 같은 깊이로 들어가면, 혈관이 막히고 폐는 대략 콜라 캔 정도로 압축될 것이다.

신기하게도 사람은 그런 깊이는 물론 더 깊은 곳까지 자발적으로 잠수를 하고, 그런 일을 즐긴다. 그러나 위험은 엄청나다. 심해 잠수 기록을 깨기 위해서 나섰다가 적어도 11명이 목숨을 잃었다. 지금까지 가장 깊이 잠수한 기록은 2014년 이집트 해안에서 332.35미터까지 내려간 이집트의 아메드 가브르가 세웠다. 단 한 번의 호흡으로 잠수하는 프리 다이빙 기록은 오스트리아의 헤르베르트 니치가 가지고 있다. 그는 2012년 그리스에서 249.5미터라는 놀라운 기록을 세웠지만, 끔찍한 대가를 치러야 했다. 그는 상승하던 중에 혼수 상태에 빠졌고, 이후 며칠 동안 뇌졸중을 겪었다. 장기간에 걸쳐 그는 걷기와 말하기를 다시 배워야 했고, 10년이 지났지만 균형을 잡는 데에 여전히 어려움을 겪고 있다. 그런데도 그는 프리 다이빙을 계속하고 있다. 니치는 9분 이상 숨을 참을 수 있고, 그것도 역시 세계 기록으로 알려져 있다. 안타깝게도 수면 10미터 아래에서 의식을 잃고 구조되었기 때문에 그의 2012년 잠수 기록은 인정받지 못했다.

거의 모든 사람은 인간의 몸이 깊은 바다의 엄청난 압력을 받으면 부스러져버릴 것이라고 믿는다. 실제로는 그렇지 않다. 우리 몸은 대부분 물로 되어 있다. 옥스퍼드 대학교의 프랜시스 애슈크로프트에 따르면, 물은 "사실상 압축이 불가능해서 우리 몸은 주변과 같은 압력을 유지하게 되고, 그래서 깊은 곳에 들어가더라도 부서지지는 않는다." 그러나 몸속, 특히 그중에서도 폐에 들어 있는 기체가 문제가 된다. 몸속 기체는 압축되지만, 어느 정도까지 압축되어야 치명적인지는 정확하게 밝혀지지 않았다. 극히 최근까지도 100미터 정도까지 잠수하면 폐나 가슴벽이 파괴되면 고통스럽게 죽게 된다고 알려졌지만, 프리 다이빙을 하는 사람은 그것이 사실이 아님을 수없이 보여주었다. 애슈크로프트에 따르면, "인간은 생각해왔던 것보다 고래나 돌고래에 더 가까운 것 같다."

그러나 다른 문제도 많다. 긴 호스로 수면과 연결된 잠수복을 입던 시절의 잠수부는 "압착"이라는 무시무시한 경험을 하기도 했다. 수면에 있는 펌프가 고장이 나서 잠수복 내부의 압력이 떨어지면 나타나는 현상이다. 잠수복 속의 공기가 격렬하게 빠져나가면, 불운한 잠수부는 문자 그대로 헬멧과 호스 속으로 빨려들어간다. 생물학자 J. B. S. 홀데인이 1947년에 쓴 글에 의하면, 수면 위로 끌어올린 "잠수복 속에 남아 있는 것은 뼈와 몇 점의 살점뿐"이었다. 자신의 말을 믿지 않는 사람들을 위해서 그는 "그런 일이 실제로 일어났다"고 덧붙였다.

(그런데 1823년에 찰스 딘이라는 영국 사람이 고안한 최초의 잠수용 헬멧은 사실 잠수용이 아니라 화재 진압용으로 만든 것이었다. 그래서 "연기 헬멧"이라고 불렸던 이 헬멧은 금속으로 만들었기 때문에 너무 뜨겁고 불편했다. 딘은 곧바로 소방관이 어떤 옷을 입느냐와 상관없이 불타는 건물에 들어가는 것을 꺼리지만, 주전자처럼 뜨겁게 달아오르고 쉽게 움직일 수 없는 옷을 입으면 더욱 그렇다는 사실을 깨달았다. 자신의 발명품을 수중에서 시험해보던 딘은 그것이 침몰선을 인양하는 작업에 유용하다는 사실을 알게 되었다.)

그러나 깊은 곳에 들어갈 때에 가장 무서운 것은 벤드bend라는 잠수병이다. 그런 증상이 불쾌해서가 아니라, 그런 증상이 일어날 가능성이 높기 때문에 더욱 두렵다. 우리가 호흡하는 공기의 80퍼센트는 질소이다. 인체에 압력을 가하면, 질소가 작은 기포로 변해서 혈액과 조직 속으로 들어간다. 그런데 잠수부가 너무 급하게 수면으로 올라올 때처럼 압력이 빠르게 변하면, 몸속에 갇혀 있던 기포가 샴페인 뚜껑을 열 때처럼 끓어올라서 좁은 혈관을 막게 된다. 세포에 산소 공급이 끊기면, 극심한 통증이 몰려와서 잠수부가 몸을 구부리기 때문에 벤드라는 이름이 붙었다.

아주 오래 전부터 벤드는 해면이나 진주를 채취하는 사람들의 직업병이었지만, 서양에서는 큰 관심을 끌지 못했다. 그러나 19세기부터는 물에 들어가지 않는 사람들에게도 그런 증상이 나타나기 시작했다. 그들은 잠함潛函에서 일하던 사람들이었다. 잠함은 교각을 건설하기 위해서 강바닥에 설치한

밀폐된 상자를 말한다. 그 속에는 압축공기가 들어 있다. 그런 잠함 속에서 오랫동안 작업하던 사람이 바깥으로 나오면, 피부가 따끔거리고 가려운 경미한 증상이 나타났다. 어떤 사람은 관절에 지속적인 통증을 느꼈고, 심지어는 고통 때문에 쓰러져서 다시는 일어나지 못하기도 했다.

그런 증상은 매우 이상한 것이었다. 아무렇지도 않게 잠자리에 들었던 사람이 마비가 되는 경우도 있었다. 영원히 깨어나지 못하는 사람도 있었다. 애슈크로프트는 템스 강 밑에 새로운 터널을 건설하던 공사의 감독이 마무리를 축하하기 위해서 열었던 연회 이야기를 전해주었다. 놀랍게도 터널 속에서 뚜껑을 연 샴페인 병에서는 거품이 솟아나지 않았다. 그러나 한참 후에 터널에서 나와서 런던의 상쾌한 저녁 바람을 쐬자, 갑자기 거품이 끓어올라서 소화에 큰 도움이 되었다.

고압 환경을 피하는 것 이외에 벤드를 예방하는 데에는 두 가지 전략이 알려져 있다. 첫째는 압력에 노출되는 시간을 최소화하는 것이다. 충분히 조심하면 프리 다이빙 잠수부들이 150미터나 그 이상을 잠수한 후에도 아무런 문제가 없는 것도 그런 이유 때문이다. 그들은 질소가 조직 속으로 들어갈 정도로 오랫동안 물속에 머물지 않는다. 둘째는 조심스럽게 물 위로 올라오는 것이다. 그렇게 하면 질소 거품이 아무 문제 없이 사라진다.

극한 상황에서 생존하는 방법을 알게 된 것은 대부분 존 스콧과 J. B. S. 홀데인 부자의 남다른 노력 덕분이다. 홀데인 부자는 영국 지식인의 유별난 기준으로 보더라도 정말 별난 사람이었다. 홀데인 1세는 1860년에 스코틀랜드의 귀족 집안에서 태어났다(그의 형은 홀데인 자작이었다). 그렇지만 그는 일생의 대부분을 옥스퍼드 대학교의 생리학 교수로 비교적 평범하게 살았다. 그는 건망증으로 유명했다. 저녁 만찬을 위해서 옷을 갈아입고 오라는 부인의 말을 듣고 위층으로 올라가서는 잠옷을 입은 채로 잠들어버린 적도 있었다. 잠에서 깬 홀데인은 자신이 옷을 벗고 있는 것을 보고 잘 시간이 된 것으로 믿었다고 변명했다. 콘월 지방으로 가서 광부들의 십이지장충을 연구하는 것이 그에게는 휴가였다. 한동안 홀데인 가족과 함께 살았던, T. H. 헉슬리의 손자이며 소설가인 올더스 헉슬리의 소설 『연애 대위법*Point Counter Point*』에 등장하는 과학자 에드워드 탄타마운트는 헉슬리가 홀데인을 조금은 무자비하게 빗대어 표현한 인물이었다.

홀데인은 수면으로 올라오면서 얼마나 자주 쉬면 벤드를 피할 수 있는지를 알아냄으로써 잠수기술의 발전에 크게 기여했다. 게다가 그는 등반가가 겪는 고산병에서부터 사막 지역에서 나타나는 열사병에 이르기까지 생리학의 다양한 분야에 관심을 기울였다. 그는 독성 가스가 인체에 미치는 영향에 특히 관심이 많았다. 광부가 일산화탄소에 노출되어 사망하는 현상을 정확하게 이해하고 싶었던 그는 스스로를 체계적으로 일산화탄소에 노출한 후에 혈액을 채취해서 분석해보기도 했다. 모든 근육이 완전히 마비되기 직전에 멈추었을 때 혈액의 포화도는 56퍼센트였다. 다이빙의 역사를 재미있게 소개한 『바다 밑의 별*Stars Beneath the Sea*』을 쓴 트레버 노턴에 따르면, 그것은 거의 치명적인 수준에 한 끗 차이였다.

후세에 J. S. B.라고 알려진 홀데인의 아들 잭은 어려서부터 아버지의 일에 관심이 많았던 놀라운 신동이었다. 그는 세 살에 이미 아버지의 이야기를 듣고 "그것이 옥시헤모글로빈인지 아니면 카복시헤모글로빈인지"에 대해서 꼬치꼬치 캐묻고는 했다. 어린 시절 내내 아버지의 실험을 도왔다. 잭이 10대가 되었을 때에는 두 사람이 가스 마스크를 서로 돌려가면서 쓰고, 기절하기까지 시간이 얼마나 걸리는지를 실험하기도 했다.

J. S. B. 홀데인은 과학 분야의 학위를 취득하지는 않았지만(그는 옥스퍼드 대학교에서 고전을 공부했다), 스스로의 노력으로 케임브리지 대학교에서 성공적인 과학자로 일하게 되었다. 평생을 그와 함께 지냈던 생물학자 피터 메더워는 그를 "내가 알던 사람들 중에서 가장 총명한 사람"이라고 했다. 헉슬리는 『어릿광대 춤*Antic Hay*』에서 홀데인 2세도 풍자했고, 『멋진 신세계*Brave New World*』에서는 인간의 유전자를 조작한다는 그의 주장을 줄거리로

삼기도 했다. 홀데인은 여러 업적을 남겼지만, 그중에서도 다윈의 진화론과 그레고어 멘델의 유전 이론을 통합해서 현대의 종합적인 유전학 이론을 정립한 과학자로 알려져 있다.

아주 특이하게도 J. S. B. 홀데인은 제1차 세계대전을 "아주 즐거운 경험"이라고 여겼고, "사람을 죽일 수 있는 기회를 즐겼다"고 순순히 인정했다. 그 자신이 두 차례나 부상을 당하기도 했다. 전쟁이 끝난 후에 그는 과학의 대중화를 위해서 노력했고, 400여 편의 과학 논문을 비롯해서 23권의 책을 썼다. 오늘날 그의 책을 찾아보기는 어렵지만, 아직도 읽을 만하고 유용하다. 홀데인은 열렬한 마르크스주의자였다. 아주 냉소적이라고 할 수는 없지만, 그가 그렇게 된 것은 반골 성향 때문이었다는 지적도 있었다. 그가 만약에 소련에서 태어났더라면 아마 열렬한 제국주의자가 되었을 수도 있다. 어쨌든 그의 글은 대부분 공산당의 「데일리 워커Daily Worker」에 먼저 실렸다.

아버지 홀데인이 주로 광부와 독가스에 관심이 많았던 반면, 아들 홀데인은 잠수함 승무원과 잠수부에게 나타나는 직업병을 해결하는 일에 매달렸다. 해군 본부의 지원을 받은 그는 "압력 솥"이라고 불리던 감압장치를 구입했다. 금속으로 만든 원통이었는데, 통 안에 세 사람을 한꺼번에 들여보내고 밀폐를 한 후 고통스럽고 매우 위험했던 여러 가지 실험을 했다. 얼음물 속에 앉아 있는 자원자에게 "이상한 공기"로 숨을 쉬게 하거나 압력을 급격하게 변화시키기도 했다. 위험할 정도로 빠르게 부상浮上을 하면 무슨 일이 생기는지를 직접 시연해보기도 했다. 놀랍게도 치아에 끼워놓았던 충전재가 폭발해버렸다. 노턴에 따르면, "거의 모든 실험에서 사람들이 마비되거나, 피를 흘리거나, 구토를 했다." 그 장치는 거의 완벽하게 방음이 되어 있었기 때문에 원통 속에 앉아 있는 사람이 불편이나 위험을 느끼면 벽을 끊임없이 두드리거나, 쪽지를 작은 창문을 통해서 보여주어야만 했다.

산소의 독성을 스스로 시험해보던 그는 너무 심한 경련 때문에 척추를 다치기도 했다. 폐에 문제가 생기는 일은 일상이었다. 고막에 구멍이 나는 일도 흔했다. 그러나 홀데인이 확신에 차서 말했듯이, "고막은 저절로 나았다. 구멍이 그대로 남아 있으면 귀가 조금 어두워지기는 하지만, 그 구멍을 통해서 담배 연기를 빼내는 것만으로도 충분히 사람들의 관심을 끌 수 있다."

정말 특이했던 것은, 홀데인이 과학 연구를 위해서 스스로 그런 위험과 불편함을 감수할 의향이 있었을 뿐 아니라, 동료와 사랑하는 사람들에게 그 장치에 들어가도록 설득하는 데에 아무런 가책도 느끼지 않았다는 사실이다. 잠수 과정의 실험에 참여한 그의 부인이 13분 동안 경련을 일으킨 적도 있었다. 마루를 떼굴떼굴 구르던 그녀는 경련이 멈추자 스스로 일어나 저녁 준비를 하러 부엌으로 갔다. 홀데인은 실험을 할 때 주변에 있는 사람 누구에게나 가리지 않고 도움을 청했다. 스페인의 수상을 지낸 후안 네그린의 도움을 받은 적도 있었다. 네그린 박사는 실험이 끝난 후에 피부가 조금 따끔거리고 "이상하게 입술이 벨벳처럼 느껴진다"고 불평을 했지만 다른 문제는 없었던 것 같다. 그는 자신이 행운아라고 생각했을 수도 있었을 것이다. 비슷한 방법으로 산소 결핍증에 대한 실험을 마친 홀데인은 6년 동안이나 엉덩이와 척추 아랫부분의 감각을 잃었다.

홀데인이 집착했던 문제 중에는 질소 중독도 있었다. 아직도 그 이유가 정확하게 밝혀지지는 않았지만, 대략 수심 30미터 아래에서는 질소가 강한 독성을 나타낸다. 질소에 중독된 잠수부는 자신의 공기 호스를 지나가는 물고기에게 주거나, 그 자리에서 쉬면서 담배를 피우고 싶어하는 것으로 알려져 있다. 심한 감정 변화를 일으키기도 한다. 홀데인은 실험에 참여했던 사람이 "우울에서 기쁨이 넘치는 상태로 감정이 쉽게 바뀌는 것을 보았다. 한 순간에는 '피를 토할 정도로 괴롭다'면서 압력을 줄여줄 것을 간청하다가, 다음 순간에는 크게 웃으면서 옆에서 민첩성을 시험하는 동료에게 장난을 치려고 애를 쓰기도 했다." 실험 대상자가 약해지는 속도를 측정하기 위해서 과학자가 함께 장치에 들어가 간단한 산수 문제를 풀게 해보기도 했다. 훗날 홀데인의 기억에 따르면, 몇 분이 지난 후에는 "두 사람 모두 중독되어서 초시계의 단추를 누르거나 기록을 하는 일을 잊게 된다." 질소에 취하는 이유는 아직도 밝혀지지 않았다. 알코올에 취하는 것과 같은 이유일 것으로 짐작은 되지만, 정확한 이유는 아무도 알아내지 못하고 있다. 어쨌든 땅을 떠나기만 하면 아주 조심하지 않는 한 위험에 빠지기 쉽다.

우리는 지구가 생물이 살 수 있는 유일한 곳이기는 하지만 살기에 가장 쉬운 곳은 아니라는 사실을 다시 확인한 셈이다. 지표면에서 생물이 서 있을 수 있을 정도로 말라 있는 좁은 면적 중에서도 놀라울 정도로 많은 부분이 우리에게는 너무 덥거나, 너무 춥거나, 너무 가파르거나, 너무 높거나, 너무 건조하다. 부분적으로는 우리의 실수라는 점을 인정할 수밖에 없다. 적응성에 관한 한 인간은 정말 놀랄 정도로 형편없다. 대부분의 동물처럼 우리도 정말 더운 곳을 싫어하는데, 땀을 많이 흘리고 쓰러지기도 쉬워서 특히 더위에 약하다. 물도 없이 무더운 사막에 있는 것과 같은 최악의 상황에서 대부분의 사람은 7-8시간 이내에 정신 착란을 일으켜서 졸도하며 다시는 깨어나지 못할 수도 있다. 추위에 대해서도 마찬가지로 대책이 없다. 모든 포유류가 그렇듯이 인간도 열을 발생시키는 데에는 뛰어나지만, 털이 거의 없어서 그 열을 제대로 지키지는 못한다. 비교적 온화한 날씨라고 하더라도 우리가 소비하는 열량의 거의 절반은 체온을 유지하는 데에 낭비된다. 물론 우리는 옷이나 집을 이용해서 그런 약점을 보완하지만, 그렇더라도 지구에서 우리가 살 수 있는 면적은 정말 얼마 되지 않는다. 우리가 살 수 있는 면적은 전체 육지의 12퍼센트, 또는 바다를 포함한 지구 전체 면적의 4퍼센트에 불과하다.

그렇지만 우리가 알고 있는 우주의 다른 곳의 상태를 알고 나면, 우리가 지구상의 면적 중에서 극히 일부만 사용하는 것이 문제가 아니라, 우리가 활용할 수 있는 면적이 조금밖에 없기는 하지만 그런 행성을 찾아낼 수 있었다는 것이 신기한 일임을 이해하게 된다. 우리 태양계를 살펴보거나, 아니면 지구 자체의 역사에서 특정 기간을 보기만 하면, 우주의 다른 지역이 온화하고 푸른 물을 가진 오늘날의 지구보다 생명에게 얼마나 더 혹독한지를 인정하게 될 것이다.

　지금까지 우주 과학자들은 우주에 있을 것으로 짐작되는 100억 개의 1조 배에 이르는 행성 중에서 지구와 비슷한 행성을 6,000개 가까이 발견했다. 그러므로 아직까지 확실하게 말할 수는 없겠지만, 생명이 살 수 있는 행성을 찾으려면 엄청나게 운이 좋아야 한다는 사실은 분명하다. 고등 생물이 살 수 있으려면 더욱 운이 좋아야 한다. 지구에 생명이 살 수 있게 된 이유를 여러 사람들이 20가지 정도 밝혀냈지만, 여기에서는 그중에서 가장 중요한 4가지만 살펴보도록 한다.

훌륭한 위치 : 우리는 충분한 양의 에너지를 방출할 수 있을 정도로 크지만, 지나치게 커서 짧은 시간에 완전히 타버리지는 않을 정도의 적당한 크기를 가진 항성(별)으로부터 신비스러울 정도로 적당한 거리에 떨어져 있다. 별이 더 클수록 더 빨리 타버린다는 것이 물리학의 이상한 결론이다. 만약 우리 태양의 질량이 지금의 10배였다면, 100억 년이 아니라 1,000만 년 동안에 완전히 타버렸을 것이고, 그렇다면 지금 우리는 이곳에 존재할 수도 없었을 것이다. 우리가 지금과 같은 궤도를 공전하게 된 것도 다행스러운 일이다. 너무 가까이 있었으면 지구상의 모든 것이 끓어서 사라졌을 것이고, 너무 멀리 있었으면 모든 것이 얼어붙었을 것이다.

　마이클 하트라는 천체물리학자가 1978년에 했던 계산에 따르면, 지구가 태양에서 1퍼센트 더 멀리 떨어져 있었거나, 혹은 5퍼센트 더 가까이 있었으면, 생물이 살지 못했을 것이라고 한다. 그렇게 굉장한 차이는 아니지만, 사실 그것만으로 충분하지는 않았다. 그후로 더 정교한 계산으로 생물이 존재할 수 있는 범위가 수정되어 5퍼센트 더 가까운 곳에서부터 15퍼센트 더 먼

곳까지인 것으로 밝혀졌지만, 여전히 아주 좁은 띠에 불과하다.[†]

금성을 생각해보면 그 범위가 얼마나 좁은지를 이해할 수 있다. 금성은 태양으로부터 우리보다 고작 4,000만 킬로미터 더 가까이 있다. 그 정도의 거리는 우리 태양계에서 대단한 것이 아니다. 태양의 열기는 지구보다 2분 먼저 금성에 도달한다. 금성의 크기와 성분은 지구와 매우 비슷하다. 그러나 우리가 알고 있는 지구와 금성의 엄청난 차이는 모두 궤도의 크기가 조금 작은 것에서 비롯된 것이다. 태양계가 생성되던 초기의 금성은 지구보다 조금 더 뜨거웠을 뿐이고, 바다도 있었을 것이다. 결국 금성이 조금 더 많은 열기를 받게 된 탓에 금성은 표면의 물을 붙잡아둘 수 없었고, 그 결과로 금성의 기후는 재앙에 가까운 상태가 되고 말았다.

금성의 물이 증발하면서 수소 원자는 우주 공간으로 날아갔고, 남아 있던 산소 원자는 탄소와 결합해서 이산화탄소라는 온실 기체로 된 두꺼운 대기를 만들었다. 결국 금성은 숨 막히는 곳이 되었다. 아마도 내 나이 정도의 사람들은 천문학자들이 금성의 두꺼운 구름 아래에 생물이 살고 있으며, 어쩌면 열대의 푸르름이 있을 수도 있다고 믿던 시절을 기억할 것이다. 그러나 오늘날 우리는 합리적으로 상상할 만한 종류의 생물이 살기에는 금성의 환경이 너무 뜨겁다는 사실을 알고 있다. 금성 표면의 온도는 펄펄 끓는 섭씨 470도로 납이 녹아버릴 정도이며, 표면에서의 대기압은 지구보다 90배나 더 높아서 인체가 도저히 견딜 수 없는 정도이다. 우리에게는 금성을 방문하는 데에 필요한 우주복이나 우주선을 만들 기술도 없다. 금성 표면에 대한 우리의 지식은 기본적으로 장거리 레이더로 얻은 자외선 영상과 1972년 금성의 구름 속으로 떨어뜨린 소련의 무인 탐사선이 보내준 놀라운 정보를 바탕으로 한 것이다. 무인 탐사선은 1시간도 채 작동하지 못하고 영원히 멈춰버

[†] 옐로스톤의 뜨거운 진흙 연못에서 발견된 호극성 미생물이나 다른 곳에서 발견된 비슷한 생물체 때문에 과학자들은 실제 생물이 살 수 있는 지역이 훨씬 더 넓을 것이라고 깨닫게 되었다. 어쩌면 명왕성의 얼음 같은 껍질 밑에서도 생물이 살 수 있을 것이다. 여기에서 이야기하는 것은 어느 정도 복잡한 생물이 살 수 있는 행성 표면의 조건이다.

렸다.

그것이 바로 빛의 속도로 2분 정도의 거리에 해당하는 만큼 태양에 가까이 있을 때 일어나는 일이다. 화성의 추위에서 알 수 있는 것처럼, 태양으로부터 멀어지면 열이 아니라 추위가 문제가 된다. 화성 역시 한때는 훨씬 좋은 곳이었겠지만, 쓸모 있는 대기를 붙잡고 있을 수가 없었고 결국은 완전히 얼어붙은 불모지로 변했다.

그러나 태양으로부터 적당한 거리에 떨어져 있다는 것만이 전부일 수는 없다. 만약 그렇다면, 달도 숲이 있고 생명이 살기에 적당해야 할 텐데 분명히 그렇지 않다. 그래서 다른 조건들이 필요하다.

적당한 행성 : 지구 물리학자들에게 지구에 생물이 살게 된 이유를 물어보면, 내부가 뜨겁게 녹아 있는 행성에서 살고 있다는 사실을 지적할 사람은 그렇게 많지 않을 것으로 보인다. 그러나 우리의 발밑에서 움직이는 마그마가 없었더라면 지금 우리가 이곳에서 없었을 것이 확실하다. 다른 것은 제쳐두더라도, 살아 움직이는 지구의 내부에서 내뿜는 기체 덕분에 대기가 유지되고, 우주선을 막아주는 자기장도 그곳에서 만들어진다. 그뿐 아니라 지구 표면을 끊임없이 바꿔주고, 주름지게 하는 판 구조도 제공한다. 만약 지구가 완벽하게 편평하다면, 지구의 모든 곳은 4킬로미터 깊이의 물로 덮여버릴 것이다. 그런 외로운 바다에도 생물이 살 수는 있겠지만, 축구는 즐길 수 없을 것이다.

지구의 내부는 도움이 될 뿐만 아니라, 우리는 적당한 비율로 혼합된 적당한 원소들을 가지고 있다. 문자 그대로 우리는 적당한 것으로 만들어져 있다. 이 문제는 매우 중요하기 때문에 다시 살펴볼 텐데, 우선 나머지 두 요인을 만나보기로 한다. 지나치기 쉬운 것부터 먼저 살펴본다.

짝을 가진 행성 : 대개 우리는 달을 동반자로 생각하지 않지만, 실제로 달은

우리의 동반자이다. 위성은 대부분 중심의 행성에 비해서 아주 작다. 예를 들면, 화성의 위성인 포보스와 데이모스는 지름이 10킬로미터에 불과하다. 그러나 우리의 달은 지구 지름의 4분의 1이나 된다. 지구는 태양계에서 유일하게 자신과 비슷한 크기의 위성을 가진 행성이다. 달의 안정화 영향이 없다면, 지구는 멈춰가는 팽이처럼 비틀거릴 것이고 그런 움직임이 기후나 날씨에 어떤 영향을 줄지는 하늘만이 알 수 있을 것이다. 달이 중력을 이용해서 지구를 안정화시켜주는 덕분에 지구는 장기간에 걸쳐서 생물이 성공적으로 탄생할 수 있도록 적당한 속도와 적당한 기울기를 유지하고 안정적으로 자전을 계속할 수 있었다. 물론 그런 일이 영원히 이어지지는 않을 것이다. 달은 매년 약 4센티미터씩 우리의 손아귀에서 벗어나고 있다. 달은 20억 년이 지나면 너무 멀어져서 더 이상 지구를 안정화시켜주지 못할 것이다. 그렇게 되면 우리는 다른 대책을 마련해야 할 것이다. 그때까지만이라도 달을 밤하늘에 떠 있는 보기 좋은 것 이상으로 여겨야 한다.

천문학자들은 오랫동안 달과 지구가 함께 만들어졌거나 아니면 지구가 지나가는 달을 붙잡은 것이라고 생각했다. 그러나 앞에서 살펴본 것처럼 이제 우리는 달이 44억 년 전에 화성 크기의 천체가 지구에 충돌하면서 튕겨져 나간 파편이 모여서 만들어진 것임을 알고 있다. 우리에게는 분명히 좋은 일이며, 그런 일이 아주 오래 전에 일어났다는 것도 다행이다. 만약 그런 일이 1896년이나 지난 수요일에 일어났다면, 우리는 그 일을 그렇게 즐겁게 여기지는 못했을 것이다. 이제 마지막이면서 가장 핵심적인 요인을 소개할 차례이다.

적절한 시기 : 우주는 놀라울 정도로 변덕스럽고 다사다난하고, 그 속에서 우리가 존재한다는 사실은 기적과도 같은 일이다. 만약 46억 년이나 되는 긴 시간에 상상할 수도 없을 정도로 복잡한 일련의 사건들이 특별한 시기에 특별한 방법으로 일어나지 않았더라면, 예를 들면 공룡이 바로 그때 운석에 의

해서 멸종되지 않았더라면, 당신은 아마도 키가 몇 센티미터에 불과하고 수염과 꼬리가 있으며 동굴 속에서 이 글을 읽고 있었을 것이다.

우리의 존재와 비교할 수 있는 것이 아무것도 없어서 확실하게 알 수는 없지만, 어느 정도 수준의 사고력을 갖춘 사회로 발전하기 위해서는 적당한 안정기가 얼마간 지속된 후에 적당한 규모의 압력과 도전(특히 빙하기가 유용했다)이 이어지는 일이 장기간에 걸쳐 적절하게 반복되면서도, 진짜 재앙은 없어야 한다는 것이 분명하다. 앞으로 살펴보겠지만 우리는 바로 그런 위치에 설 정도로 운이 좋았다.

그 정도로 이야기를 마치고, 이제부터 우리를 구성하는 원소에 대해서 잠깐 살펴보기로 한다.

지구에는 94종의 천연 원소가 있다. 그밖에도 인공적으로 만들어진 원소가 24종이 있지만, 그중 일부는 한쪽으로 밀어두어도 된다. 사실 화학자들도 그런 원소에는 관심이 없다. 천연 원소 중에서도 놀라울 정도로 잘 모르는 원소도 적지 않다. 예를 들면, 아스타틴은 거의 연구된 적이 없다. 이름과 주기율표에서의 위치(마리 퀴리가 발견한 폴로늄의 옆자리) 이외에는 알려진 것이 거의 없다. 과학적으로 무관심해서가 아니라, 희귀하기 때문이다. 지각에 존재하는 아스타틴은 모두 합쳐도 클립의 무게인 1그램이 되지 않을 것으로 추정된다. 프랑슘, 악티늄, 넵투늄, 프로메튬을 비롯한 몇 종의 원소도 극미량이 존재할 뿐이다. 지구에 흔히 존재하는 천연 원소는 모두 합쳐서 30종 정도이고, 그중에서도 생물에 중요한 것은 6종에 불과하다.

이미 알고 있겠지만, 지각의 50퍼센트가 조금 되지 않는 정도를 차지하는 산소가 가장 흔한 원소이다. 그다음으로 많이 존재하는 원소는 뜻밖일 것이다. 예를 들면, 행성에서 두 번째로 많이 존재하는 원소가 규소(실리콘)이고, 티타늄이 10위라는 사실을 짐작이라도 하겠는가? 지구에 많이 존재한다고 해서 반드시 우리에게 잘 알려져 있거나 유용한 것은 절대 아니다. 우리에게 낯선 원소가 훨씬 더 많이 존재하는 경우도 많다. 지구에는 구리보다 세륨이 더 많고, 코발트나 질소보다 네오디뮴과 란타넘이 더 많다. 간신히 50위에 들어가는 주석은 프라세오디뮴, 사마륨, 가돌리늄, 디스프로슘보다 더 찾아보기 어렵다.

자연에 얼마나 많은지는 얼마나 쉽게 검출할 수 있는지와도 상관이 없다. 발밑에 있는 것의 10퍼센트 정도를 차지하고 있어서 지구에서 세 번째로 흔한 원소인 알루미늄은 19세기에 들어 험프리 데이비에 의해서 처음으로 발견되었고, 그후로도 아주 희귀한 원소로 취급되었다. 의회에서는 미국이 얼마나 세련되고 번영하는 나라가 되었는지를 과시하기 위해서 워싱턴 기념비의 꼭대기를 알루미늄 박막으로 덮기로 결정할 뻔했고, 같은 시기에 프랑스의 왕족은 공식 만찬에서 은 그릇 대신에 알루미늄 그릇을 사용하기도 했다. 칼과는 달리 유행은 첨단을 따른다.

양은 중요성과도 전혀 상관이 없다. 탄소는 겨우 지각의 0.048퍼센트를 구성하는 15위의 원소이지만, 우리는 탄소가 없으면 존재할 수도 없다. 탄소가 다른 원소와 구별되는 것은 부끄러움을 모를 정도로 무차별적인 성질 때문이다. 탄소는 원자 세계의 핵심 구성원으로 자신을 포함한 다양한 종류의 원소들과 단단하게 결합해서 정말 튼튼한 분자를 만들어낸다. 그것이 바로 단백질과 DNA를 만드는 데에 필요한 자연의 비밀이다. 폴 데이비스가 말했듯이, "탄소가 없었더라면 우리가 알고 있는 생명은 존재할 수도 없다. 어쩌면 어떤 형태의 생물도 존재할 수가 없을 것이다." 다만 결정적으로 탄소에 의존하는 인간의 경우에도 탄소를 그렇게 많이 가지고 있지는 않다. 인체를 구성하는 원자 200개 중에서 126개는 수소이고, 51개는 산소이며, 탄소는 겨우 19개에 불과하다.[†]

생명의 탄생이 아니라 생명의 유지에 꼭 필요한 원소도 있다. 우리는 헤모

[†] 나머지 4개 중에서 3개는 질소이고, 1개는 다른 원소들이다.

글로빈을 만들기 위해서 철이 필요하다. 철이 없으면 우리는 죽는다. 비타민 B$_{12}$를 만들려면 코발트가 필요하다. 포타슘(칼륨)과 약간의 소듐(나트륨)도 신경에 좋다. 몰리브데넘, 망가니즈, 바나듐도 몸속의 효소를 만드는 데에 꼭 필요하다. 아연이 알코올을 산화시켜주는 것도 다행스러운 일이다.

우리는 그런 원소를 활용하거나 허용하도록 진화해왔다. 만약 그렇지 못했다면 우리는 지금 존재할 수 없었을 것이다. 그러나 우리가 받아들일 수 있는 범위는 매우 좁다. 셀레늄은 우리 모두에게 필수적이지만, 조금이라도 많이 섭취하면 치명적이다. 생물이 어떤 원소를 필요로 하거나 허용하는 정도는 진화의 흔적에 의해서 결정된다. 오늘날 양과 소는 함께 풀을 뜯지만, 그들에게 필요한 미네랄의 양은 전혀 다르다. 현대의 소는 구리가 풍부하게 존재하는 유럽과 아프리카 지역에서 진화했기 때문에 상당한 양의 구리가 필요하다. 그러나 양은 구리가 적은 소아시아에서 진화했다.

우리가 허용할 수 있는 원소의 양이 지각에 존재하는 원소의 양에 정비례한다는 사실은 전혀 놀랍지 않다. 우리는 섭취하는 살코기나 섬유소에 축적되어 있는 소량의 희귀 원소를 받아들이도록 진화했고, 어떤 경우에는 그런 원소가 반드시 필요하다. 그러나 섭취량이 늘어나면, 어떤 경우에는 아주 소량만 늘어도 금새 한계를 넘어서게 된다. 그런 한계 대부분은 완벽하게 밝혀져 있지 않다. 예를 들면, 소량의 비소가 우리의 건강에 좋은지 나쁜지는 아무도 모른다. 건강에 좋다고 주장하는 사람도 있지만, 나쁘다고 주장하는 사람도 있다. 확실한 사실은 너무 많이 먹으면 죽는다는 것뿐이다.

원소들이 서로 결합하면 그 성질은 더욱 신기해진다. 예를 들면, 산소와 수소는 주변에서 가장 쉽게 타는 원소이다. 그렇지만 그 둘이 결합하면 절대 불에 타지 않는 물이 된다.[†] 더욱 신기한 결합의 예는 원소 중에서 가장

[†] 산소 자체는 가연성 원소가 아니다. 다른 물질이 타는 것을 도와줄 뿐이다. 정말 다행스러운 일이다. 만약 산소가 가연성이라면 성냥을 켤 때마다 주위에 있는 공기 중의 산소가 불타버릴 것이다. 그러나 수소 기체는 가연성이다. 1937년 5월 6일에 뉴저지 주의 레이크허스트에서 비행선 힌덴부르크 호의 수소 연료가 폭발하여 36명이 사망했던 사고가 그런 사실을 잘

불안정한 소듐(나트륨)과 독성이 가장 강한 염소의 경우이다. 순수한 소듐 작은 덩어리를 보통의 물에 떨어뜨리면 사람을 죽일 정도의 힘으로 폭발한다. 염소는 훨씬 더 위험하다. 표백제처럼 아주 낮은 농도로 사용하면 미생물을 죽이는 데에 유용하지만, 많은 양을 사용하면 치명적이다. 염소는 제1차 세계대전에서 살포된 많은 독가스의 주성분이었다. 수영장에서 눈에 통증을 느껴본 사람들이 체험했듯이, 인체는 아주 묽은 염소도 허용하지 않는다. 그런데 두 종류의 고약한 원소를 서로 결합하면 무엇이 될까? 염화소듐, 즉 우리가 먹는 소금이 된다.

대체로 우리는 물에 녹는 등의 방법으로, 자연스럽게 인체에 흡수되지 않는 원소는 허용하지 않는 경향이 있다. 그릇이나 수도관에 납을 사용하는 것이 유행하기 전까지, 우리는 납에 노출된 적이 없었기 때문에 납은 인체에 강한 독성을 나타낸다(납을 나타내는 기호인 Pb는 라틴어의 plumbum에서 유래되었고, 현대 영어의 plumbing[수도관]도 같은 말에서 유래되었다는 것은 우연이 아니다). 고대 로마에서는 납이 포함된 물질을 포도주의 향료로 사용했고, 로마인들이 전과는 달리 힘을 잃었던 것도 그 때문이었을 수 있다. 다른 경우에서 살펴보았듯이, (우리가 일상적으로 흡입하는 수은이나 카드뮴을 비롯한 여러 가지 산업 오염물질은 말할 것도 없이) 납에 대한 우리의 적응 범위는 그리 넓지 않다. 우리는 지구상의 자연에 존재하지 않는 원소는 허용하지 않도록 진화해왔기 때문에, 그런 원소는 플루토늄처럼 우리에게 매우 강한 독성을 나타낸다. 플루토늄에 대한 우리의 허용 한계는 0이다. 즉 플루토늄은 극미량이라고 해도 죽음으로 이어진다.

아주 간단한 사실을 길게 설명했다. 지구가 기적같이 우리를 받아들이는 것처럼 보이는 가장 중요한 이유는, 우리가 지구가 제공하는 환경에 적응하도록 진화했기 때문이다. 우리가 신기하게 여기는 것은 그저 지구의 환경이

보여주었다.

생명에게 적당하다는 점이 아니라 특별히 우리의 생명에게 적당하다는 사실이다. 그리 놀랄 일은 아니다. 적당한 크기의 태양, 지나치게 사랑스러운 달, 사교적인 탄소, 엄청난 양의 마그마를 비롯해서 우리에게 훌륭하게 보이는 많은 것은 단순히 우리가 그런 것에 의존해서 태어났기 때문인지도 모른다. 물론 아무도 확실하게 밝힐 수는 없다.

다른 행성에서는 은빛으로 빛나는 수은과 암모니아 구름이 떠다니는 환경에 적응한 생명이 있을 수도 있다. 그런 생물은 자신들의 행성에서 서로 충돌하는 판 때문에 지진이 일어나거나 엄청난 양의 용암 덩어리를 뱉어내지 않는 영원한 정적 속에 존재하게 된 것을 즐거워하고 있을 것이다. 먼 곳에서 지구를 찾아오는 방문객은 우리가 아무것과도 반응하려고 하지 않는 질소와 우리 자신을 보호하기 위해서 도시 곳곳에 소방서를 설치해야 할 정도로 연소에 집착하는 산소로 이루어진 대기 속에서 살고 있다는 사실에 놀랄 것이 확실하다. 만에 하나, 우리를 찾아온 방문객이 산소를 호흡하고 쇼핑센터와 액션 영화를 좋아하는 이족보행 동물이라고 하더라도, 그들이 우리 지구를 이상향이라고 생각할 가능성은 거의 없다. 우리 음식에는 그들에게 독성을 나타낼 수 있는 망가니즈, 셀레늄, 아연을 비롯한 여러 가지 원소들이 들어 있어서 그들에게 점심을 대접할 수도 없을 것이다. 그들에게는 지구가 절대 유쾌한 곳이 아닐 것이다.

물리학자 리처드 파인먼은 소위 그런 귀납적a posteriori 결론을 비웃었다. "여보게, 오늘 밤 나에게 있었던 가장 놀라웠던 일은 ARW 357이라는 번호판을 가진 차를 보았다는 것이라네. 자네는 상상이라도 할 수 있겠나? 현재 운행 중인 자동차의 수백만 개 번호판 중에서 오늘 밤에 보았던 바로 그 번호판을 보게 될 확률이 얼마나 되겠나? 놀랍지 않은가!" 물론 그가 지적하고자 한 것은 평범한 것이라도 운명이라고 생각하면 아주 특별하게 보일 수 있다는 사실이다.

그러니까 지구에서 생명을 탄생시킨 사건과 조건이 우리의 생각만큼 특별한 것이 아닐 수도 있다. 그렇지만 그런 사건과 조건은 여전히 특별했다. 한 가지 확실한 사실은 우리가 다른 이유를 찾게 될 때까지는 그렇게 생각할 수밖에 없다는 것이다.

제17장
대류권 속으로

대기는 우리에게 무척 고마운 존재이다. 대기는 우리를 따뜻하게 해준다. 대기가 없다면, 지구는 평균 온도가 섭씨 영하 50도로 생물이 존재할 수 없는 얼음덩어리가 될 것이다. 더욱이 대기는 쏟아져 들어오는 우주선, 전하를 가진 입자, 그리고 자외선과 같은 것을 흡수하거나 비껴가게 해준다. 기체로 채워진 대기는 모두 합쳐 두께가 4.5미터나 되는 콘크리트 보호막과 같은 역할을 한다. 만약 대기가 없다면 눈에 보이지도 않는 우주의 방문객이 작은 단검처럼 우리 몸을 난도질할 것이다. 대기에 의한 감속 효과가 없다면 빗방울도 우리를 기절시킬 것이다.

우리의 대기에서 가장 놀라운 사실은 그것이 그리 많지 않다는 점이다. 대기는 위쪽으로 190킬로미터까지 올라간다. 지표에서 보면 상당한 높이처럼 보이겠지만, 지구를 책상 위에 놓는 지구본 정도로 축소한다면, 대기는 그 표면에 칠해진 니스칠 정도에 불과하다.

과학적인 이유로, 대기는 대류권, 성층권, 중간권 그리고 열권이라고도 부르는 전리권 등 네 부분으로 불균등하게 나누어진다. 대류권은 우리에게 가장 소중한 부분이다. 대류권에는 우리의 생존에 필요한 온기와 산소가 있다. 물론 조금만 위로 올라가면 생물에게 불편한 환경이 된다. 지면에서부터 시작하는 대류권의 두께는 적도에서는 16킬로미터 정도이고, 대부분의 사람이 살고 있는 온대 지방에서는 10–11킬로미터 정도에 불과하다. 대기 질량의 80퍼센트와 거의 모든 수분, 그리고 거의 모든 기후 변화가 이렇게 얇고 희박한 층에 포함되어 있다. 우리와 하늘 사이에는 정말 별것이 없다.

대류권 바깥에는 성층권이 있다. 태풍 구름의 꼭대기가 옛날에 쓰던 모루처럼 편평하게 퍼지는 곳이 바로 대류권과 성층권의 경계이다. 눈에 보이지 않는 이 천장이 바로 1902년에 프랑스의 레옹-필리프 테스랑 드 보르가 풍선을 이용한 실험으로 발견한 대류권 계면tropopause이다. 여기에서 "pause"는 잠깐 멈춘다는 뜻이 아니라 완전히 끝난다는 뜻으로, 완경기 menopause라는 단어도 같은 그리스어 어원에서 유래했다. 가장 높은 곳에 있는 대류권 계면도 사실은 그렇게 높지 않다. 현대 고층 건물에서 사용하는 엘리베이터를 타면 20분 정도만에 도달할 수 있는 거리이다. 물론 그런 여행은 바람직하지 않다. 가압 장치를 사용하지 않고 그렇게 빨리 올라가면 뇌와 폐에 위험할 정도로 많은 양의 체액이 모여서 부종이 생길 가능성이 높다. 전망대의 문이 열리면, 그 속에 있는 사람은 이미 죽었거나 죽어가고 있을 것이다. 아무리 조심스럽게 올라가더라도 상당한 위험을 감수해야 한다. 10킬로미터 높이에서의 기온은 섭씨 영하 57도이고, 산소 공급 장치도 반드시 필요하다.

대류권을 벗어나면 기온은 다시 4도 정도까지 올라간다. 드 보르가 발견한 오존의 흡열 효과 때문이다. 중간권에 이르면 온도는 다시 영하 90도로 떨어지고, 이름이 제대로 붙기는 했지만 아주 변덕이 심한 열권에서는 1,500도까지 올라간다. 그런 고도에 이르면 "온도"의 의미가 애매해지기는 하지만, 밤과 낮의 기온은 500도 이상 차이가 난다. 온도는 실제로 분자의 활동 정도를 나타내는 것이다. 해수면에서는 공기 분자가 너무 많아서 분자가 다른 분자와 충돌하기까지 800만 분의 1센티미터 정도밖에 움직이지 못한다. 수조 개의 분자가 끊임없이 서로 충돌하면 많은 열을 교환하게 된다. 그러나 80킬로미터 정도의 높이에 있는 열권에서는 공기가 너무 희박해서 분자 사이의 간격이 몇 킬로미터씩이나 되고, 거의 서로 충돌하지 못한다. 그래서 각각의 분자가 매우 뜨겁다고 하더라도 서로 충돌하지 못해서 다른 분자와 열을 교환할 수가 없다. 만약 열 교환이 효율적으로 일어난다면, 그런 고도에서 돌고 있는 인공물체는 곧바로 녹아버릴 것이다. 그러므로 분자들이 서로 충돌하지 않는 것은 인공위성이나 우주선에게는 좋은 소식이다.

그렇다고는 해도 외계로 나가는 우주선에는 특별한 보호장치가 필요하다. 특히 2003년 2월 우주 왕복선 컬럼비아 호가 텍사스 상공으로 재진입하는 과정에서 파괴되면서 탑승하고 있던 7명의 우주인 모두가 사망한 비극적인 사고에서 보았듯이, 지구로 귀환하는 경우에는 더욱 그렇다. 대기가 희박하기는 하지만, 우주선이 대략 6도 이상의 가파른 각도로 진입하거나 너무 빠른 속도로 진입하면 공기 분자와의 충돌 횟수가 늘어나면서 우주선을 녹여버릴 정도의 열이 발생한다. 반대로 진입하려는 우주선이 열권을 너무 작은 각도로 스치게 되면, 우주선은 물 위에서 튕겨지는 조약돌처럼 우주로 튕겨 나간다.

그러나 우리가 절망적으로 땅에 붙어서 살아야 하는 존재라는 사실을 인식하기 위해서라면, 대기의 끝까지 나갈 필요도 없다. 고도가 높은 지역에서 지내본 사람은 누구나 바다로부터 수천 미터를 올라가기도 전에 이미 몸에 이상이 생긴다는 사실을 잘 알고 있다. 적당한 복장에 산소 탱크를 지고 충분한 훈련을 받은 경험 많은 등반가조차 너무 높은 곳에 올라가면 의식장애, 어지러움, 피로, 동상, 탈수증, 편두통, 식욕 저하를 비롯한 수많은 기능 장애를 겪는다. 우리 몸은 해수면으로부터 너무 높은 곳에서는 제대로 작동하지 못하도록 만들어져 있다는 사실을 수백 가지의 명백한 방법으로 우리에게 상기시킨다.

등반가 페터 하벨러에 따르면, 에베레스트 산 정상에서는 "아무리 좋은 조건이라도 한 걸음을 옮길 때마다 어마어마한 의지력이 필요하다. 잡을 곳을 향해서 손을 뻗는 움직임마저도 억지로 해야 한다. 나른하고 죽을 것 같은 피로가 끊임없이 목숨을 위협한다." 영국의 등반가이며 영화 제작자인 맷 디킨슨은 『에베레스트의 이면*The Other Side of Everest*』에서 1924년 영국의 에베레스트 등반대를 이끌던 하워드 서머벨이 "감염된 고기 조각 때문에 기도가 막혀서 죽을 뻔했던 경험"을 소개했다. 서머벨은 엄청난 노력으로 기침을 하고 나서야 그 고기 조각을 뱉어낼 수 있었다. 그러나 "그의 후두 점막 전부"가 떨어져 나왔다.

등반가에게 죽음의 영역이라고 알려진 7,500미터 이상에서는 신체장애가 더욱 심각해진다. 그러나 많은 사람들은 4,500미터 부근에서도 심하게 약해지고, 위험스러울 정도의 고통을 느낀다. 높은 지역에서의 적응력은 신체의 건장함과는 거의 아무런 관련이 없다. 높은 곳에서 할머니는 아무렇지도 않은데도 더 건장한 손자는 낮은 곳으로 내려올 때까지 힘이 빠지고 숨을 헐떡이는 경우도 많다.

사람이 계속해서 살 수 있는 고도의 한계는 대략 5,500미터인 것 같지만, 높은 곳에서 살았던 사람도 그런 높이에서는 오랫동안 견디지 못한다. 프랜시스 애슈크로프트는 『생존의 한계*Life at the Extremes*』에서, 안데스 지역에는 해발 5,800미터에 황 광산이 있는데 광부들은 그곳에서 살지 않고 매일 저녁 460미터를 내려왔다가 그다음 날 아침에 다시 올라가는 편을 더 좋아한다고 했다. 높은 곳에서 사는 사람들은 수천 년간 가슴과 폐가 비정상적으로 커지고, 산소를 운반하는 적혈구의 수가 3분의 1 가까이 늘어나도록 진화해왔다. 물론 혈관계가 견뎌낼 수 있는 적혈구의 수에는 한계가 있다. 더욱이 5,500미터의 높이에서는 아무리 잘 적응한 여성이라고 하더라도 태아가 완전히 자랄 수 있을 정도의 산소를 흡입할 수가 없다.

1780년대에 유럽에서 실험용 기구를 타고 높은 곳으로 올라가본 사람들은 온도가 급격하게 떨어진다는 사실에 놀랐다. 300미터를 올라갈 때마다 온도가 섭씨 2도 정도씩 떨어진다. 논리적으로는 열원에 더 가까이 갈수록 더 뜨겁게 느껴져야 하겠지만, 높은 곳으로 올라간다고 해서 실제로 태양에 더 가까워지는 것은 아니다. 태양까지의 거리는 1억5,000만 킬로미터나 되기 때문이다. 그렇게 멀리 떨어진 태양을 향해서 300미터 정도 다가가는 것은 오하이오 주에 있는 사람이 오스트레일리아에서 일어난 산불을 향해 한 걸음 다가서서 연기 냄새를 맡으려고 하는 것과 크게 다르지 않다.

문제는 대기를 구성하는 분자의 밀도에 관한 것이다. 태양은 분자에 에너지를 공급한다. 그 결과 분자는 더 빠르게 움직이며 흔들리게 되고, 그런 상태에서 서로 충돌하면서 열을 교환한다. 여름날 햇볕 때문에 등이 뜨겁게 느껴지는 것은 사실 피부에 충돌하는 분자 때문이다. 그런데 높은 곳으로 올라가면 분자의 수가 적어지고, 따라서 충돌도 줄어든다.

공기는 속기 쉬운 물질이다. 우리는 해수면에서도 공기가 아주 가벼워서 질량이 없다고 생각하기 쉽다. 그러나 사실 공기는 질량이 상당하고, 그 무게가 스스로에게 영향을 미치기도 한다. 한 세기도 더 전의 와이빌 톰슨이라는 해양과학자의 말에 의하면, "아침에 일어나서 기압계가 2.5센티미터 올라가 있는 것을 발견하면, 그것은 밤사이에 거의 0.5톤의 무게가 추가로 우리를 짓누르고 있었다는 뜻이다. 그러나 우리는 아무런 불편도 느끼지 못할 뿐 아니라, 오히려 공기에 의한 부력이 늘어나서 몸을 더 쉽게 움직일 수 있게 되고, 더 상쾌하게 느끼게 된다." 0.5톤의 무게가 추가로 우리를 짓누르는데도 느끼지 못하는 것은 바다 밑에서 몸이 압착되지 않는 것과 같은 이유 때문이다. 압축할 수 없는 액체로 되어 있는 우리 몸이 같은 세기로 밀어내기 때문에 내부와 외부의 압력이 같아진다.

그러나 태풍이나 심지어 조금 강한 바람이 불 때처럼 공기가 움직이기 시작하면, 공기가 상당한 질량을 가지고 있다는 사실을 곧바로 알 수 있다. 모두 합쳐서 우리 주위에는 52억 톤의 100만 배의 공기가 있다. 지구상에서 1제곱킬로미터당 1,000만 톤에 해당하는 양으로 결코 적지 않다. 수백만 톤의 공기가 시속 50-60킬로미터의 속도로 지나갈 때 굵은 나뭇가지가 부러지고 지붕의 기와가 날아가는 것은 조금도 놀랄 일이 아니다. 앤서니 스미스가 지적한 것처럼, 일기예보에서 볼 수 있는 전선前線은 7억5,000만 톤의 차가운 공기 덩어리가 10억 톤의 따뜻한 공기 덩어리 밑에 짓눌려서 생긴다. 그 결과 기상학적으로 흥미로운 일이 벌어지는 것은 당연한 일이다.

우리 머리 위의 세계에서는 에너지가 부족하지 않다. 추정에 의하면, 뇌우雷雨는 미국 전체가 4일 동안 쓸 수 있는 전기에 해당하는 에너지를 가지고 있다. 적당한 조건이 되면, 뇌운雷雲은 10-15킬로미터까지 올라가고, 시속 150킬로미터가 넘는 상승 및 하강 기류를 만들어낸다. 그런 기류들은 서로 붙어 있는 경우가 많아서 비행기 조종사는 뇌우를 뚫고 비행하고 싶어하지 않는다. 구름 속에서 마구 움직이는 입자는 전하를 가지게 된다. 확실한 이유는 알 수 없지만, 가벼운 입자는 양전하를 가지고 기류를 따라 구름의 위쪽으로 올라간다. 아래쪽에 남는 무거운 입자는 음전하를 가진다. 음전하를 가진 입자는 양전하를 가진 땅을 향해 엄청난 힘으로 날아가면서 그 사이의 모든 것을 파괴해버린다. 시속 43만5,000킬로미터로 움직이는 번개는 그 주변의 공기를 놀랍게도 태양의 표면 온도보다도 몇 배나 더 뜨거운 섭씨 2만8,000도 정도로 가열할 수 있다. 지구에서는 어느 순간이나 1,800번 정도, 하루에는 약 4만 번 정도의 번개가 친다. 밤낮을 가리지 않고, 지구에서는 매초 100번 정도의 벼락이 떨어진다. 하늘은 활발하게 움직이는 곳이다.

하늘에서 일어나는 일에 대한 지식은 놀라울 정도로 최근에 얻어진 것이다. 대략 9,000-1만 미터 상공에 있는 제트 기류는 시속 300킬로미터까지 움직이면서 대륙 전체의 날씨에 영향을 준다. 그러나 제2차 세계대전 중에 비행사들이 그곳까지 올라가기 전에는 그런 것이 있다는 사실조차도 몰랐다. 대기에서 일어나는 현상은 오늘날에도 겨우 이해하는 형편이다. 가끔 청천난류晴天亂流라고 부르는 파동 운동이 비행기 승객들을 긴장시키기도 한다. 그런 난류는 시각으로 미리 알아볼 수 있는 구름이나 다른 어떤 것과도 상관없이 일어난다. 청천난류는 조용한 하늘에서 아주 갑작스럽게 나타나기 때문에 부상자가 발생하기도 한다. 2024년 5월 런던에서 싱가포르로 향하던 싱가포르항공의 여객기가 미얀마 상공에서 갑작스러운 청천난류를 만났다. 여객기가 수십 미터 아래로 급강하하면서 탑승자의 거의 절반인 100명이 넘는 승객과 승무원이 부상을 입을 정도로 충격이 격렬했다. 몇 명은 중상을 입었고, 한 명은 (간접적이기는 하지만 심장마비로) 사망했다. 그런 사고가 더 흔해지고 있다는 것이 보편적인 상식이지만, 그런 정보를 집중적으로 기록하는 곳은 없다. 특정 항공편에서 그런 일이 발생할 가능성이 낮기는 하지만, 그 확률은 아무도 모른다.

대기에서 공기가 움직이는 과정은 지구의 내부 엔진을 움직이는 것과 동일한 대류현상이다. 적도 지방에서 만들어진, 습기가 많고 따뜻한 공기는 대류권 계면까지 올라가서 옆으로 퍼진다. 점점 적도 지방에서 멀어지면서 식으면, 아래로 내려앉는다. 그런 공기 덩어리가 바닥에 닿으면, 퍼져서 들어갈 수 있는 저기압 지역으로 이동한 후에 다시 적도로 가서 순환 과정이 완성된다.

적도 지방에서는 대류 과정이 비교적 안정적이기 때문에 대체로 맑은 날씨가 유지된다. 그러나 온대 지방에서는 그 양상이 훨씬 더 복잡해서 계절과 지역에 따라서 다르고 공통적인 특징도 없다. 고기압과 저기압 사이에 끊임없는 경쟁이 나타난다. 상승하는 공기에 의해서 형성되는 저기압은 물 분자를 하늘로 끌고 올라가서 구름을 만들고 결국은 비를 내린다. 따뜻한 공기는 차가운 공기보다 더 많은 양의 수증기를 포함할 수 있다. 그래서 열대 지방이나 여름에 더 많은 비가 내린다. 결국 저기압 지역은 구름과 비가 많은 날씨가, 고기압 지역은 햇빛이 쪼이고 맑은 날씨가 된다. 저기압과 고기압이 만나면 구름이 만들어지는 경우가 많다. 예를 들면, 아무런 특징도 없이 하늘을 두껍게 뒤덮는 층운層雲은 습기를 머금은 상승 기류가 그 위에 있는 안정한 층을 뚫고 올라갈 힘이 없어서, 천장에 닿은 담배 연기처럼 옆으로 퍼지면서 만들어진다. 바람이 불지 않는 방에서 담배 연기가 어떻게 피어오르는가를 실제로 관찰해보면, 대기에서 일어나는 많은 현상을 이해할 수 있다. 처음에는 연기가 곧바로 위로 올라간다. 그런 움직임을 층상層狀 흐름이라고 한다. 그런 후에는 연기가 옆으로 퍼지면서 굴곡이 있는 층을 만든다. 세계에서 가장 강력한 슈퍼컴퓨터와 정확하게 통제된 환경에서 얻은 측정값을 사용하더라도 그 물결무늬의 형태를 정확하게 알아낼 수는 없다. 끊임없이 회전하면서 바람이 불고 있는 엄청나게 큰 세상에서 그런 움직임을 예측해야 하는 기상학자의 일이 얼마나 어려울지 짐작할 수 있을 것이다.

우리가 알고 있는 것은 태양에서 오는 열이 균일하게 분배되지 않기 때문에 지구상에 대기압의 차이가 생긴다는 사실뿐이다. 공기는 그런 불균형의 상태를 유지할 수 없기 때문에 이곳저곳으로 돌아다니면서 다시 평형을 이루려고 한다. 바람은 단순히 공기가 균형을 회복하려는 노력일 뿐이다. 공기는 언제나 고기압 지역에서 저기압 지역으로 움직인다(풍선이나 고압 탱크 속에 들어 있는 높은 압력의 공기가 다른 곳으로 빠져나가려고 얼마나 애쓰는지를 생각해보면 쉽게 이해될 것이다). 그리고 고기압과 저기압의 압력 차이가 클수록 바람은 더욱 세게 분다.

한편, 한곳에 축적되는 것이 대부분 그렇듯이 바람의 강도도 기하급수적으로 증가한다. 그래서 시속 500킬로미터로 부는 바람은 시속 50킬로미터로 부는 바람보다 단순히 10배가 아니라 100배나 더 강하게 느껴지고, 피해도 그만큼 더 커진다. 수백만 톤의 공기에 가속 효과가 더해지면 엄청난 에너지가 생길 수 있다. 적도 지방의 허리케인은 영국이나 프랑스와 같은 중간 크기의 부유한 국가가 1년 동안에 쓸 수 있는 에너지를 24시간 만에 방출할 수 있다.

대기가 평형을 되찾으려는 경향이 있다는 사실을 처음 알아낸 사람은 다른 곳에서도 만난 에드먼드 핼리였다. 그런 주장은 18세기에 그의 동료인 브리턴 조지 해들리에 의해서 더욱 발전되었다. 그는 상승하고 하강하는 공기가 "세포cell"를 형성한다는 사실을 밝혔고, 훗날 그것은 "해들리 세포"로 알려지게 되었다. 변호사였으면서도 영국 사람답게 날씨에 깊은 관심을 가졌던 해들리는 세포 사이의 관계, 지구의 자전 그리고 공기의 편향 때문에 무역풍이 생긴다고 주장했다. 그러나 그런 상호작용의 구체적인 내용을 정확하게 밝혀낸 사람은 1835년 파리의 에콜 폴리테크니크의 공학 교수인 귀스타브-가스파르 드 코리올리였기 때문에 우리는 그것을 코리올리 효과라고 부른다. (코리올리의 또다른 업적은 한때 코리오스라고 알려진 물 냉각기를 개발한 것이다.) 지구의 회전 속도는 적도 지방에서는 시속 1,600킬로미터 정도로 매우 빠르고, 극지방으로 가면 점차 느려진다. 예를 들면 런던에서는 시속 1,000킬로미터 정도가 된다. 그러니까 조금만 생각해보면, 그런 차이가 나타나는 이유가 분명해진다. 적도에서는 똑같은 자리로 되돌아오려면 자전하는 지구가 약 4만 킬로미터라는 먼 거리를 회전해야 한다. 그러나 북극에서는 한 바퀴를 자전하더라도 몇 미터만 움직이면 된다. 그런데 두 경우 모두 제자리로 돌아오기까지는 24시간이 걸린다. 따라서 적도에 가까울수록 자전 속도가 빨라진다.

지구의 자전에 대해서 수평으로 움직이는 공중의 물체가 충분히 멀리 날아가면, 지구가 자전하기 때문에 북반구에서는 오른쪽으로, 남반구에서는 왼쪽으로 휘어지는 것처럼 보이는 것이 바로 코리올리 효과이다. 일반적으로 이런 효과를 이해하려면 대형 회전목마의 중심에 서서 바깥쪽에 있는 사람에게 공을 던져주는 경우를 생각해보면 된다. 공이 바깥쪽에 도달할 때가 되면 이미 목표였던 사람이 움직였기 때문에 공은 옆으로 지나간다. 공을 받으려고 했던 사람의 입장에서는 마치 공이 휘어져서 지나간 것처럼 보인다. 그것이 바로 코리올리 효과이다. 고기압이나 저기압이 비틀어지고, 태풍이 팽이처럼 회전하는 것도 바로 그런 효과 때문이다. 함포 사격을 할 때 왼쪽이나 오른쪽을 겨냥해야 하는 것도 코리올리 효과 때문이다. 함포에서 발사된 포탄은 24킬로미터마다 90미터 정도씩 휘어져서 바다로 떨어진다.

날씨가 거의 모든 사람에게 현실적으로나 정신적으로 영향을 미친다는 점을 생각하면, 기상학이 19세기 말이 되어서야 과학으로 인식되기 시작했다는 사실은 놀랍기도 하다(기상학meteorology이라는 말은 1626년 T. 그레인저의 논리학 책에서 처음 사용되었다).

기상학이 발전하려면 온도를 정확하게 측정해야 하는데, 온도계 제작은 생각처럼 쉽지 않았다. 정확한 온도계를 만들려면 지름이 매우 균일한 유리관이 필요하다. 이 문제를 처음으로 해결한 사람이 바로 1717년에 정확한 온도계를 제작한 네덜란드의 기기 제작자 다니엘 가브리엘 파렌하이트였다. 그런데 그는 알 수 없는 이유로 물의 어는점을 32도, 끓는점을 212도로 표시한 온도계를 만들었다. 처음부터 사람들은 이상한 숫자에 부담을 느끼기 시작했고, 그래서 스웨덴의 천문학자 안데르스 셀시우스는 1742년에 다른 온도 표시 방법을 제안했다. 발명가가 언제나 일을 제대로 하는 것은 아니어서, 셀시우스는 물의 끓는점을 0도로 하고, 어는점을 100도로 제안했다. 물론 얼마 후에 그 값은 서로 바뀌게 되었다.

흔히 현대 기상학의 아버지로 인정되는 사람은 19세기 초에 이름이 알려지기 시작한 루크 하워드라는 영국의 약사였다. 오늘날 하워드는 1803년에 모양을 토대로 구름에 이름을 붙인 사람으로 기억된다. 린네 학회의 활동적이고 존경받는 회원이었던 그는 구름을 분류하는 데에도 린네의 원칙을 활용했다. 그러나 하워드는 잘 알려지지 않은 철학 연습회에서 자신의 분류체계를 발표했다(이미 앞에서 소개했던 것처럼 즐기기 위해서 산화이질소를 들이마시던 철학 연습회의 회원들이 하워드의 중요한 발표를 맑은 정신으로 들었기를 바랄 뿐이다. 그러나 이 부분에 대해서는 하워드 학파가 이상할 정도로 조용하다).

하워드는 구름을 층 모양의 층운層雲, stratus, 굴뚝 모양의 적운積雲, cumulus ("쌓아올리다"라는 뜻의 라틴어), 그리고 추위가 다가오기 전에 나타나는 높고 얇은 깃털 모양을 가진 권운卷雲, cirrus("소용돌이"라는 뜻)의 세 종류로 분류했다. 그는 나중에 비구름을 뜻하는 난운亂雲, nimbus("구름"을 뜻하는 라틴어)을 추가했다. 하워드 분류체계의 장점은 층적운, 권층운, 적란운처럼 기본 이름들을 마음대로 결합해서 어떠한 모양과 크기를 가진 구름도 설명할 수 있다는 것이다. 그의 분류체계는 널리 알려지게 되었다. 영국에서만 그런 것이 아니었다. 독일의 시인 요한 폰 괴테는 그의 분류체계에 매혹되어 하워드를 위해서 네 편의 헌시를 쓰기도 했다.

세월이 흐르면서 하워드의 분류체계는 계속 보완되었다. 그 정도가 너무 심해지는 바람에 『국제 구름 도해International Cloud Atlas』라는 백과사전은 두 권이나 되지만, 보는 사람은 거의 없다. 또한 흥미롭게도 하워드 이후에 추가된 계란운, 갓운, 성운, 뇌운, 모운, 와운과 같은 구름의 이름은 기상학자가 아니면 거의 사용하지 않는다. 게다가 기상학자가 그렇게 많은 것도 아니다. 한편, 1896년에 발간된 『국제 구름 도해』의 훨씬 더 얇은 초판에서는 구름을 열 가지로 분류했다. 그중에서 가장 포동포동하고 푹신하게 보이는 것이 아홉 번째로 소개된 적란운이었다.† 아마도 "구름을 탄 듯 기분이 좋은"이라는 뜻으로 사용하는 "to be on cloud nine"이라는 표현은 여기에서 유래된 것으로 보인다.

때때로 모루처럼 생긴 먹구름이 무겁고 광포해 보이기는 하지만, 실제로 구름 대부분은 온화하고 놀라울 정도로 특징이 없다. 폭이 수백 미터에 달하는, 여름철의 포동포동한 적운에는 "욕조를 채울 수 있을 정도"라는 제임스 트레필의 표현처럼 100-150리터의 물이 포함되어 있다. 구름이 얼마나 텅 비어 있는지를 알아보려면 안개 속을 걸어보면 된다. 안개는 높이 날아가지 못했을 뿐 구름과 다를 것이 없다. 다시 트레필의 표현을 빌리면, "보통

---

† 경계가 흐릿한 다른 구름들과 달리 적운의 경우에는 습기가 많은 구름 내부와 건조한 외부 사이에 경계가 명백해서 아름다울 정도로 선명하게 느껴지기도 한다. 구름의 경계에 있는 물 분자를 바깥에 있는 건조한 공기가 즉시 흡수하기 때문에 적운의 경계면은 언제나 깨끗하게 보인다. 더 높은 고도에 있는 권운은 얼음 조각으로 되어 있고, 구름의 끝과 바깥의 공기 사이의 경계면이 분명하게 구별되지 않기 때문에 가장자리가 흐릿하게 보이는 경향이 있다.

안개 속을 90미터 정도 걸으면, 마시기에도 충분하지 않은 대략 8밀리리터의 물을 만나게 된다." 결과적으로 구름에는 물이 많지 않다. 일반적으로 지구상의 민물 중에서 대략 0.035퍼센트만이 하늘에 떠 있다.

물 분자의 운명은 어느 곳에 떨어지는지에 따라서 크게 달라진다. 비옥한 땅에 떨어진 물은 식물에 흡수되거나 몇 시간에서 며칠 이내에 다시 증발된다. 그러나 지하수로 흘러들게 되면 몇 년, 아주 깊은 곳이라면 수천 년 동안은 다시 햇빛을 보지 못한다. 호수는 평균적으로 대략 10여 년 동안 그곳에 고여 있는 물 분자의 집합이다. 바다에 있는 물 분자는 100여 년 동안 그곳에 머무른다. 전체적으로 빗물에 들어 있는 물 분자 중에서 약 60퍼센트는 하루나 이틀 사이에 다시 대기 중으로 돌아간다. 일단 증발한 물 분자가 하늘에 머물다가 다시 빗물로 떨어지게 되는 기간은 대략 1주일 정도 — 지질학자 스티븐 드루리는 12일이라고 말한다 — 이다.

여름날 물웅덩이가 말라버리는 것에서 알 수 있듯이 증발은 아주 빠른 현상이다. 지중해 정도의 큰 바다라고 하더라도 물을 계속 공급하지 않는다면, 대략 1,000년이 지나면 말라버린다. 실제로 그런 일이 대략 600만 년 전에 일어나서, 소위 메시나절 염분 위기가 벌어졌다. 대륙이 움직여서 지브롤터 해협이 막혀버렸다. 지중해가 마르면서 증발된 수분이 비가 되어 다른 바다로 흘러들어 그곳의 염도가 조금 낮아지게 되었다. 실제로 겨울에 얼어붙은 바다의 면적이 보통 때보다 조금 더 넓어질 정도로 묽어졌다. 그 결과 더 넓은 면적을 덮은 얼음이 햇빛을 반사하면서 지구는 빙하기로 접어들었다. 적어도 이론적으로는 그랬다.

우리가 알 수 있는 한 확실한 것은 지구의 역학적인 관계에 약간의 변화만 생겨도 상상을 넘어서는 결과가 나타날 수 있다는 사실이다. 앞으로 살펴보겠지만, 그런 사건이 우리를 탄생하도록 해주었을 수도 있다.

바다는 지구 표면에서 일어나는 일에 필요한 에너지를 공급하는 발전소이다. 실제로 기상학자들 사이에서는 바다와 대기를 하나로 보려는 경향이 점점 더 강해지고 있다. 그러므로 바다에 대해서도 잠시 살펴보자. 물은 열을 저장하고 옮겨주는 역할을 아주 잘한다. 멕시코 만류는 매일같이 전 세계의 몇 년치에 해당하는 양의 열을 운반한다. 영국과 아일랜드의 겨울이 캐나다나 러시아보다 따뜻한 것도 그 덕분이다.

그러나 물은 천천히 뜨거워지기 때문에 아무리 더운 날에도 호수와 수영장의 물은 차갑다. 공식적으로 천문학적 계절이 시작되는 시기보다 실제로 느껴지는 계절의 시작이 조금 늦은 것도 그 때문이다. 북반구에서는 3월에 공식적으로 봄이 시작되지만, 대부분의 지역에서는 아무리 빨라도 4월은 되어야 봄이라고 느낄 수 있다.

바다는 하나의 균일한 물 덩어리가 아니다. 온도, 염도, 깊이, 밀도 등의 차이가 바다를 통해서 운반되는 열의 양에 지대한 영향을 미치고, 결국은 기후에도 영향을 준다. 예를 들어서 대서양은 태평양보다 염도가 더 높다. 다행스러운 일이다. 염도가 높을수록 밀도가 더 크고, 밀도가 큰 물은 아래로 가라앉는다. 만약 대서양의 염도가 지금보다 낮았더라면, 대서양의 해류가 극지방까지 올라가서 북극은 더 따뜻해졌겠지만, 유럽의 따뜻한 겨울은 사라졌을 것이다. 지구의 열 순환에서 가장 중요한 역할을 하는 것이 바로 아주 깊은 곳의 느린 해류에 의해서 발생하는 열염 순환thermohaline circulation이다.[†] 1797년에 이 순환 과정을 처음 밝혀낸 사람은 과학자이자 모험가였던 럼퍼드 백작이었다. 표면의 물이 유럽에 가까이 도착하면, 밀도가 커져서 아주 깊은 곳으로 가라앉으면서 남반구를 향해 아주 느리게 움직이기 시작한다. 그 해류가 남극에 도달하면, 남극 순환 해류에 의해서 태평양으로 떠오

[†] 이 말은 여러 의미로 사용되고 있는 것 같다. 매사추세츠 공과대학교의 칼 분시가 2002년 11월에 「사이언스」에 발표했던 "열염 순환이란 무엇인가?"라는 논문에 따르면, 주요 학술지에서 이 말이 심해 순환, 밀도나 부력의 차이에 의한 순환, "자오선 전복 순환" 등을 비롯한 적어도 7가지 현상을 나타낸다고 한다. 모두가 바다에서의 순환이나 열 전달과 관련된 것이지만, 이 책에서는 넓은 의미의 애매한 뜻으로 사용하기로 한다.

른다. 해류의 움직임은 매우 느려서, 북대서양의 물이 태평양 가운데까지 가려면 대략 1,500년이 걸린다. 그러나 그런 해류에 의해서 이동되는 열과 물의 양은 상당해서 기후에 미치는 영향도 대단하다.

(한 방울의 물이 바다의 한 곳에서 다른 곳으로 이동하는 데에 걸리는 시간을 측정하려면, 물에 녹아 있는 클로로플루오로탄소[CFC]와 같은 화합물의 양을 측정하고 그 물질이 물에 녹아들어간 지 얼마나 되었는지를 추정해야 한다. 여러 지역과 수심에서 측정한 결과를 비교해보면, 물의 움직임을 비교적 정확하게 알아낼 수 있다.) 열염 순환은 열을 옮겨줄 뿐 아니라 해류가 오르내리게 해서 영양분을 휘저어주기도 한다. 그 덕분에 어류를 비롯한 해양 생물이 바다의 아주 넓은 지역에서 살 수 있게 된다. 그러나 불행하게도 그런 순환은 변화에 매우 민감한 것으로 밝혀지고 있다. 컴퓨터 모의실험에 의하면, 그린란드의 빙하가 녹아서 바다의 염분 농도가 조금만 낮아져도 순환 과정이 파국적으로 중단될 수 있다.

바다가 우리에게 주는 혜택은 그뿐이 아니다. 바다는 엄청난 양의 탄소를 빨아들여서 안전하게 묶어놓는 역할을 한다. 우리 태양계의 이상한 점 중의 하나가 바로 오늘날의 태양이 태양계가 처음 생겼을 때보다 25퍼센트나 더 밝게 불타고 있다는 사실이다. 그렇다면 지구는 훨씬 더 뜨거워졌어야만 한다. 영국의 지질학자 오브리 매닝의 지적처럼, "그런 엄청난 변화는 분명히 지구에 재앙을 초래했을 것임에도 불구하고 우리 지구는 거의 아무런 영향을 받지 않은 듯이 보인다."

그렇다면 무엇이 이 세상을 안정하고 시원하게 지켜주었을까? 생명이 그 모든 역할을 했다. 유공충류, 인편모충류, 석회해면류처럼 대부분의 사람은 들어본 적도 없는 수없이 많은 작은 해양 생물이, 대기 중에 존재하다가 빗물에 섞여서 떨어지는 이산화탄소를 흡수해서 단단한 껍질을 만드는 데에 사용한다. 결국 그런 해양 생물은 껍질에 탄소를 가둠으로써 탄소가 대기 중으로 다시 증발해서 위험한 온실기체로 축적되는 것을 막아준다. 작은 유공충류나 인편모충류들이 죽어서 바다 밑으로 가라앉으면 압력에 의해서 석회석이 된다. 영국의 화이트 클리프와 같은 자연의 풍경을 바라보면서, 그 것이 작은 해양 생물이 죽어서 형성되었다는 사실을 생각해보는 것도 놀랍지만, 그 속에 얼마나 많은 양의 탄소가 축적되어 있는지를 생각해보면 더욱 놀라게 된다. 한 변이 15센티미터짜리인 도버 석회석 정육면체에는 우리에게 전혀 도움이 되지 않았을 이산화탄소 1,000리터가 압축되어 있다. 결국 석회석의 대부분이 화산에 들어가면, 그 속에 들어 있던 탄소가 다시 대기 중으로 방출되었다가 빗물과 함께 땅으로 떨어질 것이다. 이 모든 과정을 장기 탄소 순환이라고 부른다. 그런 순환은 일반적인 탄소 원자의 입장에서 보면 50만 년 정도의 아주 오랜 세월에 걸쳐서 진행된다. 그럼에도 다른 장애요인이 없다면, 그것만으로도 기후가 안정적으로 유지될 수 있다.

그러나 불행하게도 경솔한 인간은 유공충류가 흡수할 수도 없을 정도로 엄청난 양의 탄소를 대기 중으로 방출해서 탄소 순환 과정을 방해하는 일을 아주 좋아한다. 이 책을 처음 썼을 때는 대기 중의 이산화탄소 농도가 (산업 혁명 이전 수준인 280ppm에서 증가한) 360ppm이었다. 20여 년이 지난 오늘날 그 값은 420ppm으로 크게 뛰었고, 지금도 빠르게 늘어나고 있다. 이는 마지막 빙하기가 끝날 무렵에 자연적으로 가장 빠르게 늘어났던 것보다 100배나 더 빠른 속도이다.

매년 전 세계에서 우리가 대기 중으로 방출하는 이산화탄소의 양은 미국 서부의 거의 전역(구체적으로 애리조나 주, 캘리포니아 주, 콜로라도 주, 뉴멕시코 주, 네바다 주, 텍사스 주와 대부분의 와이오밍 주)을 진하고 독한 8.2미터 두께의 연무로 덮을 수 있는 400억 톤씩 늘어난다. 강조하자면, 그 것이 우리의 연간 기여량이다. 내년에 400억 톤이 방출되고, 그다음 해에도 또다시 400억 톤(아마도 더 많아질 것이다)이 방출되며, 이런 추세가 끝없이 계속될 것이다.

꼭대기까지 끈적끈적한 검은 액체로 가득 채워져 있는, 한 변의 길이가 5

킬로미터인 상자를 상상하는 것도 상황을 이해하는 다른 방법이다. 지구상에 살고 있는 우리가 매년 소비하는 화석 연료의 양이다. 현재의 속도가 계속된다면, 이 세기의 중엽에는 우리가 매년 소비하는 화석 연료를 담기 위해서 한 변의 길이 15킬로미터인 상자가 필요할 것이다.

전 지구적 평균은 많은 변수들을 가려버린다는 사실에 주목해야 한다. 특권을 누리고 있는 서구의 국가는 덜 부유한 지역보다 개인당 훨씬 더 많은 양의 화석 연료를 소비한다. 예를 들어서, 탄자니아 사람이 1년 동안 배출하는 이산화탄소를 유럽 사람은 평균 2.5일이면 만들어낸다. 미국 사람이 같은 양을 배출하는 데에 고작 28시간이 걸린다.

다른 곳에서 말했듯이, 그리 멀지 않은 미래의 어느 날에는 60억 명에 이르는 상대적으로 가난한 사람들 중의 상당수가 우리와 똑같이 소비하겠다고 요구하게 될 것이고, 우리가 누린 것처럼 쉽게 그것을 얻으려고 들 것이다. 그 결과 지구가 쉽게 제공하거나 생산할 것이라고 상상할 수 있는 양을 훌쩍 넘어서는 자원이 필요해질 것이다. 우리의 삶을 안락함과 행복으로 가득 채우려는 끝없는 욕구로 인해서, 우리가 그 어느 것도 누리지 못하는 세상을 만들어낼 가능성이 가장 크다는 것은 역설적이다.

지구가 놀라울 정도의 회복력을 가지고 있고, 탄소 순환 과정이 다시 회복되어 지구가 안정적이고 행복한 상태로 돌아올 수도 있다는 것은 좋은 소식이다. 마지막으로 그런 일이 벌어졌을 때에는 겨우 6만 년 만에 모든 것이 회복되었다.

제18장

망망대해

맛이나 냄새도 없고, 성질도 심하게 변덕스러워서 때로는 온화하고 또 때로는 치명적인 "산화이수소"가 지배하는 세상에 적응해서 살려고 애쓰는 경우를 생각해보자. 산화이수소는 경우에 따라서 당신을 익히기도, 얼리기도 한다. 유기분자와 함께 섞여 있으면, 아주 고약한 탄산 거품을 형성해서 나뭇잎을 떨어뜨리기도 하고 동상의 표면을 손상시키기도 한다. 엄청난 양이 한꺼번에 밀어닥치면 인간이 만든 어떤 구조물도 견뎌내지 못한다. 이 물질은 함께 사는 데에 익숙한 사람에게도 때로는 살인적인 물질이 된다. 우리는 그것을 물이라고 부른다.

물은 모든 곳에 있다. 감자의 80퍼센트, 소의 74퍼센트, 박테리아의 75퍼센트가 물이다. 95퍼센트가 물로 된 토마토는 물을 빼고 나면 **아무것도 아닌** 셈이다. 심지어 인간도 65퍼센트가 물이므로, 액체가 고체보다 거의 두 배나 더 많은 셈이다. 물은 이상한 물질이다. 우리는 형태도 없고 투명한 물과 오래 전부터 함께 지내왔다. 물은 아무런 맛도 없지만, 우리는 그 맛을 좋아한다. 햇볕 속에서 물을 보려고 엄청난 비용을 들여서 먼 곳까지 여행을 떠나기도 한다. 물이 위험하며 매년 수만 명의 사람이 물에 빠져 죽는다는 사실을 알고 있으면서도, 우리는 물속에서 놀고 싶어서 안달한다.

물은 어디에나 있기 때문에 우리는 그것이 얼마나 특별한 물질인지를 쉽게 잊는다. 물의 성질을 이용해서 다른 액체의 성질을 예측할 수도 없고, 거꾸로 하는 것도 불가능하다. 만약 물에 대해서 아무것도 모르는 상태에서 셀레늄화수소H₂Se나 황화수소H₂S처럼 화학적으로 비슷한 화합물의 성질을 근거로 판단한다면, 물은 섭씨 영하 93도에서 끓고 상온에서는 기체로 존재할 것으로 예상하게 된다.

대부분의 액체는 식으면 부피가 10퍼센트 정도 줄어든다. 물도 마찬가지이지만, 어느 정도까지만 그렇다. 물은 어는 상태에 아주 가까워지면, 오히려 부피가 늘어나는 상상할 수 없는 일이 벌어진다. 얼음이 되면, 부피가 거의 10퍼센트 정도 늘어난다. 얼음이 되면서 부피가 늘어나기 때문에 얼음이 물에 뜨는 것은, 존 그리빈의 말처럼 "정말 괴상한 성질"이다. 만약 물이 그런 기막힌 성질을 가지고 있지 않다면, 얼음은 물속으로 가라앉을 것이고, 호수와 바다는 바닥에서부터 얼어붙을 것이다. 얼음이 수면을 덮어서 물속의 열을 붙잡아주지 않는다면, 물이 가지고 있던 온기가 그대로 방출되면서 점점 더 차가워지고, 결국은 더 많은 얼음이 생길 것이다. 바다도 곧장 얼어버릴 것이고, 아주 오랫동안, 어쩌면 영원히 그런 상태로 남게 될 것이다. 생명체가 살아가기에는 힘든 조건이다. 우리에게는 감사하게도, 물은 화학의 규칙이나 물리 법칙을 모르는 모양이다.

물의 화학식이 큰 산소 원자 1개에 2개의 작은 수소 원자가 결합되어 있는 H₂O라는 사실은 누구나 안다. 수소 원자는 주인인 산소 원자에 단단하게 붙어 있으면서도 다른 물 분자와 우발적인 결합을 만들기도 한다. 그런 특성을 가진 물 분자는 다른 물 분자와 함께 일종의 춤을 춘다. 로버트 쿤지그의 멋진 표현을 빌리면, 물 분자는 끊임없이 짝을 바꿔가면서 카드리유*를 추고 있는 셈이다. 유리잔에 들어 있는 물은 생동적으로 보이지 않겠지만, 그

---

* 남녀 네 쌍이 정사각형으로 서서 짝을 바꾸어가면서 추는 춤.

속에 들어 있는 물 분자는 매초 수십억 번씩 짝을 바꾼다. 물 분자가 모여서 웅덩이나 호수를 이루는 것도 물 분자가 서로 달라붙기 때문이다. 그러나 엄청나게 단단히 달라붙는 것은 아니라서, 물속으로 다이빙하면 쉽게 갈라지기도 한다. 어느 한순간을 보면 15퍼센트의 물 분자만이 서로 짝을 이루고 있다.

어떤 의미로는 그런 결합이 매우 강하기 때문에 관을 통해서 빨아올리면 위로 함께 흘러가고, 자동차에 떨어진 물방울이 서로 뭉쳐서 독특한 모양을 만들기도 한다. 물이 표면장력을 가지고 있는 것도 그 때문이다. 표면에 있는 분자는 그 위에 있는 공기 분자보다는 아래나 옆에 있는 똑같이 생긴 물 분자에 더 강하게 끌린다. 곤충이 물에 떠 있거나, 조약돌이 튕겨 나갈 수 있는 막이 만들어지는 것도 그 때문이다. 다이빙할 때, 배가 먼저 물에 닿으면 심한 통증이 느껴지는 것도 마찬가지이다.

우리가 물이 없으면 살 수 없다는 사실은 말할 필요도 없다. 물이 없으면 인간의 몸은 빠른 속도로 무너져버린다. 며칠 사이에 입술은 "마치 도려낸 듯이 사라지고, 잇몸은 검게 변하고, 코는 절반으로 시들어버리고, 피부는 눈을 깜박일 수 없을 정도로 수축된다." 물은 우리의 생명에 너무나도 중요하다. 그래서 우리는 지구상에 존재하는 물 중에서 아주 적은 양을 제외한 대부분의 물에 우리에게 치명적인 독성을 나타내는 소금이 들어 있다는 사실을 잊고는 한다.

살아가려면 소금이 필요하기는 하지만, 아주 적은 양만으로 충분하다. 바닷물에는 우리가 안전하게 소화할 수 있는 양의 70배가 넘는 양의 소금이 들어 있다. 보통 바닷물 1리터에는 우리가 음식에 넣어 먹는 보통의 소금이 2.5티스푼 정도 들어 있다. 그리고 우리가 그냥 염鹽이라고 부르는 수용성의 다른 물질도 많이 녹아 있다. 우리의 조직에 들어 있는 염과 미네랄의 비율은 바닷물에서의 비율과 놀라울 정도로 비슷하다. 그러니까 마굴리스와 세이건이 말했듯이, 우리가 흘리는 땀이나 눈물은 바닷물과 비슷한데도 이상하게 우리는 바닷물을 마시지 못한다. 소금을 너무 많이 먹으면 몸속의 대사 과정에 위기 상황이 벌어진다. 갑자기 섭취한 과량의 소금 때문에 높아진 농도를 낮추려면, 모든 세포의 물 분자가 화재 현장으로 달려가는 소방관들처럼 쏟아져 나와야 한다. 그렇게 되면, 세포가 정상적인 기능을 하는 데에 꼭 필요한 물이 위험할 정도로 부족해진다. 세포는 말 그대로 탈수가 되고 만다. 극단적인 상황에서는 탈수 때문에 마비, 의식 불명 또는 뇌 손상이 일어난다. 그동안 과부하가 걸린 혈관세포가 소금을 신장으로 옮기기는 하지만, 결국 신장도 압도되어 기능을 상실할 수밖에 없다. 신장이 기능을 잃으면 우리 몸은 죽는다. 우리가 바닷물을 마시지 못하는 것은 이 때문이다.

지구상에는 13억 세제곱킬로미터의 물이 있는데, 그것이 전부이다. 더 이상 더해지거나 사라질 수 없도록 닫혀 있다. 마시는 물은 지구가 생겼을 때부터 끊임없이 그런 일을 해왔다. 바다는 38억 년 전부터 대체로 지금과 같은 부피에 도달했다.

물의 세계를 수권水圈이라고 하는데, 대부분은 바다로 이루어져 있다. 지구상의 물 중에서 97퍼센트는 바다에 있고, 그중의 상당한 부분은 지구 표면의 절반 이상을 덮고 있으며, 모든 육지를 합친 것보다도 더 큰 태평양에 있다. 태평양에는 바닷물의 절반 이상(정확하게는 51.6퍼센트)이 있다. 대서양에는 23.6퍼센트, 인도양에는 21.2퍼센트가 있으며, 나머지 바다에 3.6퍼센트가 분포되어 있다. 바다의 평균 깊이는 3.86킬로미터이고, 태평양은 대서양이나 인도양보다 300미터 정도 더 깊다. 지구 표면의 60퍼센트는 1.6킬로미터 이상의 깊이를 가진 바다로 되어 있다. 필립 볼이 지적한 것처럼, 우리가 살고 있는 행성은 "지구地球"가 아니라 "수구水球"라고 부르는 것이 더 적절할 수도 있다.

지구에 있는 물의 3퍼센트에 불과한 민물의 대부분은 빙하로 존재한다. 아주 적은 양, 정확하게는 0.036퍼센트만이 호수, 강, 저수지 등에 있고, 더 적은 겨우 0.001퍼센트만이 구름이나 수증기로 존재한다. 지구에 있는 얼음의 거의 90퍼센트는 남극에 있고, 나머지의 대부분은 그린란드에 있다. 남극에서는 얼음의 두께가 3킬로미터나 되고, 북극에서는 4.5미터에 불과하다. 남극 대륙은 2,500만 세제곱킬로미터의 얼음으로 되어 있어서, 모두가 녹아버리면 바다의 높이가 60미터나 상승한다. 그러나 대기 중에 있는 수증기가 모두 비가 되어 모든 곳에 균일하게 내리더라도 바다의 높이는 몇 센티미터 정도 올라갈 뿐이다.

해발은 거의 완전히 추상적인 개념이다. 바다에는 높이가 없다. 파도, 바람, 코리올리 힘을 비롯한 여러 가지 효과 때문에 수면의 높이는 바다에 따라서 다르고, 같은 바다에서도 위치에 따라서 다르다. 태평양은 지구의 자전으로 생기는 원심력 때문에 서쪽이 45센티미터 정도 더 높다. 욕조에 손을 넣어서 물을 한쪽으로 몰면, 물이 반대쪽으로 흘러가듯이, 동쪽으로 자전하는 지구에서는 물이 바다의 서쪽 가장자리에 모여서 쌓이게 된다.

바다가 우리에게는 아주 옛날부터 중요했다는 사실을 고려하면, 우리가 바다를 과학적으로 연구하기 시작한 지 얼마 되지 않는다는 사실은 놀랍다. 19세기에 들어서서도 우리가 바다에 대해서 알고 있던 지식의 대부분은 해변으로 밀려오거나 고기 잡는 그물에 걸려 올라오는 것으로부터 알아낸 것이었고, 바다에 대한 글도 거의 대부분 물리적인 증거보다는 비화와 상상을 근거로 했다. 1830년대에 영국의 박물학자 에드워드 포브스는 대서양과 지중해의 바닥을 탐사한 후에 수면에서 600미터 이하에는 생물이 전혀 살지 않는다고 주장했다. 타당한 추측 같았다. 그 정도의 깊이에는 빛이 없어서 식물이 살 수 없고, 물의 압력도 극단적이라고 알려져 있었다. 그러므로 1860년에 3킬로미터 넘는 깊이에 있던 최초의 대서양 횡단 전신 케이블을 수리하려고 끌어올렸을 때, 산호와 조개를 비롯한 유기 퇴적물이 잔뜩 붙어 있는 모습은 놀라운 광경이었다.

바다에 관한 체계적인 연구는 영국 박물관, 왕립학회, 영국 정부의 합동 탐사단이 퇴역한 전함 챌린저 호를 타고 출항했던 1872년에 처음으로 시작되었다. 그들은 3년 반 동안 전 세계를 항해하면서 물 시료를 채취하고, 고기를 잡아보고, 퇴적층을 준설했다. 그런 작업은 당연히 지루했다. 240명의 과학자와 승무원 가운데 4명 중 1명이 하선했고, 8명은 죽거나 미쳐버렸다. 역사학자 서맨사 와인버그의 말에 따르면, "몇 년 동안 계속된 준설 작업으로 정신이 마비되어 미쳐버렸다." 그렇지만 그들은 거의 7만 해리를 항해하면서, 4,700종이 넘는 새로운 해양 생물 시료를 채취했으며, 19년에 걸쳐서 50권으로 된 보고서를 낼 수 있을 만큼의 정보를 수집했다. 그 결과 세상에는 해양학이라는 새로운 과학 분야가 등장했다. 그들은 또한 수심 측정을 통해서 대서양 한가운데에 물에 잠긴 산맥이 있는 것 같다는 사실을 알아냄으로써, 잃어버린 대륙 아틀란티스를 발견했을지도 모른다고 사람들을 흥분시키기도 했다.

대부분의 제도권 학자들은 바다를 무시했기 때문에, 바닷속에 대한 탐사는 아주 가끔 등장했던 헌신적인 아마추어의 손에 맡겨질 수밖에 없었다. 현대적인 심해 탐사는 1930년 찰스 윌리엄 비비와 오티스 바턴에 의해서 시작되었다. 두 사람은 대등한 동료였지만, 언제나 비비가 더 많은 관심을 끌었다. 1877년에 뉴욕 시의 유복한 가정에서 태어난 비비는 컬럼비아 대학교에서 동물학을 공부한 후에 뉴욕 동물원의 사육사로 일하기 시작했다. 자신의 일에 싫증을 느낀 그는 탐험가가 되기로 결심했고, 그로부터 25년 동안 아시아와 남아메리카를 집중적으로 여행했다. 그 여행에는 "역사학자와 기술자" 또는 "어류 문제 조수" 등의 창의적인 직함을 가진 매력적인 여성 조수들을 차례로 동반했다. 그는 경비를 조달하기 위해서 『밀림의 가장자리 *Edge of the Jungle*』나 『밀림의 날*Jungle Days*』과 같은 대중서적을 발간했고, 야생동물과 조류학에 대한 훌륭한 학술서를 저술하기도 했다.

1920년대 중반에 갈라파고스 제도를 여행하던 그는 심해 잠수를 "매달림의 즐거움"이라고 부르기 시작했다. 그 직후부터, 그는 더 부유한 집안 출신으로 역시 컬럼비아 대학교에서 공부했으며, 탐험에 참가할 수 있는 기회를 기다리던 바턴과 팀을 이루었다. 거의 언제나 비비의 업적이라고 소개되기는 하지만, 사실 최초의 구형 잠수구bathysphere("깊다"라는 그리스어에서 유래)를 고안하고 1만2,000달러의 비용을 부담한 것은 바턴이었다. 4센티미터 두께의 무쇠로 만든 작고 단단한 잠수구에는 7.6센티미터 두께의 수정판으로 만든 두 개의 작은 창문이 있었다. 두 사람이 탈 수는 있지만, 서로 아주 친한 사람이어야만 했다. 당시의 기준으로도 복잡한 기술은 아니었다. 긴 줄에 매달려 있는 잠수구는 조정이 불가능했고, 아주 초보적인 호흡 장치만 갖춰져 있었다. 소다회 상자를 열어두어 이산화탄소를 제거하고, 작은 통에 넣은 염화칼슘으로 수분을 제거했다. 화학반응을 촉진하기 위해서 가끔 야자나무 잎으로 상자에 부채질을 해주어야 했다.

그러나 이름도 없었던 구형 잠수구는 훌륭한 임무를 수행했다. 1930년 6월 바하마에서의 첫 잠수에서 바턴과 비비는 183미터를 잠수해서 세계기록을 세웠다. 1934년에는 900미터까지 잠수해서 다시 세계기록을 세웠고, 그 기록은 제2차 세계대전이 끝날 때까지도 깨지지 않았다. 바턴은 자신의 잠수구로 1,400미터까지 잠수할 수 있다고 확신했지만, 한 길 더 내려갈 때마다 볼트와 리벳에서 삐거덕거리는 소리가 분명하게 들려왔다. 얼마나 깊이 내려가는지와 상관없이 용감하고 위험스러운 일이었다. 900미터에서는 작은 창문에 제곱센티미터당 3톤의 압력이 작용했다. 비비는 그런 깊이에서 잠수구의 한계를 넘는다면 사람이 즉사할 것이라는 사실을 여러 권의 책과 글은 물론이고 라디오 방송에서도 잊지 않고 밝혔다. 그러나 잠수구와 2톤이나 되는 철 케이블을 지탱하고 있는 선상의 권양기가 고장이 나서 두 사람이 바다 밑으로 가라앉게 되는 것은 더 두려운 일이었다. 그런 경우에는 아무런 대책이 없었다.

그러나 그들은 잠수를 통해서 중요한 과학적 업적을 이룩하지는 못했다. 두 사람은 전에 보지 못했던 생물을 보았지만, 시야가 한정적이었다. 더욱이 두 사람 모두 용감한 해저 탐험가이기는 했지만, 해양학자로 교육을 받지 못했기 때문에 자신들이 발견한 것을 과학자처럼 자세하게 기록하지 못했다. 또한 잠수구에는 외부 조명이 없었기 때문에 250와트 전구로 창문을 통해서 비춰야만 했다. 그러나 150미터 이하의 깊이에서는 빛이 거의 투과하지 못했을 뿐만 아니라, 그들이 7.6센티미터 두께의 수정판을 통해서 자세하게 볼 수 있는 것은 거의 없었다. 결국 그들이 보고할 수 있었던 것은 깊은 곳에도 흥미로운 것이 많다는 사실뿐이었다. 1934년의 한 잠수에서 비비는 "6미터가 넘는 매우 넓적한" 거대한 뱀을 보고 깜짝 놀랐지만, 너무 빨리 스쳐 지나갔기 때문에 그림자만 볼 수 있었다. 그것이 무엇이었는지는 알 수가 없다. 그후로는 아무도 그런 것을 다시 보지 못했다. 그런 애매함 때문에 대부분의 학자들은 그들의 보고를 무시했다.

1934년에 심해 잠수 기록을 세운 비비는 더 이상의 흥미를 잃어버리고, 다른 일에 몰두했지만, 바턴은 끈기 있게 매달렸다. 다행히도 비비는 사람들이 물어보면, 바턴이 모든 일을 해낸 일꾼이라고 말하기는 했다. 그러나 바턴은 그늘에서 나올 능력이 없었던 모양이었다. 그도 역시 바다 밑의 탐험에 대해서 훌륭한 글을 남겼고, 공격적인 대형 오징어처럼 재미있기는 하지만 가상의 생물이 잠수구와 함께 등장하는 「심해의 타이탄」이라는 할리우드 영화에 출연하기도 했다. "마음을 진정시켜줍니다"라는 담배 광고에도 출연했다. 1948년에는 캘리포니아 주 근처의 태평양에서 세계기록을 50퍼센트나 넘긴 1,370미터까지 잠수하는 기록을 세웠지만, 아무도 관심을 보이지 않았다. 신문에 「심해의 타이탄」에 대한 평을 쓴 한 평론가는 이번에도 비비가 주인공이라고 생각했다. 오늘날까지 바턴의 이름이 남아 있다는 것이 행운이다.

결국 그는 심해 잠수정bathyscaphe("심해 보트"라는 뜻)이라는 새로운 형태의 탐사선을 제작한 스위스의 오귀스트와 자크 피카르 부자의 그늘에 완전히 가려졌다. 잠수정을 건조한 이탈리아의 도시 이름을 따서 "트리에스테"라고 불렸던 새로운 잠수정은 비록 오르내리는 정도이기는 하지만 독립적으로 조정할 수 있었다. 1954년 초의 첫 잠수에서는 6년 전에 바턴이 세운 기록보다 거의 세 배에 가까운 4,000미터까지 잠수를 했다. 그러나 심해 잠수에는 상당한 양의 고가 장비가 필요했기 때문에 결국 피카르 부자는 파산하고 말았다.

1958년에 그들은 미국 해군과의 협상을 통해서 잠수정의 소유권을 해군에 주는 대신, 자신들이 통제할 수 있는 권리를 얻었다. 이제 충분한 후원금을 확보한 피카르 부자는 잠수정이 정말 깊은 곳에서도 압력을 견딜 수 있도록 개조했다. 바다의 가장 깊은 곳에서는 압력이 표면에서보다 1,000배나 큰 제곱센티미터당 1,200킬로그램까지 높아진다. 이제 트리에스테 호는 2명의 선원을 마리아나 해구海溝로 내려보내는 가장 위대한 잠수에 도전할 준비를 갖추게 되었다.†

마리아나 해구가 만약 수면 위에 있었다면, 지구상에서 가장 유명한 곳이 되었을 것이다. 그랜드 캐니언을 압도하는 규모의 해구는 괌 근처의 서태평양을 가로질러 2,400킬로미터나 뻗어 있고, 가장 깊은 곳에는 폭이 64킬로미터, 깊이는 11킬로미터에 달하는 협곡이 형성되어 있다. 에베레스트 산을 마리아나 해구에 넣어도 그 위로 2킬로미터나 남을 정도이다. 해구 위를 항해하는 선박은 대륙 사이를 비행하는 여객기의 고도만큼이나 해저와 멀리 떨어져 있다.

탐사대는 자크 피카르와 젊은 미국 해군 대위인 돈 월시라는 두 사람으로 구성되었다. 월시는 잠수함 장교였지만, 심해 잠수의 경험은 없었다. 그는 2014년 「사이언티픽 아메리칸Scientific American」에 실린 회고담에서 "그전까지 내가 탔던 마지막 잠수함은 최대 작전 수심이 100미터였다"고 유쾌하게 기억했다. 트리에스테 호는 그가 지휘한 첫 잠수함이었다.

두 사람은 일반 공중전화 부스와 비슷하고, 2개의 거대한 가스 탱크 아래

---

† 마리아나 해구는 가까이 있는 마리아나 섬(스페인어로는 라스 마리아나스, 그래서 사람들이 때로는 마리아니스 섬이라고 부르기도 한다)에서 그 이름이 유래했다. 이곳은 해리 헤스가 자신이 만든 음향측심기로 발견했다.

에 매달려 있는 컨테이너에 들어갔다. 초속 1미터의 속도의 잠수에는 5시간이 걸렸다. 칠흑처럼 어두운 바다 속으로 내려가는 동안 그들을 태운 잠수함이 점점 더 커지는 엄청난 압력을 견디면서 내는 찢어지는 소리를 듣는 것은 소름 끼치는 경험이었을 것이다. 잠수함은 확실히 매우 추웠다. 월시의 기억에 따르면, 잠수함의 내부 온도는 가정용 냉장고의 내부와 비슷했다. 마침내 그들이 바닥에 닿았을 때에는 상당한 양의 퇴적층이 떠올라서 두 사람은 작은 창을 통해서 아무것도 볼 수 없었고, 당시의 경험을 기념하기 위한 사진 한 장도 찍지 못했다. 월시는 바닥에 닿기 직전에 일종의 가자미가 놀라서 도망가는 모습을 잠깐 보았다고 믿고 있지만, 그 자체가 아마도 환상이었을 수도 있다. 지금까지 발견된 가장 깊은 곳의 어류는 2023년 일본 해안의 수심 8,336미터에서 발견된 미확인종의 작은 꼼치로, 훨씬 얕은 곳에 사는 훨씬 작은 어류였다.

트리에스테 호의 계기는 수심 1만1,521미터를 가리켰지만, 훗날 1만916미터로 수정되었다.[†] 잠수함은 수평으로 움직일 수 없었기 때문에, 그들은 가만히 앉아 바깥에 퇴적물이 떠다니는 모습을 지켜보는 수밖에 없었다. 훗날 월시는 그것이 "우유 잔 속을 들여다보는 것 같았다"고 회상했다. 20분 후에는 다시 수면으로 올라가기 시작했다. 수면으로 올라온 그들은 플렉시글래스 창이 압력에 의해서 금이 간 것을 발견했다. 살아남은 것이 행운이었다.

이 탐사는 널리 알려졌고, 「라이프Life」 잡지의 표지에 소개되기도 했다. 월시와 피카르는 백악관에 초청받아 대통령을 만났고, 어디에서나 영웅으로 대접을 받았다. 모두가 심해 탐사의 새로운 시대가 시작되었다고 믿었다. 그러나 실제로 그런 시도가 다시 시작된 것은 반세기가 넘게 지난 후였다. 기술적인 부분이 아니라, 활기찬 기질로 고집이 세고 무엇보다도 해군의 예산을 관리하는 권한을 쥐고 있던 해군의 하이먼 G. 리코버 중장이 문제였다.

[†] 2021년에 최신 장비를 사용해서 측정한 마리아나 해구의 가장 깊은 곳인 챌린저 해연의 수심은 1만953미터(오차 범위 6미터)로 수정되었다.

그는 해저 탐사가 자원 낭비일 뿐이라고 믿었고, 해군은 연구기관이 아니라는 점을 강조했다. 더욱이 미국은 우주 탐사와 인간을 달에 보내는 데에 집착하게 되었다. 이제 심해 탐사는 하찮은 구식 활동으로 인식되었다. 그러나 가장 결정적인 요인은 트리에스테 호를 통해서 실질적으로 얻은 것이 많지 않았다는 점이었다. 몇 년 후에 해군 관리의 설명에 따르면, "우리가 심해 잠수를 할 수 있다는 사실을 확인한 것 이외에는 얻은 것이 없었다. 그런 일을 왜 또 해야 할까?"

해군이 약속했던 탐사 작업을 계속할 뜻이 없다는 사실을 깨달은 심해 연구자들은 고통스러운 비명을 질렀다. 해군은 비판적인 여론을 무마하기 위해서 매사추세츠 주의 우즈홀 해양연구소가 운영하는 훨씬 진보된 잠수정을 만드는 비용을 지원했다. 해양학자 앨린 C. 바인을 기리는 뜻으로 "앨빈"이라고 이름 붙여진 새 잠수정은 완전 조종이 가능한 소형 잠수함이었지만, 트리에스테 호의 절반에도 미치지 못했다(처음에는 4,500미터까지 내려갔고, 나중에는 6,500미터까지 내려갔다).

그러나 문제는 아무도 그 잠수정을 건조하려고 하지 않았다는 것이다. 『밑에 있는 우주The Universe Below』의 윌리엄 J. 브로드에 따르면, "해군 잠수함을 건조하는 제너럴 다이내믹스와 같은 대기업은 해군의 신이라고 할 수 있는 선박청과 리코버 중장이 반대하는 사업에 참여하고 싶어하지 않았다." 결국 식품회사인 제너럴 밀스가 아침 식사용 시리얼 제조에 쓰는 기계를 만들던 공장에서 앨빈 호를 건조하게 되었다.

앨빈 호는 60년이 지났지만 여전히 활약 중이다(여러 차례의 개조를 거쳐서 사실상 새로 만들어졌다). 앨빈 호는 그동안 5,200회의 임무를 수행했고, 3만6,000시간이 넘는 잠수를 통해서 과학 지식의 증진에 크게 기여했다. 특히 1977년에는 20세기의 가장 중요하고 놀라운 생물학적 발견을 해냈다. 그해에 앨빈 호는 갈라파고스 제도 근처에 심해 열수구가 있고, 그 부근에서 대형 생물들이 군락을 이루고 있다는 사실을 알아냈다. 3미터가 넘는 갯지렁이와 30센티미터가 넘는 조개를 비롯해서 다양한 새우와 홍합, 그리고 국수 가락처럼 생긴 꿈틀거리는 지렁이가 발견되었다. 그들은 열수구에서 끊임없이 분출되는 황화수소로부터 에너지와 영양분을 얻는 엄청난 박테리아 군락 덕분에 그곳에서 살고 있었다. 황화수소는 수면에 사는 생물에게는 치명적인 독성을 나타내는 물질이다. 그곳에는 햇빛이나 산소를 비롯해서 일반적으로 생명과 관계되는 어떤 것도 존재하지 않는다. 그곳의 생물들은 광합성이 아니라 화학합성을 근거로 살아가고 있었다. 아마도 상상력이 풍부한 사람이 그런 가능성을 제시해도 생물학자들은 터무니없다며 쳐다보지도 않았을 것이다.

열수구에서는 엄청난 양의 열과 에너지가 흘러나온다. 그런 열수구 20여 개에서 흘러나오는 에너지는 대형 발전소에 버금가는 정도이고, 그 근처의 온도 차이도 엄청나다. 열수구의 중앙에서는 온도가 섭씨 400도 정도이지만, 몇 미터 떨어진 곳은 물이 어는 섭씨 0도 정도에 불과하다. 알비넬리드라고 부르는 지렁이는 바로 그런 경계에서 살고 있어서 머리 부분과 꼬리 부분의 온도 차이가 거의 78도에 이른다. 그전에는 54도보다 더 뜨거운 물에서는 고등 생물이 살 수 없을 것이라고 믿었지만, 이 생물은 그보다 훨씬 뜨거운 곳에서 살 뿐 아니라, 몸의 끝은 끔찍할 정도로 차가운 곳에서 살고 있었다. 이 발견은 생명이 존재하기 위한 조건에 대한 우리의 이해를 완전히 바꿔놓았다.

이 발견은 해양학의 가장 큰 수수께끼도 해결해주었다. 대부분의 사람들은 수수께끼라고 생각하지도 않겠지만, 왜 바다가 시간이 지나도 점점 더 짜지지 않는가 하는 것이다. 두말할 필요도 없이 바다에는 많은 양의 소금이 있다. 지구상의 모든 육지를 대략 150미터 정도로 덮을 수 있을 정도이다. 강물이 미네랄을 바다로 운반하고, 그 미네랄이 바닷물의 이온과 결합해서 염이 만들어진다는 사실은 수 세기 전부터 알려져 있었다. 여기까지는 문제가 없었다. 그러나 바닷물의 염도 수준이 안정적이라는 사실이 수수께끼였다. 매일 수백만 리터의 민물이 바다에서 증발하지만 소금은 그대로 바다에 남기 때문에, 논리적으로는 시간이 갈수록 바다의 염도가 점점 더 높아져야 하지만 실제로는 그렇지 않다. 늘어나는 만큼의 소금을 무엇인가가 바다로부터 제거해주고 있다는 뜻이다. 아주 오랫동안 아무도 그 이유를 밝혀낼 수가 없었다.

심해 열수구에 대한 앨빈 호의 발견이 그 답을 제공했다. 지구물리학자들은 바닷속의 열수구가 어항 속의 필터와 같은 역할을 하고 있다는 사실을 깨달았다. 물이 지각 속으로 스며들면서 소금이 걸러지고, 바닷속의 굴뚝을 통해서 깨끗한 민물이 다시 바다로 흘러들어가는 셈이다. 그런 과정은 빠른 속도로 일어나지는 않는다. 바다를 정화하려면 수천만 년이 걸리지만, 서두르지 않는다면 놀라울 정도로 효과적인 방법이다.

마리아나 해구는 52년 동안 아무도 찾지 않았지만, 2012년 3월에 캐나다의 영화 감독 제임스 캐머런이 딥시 챌린저라는 잠수정을 타고 1만908미터의 기록적인 깊이까지 내려가서 3시간을 보냈다. 그로부터 7년 후에는 미국의 사업가이자 모험가인 빅터 베스코보가 DSV 리미팅 팩터라는 잠수정을 타고 조금 더 깊은 1만927미터까지 내려갔다. 그런 모험에는 비용이 많이 들었다. 베스코보는 5,000만 달러를 부담한 것으로 알려져 있다. 이런 모험이 자주 일어나지 않는 것은 바로 천문학적인 비용 때문이다.

창을 내다보던 베스코보가 플라스틱 봉지와 사탕 포장지를 보았다는 이야기가 화제였다. 해저가 닿기 어려운 곳처럼 보이지만, 여전히 우리가 살고 있는 세상의 일부라는 사실을 보여주는 가슴 아픈 이야기이다.

오늘날의 해양과학에서는 대부분 무인 로봇 잠수정이나 음향 탐지기를 탑재한 선박을 이용하지만,† 여전히 지구의 가장 압도적인 특징에 대한 완

---

† 무인 잠수정도 취약하기는 마찬가지이다. 2008년에 우즈홀 해양연구소는 자랑스럽게 800만 달러의 네레우스라는 원격 조정 장비를 선보였다. 그러나 6년 후에 네레우스는 뉴질랜드 근처의 태평양 해저를 탐사하던 중에 폭발해버렸다. 그후 우즈홀은 장비를 새로 만들지 않겠다고 밝혔다.

전한 이해에는 턱없이 부족하다. 2017년까지만 해도 지구의 해저 중 고작 6퍼센트만이 지도로 제작되었다. 그 이후로 사정이 나아져서 2022년에는 20퍼센트 이상의 지도를 제작했지만, 아직도 갈 길이 멀다. 두 곳의 비영리기관이 운영하는 시베드 2030이라는 프로젝트가 진행되고 있다. 2030년까지 전체 해저의 지도를 제작하는 것이 목표이지만, 아직까지는 현실적인 목표라기보다는 고상한 희망인 상황이다. 우리가 우리의 해저보다 화성의 지도를 더 잘 알고 있다는 것이 여전히 분명한 사실이다.

해양학자들은 국제 지구물리학의 해인 1957-1958년에 자신들의 목표가 "심해를 방사성 폐기장으로 활용하는 가능성"을 연구하는 것이라고 밝혔다. 우리가 심해를 심리적으로 멀게 느끼고 있다는 사실을 이보다 더 확실하게 보여주는 예는 없을 것이다. 그들은 그런 목표를 감추려고 하기는커녕 오히려 자랑스럽게 공개적으로 주장했다. 사실 널리 알려지지는 않았지만, 1957-1958년 무렵에 이미 10년 이상 상당히 많은 양의 방사성 물질을 바다에 버리고 있었다. 미국은 1946년부터 55갤런(200리터)짜리 드럼통에 넣은 방사성 폐기물을 샌프란시스코에서 약 50킬로미터 정도 떨어진 패럴론 제도로 싣고 가서 바닷속으로 던져버렸다.

정말 놀라울 정도로 엉망이었다. 아무런 보호 장치도 없는 드럼통은 주유소 뒷마당이나 공장 바깥에서 녹슬고 있는 것과 똑같은 것이었다. 흔히 그랬던 것처럼 드럼통이 가라앉지 않으면 해군 병사가 총을 쏘아서 물이 스며들도록 했다(물론 플루토늄, 우라늄, 스트론튬 등이 새어나왔을 것이다). 1990년대에 그런 일을 그만둘 때까지, 미국은 대략 50여 곳의 바다에 폐기물이 들어 있는 수십만 개의 드럼통을 버렸고, 패럴론 제도에만 거의 5만 개의 드럼통을 폐기했다.

팀 플래너리가 지적했듯이, "1993년에 그런 일이 금지되기 전까지 14만 2,000톤의 방사성 폐기물이 북대서양에 폐기되었다." 그는 러시아도 17기의

"원자로를 통째로 북극해"에 폐기했다고 덧붙였다. 중국, 일본과 거의 대부분의 유럽 국가도 몇 톤의 폐기물을 버렸다.

그런 일이 바다 밑에 사는 생물에게 어떤 영향을 주었을까? 별 영향이 없기를 바라지만, 실제로 우리는 아무것도 알 수가 없다. 오늘날까지 우리는 바다 밑의 생명에 대해서는 어안이 벙벙할 정도로 화려하고 찬란하게 모르고 있다.

모두 합쳐서 바다는 지구 표면의 대략 71퍼센트를 차지하지만, 부피로는 생물이 살 수 있는 공간의 99퍼센트를 차지한다. 그러나 그 공간의 대부분은 빛이 없을 뿐 아니라 실질적으로 미지의 세계이다. 바다의 위쪽 200미터에만 우리에게 익숙한 해양 생물이 살 수 있을 정도의 햇빛이 비친다. 수면에서 200미터에서 1,000미터 사이는 중층中層 해수층이라고 부른다. 들어본 적이 많지는 않겠지만, 중층 해수층이 우리의 생존에 엄청나게 중요하다는 사실이 계속 밝혀지고 있다.

매일 저녁 어둠이 찾아오면, 동물성 플랑크톤으로 통칭되는 작은 생물 수조 마리의 수조 배가 바다 밑에서 올라와서 자신들의 먹이인 식물성 플랑크톤을 잡아먹는다. 전 지구적으로 동물성 플랑크톤의 양은 100억 톤에 이르는 것으로 추정된다. 지구에서 매일 반복되는 가장 큰 규모의 집단 이동이다. 제2차 세계대전 중에 잠수함의 음향 신호가 하루에 두 차례씩 흩어지고 혼란해지는 현상으로부터 그런 사실이 처음 알려졌다. 먹이를 먹는 동안 동물성 플랑크톤은 엄청나게 많은 양의 탄소를 포집해서 심해저로 운반하고 안전하게 격리한다.

중층 해수층에는 털입고기라는 작은 물고기 떼가 서식한다. 개체 수가 엄청나게 많아서, 털입고기가 지구상에서 가장 많이 서식하는 척추동물이라는 주장도 있다. 무게로는 바다에 사는 어류의 90퍼센트 이상을 차지하는 것으로 추정된다. 이들은 우리가 먹기에는 적합하지 않지만, 분쇄해서 어분魚粉으로 가공하면 양식용 사료로 활용될 가능성이 크다. 문제는 털입고기가 탄소(조류 형태로 섭취)를 얕은 물에서 심해저 바닥으로 운반해서 퇴적층에 영원히 가두는 데에 결정적인 역할을 한다는 것이다. 노르웨이는 2017년에 중층 해수층에서 어업을 허용하는 46건의 면허를 발급했다. 아마도 우리는 이런 과정에 산업적 규모로 개입하지 말아야 할 수도 있다.

바다 밑에 무엇이 있는지 우리는 이제 막 알아가기 시작했다. 바다는 지구 생명 다양성의 90퍼센트 이상을 품고 있지만, 그 대부분은 아직도 미지의 영역이다. 바다에는 무려 3,000만 종의 동물이 살고 있고, 그중 대부분은 아직도 발견되지 않았다는 추정이 있다. 가장 거대한 해양 생물조차도 우리에게는 잘 알려지지 않은 경우가 많다. 그중에서 (데이비드 에튼버러의 표현을 빌리면) "혀의 무게가 코끼리만큼 나가고, 심장은 자동차만 하고, 일부 혈관은 사람이 수영을 할 수 있을 정도"로 거대한, 가장 강력한 흰긴수염고래도 마찬가지이다. 이 고래는 지구상에서 가장 큰 야수로, 길이가 30미터가 넘고, 무게가 150톤에 이른다. 가장 큰 공룡도 그렇게 크지는 않았다. 그러나 흰긴수염고래의 삶에 대해서는 알려진 바가 거의 없다. 어디에서 살고, 어디에서 번식을 하고, 어떤 경로로 이동을 하는지, 그리고 일부는 계절에 따라 엄청난 거리를 이동하지만, 나머지는 한곳에 왜 계속 머무는지에 대해서는 아는 것이 없다. 그들이 얼마나 오래 살고, 수태 기간이 얼마나 되는지도 확실하게 알지 못한다. 그나마 알고 있는 것도 대부분 그들의 노래를 엿들어서 알아낸 것이지만, 그런 노래조차도 우리에게는 신비일 뿐이다. 흰긴수염고래는 노래를 멈추었다가, 6개월 후에 같은 곳에서 노래를 다시 이어서 부르기도 한다. 때로는 한 번도 들어보지 못했지만, 다른 고래들이 모두 알아듣는 새로운 노래를 부르기도 한다. 그 고래가 어떻게, 그리고 왜 그렇게 하는지는 전혀 모른다. 고래가 숨을 쉬기 위해서 자주 수면으로 올라오는 데도 불구하고 말이다.

그러니까 물 위로 올라올 필요가 없는 생물에 대해서는 더욱 놀라울 정도로 아는 것이 없다. 전설적인 대왕 오징어giant squid와 이들의 사촌인 남극하트지느러미 오징어colossal squid(이름과 다르게 대왕 오징어보다는 작다)를 생각해보자. 흰긴수염고래와 비교할 수는 없지만 두 오징어가 모두 상당한 크기를 자랑한다. 두 오징어가 모두 눈이 축구공만 하고, 대왕 오징어는 13 미터에 달하는 촉수를 가지고 있고, 남극하트지느러미 오징어의 촉수는 그보다 조금 작다. 가정용 수영장에는 한 마리만 넣어도 남는 공간이 거의 없을 정도이다. 그렇지만 2004년까지 과학자는 물론이고 어느 누구도 살아 있는 두 종류의 오징어를 본 적이 없었다. 그해에 일본 과학자가 서태평양의 외딴 오가사와라 제도 근처에서 살아 있는 대왕 오징어를 잡아서 수면 위로 끌어올렸고, 다시 깊은 곳으로 달아나기 전에 사진을 찍는 데에 성공했다. 그후 2010년에 연구자들이 대왕 오징어의 촬영에 성공했고, 남극하트지느러미 오징어는 2025년에 드디어 처음으로 카메라에 잠깐 포착되었지만, 그것은 길이가 30센티미터 정도인 어린 오징어였다.

그것이 전부이다. 이 거대한 동물에 대해서 우리가 알아낸 모든 것은 해변으로 떠밀려오거나 그물에 걸려서 죽은 오징어로 덕분이었다. 대왕 오징어는 엄청난 양을 먹어대는 향유고래의 주요 먹이이기 때문에 그 수가 상당할 것이 확실하지만, 그것이 우리가 아는 것의 전부이다. 남극하트지느러미 오징어는 남극해 주변의 차가운 바다에 서식하지만, 개체 수, 수명, 먹이, 생활에 대해서는 알려진 사실이 거의 없다.[†]

심해에도 생물이 풍부하다는 사실을 처음 알게 된 것은 그리 오래되지 않은 1960년대에 바다 밑이나 그 근처뿐 아니라 퇴적층 아래에서 사는 생물까지 포획할 수 있는 해저 장치가 개발되면서부터였다. 우즈홀의 해양학자 하워드 샌들러와 로버트 헤슬러가 수심 1.5킬로미터 정도의 대륙붕에서 1시간

[†] 대왕 오징어의 부리처럼 소화되지 않은 부분이 향유고래의 내장에 축적된 것이 바로 향수의 고정제로 사용되는 용연향(龍涎香)이다. 다음에 샤넬 No. 5 향수를 사용한다면, 한 번도 본 적 없는 괴물의 잔재를 몸에 뿌리고 있다는 생각을 해야 할 것이다.

만에 지렁이, 불가사리, 해삼 등을 비롯한 365종의 생물 2만5,000마리를 포획했다. 수심 5킬로미터에서도 거의 200종에 달하는 생물 3,700마리를 발견했다. 그러나 바닥을 긁어내는 포획 방법으로는 굼뜨거나 도망을 칠 수도 없을 정도로 멍청한 생물만 잡을 수 있다. 1960년대 말에는 존 아이작스라는 해양 생물학자가 미끼를 단 카메라를 이용하는 방법을 개발해서, 원시적인 뱀장어처럼 생긴 꿈틀거리는 먹장어와 모래 속에 큰 무리를 지어서 사는 민태류를 비롯한 더 많은 종류의 생물을 발견했다. 죽어서 바닥으로 가라앉은 고래처럼 갑자기 좋은 먹잇감이 나타난 곳에는 390여 종의 해양 생물이 몰려드는 것으로 밝혀졌다. 흥미롭게도 그중에는 1,600킬로미터나 떨어진 열수구에서 온 생물종도 많았다. 잘 움직이는 생물이라고는 할 수 없는 홍합이나 대합과 같은 종도 포함되어 있었다. 오늘날에는 조류를 따라 떠다니던 유충이 아직까지는 확인되지 않은 화학적인 방법으로 적당한 먹거리를 발견했다는 사실을 알아내고 그 위에 떨어져서 성장하는 것으로 보고 있다.

바다가 그렇게 광대한데, 우리는 왜 그렇게 쉽게 바다를 혹사시킬까? 우선 세계의 바다에는 어디에나 같은 정도로 생물이 풍부하게 살고 있는 것은 아니다. 자연적으로 생산성이 있는 바다는 전체의 10퍼센트 이하일 것으로 생각된다. 대부분의 수중 생물은 온기와 빛, 그리고 먹이사슬의 기초가 되는 유기물이 풍부한 얕은 물에서 살기를 좋아한다. 예를 들면 산호초는 바다 면적의 1퍼센트 이하를 차지하지만, 바다에 사는 어류의 25퍼센트 정도가 그 부근에서 살고 있다. 다른 곳의 바다는 그렇게 풍요롭지 않다. 오스트레일리아의 경우를 살펴보자. 3만6,735킬로미터의 해안선과 거의 2,300만 제곱킬로미터에 이르는 해역을 가진 오스트레일리아는 다른 어떤 나라보다도 넓은 바다를 가지고 있지만, 팀 플래너리의 지적처럼 세계 50대 어업국에도 들지 못한다. 오히려 오스트레일리아는 수산물 대량 수입국이다. 오스트레일리아 자체처럼, 그 바다의 대부분도 거의 불모지이기 때문이다. 비옥하지 않은 땅에서 흘러드는 물에는 영양분이 많지 않다. (퀸즐랜드 가까이에 있는 그레이트 배리어 리프가 예외적으로 풍요로운 해역이다. 그곳은 놀라울 정도로 비옥하지만, 해수의 온도 상승으로 부담이 커지면서 백화 현상이 나타나고 있다.)

생물이 번성하는 곳이라도 변화에 극도로 민감한 경우가 많다. 1970년대에 오스트레일리아의 어부와 소수의 뉴질랜드 어부가 수심 800미터 정도의 대륙붕에서 잘 알려지지 않은 물고기 떼를 발견했다. 오렌지 러피orange roughy라고 알려지게 된 이 물고기는 맛이 좋을 뿐 아니라 엄청나게 많았다. 어선들은 지체없이 연간 4만 톤의 러피를 잡아올리기 시작했다. 그런 후에 해양 생물학자들이 놀라운 사실을 알아냈다. 러피는 아주 오래 살고, 아주 느리게 성장하는 물고기이다. 150년을 사는 경우도 있다. 식탁에 오른 러피가 빅토리아 여왕 시대에 태어난 것일 수도 있었다. 러피가 살고 있는 바다는 자원이 거의 없는 곳이었기 때문에 그렇게 느린 생활습관에 적응했던 것이다. 그런 바다에서는 물고기들이 평생에 단 한 번만 알을 낳는다. 그런 집단이 큰 변화를 견뎌내지 못할 것은 분명했다. 불행하게도 그런 사실을 알아냈을 때에는 이미 러피가 거의 멸종단계에 있었다. 아무리 잘 관리를 하더라도 러피의 개체 수를 회복하려면 수십 년이 걸릴 것이다. 다행히 성공을 하더라도 말이다.

그러나 다른 곳에서는 바다를 오용하는 정도가 단순히 부주의한 수준을 넘어 무자비하기도 했다. 많은 어부들이 상어의 "지느러미만" 잘라낸 후에 바다로 던져서 죽게 둔다. 게다가 상어는 오일과 (실제로는 치료 효과가 전혀 없는 동종요법 의약품으로 가공되는) 연골 때문에 대량으로 포획되기도 한다. 매년 거의 1억 마리의 상어가 포획된다. 전 세계적으로 1970년대 이후 상어의 개체 수는 70퍼센트나 줄어들었다.

오늘날의 트롤 선(저인망 어선)은 유람선 정도로 거대하고, 트롤 선이 사용하는 그물은 10여 대의 점보 여객기를 넣을 수 있을 정도로 크다. 공중에서 고기 떼를 찾기 위해서 어군 탐지 비행기를 사용하기도 한다. 세계자연기금의 추정에 따르면, 바다에서 그물로 잡는 물고기 중 40퍼센트 정도는 너무 작거나, 원하지 않는 어종이거나, 금어기에 잡힌 "부수 어획"에 해당한다. 「이코노미스트*The Economist*」에 보도된 어느 분석가의 말에 따르면, "우리는 아직도 암흑기에 살고 있다. 그저 그물을 내려서 어떤 물고기가 올라오는지를 볼 뿐이다." 많게는 4,000만 톤에 달하는, 원하지 않는 해양 생물이 죽은 채로 바다에 다시 던져진다. 그 양은 이 책을 처음 발간했을 때의 추정치보다 거의 곱절에 달한다.

남획은 전 지구적 현상이다. 북해의 어종 중에서 적어도 3분의 2가 지속 가능하지 않을 수준으로 남획되고 있다는 추정이 많다. 20세기 중반까지만 해도 세계에서 가장 큰 어항이었던 영국 북부의 그림즈비에서는 1950년에 10만 톤의 대구를 거래했다. 오늘날에는 300톤도 되지 않는다. 같은 기간에 그림즈비의 총 어획량은 20만 톤에서 고작 658톤으로 줄었다. 대서양 건너편의 뉴잉글랜드 수역에서는 넙치가 풍부했기 때문에 어선 1척이 하루에 9,000킬로그램을 잡을 수 있었다. 그러나 오늘날 여러 곳에서 넙치가 거의 사라졌다. 미국 해역에서 상업적 어업에 대한 규제를 제정하는 미국의 해양대기청은 넙치의 어획량을 "매우 낮은 수준"이라고 설명하고 "남획 여부는 알 수 없다"고 인정하면서도, 여전히 27톤의 넙치를 합법적으로 잡을 수 있도록 허용하고 있다.

우리가 풍요로운 바다를 얼마나 엄청나게 남용해왔는지를 쉽게 실감하기는 어렵다. 15세기 말에 탐험가 존 캐벗은 북아메리카 동부 해안에서 믿을 수 없을 정도로 많아서 선원들이 바구니로 퍼올릴 정도였던 대구 떼를 발견했다. 당시에는 대구가 너무 많아서 도저히 다 잡을 수 없을 것처럼 보였다. 물론 지금은 모두 사라졌다. 1960년에 이르자 북대서양에서 알을 낳은 대구의 수는 걱정스러운 수준인 160만 톤으로 줄어들었고, 1990년에는 고작 2만 2,000톤으로 쪼그라들었다. 상업적으로 대구는 멸종했다. 마크 쿨란스키는 자신의 흥미로운 역사책인 『대구Cod』에서 "어부들이 모두 잡아버렸다"라고 했다. 생선살이나 생선 스틱은 원래 대구로 만들었지만, 점차 해덕으로 바뀌었다가 붉은볼락으로, 최근에는 알래스카 대구로 대체되었다. 쿨란스키는 오늘날의 "생선"이 "생선 찌꺼기"에 불과하다고 냉혹하게 평했다.

2008년에 캐나다의 어업해양부는 대구의 개체 수가 한계점을 넘어섰으며, 회복이 불가능할 수 있다고 인정했다. 문제는 물개가 눈에 보이는 대구를 모두 먹어치우며 개체 수 회복을 막기 때문에 2050년에는 캐나다 해역에서 대구가 멸종될 것으로 보인다는 것이다(다른 곳에서는 대구의 개체 수가 적어도 부분적으로 회복되었다고 알려져 있다).

고래, 돌고래, 거북 등의 큰 해양 동물이 운항 중인 선박과 의도치 않게 충돌해서 죽는 "해양 로드 킬"도 별개의 문제로 점점 심각해지고 있다. 지난 20년 사이에 전 세계의 대형 화물선의 수는 2배로 늘어나서 현재 10만 척이 운항하면서 항로에 들어오는 동물에게 치명적인 피해를 입히기도 한다. 이런 식으로 죽는 해양 동물이 얼마나 많은지는 아무도 모르지만, 그 수가 상당하다는 점만은 분명하다. 캐나다의 펀디 만에서의 실험에서는 대형 선박의 항로를 단 4해리만 변경해도 긴수염고래와 혹등고래와의 충돌 사고를 90퍼센트나 줄일 수 있다는 사실이 확인되었지만, 그런 유익한 노력은 많지 않다.

우리가 적극적으로 또는 아무 생각 없이 전 세계의 바다를 모든 가능한 방법으로 망치고 있는 것은 분명한 사실이다. 2023년 현재, 유럽연합이 2015년에 설정한 17개의 해양 관련 지속 가능한 발전목표 중에서 2030년의 목표 시한까지 달성 가능한 것은 단 하나도 없으며, 일부는 오히려 후퇴하고 있다. 광물 채굴도 새로운 위협이다. 광산 기업들이 특별히 관심을 보이는 해역 중 한 곳이 바로 클라리온-클리퍼턴 지대로 알려진 태평양의 광활한 미탐사 심해 평원이다. 해저에 흩어져 있는 감자 크기의 단괴團塊에 풍부하게 들어 있는 니켈, 코발트, 구리, 티타늄과 희토류 금속은 우리가 기후 변화를 극복하는 데에 필요한 배터리, 태양전지, 발전기, 자석 및 초정밀 공학 기반 시설에 절박하게 필요한 자원이다.

유혹을 느끼는 것은 당연하다. 수조 개의 단괴들이 마치 부활절 달걀처럼 널려 있어서 잠수 채집기나 흡입 장치로 쉽게 수거할 수 있다. 무엇보다도 단괴는 거의 100퍼센트 상업적으로 유용하다. 이에 비해서 지표면의 구리 광석의 평균 등급은 0.5퍼센트에 지나지 않는다. 이는 구리 광산에서 채굴하는 물질의 99.5퍼센트가 폐기물이라는 뜻이며, 상대적으로 적은 수익을 얻기 위해서 땅에 엄청난 상처를 남기게 된다. 해양 채굴은 훨씬 덜 파괴적이라는 주장이 있다.

이런 점을 고려해서, 국가가 관리하는 영해에 속하지 않는 수역의 관리를 담당하는 국제해저기구가 클라리온-클리퍼턴 지대 16곳에 시험적인 준설 작업을 허가했고, 전 세계 다른 지역에서도 활발한 조사가 이루어지고 있다. 2023년 6월에 노르웨이는 185억 달러 상당의 해양 시추 허가를 발급했고, 28만 제곱킬로미터의 연안 해역을 심해 채굴에 개방하겠다고 밝혔다.

환경보존 운동가들은 그런 움직임을 반기지 않는다. 그들은 퇴적층을 교란하지 않는 단괴 수거가 불가능하고, 그 결과가 무엇일지는 아무도 알지 못한다고 주장한다. 기존의 연구는 희망적이지 않다. 퓨 자선신탁이 지적했듯이, "심해 퇴적층에 있는 시험적 준설 현장에 대한 과학적 감시 결과, 현장이 훼손되고 수십 년이 지난 후에도 생물군이 회복된 곳이 거의 없었다."

2023년 클라리온-클리퍼턴 지대의 해양 생물을 조사했던 런던 자연사박물관의 연구자들은 5,142종의 완전히 새로운 종을 기록했다. 이들은 대부분 새우, 게, 선충류, 벌레 등으로 가장 심각한 위험에 처한 저서생물이었고, 6종을 제외한 모든 종이 해당 해양 지역의 고유종이었다. 박물관의 연구원인 뮤리얼 라본은 그 지역에는 아마도 6,000종에서 8,000종의 미확인 생물종이 더 있을 것이라고 추정했다. 전체적으로 그 수역의 생물 중 90퍼센트가

2023년까지 과학계에 알려지지 않은 종이었다.

학술지 「네이처」는 신랄한 논설을 통해서 심해 채굴을 "잘 알려지지 않은 해양 생태계에 파괴적 영향을 미칠 위험한 신생 산업"이라고 했다. 무엇보다도 논설은 전 세계 해저에는 엄청난 양의 탄소가 격리되어 있으며, 채굴 과정에서의 교란으로 의도치 않게 탄소가 대기 중으로 다시 방출될 것이라고 지적했다. 희토류 원소의 재활용률이 1퍼센트에도 미치지 못한다는 사실도 밝혔다.

무엇보다도 단괴가 주변의 생태계 유지에 어떤 도움을 주는지에 대해서는 아무도 모른다는 사실도 중요하다. 스코틀랜드 해양과학협회가 2024년에 실시한 연구는 단괴가 산소를 만드는 화학 과정에 관여해서 상당한 양의 "암흑 산소"를 생성한다고 제안했다. 암흑 산소가 없으면 햇빛이 닿지 않는 심해에서 생물이 생존하는 것이 불가능해질 수도 있다. 그런 결과에 대해서는 예상대로 채굴 기업이 격렬하게 반박했고, 일부 학계에서도 이의를 제기했다. 다만 단괴가 만들어지는 데에는 수백 년이 걸리기 때문에 일단 제거하고 나면, 쉽게 재형성되지 않는다는 것은 분명한 사실이다.

간단히 말해 우리는 바다에서 생물의 삶을 지배하는 역학에 대해서 놀라울 정도로 모른다. 남획으로 해양 생물이 정상보다 훨씬 줄어들어 결핍된 수역이 있는 반면, 자연적으로 빈약했던 수역에는 훨씬 더 많은 해양 생물이 번성하고 있기도 하다. 남극 대륙 부근의 바다에는 전 세계의 식물성 플랑크톤의 약 3퍼센트만 자라고 있어서 복잡한 생태계가 존재할 수 없을 것처럼 보였지만, 사실은 그렇지 않다. 게잡이물범은 우리에게 잘 알려지지 않은 동물이지만, 사실은 지구상에서 인간 다음으로 그 수가 많은 동물종이다. 남극 대륙의 얼음 위에는 최대 1,500만 마리가 살고 있다. 대략 200만 마리의 웨들물범과 50만 마리의 황제펭귄 그리고 400만 마리의 아델리펭귄도 살고 있다. 따라서 남극의 먹이사슬은 위쪽이 비정상적으로 큰 데에도 불구하고 문제없이 유지되고 있다. 어떻게 그런 먹이사슬이 유지되는지는 놀랍게도 아무도 모른다.

우리가 지구의 바다와 해양 생물에 대해서 감질날 정도로 무지하다는 사실을 아주 어렵게 설명했다. 그러나 지금부터 살펴보겠지만, 지구상의 생명에 관해서 이야기하면, 우리가 어떻게 출현했는지를 비롯해서 우리가 이해해야 할 것이 대단히 많다는 사실을 알게 될 것이다.

제19장
생명의 번성

1953년 시카고 대학교의 대학생이던 스탠리 밀러는 원시의 바다에 해당하는 약간의 물이 담긴 플라스크와 초기 지구의 대기에 해당하는 메탄, 암모니아, 황화수소 기체의 혼합물이 담긴 플라스크를 고무관으로 연결한 후에 번개를 대신하는 전기 방전을 일으켰다. 며칠이 지나자 플라스크 속의 물은 아미노산, 지방산, 당糖을 비롯한 여러 가지 유기물이 뒤섞인 녹황색으로 바뀌었다. 밀러의 지도교수인 노벨상 수상자 해럴드 유리는 기뻐하면서 "만약 신神이 이 방법을 쓰지 않았다면 엄청난 실수를 한 셈이다"라고 소리쳤다.

당시 언론은 이제 누군가가 잘 흔들어주기만 하면 플라스크 속에서 생명이 기어나올 것처럼 야단이었다. 그러나 세월이 증명해주었듯이 문제는 그렇게 간단하지 않았다. 70년 동안 더 연구를 했지만, 생명을 만드는 데에는 1953년보다 조금도 가까이 가지 못한 정도가 아니라 오히려 더 멀어진 것처럼 보인다. 오늘날의 과학자들은 초기의 대기가 밀러와 유리의 기체 혼합물과 비슷하기는커녕 질소와 이산화탄소가 혼합되어 반응성이 훨씬 낮은 상태였을 것으로 짐작하고 있다. 지금까지 훨씬 더 복잡한 기체 혼합물을 이용해서 밀러의 실험을 반복함으로써 얻을 수 있었던 것은 아주 원시적인 아미노산뿐이었다. 어쨌든 아미노산을 만드는 것은 문제가 아니다. 문제는 단백질이다.

단백질은 아미노산을 길게 연결한 것으로, 우리는 많은 종류의 단백질이 필요하다. 아무도 정확히는 모르지만, 인체에는 100만 가지 정도의 단백질이 있고, 그런 단백질 하나하나가 작은 기적이다. 모든 확률 법칙에 따르면, 단백질은 존재할 수가 없는 것이다. 단백질을 만들려면, 마치 알파벳을 특별한 순서로 연결해서 단어를 조합하듯이 아미노산(여기서도 "생명의 기본 재료"라고 부르는 전통을 따를 수밖에 없다)을 특별한 순서로 연결해야 한다. 문제는 아미노산 알파벳으로 이루어진 단어들이 엄청나게 길다는 것이다. 흔한 단백질인 콜라겐collagen이라는 단어를 만들려면 8개의 알파벳을 제대로 나열하기만 하면 된다. 그러나 실제로 콜라겐이라는 단백질을 만들려면 1,055개의 아미노산을 정확한 순서로 연결해야 한다. 그런데 우리가 그런 것을 만들 수 없다는 사실이 분명하고도 핵심적인 문제이다. 단백질은 아무런 지시도 없이 자발적으로 만들어진다. 바로 그런 이유로 단백질을 만드는 것이 불가능하다.

콜라겐처럼 1,055개의 순서를 가진 분자가 자발적으로 조직화될 가능성은 솔직히 말해서 0이다. 그런 분자가 존재하는 일이 얼마나 어려운지 이해하려면, 라스베이거스의 슬롯머신을 개조해서 보통의 3-4개 대신에 1,055개의 회전판을 붙이는 경우를 생각해보면 된다. 기계의 폭이 27미터는 되어야 할 것이고, 각각의 회전판에는 아미노산의 수에 해당하는 20개의 기호를 새겨야 한다.† 1,055개의 기호가 제대로 된 순서로 나열되려면 손잡이를 얼마나 많이 잡아당겨야 할까? 무한히 당겨야만 할 것이다. 회전판의 수를 실제로 대부분의 단백질에 들어 있는 아미노산의 수에 해당하는 200개로 줄인다고 하더라도, 200개의 기호가 제대로 된 순서로 나열될 확률은 10^{260}(1 다

---

† 대략 500종의 아미노산이 지구상에서 자연적으로 만들어지지만, 단백질 생성에는 22종이 사용되며 인간을 비롯한 대부분의 생물을 만드는 데에는 20종류만 필요하다. 피톨라이신이라는 22번째 아미노산은 2002년에 오하이오 주립대학교의 연구원이 발견한 것으로, (조금 후에 설명하게 될) 일부 고세균과 박테리아에서만 발견된다.

음에 260개의 0이 붙는다)분의 1에 불과하다. 그것은 우주 전체에 있는 원자의 숫자보다도 더 큰 숫자이다.

간단히 말해서 단백질은 복잡하다. 146개의 아미노산으로 구성되어 있는 헤모글로빈은 단백질 중에서는 꼬마에 해당하지만, 아미노산을 배열하는 방법은 10^{190}가지에 이른다. 그래서 케임브리지 대학교의 화학자 맥스 퍼루츠는 그 배열순서를 밝히는 데에만 거의 학자 생활의 전부라고 할 수 있는 23년을 보냈다. 무작위적인 사건에 의해서 단백질 분자 하나를 만드는 일도 불가능하다. 천문학자 프레드 호일의 별난 비유처럼, 회오리바람이 폐차장을 휩쓸고 간 후에 완전히 조립된 점보 제트기가 남아 있는 것과도 같은 일이다.

그런데 우리는 수십만, 어쩌면 수백만 종류의 단백질을 이야기하고 있다. 각자가 독특하고, 또 각자가 목소리를 유지하고 행복하게 살기 위해서 반드시 필요한 것이다. 세상은 거기에서부터 비롯된다. 단백질이 쓸모가 있으려면, 아미노산이 정확한 순서로 연결되어야 할 뿐 아니라 일종의 화학적 종이접기에 따라서 아주 특별한 모양으로 접혀야 한다. 그런 구조적 복잡성을 만족하더라도 스스로 복제를 하지 못하면 크게 쓸모가 없다. 그런데 단백질은 자기 복제를 하지 못한다. 복제를 위해서 필요한 것이 바로 DNA이다. DNA는 복제의 귀재로 몇 초 만에 스스로를 복제할 수는 있지만, 다른 일은 별로 하지 못한다. 그래서 우리는 역설적인 입장에 놓이게 된다. 단백질은 DNA 없이는 존재할 수가 없고, DNA는 단백질이 없으면 존재의 이유가 사라진다. 그렇다면 단백질과 DNA가 서로를 돕기 위한 목적으로 동시에 탄생했다고 생각해야 할까? 그렇다면 정말 놀라운 일이다.

그뿐이 아니다. DNA와 단백질을 비롯해서 생명에 필요한 성분들은 그것을 담아둘 일종의 막이 없으면 번성할 수가 없다. 몸에서 뜯어낸 원자는 모래알과 마찬가지로 죽어 있는 상태이다. 원자들은 세포 속의 풍요로운 환경에 들어가야만, 우리가 생명이라고 부르는 놀라운 춤을 추는 데에 참여할 수 있다. 세포가 없으면 그런 물질은 흥미로운 화학물질 이상이 될 수 없다. 그런데 그런 화학물질이 없으면 세포는 아무런 목적도 가질 수가 없다. 물리학자 폴 데이비스가 말했듯이, "모든 것이 다른 모든 것을 필요로 한다면, 그렇게 다양한 종류의 분자들의 공동체는 처음에 어떻게 만들어질 수 있었을까?" 마치 부엌의 모든 음식 재료가 스스로 합쳐진 후에 스스로 구워져서 케이크가 만들어지는 것과 같은 일이다. 더욱이 케이크가 더 필요해지면 스스로 나누어져서 더 많은 케이크가 생긴다. 우리가 그것을 생명의 기적이라고 부르는 것도 전혀 놀랄 일이 아니다. 우리가 그런 생명을 겨우 이해하기 시작했다는 것도 말이다.

그렇다면 그런 신기한 복잡성은 어떻게 생겨났을까? 어쩌면 모든 일이 처음 보았을 때만큼 그렇게 신비로운 것이 아닐 수도 있다. 놀라울 정도로 불가능해 보이는 단백질의 경우를 살펴보자. 단백질의 조직화가 신기하게 보이는 이유는, 우리가 그런 조직화가 완전히 끝난 상태를 보고 있기 때문이다. 그렇지만 단백질 사슬 전부가 한꺼번에 조직화된 것이 아니라면 어떨까? 몇 개의 딸기 기호를 고정해놓는 경우처럼, 위대한 창조의 슬롯머신을 구성하는 회전판 중에서 일부를 고정했다면 어떻게 될까? 다시 말해서 단백질이 한순간에 존재하게 된 것이 아니라 **진화한** 것이라면 어떨까?

간단히 말해서, 아미노산이 한 덩어리로 조직화되는 데에는 일종의 누적적인 선택 과정이 필요했다. 어쩌면 어떤 이유로 두세 개의 아미노산이 서로 연결되었고, 상당한 시간이 지난 후에 비슷하게 생긴 다른 덩어리와 만나게 되었으며, 그런 과정에서 더 좋은 점이 "발견되었을" 것이다.

생명과 관련된 화학반응은 실제로 아주 흔하다. 비록 스탠리 밀러와 해럴드 유리처럼 우리가 실험실에서 그런 반응을 흉내낼 수는 없지만, 우주는 그런 일을 충분히 해낼 수 있다. 자연에서는 많은 분자들이 합쳐져서 중합체 polymer라는 긴 사슬이 만들어진다. 당이 모이면 녹말이 된다. 결정結晶도 생명처럼 복제를 하고, 주변의 자극에 반응하며, 정형화된 복잡성을 나타낼 수 있다. 물론 그런 것이 생명으로 발전하지는 못하지만, 그런 사실은 복잡성이 자연스럽고 자발적이며, 아주 흔하다는 사실을 반복해서 보여준다. 우주 전체에 많은 종류의 생명체가 존재할 수도 있고 그렇지 않을 수도 있지만, 눈송이의 경이로운 대칭성에서부터 토성의 멋진 고리에 이르기까지 규칙적인 자기 조직화 현상은 흔히 볼 수 있다.

스스로 조직화하려는 자연적인 충동이 상당하기 때문에 이제 과학자들은 생명의 출현이 우리의 생각보다 훨씬 더 필연적이었을 것이라고 믿게 되었다. 즉 노벨상을 수상한 벨기에의 생화학자 크리스티앙 드 뒤브의 말처럼 생명은 "조건이 적당하기만 하면 어느 곳에서나 출현할 수밖에 없는 물질의 의무적인 발현"이다. 드 뒤브는 은하에서 그런 조건이 충족되는 행성은 100만 개가 넘을 것이라고 믿었다.

우리가 살아 움직이도록 해주는 화학물질이 전혀 특별하지 않다는 것은 확실하다. 금붕어나 상추나 인간처럼 살아 있는 생물을 만들어내는 데에는 탄소, 수소, 산소, 질소의 네 가지 주된 원소와 주로 황, 인, 칼슘, 철을 비롯한 몇 가지 다른 원소가 조금씩 필요할 뿐이다. 이 물질은 한 무더기의 흙에서 발견되는 것과 마찬가지이다. 우리를 구성하는 원소에서 유일하게 특별한 점은 그것이 우리를 이루고 있다는 것이라는 말은 절대 지나친 표현이 아니다.

가장 중요한 사실은 생명이 놀랍고 기쁜 것일 뿐만 아니라 어쩌면 신기한 것이기도 하지만, 우리의 소박한 존재를 통해서 반복적으로 증명되듯이 전혀 불가능한 것은 아니라는 사실이다. 더 정확하게 말하자면, 생명이 어떻게 시작되었는가에 대한 구체적인 사항은 여전히 확실하게 알아낼 수가 없다. 그러나 생명의 탄생에 필요한 조건에 대한 모든 시나리오에는 물이 들어 있다. 다윈이 생명이 처음 시작된 곳이라고 믿었던 "따뜻하고 작은 연못"에서부터 오늘날 가장 유력하게 꼽히고 있는 거품이 일고 있는 바다 밑의 열수구에 이르기까지 모두가 그렇다. 그러나 지금까지의 모든 시나리오에서는 단량체monomer*를 중합체로 변환시키는 데에, 즉 단백질을 만드는 데에 생물학에서 "탈수 결합dehydration linkage"**이라고 부르는 반응이 필요하다는 사실을 무시하고 있다. 유명한 생물학 교과서에서 다소 불편한 기색을 내비치며 설명했듯이, "원시 바다나 산성의 매질에서는 질량작용의 법칙*** 때문에 그런 반응이 에너지적으로는 일어날 가능성이 높지 않다는 점은 모두가 인정한다." 잔에 들어 있는 물에 녹인 설탕이 다시 뭉쳐지는 일과 같다는 뜻이다. 그런 일은 저절로 일어날 수 없지만, 자연에서는 어쩐 영문인지 그런 일이 벌어진다. 그런 사실에 대한 화학적 설명은 우리에게 조금 어렵지만, 여기에서는 단량체를 물에 넣는다고 해서 중합체로 바뀌지는 않는데, 지구에서 생명이 탄생할 때는 달랐다는 사실만 이해하면 된다. 당시에 바로 그런 일이 어떻게, 왜 일어났는지가 생물학에서 가장 난해한 문제 중의 하나이다.

지난 수십 년 동안 지구과학에서 가장 놀라웠던 일 중의 하나는 지구의 역사에서 생명이 얼마나 일찍 출현했는지를 알아낸 것이었다. 1950년대가 한참 지날 때까지도, 생명의 역사는 6억 년이 채 되지 않았던 것으로 보았다. 1970년대에 들어서는 몇몇 모험심 강한 사람들이 생명의 역사가 25억 년까지 거슬러올라가야 한다고 주장하기 시작했다. 그러나 오늘날 우리가 알고 있는 38억5,000만 년은 놀라울 정도로 길다고 생각했다. 지구의 표면이 딱딱한 고체가 된 것은 (지질학적으로 말해서) 지극히 최근의 일이다.

"생명이 그렇게 일찍 출현했다는 것으로부터 우리는 지구상에서 적당한 조건만 주어지면 박테리아 수준의 생명이 진화하는 것은 그리 '어렵지' 않다는 사실을 추정할 수 있다"고 스티븐 제이 굴드는 1996년 「뉴욕 타임스」에서 주장했다. 그의 다른 표현을 빌리면, "생명이 그렇게 일찍 출현했다는 것은 생명이 화학적으로 필연적"이라는 결론과 크게 다르지 않다.

---

* 고분자 중합체를 구성하는 기본 단위가 되는 분자.
** 두 개의 아미노산이 결합할 때처럼, 두 분자에서 각각 OH와 H가 떨어져 나와서 물(H_2O)이 되면서 두 분자가 결합하는 반응.
*** 화학반응의 속도가 반응물질 농도의 거듭제곱에 비례한다는 법칙.

생물이 등장한 시기는 시생대Archaean("시초"를 뜻하는 그리스어)였고, 그 후에 지구가 우주에서 날아온 암석과 반복적으로 충돌하는 잔혹한 시대에 어울리는 이름의 명왕누대冥王累代가 이어졌다. 시생대는 40억 년 전부터 25억 년 전까지였고, 겉으로는 생명에 적절하지 않은 환경이었다. 타임머신을 타고 고대 시생대의 세상으로 돌아간다면, 급히 안으로 달려 들어와야 할 것이다. 당시 지구상에 있던 산소의 양이 오늘날 화성에 있는 것보다 적었기 때문이다. 또한 옷을 녹이고 피부에 물집을 일으키는 염산과 황산 같은 독가스가 가득했다. 세상은 훨씬 더 어두웠고, 태양의 광도는 현재의 75퍼센트에서 80퍼센트에 지나지 않았다. 자주 치던 번개의 밝은 빛을 통해서 잠시 주위를 살펴볼 수 있는 것이 전부였다. 간단히 말해서, 지구는 지구였지만 우리가 알아볼 수 있는 모습은 아니었다.

그런데 그런 험하고 상상할 수 없을 정도로 먼 과거에 어떤 식으로든지 생명이 등장했다. 적은 양의 화학물질 덩어리가 영양분을 흡수하고, 부드러운 맥박이 뛰면서 잠시 존재했다. 그런 일은 과거에도 여러 차례 있었을 것이다. 그러나 어느 조상 덩어리가 스스로 분열해서 후손을 만들어내는 더 유별난 일을 했다. 작은 덩어리의 유전물질이 살아 있는 개체에서 다른 개체로 전달되었고, 그 이후로 한 번도 멈추지 않았다. 그것이 우리 모두가 창조된 순간이었다.

우리가 알기로는 그런 일은 단 한 차례만 일어났다. 우리가 주위에서 보는 새, 곤충, 풀, 인간, 소, 나무, 눈에 띄지 않는 이끼 덩어리에 이르기까지 모든 살아 있는 것은 단 한 번 있었던 마법의 순간에서 비롯되었다는 뜻이다. 그것은 생물에서 가장 놀라운 사실이고, 어쩌면 우리가 알고 있는 가장 놀라운 사실일 것이다. 그 이후에 살았던 식물이나 동물을 비롯한 모든 것은 한 번의 원초적 떨림에서 시작되었다. 생물학자들은 때로는 그것을 "대大탄생 Big Birth"이라고 부른다.

옥스퍼드의 하이 가街에 있는, 죽은 모든 영혼의 대학교(흔히 더 간단하게 올 소울스All Souls라고 부른다)는 아마도 옥스퍼드 대학교의 유서 깊은 기관들 중에서 가장 화려하게 기이하고 배타적인 곳이다. 물론 그런 사실 자체도 의미 심장하다. 그 기관은 우아한 건물, 흠잡을 데 없는 뜰, 웅장한 교회, 그리고 도서관을 비롯한 옥스퍼드 칼리지의 요소를 전부 갖추고 있지만, 학생은 없다. 그 대신 그곳에서는 120명의 연구원이 활동한다. 대부분 연구에 몰두하며 느긋한 친근함과 엄청난 지성을 가지고 있다는 것이 그들의 공통점이다.

올 소울스의 입학 시험은 세상에게 가장 어렵다고 알려져 있다. 예를 들어서 2024년 역사 시험의 일부 문제는 다음과 같았다.

아케메네스 왕조는 사산 왕조의 권력 모델로서 얼마나 중요했는가?
아바스 왕조의 은화가 '바이킹 시대'를 충분히 설명하는가?
왕안석의 개혁이 북송北宋을 멸망시켰는가?

올 소울스의 지원자는 고전학, 법학, 역사학, 영문학, 경제학, 정치학, 철학의 7가지 전공 분야 중에서 선택하여 6개의 도전적인 질문에 대해서 잘 구성된 논술로 답을 해야 하고, 그후에는 각 3시간에 걸친 2개의 "일반" 시험을 치러야 한다. 매년 약 150명의 지원자가 시험에 응시하고, 그중 1명에서 3명(때로는 없다)이 연구원이 된다. 매우 높은 수준의 지성이 유일한 합격 조건이다.

나는 올 소울스에서 2024년 이른 가을 아침에 친근하고 열정적이며 놀라울 정도로 젊은(그는 30대 초반이었지만, 훨씬 젊어 보였다) 과학자이자 학자인 로스 앤더슨 박사를 만났다. 그는 근무 시간에 "우리가 어떻게 여기에 왔을까?"라는 가장 심오한 문제와 씨름하고 있었다. 우리는 아주 편안하고 클럽 같은 분위기의 휴게실에서 만났다. 휴게실의 가구는 앉는다기보다는 파묻힌다고 해야 할 정도로 편안했다. 앤더슨은 자연사 분야의 선임 연구원이고, 진핵생물이라고 알려진 복잡한 생명체에 특별한 관심을 가지고 있다. 그는 노팅엄 부근의 마을인 고담(믿기 어렵겠지만 뉴욕 시의 별명이 이곳에서 유래했다)에서 자랐다.† 앤더슨은 미국에 가본 적이 없었고, 그의 부모도 대학교를 다니지 않았지만, 하버드 대학교의 장학금에 지원하라는 권유를 받았고, 결국 선발되었다(그후에 예일 대학교에서 석사와 박사 학위를 취득했다). "물리학을 공부할 생각이었지만, 첫해에 수강했던 지구의 역사에 대한 지질학 수업에 완전히 빠져버렸습니다. 학문적으로 진로가 완전히 바뀌었죠." 그가 나에게 말했다.

그가 연구하고 있는 주제는 생명이 언제 시작되었고, 그후 어떻게 놀랍고도 경이롭고 도무지 불가능해 보이는 도약을 통해서 결국 우리에게 전해진 복잡성을 갖추게 되었는지에 대한 것이다. 가볍게 말하더라도 그것은 엄청난 도전이다. 아주 오래된 과거의 화석은 거의 남아 있지 않기 때문이다. 아주 적절한 시기라도 화석이 되는 일은 까다롭다. 우선, 생명체가 적절한 곳에서 죽어야 한다. 실질적으로 죽은 사체가 퇴적층에 묻혀서 젖은 진흙에 묻힌 나뭇잎처럼 흔적을 남기거나, 산소에 노출되지 않고 분해되어 그 속에 있는 분자가 물에 녹은 광물로 대체되어 원본의 석화石化된 복제품을 만들어야 한다. 그런 후에는 무심하게 압축되고, 접히고, 떠밀려 다니는 지구의 지질학적 과정에서도 어떻게 해서든 식별이 가능한 모양을 유지해야 한다. 그리고 무엇보다도 마지막으로, 수천 년이나 수억 년 동안 숨어 있다가 발견되어 보존 가치가 있는 것으로 인정받아야 한다. 그것이 일반적인 화석의 이

---

† 뉴욕 시의 별명은 과학이나 생명의 등장과 관계가 없는 것이 분명하지만 추가적인 설명이 필요한 듯하다. 실제로 "고툼(gothum)"이 아니라 "고-툼(goatum)"으로 발음하는 노팅엄셔의 마을은 마을을 관통하는 도로를 건설하는 비용을 주민들에게 떠넘기려는 관리들의 요구를 거부하기 위해서 의도적으로 미친 척했다는 전설로 유명하다. 당황하고 좌절한 관리들은 결국 다른 곳에 도로를 냈다. 1807년에 작가 워싱턴 어빙이 자신의 고향인 뉴욕 시 주민들이 정신 나간 것처럼 보이지만 사실은 매우 똑똑한 사람들이라는 뜻으로 뉴욕 시를 "고담(Gotham)"이라고 불렀다.

야기인데, 고대 생명체의 사정은 훨씬 더 복잡하다. 지구에 등장한 초기의 생명체는 작고 연약했다. 짧은 생명이 끝나면 비누 거품이 터지듯이 순식간에 완전히 사라져버렸고, 그 크기는 대부분 마이크로미터 단위였다. 과학자들이 그런 것을 발견했다는 사실 자체가 그들의 인내심과 독창성을 보여주는 것이지만, 동시에 논란이 끊이지 않는 문제이기도 하다.

앤더슨은 이렇게 말했다. "우리가 절대적으로 확신할 수 있는 가장 오래된 화석은 남아프리카에서 발견된 대략 32억 년 전의 것입니다. 그 화석은 더 훗날에 만들어진 암석에서 발견된 화석과 일치하고 동일한 방법으로 보존되어, 상당히 높은 정도로 신뢰할 수 있습니다. 그러나 그후부터는 모든 것이 불확실해집니다. 화석인지 아닌지를 가리는 가장 쉬운 방법은 물리적 과정만으로는 만들어질 수 없는 복잡한 형태를 가지고 있는지를 살펴보는 것입니다. 다세포 생물의 경우에는 그것이 상당히 분명합니다. 그러나 시간적으로 훨씬 더 과거로 거슬러올라가서 단세포 생물을 보면 문제가 그렇게 분명하지가 않습니다. 그런 경우에는 섬유나 막대, 또는 공 모양의 구조를 보게 되지만 그런 모양의 탄소 축적물은 물리적 과정에서도 만들어질 수 있기 때문입니다. 시간을 더 거슬러올라가면, 어떤 것이 정말 살아 있었는지 아닌지를 보여주는 차이를 가려내는 일이 점점 더 어려워집니다."

논란은 거기에서부터 시작된다. 캐나다와 그린란드 등에서 발견된 화석 중에는 거의 40억 년 전으로 거슬러올라간다고 주장하는 사례가 많다. "모든 것이 어느 정도 추정입니다." 앤더슨이 말했다. 그는 "그것이 화석이라고 믿을 이유도 있고, 동시에 화석이 아니라고 결론 내릴 만한 근거도 있습니다"라고 요령 좋게 덧붙였다. "하지만 어느 쪽도 확실하지 않습니다. 다행히도 우리에게는 초기에 생명체가 **존재했다**는 다른 간접적인 증거가 있습니다. 스트로마톨라이트라는 암석에 미생물이 남긴 흔적과 고전적인 동위원소 흔적이 그런 것입니다. 그러나 그런 화석이 실제 화석인지 아닌지는 종종 논란의 대상이 됩니다."

시생대의 세상에서는 기념일이 드물었다. 20억 년 동안 미생물이 유일한 생명체였다. 그들은 살았고, 번식했고, 떼를 지어 움직였지만, 더 도전적인 단계로 나아가려는 특별한 성향을 보이지는 않았다. 그러다가 상당히 신비롭게도 대략 16억 년 전에서 27억 년 전 사이의 잘 알려지지 않은 시점에 기존의 원핵생물("핵이 생기기 이전의 생물"이라는 뜻)과 대비되는 진핵생물("진짜 핵을 가진 생물"이라는 뜻)이라는 완전히 새로운 종류의 세포가 등장했다. 지질학자 스티븐 드루리의 말에 따르면, 원핵생물은 단순한 "화학물질 봉지"에 지나지 않는다. 진핵생물은 궁극적으로 1만 배나 더 크고, 훨씬 더 복잡하다. 그들은 핵과 세포소기관organelle("작은 도구"라는 뜻의 그리스어에서 유래)이라고 부르는 작은 몸체를 가지고 있었고, 이전의 원핵생물보다 1,000배나 더 많은 DNA를 가질 수 있었다.

이 과정은 서투르거나 모험심이 강한 미생물이 다른 미생물에 침입하거나 포획되었을 때 시작되었는데, 그것이 양쪽 모두에게 적절하게 작용했을 것으로 여겨진다. 포획된 미생물은 미토콘드리아가 되었을 것이다. 미토콘드리아는 모래알 정도의 공간에 10억 개 정도가 들어갈 수 있을 만큼 아주 작지만, 우리의 생존에 결정적으로 중요하다.

우리는 여전히 미토콘드리아에 의존하고 있다. 정말 그렇다. 우리는 미토콘드리아가 없으면 2분을 넘길 수가 없다. 그러나 수십억 년이 지났는데도 미토콘드리아는 우리와는 함께 살 수 없다고 생각하는 것처럼 행동한다. 미토콘드리아는 그 자신만을 위한 DNA, RNA, 그리고 리보솜을 가지고 있다. 미토콘드리아는 주인 세포와는 다른 시기에 번식한다. 박테리아처럼 생겼고, 박테리아처럼 분열하고, 때로는 항생제에 대해서 박테리아처럼 반응하기도 한다. 그들은 자신들이 살고 있는 세포가 사용하는 유전언어도 함께 쓰지 않는다. 간단히 말해서, 그들은 자기 보따리를 따로 챙겨두고 살고 있다. 마치 집 안에 낯선 사람이 있는데, 그 사람과 10억 년의 상당한 기간 동안 함께 살아온 셈이다.

(생물학자들이 세포내공생endosymbioctic이라고 부르는) 미토콘드리아의 침입이 복잡한 생명체의 출현을 가능하게 만들었다. 그것이 얼마나 혁명적 이었는지는 말로 표현하기 어려울 정도이다. 하버드 대학교의 위대한 동물학자 에른스트 마이어는 그것이 "생명의 역사에서 가장 중요하고도 극적인 사건"이며, 생명 출현의 순간보다 더 중요한 일이라고 생각했다. 이 작지만 심오한 세포 재편성 덕분에 지구는 미생물이 우글거리는 얼룩에서 상상할 수 없을 정도로 풍요롭고, 영광스러운 곳으로 바뀌었다. 이 새로운 진핵생물은 초기 생명의 마지막 위대한 업적, 즉 광활하고, 자원이 풍부하고, 놀라울 정도로 다양한 왕국인 동물계를 탄생시켰다.

그것이 바로 앤더슨을 사로잡은 진화의 순간이다. "이렇게 다양한 동물이 존재하는 현대의 행성이 어떻게 탄생했을까? 저는 그것이 과학에서 가장 흥미로운 질문이라고 생각합니다. 수십억 년 동안 지구에는 단세포 생명체만 존재했는데, 갑자기 풍부한 동물 생명체로 가득 채워졌습니다. 그런 일이 어떻게, 그리고 왜 일어났을까요?"

문제는 과학자들이 그런 결정적인 순간이 언제 시작되었는지를 정확하게 말할 수 없다는 것이다. 고생물학자에게는 고대 생명체의 연대를 결정하는 두 가지 방법이 있다. 하나는 화석이 들어 있는 암석의 연대를 근거로 화석의 나이를 결정하는 방법이고, 다른 하나는 더 관념적으로는 분자 시계라고 알려진 방법을 이용해서 유전적 변이의 수를 세는 방법이다.

앤더슨은 나에게 이렇게 설명했다. "두 종류의 동물이 있다면, 그 둘의 DNA가 얼마나 다른지, 즉 시간이 지나면서 얼마나 많은 돌연변이를 경험했는지를 알아낼 수 있습니다. 그것으로부터 두 동물을 구분하는 유전적 거리를 알아내지요. 그런 후에 돌연변이가 얼마나 빨리 일어나는지에 대한 모형을 만들어서 속도를 알 수 있습니다. 거리와 속도를 알면, 그들이 공통의 조상으로부터 언제 갈라지기 시작했는지를 계산할 수 있습니다. 그것이 바로 분자 시계입니다. 모든 동물에 대해서 그런 작업을 끝내고 나면, 일반적으로 생명의 기원 시점이 대략 7억 년에서 8억 년 전이 됩니다. 더 최근의 시점이 나오기도 합니다."

안타깝게도 그런 결과는 대략 5억7,500만 년 전으로 거슬러올라가는 화석 기록과 전혀 맞지 않는다. 그 이전에는 동물 생명체의 확실한 흔적이 없다. 그 이후에는 복잡한 생명체가 폭발적으로 증가했던 유명한 에디아카라기와 캄브리아기가 도래했고, 전 세계 곳곳에 경이로울 정도로 풍부한 화석이 남게 되었는데, 그중에 연체동물이지만 아름답게 보존된 화석도 상당수에 이른다.

그런 모순을 해결하는 것이 앤더슨의 꿈이다. 그는 일부 오래된 암석에는 섬세한 동물 화석이 남아 있는데, 같은 연대의 다른 암석에는 왜 아무것도 남아 있지 않은지 궁금했다. 앤더슨의 연구진은 핵심 화석이 베르티에린과 고령석高嶺石 점토가 포함된 매우 특별한 이암泥岩에서 만들어졌으며, 이 점토가 부패를 막아주는 역할을 하는 항균 성질이 있다는 사실을 알아냈다(적외선 및 X선 분광법, X선 회절법, 영국의 국립 싱크로트론 시설을 활용해야 하는 이 연구는 말처럼 쉽지 않았다).

이제 남은 과제는 그런 유형과 연대의 암석을 가능한 한 많이 찾아내서 그 속에 화석이 들어 있는지를 확인하는 것이다. 캐나다, 노르웨이, 러시아에 그런 암석이 많이 분포한 곳이 있다. 우리가 만났을 때 로스는 옥스퍼드, 다트머스, 윌리엄스 칼리지, 워싱턴 대학교의 과학자들과 함께 캐나다 서부 오지에 있는 매켄지 산맥에서 8억 년에서 9억 년 된 약 100킬로그램의 암석을 채취하는 탐사에서 돌아온 직후였다. 모든 암석은 헬리콥터로 옥스퍼드로 운송한 후에 조금씩 작은 조각으로 잘라내서 초기 생명체의 흔적을 힘들게 찾아내야 했다.

올 소울스에서 이야기를 마친 후에 로스는 나를 근처에 있는 지구과학과 건물로 데려갔다. 조지 웨들레이크라는 박사 과정생이 현미경 앞에 몸을 숙이고 있었다. 나는 그에게 무엇을 하는 중인지 물었다. "음, 일단 암석 조각을 불화수소산에 넣는 것으로 시작합니다." 그가 설명했다. "그렇게 하면 암석을 구성하는 광물질은 녹아버리지만, 유기물질은 그냥 남아서 용기의 바닥에 찌꺼기로 남거든요. 그 물질에서 상당히 위험한 산酸을 몇 차례에 걸쳐서 완전히 씻어내야 해서 시간이 오래 걸립니다. 그런 후에 유기물을 한 번에 조금씩 현미경으로 조사합니다. 흥미로운 것을 발견하면, 피펫으로 빨아들여 추가 연구를 위해 따로 보관합니다. 그런 일을 반복합니다."

"100킬로그램의 암석을 모두 그렇게 조사합니까?" 내가 물었다.

그는 웃었다. "모든 암석의 모든 조각을 살펴보지는 않지만, 꽤 많은 조각을 조사합니다." 그가 인정했다.

그보다 더 지루한 작업이 있을까 싶었는데, 조지가 나에게 현미경으로 자신이 발견한 팔라에아스트룸Palaeastrum이라는 생물체를 살펴보도록 해주었다. "이것이 알려져 있는 가장 이른 시기의 복잡한 다세포 생물체 중 하나입니다." 그가 말했다.

훈련받지 않은 눈에 그것은 그저 반투명한 원형 덩어리가 모여 있는 모습이었다. 일부는 상당히 어둡고 나머지는 옅은 색이었다. 퀴노아*를 닮았지만, 복잡한 생명의 가장 초기에 존재했던 퀴노아였다. 접안 렌즈를 들여다보면서 기적처럼 오래된 것을 발견하는 일은 예상하지 못했을 정도로 매력적인 경험이었다. 이 특정 표본은 선사시대에 살았던 조류藻類 중 한 조각일 뿐이겠지만, 아주 먼 옛날에 그것과 매우 비슷한 것이 살았고, 결국 수억 년에 걸친 화학적 변이와 우연한 만남을 통해서 우리 인간이 되었다. 정말 놀라운 생각이었다.

나는 갑자기 왜 조지와 로스 같은 사람이 자신의 일생에서 몇 년을 바쳐서 험하고 외진 지역을 헤매며 암석을 수집하고 현미경을 들여다보는 수없이 많은 날을 보내면서, 우리의 행성이라고 알아보기도 어려울 정도로 생경했

---

* 남아메리카에서 식용이나 술 제조용으로 기르는 작물.

을 것이 분명한 5억 년도 넘은 과거에 고작 하루도 채 살지 못했을 작은 생명체를 찾으려고 애쓰는지를 이해할 수 있었다.

생명체가 복잡해지기까지 그렇게 오랜 시간이 걸렸던 이유들 중 하나는 더 단순한 유기체들이 지구의 대기를 산소로 충분히 채워서, 소위 대산소화 사건이라고 부르는 일이 벌어질 때까지 기다려야 했기 때문이다. 리처드 포티의 말에 따르면, "동물은 일하는 데에 필요한 에너지를 모을 수가 없었다." 이러한 거대한 변화의 주역은 남세균cyanobacteria이라는 단순한 청녹색 조류였다. 오늘날 정원의 연못을 녹색 막으로 뒤덮는 존재와 같다. 남세균은 결과적으로 우리에게 매우 유익하다고 밝혀진 기술을 개발했다. 바닷물에 놀라울 정도로 풍부하게 들어 있는 수소를 먹이로 사용하는 방법을 터득한 것이다. 그 과정에서 부산물로 산소가 만들어졌다. 결국 우리의 존재를 가능하게 해준 또 하나의 행복한 우연이었다.

   남세균이 번성하면서 세상은 산소O_2로 가득 채워지기 시작했다. 당시에 살고 있던 모든 생물에게는 절망적인 일이었다. 그들에게 산소는 치명적인 독이었기 때문이다. 무산소(산소를 사용하지 않는) 세계에서 산소는 지극히 강한 독성을 나타낸다. 실제로 우리의 백혈구는 침입한 박테리아를 산소를 이용해서 죽인다. 산소가 근본적으로 독이라는 사실은 산소가 우리의 건강에 이롭다고 여기는 사람에게는 놀라운 일이겠지만, 실제로 그것은 우리가 산소를 이용하도록 진화했기 때문이다. 다른 생물에게 산소는 공포의 대상이다. 산소는 버터를 썩게 하고, 철을 부식시킨다. 심지어 우리도 산소를 어느 정도까지만 허용한다. 우리 세포에서 산소의 농도는 대기 중 산소 농도의 10분의 1에 지나지 않는다. 산소는 에너지를 생산하는 더 효율적인 방법이었고, 그 덕분에 경쟁 대상이 되는 생물을 제압하도록 해주었다. 일부는 늪과 호수 바닥의 진흙으로 채워진 무산소의 세계로 물러났다. 다른 일부는 마찬가지로 물러났지만, 훗날(훨씬 훗날) 우리와 같은 존재의 소화관으로 이주하기도 했다. 이런 원시적인 생명체의 상당수가 지금도 우리 몸속에서 살면서 음식을 소화하는 일을 돕고 있지만, 이들은 아주 적은 양의 산소도 견뎌내지 못한다. 수를 알 수 없을 정도로 많은 생명체는 적응에 실패하고 사라지고 말았다.

처음에는 남세균이 생산한 여분의 산소가 대기 중에 축적되지 않고 철과 결합해 산화철이 되어 원시 바다 밑으로 가라앉았다. 수백만 년 동안 세상은 말 그대로 녹이 슬었고, 그 현상은 오늘날의 세계에 철광석을 공급하는 층상層狀 철광석 퇴적층에 생생하게 기록되어 있다. 지구 전체의 역사에서 거의 40퍼센트에 이르는 대략 20억 년에 걸친 이러한 작은 노력이 모여서 대기 중의 산소 농도가 오늘날 우리를 지탱하는 수준인 20퍼센트에 도달하게 되었다.

마침내 세상은 우리를 맞이할 준비를 마쳤다. 그러나 그런 일에 너무 흥분하기 전에, 앞으로 살펴보듯이 지구는 아주 작은 존재들이 소유하고 있다는 사실을 기억해둘 필요가 있다.

작은 세상

어쩌면 미생물에 너무 많은 관심을 가지지 않는 편이 좋을 수도 있다. 프랑스의 위대한 화학자이며 세균학자인 루이 파스퇴르는 미생물에 너무 집착한 나머지, 앞에 놓인 음식 접시를 확대경으로 꼼꼼하게 살펴보기도 했다. 그런 버릇 때문에 그를 만찬에 초대하지 않았던 사람도 많았을 것이다.

실제로 박테리아(세균)는 우리의 몸은 물론이고 우리 주위에 상상도 할 수 없을 정도로 엄청나게 많기 때문에 박테리아로부터 도망가려고 애쓰는 것은 의미가 없다. 상당히 건강하고 위생에 신경을 쓰는 사람이라고 하더라도, 평야와 같은 전체 피부 면적에는 대략 1조 마리의 박테리아 군단이 살고 있다. 적어도 피부 1제곱센티미터당 10만 마리를 넘어서는 숫자이다. 피부에 붙어서 사는 박테리아는 매일 떨어져 나오는 100억 개 정도의 피부 조각과 땀구멍이나 갈라진 틈으로 새어 나오는 맛있는 기름, 그리고 힘을 북돋는 미네랄 성분을 먹고 산다. 그들에게 사람은 가장 이상적인 뷔페인 셈이다. 그뿐 아니라 온기도 제공받고, 끊임없이 이동할 수도 있다. 감사의 표시로 그들은 우리에게 체취를 선물해준다.

이들은 피부에 사는 박테리아일 뿐이다. 내장과 콧구멍에 숨어 있는 것과 머리카락과 눈썹에 붙어 있는 것, 눈의 표면에서 수영하고 있는 것, 그리고 치아의 에나멜에 구멍을 뚫어놓고 사는 박테리아도 수십억 마리나 된다. 소화기관에만 적어도 400종의 미생물이 산다. 당糖을 먹는 것도 있고 녹말을 먹는 것도 있으며 다른 박테리아를 공격하는 것도 있다. 어디에나 있는 장 내 스피로헤타처럼 아무런 이유도 없이 그곳에 살고 있는 것도 놀라울 정도로 많다. 그저 사람과 함께 살기를 좋아하는 것으로 보인다. 사람의 몸은 37.2조 개의 세포로 구성되어 있는데, 그 속에 사는 박테리아 세포는 50조 개나 되므로, 우리는 인간이라기보다는 박테리아에 더 가깝다. 유전적으로 보면 그 차이가 더욱 분명하게 드러난다. 우리 몸에 있는 인간 유전자는 2만 개이지만, 박테리아의 유전자는 무려 2,000만 개에 이른다. 그런 면에서 보면, 인간은 대체로 99퍼센트가 박테리아이고 인간 자신은 1퍼센트에도 미치지 못한다. 어떤 식으로 보든지 박테리아는 우리 몸의 매우 큰 부분을 차지한다. 물론 박테리아의 입장에서 보면, 우리는 그들에게 아주 작은 일부에 불과할 것이다.

우리 인간은 덩치가 크고 항생제와 소독약을 만들어서 쓸 만큼 똑똑하기 때문에, 우리가 박테리아를 멸종 위기에 몰아넣었으리라고 생각하기 쉽다. 그러나 절대 그렇지 않다. 박테리아는 도시를 건설하거나 흥미로운 사회생활을 하지는 않지만, 태양이 폭발하기 시작했을 때부터 이곳에 있었다. 지구는 그들의 행성이고, 우리가 이곳에 살 수 있는 것은 그들이 우리를 허용해주었기 때문이다.

박테리아는 우리가 존재하지 않았을 때에도 수십억 년을 스스로 살아왔다는 사실을 잊어서는 안 된다. 우리는 박테리아가 없으면 하루도 살 수 없다. 박테리아는 우리가 버린 것을 처리해서 다시 쓸 수 있도록 해준다. 박테리아는 물을 깨끗하게 걸러주고, 토양을 비옥하게 해준다. 내장 속에 있는 박테리아는 비타민을 합성하기도 하고, 우리가 섭취한 것을 쓸모 있는 당과 다당류로 바꾸며, 우리 영토로 몰래 들어온 외래 미생물과 싸워서 물리치기도 한다.

공기 중에서 질소를 흡수하여 우리가 사용할 수 있는 유용한 뉴클레오타이드와 아미노산으로 변환시키는 일도 박테리아가 전담한다. 경이롭고 감사한 일이다. 마굴리스와 세이건이 『마이크로코스모스*Microcosmos*』에서 지적했듯이, 우리가 비료를 만들 때처럼 공장에서 그런 일을 하려면 원료를 섭씨 500도까지 가열한 후에 보통의 300배가 넘는 압력으로 짜내야 한다. 박테리아는 그런 일을 아무 어려움 없이 늘 해오고 있다. 박테리아보다 더 큰 생물은 그들이 전해주는 질소가 없으면 생존할 수도 없다. 그러나 무엇보다도, 미생물은 우리가 숨 쉬는 공기를 제공하고 대기를 안정화시킨다. 남세균은 지구에 호흡이 가능한 산소의 대부분을 공급한다.

그리고 박테리아는 놀라울 정도로 번성한다. 가장 멋진 박테리아는 10분 이내에 새로운 세대를 만들 수 있다. 조직을 곪게 만드는 클로스트리디움 페르프링겐스라는 불쾌한 미생물은 9분 이내에 번식할 수 있다. 그런 속도라면, 이론적으로 하나의 박테리아가 이틀 동안에 우주에 있는 양성자의 수보다도 많은 자손을 퍼트릴 수 있다. 생화학자 크리스티앙 드 뒤브에 따르면, "충분한 영양분을 공급하기만 하면, 하나의 박테리아가 단 하루 만에 280조 마리로 번식할 수 있다." 인간의 세포는 하루에 겨우 한 번의 분열을 한다.

분열을 100만 번 정도 할 때마다 돌연변이가 일어난다. 생물체에게 변화는 언제나 위험한 것이기 때문에 대부분의 돌연변이체는 나쁜 운을 맞이한다. 그러나 아주 가끔은 우연히 항생제를 속이거나 공격을 막아내는 능력을 획득하기도 한다. 빠르게 진화할 수 있는 능력을 가진 박테리아는 더욱 두려운 무기를 만들어내기도 한다. 박테리아는 서로 정보를 공유한다. 즉 박테리아는 다른 박테리아의 유전 정보를 사용할 수 있다. 박테리아 세계의 한 곳에서 일어나는 적응성 변화는 다른 곳으로 전파될 수 있다. 마치 인간이 곤충의 유전 정보를 흡수해서 날개를 가지고, 천장에 매달릴 수 있게 되는 것과 같다. 유전학적 입장에서 보면, 박테리아가 작기는 하지만, 넓게 퍼져 있으면서 절대 정복할 수 없는 하나의 슈퍼 생물체를 이루고 있다는 뜻이 되기도 한다.

박테리아는 사람이 쏟거나 흘리거나 아니면 떨어뜨린 것이라면 무엇이든 상관없이 붙어서 번성한다. 책상을 젖은 수건으로 닦을 때처럼 약간의 수분만 공급해도 박테리아는 마치 아무것도 없는 곳에서 창조된 것처럼 번성한다. 그런데 지구의 내부에 살고 있는 또다른 종류의 수많은 박테리아는 수분조차 필요하지 않다. 박테리아는 나무, 벽지에 붙어 있는 풀, 굳은 페인트 밑에 있는 금속도 먹어 치운다. 우리가 알기로는 아무 이득도 얻을 수 없는 화학물질을 분해하는 박테리아도 있다.

오스트레일리아의 과학자들이 발견한 티오바실루스 콘크레티보란스라는 미생물은 금속을 녹일 정도로 진한 황산 속에서 살고, 만약 그런 황산이 없으면 죽는다. 간단히 말해서 박테리아가 살 수 없는 환경은 거의 없다. 캔버라에 있는 오스트레일리아 국립대학교의 빅토리아 베넷은 나에게 이렇게 말했다. "탐침이 녹기 시작할 정도로 뜨거운 해저 열수구에서 살고 있는 박테리아도 있습니다. 그런 곳에도 박테리아가 있어요."

1920년대에 시카고 대학교의 과학자 에드슨 바스틴과 프랭크 그리어는 지하 600미터의 유전油田에 살고 있는 박테리아를 발견했다고 발표했다. 당시에는 지하 600미터에서 그 무엇도 살 수 없다고 믿었기 때문에 그들의 주장은 터무니없다고 여겨졌다. 그로부터 50년 동안 그들의 샘플이 지표의 미생물에 의해서 오염되었을 것이라고 추측되었다. 오늘날 우리는 지구 깊숙한 곳에도 많은 미생물이 살고 있고, 그 대부분은 우리의 유기물 세계와는 아무런 상관이 없다는 사실을 알고 있다. 미생물은 돌, 좀더 정확하게는 돌 속에 들어 있는 철, 황, 망간 등을 먹고 산다. 그리고 철, 크로뮴, 코발트, 심지어는 우라늄 같은 이상한 것을 호흡하고 산다. 그 과정에서 금이나 구리를 비롯한 귀금속이 농축되기도 하고 석유나 천연가스 매장에 결정적인 역할을 하기도 했다. 그런 생물이 지칠 줄 모르고 갉아먹은 덕분에 지각이 만들어졌다는 주장도 있다.

오늘날에는 무려 100조 톤이나 되는 박테리아가 SLiME, 즉 "지하 암석 자가自家 미생물 생태계"를 구성하고 있다고 주장하는 과학자도 있다. 코넬 대학교의 토머스 골드는 땅속에 있는 박테리아를 모두 꺼내 지표를 덮으면 그 높이가 15미터, 다시 말해 4층 건물 높이가 될 것이라고 추정한 적도 있었다. 그런 추산이 정확하다면, 지구의 땅속에는 지표면보다 더 많은 생물이 살고 있는 셈이다.

땅속에 사는 미생물은 크기가 작고 아주 게으르다. 가장 활발한 것도 한 세기에 한 번 정도 분열하고, 500년에 한 번 이상은 분열하지 않는 것도 있다. 「이코노미스트」에 따르면, "장수의 비결은 아무 일도 하지 않는 것인 모양이다." 사정이 나빠지면, 박테리아는 모든 것을 닫아버리고 좋은 시절이 오기를 기다린다. 1997년에 과학자들은 80년 동안 노르웨이의 트론헤임 박물관에 동면 상태로 전시되어 있던 탄저균 포자를 되살리는 데에 성공했다. 118년 묵은 고기 통조림과 166년 된 맥주병에서 다시 살려낸 미생물도 있었다. 1996년에는 러시아 과학원의 과학자들이 300만 년 동안 시베리아 동토층 밑에 얼어 있던 박테리아를 살려냈다고 주장했다.

오래 전에 우주 시대가 시작되었음에도, 아직도 대부분의 교과서가 생물을 단순하게 식물과 동물의 두 종류로 구분하고 있는 것은 놀라운 일이다. 미생물은 거의 다루지 않는다. 아메바와 같은 단세포 생물은 원시동물로, 조류藻類는 원시식물로 취급한다. 박테리아 역시 식물로 분류되지만, 박테리아가 식물이 아니라는 사실은 누구나 알고 있다. 박물학자 에른스트 헤켈과 같은 사람들은 19세기 말에 이미 박테리아를 별도의 생물로 분류해야 한다고 주장했다. 그는 "모네라Monera"라는 이름을 제시했지만, 1960년대까지도 생물학자들은 관심이 없었고, 그후에도 그런 이름에 관심을 보인 학자는 많지 않았다.

눈으로 볼 수 있는 세상의 생물도 그런 전통적인 분류에 맞지 않는 것이 있다. 버섯, 사상균絲狀菌, 곰팡이, 효모, 말불버섯과 같은 균류菌類는 거의 언제나 식물로 분류되지만, 번식과 호흡 방법은 물론이고 번식 방법에 이르기까지 어느 것도 식물과 일치하지 않는다. 구조적으로 보면, 균류는 특유의 질감을 주는 키틴chitin으로 되어 있어 오히려 동물과 공통되는 점이 더 많다. 곤충의 껍질이나 포유류의 발톱과 같은 물질이다. 사슴벌레가 양송이 버섯만큼 맛있지는 않지만 말이다. 무엇보다도 식물과는 달리 광합성을 하지 못하는 균류는 엽록소가 없어서 녹색이 아니다. 그 대신 균류는 먹을 것 위에서 직접 성장한다. 균류는 거의 모든 것을 먹을 수 있다. 콘크리트 벽에서 황을 섭취하기도 하고, 발가락 사이를 짓무르게 만들기도 한다. 식물은 그런 일을 할 수 없다. 유일하게 식물과 닮은 점은 뿌리가 있다는 것뿐이다.

전통적인 분류가 더욱 적당하지 않은 예로는, 공식적으로 진점균류眞粘菌類라고 부르지만 흔히 점균류粘菌類라고 하는 이상한 생물군이 있다. 이름 때문에 잘 알려지지 않은 것은 분명히 아니다. 오히려 하수구에 살고 있는 생물이라는 사실을 고려하면, "이동성 자기 활성 원형질"보다는 조금 더 멋있어 보이는 이름 때문에 많은 관심을 끌게 되었다. 정말 점균류는 자연에 살고 있는 가장 흥미로운 생물 중의 하나이다. 환경이 좋을 때에는 아메바와 비슷하게 단세포 상태로 지낸다. 그러나 환경이 나빠지면, 중앙의 집합장소로 모여들어 기적처럼 민달팽이가 된다. 민달팽이는 멋지지도 않고, 멀리 움직이지도 못한다. 기껏해야 낙엽 더미의 밑에서 조금 더 노출된 위로 올라갈 뿐이다. 그러나 그런 움직임은 수백만 년 동안 우주 전체에서 볼 수 있었던 가장 재치 있는 묘책이었다.

점균류는 거기에서 멈추지 않고, 더 나은 환경에 자리를 잡고 나면, 다시 한번 변신을 해서 식물의 모습을 갖춘다. 세포가 작은 행군악대처럼 질서정연하게 재배열되면서 위쪽에는 자실체子實體라고 부르는 둥근 모양의 구조물이 달린 자루가 만들어진다. 자실체 속에 들어 있는 수백만 개의 포자는 적당한 순간에 터져서 다시 전체 과정을 반복할 단세포 생물이 되어 다른 곳으로 날아간다.

오랫동안 동물학자들은 점균류를 원생동물이라고 주장했고, 균류학자들은 균류로 분류해왔다. 그러나 사실은 점균류가 어느 쪽에도 속하지 않는다는 사실을 누구나 알고 있었다. 유전공학 기술이 개발되면서 점균류가 아주 명백하고 독특해서 자연에 있는 어떤 것과도 관계를 짓기가 어렵고 어떤 경우에는 점균류 사이의 연관성도 찾아보기 어렵다는 사실이 발견되어 실험실의 연구자들을 놀라게 했다.

지금까지 사용하던 생물의 분류가 적절하지 않다는 인식이 확산되면서, 1969년에 코넬 대학교의 생태학자 R. H. 휘태커는 「사이언스」에 발표한 논문을 통해서 생물을 동물계Animalia, 식물계Plantae, 균계Fungi, 원생생물계 Protista, 모네라계Monera의 다섯 가지 "계界, kingdom"로 분류할 것을 제안했다. "원생생물계"는 한 세기 전에 스코틀랜드의 식물학자 존 호그가 제안했던 "Protoctista"를 수정한 것으로, 식물도 아니고 동물도 아닌 생물을 나타내기 위한 것이다.

휘태커의 새로운 분류는 훨씬 개선된 편이었지만, 원생생물계는 여전히 잘못 정의되었다. 그 이름을 큰 단세포 생물에 사용하는 분류학자도 있었지만, 다른 영역에 맞지 않는 모든 생물을 쓸어 넣어 짝 잃은 양말을 넣어두는 생물학의 잡동사니 서랍처럼 쓰는 사람도 있었다. 교과서에 따라서는 균류와 아메바, 심지어는 해초류까지 그 속에 포함하기도 했다. 지금까지 알려진 생물 중에서 20만 종이 여기에 속한다는 추정도 있었다. 짝을 잃은 양말이 정말 엄청나게 많은 셈이다.

역설적이게도 다섯 가지 계로 구성된 휘태커의 분류체계가 교과서에 실리기 시작할 무렵, 일리노이 대학교에서 은퇴 직전의 학자가 거의 모든 것을 뒤집어놓을 사실을 발견하고 있었다. 칼 우즈는 유전자 연구가 처음 시작된 1960년대 중반부터 조용히 박테리아의 유전자 서열을 연구해왔다. 초기에는 정말 힘든 일이었다. 한 종류의 박테리아를 연구하는 데에 1년이 훌쩍 지나기도 했다. 우즈에 따르면, 당시에는 공식적으로 500종의 박테리아가 알려져 있었다. 보통 사람의 입속에 사는 박테리아의 종 수보다도 적은 수였다. 20년 전에는 고작 5,000종이었던 그 수는 오늘날 4만 종을 넘었지만, 여전히 존재하는 것으로 추정되는 수억 종과는 비교하기도 어려울 정도로 적은 수이다.

박테리아의 종 수가 적었던 것은 무관심 때문이 아니었다. 박테리아를 분리해서 연구하는 것은 화가 치밀 정도로 어렵다. 실험실에서 배양할 수 있는 박테리아는 1퍼센트 정도에 불과하다. 자연에서는 야생적일 정도로 잘 적응하는 박테리아가 살기 싫어하는 유일한 곳이 아마도 실험실의 페트리 접시인 모양이다. 배양액 위에 놓고 나면 아무리 다독거려도 꼼짝도 하지 않고 그대로이다. 실험실에서 잘 번성하는 박테리아는 그야말로 예외적이다. 미생물학자들이 주로 연구하는 것이 바로 그런 박테리아이다. 우즈의 말에 따르면, 그런 연구는 "동물원을 찾아가 동물에 관해서 공부하는 것과도 같다."

그러나 우즈는 유전자를 이용함으로써 미생물을 완전히 다른 각도로 살펴볼 수 있었다. 연구를 계속하던 우즈는 누구도 짐작하지 못했던 더욱 근본적인 분류가 미생물의 세계에 필요하다는 사실을 알아냈다. 박테리아처럼 생겼고, 박테리아처럼 행동하는 작은 미생물 중에 상당수가 사실은 전혀 다른 생물이라는 사실을 알아낸 것이다. 아주 오래 전에 박테리아로부터 갈라진 완전히 다른 생물이었다. 우즈는 그런 생물을 고세균archaebacteria(나중에는 "archaea"라고 줄였다)이라고 불렀다.

고세균과 박테리아를 구분하는 특성에 생물학자 이외에는 아무도 관심이 없다고들 한다. 중요한 차이는 지질脂質의 종류가 다르다는 점과 펩티도글리칸peptidoglycan이라는 것이 없다는 점이다. 그러나 실질적으로 두 생물은 전혀 다르다. 고세균과 박테리아의 차이는 인간과 가재나 거미의 차이보다도 더 크다. 우즈는 오로지 혼자서 전혀 예상하지 못했던 생물 분류를 찾아낸 것이었다. 그런 분류는 너무나도 근본적인 것이어서 약간 경건하게 부르는 "보편적 생명의 나무"의 정점에 있는 계界보다도 더 높은 수준에 자리하게 된다.

1976년에 우즈는 5개가 아니라 23개의 주요 분류를 가진 계통수를 발표해서 세계를 놀라게 했다. 적어도 관심을 가진 몇몇 사람에게는 그랬다. 이제 생물은 박테리아Bacteria, 고세균Archaea, 진핵생물류Eukarya(때로는 Eucarya라고 쓰기도 한다)의 세 가지 "영역domain"으로 분류된다. 새로운 분류는 다음과 같다.

- 박테리아 : 남세균, 자색균紫色菌, 그람-양성균, 자색비황균, 플라보박테리아, 테르모토갈레균
- 고세균 : 호염성胡鹽性 고세균, 메타노사르시나 고세균, 메타노박테리움, 메타노코쿠스 고세균, 호열성균류, 열성포자균류, 화염포자균류
- 진핵생물류 : 디플로마드, 미포자충류, 백선균류, 편모충류, 엔트아메바, 점액균류, 섬모충류, 식물, 균류 및 동물

우즈의 새로운 분류법이 생물학계에 태풍을 몰고 오지는 않았다. 어떤 사람은 그의 분류가 너무 미생물 중심이라고 싫어했고, 대부분은 그냥 무시해버렸다. 프랜시스 애슈크로프트에 따르면, 우즈는 "아주 실망했다." 그래도 점차 미생물학자들 사이에서 그의 분류체계가 받아들여지기 시작했다. 그러나 식물학자와 동물학자는 그 가치를 알아차리지 못했다. 그 이유는 쉽게 알 수 있다. 우즈의 분류에서 식물과 동물에 속하는 생물은 진핵생물 영역의 가장 바깥쪽에 있는 작은 가지에 불과했다. 대부분은 단세포 생물이 차지했다.

"사람들은 겉으로 드러나는 형태학적으로 닮은 점이나 차이점을 근거로 분류하는 방법에 익숙했다." 우즈는 1996년의 인터뷰에서 말했다. "분자의

순서에 따라서 분류를 한다는 생각은 대부분의 사람이 받아들이기 어려웠다." 간단히 말해서, 사람들은 자신의 눈으로 직접 차이점을 볼 수 없는 분류를 좋아하지 않았다. 그래서 사람들은 여전히 5개의 계로 된 전통적인 분류법을 사용하고 있다. 우즈는 기분이 좋을 때는 그런 분류를 "별로 유용하지 않은 것"이라고 했지만, 보통 "확실히 잘못된 것"이라고 표현했다. 우즈의 말에 따르면, "그전의 물리학과 마찬가지로 생물학도 관심의 대상과 그들 사이의 상호작용을 직접적인 관찰을 통해서 인식할 수 없는 수준에 이르렀다."

1998년에 위대하고, 전설적이었던 하버드 대학교의 동물학자 에른스트 마이어(당시 아흔네 살이었지만 여전히 활동적이었고, 2005년 백 살에 사망했으며, 우즈도 2012년 여든넷에 뒤를 따랐다)는 생물을 두 가지 "왕국 empire"으로 분류해야 한다고 해서 더 큰 논쟁을 일으켰다. 마이어는 「미국 과학원 회보Proceedings of the National Academy of Sciences」에 발표한 논문에서 우즈의 결과가 흥미롭기는 하지만 결국은 잘못된 것이라면서, "우즈는 정통 생물학자가 아니었기 때문에 분류의 원칙을 충분히 알지 못했다"고 주장했다. 존경받는 과학자의 점잖은 표현이기는 하지만, 그의 지적은 우즈가 자신이 무슨 일을 하고 있는지도 몰랐다는 뜻이었다.

마이어는 감수분열적 성性, 헤니히의 계통분류법,* 논란이 많았던 메타노박테리움 테르모아우트로피쿰 유전체의 해석 등 여기에서 설명하기에는 너무 기술적인 문제들을 들며 근본적으로는 우즈의 계통수가 생명의 나무의 균형을 깨뜨렸다고 지적했다. 마이어는 당시에 박테리아가 수천 종을 넘을 수 없고, 고세균은 175종이 알려져 있을 뿐이며, 앞으로 발견될 수 있는 것도 수천 종 수준일 뿐 "그 이상이 될 가능성은 없다"고 했다.

그와 비교해서 우리처럼 핵을 가진 세포로 이루어진 복잡한 생물인 진핵

---

* 계통관계를 강조하는 분지계통학.

생물의 경우에는 그 종의 수가 이미 수백만을 넘어섰다. 마이어는 "균형의 원칙"을 위해서라도 단순한 박테리아 생물을 "원핵생물국Prokaryota"으로 합치고, 더 복잡하고 "고도로 진화한" 나머지를 "진핵생물국Eukaryota"에 넣어서 둘을 대등하게 놓아야 한다고 주장했다. 다시 말해서, 그는 모든 것을 전과 다름없이 유지하고 싶어했다. 단순한 세포와 복잡한 세포로 구분하는 것이 "생물 세계의 가장 큰 구분"이라는 것이었다.

우즈의 새로운 분류법에서는 생물이 정말 다양하며, 다양한 생물의 대부분은 작고 단세포이고 낯설다는 점을 확인할 수 있다. 인간의 입장에서는 진화가 더 크고 복잡한 존재, 즉 우리를 향해서 끊임없이 발전하는 개선의 긴 사슬이라고 생각하는 것이 당연하다. 우리가 우리에게 아첨하고 있는 꼴이다. 그러나 진화에서의 진정한 다양성은 작은 규모에서 존재한다. 우리와 같은 큰 생물은 곁가지에 불과하다. 흥미로운 가지이기는 하지만 말이다. 생물의 23개 분류 중에서 식물, 동물, 진균류의 세 가지만 인간의 눈으로 볼 수 있을 정도로 크고, 그중에도 미시적인 종이 들어 있다. 실제로 우즈에 따르면, 지구상에 살고 있는 식물을 포함한 모든 생물자원(바이오매스)의 총량을 합치면, 미생물이 적어도 80퍼센트 또는 그 이상을 차지할 것이다. 세상은 아주 작은 존재들의 소유이고, 아주 오랫동안 그런 상태로 지내왔다.

그런데 왜 그런 미생물이 살다가 몇 번은 우리를 해치려고 하는지 알고 싶어질 것이다. 우리를 열에 들뜨게 하거나 오한에 떨게 하거나 흉하게 염증을 일으키거나 아니면 우리를 죽음으로 몰고가는 과정에서 미생물은 어떤 만족을 느끼는 것일까? 어쨌든 죽은 숙주는 장기적인 은신처가 되기 어려운데 말이다.

우선, 대부분의 미생물은 인간의 생존에 중립적이거나 심지어 긍정적인 태도를 보인다는 사실을 기억할 필요가 있다. 지구상에서 가장 사나운 감염을 일으키는 미생물인 올바키아라는 세균은 실제로 사람은 물론이고 어떤 척추동물도 해치지 않는다. 그러나 새우나 지렁이나 초파리였다면 태어났다는 사실조차 후회하도록 만들어버린다. 「내셔널 지오그래픽」에 따르면, 전체적으로 1,000종의 미생물 중에서 1종 정도가 인간에게 독성을 나타낸다. 그러나 그런 세균이 어떤 일을 할 수 있는지를 알게 되면, 그 정도인 것이 정말 다행이라는 사실을 이해하게 된다. 대부분이 해를 끼치지 않음에도 불구하고 서양에서는 아직도 미생물이 사망 원인 3위를 차지하고 있고, 우리를 죽이지는 않더라도 몹시 괴롭히는 미생물도 많다.

숙주를 불편하게 하는 것이 미생물에게 도움이 되기도 한다. 질병의 증상이 병을 확산시키는 데에 도움이 되는 경우도 있다. 구토, 재채기, 설사 등은 미생물이 숙주에서 벗어나 다른 숙주로 옮겨가는 아주 좋은 수단이다. 가장 효율적인 전략은 이동성이 있는 제3의 숙주를 활용하는 것이다. 감염성 미생물은 모기를 아주 좋아한다. 희생자의 방어 메커니즘이 미생물의 정체를 확인하기도 전에 모기의 침을 통해서 직접 혈액 속으로 들어갈 수 있기 때문이다. 말라리아, 황열, 뎅기열, 뇌염과 같은 A급 질병을 비롯해서 100여 가지의 덜 유명하지만 역시 치명적인 질병이 모두 모기에 물리는 것으로부터 시작된다.

그러나 미생물은 이해득실을 따지는 존재가 아니어서 논리적인 입장에서 너무 조심스럽게 생각하는 것은 잘못이다. 우리가 비누로 샤워를 하거나 탈취제로 닦아내는 과정에서 수백만의 세균을 몰살시키면서도 아무 부담을 느끼지 않는 것처럼, 세균도 사람에게 어떤 해를 끼치는지에는 아무런 관심도 없다. 사람이 계속 살아 있는 것이 병원균에게 중요한 관심사가 되는 유일한 경우는 사람을 너무 잘 죽이는 병원균뿐이다. 병원균이 다른 사람에게로 옮겨가기도 전에 숙주가 죽으면, 병원균도 함께 죽을 수밖에 없기 때문이다. 재러드 다이아몬드에 따르면, 역사는 "무시무시한 전염병이 등장했다가 나타날 때와 마찬가지로 신비롭게 한순간에 사라져버린" 질병에 관한 이야기로 가득하다. 사납기는 했지만 다행스럽게도 짧은 기간에만 유행했던 영국의 발한병發汗病이 그런 예이다. 발한병은 1485년부터 1552년까지 수만 명의 목숨을 앗아갔지만 갑자기 사라졌다. 감염성 미생물에게는 너무 효율이 좋은 것이 도움이 되지 않는다.

미생물이 사람에게 해를 끼쳐서가 아니라, 사람의 몸이 미생물에게 해를 끼치려고 하는 과정에서 질병이 나타나는 경우도 많다. 면역체계는 병원균을 제거하려는 과정에서 세포를 파괴하기도 하고, 중요한 조직에 피해를 주기도 한다. 그래서 몸이 불편할 때 감각을 통해서 느껴지는 것은 병원균이 아니라 자신의 면역반응인 경우가 많다. 어쨌든 몸이 아픈 것은 감염에 대한 현명한 반응이다. 몸이 아픈 사람이 잠을 자게 되면, 다른 사람에게 전염시킬 가능성이 낮아진다. 휴식을 취하면, 더 많은 체내의 자원이 감염을 퇴치하는 데에 사용된다.

사람을 해칠 가능성이 있는 미생물은 아주 다양해서, 몸은 여러 종류의 방어용 백혈구를 가지고 있다. 특별한 종류의 침입자를 확인해서 파괴하도록 고안된 1,000만여 종의 백혈구가 존재한다. 그러나 1,000만여 종의 서로 다른 현역부대를 유지하는 것은 매우 비효율적이기 때문에 각 종류의 백혈구는 소수의 보초병만을 세워둔다.

항원抗原이라고 알려진 감염체가 침입하면, 적당한 보초병이 침입자를 확인한 후에 적절한 형태의 후원병을 요청한다. 몸에서 그런 후원병을 생산하는 동안에는 아픈 증상을 느낄 가능성이 높다. 후원병이 행동에 들어가게 되면 회복이 시작된다.

백혈구는 무자비하며 발견할 수 있는 마지막 병원균까지 찾아내서 죽여버린다. 침입자는 멸종을 피하기 위해서 두 가지 기본적인 전략을 갖추도록 진화했다. 독감과 같은 일반적인 감염성 질병처럼 아주 신속하게 공격을 한 후에 새로운 숙주로 옮겨가거나, 아니면 에이즈를 일으키는 HIV처럼 백혈구가 자신을 찾아내지 못하도록 위장하고 아무 피해도 주지 않은 채로 세포의 핵 속에 숨어 있다가 한꺼번에 튀어나와서 활동을 시작한다.

뉴햄프셔 주의 레버넌에 있는 다트머스-히치콕 메디컬 센터의 감염성 질병 전문가인 브라이언 마시 박사의 말처럼, 보통은 아무런 해를 끼치지 않는 미생물이 가끔 몸의 잘못된 부분에 들어가는 바람에 "미친 듯이 변하는" 경우가 있는데, 이는 감염성 질병의 이상한 측면 중의 하나이다. "자동차 사고로 내부 장기에 부상을 입는 경우에 흔히 그런 일이 나타난다. 장기 속에서는 아무런 해를 끼치지 않던 미생물이, 예를 들어 혈관 속으로 들어가면 엄청난 혼란을 일으킨다."

아마도 가장 끔찍하고 통제할 수 없는 세균성 질병은 박테리아가 희생자를 속에서부터 먹어치우는 괴사성 근막염일 것이다. 내부의 조직을 게걸스럽게 먹어치우고 나면 과일 껍질 같은 찌꺼기만 남게 된다. 처음에는 피부 발진이나 열처럼 가벼운 증상을 보이지만, 급격하게 악화된다. 해부를 해보면 속이 완전히 사라졌다는 사실을 발견하게 된다. 유일한 치료방법은 감염된 부위를 잘라내는 "극단적 절제 수술"뿐이다. 환자 중에서 70퍼센트는 사망하고, 살아남은 경우에도 심한 손상을 입는다. 감염의 원인은 보통 패혈성 인두염 정도의 질병을 일으키는 A형 연쇄상구균이라는 평범한 세균이다. 이유는 알 수 없지만, 아주 가끔 일부 세균이 목 안의 점막을 통해서 인체로 들어가 치명적인 파괴 현상을 일으킨다. 그런 세균은 항생제에도 완벽한 내성을 보인다. 미국에서 매년 1,000명 정도의 환자가 발생한다. 감염자 수는 코로나19 팬데믹 시기에 크게 늘었지만, 다행히 그후에는 감소했다.

수막염에서도 똑같은 일이 벌어진다. 젊은 성인의 10퍼센트와 청소년의 30퍼센트 정도는 치명적인 수막염 세균을 가지고 있지만, 목 안에서는 아무런 문제도 일으키지 않는다. 10만 명 중 1명 정도가 세균이 혈관 속으로 침투해서 정말 심한 병을 앓는다. 최악의 경우에는 12시간 안에 사망하기도 한다. 정말 충격적인 속도이다. 마시에 따르면, "아침에는 완벽하게 건강하던 사람이 저녁에 사망하기도 한다."

세균에 대한 가장 좋은 무기인 항생제를 남용하지 않았더라면 사정이 훨씬 나았을 것이다. 놀랍게도 선진국에서 사용되는 항생제의 약 66퍼센트, 미국에서는 80퍼센트가 가축에 쓰이는 것으로 추정된다. 성장을 촉진하거나 감염을 예방하기 위해서 사료에 섞어서 먹이는 경우도 많다. 그런 남용 때문에 세균이 항생제에 내성을 가지도록 진화하게 되었다. 이제는 세균이 마음 놓고 공격할 수 있게 되었다.

1952년까지는 페니실린이 모든 포도상구균에 완벽한 효과를 보였다. 그래서 1960년대 초까지만 하더라도, 미국의 공중보건국장 윌리엄 스튜어트는 자신 있게 "감염성 질병(전염병)의 시대는 끝나가고 있다. 미국에서는 감염을 완전히 쓸어서 없애버렸다"고 선언했다. 그러나 그 순간에도 90퍼센트의 균주는 페니실린에 대한 내성을 키우고 있었다. 얼마 되지 않아서, 메티실린 내성 포도상구균MRSA이라는 새로운 균주가 병원에 등장하기 시작했다. 반코마이신이라는 항생제 하나만이 효과가 있었다. 그러나 1997년에 도쿄의 병원에서 그 항생제에도 내성을 가진 세균이 출현했다. 새로운 세균은 몇 달 만에 일본의 병원 6곳으로 퍼졌다. 미생물이 전쟁에서 다시 이기기 시작한 것이다. 미국의 병원만 하더라도 매년 7만2,000명(이 책이 처음 발간되었을 때의 1만4,000명에서 늘어났다)이 병원에서 감염된 질병으로 사망한다. 제임스 서로위키가 「뉴요커New Yorker」에서 지적했듯이, 2주일 동안 매일 먹어야 하는 항생제와 평생 매일 먹어야 하는 항우울증제 중에서 신약을 개발해야 한다면, 제약회사는 당연히 후자를 선택한다.

다른 질병도 근본 원인이 세균성이라는 사실이 밝혀지면서 우리의 경솔한 태도는 더욱 심각한 문제가 되고 있다. 1983년에 오스트레일리아 서부의 퍼스에서 일하던 배리 마셜 박사는 몇 가지 위암과 대부분의 위궤양이 헬리코박터 파일로리라는 세균에 의해서 발생한다는 사실을 발견했다. 그의 주장은 쉽게 확인이 되었지만, 워낙 파격적이어서 널리 인정을 받기까지 몇 년이 걸렸다. 예를 들면, 미국의 국립보건원은 1994년까지도 그런 주장을 인정하지 않았다. 마셜은 1999년에 「포브스Forbes」의 기자에게 "수백 명, 어쩌면 수천 명의 환자가 불필요하게 희생되었을 것"이라고 말했다.

그후에 이루어진 연구에 의하면 심장병, 천식, 관절염, 다발성 경화증, 몇몇 정신질환, 다양한 암 등을 비롯한 거의 모든 종류의 질병이 세균과 관련이 있거나 그럴 가능성이 높다. 「사이언스」는 심지어 비만도 그럴 것이라고 주장했다. 꼭 필요한 항생제를 찾을 수 없게 될 날이 그리 멀지 않은 것 같다.

세균이 스스로 병에 걸리기도 한다는 사실이 조금 위안이 될 것이다. 세균도 가끔 바이러스의 일종인 박테리오파지bacteriophage(단순히 파지라고도 한다)에 감염된다. 바이러스는 이상하고 달갑지 않은 존재로, 노벨상 수상자 피터 메더워의 멋진 표현에 따르면, "나쁜 소식이 담긴 핵산 조각"이다. 세균보다 더 작고 단순한 바이러스는 스스로 살아 있는 것은 아니다. 고립된 바이러스는 활성도 없고 해를 끼치지도 않는다. 그러나 적당한 숙주에 들어가면, 번성해서 생명을 되찾는다. 새로운 종이 등장하거나 오래된 종이 발견됨에 따라서 바이러스의 수는 계속 바뀌는데, 2025년 초를 기준으로 국제 바이러스 분류위원회가 인정한 종의 수는 1만4,691종이었다. 그중에서 대략 270종이 인간에게 질병을 일으킨다. 그러나 그런 사실은 광견병, 황열병, 에볼라, 소아마비, 홍역, 독감, 코로나19 또는 코감기를 앓고 있는 사람에게는 작은 위안이 될 뿐이다.

바이러스는 살아 있는 세포의 유전물질을 훔쳐서 더 많은 바이러스를 만들어내는 방법으로 번성한다. 바이러스는 미친 듯이 번식을 한 후에는 더 많은 세포를 공격하기 위해서 터져 나온다. 그 자체가 살아 있는 생물이 아니어서 지극히 단순하다. HIV를 비롯한 많은 바이러스는 유전자가 10개가 채 되지 않는다. 반면 가장 간단한 세균이라도 수천 개의 유전자가 필요하다. 또한 바이러스는 크기가 너무 작아서 보통의 현미경으로는 볼 수도 없다. 1943년에 전자현미경이 개발된 후에야 처음으로 그 모습을 볼 수 있게 되었다. 그렇게 작은 바이러스가 엄청난 피해를 발생시킨다. 천연두 바이러스는 20세기에만 3억 명을 희생시킨 것으로 추정된다.

바이러스는 또한 완전히 새롭고 놀라운 형태로 느닷없이 세상에 출현했다가, 나타날 때처럼 갑자기 사라지는 기막힌 능력도 가지고 있다. 1916년 유럽과 미국에서 기면성嗜眠性 뇌염으로 알려진 이상한 수면병이 그 한 사례이다. 희생자는 잠이 들면 다시 깨어나지 않았다. 깨우면 일어나서 음식을 먹거나 화장실에 가기도 하고, 간단한 질문에 대답도 했다. 자신이 누구이고 어디에 있는지도 알고 있었지만, 언제나 잠에 취해 있는 듯 보였다. 그런데 쉬도록 해주기만 하면, 곧바로 깊은 잠에 빠져들어서 다시 깨울 때까지 그대로 잠들어 있었다. 이런 식으로 몇 달을 지내다가 죽기도 했다. 소수의 몇 사람은 다시 회복해서 의식을 찾았지만, 예전의 활기를 되찾지는 못했다. 의사의 표현에 의하면, 그들은 마치 "사화산死火山"처럼 극심한 무기력에 빠져 있었다. 10년 동안 500만 명을 희생시킨 후에 그 병은 조용히 사라졌다. 그러나 기면성 뇌염은 큰 주목을 받지 못했는데, 그 사이 훨씬 더 고약한 전염병이 세계를 휩쓸었기 때문이다.

돼지 독감 또는 스페인 독감이라고 불린 이 유행성 전염병은 치명적이었다. 제1차 세계대전으로 4년 동안 희생된 사람의 수가 2,100만 명이었는데, 돼지 독감은 처음 4개월 동안 같은 수의 사람을 희생시켰다. 제1차 세계대전에서 사망한 미국인의 80퍼센트는 적군의 총이 아니라 독감 때문에 죽었다. 치사율이 80퍼센트에 이른 부대도 있었다.

돼지 독감은 1918년 봄에 평범하고 치명적이지 않은 독감으로 시작되었다. 그러나 몇 개월 안에 아주 심각한 것으로 돌연변이를 일으켰다. 어디에서 어떻게 그런 돌연변이가 일어났는지는 아무도 모른다. 희생자의 5분의 1은 아주 경미한 증세만 겪었지만, 나머지는 심하게 앓았고 죽기도 했다. 몇 시간 만에 악화된 경우도 있었고, 며칠 동안 잠복해 있는 경우도 있었다.

미국에서 처음 기록된 희생자는 1918년 8월 말에 발병한 보스턴의 선원이었다. 그러나 곧바로 전국으로 퍼져나갔다. 학교와 공연장이 문을 닫았고, 사람들은 마스크를 착용했다. 그러나 전혀 도움이 되지 않았다. 1918년 가을부터 그다음 해 봄까지, 미국에서 54만8,452명이 독감으로 사망했다. 영국에서는 22만 명이 희생되었고, 프랑스와 독일에서도 비슷한 수의 희생자가 발생했다. 개발도상국의 통계는 정확하지 않기 때문에 전 세계적으로 얼마나 많은 사람이 희생되었는지는 알 수 없지만, 적어도 2,000만 명은 넘을 것이고 어쩌면 5,000만 명을 넘을지도 모른다. 1억 명이 희생되었다는 주장도 있다.

의료 당국은 백신을 만들기 위해서 보스턴 항의 디어 섬에 있던 군용 감옥의 지원자들을 대상으로 실험을 했다. 죄수에게는 실험에서 살아남으면 사면을 해주겠다고 약속했다. 그들에게 했던 실험은 아무리 좋게 말해도 가혹한 편이었다. 우선, 지원자들에게 희생자로부터 채취한 감염된 폐 조직을 주입한 다음, 눈, 귀, 입에는 감염된 에어로졸을 뿌렸다. 그래도 발병을 하지 않으면 병에 걸려서 죽어가고 있는 사람의 배설물을 목 안에 발랐다. 그래도 안 되면, 입을 벌리고 앉아 있게 한 후에 증상이 심한 환자에게 그 얼굴 앞에서 기침을 하도록 했다.

의사들은 놀랍게도 300명이나 되는 지원자 중에서 62명을 선정해서 실험을 했다. 그런데 단 한 명도 독감에 걸리지 않았다. 병에 걸린 유일한 사람은 병실을 지키던 의사였고, 그는 곧 사망했다. 아마도 몇 주일 전에 전염병이 그 감옥을 지나갔고, 지원자들은 모두 전염병을 이겨내면서 자연적으로 면역력을 가지게 되었다는 것으로 그런 결과를 설명할 수 있을 것이다. 우리는 1918년에 유행했던 독감에 대해서 아직도 제대로 모른다. 바다나 산맥을 비롯한 지형적 장애물을 사이에 둔 모든 지역에서 어떻게 한꺼번에 그런 질병이 유행하게 되었는지도 의문이다. 숙주의 몸 바깥에서는 몇 시간도 견디지 못하는 바이러스가 도대체 어떻게 마드리드와 뭄바이와 필라델피아에 동시에 나타날 수 있었을까? 한 가지 가능한 설명은 바이러스가 증상이 경미하거나 무증상인 사람들의 몸속에 잠복해 있다가 확산되었다는 것이다. 보통의 경우에도 독감에 걸린 사람들 중 약 10퍼센트(최대 50퍼센트라는 연구도 있다) 정도는 아무런 증상이 없어서 자신이 독감에 걸렸다는 사실도 모르고 지나간다. 그런 사람은 계속 활동을 하기 때문에 질병을 가장 잘 퍼트리는 매개체의 역할을 하게 된다.

더욱 이상한 사실은 장년기의 사람에게 더욱 치명적이었다는 사실이다. 독감은 일반적으로 어린이와 노인에게 더 치명적이지만, 1918년의 경우에는 20대와 30대 희생자가 가장 많았다. 나이 든 사람은 과거에 같은 균주에 노출되어 면역력을 가지게 되었을 수도 있지만, 아주 어린 아이들도 독감에 희생되지 않은 것은 이해하기 어렵다. 가장 이상한 점은 대부분의 독감과는 달리 왜 1918년의 독감이 유독 치명적이었는가 하는 점이다.

코로나19에서 분명하게 경험했듯이, 위협적인 새 바이러스는 끊임없이 등장한다. 우리는 그것이 우리의 삶을 얼마나 빠르게 휩쓸었는지를 잊고 있다. 그 바이러스가 서구에 처음 알려진 것은 2020년 1월 8일 「뉴욕 타임스」의 기사로, 중국 우한에서 처음 등장해서 그때까지 59명이 감염되었다는 소식이었다. 기사는 바이러스가 사람들에게 쉽게 전파된다는 증거는 다행히 확인되지 않았다고 했다.

그것은 분명히 다소 성급한 지적이었다. 한 달 만에 중국에서 거의 5만 건의 확진 사례가 기록되었고, 코로나19는 정말 놀라운 속도로 전 세계로 퍼져나갔다. 이탈리아에서는 2월 초까지 5명이었던 감염자가 6주일 만에 17만 명으로 늘어났다. 뉴욕 주에서는 3월 1일에 고작 1명이던 감염자가 6주일 후에는 20만 명으로 급증했다.

누적 사망자 수는 더욱 충격적이었다. 2020년 1월 1일에는 전 세계적으로 코로나19에 의한 사망자가 1명뿐이었다. 4월 1일에는 그 수가 4만4,000명으로 늘어났고, 5월 1일에는 23만6,000명, 6월 1일에는 38만8,000명, 그리고 7월 1일에는 53만5,000명에 이르렀다. 그렇게 계속되었다. 일부 국가들이 축소 보도를 하기 때문에 이 글을 쓰고 있는 지금까지 코로나19에 의한 전 세계의 총 사망자 수를 정확하게 알 수 없지만, 700만 명에서부터 1,800만 명을 넘을 것이라는 다양한 추정이 있다.

그런 병이 마구 퍼지지 않은 것은 기적이다. 1969년에 서아프리카에서 처음 발견된 라사 열은 아주 지독한 병이지만 아직도 원인은 제대로 밝혀지지 않았다. 1969년에 코네티컷 주의 뉴헤이븐에 있는 예일 대학교 실험실의 의사가 라사 열을 연구하다가 그 병에 걸렸다. 그는 살아남았지만, 더욱 놀라웠던 사실은 아무런 접촉도 없었던 옆 실험실의 기술자가 같은 병에 걸려서 사망했다는 것이다.

다행스럽게도 감염은 그 정도에서 멈추었지만, 언제나 그런 행운을 바랄 수는 없다. 우리의 생활습관이 전염병을 불러오기도 한다. 비행기 여행 덕분에 감염체가 놀라울 정도로 손쉽게 전 세계를 돌아다닐 수 있게 되었다. 그래서 어느 날 베냉에서 시작된 에볼라 바이러스가 뉴욕이나 함부르크나 나이로비 또는 그 세 곳 모두에서 나타날 수도 있다. 그래서 오늘날의 의료진은 전 세계에 퍼지고 있는 모든 전염병을 주시해야 한다. 물론 사정은 그렇지 못하다. 1990년에 시카고에서 살던 나이지리아 사람이 모국을 다녀오면서 라사 열에 노출되었다. 그러나 증상은 미국에 돌아온 후에야 나타나기 시작했다. 그는 무슨 병에 걸렸는지도 모른 채로 시카고 병원에서 사망했다. 그뿐 아니라 그 환자가 지구상에서 가장 치명적이고 감염성이 강한 병에 걸렸다는 사실도 몰랐기 때문에 치료하는 과정에서도 아무런 예방조치를 취하지 못했다. 다른 사람에게 전염되지 않은 것은 정말 기적이었다. 우리가 앞으로도 언제나 그렇게 운이 좋을 것이라고 생각할 수 없는 것은 분명하다.

이런 냉정한 말로 이야기를 마치고, 다시 눈으로 볼 수 있는 생물의 세계로 돌아가기로 한다.

제21장

생명의 행진

이미 살펴보았듯이 화석이 되기는 쉽지 않지만, 그런 사실은 작은 생물은 물론 큰 생물에도 적용된다는 사실에 주목할 필요가 있다. 거의 모든 생물체의 운명은 무無로 분해되는 것이다. 99.9퍼센트 이상이 그렇게 된다. 생명의 불꽃이 꺼지고 나면, 생명체가 소유하던 분자는 모두 다른 생물이 사용할 수 있도록 떨어져 나가거나 흩어진다. 그것이 바로 세상의 이치이다. 작은 집단을 이룬 생물이라도 다른 생물에 먹히지 않고 남아서 화석이 될 확률은 0.1퍼센트 이하로 지극히 낮다.

10억 개의 뼈 중에서 하나 정도만이 화석이 되는 것으로 추정된다. 그렇다면 오늘날 미국에 살고 있는 3억3,300만 명은 각자 206개의 뼈를 가지고 있으므로 그중에서 화석으로 남게 될 것은 겨우 100개에 불과하다. 한 사람의 뼈의 절반에도 못 미친다. 그나마도 모두가 실제로 발견된다는 뜻은 아니다. 그 뼈는 930만 제곱킬로미터가 넘는 지역의 어느 곳에나 묻힐 수 있지만, 거의 대부분은 파헤쳐지지도 않을 것이다. 더욱이 후세의 사람들이 자세하게 살펴보게 될 면적은 더욱 적다는 사실을 생각하면, 우리 뼈의 화석이 하나라도 발견된다는 것 자체가 기적이다. 그러니까 화석은 어떤 면에서 보더라도 정말 희귀한 것이다. 지구에 살았던 대부분의 생물은 아무런 흔적도 남기지 못했다. 1만 종의 생물 중에서 겨우 1종 이하가 화석 기록에 남아 있을 것으로 추정된다. 그것 자체만으로도 놀라울 정도로 낮은 확률이다. 그러나 지금까지 지구에 살았던 생물종이 300억 종에 이르고, 리처드 리키와 로저 르윈이 『여섯 번째 멸종*The Sixth Extinction*』에서 주장했듯이 화석으로 남아 있는 생물이 25만 종이라면, 그 확률은 12만 분의 1에 불과하다. 어느 경우든지 우리가 오늘날 확보한 화석은 지구에서 탄생했던 생물종 가운데 극히 일부에 지나지 않는다.

더욱이 우리가 가진 기록은 절망적일 정도로 왜곡되어 있다. 물론 대부분의 육상동물은 퇴적층 속에서 죽지 않는다. 육상동물이 들판에 쓰러지고 나면, 다른 동물에 의해서 먹히거나, 썩거나 아니면 오랜 세월에 걸쳐서 바람에 날아간다. 따라서 화석 기록의 대부분은 거의 언제나 해양 생물의 것이다. 오늘날 우리가 가진 화석의 약 95퍼센트는 물속에서, 그것도 얕은 바다에서 살던 동물의 것이다.

이런 이야기를 하는 이유는 몇 년 전 2월의 어느 흐린 날, 런던의 자연사 박물관에서 리처드 포티라는 상냥하고, 구김살 없고, 아주 사교적인 화석학자를 만난 일을 말하기 위해서이다.

2025년에 세상을 떠난 포티는 엄청나게 많은 것에 대해서 엄청나게 많이 알고 있었다. 그는 모든 생물의 출현을 다룬 풍자적이면서도 훌륭한 책『생명 : 40억 년의 비밀*Life : An Unauthorised Biography*』을 썼다. 그의 첫 사랑은 오르도비스기의 바다를 휩쓸었지만 그후로는 화석의 형태로만 남게 된 삼엽충trilobite이라는 해양 생물이다. 삼엽충의 화석은 머리, 꼬리, 흉곽의 세 부분, 즉 엽葉으로 되어 있다. 삼엽충이라는 이름도 그래서 붙었다. 그는 웨일스의 세인트 데이비드 만에 있는 바위를 기어오르던 어린 시절에 처음으로 삼엽충 화석을 발견했다. 그후 평생 삼엽충에 매혹되었다.

그는 금속으로 만든 높은 벽장으로 채워진 전시장을 보여주었다. 벽장은 작은 서랍으로 가득 채워져 있었고, 각 서랍에는 돌 모양의 삼엽충이 가득

들어 있었다. 모두 합쳐서 2만 점이 있었다.

"많은 것은 사실입니다." 그가 고개를 끄덕이면서 말했다. "그러나 고대의 바다에는 엄청나게 긴 세월 동안 엄청나게 많은 수의 삼엽충이 살았다는 사실을 기억해야 합니다. 그렇게 생각하면 2만 점이 절대 많은 것은 아니지요. 더욱이 이 화석들은 대부분 완전하지 않습니다. 화석학자에게는 아직도 완전한 삼엽충 화석을 찾아내는 것이 대단한 일이랍니다."

삼엽충이 어디인지 알 수 없는 곳으로부터 완전한 형태를 갖추고 처음 나타난 시기는 고등 생물들이 갑자기 터져 나와서 일반적으로 캄브리아기 대폭발Cambrian explosion이라고 알려진 대략 5억4,000만 년 전이었다. 그리고 나서 삼엽충은 3억 년 정도 지난 후 여전히 대체로 신비에 싸여 있는 페름기 대멸종 때 다른 많은 생물과 함께 사라졌다. 삼엽충도 다른 멸종 생물과 마찬가지로 실패한 생물종이라고 생각하기 쉽지만, 사실은 지금까지 지구에서 살았던 생물 중에서 가장 성공한 생물종이었다. 삼엽충이 살았던 기간은 역시 역사상 가장 성공한 생물이었던 공룡이 생존한 기간의 2배에 해당하는 3억 년이나 된다. 포티에 따르면, 인간이 존재한 기간은 그것의 0.5퍼센트에 불과하다.

그렇게 오랜 세월 존재했던 삼엽충은 경이로울 정도로 번성했다. 대부분은 오늘날의 딱정벌레 정도로 크기가 작았지만, 큰 접시만 한 것도 있었다. 적어도 5,000속屬과 6만 종이 있었던 것으로 보이고, 지금도 새로운 종이 계속 발굴되고 있다.

사람들은 19세기가 끝날 때까지도 고대의 고등 생물 중에서 유일하게 알려져 있었던 삼엽충을 부지런히 수집하고 연구했다. 삼엽충에 대한 가장 신비로운 사실은 그들의 갑작스러운 출현이었다. 포티가 지적했듯이, 암석층에서 영겁에 해당하는 기간에 생물의 흔적이 전혀 눈에 띄지 않다가 갑자기 "게 정도로 큰 프로팔로타스피스나 엘레넬루스가 완벽한 형태로 나타난 것"은 지금 생각해도 놀라운 일이었다. 삼엽충은 팔다리와 아가미, 신경계, 탐침, 그리고 포티의 표현에 따르면 "일종의 뇌"도 가지고 있었다. 그리고 삼엽충의 눈은 정말 특이하다. 석회암의 주성분과 같은 방해석 막대기로 된 삼엽충의 눈은 지금까지 알려진 것 중에서 가장 초기의 시각 체계이다. 그러나 더욱 신비로운 사실은, 초기의 삼엽충이 단순히 한 종류가 아니라 수십 종이 있었고, 그것도 한두 장소에서만 나타났던 것이 아니라 전 세계의 모든 곳에서 한꺼번에 등장했다는 것이다. 19세기의 지식인 중에는 그것이 바로 신의 창조물이라는 증거이자 다윈의 진화론을 부정하는 근거라고 생각했던 사람도 있었다. 그들은 느리게 일어나는 진화에서 완벽한 형태의 고등 생물이 갑자기 나타난 것을 어떻게 설명할 수 있느냐고 물었다. 진화론으로는 설명할 수 없었던 것이 사실이다.

이러한 수수께끼는 영원히 해결될 수 없을 것처럼 보였다. 그러나 찰스 다윈의 『종의 기원』의 출간 50주년을 3개월 앞둔 1909년의 어느 날, 찰스 둘리틀 월컷이라는 한 화석학자가 캐나다 로키 산맥에서 굉장한 사실을 발견했다.

월컷은 1850년에 뉴욕 주 유티카 부근의 중산층 가정에서 태어났지만, 그가 아주 어렸을 때 아버지의 갑작스러운 죽음으로 집안이 어려워졌다. 그러나 소년 시절부터 화석, 특히 삼엽충 화석을 찾아내는 재능이 있었던 월컷은 상당한 양의 삼엽충 화석을 수집했다. 그는 훗날 그것을 하버드 대학교에 박물관을 건립 중이던 루이 아가시에게 오늘날의 금액으로 약 4만5,000 파운드에 해당하는 돈을 받고 팔았다. 고등학교를 겨우 졸업한 월컷은 삼엽충의 전문가가 되었고, 삼엽충이 오늘날의 곤충과 갑각류를 포함하는 절지동물에 속한다는 것을 처음으로 밝혀낸 사람이 되었다.

1879년에 그는 당시 신설된 미국 지질조사소의 탐사원으로 들어가 15년만에 소장이 될 정도로 뛰어난 능력을 발휘했다. 그는 1907년에 스미스소니언 박물관의 관장으로 임명되었고, 1927년에 사망할 때까지 그곳에서 일했다. 행정 업무에도 불구하고, 그는 계속 탐사 작업에 참여했고 많은 글을 남겼다. 포티에 따르면, "그의 책이 도서관 서가를 가득 채울 정도였다." 미국 항공우주국NASA의 전신인 미국 항공자문위원회의 초대 의장이기도 했던 그는 우주 시대의 할아버지라고 알려져 있다.

그러나 그가 오늘날까지도 기억되는 이유는 1909년 늦여름에 브리티시 컬럼비아 주에 있는 필드라는 작은 마을의 언덕에서 운 좋게 찾아낸 것 덕분이다. 흔히 전해오는 이야기에 따르면, 월컷 부부가 말을 타고 버제스 산이라는 곳의 산길을 지나던 중에 부인이 타고 있던 말이 돌에 걸려서 미끄러졌다. 아내를 도우러 말에서 내리던 월컷은 말발굽에 차였던 이판암泥板巖, shale* 조각에 아주 오래되고 특이한 갑각류 화석이 들어 있는 것을 발견했다. 그러나 겨울이 일찍 찾아오는 캐나다 로키 산맥에는 눈이 내리고 있어서 더 오래 지체할 수 없었다. 월컷은 이듬해 봄에 날씨가 풀리자마자 그곳을 다시 찾아갔다. 그는 바위가 미끄러져 내려왔던 흔적을 따라 산 정상 쪽으로 230미터를 올라갔다. 그는 해발 2,400미터인 곳에서, 고등 생물이 놀라울 정도로 번성하기 시작한 캄브리아기 대폭발 직전의 화석이 가득한 이판암을 발견했다. 그는 실제로 화석의 성지를 발견했던 것이다. 버제스 이판암으로 알려지게 된 그곳은 스티븐 제이 굴드가 그의 유명한 책『원더풀 라이프Wonderful Life』에서 말했듯이, "현대 생물의 출현을 완벽하게 보여주는 유일한 전시장"이 되었다.

꼼꼼한 굴드는 월컷의 일기를 읽어보고, 버제스 이판암의 발견에 관한 이야기가 조금은 과장되었다는 사실을 밝혀냈다. 월컷의 일기에는 말이 미끄러졌다거나 눈이 왔다는 이야기는 없었다. 그러나 그의 발견이 놀라운 것이었다는 데에는 논란의 여지가 없다.

지구에서 눈 깜짝할 사이에 불과한 수십 년을 살 뿐인 우리는 캄브리아기 대폭발이 얼마나 오래 전이었는지를 도저히 이해할 수가 없다. 과거를 향해

---

* 고운 모래나 진흙이 층 모양으로 쌓여서 형성된 퇴적암으로 셰일이라고 부르기도 한다.

서 1초에 1년씩 되돌아간다고 하더라도, 예수의 시대로 돌아가는 데에는 30분이 걸리고, 인간이 출현한 시기까지는 약 3주일이 걸린다. 캄브리아기까지 돌아가려면 무려 20년이 걸린다. 다시 말해서 캄브리아기는 엄청나게 오래 전이었고, 당시의 세상은 지금과는 정말 달랐다.

우선 버제스 이판암이 생성되던 5억 년 전에 그곳은 산 정상이 아니라 산 밑이었다. 더 구체적으로, 그곳은 아주 가파른 절벽 아래에 있던 얕은 바다 밑이었다. 당시의 바다는 생물로 가득했지만, 대부분의 동물은 몸체가 부드러워서 죽은 후에 그대로 부패했기 때문에 아무런 흔적도 남기지 못했다. 그러나 버제스에서는 무너진 절벽의 (제19장에서 설명한 베르티에린 점토가 풍부한) 진흙더미 밑에 생물이 묻혀서 책 속에 넣어둔 꽃잎처럼 짓눌렸기 때문에 놀라울 정도로 상세한 흔적이 남았다.

월컷은 1910년부터 작업을 시작해서 일흔다섯 살이 되던 1925년까지 매년 그곳을 찾아가서, 수만 종의 화석을 채취하여 워싱턴으로 가져와 분석했다(굴드는 8만 종이라고 했지만, 「내셔널 지오그래픽」은 6만 종이라고 주장했다). 버제스 이판암은 단순히 그 규모와 다양성만으로도 필적할 상대가 없었다. 버제스의 화석층에는 단단한 껍질을 가진 생물도 있었지만, 대부분은 그렇지 않았다. 눈을 가진 것도 있었고, 그렇지 않은 것도 있었다. 엄청나게 다양해서 발견된 생물의 종류만 하더라도 140종이 넘는다고 추정되기도 했다. 굴드에 따르면, "버제스 이판암에서 발견된 해부학적 다양성은 필적할 상대가 없고, 오늘날 전 세계의 해양 생물의 다양성과도 비교할 수가 없다."

굴드에 따르면, 월컷은 불행하게도 자신이 얼마나 중요한 것을 발견했는지를 인식하지 못했다. 굴드는 『여덟 마리 새끼 돼지』에서 "월컷은 그런 훌륭한 화석의 의미를 끔찍할 정도로 잘못 해석함으로써 승리의 문턱에서 주저앉고 말았다"고 했다. 그는 그 화석을 현대 생물로 분류해서, 오늘날의 지렁이나 해파리와 같은 생물의 선조라고 생각함으로써 그 진정한 가치를 알아보지 못했다. 굴드는 한탄했다. "그런 해석에 따르면, 생명은 원시의 단순한 형태로부터 명백하게 예측 가능한 길을 따라 더 발전되고 복잡한 형태로 발전했다는 뜻이 된다."

1927년에 월컷이 사망한 이후 버제스 화석은 잊히고 말았다. 그 화석은 거의 반세기 동안 워싱턴의 미국 자연사 박물관의 서랍 속에 처박혀 있었고, 아무도 꺼내서 살펴보지 않았다. 그러던 1973년에 사이먼 콘웨이 모리스라는 케임브리지 대학교의 대학원생이 그 화석을 보게 되었다. 그는 깜짝 놀랐다. 화석은 월컷이 자신의 책에서 설명했던 것보다 훨씬 더 다양하고 훌륭했다. 분류학에서는 모든 생물의 기본적인 체형을 문門, phylum으로 구별한다. 그런데 콘웨이 모리스는 서랍에 가득한 수많은 화석이 완전히 새로운 문에 속한다는 사실을 알아챘다. 그 화석을 발견한 사람이 그런 사실을 알아차리지 못했다는 것이 정말 놀랍고 이해할 수 없는 일이었다.

콘웨이 모리스는 지도교수 해리 휘팅턴과 동료 대학원생 데릭 브리그스와 함께 수집된 화석 전체를 몇 년에 걸쳐서 체계적으로 연구했고, 끊임없이 새로운 발견이 이어지면서 많은 책을 발간했다. 상당수는 그전에는 물론이고, 그 이후에도 본 적이 없는 정말 놀라울 정도로 이상한 신체 구조를 가지고 있었다. 오파비니아라는 것은 눈이 5개였고, 코처럼 생긴 주둥이 끝에는 집게발이 달려 있었다. 원반처럼 생긴 페이토이아는 파인애플을 잘라낸 것처럼 우습게 생겼다. 또다른 종은 기둥처럼 생긴 발로 비틀거리면서 걸어다녔던 것처럼 보여서 할루키게니아라는 이름을 붙였다. 알아볼 수 없을 정도로 신기한 것이 너무 많아서, 한 번은 새로 서랍을 열던 콘웨이 모리스가 "제기랄, 또 새로운 문門이라니!"라고 중얼거렸다는 유명한 이야기가 있다.

영국 연구진의 새로운 연구에 따르면, 캄브리아기는 동물의 신체 구조에 전례 없는 혁신과 실험이 이루어진 시기였다. 거의 40억 년에 걸쳐서, 생물들은 특별한 방향의 복잡성을 추구하지도 않고 빈둥거렸다. 그러다가 500만 년에서 1,000만 년이라는 비교적 짧은 기간에 오늘날까지도 사용되는 신체의 모든 기본적인 설계가 한꺼번에 만들어졌다. 오늘날 선충류에서부터 미국의 배우 젠데이아에 이르는 모든 생물이 캄브리아기의 잔치에서 처음 만들어진 구조를 사용하고 있다.

그러나 가장 놀라운 사실은, 말하자면 예선을 통과하지 못해 후손을 남기지 못한 체형의 생물들이 대단히 많았다는 것이다. 굴드에 따르면, 버제스 생물 중에서 적어도 15종, 많게는 20종은 어떤 문에도 속하지 않았다(항간에는 케임브리지 연구진이 밝혀냈던 문의 수보다도 훨씬 더 많은 100여 개의 문이 있다는 주장도 있다). 굴드에 따르면 "생명의 역사는 우월성과 복잡성과 다양성이 점진적으로 증가한다는 기존의 생각과 달리, 대량 살상과 그 후에 살아남은 몇 종이 다시 분화되는 과정으로 이루어져왔다." 진화에서의 성공은 제비뽑기로 결정되는 것 같았다.

틈새를 빠져나오는 데에 성공한 생물 중에서 피카이아 그라킬렌스라는, 작은 지렁이처럼 생긴 생물은 원시적인 척추를 가졌던 것으로 밝혀지며 훗날 출현한 인간을 비롯한 모든 척추동물의 가장 오래된 조상이 되었다. 버제스 화석 중에서 피카이아가 그렇게 많지는 않았기 때문에 그런 생물이 멸종 위기에 얼마나 가까이 갔었는지에 대해서는 알 수가 없다. "생명의 역사를 담은 테이프를 버제스 이판암까지 되감은 후에 똑같은 시작점에서부터 다시 돌려도 인간과 같은 지능을 가진 생물이 출현하게 될 확률은 놀라울 정도로 낮다"는 유명한 말을 남긴 굴드는 조상 대대로 이어온 우리의 성공이 정말 운 좋은 요행이라고 믿는다는 점을 분명하게 밝혔다.

1989년에 발간된 굴드의 『원더풀 라이프』는 대단한 갈채를 받았고, 상업적으로도 큰 성공을 거뒀다. 그러나 당시에 여러 과학자들은 굴드의 결론에 전혀 동의하지 않았고, 얼마 지나지 않아서 문제가 매우 고약해졌다는 사실은 일반적으로 잘 알려지지 않았다. 캄브리아기의 맥락에서, "대폭발"은 고대의 생리학적인 사실이 아니라 현대인의 감정 상태와 더 관련이 깊어질 것이었다.

캐나다에서 월컷의 발견이 있은 지 거의 40년이 지난 후, 지구 반대편인 오스트레일리아에서는 레지널드 스프리그라는 젊은 지질학자가 훨씬 더 오래된 것을 찾아내는 또다른 놀라운 일을 해냈다.

1946년 당시 사우스 오스트레일리아 주 정부의 젊은 보조 지질학자였던 스프리그에게 애들레이드에서 북쪽으로 약 500킬로미터 떨어진 광대한 오지인 플린더스 산맥의 에디아카라 구릉지대에 있는 폐광을 탐사하는 임무가 주어졌다. 새로운 기술로 재개발할 가치가 있는 폐광이 있는지를 살펴보아야 했던 그는 표면에 노출된 암석은 살펴보지도 않았고, 더욱이 화석은 전혀 생각하지도 않았다. 그러나 어느 날 점심을 먹던 스프리그는 심심풀이로 옆에 있던 사암砂岩 조각을 들춰보다가, 진흙에 남은 나뭇잎 자국처럼 돌표면이 정교한 화석으로 덮여 있는 것을 보고 깜짝 놀랐다. 부드럽게 표현하자면 그랬다. 그 암석은 캄브리아 번성기 이전의 것이었다. 그는 눈으로 볼 수 있는 생물이 처음 출현한 현장을 보고 있었던 것이다.

스프리그는 「네이처」에 논문을 제출했지만, 그의 논문은 받아들여지지 않았다. 그는 오스트레일리아와 뉴질랜드의 과학진흥협회 연례 학술회의에서 논문을 발표했지만, 협회 회장은 에디아카라 무늬는 단순히 바람이나 빗물 혹은 파도에 의해서 만들어진 "우연히 생긴 무기물의 흔적"일 뿐이며 생물이 남긴 것이 아니라고 반박했다. 희망을 버리지 않았던 스프리그는 런던으로 가서 1948년에 국제 지질학회에서 그 내용을 다시 발표했지만, 이번에도 역시 그의 주장에 관심을 가지거나 믿어주는 사람은 아무도 없었다. 결국 그는 자신의 논문을 「사우스 오스트레일리아 왕립학회 회보*Transactions of the Royal Society of South Australia*」에 발표했다. 그런 후에 정부 일을 그만두고 석유 탐사에 나섰다.

9년이 지난 1957년에 영국 미들랜드의 찬우드 숲을 걸어가던 로저 메이슨이라는 학생이 이상한 화석을 발견했다. 그것은 해양 무척추동물인 바다조름과 비슷했고, 스프리그가 발견해서 사람들에게 알려주려고 애쓰던 화석 중 몇 개와 정확하게 일치했다. 메이슨으로부터 화석을 전해받은 레스터 대학교의 화석학자는 즉시 그것이 선캄브리아 시대의 것이라는 사실을 알아차렸다. 어린 메이슨은 신문에 사진이 실리며 귀한 영웅 대접을 받았다. 그 화석에는 그를 기리기 위해서 카르니아 마소니라는 이름이 붙여졌다.

스프리그가 발굴한 에디아카라 화석의 표본 중 몇 종이 훗날 플린더스 산맥 전역에서 발굴된 여러 화석과 함께 애들레이드에 있는 튼튼하고 멋진 사우스 오스트레일리아 박물관 2층 전시실의 유리 전시대에 놓여 있지만, 오늘날 그곳을 찾는 사람들은 그리 많지 않다. 정교하게 새겨진 무늬는 아주 희미해서 비전문가의 눈에는 그렇게 매력적이지 않다. 대부분은 작은 원반 모양이고, 몇몇은 꼬리 쪽에 띠가 희미하게 남아 있다. 포티는 그 화석을 "부드러운 몸을 가진 이상한 생물"이라고 불렀다.

아직도 이 생물의 정체와 그들이 어떻게 살았는지에 대해서 논란이 계속되고 있다. 지금까지 알려진 사실에 의하면, 그 생물은 소화할 먹거리를 먹거나 뱉어낼 입이나 항문도 없고, 그것을 소화할 내장도 없다. 포티에 따르면 "대부분은 살아 있는 동안에도 모래로 된 퇴적층 위에 연약하고, 구조도 없고, 움직이지도 못하는 가자미처럼 가만히 누워 있었을 것이다." 그러나 적어도 그들 일부는 어느 정도의 이동성이 있었다는 일부 증거가 흔적 화석의 형태로 남아 있다. 에디아카라 생물은 모두 두 층의 조직으로 이루어진 이배엽성二胚葉性이었다. 해파리를 제외한 오늘날의 모든 생물은 삼배엽성三胚葉性이다.*

일부 과학자들은 그것이 결코 동물은 아니며, 식물이나 균류에 가까웠을 것이라고 주장한다. 오늘날에도 동물과 식물의 구분이 명백하지 않은 경우

---

* 정자로 수정되어 만들어지는 배(胚)는 분열과정에서 피부와 신경계가 될 외배엽, 결합조직, 순환계, 근육, 골격 등이 될 중배엽, 그리고 소화계, 폐, 배설계가 될 내배엽을 형성한다.

가 있다. 현대의 해면은 일생을 한곳에 붙어서 살고, 눈이나 뇌나 고동치는 심장이 없음에도 불구하고 동물로 분류된다. 리처드 포티에 따르면, "선캄 브리아 시대에는 동물과 식물의 구분이 더욱 애매했을 것이다. 그러나 동물 과 식물을 분명하게 구별할 수 있어야 한다는 법은 어디에도 없다."

여러 권위자들이 에디아카라 생명을 실패한 실험쯤으로 생각한다. 고등 생물로 진화하고자 했던 둔한 에디아카라 생물이 더 민첩하고 세련된 캄브 리아기의 다른 생물에게 잡아먹혔거나, 단순히 경쟁에서 뒤쳐져서 살아남지 못했다는 것이다.

그 생물은 지구상 생명의 발전에 그렇게 중요하지 않았다는 것이 일반적 인 생각이다. 선캄브리아 시대와 캄브리아기 사이에 생물의 대량 멸종이 있 었고, 그래서 에디아카라 생물의 대부분이나 모두가 다음 단계로 발전하지 못했다는 주장도 있다. 다시 말해서 고등 생물이 본격적으로 출현한 것은 캄브리아기 대폭발에서부터였다. 어쨌든 굴드는 그렇게 보았다.

버제스 이판암 화석을 그렇게 재해석한 데에 많은 사람들이 이의를 제기 하기 시작했고, 특히 굴드의 해석에 대해서는 더욱 그랬다. 포티는『생명』이 라는 책에서 "스티븐 굴드가 감탄할 정도로 잘 설명했던 해석에 대해서 처 음부터 의문을 제기한 과학자들이 있었다"고 주장했다. 그것은 완곡한 표현 이었다.

"스티븐 굴드가 자신의 글만큼 명료하게 생각할 수 있었다면 얼마나 좋겠 는가!" 리처드 도킨스는 런던의「선데이 텔레그래프 *Sunday Telegraph*」에 발표 한 굴드의『원더풀 라이프』에 대한 서평의 첫머리에서 그렇게 외쳤다. 도킨 스는 그 책이 "손에서 놓을 수 없는 걸작"이고 "문학적 역작"이라는 사실은 인정했지만, 버제스 화석의 재해석이 화석학계를 뒤흔들었다고 한 굴드의 말은 진실을 "거의 음흉하다고 할 정도로 과장한" 것이라고 주장했다. 도킨 스는 "그는 진화가 인간과 같은 정점을 향해서 일방적으로 진행되어왔다는 주장을 비판하고 있지만, 지난 50년간 그의 그런 주장을 믿은 사람은 거의 없었다"라고 격렬하게 반박했다.

  가장 이상했던 것은『원더풀 라이프』의 영웅인 사이먼 콘웨이 모리스가 자신의 책『창조의 도가니*The Crucible of Creation*』에서 느닷없이 굴드를 비난함으로써 화석학계 사람들을 놀라게 만든 일이었다. "나는 전문가의 책에서 그렇게 심한 표현을 본 적이 없었다." 훗날 포티의 지적이었다. "그런 이야기를 모르고 심심풀이로『창조의 도가니』를 읽는 사람들은 한때 저자의 생각이 굴드의 주장과 똑같거나 아주 비슷했다는 사실을 짐작도 할 수 없을 것이다."

  논란의 결과로, 상당 기간 초기 캄브리아기의 화석에 대한 비판적인 재평가가 이루어졌다. 굴드의 책에 등장하는 또다른 영웅인 데릭 브리그스와 포티는 분지학分枝學, cladistics이라는 방법으로 여러 버제스 화석을 비교해보았다. 분지학은 간단히 말해서 생물을 공통적인 특성에 따라 분류하는 방법이다. 포티는 땃쥐*와 코끼리를 비교하는 예를 들어서 설명해주었다. 코끼리의 거대한 몸집과 코를 생각해보면, 작은 몸집에 킁킁거리는 땃쥐와 코끼리가 아무런 관련이 없다고 할 수 있다. 그러나 도마뱀과 비교해보면, 땃쥐와 코끼리가 체형이 같다고 생각할 수도 있다. 포티의 주장에 따르면, 결국 자신과 브리그스는 포유류를 생각하고 있는데 굴드는 코끼리와 땃쥐를 비교하고 있었던 것이다. 사람들은 버제스 생물들이 처음 보았을 때만큼 그렇게 이상하지도, 다양하지도 않다고 믿게 되었다. 이제 포티는 이렇게 주장한다. "그 생물은 삼엽충보다 더 낯설지 않았다. 우리가 삼엽충에 익숙해지는 데에 한 세기 정도가 걸렸다. 알다시피, 익숙함은 익숙함을 낳을 뿐이다."

  결국 버제스 화석은 서로 엄청나게 다르지 않다는 사실이 밝혀졌다. 할루키게니아의 모형은 완전히 거꾸로 재구성되어야 했음이 밝혀졌다. 기둥처럼 생긴 발이라고 여겼던 것이 실제로는 등에 나 있던 침이었다. 파인애플 조각

---

* 북반부와 남아메리카 북서 산지에 서식하는 쥐와 비슷한 290여 종의 포유류.

처럼 생긴 이상한 동물인 페이토이아는 완전한 동물이 아니라 아노말로카리스라는 큰 동물의 일부였다. 오늘날 대부분의 버제스 화석은 월컷이 처음에 추정했던 것처럼 하나의 문門으로 재분류되었다. 할루키게니아를 비롯한 몇몇 종은 쐐기벌레와 비슷한 유조동물有爪動物에 속하는 것으로 보고 있다. 나머지는 현대 환형동물環形動物의 선조로 재분류되었다. 사실 포티에 따르면, "캄브리아기에 등장했던 체형들 중에서 우리에게 낯선 것들은 그리 많지 않다. 대부분은 이미 알려진 체형을 흥미롭게 가다듬은 것이었다." 그의 책 『생명』에 따르면, "오늘날의 따개비처럼 기이하거나, 흰개미 여왕처럼 괴기한 동물은 없었다."

그러니까 결국 버제스 이판암 화석은 그렇게 굉장한 것이 아니었다. 포티가 주장했듯이, 그 화석이 "덜 흥미롭거나 덜 이상해진 것이 아니라, 더 분명하게 이해할 수 있게 되었을 뿐이다." 이상한 체형은 뾰족한 털이나 혀처럼 진화의 과정에서 나타나는 풍요로움일 뿐이었다. 결국은 그런 체형이 변하지 않는 안정한 중년으로 접어들게 되었다.

그렇다고 하더라도, 그런 생물이 어디에서 나타나게 되었는지에 대한 의문은 여전히 남는다. 그런 생물이 도대체 어떻게 느닷없이 출현하게 되었을까? 사실 캄브리아기 대폭발은 한때 생각했던 것만큼 폭발적이지는 않았던 것으로 밝혀졌다. 오늘날 알려진 사실에 의하면 캄브리아기의 동물은 오래 전부터 존재했지만, 너무 작아서 볼 수 없었을 뿐이다. 역시 실마리를 제공한 것은 삼엽충이었다. 특히 거의 같은 시기에 전 세계의 넓은 지역에 신비로운 모습을 한 서로 다른 삼엽충들이 분포하고 있었던 것이 실마리였다. 겉보기에는 완전한 형태를 갖춘 엄청나게 다양한 생물종이 갑자기 등장한 것이 캄브리아기 대폭발의 기적처럼 보이지만, 사실은 그 반대였다. 고립된 곳에서 완전한 모양을 갖춘 삼엽충과 같은 생물이 갑자기 나타나는 것은 신기한 일이다. 그러나 완전히 구별이 되면서도 분명히 관련된 다양한 종류가 중국과 뉴욕처럼 엄청나게 떨어진 곳의 화석 기록에 동시에 나타나는 것은 전혀 다른 문제였다. 이는 우리가 그 역사의 상당한 부분을 놓치고 있다는 사실을 분명하게 보여줄 뿐이다. 공통의 선조가 훨씬 더 오래 전부터 존재했다는 사실을 그보다 더 확실하게 보여주는 증거는 있을 수가 없기 때문이다.

"완전한 기능을 가진 고등 생물이라고 해서 반드시 크기가 커야 할 필요는 없다"고 포티는 지적했다. "오늘날 바다에 살고 있는 다양한 종류의 작은 절지동물도 화석 기록이 남아 있지 않다." 그는 작은 요각류橈脚類*를 예로 들었다. 오늘날 요각류는 얕은 바다를 전부 검게 보이게 할 정도로 엄청나게 많은 수가 떼를 지어 살고 있지만, 유일하게 알려진 요각류의 선조는 화석화된 고대 물고기의 몸속에서 발견된 1종뿐이다.

"굳이 그런 용어를 써야만 한다면, 캄브리아기 대폭발은 새로운 체형이 갑자기 나타난 시기가 아니라 몸집이 커졌던 시기를 뜻한다." 포티는 『생명』에서 지적했다. "그리고 그런 일은 아주 신속하게 일어날 수 있었고, 그런 뜻에서 폭발했다고 해도 좋을 것이다." 포유류가 공룡이 사라질 때까지 수억 년 동안 기다렸다가 지구의 모든 곳에서 갑자기 번성하기 시작했던 것처럼, 어쩌면 절지동물을 비롯한 다른 삼배엽성 동물도 에디아카라 생물의 때가 오기까지 이름도 없는 작은 미생물로 기다려야 했을 것이라는 주장이다. 포티에 따르면, "우리는 공룡이 사라진 후에 포유류의 몸집이 놀랍도록 커졌다는 사실을 알고 있다. 물론 '갑자기'라는 말은 지질학적인 의미에서 그렇다는 것으로, 수백만 년을 뜻한다."

한편 레지널드 스프리그는 결국 뒤늦게라도 자신의 공로를 인정받았다. 그를 기리는 뜻으로 가장 중요한 속屬에 스프리기나Spriggina라는 이름이 붙었고, 다른 몇 종의 동물에도 그의 이름이 붙었다. 당시의 생물 전체는 그가 화석을 발견했던 언덕의 이름을 따서 에디아카라 동물군Ediacara fauna이라고 부른다. 그러나 그때는 이미 스프리그의 화석 채집이 끝난 후였다. 지질학에

---

* 담수나 바다에 사는 물벼룩을 비롯한 7,500여 종의 동물로 물고기의 중요한 먹이이다.

관심을 잃은 그는 석유회사를 설립해서 크게 성공했고, 결국 은퇴한 후에는 자신이 좋아했던 플린더스 산맥에 있는 소유지에 야생동물 보호구역을 만들었다. 엄청난 부자가 된 그는 1994년에 사망했다.

제22장

모두에게 작별을

다른 관점에서 생각하기는 어렵겠지만, 인간의 관점에서 보면 생명은 정말 이상하다. 새로운 생물이 출현하는 것도 어렵지만, 일단 출현한 후에는 절대 더 발전하려고 애쓰지 않는 듯하다.

지의류地衣類를 생각해보자. 지의류는 지구상 생물 중에서 눈으로 찾아보기 가장 어려우면서도, 가장 욕심이 없어 보이는 생물 중 하나이다. 지의류는 햇볕이 잘 드는 교회 마당에서도 자라지만, 바람이 거센 산꼭대기처럼 다른 생물은 살고 싶어하지 않는 곳이나, 북극의 불모지처럼 바위 이외에는 아무것도 없고 비가 내리고 추워서 경쟁 상대가 없는 곳에서는 더욱 잘 번성한다. 거의 아무것도 살지 않는 남극 대륙에서도 바람이 거센 바위라면 어느 곳이나 단단하게 달라붙어 살고 있는 400여 종의 지의류를 발견할 수 있다.

사람들은 오랫동안 지의류가 어떻게 사는지 이해하지 못했다. 지의류는 아무런 영양분도 없는 바위에 붙어 살고 씨앗도 만들지 않기 때문에 상당한 학식이 있는 사람조차 돌이 식물로 변화하는 과정이라고 믿었다. 1819년에 호른슈흐 박사는 "무기질의 돌이 저절로 살아 있는 식물이 되고 있다!"라고 탄성을 질렀다.

그러나 자세히 살펴보면, 지의류는 마법보다 더 흥미로운 생물이다. 지의류는 사실 균류와 조류藻類의 연합체이다. 균류는 산酸을 분비해서 암석을 녹이고, 조류는 그때 녹아 나온 미네랄을 먹이로 변환시켜서 함께 살아간다. 아주 멋진 상황은 아니지만, 성공적인 협업임이 틀림없다. 세상에는 2만 종이 넘는 지의류가 있다.

거친 환경에서 사는 모든 생물이 그렇듯이 지의류도 느리게 성장한다. 지의류가 셔츠의 단추 크기 정도로 자라려면 반세기 이상이 걸리기도 한다. 데이비드 애튼버러에 따르면, 큰 접시 정도의 지의류는 "수백 년 어쩌면 수천 년 동안" 자란 것일 수도 있다. 지의류보다 더 힘들게 사는 생물은 찾아보기 어려울 것이다. 애튼버러는 "지의류가 가장 단순한 수준의 생명이라고 하더라도 그저 자신만을 위해서 존재한다는 감동적인 사실을 보여주는 사례"라고 덧붙였다.

생명이라는 것은 그저 존재하는 것이라는 사실을 간과하기 쉽다. 인간으로서 우리는 생명에 어떤 의미가 있다고 생각한다. 우리는 미래에 대한 계획과 소망과 욕망을 가지고 있다. 우리는 자신에게 부여된 우리를 도취시키는 모든 삶을 끊임없이 누리고 싶어한다. 그렇지만 지의류에게 생명이란 무엇일까? 지의류의 존재하고자 하는 충동은 우리만큼 강하거나 어쩌면 더 강할 수도 있다. 만약 내가 숲속의 바위에 붙어서 수십 년을 지내야 한다면 절망할 것이 분명하다. 그러나 지의류는 그렇지 않다. 거의 모든 생물과 마찬가지로 이끼류는 자신의 존재를 이어가기 위해서 어떤 어려움도 이겨내고 어떤 모욕도 참아낸다. 간단히 말해서 생명은 그저 존재하고 싶어할 뿐이다. 그러나 대부분의 생물이 그 이상을 바라지 않는다는 사실은 아주 흥미롭다.

생명은 야망을 품기에 충분한 기간 동안 존재해왔기 때문에 그런 사실이 조금은 이상하게 보일 수도 있다. 만약 45억 년에 이르는 지구의 역사를 하루라고 친다면, 최초의 단순한 단세포 생물이 처음 출현한 것은 아주 이른 시간인 새벽 4시경이지만, 그로부터 16시간 동안은 아무런 발전도 없었다. 하루의 6분의 5가 지나간 저녁 8시 30분이 될 때까지도 지구는 불안정한 미생물을 제외하면, 우주에 자랑할 만한 것은 아무것도 가지고 있지 않았다. 그런 후에 마침내 해양식물이 처음 등장했고, 20분 후에는 레지널드 스프리그가 오스트레일리아에서 처음 발견했던 수수께끼 같은 에디아카라 동물군이 등장했다.

밤 9시 4분에 삼엽충이 헤엄치며 등장했고, 곧이어 버제스 이판암의 멋진 생물이 나타났다. 밤 10시 직전에 땅 위에 사는 식물이 느닷없이 출현했다. 그리고 하루가 두 시간도 남지 않았던 그 직후에 최초의 육상동물이 등장했다. 지구는 10분 정도의 온화한 기후 덕분에 밤 10시 24분이 되면서 거대한 석탄기의 숲으로 덮였고, 처음으로 날개가 달린 곤충이 등장했다. 그 숲의 잔재가 오늘날 우리에게 석탄을 제공한다. 공룡은 밤 11시 직전에 무대에 등장해서, 약 45분 정도 무대를 휩쓸었다. 그들이 자정을 21분 남겨둔 시각에 갑자기 사라지면서 포유류의 시대가 시작되었다. 인간은 자정을 1분 17초 남겨둔 시각에 출현했다.

그런 시간 척도에서 보면 기록으로 남아 있는 우리의 역사는 몇 초에 불과하고, 사람의 일생은 한순간이다. 이렇게 가속화된 하루에서 보면, 대륙은 잇따라서 불안정하게 미끄러지면서 서로 충돌한다. 산이 솟았다가 사라지고, 바다가 채워졌다가 말라버리고, 빙하가 커졌다가 줄어들기도 한다. 그리고 대략 1분에 세 차례 정도씩 맨슨 크기나 그보다 더 큰 운석이나 혜성이 충돌하면서 끊임없이 불꽃이 번쩍인다. 그렇게 두들겨맞고 불안정한 환경에서 도대체 생명이 생존할 수 있었다는 사실이 신기할 뿐이다. 사실 오랫동안 견뎌내는 생물은 많지 않다.

지구의 45억 년 역사에서 우리의 존재가 얼마나 최근에 등장했는지를 더욱 잘 이해하려면, 두 팔을 완전히 펼치고 그것이 지구의 역사 전체를 나타낸다고 생각해보면 된다. 존 맥피의 『분지와 산맥』에 따르면, 그런 잣대에서 한 손의 손톱 끝에서부터 다른 손의 손목까지가 선캄브리아 시대에 해당한다. 고등 생물들은 모두 손바닥 안에서 생겨났으며, "인간의 모든 '역사'는 손톱 줄로 손톱을 다듬을 때 떨어져 나오는 중간 크기의 손톱 부스러기 하나에 들어간다."

다행히 재앙의 순간은 아직 오지 않았지만, 그런 순간이 다가올 가능성은 높은 편이다. 이 시점에서 우울한 사실을 밝히고 싶지는 않지만, 지구에 살고 있는 생명에게는 아주 중요한 특성이 있다. 바로 멸종이다. 멸종은 비교적 정기적으로 찾아온다. 생물종은 지구에 출현하여 자신을 지키기 위해서 애를 쓰지만, 쓰러져서 죽어가는 일 역시 일상이다. 그리고 더 복잡하게 발전한 생물일수록 더 빨리 멸종하는 모양이다. 대부분의 생물이 큰 야망을 품지 못하는 것도 아마도 그 때문일 것이다.

그러니까 생물이 용감한 일을 할 때마다 그것은 상당히 중요한 사건이다. 생명이 우리 이야기의 다음 단계로 나아가, 바다에서 벗어난 것보다 더 중대한 사건은 드물었다. 육지의 환경은 끔찍했다. 덥고, 건조하고, 강한 자외선이 내리쬐고, 몸을 쉽게 움직이도록 해주는 부력도 존재하지 않는다. 생물은 육상에서 살기 위해서 해부학적으로 엄청난 변화를 겪어야 했다. 척추가 약한 물고기는 양쪽 끝을 잡고 있으면 몸무게를 지탱하지 못하기 때문에 중간이 처져버린다. 해양 생물이 물이 없는 곳에서 생존하려면 새로운 내부 구조를 갖춰야 하는데, 그런 변화는 하룻밤 사이에 일어날 수 없다.

육상 생물에게는 무엇보다 산소를 물에서 걸러내지 않고 공기 중에서 직접 흡입하는 방법이 필요했다. 쉽게 극복할 수 있는 일이 아니었다. 그러나 물에서 벗어나야 할 확실한 이유가 있었다. 바닷속에서의 삶이 점점 위험해지고 있었기 때문이다. 대륙이 판게아라는 하나의 거대한 대륙으로 서서히 합쳐짐에 따라서 해안선이 엄청나게 줄어들었고, 따라서 해안의 서식지도 대부분 사라졌다. 경쟁은 더욱 치열해졌다. 그리고 아무것이나 먹어치우는 난폭한 포식동물이 출현했다. 그 포식자는 처음부터 다른 생물을 너무 잘 공격했기 때문에 영겁이 지나는 동안에도 거의 변화할 필요가 없었다. 바로 상어였다. 그때보다 물 바깥에서 살 곳을 찾아야 할 필요가 더 절실했던 때는 없었다.

4억5,000만 년 전부터 식물이 땅을 점령하기 시작했다. 그와 더불어 식물을 위해서 죽은 유기물을 분해하여 재활용할 수 있도록 해주는, 진드기를 비롯한 다른 생물들이 나타났다. 큰 동물에게는 육상으로 올라오는 데에 더 많은 시간이 필요했지만, 대략 4억 년 전부터는 그들도 물 밖으로 나오기 시작했다. 흔히 알려진 상상도에 따르면, 육상으로 모험을 떠났던 첫 생물은 오늘날의 말뚝망둥어류처럼 걷기에 연못 사이를 건너뛰는 용감한 물고기였거나 아니면 완전한 모양을 갖춘 양서류였을 것으로 생각된다. 그러나 물이 마른 땅에서 처음 살기 시작한, 눈으로 볼 수 있을 정도의 이동성 동물은 공벌레 또는 유럽 쥐며느리라고도 부르는 오늘날의 쥐며느리류 같은 것이었을 가능성이 크다. 바위나 통나무를 뒤집을 때마다 떼를 지어 기어나오는 갑각류의 작은 벌레 말이다.

공기 중의 산소를 호흡할 수 있는 방법을 찾아낸 동물에게는 좋은 시절이었다. 육상 생물이 번성했던 데본기와 석탄기의 산소 농도는 오늘날의 20퍼센트보다 훨씬 높은 35퍼센트 정도였다. 그래서 육상 동물은 굉장히 빠른 시간에 엄청나게 크게 자랄 수 있었다.

그렇다면 과학자들이 수억 년 전 공기 중의 산소 농도를 어떻게 알아낼 수 있을까 궁금할 것이다. 잘 알려지지는 않았지만 독창적인 동위원소 지구화학이라는 분야 덕분이다. 석탄기와 데본기의 바다에는 작은 보호막을 가진 플랑크톤이 살고 있었다. 지금도 그렇듯이, 그때의 플랑크톤도 공기 중의 산소를 흡입한 후에 탄소와 같은 다른 원소와 결합시켜서 탄산칼슘처럼 내구력이 있는 물질을 생산하여 껍질을 만들었다. 그런 과정은 다른 곳에서도 설명했던, 장기 탄소 순환 과정에서 지속되고 있는 화학적 변화이다. 탄소 순환 과정은 재미있게 설명할 수 있는 것은 아니지만, 생물이 살 수 있는 지구를 만드는 데에는 필수적인 것이다.

이런 과정에 참여하는 작은 생물은 결국 죽어서 바다 밑으로 가라앉은 후에 천천히 석회석으로 압축된다. 플랑크톤이 무덤으로 가져가는 작은 구조 속에는 산소-16과 산소-18이라는 매우 안정한 동위원소가 들어 있다(동위원소란 중성자의 숫자가 정상이 아닌 원자이지만, 기억하지 못해도 상관은 없다). 지구화학자는 그런 구조가 생성될 때에 대기 중에 얼마나 많은 산소나 이산화탄소가 들어 있는지에 따라서 동위원소가 축적되는 속도가 다르다는 점을 이용한다. 지구화학자는 고대의 비율을 비교함으로써 산소의 농도, 기온과 수온, 빙하기의 범위와 시기를 비롯한 고대 세계의 정보를 읽어낸다. 과학자들은 동위원소의 측정 결과와 꽃가루의 양을 비롯한 화석 자료를 활용해서 인간의 눈으로는 전혀 본 적이 없었던 완전한 풍경을 상당히 확실하게 재현할 수 있다.

육상 생물이 처음 출현한 기간에 산소의 농도가 확실하게 증가할 수 있었던 가장 중요한 이유는 당시 육지를 뒤덮고 있던 거대한 나무 고사리류와 광활한 습지가 그 특성 때문에 정상적인 탄소 재활용 과정을 중단시켜주었기 때문이다. 떨어진 잎을 비롯한 죽은 식물성 물질이 완전히 부패하지 않고 축축한 퇴적층으로 쌓여서 결국은 거대한 석탄층으로 압축되었다. 풍부한 산소 농도가 과도한 성장을 촉진했던 것이 분명하다.

지금까지 발견된 가장 오래된 육상 동물의 증거는 스코틀랜드 바위에서 발견된 3억5,000만 년 전의 노래기와 비슷한 동물의 흔적이다. 그 길이는 1미터나 되었다. 그런 시대가 막을 내리기 전에 일부 지네류는 몸길이가 그 두 배가 될 정도로 커졌다.

그런 동물이 어슬렁거리게 되면서 당시의 곤충이 포식자를 피하는 방법을 찾아내도록 진화했던 것은 자연스러운 일이다. 그래서 곤충은 날아다니는 방법을 배우게 되었다. 몇몇 곤충은 새로운 생존방법을 놀라울 정도로 쉽게 받아들여 그후로도 변함없이 사용했다. 지금과 마찬가지로 당시의 잠자리도 시속 50킬로미터까지 날아가다가, 순간적으로 멈추고, 한 곳에 정지한 상태로 떠 있다가, 뒤로 날아가기도 하고, 인간이 만든 어떤 비행기보다도 상대적으로 더 무거운 것을 들어올릴 수 있었다. 누군가의 지적에 따르면, "미국 공군에서는 곤충이 어떻게 그런 능력을 발휘하는지를 알아내려고 곤충을 풍동風洞에 넣어보았으나 절망했다." 잠자리는 풍요로운 공기도 게걸스럽게 먹어치웠다. 석탄기의 숲에 살던 잠자리는 까마귀 정도의 크기로 자랐다. 나무와 다른 식물도 마찬가지로 엄청난 크기로 자랐다. 속새*나 나무 고사리류는 15미터 높이까지, 석송류石松類**는 40미터까지 자랐다.

우리의 선조라고 할 수 있는 최초의 육상 척추동물이 어떤 것이었는지는 아직까지 확실히 밝혀지지 않았다. 적당한 화석 정보가 없기 때문이기도 하지만, 에리크 야르비크라는 독특한 스웨덴 학자의 이상한 해석과 신비주의적인 행동으로 인해서 이 문제에 대한 발전이 거의 반세기 이상 뒤처졌기 때문이기도 하다. 야르비크는 1930년대와 1940년대에 어류의 화석을 찾아서 그린란드로 갔던 스칸디나비아 학자들 중의 한 사람이었다. 그들은 오늘날 사족 동물四足動物이라고 알려진 걸어다니는 모든 동물의 선조일 것으로 생각되는 육기어류肉鰭魚綱***를 찾고 있었다.

사족 동물에는 끝에 최대 5개의 손가락이나 발가락이 달린 4개의 다리가 있거나, 한때 그런 다리가 있었던 현대의 모든 동물이 포함된다. 그래서 오랜 진화의 과정에서 다리 구조를 잃어버리거나 현저하게 변형된 뱀, 새, 인간과 같은 생물도 여기에 포함된다. 공룡, 고래 그리고 어류까지도 모두 사족 동물이기 때문에, 모두가 하나의 공통 조상으로부터 유래되었을 가능성이 높다. 그런 조상에 대한 실마리는 대략 4억 년 전이었던 데본기에서 찾을 수 있으리라고 추정되었다. 그 이전에는 육지를 걸어다니는 동물이 없었다. 그런데 그 이후에는 많은 동물들이 육지에서 걸어다녔다. 다행스럽게도 탐사단은 이크티오스테가라는 1미터 길이의 동물 화석을 찾아냈다. 야르비크

---

* 골풀처럼 생기고 마디가 있는 300여 종의 다년생 식물.
** 열대 지방이 원산인 바늘 모양의 잎을 가진 상록초.
*** 폐어, 실러캔스 등이 속하는 어류.

가 그 화석을 분석하는 임무를 맡게 되었고, 1948년부터 시작된 그의 분석은 48년 동안이나 이어졌다. 불행하게도 야르비크는 아무에게도 자신이 가지고 있는 사족 동물 화석을 보여주지 않았다. 전 세계의 화석학자들은 야르비크가 발표한 두 편의 논문을 통해서 그 동물이 다리가 4개에 발가락이 5개라는 사실을 알게 된 것에 만족해야 했다. 그렇다면 그 동물은 오늘날 살고 있는 모든 사족 동물의 조상일 수도 있었다.

야르비크는 1998년에 사망했다. 그러나 그후에 화석을 살펴본 다른 화석학자들은 야르비크가 손가락과 발가락의 수를 크게 잘못 세었음을 발견했다. 실제로 그 화석은 앞다리에 8개, 뒷다리에 7개의 발가락이 있었고, 이 물고기가 육지에서 걷는 대신 몸을 끌고 다녔다. 어류에서 육상 동물로의 전환은 생각했던 것보다 훨씬 더 복잡하고, 다양하고, 오래 걸렸던 것으로 밝혀졌다.

현재의 수준에 도달하는 길이 순탄하지는 않았지만, 결국 우리는 해냈다. 육상 동물은 처음 등장한 이후로 4개의 거대 왕조를 이루어왔다. 첫 왕조는 터벅터벅 걸어다니던, 원시적이면서도 거대한 양서류와 파충류의 것이다. 이 시기에 가장 잘 알려진 동물은 등지느러미가 있고, 공룡과 자주 혼동되는 디메트로돈이다(칼 세이건의 『혜성Comet』에도 그림이 등장한다). 실제로 디메트로돈은 단궁형單弓型이었다. 그러니까 먼 옛날에는 우리도 그랬었다. 단궁형이란 초기 파충류의 네 가지 유형 중의 하나로, 나머지는 무궁형無弓型, 광궁형廣弓型, 이궁형二弓型이다. 이런 이름들은 두개골의 옆면에 있는 작은 구멍의 수와 위치를 나타낸다. 단궁형은 아래쪽 관자놀이에 구멍이 1개 있었고, 이궁형은 2개, 광궁형은 더 위쪽에 구멍이 1개 있었다.

시간이 지나면서 각 유형은 더욱 작게 분화되었고, 그중에서 어떤 것은 번성하고 어떤 것은 사라졌다. 무궁형 파충류에서 거북이 등장했다. 믿기 어렵지만, 거북은 한동안 가장 진보한 무서운 종으로 지구를 지배할 듯했으나 진화의 방향이 갑자기 바뀌면서 지배적인 종이 아니라 오래 사는 종으로 자리를 잡게 되었다. 단궁형은 4개의 줄기로 갈라졌지만, 페름기 이후에는 그 중 하나만 살아남았다. 다행스럽게도 우리가 속하게 된 그 줄기는 수궁형獸 弓型으로 알려진 원시 포유류로 진화했다. 그렇게 해서 제2의 거대 왕조가 시작되었다.

수궁류에게는 불행한 일이었지만, 사촌이라고 할 수 있는 이궁형도 생산 적으로 진화해서 공룡 등이 되어 심각한 위협이 되었다. 지나치게 공격적이 었던 새로운 동물과 직접 경쟁할 수 없었던 수궁류는 기록에서 거의 대부분 사라져버렸다. 그러나 아주 적은 수의 수궁류는 작고, 털을 가지고, 굴을 파 고 살도록 진화해서 아주 오랫동안 숨어 있다가 작은 포유류로 태어났다. 그중에서 가장 큰 것도 반려묘 정도에 불과했고, 생쥐보다 큰 것은 거의 없 었다. 결국 그런 특성이 구원의 힘이 되었지만, 공룡의 시대였던 제3의 거대 왕조가 갑자기 끝나고 우리 자신이 포함된 포유류의 시대인 제4의 거대 왕 조가 시작되기까지 거의 1억5,000만 년을 기다려야 했다.

그런 거대한 변환은 물론이고 그 사이와 그 이후에 있었던 작은 규모의 수 많은 변환은 모두 역설적이게 발전의 원동력으로 작용했던 멸종에 의해서 일어났다. 지구의 생물에게 죽음이 문자 그대로 생활의 일부라는 사실은 이 상한 일이다. 생명이 시작된 이후로 얼마나 많은 종이 존재했었는지는 아 무도 모른다. 300억 종이라고 흔히 인용되기는 하지만, 4조 종이라는 주장 도 있다. 실제 총 숫자가 얼마건 상관없이, 지구에 존재했던 생물종 중에서 99.99퍼센트는 우리와 함께 살고 있지 않다. 시카고 대학교의 고故 데이비 드 라우프가 즐겨 이야기했듯이, "대략적으로 말하면 모든 생물종은 멸종한 다." 복잡한 생물의 경우에 종의 평균 수명은 약 400만 년인 것으로 보인다.

물론 멸종은 희생자에게는 나쁜 소식이지만, 역동적인 지구에는 도움이 되는 듯하다. 미국 자연사 박물관의 이언 태터솔이 나에게 해준 말에 따르 면, "멸종의 대안은 침체이지만, 어느 영역에서든 침체가 좋은 결과를 가져 왔던 적은 거의 없었다." (여기에서 말하는 멸종은 장기간에 걸쳐서 자연적으로 일어나는 것을 말한다. 인간의 부주의에 의해서 발생하는 멸종은 완전히 다른 문제이다.)

지구의 역사에서 위기는 언제나 역동적인 진보로 이어졌다. 에디아카라 동물군이 사라지면서 창조적인 캄브리아기가 시작되었다. 4억4,000만 년 전의 오르도비스기 멸종으로 바다에서 엄청나게 많은 종류의 붙박이 여과섭식자가 제거되면서 포식성 어류와 거대 해양 파충류가 선호하는 환경이 조성되었다. 데본기에 있었던 또다른 멸종 사건으로 생물계가 흔들렸을 때, 물이 없는 육지에 생물이 출현할 수 있는 여건이 형성되었다. 지구 생물의 역사에서는 그런 일이 산발적으로 일어났다. 그런 사건이 그런 시기에 일어나지 않았더라면, 우리는 오늘날 존재하지 못했을 것이 확실하다.

지구 역사에는 순서대로 오르도비스기, 데본기, 페름기, 트라이아스기, 백악기의 다섯 차례에 걸친 대규모 멸종과 여러 차례의 소규모 멸종 사건이 있었다. 오르도비스기 멸종(4억4,300만 년 전)과 데본기 멸종(3억7,400만 년 전)으로 각각 80-85퍼센트의 생물종이 사라졌다. 트라이아스기 멸종(2억 년 전)과 백악기 멸종(6,600만 년 전)으로 각각 70-75퍼센트가 사라졌다. 그러나 오랜 공룡 시대의 막을 열어준 2억5,000만 년 전의 페름기 멸종이 진정으로 규모가 컸다. 페름기에는 화석 기록으로 확인되는 동물종 중에서 95퍼센트가 다시 돌아오지 못했다. 곤충의 3분의 1도 사라졌는데, 곤충이 그렇게 대량으로 사라진 것은 그때가 유일했다. 페름기 멸종은 완전한 소멸에 가장 가까이 갔던 경우였다.†

리처드 포티에 따르면, "그것은 지구에서 전에 본 적이 없었던 엄청난 규모의 대량 멸종이었다." 페름기 멸종 사건은 특히 해양 생물에게 치명적이었다. 삼엽충은 완전히 사라져버렸다. 대합과 성게도 거의 사라졌다. 다른 모

---

† 시기는 자료에 따라서 수백만 년씩 차이가 난다. 여기에서는 런던 자연사 박물관의 자료를 인용했다.

든 해양 생물들은 엄청난 변화를 겪었다. 지구는 육지와 바다 모두 합쳐서 52퍼센트의 생물을 잃어버렸다. 다음 장에서 살펴보겠지만, 생물 전체로 보면 속屬의 수보다는 많고, 목目의 수보다는 적은 수의 종이 사라졌다. 생물종으로는 96퍼센트가 없어졌다. 종의 총수가 회복되는 데에는 8,000만 년이라는 긴 세월이 걸렸을 것이라는 추정도 있다.

두 가지 사실을 기억할 필요가 있다. 첫째, 이런 이야기는 모두 제한된 정보를 근거로 한 추정에 불과하다. 페름기 말에 살던 생물종의 수에 대한 추정치는 적게는 4만 5,000종에서부터 많게는 24만 종에 이르기도 한다. 얼마나 많은 종이 살고 있었는지를 확실하게 알지 못하기 때문에 멸종 비율도 정확하게 밝힐 수 없다. 둘째, 여기에서 이야기하는 것은 개체의 죽음이 아니라 생물종의 죽음이다. 개체 수준에서는 희생의 규모가 훨씬 더 클 것이고, 많은 경우에는 거의 전부가 죽었을 것이다. 생물종이 제비뽑기를 통해서 다음 단계까지 생존하게 된 것은 상처 입고 절룩거리는 소수의 생존자 덕분일 것이다.

대량 멸종 사이에는 규모가 작아서 잘 알려지지 않은 작은 규모의 멸종 사건도 많았다. 헴필리아 단계, 프라스니아 단계, 파메니아 단계, 란콜라브리아 단계 등의 멸종 사건은 전체 종의 수에는 큰 영향을 미치지 않았지만, 일부 생물종에는 치명적이었다. 말을 비롯한 초식동물은 약 500만 년 전의 헴필리아 단계 멸종으로 거의 사라질 뻔했다. 겨우 1종의 말이 살아남았고, 그나마도 화석 기록에 아주 드물게 나타나는 것으로 보아 거의 완전히 소멸하기 직전까지 이르렀던 모양이다. 말을 비롯한 초식동물이 없는 인간의 역사는 상상하기 어렵다.

우리는 대형 멸종 사건을 비롯한 거의 모든 멸종 사건의 원인에 대해서 부끄러울 정도로 아는 것이 없다. 말도 안 되는 주장을 제외하더라도, 멸종이 왜 일어났는지에 대한 주장은 실제 멸종 사건의 수보다도 훨씬 더 많다. 멸종의 원인이나 주된 이유로 알려진 것만 하더라도 20여 가지에 이른다. 지구 온난화, 지구 냉각, 해수면의 변화, 바다에서의 산소 고갈(산소 결핍), 전염병, 해저에서 대량으로 방출된 메탄 가스, 운석이나 혜성 충돌, 하이퍼케인이라는 초대형 태풍, 거대한 화산 폭발에 의한 해수면 상승, 비극적인 태양 플레어* 등이 그런 원인으로 꼽히고 있다.

태양 플레어는 특히 흥미로운 가능성 중의 하나이다. 우주 시대가 시작된 이후부터 태양 플레어를 자세하게 관측해왔지만 그것이 얼마나 커질 수 있는지는 아무도 모른다. 그러나 태양은 거대한 엔진이기 때문에 태양에서 일어나는 폭풍도 역시 거대하다. 지구에서는 거의 감지하지 못하는 보통의 태양 플레어도 10억 개의 수소 폭탄에 해당하는 에너지를 방출하고, 1,000억 톤의 치명적인 고에너지 입자를 우주로 쏟아낸다. 보통은 태양과 지구 사이의 자기권과 대기권이 그런 입자를 다시 우주로 쫓아버리거나 안전하게 극지방으로 향하도록 만든다(극지방의 멋진 오로라는 그 덕분이다). 그러나 예를 들어 보통의 규모보다 100배 정도 큰 대형 플레어가 생기면, 지구의 방어망은 무너져버릴 것으로 보인다. 빛의 잔치는 찬란하겠지만, 그 밝은 빛 속에서 엄청나게 많은 생물이 불타 죽을 것이다. 더욱 두려운 사실은 항공 우주국 제트 추진 연구소의 브루스 쓰루타니의 말처럼 "그런 재앙은 '역사'에 아무런 흔적도 남기지 않는다"는 점이다.

어느 연구자의 표현처럼, 그런 폭풍은 우리에게 "확실한 증거를 찾을 수 없는 엄청난 양의 추측만 남길 뿐"이다. 오르도비스기, 데본기, 페름기의 멸종을 비롯해서 적어도 세 번의 멸종은 지구 냉각과 관련이 있는 것으로 추정되지만, 그런 변화가 갑자기 일어났는지 아니면 서서히 일어났는지를 비롯하여 그밖의 거의 모든 것에 대해서는 확실하게 밝혀진 것이 없다. 예를 들면 육상의 척추동물이 출현하게 된 데본기 말의 멸종이 100만 년에 걸쳐서 일어났는지, 수천 년 동안 일어났는지, 아니면 하루 만에 벌어졌는지에 대해

---

* 태양의 백반이나 흑점 부근에서 갑자기 강한 자외선, 우주선, X선을 동반한 섬광이 나타나는 현상.

서도 과학자들은 보편적인 합의에 이르지 못하고 있다.

멸종에 대한 확실한 설명을 찾아내기가 그렇게 어려운 이유 중 하나는 생물을 대규모로 죽이기가 매우 어렵기 때문이다. 맨슨 충돌의 사례에서 본 것처럼, 지독한 충격을 받은 후에도 조금 불안정하기는 해도 완전한 회복이 가능하다. 그렇다면 지구가 견뎌냈던 수천 번의 충돌들 가운데 6,500만 년 전의 KT 충돌만이 왜 유독 파괴적이었을까? 글쎄, 우선 그 충돌은 확실히 엄청난 규모였다. 그 충격은 1억 메가톤 정도였다. 그런 정도의 충격은 쉽게 상상할 수가 없다. 그러나 미국의 지질학자 제임스 로런스 파월이 『백악기에 찾아온 밤Night Comes to the Cretaceous』(1998)에서 지적한 것처럼, 당시의 지구에 살던 사람 각자에게 히로시마 크기의 원자폭탄을 터트린다고 하더라도, KT 충돌에 버금가려면 10억 개의 폭탄이 더 필요하다. 그러나 그것만으로는 공룡을 포함해서 지구 생물의 70퍼센트를 쓸어버리기에는 충분하지 않다.

KT 충돌에는 다른 특징이 있었다. 포유류에게는 다행스럽게도, 그 운석은 깊이가 10미터에 불과한 얕은 바다에 충돌했다는 점이다. 당시 대기 중의 산소 농도는 지금보다 10퍼센트 정도 더 높았고, 그래서 세상은 훨씬 더 불타기 쉬웠다. 무엇보다도 충돌 지점의 바다 밑이 황이 풍부한 암석으로 되어 있었다. 그래서 충돌의 결과로 벨기에 크기 정도의 바다가 황산 에어로졸로 변해버렸다. 그로부터 몇 개월에 걸쳐서 지구는 피부를 태워버릴 정도로 강한 산성비에 시달려야 했다.

어떤 의미에서는 "무엇이 당시 존재하던 생물종의 70퍼센트를 사라지게 만들었는가"보다는 "나머지 30퍼센트가 어떻게 살아남았는가"가 더 중요한 질문일 수도 있다. 당시에 살고 있던 모든 공룡에게 그렇게도 치명적이었던 사건이 어떻게 뱀이나 악어와 같은 파충류에게는 아무런 피해도 주지 않았을까? 지금까지 밝혀진 사실로 보면, 북아메리카에 살던 두꺼비, 영원, 도롱뇽을 비롯한 양서류는 멸종을 면했다. 아메리카의 역사 이전 시대를 흥미롭게 파헤친 『영원한 변경The Eternal Frontier』을 쓴 팀 플래너리는 "예를 찾아볼 수도 없는 대재앙에도 불구하고 이런 연약한 생물이 조금도 다치지 않은 이유는 무엇일까?"라는 의문을 제기했다.

바다에서도 사정은 마찬가지였다. 암모나이트는 모두 사라졌지만, 그 사촌으로 비슷한 생활을 했던 앵무조개는 살아남았다. 플랑크톤 중에서도 일부 종은 완전히 멸종했다. 예를 들면 92퍼센트의 유공충류는 죽었다. 그러나 체형도 비슷했고 인접한 곳에서 살고 있던 규조류硅藻類는 비교적 아무런 피해도 입지 않았다.

그런 사실은 이해하기 어렵다. 리처드 포티의 말처럼 "살아남은 종이 그저 '운이 좋았다'고 치부하는 것으로는 부족하다." 충분히 가능한 이야기이지만, 만약 사건이 일어난 후 몇 달 동안 어둠과 숨막히는 연기가 가득했다면, 많은 곤충이 살아남게 된 것도 설명할 수 없게 된다. 포티의 지적에 따르면, "딱정벌레와 같은 일부 곤충은 나무 속과 같은 곳에서 살아남을 수 있었을 것이다. 그러나 햇빛을 이용해서 날아다니고, 꽃가루를 필요로 하는 벌과 같은 곤충은 어떻게 살아남을 수 있었을까? 그런 곤충이 살아남았다는 사실은 설명하기 쉽지 않다."

그리고 산호도 있다. 산호는 살아가기 위해서 조류가 필요하고, 조류는 햇빛이 필요하며, 둘 다 최저 온도가 안정되게 유지되어야 한다. 지난 몇 년 동안 언론 보도를 통해서 널리 알려졌던 것처럼 바다 온도가 몇 도만 변해도 산호는 죽고 만다. 산호가 작은 변화에도 그렇게 민감하다면, 충돌 후에 이어진 오랜 겨울을 어떻게 이겨낼 수 있었을까?

설명하기 어려운 지역적인 차이도 있다. 남반구에서의 멸종은 북반구에서보다 훨씬 덜 심했던 것 같다. 특히 뉴질랜드에는 땅굴을 파고 사는 동물이 거의 없는데도 불구하고 대부분 영향을 받지 않았던 듯하다. 식물도 놀라울 정도로 보존이 되었다. 그러나 다른 곳에서 확인되는 재앙의 규모로 보아서 피해는 전 세계적이었을 것이다. 간단히 말해서 우리가 아직도 이해하지 못한 것이 아주 많은 셈이다.

몇몇 동물은 그야말로 번성을 했다. 조금 놀랍지만 거북도 그런 경우였다. 팀 플래너리가 지적한 것처럼, 공룡이 멸종한 직후의 시기는 거북의 시대라고 불러도 좋을 정도였다. 북아메리카에서만 16종이 살아남았고, 그후에 3종이 더 출현했다.

물에서 사는 것이 도움이 되었다는 것은 분명하다. KT 충돌로 육상 생물은 거의 90퍼센트가 멸종되었지만, 민물에 사는 생물은 10퍼센트만 영향을 받았다. 물은 확실히 열이나 불에 대한 보호막이 되었을 것이고, 아마도 그후에 이어졌던 어려운 시기에 더 쉽게 생존할 수 있는 환경을 제공했을 것이다. 살아남은 육상 동물은 모두 위험이 닥쳐오면 물속이나 땅속처럼 안전한 환경으로 피하는 습성이 있었다. 두 곳 모두 상당히 좋은 피난처가 되었을 것이다. 썩은 고기를 찾아다니는 동물에게도 좋은 기회가 되었을 것이다. 지금도 그렇지만 과거의 도마뱀도 썩은 고기 속에서 사는 세균류에는 거의 아무런 영향을 받지 않는다. 실제로 그런 세균류를 좋아하기도 한다. 아주 오랫동안 주변에는 부패한 먹이가 엄청나게 많았을 것이다.

KT 충돌에서 작은 동물만 살아남았다고 잘못 알려지기도 했다. 그러나 살아남은 동물 중에는 단순히 큰 정도가 아니라 오늘날의 악어보다 세 배나 더 큰 악어도 있었다. 그러나 작고 털을 가진 동물이 많이 살아남았던 것은 사실이다. 실제로 어둡고 적대적인 세상에서는 작고, 온혈이고, 야행성이고, 아무것이나 먹을 수 있고, 조심성이 많은 동물이 훨씬 유리하다. 그것이 바로 우리 포유류 선조의 대표적인 특성이었다. 우리가 조금 더 진화했더라면, 어쩌면 우리도 완전히 사라졌을 수도 있었다. 포유류는 다른 어떤 동물보다도 잘 적응할 수 있는 세상에 살게 되었다. 그러나 포유류가 빠른 속도로 생태계를 차지한 것은 아니었다. 고생물학자 스티븐 M. 스탠리가 지적했듯이, "진화는 공백을 싫어할 수도 있지만, 그런 공간을 채우는 데에는 오랜 시간이 걸린다." 포유류는 아마도 1,000만 년 동안에 작은 체구를 조심스럽게 유지했을 것이다. 제3기 초에는 살쾡이 크기 정도면 동물의 왕이 될 수 있었을 것이다.

그러나 포유류의 번성은 일단 시작되고 나서는 놀라울 정도가 되었다. 때로는 거의 비정상적인 수준에 이르기도 했다. 코뿔소 정도로 큰 '기니피그'와 2층집 정도로 큰 코뿔소가 살았던 적도 있었다. 먹이사슬에 빈틈만 있으면 그곳을 채울 포유류가 등장했다. 남아메리카로 이주한 초기의 너구리종은 그런 틈새를 발견하고 곰처럼 크고 사나운 종으로 진화했다. 새도 지나칠 정도로 번성했다. 티타니스라는 거대하고 날지 못하며 두려움을 모르는 육식성 새가 수백만 년 동안 북아메리카에서 가장 사나운 새였을 것이다. 지금까지 살았던 새들 중에서 가장 위압적인 새였음이 확실하다. 키는 3미터에 이르렀고, 몸무게는 350킬로그램이나 되었으며, 어떤 동물이라도 머리를 찢어버릴 수 있는 부리를 가지고 있었다. 그 과科의 새는 5,000만 년 동안 무시무시한 존재를 과시했지만, 1963년에 플로리다 주에서 그 뼈가 발견될 때까지 우리는 그런 새가 존재했다는 사실조차 모르고 있었다.

이제 멸종 원인을 확실하게 알지 못하는 또다른 이유를 설명할 순서가 되었다. 바로 화석 기록이 불완전하다는 사실 때문이다. 뼈가 화석화될 가능성이 매우 희박하다는 사실은 이미 설명했다. 그러나 화석 기록은 생각보다 훨씬 더 불완전하다. 공룡의 경우를 생각해보자. 박물관의 전시물을 보면, 공룡의 화석이 전 세계적으로 많이 발견되는 듯한 느낌을 받는다. 그러나 박물관의 전시물은 거의 대부분 인위적으로 만든 것이다. 런던 자연사 박물관의 입구 홀에 오래 전부터 버티고 서 있는 거대한 디플로도쿠스, 그리고 뉴욕에 있는 미국 자연사 박물관의 입구 홀에 있는 거대한 바로사우루스의 뼈가 큰 이빨을 가진 육식성의 알로사우루스로부터 자신의 새끼를 지키고 서 있는 유명한 작품은 완전한 모조품이다. 수백 개에 이르는 모든 뼈가 회반죽으로 만든 것이다. 파리, 빈, 프랑크푸르트, 부에노스아이레스, 멕시코 시티를 비롯한 전 세계의 거의 모든 대형 자연사 박물관에서 관람객을 반겨주는 것은 실제 옛날 뼈가 아니라 모조품이다.

사실 우리는 공룡에 대해서 아는 것이 많지 않다. 공룡의 시대 전체를 통틀어서 (뉴욕의 미국 자연사 박물관의 자료에 따르면) 오직 700종의 "유효한 비非조류 종"이 확인되었을 뿐이다. 그중에서 거의 절반은 표본 하나에서 확인된 것이다. 오늘날 살고 있는 포유류의 4분의 1 정도에 불과한 수준이다. 공룡이 지구를 지배한 기간이 포유류가 지배한 기간보다 대략 3배나 된다는 점을 고려한다면, 공룡이 놀라울 정도로 생산적이지 못했거나, 아니면 이제 우리가 겨우 껍질을 벗겨내고 있다는 것이 적절한 표현일 것이다.

공룡의 시대를 통틀어 수백만 년의 기간에서 단 하나의 완벽한 화석도 발견되지 않았다. 오래 전부터 공룡과 그 멸종에 흥미를 가진 덕분에 선사시대 중 가장 많이 연구된 백악기 말에 생존했던 종 가운데 4분의 3은 아직 발견하지 못하고 있다. 디플로도쿠스보다 더 크거나, 티라노사우루스보다 더 무시무시한 동물이 수천 마리씩 떼를 지어서 지구를 휩쓸고 다녔을지 모르는데도 우리는 아직 그런 사실조차 모른다. 극히 최근까지만 하더라도, 이 시기의 공룡에 대해서 알려진 사실은 모두 기껏해야 16종의 약 300점의 화석에서 찾아낸 것이다. KT 충돌이 일어났을 때에는 이미 공룡이 멸종되고 있었다는 주장이 널리 퍼지게 된 것은 바로 화석 기록이 그만큼 희귀하기 때문이다.

1980년대 말에 밀워키 공공 박물관의 피터 시핸이라는 화석학자가 실험을 해보기로 했다. 그는 200명의 자원봉사자를 동원해 이미 발굴이 끝난 몬태나 주에 있는 헬 크리크를 샅샅이 살펴보기로 했다. 자원봉사자들은 꼼꼼하게 채로 걸러서 과거의 탐사진이 찾아내지 못한 이빨이나 척추나 작은 뼈 조각을 모조리 찾아냈다. 작업에는 3년이 걸렸다. 그 결과 전 세계적으로 발견된 백악기 말의 공룡 화석의 수가 3배로 늘어났다. 그 탐사의 결과로 KT 충돌이 일어날 때까지도 공룡은 번성하고 있었음이 분명하게 확인되었다.

우리는 우리 스스로가 필연적으로 생물 중에서 가장 뛰어난 종이라는 생각에 빠져 있어서, 적절한 순간에 있었던 외계로부터의 충돌과 다른 어떤 요행 때문에 우리가 존재하게 되었다는 주장을 선뜻 받아들이지 못한다. 그러나 우리도 다른 모든 생물과 마찬가지로 지난 40억 년에 가까운 세월 동안 우리의 선조들이 멸종의 위기들을 가까스로 피할 수 있었기 때문에 오늘날 지구에 존재하게 되었다는 사실은 분명하다. 스티븐 제이 굴드의 잘 알려진 표현이 그 사실을 간결하게 설명해준다. "오늘날 인간이 존재할 수 있는 것은 우리의 혈통이 한 번도 끊어지지 않았기 때문이다. 수십억에 이르는 점에서 단 한 번이라도 끊어졌더라면 우리의 존재는 역사에서 완전히 지워졌을 것이다."

우리는 이 장을 생명은 존재하고 싶어하고, 생명이 언제나 다양한 것을 원하는 것은 아니며, 생명은 가끔 멸종하기도 한다는 사실로부터 출발했다. 이제 생명은 계속된다는 네 번째 사실을 더할 수 있게 되었다. 그리고 앞으로 살펴보듯이 생명은 결정적으로 흥미로운 방식으로 계속된다.

제23장

존재의 풍요로움

런던 자연사 박물관의 흐릿한 조명이 켜진 복도, 광물이나 타조 알이 전시된 유리 전시장, 또는 한 세기 정도 묵은 전시물 사이의 이곳저곳에는 비밀의 문이 있다. 적어도 그런 문이 방문객의 관심을 끌 만한 아무런 이유가 없다는 뜻에서 비밀스럽게 보인다. 아주 가끔 학자들의 대표적인 상징인 정신 나간 듯한 태도에 머리는 웃음이 날 정도로 제멋대로인 사람이 문을 열고 나와서 복도를 급하게 걸어가 다른 문으로 다시 사라지는 것을 보게 된다. 그러나 그런 일은 아주 드물다. 대부분 그 문은 굳게 닫혀 있다. 그 문 너머에 일반 관람객이 알고 감탄하는 것만큼이나 거대하며 어떤 면에서는 훨씬 더 훌륭한 또다른 자연사 박물관이 존재한다는 흔적은 전혀 찾아볼 수가 없다.

런던 자연사 박물관은 지구상의 모든 곳에서 수집된 모든 생물종에 대한 약 8,000만 점의 표본을 소장하고 있고(그중 4만 점을 전시한다), 표본의 수는 매년 10만 점씩 늘어나고 있다. 그러나 그곳이 얼마나 굉장한 보물창고인지를 이해하려면 무대 뒤에 감추어진 것을 보아야 한다. 벽장이나 캐비닛이나 밀폐된 선반이 가득한 긴 방에는 병에 담긴 수만 종의 동물, 사각형 카드에 못 박힌 수백만 마리의 곤충, 서랍에 가득한 반짝이는 연체동물, 공룡의 뼈, 초기 인류의 두개골, 그리고 잘 압축된 식물을 담은 수많은 서류철이 보관되어 있다. 그곳을 돌아보는 것은 마치 다윈의 머릿속을 살펴보는 것 같기도 하다. 표본실만 하더라도 변성 알코올에 보존된 동물이 담긴 병이 있는 선반의 길이가 24킬로미터나 된다.

이곳에는 조지프 뱅크스가 오스트레일리아에서 수집한 것, 알렉산더 폰 훔볼트가 아마존 유역에서 수집한 것, 다윈이 비글 호 항해에서 수집한 것을 비롯해서 아주 희귀하거나, 또는 역사적으로 중요하거나, 아니면 두 가지 모두 때문에 수집된 것들이 모여 있다. 많은 사람이 이 소장품을 손에 넣고 싶어한다. 그러나 그럴 수 있는 사람은 극히 적다. 1954년에 박물관은『아라비아의 새Birds of Arabia』를 비롯한 학술적 업적을 남긴 리처드 마이너츠하겐이 헌신적으로 수집한 훌륭한 조류학鳥類學 표본을 확보했다. 마이너츠하겐은 몇 년 동안 거의 매일 박물관을 찾아와 자신의 책이나 글을 쓰고자 필기를 해가던 충실한 관람자였다. 도착한 상자를 지렛대로 열고 내용물을 살펴본 박물관의 관리자는 깜짝 놀랐다. 엄청나게 많은 표본에 박물관의 표식이 붙어 있었다. 마이너츠하겐은 몇 년에 걸쳐서 박물관의 표본을 가져갔던 것으로 밝혀졌다. 날씨가 더울 때에도 큰 오버코트를 입고 왔던 이유도 밝혀졌다.

몇 년 후에는 연체동물실을 정기적으로 찾아오던 점잖은 노인이 값비싼 바다 조개껍데기를 자신의 보행 보조기 다리 속에 감추다가 적발이 되었다. 그는 "아주 눈에 띄는 신사"였다고 한다.

"이곳에 있는 것 중에서 어디에 사는 누구라도 탐내지 않을 것은 하나도 없을 것입니다." 조금도 지루하지 않은 박물관의 감추어진 세계를 소개해주던 리처드 포티가 진지하게 던진 말이었다. 우리는 큰 탁자에 앉은 사람들이 절지동물이나 야자 잎이나 누렇게 변한 뼈를 열심히 살펴보고 있는 여러 방을 돌아보았다. 영원히 끝나지 않을 것이며 절대 서둘러서도 안 되는 거대한 노력에 참여하고 있는 사람들의 침착한 분위기를 어느 곳에서나 느낄 수 있었다. 인도양을 탐사했던 존 머리 탐사단의 탐사가 끝나고 44년이 지난 1967년이 되어서야 박물관이 보고서를 발간했다는 이야기를 읽은 적이 있었다. 이곳은 모든 것이 저마다의 속도로 움직이는 세상이었다. 포티가 학자처럼 보이는 노인과 친절하고 반갑게 이야기를 나누었던 작은 승강기가 올라가는 속도마저도 마치 퇴적물이 쌓이는 속도처럼 느렸다.

그 노인과 작별을 한 포티의 말에 의하면, 그는 "42년 동안 성 요한의 풀*이라는 한 가지 식물만 연구한 노면이라는 훌륭한 분"이었다.

"어떻게 한 종의 식물을 연구하면서 42년을 보낼 수가 있습니까?" 내가 물었다.

"굉장하지 않습니까?" 포티도 고개를 끄덕이며 말하고 나서 잠시 생각한 후에 말했다. "그는 정말 꼼꼼한 사람입니다."

승강기의 문이 열리자 벽돌로 막힌 입구가 나타났다. 포티는 혼란스러운 듯이 "이상하군요. 식물과가 여기에 있었는데……"라고 중얼거렸다. 다른 층으로 가서, 뒷계단을 통해서 언젠가 살아 있던 것들을 사랑스러운 듯이 열심히 연구하고 있는 사람들을 지나 겨우 식물과를 찾아낼 수 있었다. 그곳에서 나는 우리가 흔히 이끼라고 부르는 선태류蘚苔類의 조용한 세계와 렌 엘리스를 소개받았다.

나무의 북쪽 면을 더 좋아한다는 사실을 시적으로 표현한 에머슨이 묘사했던 것("숲속의 나무에 붙어 있는 이끼는 / 어두운 밤의 북극성")은 사실 지의류였다. 19세기까지는 이끼류와 지의류를 구분하지 못했다. 진짜 이끼는 아무 곳에서나 자라기 때문에 자연의 나침반으로는 쓸모가 없다. 사실 이끼류는 쓸모가 있는 경우가 거의 없다. "그렇게 흔한 식물군 중에서 이끼류만큼 상업적으로나 경제적으로 쓸모가 없는 식물도 드물 것"이라고 조금은 안타

* 우울증을 비롯한 여러 질병 치료에 쓰이던 약초로 서양 고추나물이라고도 한다.

깝게 표현했던 헨리 S. 코너드가 1956년에 발간한『이끼류와 태류에 대하여 *How to Know the Mosses and Liverworts*』라는 책은 지금도 여러 도서관에서 이끼류를 일반적으로 소개하는 거의 유일한 책이다. 그러나 이끼류는 번성한다. 지의류를 제외하더라도, 선태류는 2만5,000종이 기록되어 있다. 습하고 온화한 기후 덕분에 영국은 선태류에 적절한 곳이다. 작은 면적에도 불구하고, 영국에는 인상적인 규모인 1,098종의 선태류가 서식한다.†

"정말 다양한 종은 열대에 있습니다." 우리가 처음 만났을 때 렌 엘리스가 말했다. "말레이시아의 우림에 가보면 비교적 쉽게 새로운 종을 찾아낼 수 있습니다. 저도 얼마 전에 찾았고요. 아래를 내려다보니 한 번도 기록된 적이 없는 새로운 종이 있었답니다."

"그러니까 우리는 아직도 얼마나 많은 종이 살고 있는지 모르는군요?"

"그럼요. 전혀 모른답니다."

조용하고 호리호리한 렌은 오랜 연구 활동을 통해서 여러 새로운 종과 하나의 새로운 속을 발견했다. 그는 2024년 자연사 박물관에서 은퇴했다. 박물관에서 처음 일을 시작하고 정확하게 50년 2주일 만이었다. 우리가 다시 만났던 2025년 초에 나는 그에게 그것이 박물관의 최장 근속 기록인지를 물어보았다. 그는 즉시 대답했다. "아니요. 저보다 나이도 많고 더 오래 근무했던 사람도 있습니다." 엘리스 자신도 여전히 1주일에 이틀씩 출근해서 주로 해외의 학예사가 보낸 이끼를 식별하는 일을 돕는다.

평생을 바쳐서 분명히 하찮은 것을 연구하는 사람이 많지는 않을 것이라고 생각하겠지만, 사실은 이끼류를 연구하는 사람이 수백 명이나 되고 그들은 자신들이 연구하는 대상을 매우 소중하게 여긴다.

---

† 언제나 그런 것은 아니지만 일반적으로 선태류의 범주에는 우산이끼류와 훨씬 더 귀한 뿔이끼류도 포함된다. 영국 이끼류학회에 따르면, 전 세계적으로 2만 종의 이끼류, 5,000종의 우산이끼류, 그리고 다소 모호하지만 "약 150종"의 뿔이끼류가 서식하고 있다. 이 모든 것의 공통된 특징은 뿌리가 없다는 것이고, 그래서 이들은 영양분을 밑에서 빨아올리는 대신 작은 잎을 통해서 직접 흡수한다. 비슷한 생활 양식을 빼고 나면, 세 종류는 밀접한 관계가 없다.

우리가 처음 만났던 2003년에 엘리스가 말해주었다. "물론입니다. 그들의 학술회의에서는 열띤 토론이 벌어지기도 한답니다."

그에게 논쟁이 되는 예를 들어달라고 했다.

"글쎄요. 미국의 한 시골 사람이 우리를 괴롭히고 있는 것이 하나 있습니다." 그는 가벼운 미소를 지으면서, 이끼류의 그림이 가득한 두꺼운 책을 펼쳐서 보여주었다. 전문가가 아닌 사람의 눈에 그 그림의 가장 두드러진 특징은 서로 구별할 수 없을 정도로 모두가 비슷하다는 점이었다. 그는 이끼 하나를 손가락으로 가리키면서 말했다. "이것은 드레파노클라두스라는 하나의 속으로 분류되었습니다. 그런데 이제는 드레파노클라두스, 왐스토르피아, 하마타쿨리스의 셋으로 분류되고 있습니다."

"그것이 큰일입니까?" 약간은 희망적으로 물었다.

"글쎄요. 그렇게 하는 것도 의미는 있습니다. 분명히 그렇지요. 그러나 표본을 다시 분류하려면 많은 작업이 필요하고, 많은 책도 한동안 쓸모없어집니다. 그래서 짐작하시겠지만 약간의 불평이 있습니다."

이끼류에는 미스터리도 있다고 그가 말해주었다. 이끼류 전문가에게만 잘 알려진 1883년의 일에 대한 이야기이다. 로버트 브레이스웨이트라는 유명한 이끼류학자가 태양과 지구와 다른 행성의 질량을 결정하는 일에 결정적인 역할을 했던 스코틀랜드의 유명한 시할리온 산(제4장 참조)의 비탈에서 홀로 장엄하게 자라는 트레모토돈 암비구스라는 이끼를 발견했다. 그가 보존한 표본은 오늘날 자연사 박물관의 소장품이 되었지만, 트레모토돈 암비구스는 시할리온 산은 물론, 영국의 다른 곳에서도 다시 발견된 적이 없다. 마찬가지로 19세기에 캘리포니아 주에 있는 스탠퍼드 대학교의 캠퍼스에서 처음 발견되었던 히오필라 스탄포르덴시스라는 이끼는 1961년에 콘월의 오솔길 옆에서 자라고 있는 것이 발견되었지만, 그 사이에는 어디에서도 발견된 적이 없었다(그후에는 영국의 다른 곳에서 발견되었다). "이제 그것은 헨네디엘라 스탄포르덴시스로 재분류됩니다." 렌이 나에게 말했다. "재분류의 또다른 예이지요."

트레모토돈 암비구스와 헨네디엘라 스탄포르덴시스가 전혀 다른 곳에서 발견되었으나, 그 중간 지역에서는 발견되지 않았던 이유는 아무도 모른다. 그들이 일부 지역을 충분히 자세하게 살펴보지 않았기 때문이라는 것이 옹색한 변명이 될 수도 있다. 아무리 분별력이 있는 전문가라고 하더라도 이끼류를 찾아내는 일은 쉽지 않고, 가까운 종을 구별하는 일은 더욱 어렵다는 것이 진실이다.

오늘날 자연사 박물관의 이끼학 부서는 친절하고 열정적인 조 윌브러햄이 운영하며, 조류, 지의류, 해조류를 포함해 모두 200만 점의 표본을 관리한다. 그녀에 따르면, 이 모든 영역에서 지난 20년간 일어났던 큰 변화는 식물 유전학의 발전이었다. 식물도 나머지 우리와 마찬가지로 DNA를 가지고 있고, 그것을 추출해서 연구하면 맨눈으로는 물론 강력한 현미경으로도 볼 수 없는 특징을 찾아낼 수 있다. 그녀는 "유전학이 우리에게 완전히 다른 조사와 분류의 도구를 제공하고 있습니다"라고 했다. 그녀는 영국 제도를 비롯하여 지역의 습기가 많은 강둑에서 흔하게 발견되는 코노케팔룸 코니쿰이라는 우산이끼를 예로 들었다. "극히 최근까지도 이 이끼는 하나의 종으로 알려져 있었지만, 분자 데이터에 따르면 그것은 실제로 여러 종이었습니다. 상당히 놀라운 사실이었습니다."

영국에서 이끼 채집의 황금기는 수많은 헌신적인 채집가들이 (종종 말 그대로) 땅바닥을 기어다녔던 19세기였다. 초기의 지질학자들과 마찬가지로 그들은 거의 대부분 아마추어였고, 각계각층의 사람들이었다. 가장 열정적이고 가장 생산적인 채집가 중에는 약국을 운영하던 윌리엄 홈스 버렐, 우산 제작자였던 윌리엄 가드너, 교도소장이었던 윌리엄 필립스 해밀턴, 야머스의 시장이었던 윌리엄 폴그레이브, 청각장애 아동의 교사이면서 유명한 야외활동가였던 휴 딕슨(그는 여든 살 생일에 레이크 디스트릭트의 스키도 산을 등정했다), 그리고 여기에 열거할 수 없을 정도로 많은 사제와 교구 목사들이 있었다. 특히 주목할 만한 사람으로는 남성 중심의 이끼학계에 들어가기 위해서 치열하게 싸워야 했지만 헤리퍼드셔와 해외에서 여러 가지 중요한 발견을 했고, 영국 총리 중에서 유일하게 암살당한 스펜서 버시벌의 증손녀였으며 바지를 입은 여성으로 알려졌던 엘리노러 아미티지가 있었다.

그들과 그들을 닮은 수많은 이들의 노력 덕분에 자연사 박물관의 이끼류 표본 소장품은 세계에서 가장 완벽한 것으로 평가받는다. 80만 종의 표본은 모두 두꺼운 종이 사이에 압축되어 있다. 아주 오래되어서 빅토리아 시대의 글씨가 적혀 있는 것도 있다. 빅토리아 시대의 위대한 식물학자였고, 브라운 운동과 세포핵을 찾아냈으며, 박물관이 처음 설립된 1837년부터 식물과를 신설하여 1858년에 사망할 때까지 관리했던 로버트 브라운의 손때가 묻은 표본도 있을 것이 분명하다. 표본들은 윤택이 나는 오래된 마호가니 캐비닛에 보관되어 있다. 캐비닛이 너무 훌륭해서 감탄을 금할 수 없었다.

"그 캐비닛은 소호 광장에 있던 조지프 뱅크스 경 댁에서 가져온 것입니다." 엘리스는 마치 이케아 가구점에서 최근에 구입한 것인 양 태연하게 알려주었다. "캐비닛은 인데버 항해에서 가져온 표본을 보관하기 위해서 만든 것이었습니다." 그는 오랜만에 캐비닛을 다시 본 것처럼 신중하게 살펴보았다. "이 캐비닛이 어떻게 이끼학실에 오게 되었는지는 모르겠네요."

그것은 흥미로운 사실이었다. 조지프 뱅크스는 영국의 가장 위대한 식물학자였고, 쿡 선장이 이끌었던 인데버 항해는 1769년에 금성이 태양을 통과하는 모습을 관측했으며 오스트레일리아를 영국령으로 삼는 등의 훌륭한 업적을 남기기도 했지만, 동시에 역사상 가장 훌륭한 식물 탐사이기도 했다. 뱅크스는 3년에 걸친 세계 탐험에 자신에 더해서 박물학자 1명과 비서 1명과 3명의 화가와 4명의 하인으로 구성된 9명이 참여하는 조건으로 오늘날의 화폐로 약 60만 파운드에 해당하는 1만 파운드를 지불했다. 허풍쟁이였던 쿡 선장이 그렇게 온화하고 귀족적인 집단을 어떻게 생각했는지는 아무도 모르지만, 어쨌든 그도 뱅크스를 아주 좋아했고 후세 사람들과 마찬가지로 식물학에 대한 그의 재능에 감탄했다.[†]

식물학자가 그렇게 훌륭한 성과를 거두었던 것은 전무후무한 일이었다. 항해 도중에 티에라 델 푸에고, 타히티 섬, 뉴질랜드, 오스트레일리아, 뉴기니 섬처럼 전혀 알려지지 않았던 새로운 지방을 방문한 덕분이기도 했지만, 무엇보다는 뱅크스가 빈틈없고 재력 있는 수집가였기 때문이다. 검역 때문에 리우데자네이루에는 상륙할 수 없었는데도 배에 태운 가축에게 먹이려고 실었던 사료에서 새로운 식물을 찾아내기도 했다. 아무것도 그의 눈을 비켜 갈 수는 없었던 모양이다. 그는 모두 합쳐서 3만 점의 식물 표본을 가져왔고, 그중에서 1,400점은 처음 발견된 것이었다. 그 결과 세상에 알려진 식물의 종류는 약 25퍼센트 정도 증가했다.

그러나 뱅크스의 그런 훌륭한 소득도 터무니없이 많은 것을 끌어모으던 시대의 전체 소득에 비하면 일부에 지나지 않았다. 18세기에는 식물 표본을 수집하는 일이 전 세계적인 광기처럼 되어버렸다. 새로운 종을 찾아낸 사람에게는 영광과 부富가 기다리고 있었고, 새로운 식물을 보고 싶어하는 사람을 만족시키기 위해서 식물학자와 탐험가는 상상도 하지 못할 정도의 모험을 감수했다. 캐스파 위스타*의 이름을 따서 등나무wisteria라는 이름을 붙인 토머스 너틀은 아무런 교육도 받지 않은 인쇄공으로 미국에 왔지만, 식물에 매력을 느끼고는 미국의 절반을 도보로 왕복하며 전에는 본 적도 없었던 수백 종의 식물 표본을 채집했다. 프레이저 전나무에 이름을 남긴 존 프레이저는 예카테리나 여제를 위해서 몇 년 동안 미개지에서 식물을 채집했다. 그가 마침내 일을 끝내고 돌아왔을 때, 새로 등극한 러시아의 차르는 그를 미친 사람으로 여겨서 계약 이행을 거부했다. 프레이저는 모든 수집품을 영국

[†] 뱅크스의 기준으로 그것은 오히려 상당히 절제된 결정이었다. 훗날 아이슬란드로 떠난 훨씬 더 짧은 항해에서 그는 개인 요리사와 2명의 호른 연주자를 포함해서 17명의 하인을 데려갔다. 또다른 항해에는 애인을 남성 조수로 변장시켜서 배에 몰래 태우려고 했다가 실패했다.

* 18세기 말에 필라델피아에서 활동하던 해부학자.

의 첼시로 가져와 종묘장을 열어서 진달래, 철쭉, 목련, 양담쟁이, 과꽃을 비롯한 식민지의 이국적인 식물로 영국의 상류층을 즐겁게 해주며 부유한 삶을 누렸다. 더글러스 전나무를 발견한 데이비드 더글러스는 그렇게 운이 좋지 않았다. 그는 1834년 하와이에서 표본 채집 탐사를 하던 중 야생 황소를 잡으려고 파놓은 구덩이에 빠져 사망했다. 불행하게도 그 구덩이에 이미 빠져 있던 황소가 그를 들이받는 바람에 목숨을 잃었다.

제대로 찾기만 하면 엄청난 돈을 벌 수 있었다. 아마추어 식물학자인 존 라이언은 2년 동안 힘들고 위험한 채집 생활의 결과로 오늘날의 금액으로 거의 12만5,000파운드에 가까운 돈을 벌었다. 그러나 단순히 식물을 좋아해서 그런 일을 했던 사람도 많았다. 너틀은 자신이 발견한 거의 모든 것을 리버풀 식물원에 기증했다. 그는 하버드의 식물원 원장이 되었고, 『북아메리카 식물의 종류*Genera of North American Plants*』라는 백과사전을 남기기도 했다(이 책의 편집도 그가 직접 맡았다).

식물만 보더라도 그랬다. 신세계에는 그밖에도 캥거루, 키위, 너구리, 살쾡이, 모기를 비롯해서 상상을 넘어서는 이상한 모양의 생물이 있었다. 지구에 살고 있는 생물의 종류는 무한한 것처럼 보였다. 조너선 스위프트는 이렇게 표현했다.

박물학자가 벼룩 한 마리를 찾아냈다.
그 벼룩 위에는 더 작은 벼룩들이 피를 빨아 먹고 있었다.
그리고 그보다도 더 작은 벼룩이 붙어 있었다.
그렇게 무한히 계속되었다.

새로운 정보를 모두 기록하고 분류한 후에는 이미 알려진 것과 비교를 해야 했다. 실용적인 분류체계가 절실하게 필요했다. 다행히도 한 스웨덴 사람이 그런 방법을 준비하고 있었다.

그의 이름은 칼 린네였고, 후에는 허가를 받아서 보다 귀족적인 폰 린네로 이름을 바꿨는데, 오늘날은 라틴식인 카롤루스 린나이우스로 기억되기도 한다. 그는 1707년에 스웨덴 남부의 로스홀트라는 마을에서 가난하지만 야망을 품었던 루터교 목사의 아들로 태어났다. 그는 아주 게으른 학생이어서 화가 난 그의 아버지가 그를 구두 수선공의 도제로 보내버렸다(그렇게 하려고 했을 뿐이라는 기록도 있다). 가죽에 못질을 하면서 평생을 보내게 될지도 모른다는 사실에 질려버린 어린 린네는 아버지에게 다시 한번 기회를 달라고 간청했고, 그후로는 우등상을 한 번도 놓치지 않았다. 그는 스웨덴과 네덜란드에서 의학을 공부했지만, 자연세계에 더 많은 관심이 있었다. 1730년대 초에 20대였던 그는 자신이 고안한 분류체계를 이용해서 세계의 식물과 동물을 분류한 목록을 발표하기 시작해서 점차 명성을 얻었다.

자신의 위대함에 만족하는 사람은 그렇게 많지 않다. 그러나 그는 시간이 날 때마다 자신의 위대함을 찬양하는 긴 글을 썼다. 그는 "역사상 더 훌륭한 식물학자나 동물학자는 없었다"고 선언했고, 그의 분류법은 "과학에서 가장 위대한 업적"이라고 주장했다. 자신의 묘비에 "식물학의 왕자"라는 뜻으로 프린케프스 보타니코룸Princeps Botanicorum이라고 새겨줄 것을 요구하기도 했다. 그의 자신감에 거부감을 표현하는 것은 어리석은 일이었다. 그런 사람들은 훗날 자신의 이름이 잡초에 붙었다는 사실을 발견하게 되었다. 그는 직접 현장에 나가는 대신에 학생들을 보내서 표본을 수집하도록 했다. 표본 수집은 위험한 일이었다. 린네의 전기 작가 군나르 브로베리에 따르면, 그들 중 최대 3분의 1은 다시 돌아오지 못했다.

린네의 놀라운 사실 중 하나는 끊임없이, 때로는 열병처럼 성性에 집착했다는 것이다. 그는 특히 일부 쌍각 조개류와 여성 외음부의 유사성에 집착했다. 그래서 대합 조개류의 일부에 불바vulva(외음부), 라비아labia(음순), 푸베스pubes(음부), 아누스anus(항문), 히멘hymen(처녀막)과 같은 이름을 붙이기도 했다. 그는 식물을 생식기의 특징에 따라 분류한 후에 놀라울 정도로 의 인화된 호색적인 이름을 붙였다. 그가 남긴 식물과 그 거동에 대한 설명에는 "난교성 성교", "불임의 첩", "신부의 침대"와 같은 표현을 쉽게 찾아볼 수 있다. 그가 봄에 관해서 설명한 글은 널리 알려져 있다.

식물에게도 사랑이 찾아온다. 수컷과 암컷이……혼인식을 하면서……자신들의 성기 중에서 수컷의 것과 암컷의 것을 보여준다. 꽃잎은 조물주가 영광스럽게 만들어준 신부의 침대로 쓰인다. 고상한 침대 커튼으로 치장되고, 여러 가지 부드러운 향수로 가득 찬 침대에서 신랑과 신부는 더욱 장엄하게 자신들의 혼례식을 거행한다. 침대가 완성되면 신랑이 그의 사랑스러운 신부를 포옹하고 자신을 그녀에게 바칠 시간을 맞이한다.

그는 식물의 한 속에 클리토리아Clitoria(음핵)라는 이름을 붙이기도 했다. 많은 사람들이 그를 이상하게 생각했던 것은 당연했다. 그렇지만 그의 분류체계는 거부할 수가 없었다. 린네 이전에는 식물의 이름들이 놀라울 정도로 서술적이었다. 흔히 볼 수 있는 땅꽈리는 피살리스 암노 라모시시메 라미스 앙굴로시스 글라브리스 폴리스 덴토세라티스라고 불렸다. 린네는 그 이름을 피살리스 앙굴라타라고 줄였고, 지금도 그 이름이 쓰이고 있다. 식물의 세계는 일관성 없는 이름 때문에 무질서했다. 식물학자들은 로사 실베스트리스 알바 쿰 루보레 또는 폴리오 글라브로가 다른 사람들이 로사 실베스트리스 이노도라 세우 카니나라고 부르는 식물과 같은 것인지를 쉽게 확신할 수가 없었다. 린네는 그런 수수께끼를 로사 카니나(들장미)라는 이름으로 해결해버렸다. 이름을 누구에게나 유용하고 누구나 동의할 수 있도록 간단하게 줄이려면 단순한 결단력을 넘어 종의 두드러진 특징을 알아내는 천재적인 직관이 필요했다.

린네 분류법은 너무 일반화되어서 이제는 다른 분류법이 있다는 사실을 짐작하기도 어렵다. 린네 이전의 분류법은 변덕이 아주 심했다. 동물은 야생인가 가축인가, 육상 동물인가 해양 동물인가, 몸집이 큰가 작은가, 심지어는 멋있고 고상하게 생겼는가 아니면 평범하게 생겼는가에 따라서 분류되기도 했다. 뷔퐁 백작은 인간에게 얼마나 유용한지에 따라서 동물을 분류했다. 해부학적인 고려는 거의 없었다. 린네는 살아 있는 모든 것을 육체적인 특징에 따라 분류함으로써 분류학의 결점을 보완하는 것을 평생의 과업로 삼았다. 분류의 과학인 분류학에서는 절대 과거를 돌아보지 않는다.

물론 그런 모든 일에는 시간이 필요했다. 1735년에 발간된 그의 걸작 『자연의 체계*Systema Naturae*』 초판은 14쪽에 불과했다. 그러나 그 부피는 점점 늘어나서, 린네의 생전에 마지막으로 출간된 20판은 무려 세 권으로 2,300쪽에 이르렀다. 결국 그는 1만3,000종의 식물과 동물에 이름을 붙이거나 기록을 했다. 다른 책은 더욱 포괄적이었다. 한 세대 전에 영국에서 발간된, 세 권으로 된 존 레이의 『식물의 일반 역사*Historia Generalis Plantarum*』에는 식물만 1만8,625종이 수록되어 있었다. 그러나 다른 사람들이 흉내조차 낼 수 없었던 린네의 특징은 일관성, 질서, 단순성 그리고 시의적절함이었다. 그의 작업은 1730년대부터 시작되었지만, 영국에 널리 알려지게 된 것은 1760년대부터였고, 그때부터 린네는 영국 박물학자들의 아버지와 같은 인물이 되었다. 영국보다 그의 분류법을 더 열정적으로 받아들인 나라는 없었다(그래서 린네 학회가 스톡홀름이 아니라 런던에 본부를 두게 되었다).

린네라고 해서 결점이 없지는 않았다. 그는 선원들이나 상상력이 풍부한 여행자들에게서 들은 허풍을 따라서 신비의 괴물이나 "괴물 같은 인간"에도 이름을 붙였다. 네 발로 걸어다니고 언어를 배우지 못한 야생의 인간을 호모 페루스라고 했고, "꼬리가 달린 인간"은 호모 카우다투스라고 했던 것이 그런 예였다. 당시는 사람들이 남의 말에 잘 속아 넘어가던 때였음을 잊지 말아야 한다. 심지어 위대한 조지프 뱅크스마저 18세기 말에 스코틀랜드 해안에서 여러 차례 관찰되었다는 인어 이야기에 깊은 관심을 가졌다. 그러나 린네의 결점은 대부분 완전하고 훌륭한 분류법으로 상쇄되었다. 그의 여러 업적 중에는 고래를 소나 쥐를 비롯한 일반적인 육상동물과 함께 쿼드루페디 아목(후에 포유강으로 바뀌었다)에 속하도록 분류했던 것도 포함된다. 그전에는 누구도 그렇게 분류하지 않았다.

당초 린네는 각 식물에 속屬 이름을 붙이고, 나팔꽃속 1과 나팔꽃속 2처럼 번호를 붙이려고 했었다. 그러나 그는 곧 그런 방법이 만족스럽지 못하다는 사실을 깨닫고, 오늘날까지 널리 쓰이는 이명식二名式 분류체계를 고안했다. 원래는 암석, 광물질, 질병, 바람을 비롯해서 자연에 존재하는 것이라면 무엇에든 이명식 이름을 붙이려고 했다. 그러나 모든 사람들이 그런 명명법을 환영하지는 않았다. 린네 명명법이 지나치게 저속하다며 반대하는 사람도 있었다. 그러나 사실 그 이전에 쓰던 식물이나 동물의 이름 중에도 정말 천박한 것이 많았다. 이뇨 효과가 있다고 알려진 민들레를 "오줌싸개pissabed"라고 불렀고, 암말의 방귀, 발가벗은 여자, 불알 잡아채기, 사냥개 오줌, 열린 항문 등의 이름도 일상적으로 쓰였다. 그런 통속적인 이름들 중에는 지금까지 남아 있는 것도 있다. 예를 들면, "maidenhair"는 처녀의 머리카락이 아니라 공작 고사리를 일컫는다. 어쨌든 고전적인 이름을 사용하는 것이 자연과학의 품위를 높이는 방법이라고 믿어왔던 사람들은 식물학의 아버지라고 자칭하는 사람이 앞장서서 클리토리아, 포르니카타, 불바와 같은 저속한 이름으로 책을 더럽힌다며 상당히 불쾌했을 것이다.

시간이 지나면서 그런 문제들은 조용히 해결되었고(모두 해결되지는 않았다. 흔히 볼 수 있는 짚신고둥은 여전히 공식적으로 크레피둘라 포르니카타*라고 부른다), 자연과학이 더욱 전문화되면서 많은 부분이 개선되기도 했다. 특히 더 많은 분류체계가 도입되어 보강되었다. 속屬, genus과 종種, species의 분류법은 린네보다 100년 전에 활동한 자연학자들이 이미 사용하고 있었고, 생물학적인 의미에서 목目, order, 강綱, class, 과科, family는 모두

---

* "사창가의 작은 신발"이라는 뜻.

1750년대와 1760년대부터 사용되기 시작했다. 그러나 문門, phylum은 1876년에 독일의 에른스트 헤켈에 의해서 처음 쓰이기 시작했고, 20세기 초까지만 하더라도 '과'와 '목'은 서로 바꾸어 쓰이기도 했다. 한동안 동물학자들의 과가 식물학자들의 목에 해당하는 용도로 사용되어 많은 사람에게 혼란을 주기도 했다.†

린네는 동물을 포유류, 파충류, 조류, 어류, 곤충류 그리고 여기에 속하지 않는 벌레를 뜻하는 "연형동물蠕形動物"의 여섯 부류로 나누었다. 가재와 새우를 모두 벌레로 분류하는 방법이 처음부터 만족스럽지 못했던 것은 확실했다. 그래서 연체류와 갑각류 등의 다양한 분류가 만들어졌다. 그러나 애석하게도 그런 새로운 분류가 모든 나라에서 공통적으로 사용되지는 않았다. 영국은 그런 문제를 해결하기 위해서 1842년에 스트리클런드 규약이라는 새로운 규칙을 선언했지만, 프랑스는 그 선언이 영국의 오만함에서 비롯되었다고 여겼다. 그래서 프랑스 동물학회는 상충하는 다른 규약을 발표해버렸다. 한편 미국 조류학회는 알 수 없는 이유로 당시 널리 쓰이던 1766년판 『자연의 체계』 대신 1758년판을 근거로 이름을 정하기로 결정했다. 따라서 19세기 동안에 미국의 새는 유럽과는 다른 속屬으로 분류되었다. 국제동물대회가 처음으로 열린 1902년부터 박물학자들은 점차 합의의 정신을 발휘하여 통일된 규약을 받아들이기 시작했다.

분류학은 과학으로 취급되기도 하고 예술로 취급되기도 하지만, 사실은 전쟁터이다. 분류체계는 지금까지도 사람들이 상상하는 것보다 훨씬 더 무질서한 상태로 남아 있다. 모든 생물의 기본적인 체형을 구분하는 문의 경우

---

† 일례로, 인간은 진핵생물(eucarya) 중에서 동물계(animalia)에 속하는 척삭동물문(chordata)의 척추동물아문(vertebrata)의 포유강(mammalia)의 영장목(primates)의 호미니드과(hominidae)의 호모속(*Homo*)의 사피엔스(*sapiens*)로 분류된다(속과 종의 이름은 이탤릭체로, 그 위의 분류는 보통 글자로 쓰는 것이 관행이라고 한다). 일부 분류학자들은 더 세분해서 족(族, tribe), 아목(亞目, suborder), 하문(下門, infraorder), 소목(小目, parvorder) 등을 쓰기도 한다.

를 보더라도 그렇다. (조개와 달팽이를 비롯한) 연체동물이나 (곤충이나 갑각류가 속한) 절지동물, (등뼈나 원시 등뼈를 가진 모든 동물이 속한) 척삭동물과 같은 문은 일반적으로 잘 알려져 있지만, 그밖의 분류는 매우 애매하다. 갯지렁이를 뜻하는 악구동물顎口動物, 해파리, 말미잘, 산호를 비롯한 자포동물刺胞動物, 작은 "음경 지렁이"라고도 부르는 새예동물鰓曳動物과 같은 것이 그런 예이다. 우리에게 익숙하든 익숙하지 않든 간에 이것이 가장 기본적인 구분이다. 그렇지만 몇 개의 문이 있어야 하는지에 대해서는 합의가 이루어지지 않았다. 대부분의 생물학자는 그 수가 대략 30개 정도라고 주장하지만, 일부는 20개 남짓이라고 하고, 에드워드 O. 윌슨은 『생명의 다양성*The Diversity of Life*』에서 놀랍게도 89개의 문이 있다고 주장했다. 그 수는 생물학계에서 쓰는 말로 "통합파"인가 아니면 "세분파"인가에 따라서 크게 달라진다.

평범한 수준의 종에 대해서는 이견의 가능성이 더 커진다. 식물학자가 아니라면 벼목에 속하는 풀을 아이길로프스 인쿠르바, 아이길로프스 인쿠르바타, 아이길로프스 오바타 중에서 어느 이름으로 부르든지 아무 상관이 없지만, 전문가에게는 열띤 논쟁의 대상이 된다. 문제는 지구에 5,000여 종의 풀이 있고, 그 대부분은 전문가의 입장에서도 아주 비슷해 보인다는 점이다. 결국 어떤 종은 적어도 20차례 이상 발견되어 새로운 이름이 붙여지기도 했고, 독립적으로 적어도 2번 이상 확인된 적이 없었던 것은 찾아보기 어렵다. 두 권으로 된 『미국 초본 편람*Manual of the Grasses of the United States*』(1951년에 마지막으로 개정되었지만, 놀랍게도 여전히 표준 참고서로 간주된다)에서는 생물학계에서 고의 없이 중복된 동명종同名種의 이름들을 정리하는 데에 200여 쪽에 달하는 분량을 할애했다. 그것은 단 한 나라의 초본에 대한 사례일 뿐이다.

문제의 핵심은 과학자들이 지금도 종의 정확한 정의에 대해 합의에 이르지 못했다는 것이다. 한 통계에 따르면, 생물학자들은 종의 정의에 대해서 적어도 16가지의 서로 다른 방법론을 채택한다. 어디에서부터 생물이 아종에서 벗어나 독립된 종이 되는지를 결정하는 것은 과학적 정확성만큼이나 선호와 편견의 문제이기도 하다. 감마루스 포사룸이라는 민물 새우는 32종의 개별 종으로 구성되기도 하고, 방법에 따라 최대 152종으로 분류되기도 한다.

국제적인 수준에서 문제를 해결하기 위해서 국제식물분류협회가 우선권과 중복의 문제를 중재하고 있다. 가끔은 협회가 결정을 내리기도 한다. 그래서 돌로 만들어진 정원에서 흔히 볼 수 있는 바늘꽃을 자우스크네리아 칼리포르니카가 아니라 에필로비움 카눔이라고 불러야 한다거나, 비단풀과의 아글라오탐니온 텐비시뭄이 아글라오탐니온 비소이데스와는 동종이지만, 아글라오탐니온 프세우도비소이데스와는 동종이 아니라고 밝혀준다. 대부분 아무도 신경을 쓰지 않는 사소한 문제이지만, 사람들이 좋아하는 정원 식물의 경우에는 가끔 불만의 소리가 터져 나오기도 한다. 1980년대 말에는 흔히 볼 수 있던 국화(크리산테뭄)를 같은 이름을 가진 속에서 빼내서, 아주 단조롭고 잘 맞지도 않는 덴드라테마라는 이름을 붙여버렸다.

자긍심이 높았고, 그 수도 많았던 국화 재배 전문가들은 거창한 이름을 가진 현화식물 위원회에 항의했다(현화식물 위원회 외에도 양치류, 선태류, 균류를 담당하는 위원회도 있으며, 이 위원회들은 모두 서기장Rapporteur-Général에게 보고하도록 되어 있다). 명명법은 엄격하게 적용되어야 하지만, 식물학자가 모두 일반인의 정서에 관심이 없는 것은 아니었다. 그래서 1995년에 그 결정은 번복되었다. 비슷한 판결 덕분에 피튜니아, 사철나무 그리고 널리 알려진 아마릴리스의 한 종이 그 이름을 지킬 수 있었다. 그러나 몇 년 전에는 제라늄에 속했던 여러 종이 많은 불평에도 불구하고 펠라르고니움 속으로 그 소속이 바뀌었다. 당시의 논란에 대한 이야기는 찰스 엘리엇의 책 『화분 창고 이야기The Potting-Shed Papers』에 잘 소개되어 있다.

모든 생물의 경우에 그런 논란과 재분류가 이루어지고 있기 때문에 생물종의 전체 수를 파악하는 일은 생각처럼 간단하지 않다. 그 결과 우리는 지구에 살고 있는 생물의 수에 대해서 전혀 알 수가 없다. 에드워드 O. 윌슨의 표현에 따르면, "자릿수마저도 알 수가 없다." 추정의 범위가 300만에서 2억 종에 이른다. 그리고 그것은 복잡한 다세포 생물의 경우일 뿐이다. 미생물의 경우에는 종의 수가 적어도 수억 종이나 되고, 어쩌면 수조 종에 이를 수도 있지만, 이것도 역시 추정일 뿐이다.

중앙에서 관리하는 정보 등록 체계가 없기 때문에 "새로운" 종이 정말 새로운 것인지, 아니면 단순히 다른 이름이나 미확인의 상태로 어느 표본 보관소에 (말하자면) 숨어 있는 것인지를 확인하는 데에 몇 년이 걸릴 수도 있다. 2020년에 22명의 학자들이 분석한 결과에 따르면, 전 세계적으로 대략 30억 점의 생물 표본이 박물관이나 기타 수집 기관에 보관되어 있지만, 대부분은 공식적으로 확인되지 않았으며 앞으로의 연구를 위해서 수집되어 보관하고 있을 뿐이다. 「네이처」에 따르면, 새로운 종의 발견과 그에 대한 과학적 설명 사이의 "지연 시간"이 평균 21년이며, 한 세기 이상 방치된 후에야 비로소 자세하게 관찰되는 경우도 드물지 않다.

우리가 그 존재를 알고 있는 생물 100종 중에서 99종에 대해서는 단편적인 지식만 가지고 있을 뿐이다. 윌슨의 표현에 따르면, "과학적인 이름과 박물관에 소장된 몇 점의 표본, 그리고 학술지에 남은 약간의 설명"이 전부이다. 그는 『생명의 다양성』에서 식물, 곤충, 미생물, 조류를 비롯한 모든 형태의 생물 중 알려진 종이 140만 종 정도라고 추산했지만, 그것도 짐작일 뿐이라고 밝혔다. 종의 수가 조금 더 많은 150만에서 180만 정도라고 주장하는 사람도 있기는 하지만, 종의 수를 집중적으로 관리하는 곳이 없기 때문에 그 수를 확인할 방법도 없다. 간단히 말해서 우리는 우리가 무엇을 알고 있는지조차도 알지 못하는 놀라운 처지에 있는 셈이다.

원칙적으로는 각 분야의 전문가를 찾아가서 종의 수를 물어본 후에 그 숫자를 모두 합하면 된다. 실제로 많은 사람이 그런 노력을 해보았다. 그러나 그렇게 얻은 두 결과가 비슷한 경우가 거의 없다는 것이 문제였다. 균류의 수가 7만이라고 주장하는 사람도 있지만, 그보다 절반가량이 더 많은 10만이라고 주장하는 사람도 있다. 이미 확인된 지렁이의 수가 4,000종이라고 자신 있게 말하는 사람도 있지만, 그 수가 1만2,000종이라고 역시 자신 있게 말하는 사람도 있다. 곤충의 경우에는 그 숫자가 75만에서 95만 종에 이르고, 그 숫자가 모두 **알려진** 종의 수라고 한다. 식물의 경우에는 24만8,000에서 26만5,000종이 가장 일반적인 수이다.

가장 정보가 풍부하고 포괄적인 조사로는 런던 큐에 있는 왕립식물원의 「세계 식물 및 균류 현황」이 있다. 2023년 조사에서는 전 세계에 45만 종(그중 40만 종 확인)의 식물과 250만 종(15만5,000종 확인)이 넘는 균류가 존재한다고 결론을 내렸다. 보고서는 "현재 과학자들이 종을 명명하는 속도로 세계의 균류를 기술하려면 750년에서 1,000년이 걸릴 것이다"라고 지적했다. 겉으로는 식물과 균류에 대한 것이지만, 이 보고서는 전 세계에 8만500종의 척추동물(공식적으로 7만4,420종 확인)과 850만 종의 무척추동물(정확하게 146만1,728종 확인)이 존재한다는 유용한 추정도 제시했다. 그중 약 10퍼센트만이 자세하게 연구되었다는 사실은 주목할 만하다.

그러나 당연하게도 또다른 연구는 전혀 다른 수치를 제시해왔다. 노바스코샤 주의 댈하우지 대학교의 연구진은 알려진 데이터를 기반으로 컴퓨터 모델링과 분포 패턴을 이용해서 전 세계에 약 870만 종의 진핵생물이 존재하고(상당히 관대한 오차 범위 130만), 그중 650만 종은 육지에, 220만 종은 바다에 서식한다고 제시했다. 이 연구는 알려져서 분류된 종을 120만으로 추정하는데, 따라서 지표상에 사는 종의 86퍼센트와 바다에 사는 91퍼센트의 종은 여전히 미확인 상태인 셈이다.

문제를 해결하기는 쉽지 않다. 1960년대 초에 오스트레일리아 국립대학교의 콜린 그로브스가 250종이 조금 넘는 영장목의 종을 체계적으로 조사해보았다. 그러나 같은 종이 한 차례 이상, 경우에 따라서는 몇 차례나 중복되어 보고된 경우가 대단히 많았다. 새로운 종을 발견했던 사람들은 그것이 이미 학계에 보고된 종이라는 사실을 몰랐다. 그로브스가 모든 문제를 해결하기까지는 무려 40년이 걸렸다. 대상 동물이 쉽게 구별될 수 있고, 일반적으로 논란의 가능성이 비교적 적은 경우인데도 그랬다.

개체군을 구성하는 개체의 수를 알아내는 일에는 훨씬 더 문제가 많다. 영국의 곤충학자 C. B. 윌리엄스가 1960년 「미국 박물학*The American Naturalist*」에 발표한 논문에서 전 세계 곤충의 개체 수를 1,000경(10^{19}) 마리로 추정한 것이 대표적인 사례였다. 순전히 영국 허트퍼드셔의 농경지 1에이커에서 발견한 곤충의 수에 지표면의 전체 면적을 곱해서 얻은 추정치였다.

윌리엄스는 물론 아마존이나 그린란드의 1에이커당 곤충의 수가 허트퍼드셔에서 발견된 4억 마리와 크게 다를 것이라는 사실을 잘 알고 있었지만, 영국이 열대의 풍요와 사막의 빈곤 사이에서 정확하게 중간에 위치하기 때문에 그것이 합리적인 평균이라고 주장했다. 그는 자신의 추정치가 매우 대략적임을 인정했지만, 60여 년이 지난 오늘날에도 인터넷에 지구상에 존재하는 곤충의 개체 수를 검색하면 가장 신뢰할 수 있는 자료마저도 여전히 10경 마리라는 답이 나온다. 그 추정치는 당시에도 정확하지 않았고 지금은 더욱 부정확하다는 것이 분명하지만, 아무도 확언은 하지 못하고 있다. 지구상에 서식하는 곤충의 수를 정확하게 세는 일이 불가능하기 때문이다.

분류학자들이 전 세계에 몇 명의 분류학자가 활동하고 있는지조차 말해줄 수 없다는 것이 아마도 분류학의 현주소를 잘 보여줄 것이다. 그 수는 전 세계적으로 1만 명 정도로 적을 수도 있고, 4만 명 정도로 많을 수도 있다. 실제로는 아무도 알지 못한다.

"생물종 다양성의 위기가 아니라, 분류학자의 위기입니다." 2002년 가을에 케냐를 방문했을 때 잠깐 만났던, 나이로비의 케냐 국립박물관의 무척추동물 과장인 벨기에 태생의 퀸 메스는 그렇게 한탄했고, 20여 년이 지난 지금도 그런 사정은 여전하다. 그는 아프리카 전체에 전문 분류학자가 없다고 했다. "코트디부아르에 한 분이 계셨지만, 지금은 은퇴하신 것으로 알고 있습니다." 한 사람의 분류학자를 양성하는 데에는 8년에서 10년이 걸리지만, 아프리카에 가고 싶어하는 사람은 아무도 없다. "분류학자들은 진정한 화석"이라고 메스가 덧붙였다. 그 자신도 곧 떠날 예정이라고 했다. 케냐에서 7년을 지낸 후에 재계약이 성사되지 않았다. "재원이 말라버렸습니다."

잡지 「와이어드Wired」의 공동 창간자인 케빈 켈리는 2001년에 분류학의 현대화를 위해서 지구상에 살고 있는 모든 생물종을 찾아내 데이터베이스로 정리하기 위한 전생물종재단을 설립했다. 이 사업의 비용은 13억에서 300억 파운드로 추산된다. 결국 재단은 재원이 고갈되어 6년 후에 파산했다. 생명의 백과사전, 지구 생물 유전체 프로젝트, 생명나무 웹 프로젝트, 위키스피시스Wikispecies를 비롯한 다양한 프로젝트들이 그 공백을 메우려고 노력했지만, 지금까지의 성과는 미미했다. 따라서 우리는 지금도 지구상에 존재하는 생물종의 수를 대략적으로도 파악하지 못하고 있다.

숫자가 말해주듯이 우리가 아직 발견하지 못한 곤충이 아마도 1억 종이나 되고, 우리의 발견 속도가 지금과 같다면, 곤충을 모두 찾아내기까지는 1만 5,000년이 넘게 걸릴 것이다. 나머지 동물종을 찾아내려면 조금 더 오랜 시간이 필요할 것이다.

그렇다면 우리는 왜 그렇게 알고 있는 것이 적을까? 그 이유는 앞으로 찾아내야 할 동물종의 수만큼이나 많겠지만, 중요한 이유 몇 가지를 소개하면 다음과 같다.

대부분의 생물이 매우 작아서 간과하기 쉽다. 현실적으로 이것이 항상 나쁜 것만은 아니다. 만약 한밤중에 기어나와서 피지방과 살비듬으로 향연을 벌이는 200만 마리의 작은 진드기가 침대 매트리스에 살고 있다는 사실을 인식한다면 쉽게 잠들기 어려울 것이다. 베개에도 4만 마리가 살고 있다(진드기들에게 당신의 머리는 기름이 잔뜩 묻은 커다란 사탕 과자에 불과하다). 깨끗한 베갯잇을 사용한다고 해서 달라질 것은 없다. 침대 진드기 크기의 생물에게는 아무리 조밀하게 짜인 섬유의 실이라고 해도 배에서 사용하는 밧줄처럼 보일 뿐이다. 영국 의학 곤충학 센터의 존 몬더 박사의 추정에 따르면, 평균 수명에 해당하는 6년 정도 사용한 베개는 무게의 10퍼센트 정도가 실제로 "벗겨진 피부와 살아 있는 진드기와 죽은 진드기 그리고 진드기의 배설물"이라고 한다(그러나 적어도 베개 속의 진드기는 당신의 것이다. 호텔의 베개는 어떨지 생각해보기 바란다†). 진드기는 아주 오래 전부터 우리와 함께 살아왔지만, 그 존재가 처음 밝혀진 것은 1965년이었다.

우리가 컬러 텔레비전의 시대가 될 때까지도 침대 진드기처럼 우리와 밀접한 생물의 존재를 모르고 있었다면, 작은 세상에서 사는 대부분의 생물에 대해서 우리가 거의 모른다는 사실도 그리 놀랄 일은 아니다. 아무 숲에나 걸어 들어가서 한 줌의 흙을 움켜쥐면, 그 속에는 100억 마리의 박테리아가 살고 있을 것이고, 그중의 대부분은 과학자에게 알려지지 않은 것이다. 그 속에는 100만 마리의 포동포동한 효모, 20만 마리의 머리카락처럼 생긴, 곰팡이라고 부르는 작은 균류, 아메바를 비롯한 1만 마리의 원생동물 그리고 온갖 종류의 담균충, 편형동물, 회충을 비롯해서 미확인 미생물 cryptozoa들이 가득 들어 있을 것이다. 그중의 대부분은 지금까지도 확인되지 않았다.

1980년대에 노르웨이의 과학자 요스테인 곡쇠위르와 비그디스 토르스비크가 베르헌에 있는 실험실 근처의 해변 숲에서 임의로 1그램의 흙을 채취해서 박테리아를 분석해보았다. 두 사람은 그 흙 속에서 표준 자료인 『버지의 세균분류학 편람Bergey's Manual of Systematic Bacteriology』에 수록된 것

---

† 실제로 일부 위생 문제는 과거보다 더 나빠지고 있다. 몬더 박사는 찬물에서 사용하는 세탁기 세제 때문에 진드기가 더욱 번성하게 되었다고 주장한다. 그의 주장에 따르면, "찬물에 빨래를 하면, 진드기가 깨끗하게 세탁될 뿐이다."

보다도 더 많은 4,000-5,000종의 박테리아를 찾아냈다. 그리고 몇 킬로미터 떨어진 해변가에서 채취한 역시 1그램의 흙 속에서 전혀 다른 박테리아 4,000-5,000종을 찾아냈다. 에드워드 O. 윌슨이 관찰했듯이, "노르웨이의 두 곳에서 퍼온 두 주먹의 흙 속에 9,000종이 넘는 미생물이 살고 있다면, 전혀 다른 서식지에서는 얼마나 많은 종이 발견될 것인가?"

적절한 곳을 찾아보지 않았다. 윌슨은 『생명의 다양성』에서 10헥타르 면적의 보르네오 섬의 밀림에서 며칠을 돌아다닌 식물학자가 북아메리카 대륙 전체에 존재하는 것보다 더 많은 1,000여 종의 현화식물을 찾아낸 이야기를 소개했다. 식물은 찾아내기 어렵지 않다. 그저 아무도 그곳을 살펴보지 않았을 뿐이다. 케냐 국립박물관의 퀸 메스는 케냐에서는 산꼭대기 숲이라고 부르는 운무림雲霧林에서 "특별히 세심하게 살펴보지도 않았지만" 30분 만에 4종의 새로운 노래기를 찾아냈고, 그중 3종은 새로운 속에 속했다. 또한 1종의 새로운 나무도 발견했다. 그는 "아주 큰 나무"였다면서 몸집이 큰 짝과 춤을 추듯이 팔을 벌려 보였다. 고원의 정상에 있는 운무림 중에는 수백만 년간 고립되어 있던 곳도 있다. 그는 "그런 지역은 생물학적으로 바람직한 기후를 가지고 있지만, 전혀 연구된 적이 없다"고 알려주었다.

　열대 우림의 면적은 지표면의 약 6퍼센트에 불과하지만, 동물의 절반 이상과 현화식물의 3분의 2가 열대 우림에 살고 있다. 그곳을 연구하는 학자가 거의 없기 때문에 이곳의 생물 대부분이 미지의 상태이다. 그런 생물의 대부분이 활용 가치가 높은 것은 우연이 아니다. 현화식물 중에서 적어도 99퍼센트는 약효를 검토한 적이 없다. 식물은 포식자로부터 도망칠 수가 없기 때문에 화학무기를 사용할 수밖에 없고, 그래서 매우 흥미로운 화합물을 많이 가지고 있다. 오늘날에도 처방을 받아서 사용하는 의약품의 거의 4분의 1은 40여 종의 식물에서, 16퍼센트는 동물이나 미생물에서 얻은 것이다. 따라서 열대 우림을 파괴하는 것은 의학적으로 중요한 가능성을 포기하는 것과 같다. 화학자들은 조합 화학*이라는 방법으로 실험실에서 한꺼번에 4만 종의 화합물을 만들 수 있지만, 임의로 합성한 물질의 대부분은 쓸모가 없다. 그러나 천연 물질은 『이코노미스트』의 표현처럼 "35억 년의 진화라는 가장 훌륭한 스크리닝 테스트**"를 거친 것들이다.

그러나 미확인 생물을 찾으려면 반드시 외딴곳이나 먼 곳까지 가야 하는 것은 아니다. 리처드 포티는 『생명』에서 "몇 세대에 걸쳐서 소변을 보았던" 시골의 선술집 벽에서 고대의 박테리아를 찾아낸 이야기를 소개했다. 물론 그런 발견에는 상당한 행운, 그리고 노력과 알 수 없는 자질이 필요했을 것이다.

전문가가 부족하다. 과학자가 찾아내서 살펴보고 기록해야 하는 대상은 그런 일을 할 수 있는 과학자의 수를 훨씬 넘어선다. 널리 알려지지는 않았지만, 끈질긴 생명력을 가진 담륜충이라는 생물을 살펴보자. 이 미생물은 거의 어떤 조건에서도 생존할 수 있다. 환경이 좋지 않을 때에는 몸을 작게 웅크린 후에 대사 과정을 중단한 채로 환경이 좋아질 때까지 기다린다. 끓는 물에 넣거나 또는 원자마저도 모든 것을 포기하는 절대온도 0도에 가깝도록 냉각을 시키더라도, 그런 고문이 끝나고 다시 적당한 환경이 돌아오면 이 미생물은 마치 아무 일도 없었던 것처럼 풀어져서 움직이기 시작한다. 지금까지 450여 종이 확인되었다. 그러나 실제로 몇 종이나 존재하는지는 아무도 짐작조차 하지 못한다. 한동안 담륜충에 대해서 알려진 거의 모든 것은 여가 시간에 이 생물을 연구했던 아마추어 분류학자 데이비드 브라이스라는 영국의 사무직원 덕분이었다. 담륜충은 세계 어느 곳에서나 발견되지만, 전 세계의 담륜충 전문가가 모두 모이더라도 집에서 함께 식사를 할 수 있을 정

---

* 컴퓨터를 이용해서 약효가 있을 것으로 예상되는 다양한 종류의 화합물을 설계하고 한꺼번에 소량씩 합성한 후에 실제 약효를 확인하는 신약 개발의 새로운 방법.
** 새로 개발하는 의약 물질의 약효와 독성을 확인하는 과정.

도의 수에 불과하다.

중요하면서도 어디에나 존재하는 균류에 관심을 가지는 사람도 그리 많지 않다. 균류는 어느 곳에서나 버섯, 곰팡이, 버짐, 효모, 말불버섯 등의 다양한 형태로 살고, 그 양도 우리가 상상하는 것보다 훨씬 많다. 보통 1헥타르의 풀밭에는 2,800킬로그램의 균류가 산다. 그러니까 균류는 하찮은 생물이라고 할 수가 없다. 균류가 없으면 감자 잎마름병, 느릅나무 마름병, 완선頑癬,* 또는 무좀은 없어지겠지만, 요구르트, 맥주, 치즈, 페니실린이나 다른 의약품도 만들 수 없게 된다. 많은 균류 전문가들이 치즈나 요구르트 등을 제조하는 산업에 종사하기 때문에 실제 연구에 종사하는 균류학자의 수가 몇 명이나 되는지를 정확하게 알 수는 없지만, 앞으로 찾아내야 할 균류의 종 수가 균류학자의 수보다 훨씬 더 많은 것은 확실하다.

우리가 충분히 노력하지 않았다. 분류학의 거의 모든 분야에 대한 지원이 줄어들고 있다는 것이 단순하지만 경악스러운 현실이다. 한 가지 예를 들면, 2024년 초에 노스캐롤라이나 주의 듀크 대학교는 82만5,000점의 표본을 소장한 유명한 식물표본관을 폐쇄한다고 밝혔다. 더 이상 표본의 유지 비용을 감당할 수 없다는 것이 그 이유였다. 이 식물표본관은 미국에서 가장 큰 규모였고, 그동안 생물종의 분류뿐 아니라 지구 기후와 식물 멸종에 대한 연구, 차세대 식물학자의 양성에 핵심적인 역할을 해왔다.

"우리는 한정된 자원으로 운영되는 대학교이다." 「뉴욕 타임스」에 실린 자연자원학부 학장의 말이었다. 2024년에 듀크 대학교가 받은 기부금은 116억 달러에 이른다는 사실을 고려하면, "한정된 자원"의 의미가 무엇인지 주목하게 된다. 세계적 수준의 식물표본관을 유지할 여유가 없다고 밝힌 듀크 대학교가 같은 해에 특히 유명한 남자 농구팀에게 지불한 선수당 130만 달러를 포함하여 스포츠 팀에 8,260만 달러를 지출했다는 사실도 주목할 만하

---

* 사타구니에 발생하는 표재성 진균감염.

다. 식물표본관의 운영에 필요한 총비용은 공개하지 않았다.

세계는 정말 넓다. 우리는 손쉬운 비행기 여행과 통신수단 때문에 세계가 사실은 그렇게 넓지 않다고 생각하게 되었지만, 연구자가 일해야 하는 땅 위에서 보면 세계는 정말 넓다. 깜짝 놀랄 정도로 넓다. 중앙 아프리카의 우림에는 기린과 가장 가까운 종인 오카피가 (걱정스러울 정도로 줄어들고 있기는 하지만) 여전히 많이 살고 있다고 알려져 있으나, 20세기 이전에는 그런 동물이 존재한다는 사실조차 짐작하지 못했다.† 1995년에 티베트의 외딴 계곡에서 폭설을 만나 조난을 당한 프랑스와 영국의 과학자들은 선사시대의 동굴 벽화에서나 보았던 리워체라는 말[馬]을 찾아냈다. 그 계곡에 사는 사람들은 자신들의 말이 그렇게 귀하다는 사실에 놀랐다.

　세상이 광활하고 그중 상당한 부분이 접근할 수 없다는 이유 덕분에, 멸종된 것으로 걱정했던 동물이 가끔 재발견되기도 한다. 뉴질랜드의 타카헤라는 날지 못하는 대형 조류는 100년 이상 목격되지 않아 1898년에 공식적으로 멸종 선고를 받았지만, 뉴질랜드 남섬의 험준한 오지에서 생존하고 있음이 밝혀졌다. 자선 단체인 미국 조류보존협회는 전 세계적으로 최소 10년 이상 목격되지 않았지만 여전히 존재할 가능성이 있는 새(현재 144종)의 목록을 관리한다. 이 보존협회가 여러 차례 반가운 재발견 사례를 보고하기도 했다. 2022년에는 크기가 닭만 한 검은목비둘기가 1896년 이후 기록되지 않다가 파푸아 뉴기니에서 발견되었다. 비극적인 사례도 있다. 수년간 멸종된 것으로 알려졌던 노랑귀앵무의 작은 개체군이 콜롬비아의 고지대에서 발견되었다. 곤살로 카르도나라는 보존 활동가가 이 새를 돌본 덕분에 개체 수가 약 3,000마리까지 회복되었지만, 그는 2021년에 지나가던 범죄 조직에

---

† 오카피의 개체 수가 지난 20년 사이에 절반 정도인 1만5,000마리로 줄어든 것은 밀렵과 서식지 파괴 때문인 것으로 보인다. 이제 오카피는 멸종 위기종으로 분류된다.

의해서 살해당했다.[†]

 심지어 수천 명의 탐사단을 조직해서 세계의 가장 외딴곳까지 보내는 것으로도 충분하지 않다. 생명은 어디에나 있기 때문이다. 생명의 놀라운 생산력은 신비할 정도이고, 감사할 일이기도 하지만, 문제가 되기도 한다. 모든 생물을 찾아내려면, 모든 바위를 뒤집어보고, 숲속에 흩어진 모든 것을 살펴보고, 상상을 넘어서는 양의 모래와 먼지도 조사하며, 모든 조림 지역을 기어오르고, 바다를 살펴볼 훨씬 더 효율적인 방법을 찾아내야 한다. 그렇다고 하더라도 전체 생태계를 샅샅이 살펴볼 수는 없다. 1980년대에는 아마추어 동굴 탐험가들이 언제부터인지는 모르지만 오랫동안 폐쇄되어 있었던 루마니아의 깊은 동굴에 들어가서 33종의 곤충과 거미, 지네 등의 작은 생물을 발견했다. 모두가 눈이 멀고, 색깔이 없고, 과학계에 알려지지 않은 것이었다. 그 생물들은 물웅덩이 표면에 있는 찌꺼기를 먹고 살았다. 그런 찌꺼기와 함께 온천에 들어 있는 황화수소를 먹으면서 살고 있었다.

 우리는 모든 것을 찾아내지 못한다는 사실에 불만스럽고, 힘이 빠지고, 심지어는 간담이 서늘해지기도 하지만, 거의 참을 수 없을 정도로 즐거운 일이라고 생각할 수도 있다. 우리는 놀라움으로 가득한 행성에서 살고 있다. 이성이 있는 사람이라면 무엇을 더 바라겠는가?

 현대 과학의 여러 분야를 살펴보면서 언제나 가장 경이롭게 느껴지는 것은 비용이 많이 들고 비밀스럽기까지 한 의문을 풀기 위해서 평생을 바치려는 사람이 얼마나 많은가 하는 점이다. 스티븐 제이 굴드는 헨리 에드워드 크램프턴이라는 영웅이 1906년부터 1956년에 사망할 때까지 50년 동안 말없이 파르툴라라는 폴리네시아의 육지 달팽이를 연구했다고 기록했다. 크램프턴은 평생 수없이 많은 파르툴라의 나선 모양의 크기를 소수점 여덟 번

[†] 보존 활동은 놀라울 정도로 위험할 수 있다는 사실에 주목해야 한다. 2012년에는 콩고민주공화국의 오카피 야생동물 보호구역에서 2명의 관리자와 5명의 다른 사람들이 총격으로 사망했고, 콜롬비아에서는 기록이 남아 있는 마지막 해인 2019년에만 최소 64명의 야생동물 보호 활동가와 자원봉사자가 살해되었다.

째 자리까지 정확하게 측정해서 그 결과를 정성스럽게 표로 만들었다. 크램프턴의 표에서 한 줄의 숫자를 완성하려면 몇 주일에 걸쳐서 측정하고 계산해야만 했다.

1940년대와 1950년대에 인간의 성생활에 대한 연구로 유명해진 앨프레드 C. 킨제이는 그렇게 헌신적이지는 않았지만, 예상 밖의 인물이었다. 킨제이는 성에 흥미를 가지기 전에는 완고한 곤충학자였다. 그는 2년에 걸친 탐사에서 4,000킬로미터를 걸어다니면서 30만 종의 말벌을 채취했다. 그 기간에 벌에 쏘인 횟수가 얼마나 많았는지는 기록으로 남아 있지 않다.

그렇게 난해한 과학 분야가 어떻게 이어질 수 있는지의 문제는 나에게 수수께끼였다. 따개비나 태평양 달팽이 전문가를 채용하거나 지원할 수 있는 연구소가 그렇게 많지는 않다. 런던 자연사 박물관을 떠나면서 나는 리처드 포티에게 한 사람이 떠나면 그 자리를 채울 다른 사람을 어떻게 확보하는지를 물어보았다.

그는 나의 순진한 질문에 미소를 지으면서 말했다. "벤치에 앉아 있는 선수를 경기에 불러내는 것과는 다른 경우랍니다. 어느 전문가가 은퇴하거나 또는 불행하게 사망하게 되면, 그 작업은 중단될 수도 있습니다. 경우에 따라서는 아주 오래 중단되기도 하지요."

"그래서 한 종의 식물을 42년 동안 끈질기게 연구한 사람이 소중한 것이군요. 소득이 없더라도 말입니다."

"맞습니다. 정확합니다." 그는 진심으로 그렇게 말하는 듯했다.

제24장

세포들

모든 것이 단 하나의 세포에서부터 시작된다. 첫 번째 세포가 둘로 분열되고, 둘이 넷이 되고, 넷이 여덟이 되는 일이 거듭되어 11조 개에 이르면, 인간으로 태어날 준비가 끝난다.[†] 그리고 각각의 세포는 모두 탄생에서 죽음을 맞이하는 순간까지 당신을 보존하고 보살피기 위해서 각자 해야 할 일을 정확하게 알고 있다.

세포에게 감출 수 있는 것은 아무것도 없다. 세포는 당신보다 당신에 대해서 더 많은 것을 알고 있다. 각각의 세포는 몸에 대한 지침서라고 할 수 있는 완벽한 유전 암호를 가지고 있기 때문에, 자신이 해야 할 일뿐 아니라, 몸속의 다른 세포가 하는 일도 모두 알고 있다. 한순간이라도 다른 세포에게 아데노신 삼인산ATP*의 농도를 살펴보라거나 또는 예기치 않게 생겨난 과량

[†] 11조 개라는 총수에는 진정한 세포라기보다는 헤모글로빈을 담는 용기에 지나지 않는 적혈구가 포함되지 않는다. 적혈구를 포함하면, 사람 세포의 총수는 37조2,000억 개에 이른다. 물론 이 수도 사실은 추정치일 뿐이다. 인간의 세포는 모양, 크기, 수명이 다양하고, 말 그대로 셀 수 없을 정도로 많다. 어쨌든 그 수는 사람의 몸집, 성별, 나이를 비롯한 자연적 변이에 따라 달라진다. 37조2,000억 개라는 전체 평균은 2013년 볼로냐 대학교의 에바 비안코니가 이끈 유럽의 과학자들이 추정해서 「인간 생물학 연보(*Annals of Human Biology*)」에 보고한 것이다.

* 세포 내에서 일어나는 산화 반응에서 만들어지는 고에너지 조효소(助酵素)로, 세포에 필요한 에너지를 공급하는 역할을 한다.

의 엽산*을 처리할 곳을 찾으라는 명령을 할 필요가 없다. 세포는 그런 일은 물론이고 수백만 가지의 다른 일도 모두 스스로 알아서 처리한다.

자연에 존재하는 모든 세포는 그야말로 경이롭다. 가장 단순한 세포조차 인간의 독창성을 훨씬 넘어선다. 예를 들어 가장 간단한 효모 세포를 만들려고 하더라도, 보잉 777 여객기에 필요한 부품의 수에 해당하는 성분을 초소형으로 만들어서 지름이 5마이크로미터 정도 되는 공 속에 맞춰 넣어야 한다. 그리고 그렇게 만든 공이 스스로 번식할 수 있도록 해야 한다. 그런데 효모 세포는 인간의 세포와는 비교할 수도 없다. 인간의 세포는 단순히 종류가 많고 복잡하기만 한 것이 아니라, 세포 사이의 복잡한 상호작용 때문에 엄청나게 더 매력적이다.

인간의 세포는 11조 명의 국민을 가진 국가를 구성하고 있으며, 각 세포는 전체의 복지를 위해서 놀라울 정도로 전문적인 일을 수행해야 한다. 세포가 당신을 위해서 하지 않는 일은 아무것도 없다. 즐거움을 느끼고, 생각을 할 수 있게 해주는 것도 세포의 일이다. 일어서서 팔과 다리를 펴고 신나게 뛰어놀도록 해주는 것도 세포이다. 음식을 먹으면, 세포가 영양분을 추출해서 에너지를 전달하고 노폐물을 처리해준다. 고등학교 생물 시간에 배운 것이 바로 그런 과정이다. 그뿐이 아니다. 허기를 느끼게 하고, 음식을 먹은 후에는 포만감을 주어 음식을 먹는 일을 잊지 않도록 해주는 것도 바로 세포이다.

세포는 머리카락을 자라게 하고, 귓밥을 만들고, 뇌가 아무 소리 없이 움직이도록 해준다. 세포는 당신의 구석구석을 관리한다. 몸이 위협을 받으면 세포가 즉시 방어에 나선다. 세포는 당신을 위해서 주저 없이 죽기도 한다. 매일 수십억 개의 세포가 그렇게 죽는다. 그렇지만 우리는 평생 한 번도 그런 세포에게 감사한 적이 없을 것이다. 그러니 잠시 멈추어 우리의 세포에게

---

* 핵산을 합성하고, 적혈구를 만드는 데에 꼭 필요한 수용성 비타민 B의 일종.

경이와 감사를 표하는 것이 마땅할 것 같다.

우리는 세포가 어떻게 지방을 저장하고, 인슐린을 생성하며, 우리와 같은 복잡한 개체를 살아서 움직이게 만드는 많은 일을 하는지에 대해서 조금은 알고 있다. 그러나 우리가 아는 것은 지극히 일부일 뿐이다. 우리 몸무게의 5분의 1 정도는 수십만(어쩌면 최대 100만) 종의 단백질이고, 그중에서 지금까지 우리가 기능을 이해하는 것은 2퍼센트 정도에 불과하다(그 비율이 50퍼센트 정도라는 주장도 있지만, 그것은 "이해하다"라는 표현의 의미에 따라서 달라진다).

세포 수준에서도 놀라운 일은 대단히 많다. 자연에서 일산화질소NO는 무시무시한 독소로, 아주 흔한 대기 오염 물질이다. 그래서 1980년대 중반에 인간의 세포에서 이 물질이 기묘하고 헌신적으로 생산되고 있다는 사실을 발견한 과학자는 당연히 깜짝 놀랐다. 처음에는 세포가 그런 물질을 생산하는 목적도 알 수 없었다. 그런데 과학자들은 일산화질소가 혈액의 흐름과 세포의 에너지 수준을 조절하고, 암세포를 비롯한 병원체를 공격하고, 후각을 조절하며, 심지어 음경의 발기를 도와주는 등 몸속의 모든 곳에서 다양한 기능을 한다는 사실을 발견했다. 그리고 잘 알려진 폭발물인 니트로글리세린이 협심증이라는 심장 통증을 완화해주는 이유도 알게 되었다(니트로글리세린이 혈액에서 일산화질소로 변환되면서 혈관 벽의 근육을 이완해줌으로써 혈액이 더 자유롭게 흐르도록 해준다). 10년 남짓한 기간 만에 지독한 독성 물질이라고 알려져 있던 기체 물질이 몸속 어디에나 존재하는 영약靈藥이 되었다.

벨기에의 생화학자 크리스티앙 드 뒤브에 따르면, 우리 몸에는 "수백" 종류의 세포가 있지만, 그 수가 훨씬 많다고 주장하는 사람도 있다. 2023년 미국의 국립보건원 연구에서는 사람의 뇌에 461종의 세포(그리고 3,000종 이상의 아亞세포)가 있다고 밝혔다. 우리의 세포는 모양이 놀라울 정도로 다양하고, 크기 차이도 경이로울 정도이다. 특히 수정이 일어나는 순간에는 정자

세포가 자신보다 8만5,000배나 더 큰 난자와 대결한다(남성의 정복이라는 표현의 의미를 재고해야 할 것이다). 그러나 인간의 세포는 대체로 지름이 1 밀리미터의 100분의 2인 20마이크로미터 정도이다. 맨눈으로 보기에는 너무 작지만, 미토콘드리아*를 비롯한 수천 개의 복잡한 구조와 수백만 개의 수백만 배에 이르는 분자를 담기에는 충분하다.

문자 그대로의 의미에서 세포는 활력의 측면에서도 매우 다양하다. 피부 세포는 모두 죽은 것이다. 피부 표면이 모두 죽어 있다는 사실이 끔찍하게 느껴질지도 모르겠다. 보통 몸집의 성인은 대략 2킬로그램 정도의 죽은 피부를 가지고 있고, 매일 수십억 개의 작은 파편이 떨어져 나간다. 선반에 쌓인 먼지를 닦으면 오래 전에 떨어져 나간 피부가 묻어나온다고 생각하면 된다.

세포는 한 달 이상 사는 경우가 드물지만, 예외도 있다. 간 세포의 경우에는 그 구성 성분이 며칠마다 새로 만들어지기는 하지만 수년간 살아 있을 수 있다. 뇌 세포는 평생을 함께한다. 출생할 때 만들어지는 1,000억 개 정도의 뇌 세포가 전부이다. 그리고 매시간 500개 정도가 죽는다고 추정되기 때문에 진지하게 고민한다고 시간을 낭비하지 말아야 한다. 그러나 간 세포와 마찬가지로 뇌 세포도 그 구성 성분은 대략 한 달 만에 완전히 새로운 것으로 바뀌게 되니 다행이다. 실제로 몸속에 떠돌아다니는 분자는 말할 것도 없고, 어느 한 조각도 9년 이상 된 것은 아무것도 없다고 한다. 실감이 나지 않겠지만, 세포 수준에서 보면 우리는 모두 어린아이인 셈이다.

세포를 처음 설명한 사람은 앞에서 이야기했듯이 아이작 뉴턴과 함께 역제곱 법칙의 발견 공로를 다투었던 로버트 훅이었다. 훅은 68년의 일생 동안 많은 업적을 이룩했다. 그는 세계 최고의 이론가이면서 사상가였고, 독창적

---

* 진핵세포에 들어 있는 구형 또는 막대형을 한 소기관으로 호흡을 통해서 에너지를 생성한다.

이고 유용한 도구를 제작하는 훌륭한 재능도 가지고 있었지만 정신 나간 발명가이기도 했다. 그가 만들었던 가장 인상적인 발명품(안타깝게도 시연은 하지 못했다)은 스프링을 장착해서 착용자가 4미터에 가까운 큰 걸음으로 길을 뛰어가도록 해주는 부츠였다. 그는 평생을 허름한 숙소에서 지냈지만, 사망 후에 발견된 금고에는 현재 화폐 가치로 100만 파운드 이상에 해당하는 8,300파운드의 현금이 들어 있었다.

그러나 1665년에 발간된 그의 유명한 책 『마이크로그라피아 : 확대경을 이용한 작은 생물의 생리학적 설명*Micrographia : or Some Physiological Descriptions of Miniature Bodies Made by Magnifying Glasses*』보다 사람들의 관심을 더 많이 끌거나 오래 지속된 가치가 있었던 것은 없었다. 그 책에 매혹된 사람은 누구도 상상하지 못했을 정도로 다양하고, 복잡하고, 정교한 구조를 가진 작은 세상을 볼 수 있었다.

훅이 처음 찾아낸 미시세계 중에는 식물의 작은 방이 있었다. 그는 그 모습이 수도자의 방을 닮았다고 생각해서 그것을 "세포細胞, cell"라고 불렀다. 훅의 계산에 따르면, 2.5제곱센티미터의 코르크에 그런 작은 방이 12억 5,971만2,000개나 있는 셈이었다. 과학에서 그렇게 큰 숫자가 등장한 것은 그때가 처음이었다. 현미경은 이미 한 세대 전에 개발되었지만, 훅은 월등히 뛰어난 기술 덕분에 특별한 현미경을 만들었다. 그가 사용하던 현미경의 배율은 17세기의 광학기술로 얻을 수 있었던 최고의 값인 30배율이었다.

그러므로 불과 10년 후에 네덜란드의 모직물 상인으로부터 훅이 만들 수 있던 것보다 10배나 큰 266배율의 현미경으로 얻은 그림을 받았던 훅을 비롯한 런던 왕립학회의 회원들은 깜짝 놀랄 수밖에 없었다. 그 상인의 이름은 안톤 판 레이우엔훅이었다. 정규 교육도 받지 않았고, 과학을 배우지도 않았지만 그는 통찰력 있고 헌신적인 관찰자이자 천재적인 기술자였다.

놀랍게도 그는 마흔이 지났을 때부터 시작하여 무려 50년 동안 200여 편의 보고서를 왕립학회에 제출했다. 모든 보고서는 그가 아는 유일한 언어인 네덜란드어로 썼다. 레이우엔훅은 아무런 설명도 없이 자신이 관찰한 사실과 훌륭한 그림만을 보고서로 제출했다. 그는 빵 곰팡이, 벌침, 혈액 세포, 치아, 머리카락, 자신의 침, 대변과 자신의 정액(마지막 두 가지에 대해서는 고약함에 대한 사과를 곁들였다)을 비롯해서 살펴볼 수 있는 것이라면 거의 모든 것에 대한 보고서를 제출했다. 대부분이 미시적인 수준에서는 그때까지 본 적이 없던 것이었다.

오늘날까지도 그가 어떻게 간단한 휴대용 장치로 그렇게 놀라운 배율을 달성할 수 있었는지는 알려지지 않는다. 그의 장치는 작은 유리 구슬이 박힌 소박한 나무 막대기에 지나지 않은 것으로, 우리가 흔히 생각하는 현미경보다는 오히려 확대경에 더 가까웠겠지만, 사실은 두 가지 모두를 닮지 않은 장치였다. 레이우엔훅은 실험을 할 때마다 새로운 장치를 제작했고, 자신의 기술을 철저하게 비밀에 부쳤다.†

특이하게도 그는 26점의 현미경을 런던 왕립학회에 기증했고, 델프트에 있던 자신의 작업실을 방문한 영국의 여왕 메리 2세에게도 추가로 2점을 더 선물했다. 놀랍게도 그 모든 장치는 그후에 사라지고 말았다.

왕립학회에 기증한 현미경은 에버라드 혼 경(1758−1832)이라는 학회 회원이 개인적인 연구에 사용하겠다고 집으로 가져간 후에 반납하지 않으면서 사라져버렸다. 혼 경은 유명한 외과의사이면서 교사였던 존 헌터의 처남으로, 자신도 유명한 외과의사이면서 교사였다. 1793년 헌터가 사망한 후 혼 경은 위대한 선배의 문서를 정리하겠다고 자료를 가져갔지만, 자신의 논문과 저서 집필에 눈코 뜰 새 없이 일을 끝내지 못했다. 혼 경의 사후에 자신

---

† 레이우엔훅은 델프트의 유명인사였던 화가 얀 페르메이르와 친한 친구였다. 능력은 있었지만 뛰어난 화가는 아니었던 페르메이르는 17세기 중반부터 대가의 재능과 통찰력을 발휘하여 유명해졌다. 확실하게 증명되지는 않았지만, 그가 렌즈를 통해서 영상을 평면에 투영시키는 장치인 카메라 옵스큐라를 사용했으리라고 짐작된다. 페르메이르가 사망하면서 남긴 유품에는 그런 장치가 없었지만, 우연히도 페르메이르의 사후에 재산을 정리한 사람이 다름 아닌 당시 가장 비밀스러운 렌즈 제작자였던 안톤 판 레이우엔훅이었다.

의 논문이라고 주장했던 그의 논문들 전부가 사실은 헌터의 원본을 그대로 베긴 것임이 밝혀졌다. 그는 또한 레이우엔훅의 소중한 현미경 26점을 모두 망가뜨리거나 폐기한 것으로 판명났다. 그가 왜 그랬는지는 영원히 밝혀낼 수 없는 수수께끼가 되어버렸다.

한 세기가 채 지나지 않아 남아 있던 레이우엔훅의 원본 현미경 2점도 역시 프랭크 크리스프 경(1843-1919)†이라는 부유한 변호사이자 열정적인 현미경학자가 왕실에서 빌려간 후에 사실상 자신의 방대한 수집품으로 만들어버렸다. 그가 사망한 1919년에 런던의 스티븐스라는 경매사가 레이우엔훅의 남아 있는 2점의 현미경을 포함한 크리스프의 장비를 모두 제대로 분류하지 않고 경매로 팔아버렸다. 그후 현미경의 행방은 아무도 알지 못한다. 경매사의 기록이 제2차 세계대전 중의 폭격으로 분실되었기 때문이다.

레이우엔훅이 1676년 후추가 들어 있는 물에서 "미소동물animalcule"을 발견했다고 보고한 후로, 왕립학회의 회원들이 "작은 동물"을 찾아낼 수 있는 정확한 배율의 영국산 현미경을 만들기까지는 1년이 걸렸다. 실제로 레이우엔훅이 발견한 것은 원생동물이었다. 그는 물 한 방울 속에 그런 작은 벌레가 네덜란드의 인구보다 더 많은 828만 마리가 있다고 추정했다. 세상에 살고 있는 생명체의 종류와 수는 상상을 넘어서는 것이었다. 레이우엔훅의 멋진 발견에 힘입어 현미경을 너무 열심히 들여다보던 사람들이 사실은 존재하지 않는 것까지 발견하기도 했다. 존경받던 네덜란드의 니콜라스 하르추커르는 정자 세포에서 "이미 형체를 갖춘 작은 사람"을 보았다고 확신했다. 하르추커르는 작은 사람을 "난쟁이homunculi"라고 불렀고, 한동안 많은 사람들이 인간을 비롯한 모든 생명체가 작지만 완전한 선구체先驅体에 해당하는 존재가 엄청나게 팽창한 것이라고 믿었다. 레이우엔훅 자신도 가끔 열정

---

† 오늘날 크리스프는 템스 강변의 헨리에 있던 그의 자택 프라이어 파크의 특별한 조경으로 더 많이 기억된다. 인공 호수, 지하 동굴, 그리고 마터호른 산을 흉내낸 6미터 높이의 인공산이 있었다. 훗날 그 저택을 매입한 비틀스의 조지 해리슨이 정성을 다해서 정원을 복원했다.

에 지나칠 정도로 빠져들었다. 아주 가까이에서 화약이 터지는 모습을 관찰하고자 했던 실험이 최악이었다. 그는 거의 눈이 멀 뻔했다.

레이우엔훅은 1683년에 세균을 발견했지만, 현미경 기술의 한계 때문에 그로부터 150년 동안에는 세포의 구조를 밝혀내는 일에 아무 진전도 없었다. 1831년이 되어서야 세포의 핵을 처음 볼 수 있게 되었다. 과학의 역사에서 유령처럼 자주 등장하는 스코틀랜드의 식물학자 로버트 브라운의 성과였다. 1773년부터 1858년까지 살았던 브라운은 자신이 관찰한 것을 작은 밤 또는 씨앗을 뜻하는 라틴어 "nucula"로부터 따와서 "nucleus(핵)"라고 불렀다. 그러나 살아 있는 것은 모두 세포로 이루어져 있다는 사실을 알아낸 것은 1839년의 일이었다. 이 사실을 밝혀낸 사람은 독일의 테오도어 슈반이었다. 그의 성과는 과학적인 통찰로도 비교적 늦은 편이었을 뿐 아니라, 처음에는 인정도 받지 못했다. 생명은 저절로 나타날 수가 없고, 이미 존재하는 세포로부터 시작되어야 한다는 사실이 확실하게 밝혀진 것은 1860년대에 루이 파스퇴르의 기념비적인 업적에 의해서였다. 그의 주장은 "세포설cell theory"이라고 하며 현대 생물학의 기반이 되었다.

세포는 "복잡한 화학 정유공장"(물리학자 제임스 트레필)에서 "거대하고 비옥한 대도시"(생화학자 가이 브라운)에 이르기까지 여러 가지로 비유되어 왔다. 세포는 그런 모든 것이기도 하고, 그렇지 않기도 하다. 세포는 거대한 규모로 화학적 활동에 몰두하고 있다는 점에서는 정유공장과 비슷하고, 매우 바쁘고 복잡하며 혼란스럽고 무질서한 듯하지만 그 속에 체계가 존재한다는 점에서는 대도시와 비슷하다. 그러나 세포는 어느 도시나 공장보다 더 악몽 같은 곳이기도 하다. 우선, 세포 규모에서는 중력이 별 효과가 없어서 위아래가 없고, 원자 크기 정도의 공간이라도 그냥 버려지는 곳이 없다. 세포 속의 모든 곳에서 움직임이 계속되며 전기 에너지가 끊임없이 날아다닌다. 당신은 전기의 존재를 느끼지 못하겠지만, 실제로는 전기가 흐른다. 우리가 먹는 음식과 호흡하는 산소가 세포 속에서 결합하면서 전기가 발생한다. 우리가 서로 엄청난 충격을 주거나 앉아 있는 소파를 태워버리지 않는 것은 전기가 아주 작은 규모로 만들어지기 때문이다. 0.1볼트가 나노미터* 정도의 거리를 움직일 뿐이다. 그렇지만 움직이는 거리를 1미터 정도로 확대 해보면, 세포에서의 전기는 벼락과 비슷한 2,000만 볼트 정도에 해당한다.

크기나 모양에 상관없이 몸속에 있는 모든 세포(적혈구 세포를 제외한)는 기본적으로 똑같은 계획에 따라서 만들어진다. 모두가 세포막membrane이라 는 바깥 껍질과, 생명체를 살아 있도록 하는 데에 꼭 필요한 유전 정보가 들 어 있는 핵, 그리고 몹시 분주한 그 사이 공간인 세포질cytoplasm로 구성된 다. 세포막은 흔히 생각하듯이 뾰족한 바늘이 있어야만 구멍을 뚫을 수 있 을 정도로 견고하거나, 탄력 있는 껍질이 아니다. 오히려 세포막은 셔윈 B. 눌랜드의 표현을 빌리면 "경질 기계유"와 비슷한 지질脂質이라는 지방성 물 질로 만들어져 있다. 그런 막이 놀라울 정도로 약할 것이라는 생각이 든다 면, 미시적인 수준에서는 물질이 완전히 다른 특성을 보인다는 사실을 기억 해야 한다. 분자 수준에서는 물이 일종의 강력한 젤이고, 지질은 철과 비슷 하다.

세포 속의 모습은 그렇게 아름답지 않다. 세포를 구성하는 원자를 팥알 정도의 크기로 확대한다면, 세포 자체는 대략 지름이 800미터 정도 되고, 세 포 골격이라고 부르는 비계가 복잡하게 얽혀 있을 것이다. 그 속에서는 농 구공 혹은 자동차만 한 온갖 크기의 수백만 개의 수백만 배에 해당하는 덩 어리가 총알처럼 날아다닌다. 모든 방향에서 매초 수천 번씩 얻어맞지 않고 안전하게 서 있을 수 있는 곳은 어디에도 없다. 세포는 그 속에 언제나 존재 하는 것에게도 위험한 곳이다. DNA 사슬은 평균적으로 8.4초마다 갑자기 날아와서 아무렇게나 칼질을 하고 지나가버리는 화학물질에 의해서 공격을 당하거나 손상을 입는다. 하루에 1만 번씩이나 그런 일이 일어나는 셈이다.

---

* 10억 분의 1(10⁻⁹)미터.

세포가 죽지 않고 살아남으려면, 그런 손상에서 신속하게 회복할 수 있어야 한다.

단백질은 특히 활동적이어서, 매초 수십억 번까지 회전하고, 흔들리고, 서로 충돌한다. 단백질의 일종인 효소는 아무 곳이나 돌아다니면서 매초 1,000여 번에 이르는 임무를 수행한다. 그들은 엄청난 속도로 움직이는 일개미처럼 분자를 만들고 또 만든다. 이 분자에서 조각을 떼어내서 다른 분자에 붙여주기도 한다. 지나가는 단백질을 살펴보면서, 고치지 못할 정도로 손상을 입거나 잘못된 단백질에는 화학적인 표식을 붙인다. 그렇게 선별되고 나면, 운이 나쁜 단백질은 프로테아좀proteasome이라는 곳으로 옮겨져서 분해되고, 그 구성 성분은 새로운 단백질을 만드는 데에 재사용된다. 30분도 견뎌내지 못하는 단백질도 있고, 몇 주일 동안 존재하는 단백질도 있다. 그러나 모든 단백질은 상상할 수 없을 정도로 바쁜 일생을 보낸다. 드 뒤브의 지적처럼, "분자의 세계에서는 믿을 수 없을 정도의 속도로 일이 벌어지기 때문에 우리의 상상을 완전히 넘어설 수밖에 없다."

그러나 분자 사이의 상호작용을 관찰할 수 있을 정도의 느린 속도에서 살펴보면, 그렇게 놀라운 곳도 아니다. 세포는 리소좀, 엔도솜, 리보솜, 리간드, 퍼옥시좀을 비롯한 온갖 크기와 모양의 수백만 종의 단백질이 역시 수백만 종의 다른 것과 충돌하면서, 영양분에서 에너지를 추출하거나, 구조를 만들거나, 노폐물을 제거하거나, 침입자를 몰아내거나, 신호를 주고받거나, 수선하는 등의 평범한 일을 수행하는 곳이다. 보통 하나의 세포에는 약 2만 종의 단백질이 있고, 그중 2,000종 정도는 적어도 5만 개의 분자로 구성된다. 눌랜드에 의하면, "5만 개 넘게 존재하는 분자만 세더라도 하나의 세포에 들어 있는 단백질 분자의 수가 최소한 1억 개가 넘는다는 뜻이다. 그 정도로 놀라운 숫자를 보면 우리 몸속에서 일어나는 생화학적 활동이 얼마나 굉장한지 짐작할 수 있다."

모든 것이 엄청나게 힘이 드는 일이다. 심장은 모든 세포에 충분한 양의 산소를 공급하기 위해서 1시간에 343리터, 하루에 8,000리터, 1년에 300만 리터의 혈액을 뿜어내야 한다. 그 정도면 올림픽 경기장 규모의 수영장을 채우고도 남을 양이다(그것도 쉬고 있을 때의 이야기이다. 운동하는 동안에는 그 정도가 최대 6배까지 늘어날 수 있다). 산소는 미토콘드리아로 들어간다. 미토콘드리아는 세포의 발전소이다. 세포에 들어 있는 미토콘드리아의 수는 세포가 어떤 일을 하고, 얼마나 많은 에너지를 소비하는지에 따라 달라지지만, 보통의 세포에는 1,000여 개가 들어 있다.

앞에서 설명했듯이, 미토콘드리아가 포획된 박테리아에서 시작되었고, 오늘날 우리 세포 속에서 셋방살이를 하고 있기는 하다. 그러나 미토콘드리아는 자신의 고유한 유전 정보를 가지고 있고, 스스로의 시간표에 따라 분열을 하고, 자신의 언어를 사용한다. 우리의 존재가 미토콘드리아의 처분에 달려 있다는 사실도 설명했다. 이유는 이렇다. 섭취된 거의 모든 음식물과 산소는 적절한 처리 과정을 거친 후에 미토콘드리아로 보내져서 아데노신 삼인산ATP이라고 부르는 분자로 변환된다.

ATP에 대해서 들어본 적이 없을 수도 있겠지만, 당신을 살아 움직이게 해주는 것이 바로 그것이다. ATP는 기본적으로 세포 속을 돌아다니면서 세포에서 일어나는 모든 일에 필요한 에너지를 공급하는 작은 배터리이다. 당신에게는 엄청나게 많은 양의 ATP가 필요하다. 어느 한순간에 보통의 세포에 들어 있는 ATP의 수는 10억 개 정도에 이르지만, 2분 정도면 하나도 남김없이 사라지고, 다시 10억 개가 새로 만들어진다. 하루에 만들어서 쓰는 ATP의 양이 몸무게의 절반에 해당할 정도이다. 피부가 따뜻하게 느껴지면, 그것이 바로 ATP가 작동하고 있다는 증거이다.

더 이상 쓸모가 없어진 세포는 명예로운 죽음을 맞이한다. 세포를 받치던 모든 비계가 해체되고, 모든 구성 성분도 조용히 흩어진다. 그런 과정을 계획된 세포의 죽음, 즉 아포토시스apotosis라고 부른다. 매일 수십억 개의 세포가 당신을 위해서 죽어가고, 수십억 개의 다른 세포가 남은 것을 청소한다. 세포가 격렬하게 죽을 수도 있다. 감염이 되면 그렇다. 그렇지만 대부분의 세포는 죽어야 할 때가 되면 죽는다. 사실은 다른 세포로부터 당장 필요한 임무를 부여받지 못하면 스스로 죽는다. 세포는 끊임없이 다독거려주어야만 한다.

가끔 일어나는 일이기는 하지만, 세포가 예정된 순서에 따라 사라지기만 하는 것은 아니다. 분열되면서 마구 성장하기도 하는데, 그런 경우를 암이라고 한다. 사실 암세포는 혼란에 빠진 세포이다. 세포는 꽤 자주 그런 실수를 하지만, 몸에는 그런 문제를 해결하는 정교한 메커니즘이 준비되어 있다. 그런 과정이 걷잡을 수 없이 커지는 경우는 아주 드물다. 사람의 경우에는 평균 10억 번의 1억 배 정도의 세포 분열이 일어날 때마다 한 번의 치명적인 악성 세포가 등장한다. 암은 모든 면에서 불행한 일이다.

세포에서 가장 신비로운 사실은 문제가 가끔 생긴다는 것이 아니라, 수십 년 동안 모든 것이 너무나도 잘 관리된다는 것이다. 그러기 위해서 세포는 몸 전체를 상대로 끊임없이 신호를 주고 받는다. 지시하고, 정보를 요구하고, 수정하고, 도움을 청하고, 정보를 갱신하고, 분열이나 죽음을 통보하는 시끄러운 신호가 오고 간다. 대부분의 신호는 호르몬이라는 특사에 의해서 전달된다. 인슐린, 아드레날린, 여성 호르몬(에스트로겐), 남성 호르몬(테스토스테론)과 같은 화학물질이 외딴곳에 있는 갑상샘이나 내분비샘에서 정보를 운반해온다. 뇌나 측분비側分泌 신호체계라고 부르는 지역 센터에서 긴급 전보로 전달되는 메시지도 있다. 그리고 세포는 인접한 세포와 직접 교신을 해서 서로 조화롭게 움직이고 있음을 확인하기도 한다.

세포의 활동에 대해서 가장 놀라운 사실은 모두가 그저 아무렇게나 일어나는 광란의 움직임이라는 것이다. 서로 끌어당기고 밀치는 기본적인 법칙에 따라서 나타나는 끊임없는 충돌의 결과일 뿐이다. 세포의 움직임 어느 부분에서도 사고思考의 과정을 분명히 찾아볼 수 없다. 모든 것이 그저 일어나면서도, 우리가 눈치를 챌 수도 없을 정도로 완벽하고 반복적이고 신뢰할 수 있도록 일어난다. 게다가 세포 내에서의 질서만이 아니라 조직 전체에서의 완벽한 조화도 유지된다. 이제 겨우 그 내용을 이해하기 시작하고 있지만, 당신이 움직이고 생각하고 결정할 수 있는 것은 모두 수를 헤아릴 수도 없이 많은 반사적 화학 반응 덕분이다. 지능은 낮지만 역시 믿을 수 없을 정도로 조직화된 쇠똥구리도 마찬가지이다. 모든 생명체는 신비로운 원자 공학의 결과라는 사실을 잊지 말아야 한다.

실제로 우리가 원시적이라고 생각하는 생물체마저 우리가 태평스러운 방관자로 보일 정도로 놀라운 수준의 세포 조직을 가지고 있다. 해면을 체로 걸러서 세포를 해체한 후에 물속에 던져넣으면, 세포 조각이 다시 모여들어서 스스로 해면의 구조를 회복한다. 그런 일을 끊임없이 반복하더라도, 해면은 끈질기게 다시 모여든다. 인간은 물론 다른 모든 생명체와 마찬가지로 해면도 계속 존재하고 싶다는 충동에 압도되어 있기 때문이다. 그런 모든 것이 이상하고, 고집불통이고, 겨우 이해하기 시작한 분자 때문이다. 그 분자는 스스로는 살아 있는 것도 아니고, 다른 일은 아무것도 하지 못한다. 우리는 그것을 DNA라고 부른다. 과학이나 우리에게 DNA가 얼마나 중요한지를 이해하려면, 대략 160년 전 영국 빅토리아 시대의 박물학자 찰스 다윈이 "인간이 찾아낸 가장 훌륭한 생각"을 하게 된 순간으로 되돌아가야 한다. 약간의 설명이 필요하겠지만, 그의 주장은 15년 동안 서랍 속에 잠들어 있어야 했다.

제25장

다윈의 비범한 생각

1859년 늦여름이나 초가을에 영국의 유명 잡지 「쿼털리 리뷰 *Quarterly Review*」의 편집자인 휘트웰 엘윈은 박물학자 찰스 다윈의 신간 견본을 받았다. 책을 재미있게 읽은 엘윈은 좋은 책이지만 많은 독자의 관심을 끌기에는 주제가 너무 좁은 것 같다고 걱정했다. 그는 다윈에게 비둘기에 관한 책을 쓰도록 권했다. "누구나 비둘기에 관심이 있다"는 요긴한 말을 해주었다.

그러나 엘윈의 사려 깊은 충고는 받아들여지지 않았고, 결국 1859년 11월에 『자연선택에 의한 종의 기원 또는 생존 경쟁에서 선택된 종의 보존 *On the Origin of Species by Means of Natural Selection, or the Preservation of Favoured Races in the Struggle for Life*』이 발간되었다. 정가는 15실링이었다. 첫날 1,250부의 초판이 매진되었다. 그 이후로 그 책은 절판된 적도 없었고, 논란이 끊긴 적도 없었다. 다른 취미라고는 지렁이뿐이고, 세계 일주 항해를 해보겠다는 단 한 번의 열정적인 결단을 하지 않았다면, 무명의 시골 목사로 평생을 보낼 뻔했던 그에게 그리 나쁜 일은 아니었다.

찰스 로버트 다윈은 1809년 2월 12일† 영국 웨스트 미들랜드에 있는 조용

---

† 그날은 켄터키 주에서 에이브러햄 링컨이 태어난 역사상 경사스러운 날이다.

한 시장 마을인 슈루즈베리에서 출생했다. 그의 아버지는 존경받던 성공한 의사였다. 찰스가 여덟 살 때 사망한 그의 어머니는 도자기로 유명한 조사이 아 웨지우드의 딸이었다.

다윈은 좋은 환경에서 자라났지만, 학교 성적이 좋지 않아서 부인을 잃은 아버지를 괴롭게 했다. "사냥과 개, 쥐 잡기에만 빠져 있으면, 너 자신은 물론이고 집안에 부끄러운 사람이 될 게다." 다윈의 어린 시절에 관한 이야기에는 빠짐없이 등장하는 그의 아버지의 말이다. 그는 자연사를 좋아했지만 아버지를 위해서 에든버러 대학교에서 의학을 공부했다. 그러나 피와 고통을 참아낼 수가 없었다. 아파하는 아이를 수술하는 장면을 목격한 경험은 그에게 영원히 잊을 수 없는 트라우마를 남겼다. 당시는 마취법이 개발되기 전이었다. 그는 법학으로 전공을 바꾸었지만, 따분함을 참을 수 없었다. 그는 케임브리지 대학교에서 거의 아무런 노력도 없이 신학 학위를 받았다.

시골 사제관에서 살아야 할 것 같았던 그는 느닷없이 훨씬 매력적인 제안을 받았다. 해군 탐사선 비글 호를 타고 항해를 하자는 것이었다. 그에게는 신분 때문에 귀족 이외의 사람을 사귈 수 없었던 로버트 피츠로이 선장과 저녁 식사를 함께한다는 임무가 주어졌다. 독특한 사람이었던 피츠로이는 코 모양이 마음에 든다는 이유로 다윈을 선택했다(그는 코가 인격의 깊이를 나타낸다고 믿었다). 다윈이 피츠로이가 처음부터 선택한 사람은 아니었다. 오히려 피츠로이가 가장 선호했던 사람이 그와 함께 갈 수 없었기 때문에 선택되었다. 21세기의 관점에서 볼 때 두 사람의 가장 두드러진 공통점은 둘 다 매우 젊었다는 것이다. 항해를 시작할 때 피츠로이는 스물셋, 다윈은 스물둘이었다.

피츠로이의 공식적인 임무는 해안의 지도를 작성하는 것이었지만, 그의 관심은 창조에 대해 성서에 나와 있는 글자 그대로의 증거를 찾아내는 것이었다. 그는 그 일에 열정적인 관심을 가졌다. 피츠로이가 다윈을 선택한 중요한 이유는 그가 신학을 공부했다는 것이었다. 그러나 다윈이 진보적인 생각을 가졌고 기독교 원리주의자와는 거리가 멀다는 사실이 밝혀지면서, 두 사람 사이는 영원히 금이 가게 되었다.

다윈이 비글 호에서 지냈던 1831년부터 1836년까지의 기간은 그에게 인생을 결정짓는 기간이면서, 동시에 가장 힘든 시기이기도 했다. 그는 선장과 함께 작은 선실을 써야 했다. 화가 나면 엄청난 적의를 드러냈던 피츠로이와 함께 지내는 일은 쉽지 않았다. 그와 다윈은 끊임없이 논쟁을 벌였고, 훗날 다윈의 기억에 의하면 "미치기 직전까지 갔던" 경우도 많았다. 대양을 항해하는 것은 아무리 좋게 말해도 고독한 일이었다. 비글 호의 전임 선장은 우울증에 빠져서 자신의 머리에 총을 쏘아 자살했다. 피츠로이의 집안은 우울증에 빠질 가능성이 높은 성격을 가진 것으로 널리 알려져 있었다. 그의 삼촌인 캐슬레이 자작은 외무부 장관으로 재직하던 10여 년 전에 스스로 목을 그어 자살했다(피츠로이도 1865년에 같은 방법으로 자살했다). 피츠로이는 기분이 좋을 때도 이상할 정도로 속내를 알기 어려운 사람이었다. 다윈은 피츠로이가 항해를 마치자마자 오래 전에 약혼한 젊은 여자와 결혼을 한다는 소식을 듣고 깜짝 놀랐다. 그는 다윈과 함께 지내는 5년 동안 한 번도 그녀와의 관계를 밝힌 적이 없었고, 이름을 입에 올린 적도 없었다.

그러나 비글 호 항해는 다윈에게 모든 면에서 큰 성공이었다. 다윈은 평생토록 잊지 못할 모험을 경험했다. 그에게 명성을 주었으며 평생 연구할 수 있는 표본을 채취할 수 있었던 것도 그 항해 덕분이었다. 그는 훌륭한 보물이 된 거대한 고대 화석을 발굴했다. 그가 찾아낸 메가테리움 화석은 지금까지도 가장 훌륭한 것으로 알려져 있다. 그는 칠레에서 일어난 치명적인 지진에서도 살아남았고, 새로 발견한 돌고래 종에 델피누스 피츠로이라는 이름을 붙였고, 안데스 산맥 전역에 관한 지질학적 연구에 심혈을 기울였으며, 산호 환초環礁의 형성에 대한 훌륭한 이론을 새로 찾아냈다. 환초가 100만 년 이내에 형성될 수 없다는 그의 이론은 지구의 역사가 매우 길다는 그의 오래된 고집을 보여주었다. 그는 스물일곱이던 1836년에 5년 2일간 떠나 있던 집으로 돌아왔다. 그후로는 한 번도 영국을 떠나지 않았다.

항해하는 동안에 다윈이 하지 않았던 단 한 가지가 바로 진화론을 제안하는 것이었다. 사실 1830년대에 진화evolution라는 개념은 이미 수십 년 된 것이었다. 다윈의 할아버지인 이래즈머스는 다윈이 태어나기 몇 년 전에 이미 "자연의 사원"이라는 평범한 시를 통해서 진화의 원리를 찬양했다. 젊은 다윈이 생명은 영원한 투쟁이며, 어떤 종은 번성하는데 다른 종은 사라지는 이유가 바로 자연선택 때문이라는 생각을 진지하게 하게 된 것은 영국으로 돌아와서 (수학적인 이유로 식량의 증가가 인구의 증가를 따라잡을 수 없다는 사실을 주장한) 토머스 맬서스의 『인구론Essay on the Principle of Population』을 읽어본 후부터였다. 구체적으로 다윈이 깨달은 것은 모든 생물이 자원을 확보하기 위해서 경쟁을 하고, 선천적인 장점을 가진 생물은 번성하면서 그 장점을 후손에게 물려준다는 것이었다. 생물종은 그런 방법으로 끊임없이 개선된다는 것이다.

그의 주장은 놀라울 정도로 단순해 보인다. 실제로도 놀라울 정도로 단순한 주장이었지만, 많은 것을 설명해주었다. 다윈은 평생을 바칠 준비를 하고 있었다. "지금까지 그런 생각을 하지 못했다니 얼마나 어리석은가!"『종의 기원』을 읽은 후에 T. H. 헉슬리가 내뱉은 감탄은 그 이후로 끊임없이 반복되었다.

흥미롭게도 다윈은 자신의 어떤 글에서도 "적자생존"이라는 표현을 쓰지 않았다(그러나 그 말을 좋아한다는 사실은 밝혔다). 그 말은 『종의 기원』이 발간되고 5년이 지난 1864년에 『생물학의 원리Principles of Biology』를 발간한 허버트 스펜서가 처음 사용했다. 또한 그는 『종의 기원』 6판이 발간될 때까지는 진화라는 말 대신 "변종의 후손"이라는 표현을 썼다(6판이 발간될 때에는 그 말이 너무 널리 알려져서 어쩔 수가 없었다). 무엇보다도 갈라파고스 제도를 방문했을 때, 그곳의 핀치의 부리가 매우 다양하다는 사실에 감명을 받아서 그런 결론을 내린 것도 아니었다. 흔히 알려지거나, 적어도 많은 사람이 기억하는 이야기에 따르면, 이 섬 저 섬을 찾아다니던 다윈은 각각의 섬에 살고 있는 핀치의 부리가 그 섬의 자원을 활용하기에 적당하도록 훌륭하게 적응했다는 사실을 발견했다. 어떤 섬에 사는 핀치의 부리는 단단한 견과를 깨트릴 수 있도록 견고하고 짧지만, 그 옆에 있는 섬에 사는 핀치의 부리는 틈새에 끼어 있는 음식을 파먹기 쉽도록 길고 가늘었다. 그는 그런 사실로부터 새가 그렇게 창조된 것이 아니라 어떤 의미에서는 스스로 그렇게 만들어졌다는 생각을 하게 되었다.

실제로 새는 스스로를 **만들어냈지만**, 그런 사실을 알아차린 사람은 다윈이 아니었다. 비글 호 항해를 떠날 당시 다윈은 갓 대학교를 졸업해서 아직은 유능한 박물학자가 아니었기 때문에 갈라파고스의 새가 모두 같은 종류라는 사실을 몰랐다. 다윈이 발견한 것이 사실은 다른 재능을 가진 수많은 핀치라는 점을 알아본 사람은 그의 친구였던 조류학자 존 굴드였다. 불행하게도 경험이 없었던 다윈은 어느 새가 어느 섬에 사는지를 기억하지 못했다(그는 거북의 경우에도 비슷한 실수를 했다). 갈피를 잡기까지 몇 년의 세월이 걸렸다.

그런 실수도 있었고, 비글 호에서 가져온 많은 표본 상자도 정리해야 했기 때문에 다윈이 마침내 자신의 새로운 이론의 기초를 스케치하기 시작한 것은 영국으로 돌아온 지 6년이 지난 1842년부터였다. 2년 후에는 230쪽 분량의 "스케치"로 늘어났다. 그런 후에 그는 아주 이상한 일을 했다. 자신의 노트를 옆으로 제쳐두고 15년 동안 다른 일에 빠져버렸다. 그동안 그는 자식을 10명이나 보았고, 거의 8년 동안은 따개비에 관한 책을 쓰는 데에 열중했다(그 작업을 끝내고 난 그는 당연히 "다른 어떤 사람보다도 따개비를 싫어한다"고 말했다). 그런 후에는 이상한 병에 걸려서 만성적으로 피곤하고, 정신을 잃고, 그의 표현에 따르면 "혼란스러웠다." 언제나 심한 메스꺼움을 느꼈고, 가슴 통증, 편두통과 피로에 시달렸으며, 눈앞에 점이 보이기도, 숨이 차기도 했고, "머리가 어지럽고", 우울증에 빠지기도 했다.

병의 원인은 확실하게 밝혀지지 않았지만, 여러 가지 가능성 중에서 가장 낭만적이고 가능성이 높은 것은 샤가스 병이었다. 남아메리카의 편모충 때문에 걸렸을 수 있는 이 열대병은 쉽게 치료할 수도 없었다. 그의 병이 정신적인 것이라는 더 평범한 진단도 있다. 어떤 경우든지 불행한 일이었다. 그는 한 번에 20분 이상 일을 할 수가 없었고, 때로는 그 정도도 불가능했다.

그는 여생의 대부분을 점점 더 절망적인 치료에 허비해야만 했다. 얼음 목욕도 하고, 식초에 목욕을 하기도 했고, 몸에 소량의 전류를 흘리는 "전기 사슬" 치료를 받기도 했다. 그는 켄트의 다운 하우스를 벗어나지 않는 은둔자가 되어버렸다. 이사한 후에 그가 가장 먼저 했던 일은 방문자를 미리 확인해서 필요하면 피할 수 있도록 서재 창문 밖에 거울을 세우는 것이었다.

다윈은 자신의 이론이 엄청난 논란을 일으키리라는 사실을 알았기 때문에 아무에게도 이론을 이야기하지 않았다. 그가 노트를 치워버렸던 1844년에는 인간이 열등한 영장류에서 신의 도움 없이 진화했을지도 모른다고 주장한 『창조의 자연사적 흔적*Vestiges of the Natural History of Creation*』이라는 책 때문에 학계 전체가 분노했다. 논란을 예상했던 저자는 자신의 정체를 조심스럽게 감추었다. 그는 40년간 아주 친한 친구에게도 자신의 정체를 밝히지 않았다. 다윈이 그 책의 저자일 수도 있다고 생각한 사람도 있었다. 빅토리아 여왕의 남편인 앨버트 공을 의심한 사람도 있었다. 그러나 그 책의 저자는 아무도 의심하지 않았던 스코틀랜드의 성공한 출판인 로버트 체임버스였다. 그가 자신을 드러내지 않았던 데에는 개인적인 이유뿐 아니라 현실적인 이유도 있었다. 그의 회사는 성서를 가장 많이 출판하던 회사였기 때문이다.[†] 『창조의 자연사적 흔적』은 영국은 물론이고 다른 국가에서도 성직자들

[†] 다윈은 제대로 짐작했던 몇 사람 중의 한 명이었다. 그가 어느 날 우연히 체임버스를 찾아갔을 때 『창조의 자연사적 흔적』의 6판 사전 인쇄본이 배달되었다. 두 사람은 그 책에 대해서 이야기를 나누지는 않았지만, 그가 개정판을 주의 깊게 살펴보았던 것이 힌트였다.

의 심한 비난을 받았고, 학계의 상당한 분노를 불러일으켰다. 「에든버러 리뷰*Edinburgh Review*」는 거의 전부에 해당하는 85쪽에 걸쳐 그 책을 혹평했다. 진화론을 추종했던 T. H. 헉슬리마저도 저자가 자신의 친구라는 사실을 모르고 그 책을 신랄하게 비판했다.

1858년 초여름에 극동 지방에서 온 놀라운 소포가 아니었다면, 다윈의 원고는 그가 사망할 때까지 숨겨졌을 수도 있었다. 그 소포에는 앨프리드 러셀 월리스라는 젊은 박물학자의 호의적인 편지와 함께 비밀스럽게 감추고 있던 다윈의 책과 놀라울 정도로 비슷하게 자연선택 이론을 설명하는, "변종變種이 원종原種으로부터 무한히 멀어져가는 경향에 관하여"라는 논문의 원고가 들어 있었다. 몇몇 구절은 다윈의 것과 완전히 일치했다. "그보다 더 놀라운 우연의 일치를 본 적이 없다." 당황했던 다윈의 기억이었다. "만약 월리스가 1842년에 쓴 나의 원고를 보았다고 하더라도 그보다 더 훌륭한 초록을 쓸 수는 없었을 것이다."

월리스는 일부의 주장처럼 느닷없이 다윈의 일생에 끼어든 것은 아니었다. 두 사람은 이미 편지를 주고받는 사이였고, 월리스가 다윈에게 흥미로울 만한 표본을 기꺼이 보내준 경우가 적어도 한 차례 이상 있었다. 그 과정에서 다윈은 월리스에게 생물종의 탄생 문제는 자신의 독점적인 영역이라고 믿는다는 사실을 은밀히 경고하기도 했다. "이번 여름은 내가 종과 변종이 서로 어떻게 달라지는지에 대한 의문에 대해서 첫 노트를 펼친 때로부터 20년(!)이 되는 해라네." 그는 훨씬 전에 월리스에게 그런 편지를 보냈었다. "나는 지금 연구 결과를 모아서 출판을 준비하고 있네." 그는 사실과는 달리 그렇게 덧붙였다. 월리스는 다윈이 무슨 의도로 이런 말을 하는지 이해하지 못했고, 자신의 이론이 다윈이 실제로 20년 동안 진화시켜왔던 것과 거의 똑같다는 사실도 당연히 몰랐다.

다윈은 난처한 입장에 놓였다. 만약 자신의 우선권을 지키기 위해서 서둘러 출판을 하면, 먼 곳에서 자신을 좋아하던 사람이 순진하게 제공한 정보를 이용했다는 비난을 받을 처지에 놓일 수도 있었다. 그러나 신사처럼 옆으로 비켜나면, 자신이 독립적으로 발전시켜왔던 이론에 대한 권리를 잃어버릴 것이었다. 월리스 자신이 인정하듯이, 월리스의 이론은 한순간에 번뜩였던 통찰력의 결과였다. 그러나 다윈의 이론은 몇 년에 걸친 신중하고, 꾸준하며, 체계적인 사고의 산물이었다. 다윈에게는 두 선택이 모두 참을 수 없을 정도로 부당했다.

더욱 비참하게도, 역시 찰스라는 이름을 가진 다윈의 막내아들이 성홍열에 걸려서 심하게 앓기 시작했다. 막내아들은 상황이 매우 어려웠던 6월 28일에 사망했다. 다윈은 아픈 아들을 돌보는 동안 겨우 틈을 내서 친구인 찰스 라이엘과 조지프 후커에게 편지를 썼다. 그는 자신이 가만히 있겠지만, 그렇게 하면 자신의 모든 업적이 "어떤 중요성을 가지게 될지에 상관없이 모두 버려질 것"이라고 불평을 털어놓았다. 라이엘과 후커는 다윈과 월리스의 이론을 함께 발표하자는 중재안을 제시했다. 그들이 선택한 장소는 당시 과거의 명성을 되찾으려고 애를 쓰고 있던 린네 학회의 학술회의였다. 1858년 7월 1일에 다윈과 월리스의 이론이 세상에 모습을 드러냈다. 다윈 자신은 참석하지 않았다. 다윈 부부는 학술회의가 열리던 날에 막내아들을 묻어주고 있었다.

다윈-월리스의 이론은 그날 저녁에 발표된 7편의 논문 중의 하나였고, 그중에는 앙골라의 식물상에 대한 것도 있었다. 당시 객석에 있던 30여 명의 청중은 19세기 과학의 절정을 목격하고 있다는 사실을 짐작조차 하지 못했다. 아무런 토론도 없었다. 다른 사람의 관심을 끌지도 못했다. 훗날 다윈이 즐겁게 지적했듯이, 더블린의 호턴 교수 단 한 사람만이 인쇄된 2편의 논문에 대해서 "이 논문에서 새로 주장하는 것은 모두 틀렸고, 맞는 것은 오래전에 알려진 것"이라고 말했을 뿐이다.

그때까지 극동 지방에 있었던 월리스는 사건이 일어난 지 오랜 후에야 어떻게 되었는지를 알게 되었지만, 놀라울 정도로 차분했다. 그저 자신의 업적이 함께 공개된 것으로 만족했던 것 같다. 그후에도 그는 그 이론을 "다윈주의"라고 불렀다.

다윈이 주장했던 우선권을 쉽게 받아들이지 못한 사람은 스코틀랜드의 정원사 패트릭 매슈였다. 놀랍게도 그 역시 다윈이 비글 호 항해를 떠나던 바로 그해에 자연선택의 원리에 대해서 생각했다. 애석하게도 매슈는 자신의 주장을 『해군 목재 및 수목 재배Naval Timber and Arboriculture』라는 잘 알려지지 않은 책에 발표했다. 다윈은 물론이고 전 세계가 그 책이 존재한다는 사실조차 알지 못했다. 매슈는 다윈이 자신의 생각으로 모든 곳에서 인정을 받는 모습을 보고 「정원사 신문Gardener's Chronicle」에 편지를 보내는 등 적극적으로 항의했다. 다윈은 지체없이 사과했지만, 기록을 위해서 "『해군 목재 및 수목 재배』의 부록으로 실린 그의 주장이 얼마나 간결했는지를 생각하면, 나는 물론이고 다른 어떤 박물학자도 매슈 씨의 주장에 대해서 들어본 적이 없었던 것은 놀랄 일이 아니라고 생각한다"고 언급했다.

월리스는 그후로도 50년 동안 박물학자로 활동하면서, 가끔 훌륭한 결과를 발표하기도 했지만, 심령술이나 우주의 다른 곳에 생명이 존재할 가능성과 같은 이상한 문제에 흥미를 가지면서 과학계로부터 멀어져갔다. 그래서 그 이론은 저절로 다윈 혼자만의 이론이 되고 말았다.

다윈은 자신의 이론 때문에 끊임없이 괴로워했다. 그는 자신을 "악마의 전도사"라고 불렀고, 그런 이론을 밝혀내는 일은 "살인을 자백하는 것과 같다"고 했다. 다른 무엇보다도 자신의 이론이 신앙심이 깊은 사랑하는 아내에게 큰 고통이라는 사실을 알고 있었다. 그렇지만 그는 곧바로 자신의 원고를 책이 될 정도의 분량으로 보완하기 시작했다. 그는 책 제목을 잠정적으로 『자연선택을 통한 종과 변종의 기원에 대한 글의 초록』이라고 붙였다. 출판사의 존 머리는 밋밋하고 임시적인 제목을 보고 500부만 발간하기로 했다. 그러나 실제 원고를 본 그는 제목을 조금 매력적으로 수정한 후에 1,250부의 초판을 발간하기로 마음을 바꾸었다.

『종의 기원』은 즉시 상업적 성공을 거두기는 했지만 대단한 것은 아니었다. 다윈의 이론에는 해결하기 힘든 어려움이 두 가지 있었다. 즉 켈빈 경이 동의하는 것보다 훨씬 더 오랜 세월이 필요했고, 화석으로 증명되지 않았다는 것이다. 사려 깊은 다윈의 비판자들은 그의 이론이 그렇게 명백하게 요구하는 과도기의 중간 형태가 어디에 있는지를 물었다. 새로운 종이 끊임없이 진화해왔다면, 화석 기록에는 엄청나게 많은 중간 형태가 있어야만 하는데, 그런 것은 전혀 찾을 수가 없었다.† 사실 당시(그리고 그 이후로도 오랫동안)의 기록에서는 유명한 캄브리아기 대폭발 직전까지는 생명의 흔적을 찾아볼 수 없었다.

그런 상황에서 아무 증거도 없었던 다윈은 초기의 바다에 분명 풍부한 생물이 살았겠지만, 어떤 이유에서인지 지금까지 보존되지 않았기 때문에 찾아내지 못했을 뿐이라고 주장했다. 다윈은 다른 가능성은 전혀 없다고 주장했다. 그는 솔직하게 "현재의 상황은 이해하기 어려운 것이 틀림없고, 그런 주장을 반박하려면 확실한 근거가 필요할 수도 있다"고 말했지만, 다른 가능성은 결코 인정하지 않았다. 그는 자신의 주장을 합리화하기 위해서 창의적이기는 하지만 틀린 가정을 내세우기도 했다. 그는 캄브리아기의 바다는 퇴적물이 쌓이지 못할 정도로 깨끗했기 때문에 화석이 보존되지 못했을 것이라고 주장하기도 했다.

다윈의 가장 가까운 친구까지도 그의 신중하지 못한 주장에 거부감을 느꼈다. 케임브리지 대학교에서 다윈을 가르쳤고, 1831년에는 웨일스 지방의 지질 탐사 여행에 그를 데려가기도 했던 애덤 세지윅은 다윈의 책이 그에게 "즐거움보다는 고통을 주었다"고 했다. 스위스의 저명한 고생물학자인 루이 아가시는 그의 주장이 엉터리 가정이라고 했다. 심지어 라이엘까지도 "다윈

---

† 논란이 극에 달했던 1861년에 우연히 바이에른의 인부들이 새와 공룡의 중간에 해당하는 생물인 고대 시조새의 뼈를 찾아냄으로써 그런 증거가 나타났다(날개가 있었던 그 동물에는 이빨도 있었다). 그 발견은 감동적이고 큰 도움이 되었으며, 그 중요성에 대해서 많은 논란이 있었지만, 단 하나의 발견을 결정적이라고 여기기는 어려웠다.

이 너무 심했다"라고 결론을 내렸다.

T. H. 헉슬리는 지질학적 시간이 엄청나게 길어야 한다는 다윈의 주장을 싫어했다. 그는 진화적인 변화가 점진적으로 일어난 것이 아니라 갑자기 일어났다고 믿는 도약 진화론자saltationist였다. "도약"을 뜻하는 라틴어saltus에서 유래된 말인 도약 진화론자는 느린 변화를 통해서 복잡한 장기가 만들어진다는 사실을 인정할 수가 없었다. 길이가 10분의 1에 불과한 날개나 반쪽 크기의 눈이 무슨 소용이 있겠는가? 그들의 주장에 따르면, 그런 장기는 처음부터 완성된 상태로 나타나야만 의미가 있다.

헉슬리와 같은 진보적인 학자가 그런 믿음을 가지고 있었다는 것은 놀라운 일이었다. 그런 믿음은 1802년에 영국의 신학자 윌리엄 페일리가 처음 주장했던, 설계 논증argument from design이라는 지극히 보수적인 종교적 주장과 아주 비슷하기 때문이다. 페일리는 회중시계를 한 번도 본 적이 없는 사람이라고 하더라도 땅에 떨어진 회중시계를 보면 즉시 그것이 지능을 가진 존재에 의해서 만들어진 것임을 알 수 있으리라고 주장했다. 그는 자연도 마찬가지라고 믿었다. 자연의 복잡성은 (창조주에 의한) 설계의 증거라는 것이었다. 그런 주장은 19세기에는 설득력이 있었기 때문에 다윈도 쉽게 반박할 수가 없었다. 그는 친구에게 보낸 편지에서 "지금까지도 눈[目]의 문제는 정말 몸서리쳐진다"고 인정했다. 『종의 기원』에서 그는 자연선택이 점진적인 단계를 거쳐서 그런 기관을 만든다는 주장이 "아무리 생각해도 터무니없다는 점을 솔직하게 인정한다"고 밝혔다.

그런데 다윈은 모든 변화가 점진적이었다고 주장했을 뿐 아니라, 『종의 기원』을 개정할 때마다 진화가 진행되는 데에 필요하다고 여겨지는 시간을 점점 더 늘림으로써 그의 지지자들마저도 끊임없이 분노하게 만들었다. 그의 주장은 점점 인기를 잃었다. 과학자이며 역사학자인 제프리 슈워츠에 따르면, "결국 다윈은 동료 자연사학자와 지질학자들 사이에 남아 있던 거의 모든 지지를 잃었다."

제목을 『종의 기원』이라고 붙인 다윈이 실제로 종이 어떻게 등장하는지에 관해서는 설명할 수 없었다는 사실은 역설적이기도 하다. 다윈의 이론은 한 종이 어떻게 더 강해지거나 더 좋아지거나 아니면 더 빨라지는지, 즉 한마디로 어떻게 더 잘 적응하는지를 설명해주었다. 그러나 어떻게 새로운 종으로 출현하는지에 대해서는 아무런 설명도 하지 못했다. 스코틀랜드의 공학자 플리밍 젱킨은 그것이 다윈의 주장에서 가장 중요한 결점이라고 지적했다. 다윈은 한 세대에서 나타나는 좋은 형질은 반드시 후속 세대에 전해져서 종을 더 강화해준다고 믿었다. 젱킨은 어느 한 부모의 장점이 후세에 압도적으로 나타나는 것이 아니라, 오히려 혼합에 의해서 묽어진다고 지적했다. 위스키를 물잔에 넣으면 위스키가 더 독해지는 것이 아니라 더 묽어진다. 묽어진 용액을 다른 물잔에 넣으면 더욱 묽어진다. 마찬가지로 어느 한 부모에게서 전해진 좋은 형질은 이후의 교배를 통해서 묽어져서 결국은 드러나지 않게 된다. 따라서 다윈의 이론은 변화가 아니라 균일함을 설명해준다는 지적이었다. 행운의 우연이 가끔 생겨날 수는 있겠지만, 모든 것을 안정한 상태로 되돌리려는 일반적인 흐름 속에 곧바로 사라지게 될 것이다. 자연선택이 작용하려면, 생각하지 못했던 다른 메커니즘이 필요했다.

다윈은 물론이고 다른 사람들도 모르고 있었지만, 1,200킬로미터나 떨어진 유럽 중부의 조용한 구석에서 그레고어 멘델이라는 은퇴한 수도자가 그 해답을 찾아내고 있었다.

멘델은 1822년 오늘날 체코 공화국이 된 오스트리아 제국에 있는 오지의 평범한 가정에서 태어났다. 한때 교과서에는 그가 성실하고 예리한 시골의 수도자였고, 대체로 우연히 그의 발견을 이루었다고 소개되었다. 수도원의 텃밭에서 완두를 키우던 그가 우연히 재미있는 유전의 흔적을 발견했다는 설명이었다. 그러나 사실 멘델은 교육을 받은 과학자였다. 그는 올로모우츠 철학연구소와 빈 대학교에서 물리학과 수학을 공부했고, 모든 일에 과학적 원리를 활용했다. 더욱이 그가 1843년부터 살았던 브르노의 수도원은 학문적으로도 뛰어난 곳이었다. 수도원에는 2만 권의 장서를 보유한 도서관이 있었고, 면밀한 과학 연구의 전통도 있었다.

멘델은 실험을 시작하기 전에 대조군으로 사용할 7종의 완두가 어떻게 교배되는지를 확인하기 위해서 2년 동안 준비를 했다. 그런 후에 그는 전임 조수 두 사람의 도움을 받아 3만 그루의 완두를 이용해서 교배와 잡종 교배를 반복했다. 실험은 매우 정교했다. 실수로 잡종 교배가 되지 않도록 극도로 주의를 기울였고, 성장 과정에서의 모든 변이는 물론, 씨앗, 꼬투리, 잎, 줄기, 꽃의 모양을 꼼꼼하게 관찰했다. 멘델은 자신이 무슨 일을 하고 있는지 잘 알고 있었다.

그는 "유전자gene"라는 말을 한 번도 사용하지는 않았다. 그 말은 1913년에야 영국 의학 사전에 등장했다. 그러나 유전에 대해서 우성dominant과 열성recessive이라는 단어는 멘델이 만든 것이다. 그가 확실하게 알아낸 사실은 모든 씨앗에 자신이 우성과 열성이라고 불렀던 두 종류의 "인자factor" 또는 요소Elemente가 있으며, 그런 인자가 합쳐지면 후손에게 전해지는 결과를 예측할 수 있다는 것이었다.

멘델은 그 결과를 정확한 수식으로 정리했다. 멘델은 8년 동안 실험에 매달렸고, 그후에는 꽃과 옥수수를 비롯한 다른 식물에 대한 비슷한 실험으로 결과를 확인했다. 문제가 있었다면, 멘델이 지나칠 정도로 과학적인 방법으로 접근했다는 점이었다. 멘델이 1865년 2월과 3월에 열린 브르노 자연사학회에서 자신의 실험 결과를 발표했을 때, 식물의 육종育種은 당시 많은 사람이 관심을 가진 문제였음에도 불구하고 40여 명의 청중은 점잖게 듣기는 했지만 아무런 감동도 받지 못했다.

멘델은 자신의 논문 사본을 스위스의 위대한 식물학자 카를-빌헬름 네겔리에게 보냈다. 멘델의 이론이 성공하려면 네겔리의 지원이 반드시 필요했다. 그러나 불행하게도 네겔리는 멘델이 발견한 사실의 중요성을 인식하지 못했다. 그는 멘델에게 조밥나물을 연구해보도록 추천했다. 멘델은 고분고분하게 네겔리의 제안을 받아들였지만, 조밥나물에서는 유전성을 연구하기에 적당한 특징을 찾을 수 없다는 사실을 깨달았다. 네겔리가 멘델의 논문을 꼼꼼하게 읽어보지 않았거나, 아니면 전혀 읽어보지 않았던 것이 분명했다. 실망한 멘델은 유전에 관한 연구를 포기하고, 좋은 채소를 기르고, 벌, 쥐, 태양의 흑점 등을 연구하면서 여생을 보냈다. 마침내 그는 대수도원장이 되었다.

멘델의 발견은 흔히 전해지는 것처럼 완전히 무시되지는 않았다. 그의 연구는 과학자들 사이에서 지금보다도 더 유명했던 『브리태니커 백과사전 Encyclopaedia Britannica』에 실리는 영광을 차지했고, 빌헬름 올베르스 포케라는 독일 과학자의 중요한 논문에 여러 차례 인용되기도 했다. 사실 멘델의 생각이 물밑으로 완전히 가라앉지 않았기 때문에, 때가 무르익자 쉽게 알려질 수 있었다.

당시에는 깨닫지 못했지만, 다윈과 멘델은 20세기의 생명과학의 기초를 닦아놓았던 셈이다. 다윈은 모든 생물이 "단 하나의 공통된 조상"을 가지며 서로 연관되어 있다는 사실을 알아냈고, 멘델은 어떻게 그런 일이 가능했는지를 설명할 수 있는 메커니즘을 제시했다. 두 사람은 서로에게 큰 도움이 될 수도 있었을 것이다. 멘델은 독일어판 『종의 기원』을 소장했고 실제로 읽었던 것으로 알려져 있다. 그러므로 멘델이 자신의 연구가 다윈의 주장에도 적용될 수 있다는 사실을 깨달았던 것이 틀림없지만, 다윈에게 연락하려는 시도는 하지 않았다. 다윈의 경우에도 멘델의 연구 결과를 반복해서 인용한 포케의 유명한 논문을 깊이 연구했던 것으로 알려져 있지만, 그 결과를 자신의 주장과 연결하지 못했다.

모든 사람이 다윈의 주장에 인간이 유인원의 후손이라는 내용이 포함되어 있다고 생각하지만, 사실은 단 한 번의 암시 이외에 그런 주장은 없었다. 그렇지만 다윈의 이론에서 인간의 발전에 대한 암시를 눈치채는 것은 그리 어려운 일이 아니었다. 그래서 곧바로 심각한 논란이 시작되었다.

대결은 1860년 6월 30일 토요일에 옥스퍼드에서 개최된 영국 과학진흥협회 회의에서 이루어졌다. 헉슬리는 『창조의 자연사적 흔적』의 저자인 로버트 체임버스로부터 그 모임에 참석하도록 요청을 받았다. 그러나 헉슬리는 체임버스가 그렇게 이론이 분분한 문제와 어떤 관계가 있는지 여전히 몰랐다. 역시 이번에도 다윈은 회의에 참석하지 않았다. 회의는 옥스퍼드 동물학 박물관에서 개최되었다. 1,000여 명의 청중이 몰려들었고, 수백 명은 자리가 없어서 돌아가야 했다. 사람들은 무엇인가 중요한 일이 벌어지리라는 사실을 알고 있었다. 그러나 먼저, 뉴욕 대학교의 존 윌리엄 드레이퍼의 "다윈 씨의 견해를 참고하여 고찰한 유럽 지성의 발전"이라는 지루한 소개용 강연을 2시간 동안이나 들어야 했다.

마침내 옥스퍼드의 주교인 새뮤얼 윌버포스가 일어나서 발언을 시작했다. 윌버포스는 그 전날 그의 집을 찾아온 극렬한 반反다윈주의자인 리처드 오언에게서 미리 이야기를 들었을 것이라고 일반적으로 알려져 있다. 격렬하게 끝난 일이 대부분 그렇듯이, 실제로 무슨 일이 일어났는지에 대한 기억은 매우 다양하다. 가장 널리 알려진 이야기에 따르면, 윌버포스는 언제나 그렇듯이 주저하지 않고 비웃는 표정으로 헉슬리를 바라보면서 당신이 유인원과 맺었다는 혈연이 할아버지 쪽인지 아니면 할머니 쪽인지 물었다. 그런 표현은 분명히 빈정거림이었지만, 아주 냉정한 도전처럼 느껴졌다. 헉슬리의 기억에 따르면, 그는 옆에 앉아 있던 사람에게 "주님께서 제 손바닥에 그를 넘겨주셨군요"라고 속삭인 후에 입맛을 다시면서 일어섰다.

그러나 다른 사람들은 헉슬리가 분노에 치를 떨었다고 기억했다. 어쨌든 헉슬리는 진지한 과학 문제를 토론하는 곳에서 알지도 못하면서 쓸데없는 소리를 지껄이는 유명인사보다는 차라리 유인원과 혈족 관계를 주장하겠다고 선언했다. 그런 반격은 무례하고 괘씸할 뿐만 아니라 윌버포스의 주교직에 대한 모욕이었기 때문에 회의장은 몹시 소란스러워졌다. 브루스터 부인은 기절해버렸고, 25년 전에 다윈과 함께 비글 호에 동승했던 로버트 피츠로이는 성서를 높이 들고 "성경, 성경"이라고 외치면서 회의장을 돌아다녔다(그는 새로 만들어진 기상학과의 책임자 신분으로 폭풍에 대한 논문을 발표하기 위해서 그 회의에 참석했다). 흥미롭게도 일이 끝난 후에는 양편이 모두 상대방을 이겼다고 주장했다.

다윈은 1871년에 발간된 『인간의 유래The Descent of Man』에서 인간과 유인원의 관계에 대한 자신의 믿음을 분명하게 밝혔다. 당시의 화석 기록에는 그런 주장을 뒷받침할 근거가 전혀 없었기 때문에 그 결론은 대담한 것이었다. 당시에 알려져 있었던 가장 오래된 초기 인류의 유골은 독일에서 발견된 유명한 네안데르탈인과 알 수 없는 턱뼈 조각 몇 개뿐이었고, 대부분의 권위자는 그것조차도 믿지 않았다. 『인간의 유래』는 더욱 논란이 될 만한 책이었지만, 그 책이 발간되었을 때는 이미 사람들이 그렇게 흥분하지도 않았기 때문에 파장이 커지지는 않았다.

그러나 다윈은 말년을 자연선택의 문제와는 별 관련이 없는 다른 문제 등을 연구하면서 보냈다. 놀랄 정도로 오랫동안 그는 대륙 간에 씨앗이 어떻게 퍼져나가는지를 알아내려고 새의 배설물에 들어 있는 내용물을 분석했고, 지렁이의 거동을 연구하는 데에 몇 년을 보내기도 했다. 지렁이에게 피아노를 연주해주는 실험도 했다. 지렁이를 즐겁게 해주기 위해서가 아니라 소리와 진동이 지렁이에게 어떤 영향을 주는지를 알아내기 위해서였다. 그는 지렁이가 토양을 비옥하게 만드는 데에 얼마나 중요한 역할을 하는지를 처음 알아낸 사람이었다. 실제로 『종의 기원』보다 더 유명했던 그의 걸작 『지렁이의 활동과 분변토의 형성The Formation of Vegetable Mould through the Action of Worms』(1881)에서 그는 "세계 역사에 이보다 더 중요한 역할을 했던 생물이 또 있는지 의심스럽다"고 했다. 다윈이 쓴 다른 책으로는 『곤충에 의해서 수정되는 영국과 외국 난蘭의 여러 가지 고안에 관하여On the Various

Contrivances by which British and Foreign Orchids Are Fertilised by Insects(1862)와 발간 첫날에 5,300부가 팔렸던 『인간과 동물의 감정 표현*Expressions of the Emotions in Man and Animals*』(1872), 멘델의 연구와 아주 비슷하지만 결과는 멘델의 것에 훨씬 미치지 못했던 『식물계에서 타가수정과 자가수정의 효과*The Effects of Cross and Self Fertilization in the Vegetable Kingdom*』(1876), 그리고 그의 마지막 책인 『식물의 원동력*The Power of Movement in Plants*』(1880)이 있다.

그는 개인적인 흥밋거리였던 육종의 결과를 연구하는 데에 상당한 노력을 기울였다. 사촌과 결혼한 다윈은 가계家系의 다양성 부족으로 아이들에게서 육체적이나 정신적 결함이 나타난 것이 아닌지 걱정했다.

다윈은 일생에 여러 차례 영예를 얻었지만, 『종의 기원』이나 『인간의 유래』로 상을 받은 적은 없었다. 왕립학회가 그에게 영예로운 코플리 메달을 수여했던 것은 진화론이 아니라 지질학, 동물학, 식물학에 대한 기여 때문이었다. 린네 학회도 역시 다윈의 극단적인 주장 이외의 공로를 인정하는 데에 그쳤다. 그는 작위를 받은 적은 없지만, 웨스트민스터 사원의 뉴턴 옆자리에 매장되었다. 그는 1882년 4월에 켄트에 있던 집에서 사망했고, 멘델은 2년 뒤에 사망했다.

다윈의 이론이 널리 인정을 받게 된 것은 멘델을 비롯한 여러 사람의 이론이 합쳐진, 조금은 거만스러워 보이는 현대 진화 이론이라는 개선된 이론이 등장한 1930년대와 1940년대에 이르러서였다. 멘델의 업적도 조금 빠르기는 했지만 그가 사망한 이후에 인정을 받았다. 1900년에 유럽에서 서로 독립적으로 연구하던 과학자 세 사람이 거의 동시에 멘델의 결과를 재발견했다. 그러나 휘호 더 프리스라는 네덜란드 사람이 멘델의 결과를 마치 자신의 것인 양 주장했고, 그 이야기를 들은 경쟁자가 사실 그것이 잊힌 수도자의 업적이라고 큰소리로 주장한 덕분에 멘델의 업적으로 인정이 되었다.

이제 세상은 우리가 어떻게 이곳에 오게 되었고, 우리가 서로를 어떻게 만들게 되었는지 이해할 준비를 마쳤지만, 아직 완전하지는 않았다. 20세기가 시작되고 몇 년이 지날 때까지도, 세계에서 가장 권위 있던 과학자마저 아기가 어떻게 탄생하는지를 설명할 수 없었다는 사실은 정말 놀라운 일이다.

그런데 그들이 바로 과학은 거의 완성 단계에 도달했다고 믿은 사람들이었음을 기억할 필요가 있다.

제26장

생명의 물질

당신의 부모님이 초는 물론이고 나노초까지 정확하게 바로 그 순간에 결합하지 않았더라면, 당신은 지금 이곳에 있을 수 없었을 것이다. 그리고 부모님의 부모님이 정확하게 시각을 맞추어 결합하지 않았더라면, 역시 당신은 지금 이곳에 있을 수 없었을 것이다. 그리고 그들의 부모, 다시 그 이전의 부모,……또 그 이전의 부모가 결합하지 않았더라면, 당신은 이곳에 없었을 것이다.

시간을 거슬러오를수록 조상에 대한 빚은 빠르게 쌓여간다. 8대 정도를 거슬러올라서 찰스 다윈과 에이브러햄 링컨이 태어난 시절로 되돌아가면, 당신의 존재를 결정한 사람들의 결합에 참여한 선조의 수가 250명이 넘는다. 셰익스피어와 메이플라워 호에 오른 청교도의 시대로 거슬러가면, 당신의 몸속에 있는 유전 정보를 전해준 선조의 수는 1만6,384명에 이른다.

20세대를 올라가면, 당신의 출생에 기여한 사람의 수는 104만8,576명이 된다. 그보다 5세대를 더 올라가면 무려 3,355만4,432명의 남자와 여자가 헌신적으로 결합한 덕분에 당신이 존재하게 된다. 30세대 전으로 올라가면, 당신 선조의 총수는 10억 명(정확하게는 10억7,374만1,824명)을 넘어선다. 이들은 모두가 사촌이나 삼촌이 아니라 별수 없이 당신의 직계 선조이다. 로

마인이 살던 64세대를 거슬러가면, 당신의 존재를 결정하는 데에 참여한 사람의 수는 지금까지 지구에 살았던 모든 사람의 수를 합친 것보다 훨씬 더 많은 1,800경 명이나 된다.

우리의 계산에 무슨 문제가 있는 것이 분명하다. 그러나 여기에서 깨달아야 할 해답은 당신의 가계家系가 순수하지 않다는 것이다. 약간의 근친상간이 없었더라면, 당신은 지금 이곳에 있을 수 없다. 사실 유전적으로는 상당히 떨어져 있었지만 그런 일은 상당히 많았다. 당신의 선조가 수백만 명에 이른다면, 외가의 선조 중의 누군가가 친가의 선조 중의 누군가와 함께 자손을 얻었을 가능성이 매우 높다. 사실 지금 현재 같은 민족이나 국가에 속하는 사람과 사귀고 있다면, 두 사람이 어느 정도 인척 관계에 있을 가능성이 매우 높다. 버스나 공원이나 카페나 또는 사람이 많은 곳을 둘러보면, 대**부분의 사람**은 아마도 서로 친척일 가능성이 높다. 사실 고작 7,000년 전으로 거슬러가면, 모든 사람의 혈통이 교차하는 지점에 도달한다. 다시 말해서, 당시로부터 끊어지지 않고 후손을 이어온 모든 사람이 놀랍게도 오늘날 지구에 살고 있는 모든 사람과 직접적인 혈연 관계가 있다는 뜻이다. 누군가가 자신이 정복왕 윌리엄이나 메이플라워 호의 청교도의 후손이라고 자랑하면, 당신은 즉시 "나도 그렇다!"라고 대답해야 한다. 글자 그대로도 그렇고, 가장 기본적인 의미에서도 우리는 모두 가족인 셈이다.

그리고 우리는 신비스러울 정도로 닮았다. 사람들의 유전자를 비교해보면 99.9퍼센트는 똑같다. 우리가 같은 종에 속하는 것도 그 때문이다. 노벨상을 받은 영국의 유전학자 존 설스턴의 표현처럼 "대략 1,000개의 염기(뉴클레오타이드) 중 하나"에 해당하는 나머지 0.1퍼센트의 작은 차이가 우리에게 개성을 부여한다. 대부분은 최근 몇 년 사이에 밝혀진 인간 유전체*에 대한 지식으로 알게 된 것이다. 사실 인간 유전체 "그 자체"는 존재하지 않

---

* 생물의 유전 정보 전체를 가리키는 말로 "게놈(genom)"이라고도 한다.

는다. 모든 인간 유전체는 서로 다르다. 만약 그렇지 않다면, 우리는 모두 똑같을 것이다. 거의 같기도 하면서, 그렇다고 완전히 똑같지 않은 유전체의 무한히 많은 재조합이 우리에게 개성을 부여하기도 하지만, 우리를 같은 종으로 묶어주기도 한다.

그런데 우리가 유전체라고 부르는 것은 도대체 무엇인가? 그보다도 도대체 유전자라는 것은 무엇인가? 다시 세포에서 시작해보자. 세포 속에는 핵이 있고, 각각의 핵 속에는 모두 46개의 복잡한 덩어리로 되어 있는 염색체가 있다. 그중 23개는 어머니에게서, 나머지 23개는 아버지에게서 받은 것이다. 거의 중요한 예외 없이, 당신의 몸에 있는 모든 세포는 같은 짝의 염색체를 가지고 있다(여러 가지 체계적인 이유로 완전한 유전 정보를 가지지 않은 적혈구 세포, 일부 면역 세포, 난자와 정자 세포 등이 예외이다). 염색체는 당신을 만들고 유지하는 데에 꼭 필요한 완전한 지시사항을 가지고 있으며, 데옥시리보핵산 또는 DNA라고 부르는, 실 모양으로 생긴 작고 신기한 화합물로 되어 있다. DNA는 "지구상에서 가장 놀라운 분자"로 알려져 있다.

DNA는 DNA를 더 만든다는 단 한 가지 목적으로 존재하며, 우리 몸속에는 엄청나게 많은 DNA가 들어 있다. 몇조 개에 이르는 모든 세포에는 거의 2미터에 달하는 DNA가 들어 있다. 만약 우리가 가지고 있는 DNA를 모두 엮어서 한 가닥의 실로 만들면, 그 길이가 명왕성보다도 멀리 갈 수 있는 160억 킬로미터에 이른다. 우리가 태양계 바깥까지 닿을 만큼 충분한 존재라는 사실을 생각해보자. 각각의 DNA에는 $10^{3,480,000,000}$가지의 조합을 만들어낼 수 있는 32억 개의 암호가 들어 있어서, 크리스티앙 드 뒤브의 말에 따르면, "모든 가능성을 고려하더라도 유일한 유전 정보"가 만들어진다. 엄청난 가능성이다.

간단히 말해서 당신의 몸은 DNA를 만드는 일을 무척 좋아하고, 그것이 없으면 당신은 살아갈 수 없다. 그렇지만 DNA 자체는 살아 있지 않다. 모든 분자가 마찬가지이지만, DNA에는 특별히 생명이 없다. 유전학자 리처드 르원틴의 말에 따르면, 그것은 "생명의 세계에서 가장 반응성이 낮고, 화학적으로 비활성인 분자이다." 살인 사건 수사에서 오래 전에 말라버린 혈액이나 정액에서 DNA를 채취할 수 있고, 고대 네안데르탈인의 뼈에서 DNA를 추출할 수 있는 것도 바로 그런 이유 때문이다. 그리고 바로 그런 사실 때문에, 신비스러울 정도로 볼품없고, 생명이 없는 물질이 생명 자체의 핵심적인 위치에 있다는 사실을 밝혀내기까지 그렇게 오랜 세월이 걸렸다.

사실 DNA는 흔히 생각하는 것보다 훨씬 오래 전부터 알려져 있었다. DNA는 독일 튀빙겐 대학교에서 일하던 스위스의 과학자 요한 프리드리히 미셰르에 의해서 1869년에 처음 발견되었다. 외과 수술용 붕대에 묻어 있던 고름을 현미경으로 들여다보던 미셰르는 처음 보는 물질을 발견하고, 그것이 세포의 핵 속에 있다고 해서 뉴클레인nuclein이라고 불렀다. 당시 미셰르는 그 존재를 확인하는 것 이상의 일은 하지 않았지만, 23년 후에 그의 삼촌에게 보낸 편지에서 그런 분자가 유전과 관계가 있을 수도 있다는 이야기를 한 것으로 보아 뉴클레인이라는 물질에 깊은 인상을 받았던 것은 분명하다. 그런 생각은 놀라운 것이었지만, 당시 사람들은 시대를 너무 앞선 그의 주장에 흥미를 가지지 않았다.

그로부터 반세기 동안 사람들은 DNA가 기껏해야 유전 문제에서 보조적인 역할을 할 것이라고 생각했다. 그 물질은 너무 단순했다. 뉴클레오타이드(유기염기)라는 기본 성분이 네 종류뿐이기 때문에 마치 알파벳이 네 글자뿐인 경우와 같았다. 그렇게 단순한 알파벳으로 어떻게 생명의 이야기를 쓸 수가 있겠는가? (물론 그 해답은 단음과 장음을 이용해서 복잡한 정보를 전달하는 모스 부호처럼 그것을 결합하는 것에 있다.) 누가 보아도 DNA는 아무 일도 하지 않는다. 그저 핵 속에 들어앉아서 염색체를 어떤 식으로든지 결합하거나 어떤 명령을 활성화하거나 아니면 아무도 알아내지 못한 어떤 사소한 일을 하고 있을 것이며, 유전에 필요한 복잡성은 핵 속에 들어 있는 단백질과 관련이 있을 것이라고 생각했다.

그러나 DNA를 소홀히 여기는 데에는 두 가지 문제가 있었다. 먼저 그 양이 너무 많았다. 그래서 세포가 DNA를 매우 중요하게 여기는 것이 확실했다. 게다가 살인 사건의 용의자처럼 DNA는 실험할 때마다 끊임없이 등장했다. 특히 폐렴구균류를 이용한 실험과 박테리아를 감염시키는 바이러스인 박테리오파지에 관한 실험에서 DNA가 사람들이 생각했던 것보다는 훨씬 더 핵심적인 역할을 한다는 사실이 밝혀지기 시작했다. DNA가 어떤 식으로든지 생명에게 필수적인 과정인 단백질 생성에 관여한다는 증거가 등장한 것이다. 그런데 단백질이 그 생성을 지휘하는 DNA에서 멀리 떨어져 있는 핵의 바깥 부분에서 만들어진다는 사실도 명백하게 밝혀졌다.

아무도 DNA가 어떻게 단백질에 정보를 제공하는지 이해할 수가 없었다. 오늘날 우리는 리보핵산, 즉 RNA가 둘 사이의 통역사 역할을 하기 때문임을 알고 있다. DNA와 단백질이 서로 같은 언어를 사용하지 않는다는 것은 생물학에서 정말 이상한 일이다. 거의 40억 년 동안 단백질과 DNA는 생물계의 위대한 두 주역이었지만, 서로 이해할 수 없는 암호를 이용해왔다. 마치 한 사람은 스페인어를, 상대방은 힌디어를 사용하는 것과 같다. 서로 의사소통을 하려면 RNA라는 중재자가 필요하다. RNA는 리보솜이라는 일종의 화학 서기書記의 도움을 받아, 세포의 DNA에서 전달되는 정보를 단백질이 이해하고 그에 따라 행동할 수 있는 형식으로 전환한다.

그러나 우리의 이야기가 다시 시작되는 1900년대 초까지만 하더라도, 우리는 그런 정보는 물론이고 혼란스러운 유전과 관련된 어떤 것도 이해하지 못하고 있었다.

통찰력을 가진 똑똑한 과학자의 실험이 필요했고, 세상은 그런 실험을 할 수 있을 정도로 부지런하고 능력 있는 젊은이를 맞이할 준비를 하고 있었다. 그의 이름은 토머스 헌트 모건이었다. 그는 멘델의 실험이 재발견되고 4년이 지났으나 유전자gene라는 말이 탄생하기 거의 10년 전이었던 1904년에 염색체를 이용한 놀라운 일을 하기 시작했다.

1888년에 우연히 발견된 염색체chromosome는 염색을 하기 쉬웠기 때문에 그런 이름이 붙었다. 염색하고 나면 염색체를 현미경으로 쉽게 볼 수 있었다. 20세기가 시작될 즈음에는 염색체가 유전 정보의 전달에 관여하는 것이 확실한 듯했다. 그러나 과연 어떤 방법으로 관여하는지는 알 수 없었고, 정말 그런지에 관해서도 아는 사람이 없었다.

모건은 드로소필라 멜라노가스테르라는 학명을 가진 작고 정교한 초파리를 연구 주제로 선택했다. 그 파리는 과일 파리(식초 파리, 바나나 파리 또는 쓰레기 파리)로 더 널리 알려져 있다. 초파리는 음료에 빠지려는 강박관념이 있는 듯한, 연약한 무색의 곤충으로 우리에게 잘 알려져 있다. 과일 파리는 실험용으로 쓰기에 아주 매력적이다. 키우는 데에 거의 비용이 들지 않고, 우유병 속에서 수백만 마리를 키울 수 있으며, 알에서 깨어나서 번식이 가능한 성충이 되기까지 열흘 정도면 되고, 염색체가 4개뿐이어서 유전의 문제가 매우 단순하다.

뉴욕에 있는 컬럼비아 대학교의 셔머혼 홀의 (어쩔 수 없이 "파리방"으로 알려지게 된) 작은 실험실에서 모건을 비롯한 과학자들이 수백만 마리의 파리를 신중하게 교배와 잡종 교배를 시키는 작업에 착수했다(어떤 사람은 수십억 마리였다고 하기도 하지만, 아마도 과장된 표현일 것이다). 파리를 한 마리씩 족집게로 잡은 후에 보석 판매상이 쓰는 확대경을 이용해서 유전에 따른 작은 변이를 살펴보았다. 그들은 6년 동안 파리에게 돌연변이를 일으키려고 방사선이나 X선을 쪼이기도 하고, 밝은 불 밑이나 깜깜한 곳에서 키우기도 했고, 오븐에 넣고 서서히 열을 가해보기도 했으며, 원심 분리기에 넣어서 미친 듯이 회전을 시키기도 했다. 그러나 어떤 방법도 쓸모가 없었다. 모건이 거의 포기하려고 할 때, 갑자기 반복적인 돌연변이가 일어났다. 보통의 붉은 눈 대신에 흰 눈을 가진 파리가 생겨난 것이다. 모건과 동료들은 그런 파리를 이용해서 후손에게 전해지는 유전을 추적할 수 있는 유용한 기형을 만들 수 있었다. 그들은 그 방법으로 특별한 특징과 각각의 염색체

사이의 상호 관계를 파악할 수 있었고, 결국은 염색체가 유전의 핵심이라는 사실을 거의 모든 사람이 만족할 수 있을 정도로 확실하게 증명했다.

그러나 수수께끼 같은 유전자와 그것을 구성하는 DNA에 관한 생물학적 복잡성은 여전히 문제로 남아 있었다. 유전자를 분리해서 이해하는 일은 훨씬 더 까다로웠다. 모건이 자신의 업적으로 노벨상을 수상한 1933년까지도 많은 사람들은 유전자가 존재한다는 사실을 확신할 수 없었다. 당시 모건이 지적한 것처럼 "유전자가 무엇이고, 과연 그것이 실존하는지 아니면 완전히 가상적인 것인지에 대해서" 합의하지 못한 것이다. 과학자들이 세포 활동의 기본이 되는 물리적 실체를 쉽게 받아들이지 못했다는 사실은 놀라운 일이다. 그러나 월리스, 킹, 샌더스가 쓴 (아주 드물게도, 읽을 수 있는 대학교 교재인)『생물학 : 생명의 과학*Biology : The Science of Life*』에서 지적했듯이, 오늘날 우리는 사고나 기억과 같은 정신적 과정에 대해서 거의 같은 입장에 있다. 물론 우리는 그런 능력이 있다는 사실을 잘 알지만, 그런 것이 물리적으로 어떤 형태를 가지고 있는지는 모른다. 유전자에게는 최악의 고비였다. 모건의 동료들에게 초파리의 몸에서 유전자를 꺼내서 연구할 수 있다는 생각은, 오늘날 과학자에게 흩어진 생각을 붙잡아서 현미경으로 살펴보려는 것처럼 우스꽝스러운 것이었다.

확실한 사실은 염색체와 관련된 **무엇인가가** 세포의 복제를 지휘하고 있다는 것이었다. 맨해튼의 록펠러 의학 연구소에서 오즈월드 에이버리라는 총명하지만 소극적인 캐나다 사람이 이끄는 연구진은 15년에 걸친 연구의 결과로 1944년에 마침내 엄청나게 교묘한 실험에 성공했다. 그들은 감염성이 없는 균주에 외래의 DNA를 삽입하여 항구적인 감염성을 가지도록 만듦으로써, DNA가 단순히 수동적인 역할을 담당하는 분자가 아니라 유전의 능동적인 일부임을 증명했다. 오스트리아 태생의 생화학자 에르빈 샤가프는 훗날 에이버리의 발견이 두 개의 노벨상 감이라고 진지하게 제안했다.

불행하게도 에이버리는 같은 연구소의 고집 세고 고약한 단백질 광狂이었던 앨프리드 머스키의 반대에 부딪혔다. 그는 에이버리의 업적을 깎아내리기 위해서라면 무슨 일이든지 마다하지 않았다. 심지어 스톡홀름의 카롤린스카 연구소의 사람들을 대상으로 에이버리에게 노벨상을 주지 말아야 한다고 로비를 하기도 했다. 이때 에이버리는 예순여섯 살로 은퇴한 상태였다. 당시의 긴장과 논쟁을 이겨내지 못했던 에이버리는 사직을 하고 다시는 실험실 근처에도 가지 않았다. 그러나 그의 결론은 다른 곳에서의 여러 실험으로 증명되었고, 곧바로 DNA의 구조를 밝히기 위한 경쟁이 시작되었다.

만약 당신이 1950년대 초에 내기를 했더라면, DNA의 구조를 밝혀낼 사람으로는 미국의 선구적인 화학자인 캘리포니아 공과대학교의 라이너스 폴링에게 돈을 걸었을 것이다. 분자의 구조를 결정하는 데에는 필적할 상대가 없었던 폴링은 DNA의 핵심을 들여다볼 수 있는 핵심 기술인 X선 결정학 분야의 선구자였다. 1954년의 노벨 화학상과 1962년의 노벨 평화상을 받음으로써 지나칠 정도로 영예로운 일생을 보낸 폴링이었지만, DNA의 경우에는 이중 나선이 아니라 삼중 나선일 것으로 확신함으로써 바른 길에 들어서보지도 못했다. 그 대신 승리의 영광은 영국에 있던 4명의 과학자에게 돌아갔다. 그들은 함께 일하지도 않았고, 서로 이야기를 나누는 사이도 아니었으며, 모두가 그 분야의 초보자였다.

　네 사람 중에서 일반적인 의미로 과학자에 가장 가까운 사람은 제2차 세계대전의 대부분을 원자폭탄 개발에 몰두했던 모리스 윌킨스였다. 나머지 두 사람은 전쟁 중에 영국 정부를 위해서 지뢰를 연구한 로절린드 프랭클린과 프랜시스 크릭이었다. 크릭은 폭발형 지뢰를 연구했고, 프랭클린은 석탄 채굴에 쓰는 지뢰를 개발했다. 그중에서도 가장 독특한 사람은 천재였던 미국인 제임스 왓슨이었다. 어렸을 때 그는 "어린이 퀴즈"라는 꽤 유명한 라디오 프로그램의 회원이었고(그래서 그는 『프래니와 주이Franny and Zooey』를 비롯하여 J. D. 샐린저의 여러 작품에 등장하는 글래스 가문의 일원과 같은 영감을 가지고 있었다고 볼 수도 있다), 열다섯에 시카고 대학교에 입학했다. 스물두 살에 박사학위를 취득한 그는 당시에 유명하던 케임브리지의 캐번디시 연구실에서 연구하고 있었다. 머리털이 액자 바깥에 있는 강력한 자석 때문에 솟아오른 것처럼 보이는 그의 사진은 그가 수줍음을 타는 스물셋의 젊은이였던 1951년에 찍은 것이었다.

왓슨보다 열두 살이나 더 많았지만 박사학위가 없었던 크릭은 머리숱이 그렇게 많지도 않았고 조금 더 수수한 편이었다. 그러나 왓슨의 회고에 따르면, 그는 뽐내기를 좋아하고 시끄럽고 논쟁을 좋아하고 생각이 다른 사람에게는 참을성이 없고, 언제나 따돌림을 당하는 사람이었다. 그는 생화학 교육을 제대로 받지도 않았다.

그들은 DNA 분자의 모양을 알아내면 그 분자가 어떻게 작동하는지 파악할 수 있다고 생각했다. 그들의 생각은 옳았다. 그들은 가만히 앉아서 생각하는 것만으로도 목적을 달성할 수 있다고 믿었다. 실제로 그 이상은 필요하지도 않았다. 왓슨은 자서전인 『이중 나선*The Double Helix*』에서 "나는 화학을 전혀 배우지 않고도 유전자의 비밀을 밝혀낼 수 있기를 바랐다"라고 쾌활하고 약간은 정직하지 못하게 회고했다. 실제로 그들의 임무는 DNA를 연구하는 것이 아니었고, 그 일을 중단하라는 지시를 받은 적도 있었다. 겉으로 왓슨은 결정학을 배우는 중이었고, 크릭은 거대 분자의 X선 회절回折에 대한 학위 논문을 완성하는 중이었다.

일반에는 DNA의 신비를 밝혀낸 것이 크릭과 왓슨의 업적이라고 알려져 있지만, 그들의 성공은 사실 그들의 경쟁자가 했던 핵심적인 실험의 결과였다. 역사학자 리사 자딘의 표현에 따르면, 그 실험의 성공은 "행운"이었다. 적어도 초기에는 런던 킹스 칼리지의 학자인 윌킨스와 프랭클린이 훨씬 앞서 있었다.

뉴질랜드 출생의 윌킨스는 거의 눈에 띄지 않을 정도로 소극적이었다. 그는 크릭 그리고 왓슨과 함께 1962년에 노벨상을 공동 수상했지만, DNA의 구조 발견에 대한 1998년의 PBS 다큐멘터리에서는 그의 존재가 완전히 무시되었다.

그중에서도 가장 수수께끼 같았던 사람은 프랭클린이었다. 『이중 나선』에서 왓슨은 프랭클린이 불합리하고 비밀스러우며 도무지 협력할 줄 모르고, 특히 일부러 여성스러움을 버렸다고 아주 솔직하게 털어놓았다. 왓슨에게는 그녀가 여자답지 못했던 것이 특히 마음에 들지 않았던 모양이다. 그에 따르면 "그녀는 전혀 매력적이지 않았고, 그녀가 옷에 조금이라도 관심이 있다면 정말 놀랄 일이었다." 그녀는 실제로 그랬다. 그는 그녀가 립스틱도 바르지 않는 것을 신기하게 여겼고, 그녀의 옷차림은 "파란 양말을 신은 영국 청소년 수준"이었다고 혹평을 했다.†

그러나 그녀는 라이너스 폴링이 완성한 X선 결정학 기법을 이용해서 얻은 DNA 구조에 대한 가장 훌륭한 이미지를 가지고 있었다. 그 방법은 결정을 구성하고 있는 원자의 위치를 알아내는 성공적인 방법이었기 때문에 "결정학結晶學, crystallography"이라고 알려져 있었다. 그러나 DNA 분자는 너무 까다로운 대상이었다. 프랭클린만이 괜찮은 결과를 얻을 수 있었지만, 그녀는 자신의 결과를 보여주지 않아서 윌킨스를 끊임없이 분개하게 만들었다.

프랭클린이 연구의 결과를 기꺼이 보여주지 않았던 것은 그녀 탓만은 아니었다. 1950년대에 킹스 칼리지의 여성 학자들은 오늘날의 입장으로는 (사실 어떤 입장에서 보더라도) 경악할 정도로 공개적인 멸시를 받았다. 나이나 업적에 상관없이 대학교의 교수 휴게실에 출입할 수 없었던 여성들은 왓슨조차도 "때에 절은 감옥" 같다고 했던 방에서 식사를 해야 했다. 더욱이 그녀는 조금도 존경할 수 없는 선임자 세 사람으로부터 끊임없이 연구 업적의 공로를 함께 나누어야 한다는 압력을 받고 있었고, 심지어는 괴롭힘을 당하

---

† 1968년에 크릭과 윌킨스가 『이중 나선』에 나온 인물들에 대한 묘사가, 과학사학자 리사 자딘이 비판한 바와 같이 "불필요하게 상처를 준다"고 항의하자, 하버드 대학교 출판부는 그 책의 출간을 취소했다. 여기에서 인용한 구절은 왓슨이 자신의 표현을 순화한 내용이다.

기도 했다. 훗날 크릭은 "우리는 그녀를 얕잡아보는 일에 익숙했던 것이 사실"이라고 회고했다. 세 사람 중에서 두 사람은 서로 경쟁하던 연구소 소속이었고, 나머지 한 사람도 공개적으로 그들의 편을 들었다. 그런 상황에서 그녀가 자신의 결과를 감춘 것은 조금도 놀라운 일이 아니었다.

윌킨스와 프랭클린이 서로 잘 지내지 못했던 덕분에 왓슨과 크릭은 득을 볼 수 있었다. 윌킨스는 크릭과 왓슨이 자신의 연구영역을 마구 드나들었지만, 점차 그들의 편을 들어주게 되었다. 프랭클린이 정말 이상하게 행동했기 때문에 어쩌면 당연한 결과였다. 프랭클린의 결과에 따르면 DNA는 분명히 나선 구조를 가지고 있었지만, 그녀는 그렇지 않다고 고집을 부렸다. 1952년 여름에 그녀는 킹스 칼리지의 물리학과에 엉터리 게시물을 붙여놓아 윌킨스에게 실망과 당혹감을 안겨주었다. "매우 유감스럽게도 D.N.A. 나선이 1952년 7월 18일 금요일에 사망했음을 알려드립니다.…… M. H. F. 윌킨스 박사님께서 고故 나선에 대한 추모사를 발표하실 예정입니다."

그런 모든 일 때문에 윌킨스는 1953년 1월 왓슨에게 "그녀에게 알리거나 동의를 받지도 않고" 프랭클린의 이미지를 보여주었다. 그것을 단순히 상당한 도움이었다고 표현하는 것은 충분하지 못하다. 몇 년 후에 왓슨은 그 정보가 "핵심적이었고……우리를 감동시켰다"고 인정했다. DNA 분자의 기본 모양과 그 크기에 대한 몇 가지 중요한 정보를 확보한 왓슨과 크릭은 더욱 열심히 노력했다. 모든 것이 그들의 뜻대로 이루어지고 있었다. 한편 폴링은 영국에서 개최된 학술회의에 참석할 예정이었다. 만약 그랬더라면 그곳에서 폴링은 윌킨스를 만났을 것이고, 자신이 잘못된 방향으로 가고 있다는 사실을 깨닫기에 충분한 정보를 얻을 수 있었을 것이다. 그러나 당시는 매카시 시절이었고, 폴링은 외국 여행을 허가받기에는 너무 진보적인 사상을 가지고 있다는 이유로 여권을 압류당한 채 뉴욕의 공항에 억류되었다. 더욱이 크릭과 왓슨은 더 유리한 입장에 있었다. 캐번디시 연구소에서 일하고 있던 폴링의 아들이 그들에게 아무 생각 없이 아버지가 얻은 새로운 연구 결과와 문제점을 알려주었다.

언제든지 다른 사람에게 우선권을 빼앗길 가능성이 있다고 생각한 왓슨과 크릭은 더욱 열심히 애를 썼다. DNA가 아데닌adenine, A, 구아닌guanine, G, 사이토신cytosine, C, 티민thymine, T의 네 가지 유기염기를 가지고 있고, 그들이 특별한 방법으로 짝을 짓는다는 사실은 이미 알려져 있었다. 왓슨과 크릭은 분자 모양으로 잘라낸 판지 조각을 이용해서 그것이 어떻게 맞추어지는지를 알아낼 수 있었다. 그들은 금속판을 볼트로 연결해서 나선 모양으로 만든, 현대 과학에서 가장 유명한 메카노*식의 모형을 제작해서 윌킨스와 프랭클린을 비롯한 세상의 모든 사람에게 보여주었다. 어느 정도의 지식을 가진 사람이라면 그들이 문제를 해결했다는 사실을 곧바로 알아차릴 수 있었다. 그들이 프랭클린의 사진에서 정말 도움을 받았거나 말았거나에 상관없이, 그들의 업적이 훌륭한 탐정 업무의 결과였음은 틀림이 없었다.

1953년 4월 25일에 발간된 「네이처」에는 "데옥시리보핵산의 구조"라는 제목으로 왓슨과 크릭이 쓴 900단어의 짧은 논문이 실렸다. 윌킨스와 프랭클린의 다른 논문도 함께 실렸다. 이때는 세계적으로 다사다난한 시기였다. 에드먼드 힐러리가 에베레스트 정상을 정복하기 직전이었고, 엘리자베스 2세가 영국 여왕으로 등극하기 직전이었다. 그래서 생명의 비밀을 알아낸 업적은 크게 알려지지 않았다. 「뉴스 크로니클News Chronicle」에 작은 기사로 실렸을 뿐, 다른 곳에서는 무시되었다.

로절린드 프랭클린은 노벨상을 받지 못했다. 그녀는 노벨상이 주어지기 4년 전인 1958년 서른일곱의 젊은 나이에 난소암으로 사망했다. 노벨상은 사망한 사람에게는 수여되지 않는다. 그녀가 암에 걸린 것은 분명히 연구 도중에 X선에 과도하게 노출되었기 때문일 것이다. 2002년에 발간되어 좋은 반응을 얻은 브렌다 매독스의 프랭클린 전기에 따르면, 그녀는 납으로 만든

---

* 1901년 영국의 프랑크 혼비가 특허를 얻은 조립식 장난감으로, 구멍이 뚫린 여러 모양의 금속판을 볼트와 너트로 연결하여 다양한 모형을 만들 수 있다.

보호복을 입지도 않았고, X선이 쪼이는 곳으로 아무 생각 없이 걸어다니기도 했다. 오즈월드 에이버리 역시 노벨상을 받지 못했고, 자신의 발견이 인정받는 것을 보기는 했지만 그후에는 거의 잊혔다. 그는 1955년에 사망했다.

왓슨과 크릭의 발견은 실제로 1980년대까지 확인되지 못했다. 크릭이 자신의 책에서 지적한 것처럼 "우리의 DNA 모형이 그저 가능성이 있는 것으로부터 가능성이 아주 높은 것으로……그리고 거의 확실하게 옳은 것으로 인정되기까지 25년이 넘게 걸렸다."

그렇지만 유전학은 DNA의 구조를 이해한 후부터 빠르게 발전했고, 1968년에는 「사이언스」에 "바로 그것이 분자 생물학이었다"라는 제목의 글이 실렸다. 거의 불가능해 보였지만, 실제로 유전학 연구가 거의 완성 단계에 다다랐다는 이야기였다. 물론 실제로는 겨우 시작일 뿐이었다. 오늘날에도 DNA에 대해서는 제대로 이해하지 못하는 부분이 많다. DNA의 많은 부분이 왜 아무 역할도 하지 않는 것처럼 보이는가 하는 것도 그중 하나이다. 당신의 DNA 중에서 98퍼센트는 생화학자가 좋아하는 표현으로는 "잡동사니(정크)" 또는 "비유전자 DNA"에 해당하는 아무 의미 없는 사슬일 뿐이다. 그런 사슬 중간의 여기저기에 결정적인 기능을 조절하고 체계화하는 부분이 들어 있다. 그것이 바로 신비롭고 오래 전부터 알아내고 싶어했던 유전자이다.

유전자는 단백질을 만드는 데에 필요한 지침 이상도 아니고, 그 이하도 아니다. 유전자는 그런 일을 멍청할 정도로 충실하게 수행한다. 그런 뜻에서 유전자는 피아노의 건반과 비슷하다. 지나칠 정도로 단조롭게 단 하나의 음정만을 내고 다른 소리는 전혀 낼 수가 없다. 그러나 여러 개의 피아노 건반을 함께 두드려서 연주하듯이 유전자를 합쳐놓으면 무한히 다양한 화음과 선율을 창조할 수 있다. 모든 유전자를 합치면, 인간 유전체라고 알려진 위대한 교향악이 되는 셈이다.

유전자를 설명하는 방법으로 더 흔히 쓰이는 것은 그것이 인체를 움직이는 일종의 지침서라는 것이다. 이런 관점에서 보면, 염색체는 책의 장에 해당하고, 유전자는 단백질을 만드는 개별적인 지침에 해당한다. 그런 지침이 사용하는 단어가 바로 코돈codon(유전 암호)이고, 글자는 염기鹽基, base라고 알려져 있다. 유전 알파벳의 글자에 해당하는 염기는 앞에서 설명한 아데닌, 구아닌, 사이토신, 티민을 비롯한 네 종류의 뉴클레오타이드이다. 그들이 하는 일과는 달리, 이 염기는 특별히 이국적인 것으로 만들어지지 않는다. 예를 들어 구아닌은 구아노*라는 것에 많이 들어 있어서 그런 이름이 붙었다.

누구나 알고 있는 것처럼 DNA 분자의 모양은 나선형 계단이나 꼬인 줄사다리와 비슷하다. 그것이 바로 유명한 이중 나선이다. 이 구조에서 수직의 기둥은 데옥시리보스라는 일종의 당糖으로 이루어지고, 나선 모양의 분자 전체가 핵산이다. 그래서 "데옥시리보핵산"이라고 부른다. 가로대(또는 계단)는 2개의 염기에 의해서 만들어지는데, 두 가지 방법으로만 결합할 수 있다. 구아닌은 언제나 사이토신과 결합하고, 티민은 언제나 아데닌과 결합한다. 사다리를 오르내릴 때 이 글자가 나타나는 순서가 DNA 암호이다. 그런 글자를 모으는 것이 바로 인간 유전체 프로젝트의 도전적인 목표이다.

DNA의 가장 중요한 특성은 복제의 방법이다. 새로운 DNA 분자를 만들어야 하면, 나선을 이루는 2개의 사슬이 재킷에 붙어 있는 지퍼처럼 중간이 열리고, 각각의 사슬이 새로운 짝을 형성한다. 한 사슬에 붙어 있는 각각의 염기는 정해진 염기하고만 짝을 지을 수 있으므로 각각의 사슬은 새로운 짝이 될 사슬을 만드는 주형鑄型의 역할을 한다. DNA의 한쪽 사슬만 있으면, 필요한 짝을 찾아서 다른 사슬을 쉽게 만들 수 있다. 한쪽의 가장 위쪽에 있는 가로대가 구아닌이라면, 짝이 될 사슬의 가장 위쪽 가로대는 사이토신이어야만 한다.

---

* 페루, 바하 칼리포르니아, 아프리카 해안 등지에서 새, 박쥐, 물개 등의 잔해와 배설물이 쌓여 만들어진 질산염의 퇴적층으로, 비료로 많이 사용된다.

그런 식으로 사슬을 따라 내려가면서 염기의 짝을 찾으면, 마침내 새로운 분자를 만드는 데에 필요한 암호를 알아내게 되는 셈이다. 실제로 자연에서 바로 이런 일이 일어난다. 다만 자연에서는 그런 일이 아주 빠르게, 놀랍게도 몇 초 만에 일어난다. 대부분의 경우에는 DNA의 복제가 매우 정확하게 이루어지지만, 100만 번에 1번 정도는 글자가 잘못된 자리에 들어가기도 한다. 이런 경우를 단일 염기 다형성single nucleotide polymorphism, SNP이라고 부르는데, 생화학자들은 "스닙Snip"이라고 부르기를 더 좋아한다. 일반적으로 그런 SNP는 비유전자 DNA 부분에서 일어나기 때문에 몸에 아무런 문제를 일으키지 않는다. 그러나 가끔 문제가 되기도 한다. 특정 질병에 쉽게 걸리도록 만들기도 하지만, 보호용 색소 같은 약간의 이득을 주기도 한다. 세월이 흐르는 동안 그런 작은 변화가 개인은 물론이고 집단 전체에 누적되어 두드러진 개성을 부여하기도 한다.

복제 과정에서의 정확성과 실수의 균형은 아주 섬세하다. 실수가 너무 잦으면 생물이 기능할 수 없고, 너무 적으면 변화에 대한 적응성을 잃게 된다. 생물체의 안정성과 변화의 경우에도 비슷한 균형이 작용한다. 산소를 운반하는 적혈구 세포가 늘어나면, 높은 곳에 사는 사람이나 집단이 더 쉽게 움직이고 더 편하게 호흡을 할 수 있다. 그러나 적혈구 세포는 혈액을 끈적거리게 한다. 그래서 인류학자 찰스 웨이츠의 표현처럼 적혈구가 너무 많으면 "기름을 펌프질하는 것처럼 되고 만다." 그렇게 되면 심장에 큰 부담을 준다. 그러므로 높은 지역에 사는 사람들은 숨을 편하게 쉬기는 하지만, 심장에 문제가 생길 위험을 감수해야 한다. 다윈의 자연선택은 그런 식으로 우리를 보살핀다. 우리 모두가 왜 그렇게 비슷하게 생겼는지도 설명할 수 있다. 진화를 통해서는 너무 많이 달라지는 것이 불가능하다. 새로운 종이 되는 경우를 제외하면 말이다.

두 사람의 유전자가 0.1퍼센트 다르다는 사실은 SNP에 의해서 설명된다. 당신의 DNA와 제3자의 DNA를 비교해보면 99.9퍼센트는 일치하지만, 대부분의 SNP는 서로 다른 곳에서 일어난다. 또다른 사람의 DNA와 비교해보면 역시 또다른 곳에서 SNP가 일어났다는 사실을 발견하게 된다. 지구에 사는 모든 사람과 비교해보면, 32억 개의 염기서열 중에서 어느 것이라도 다른 사람을 찾을 수 있을 것이다. 그런 뜻에서 인간 유전체 "그 자체"는 존재하지 않으며, "어느 하나"의 인간 유전체라고 부를 수 있는 것도 존재하지 않는다. 다만 우리는 70억 종류의 인간 유전체를 가지고 있는 것이다. 생화학자 데이비드 콕스의 표현처럼, 우리는 모두 99.9퍼센트가 일치하지만 "모든 사람과 아무것도 공유하지 않는다는 말 역시 틀리지는 않다."

그러나 DNA에서 분명한 목적을 가진 부분이 왜 그렇게 적은지에 대한 설명이 아직도 부족하다. 최근 몇 년 사이에 비유전자 DNA가 단백질 생산의 시기와 양을 조절하는 유전자 발현 과정에 중요한 역할을 한다는 사실이 분명해졌다. 세포가 원활하게 기능하려면, 단백질이 정확한 시기에 정확한 양만큼 생산되어야 한다. 과학자들이 이런 매우 복잡한 존재를 더 잘 이해하게 되면, 다른 유용한 기능이 밝혀질 가능성도 충분하다.† 그러나 그렇더라도 우리 DNA의 상당한 부분은 맷 리들리의 표현처럼, "순전히 복제되기에 좋다는 이유만으로 존재하는" 긴 염기 서열로 이루어져 있는 것처럼 보인다. 다시 말해서, 당신의 DNA 중 상당한 부분이 당신을 위해서가 아니라 DNA 자체에 헌신한다는 뜻이다. 조금 불안해지기는 하지만, 생명의 목적이 DNA를 영생하도록 하기 위한 것처럼 보일 수도 있다. 당신이 DNA를 위한 기계일 뿐이고, DNA가 당신을 위해서 존재하는 것이 아니라는 뜻이다.

모든 생물은 어떤 의미에서 유전자의 노예이다. 연어나 거미를 비롯해서

---

† 비암호화 DNA는 DNA 지문 인식에 활용된다. 그런 목적으로 유용하다는 사실은 영국의 레스터 대학교의 앨릭 제프리스가 우연히 발견했다. 유전병과 관련된 유전자 표지로 사용할 수 있는 DNA 서열을 연구하던 제프리스에게 1986년 영국 경찰이 두 건의 살인 사건에 연루된 용의자의 수사에 협조를 요청해왔다. 그는 자신의 방법으로 범죄 사건을 완벽하게 해결할 수 있을 것이라는 사실을 깨달았고, 이는 사실로 증명되었다. 콜린 피치포크라는 이름의 젊은 제빵사는 살인 혐의로 무기징역을 두 번 선고받았다.

거의 수를 헤아릴 수 없을 정도로 많은 생물이 교미 과정에 죽음을 각오하는 것도 바로 그런 이유 때문이다. 번식을 통해서 자신의 유전자를 퍼뜨리려는 욕구는 자연에서 가장 강력한 충동이다. 셔윈 B. 눌랜드에 따르면, "제국은 무너지고, 이드id*는 폭발하고, 위대한 교향곡이 만들어지는 모든 일 뒤에는 만족을 원하는 단 하나의 본능이 있을 뿐이다." 진화론의 관점에서 보면, 성性은 우리의 유전물질을 후손에게 전해주도록 부추기기 위한 보상 메커니즘일 뿐이다.

과학자가 우리 DNA의 대부분이 아무 일도 하지 않는다는 놀라운 소식을 제대로 소화하기도 전에 더욱 뜻밖의 사실이 드러나기 시작했다. 독일, 그리고 이어서 스위스의 연구자들이 조금 이상한 실험을 해보았더니 놀라울 정도로 평범한 결과가 나왔다. 그들은 쥐의 눈을 발달시키는 과정을 조절하는 유전자를 선택해서 초파리의 유충에 삽입해보았다. 과학자들은 흥미로울 정도로 괴상한 결과가 나올 것이라고 기대했다. 실제로 쥐 눈의 유전자는 초파리에 정상적인 눈을 만들었는데, 그것은 **초파리의** 눈이었다. 5억 년 이상 공통의 조상을 가지지 않았던 두 생물이, 마치 자매 사이인 양 유전물질을 서로 바꿀 수도 있다는 사실이 확인된 것이다.

　다른 경우에도 똑같은 사실이 확인되었다. 인간의 DNA를 초파리의 세포에 넣어주면, 초파리는 그것을 마치 자신의 유전자인 양 받아들인다는 사실이 밝혀졌다. 인간 유전자의 60퍼센트 이상이 근본적으로 초파리에서 발견되는 것과 동일하다는 사실도 밝혀졌다. 적어도 인간 유전자의 90퍼센트는 쥐에서 발견되는 유전자와 상관관계를 가지고 있다(우리에게도 꼬리를 만드는 유전자가 있지만, 발현이 되지 않을 뿐이다). 분야에 상관없이, 선충류線蟲類든 인간이든 기본적으로 동일한 유전자가 발견되었다. 생명은 단 한

---

* 자아의 바탕을 이루는 본능적 충동.

장의 청사진으로부터 시작된 것처럼 보였다.

계속된 연구를 통해서 신체 일부의 발달을 관리하는 ("비슷한"이라는 의미의 그리스어에서 유래된) 호메오homeo 유전자 또는 혹스hox 유전자라고 부르는 주요 조절 유전자 집단이 있다는 사실이 밝혀졌다. 혹스 유전자는 오래 전부터 풀리지 않던 문제를 해결해주었다. 하나의 수정란에서 분화되어서 동일한 DNA를 가지는 수십억 개의 배아胚芽 세포가 어떻게 간 세포, 뉴런, 혈액 세포 또는 심장 판막의 일부 등 자신이 맡은 역할을 알아내는가의 문제였다. 그런 지시를 내리는 것이 바로 혹스 유전자이고, 모든 생물체에서 거의 똑같은 방법으로 그런 일을 수행한다. 흥미롭게도 유전물질의 양과 그것이 어떻게 조직화되어 있는지가 그 생물의 복잡성 수준과 반드시 일치하지도 않고, 일반적으로 어떤 경향이 있는 것도 아니다. 우리는 46개의 염색체를 가지지만, 일부 양치류는 600개가 넘는 염색체를 가진다. 고등 생물 중에서 가장 진화가 늦은 종에 속하는 폐어肺魚*는 우리보다 DNA가 40배나 많다. 흔히 볼 수 있는 영원류조차도 유전학적으로는 우리보다 5배나 더 훌륭하다.

분명히 유전자의 수가 아니라, 그것으로 무엇을 하는지가 핵심이다. 처음에는 인간이 적어도 10만 개, 어쩌면 그보다 더 많은 유전자를 가지고 있다고 생각했지만, 이제는 2만 개 이하로 크게 줄었다. 유전자가 여러 약점과 관련이 많다는 사실은 이미 잘 알려져 있다. 몇몇 의기양양한 과학자들은 비만, 정신분열증, 동성애, 범죄성, 폭력성, 알코올 의존증 그리고 심지어 좀도둑질과 노숙자의 유전자를 발견했다고 주장하기도 했다. 유전학적으로 볼 때 여성은 수학에서 더 열등하다고 주장한, 1980년 「사이언스」에 발표된 연구 결과가 생물학적 결정론의 정점(또는 저점)이었다. 오늘날 우리는 인간의 어떤 면도 그렇게 쉽고 단순하지 않다는 사실을 알고 있다.

---

* 남아메리카, 아프리카, 오스트레일리아의 강이나 호수에서 서식하는, 뱀장어처럼 생기고 폐를 가진 어류.

그런 주장은 매우 중요한 면에서 안타까운 일이다. 만약 키를 결정하거나, 당뇨병에 걸리거나, 대머리가 되거나 아니면 다른 어떤 특징을 가질 가능성을 결정하는 개별 유전자가 있다면, 그것을 분리해서 수선하는 일도 비교적 쉬울 것이다. 그러나 불행하게도 2만 개의 유전자가 서로 독립적으로 작용한다면, 인간에게 필요한 육체적인 복잡성을 도저히 만들 수가 없다. 따라서 유전자는 서로 협력하는 것이 분명하다. 예를 들면 혈우병, 파킨슨병, 헌팅턴병, 낭포성 섬유증과 같은 몇몇 질병은 하나의 잘못된 유전자 때문에 나타나지만, 그렇게 잘못된 유전자는 개인이나 집단에 항구적인 문제를 일으키기 훨씬 전에 자연선택에 의해서 제거되는 것이 일반적인 원칙이다. 대부분 우리의 운명이나 건강, 심지어는 눈의 색깔까지도 각각의 유전자가 아니라 여러 유전자의 때로는 복잡한 연합 작용에 의해서 결정된다. 한 가지 예를 들면, 실명의 흔한 원인인 색소성 망막염은 70개의 서로 다른 유전자와 관련된 3,000개의 돌연변이와 연관되어 있다. 그래서 사람의 몸이 어떻게 연결되는지를 이해하는 일이 어렵고, 우리가 가까운 시일내에 맞춤형 아이를 탄생시킬 수 없는 것이다.

실제로 최근 몇 년 사이에 유전에 대해서 알게 되면서 문제가 더욱 복잡해졌다. 심지어는 어떤 생각을 하는 것조차도 유전자가 작동하는 방법에 영향을 미치는 것으로 밝혀졌다. 예를 들면 남자의 수염이 얼마나 빨리 자라는지는 그 사람이 성에 대해서 얼마나 많이 생각하는지와 관련이 있다(성에 대해서 생각하면 남성 호르몬 생산이 급증하기 때문이다). 1990년대 초에 과학자들은 배아기의 쥐로부터 필수적이라고 생각되는 유전자를 제거하더라도 건강하게 자라고, 심지어는 그런 조작을 하지 않은 형제나 자매보다도 더 잘 적응하기도 한다는 정말 놀라운 사실을 발견했다. 일부 중요한 유전자를 파괴하면 다른 유전자가 그 틈을 채워주는 것으로 밝혀졌다. 생물에게는 좋은 소식이지만, 이제 겨우 이해하기 시작한 문제를 더욱 복잡하게 만들기 때문에 세포가 어떻게 작동하는지를 알아내고 싶어하는 사람에게는 좋은 소식이 아니었다.

그런 복잡한 요인들 때문에 인간 유전체를 규명하는 일이 이제 막 시작 단계에 불과하다는 사실이 분명해졌다. 매사추세츠 공과대학교의 에릭 랜더의 말처럼, 유전체는 인체의 부품 목록에 불과하다. 유전체는 우리가 무엇으로 만들어졌는지는 알려주지만, 우리가 어떻게 작동하는지에 대해서는 아무것도 알려주지 않는다. 지금 우리에게 필요한 것은 인체를 어떻게 움직이도록 만드는지에 대한 작동 지침서이다. 우리는 그 문제에는 가까이 접근하지도 못했다.

그래서 이제는 목표가 단백질을 만드는 정보를 모은 목록인 단백질체 proteome를 해독하는 것이다. 그러나 이것은 훨씬 더 큰 도전이다. 단백질은 모든 살아 있는 생물을 움직이도록 해주는 말[馬]이라는 사실을 기억할 것이다. 하나의 세포에는 언제나 최대 1억 개의 단백질이 바쁘게 활동하고 있다. 그런 활동을 모두 알아내는 것은 쉽지 않다. 더욱이 단백질의 특징과 기능은 유전자의 경우처럼 화학적인 특성만이 아니라 그 모양에 의해서도 달라진다. 단백질이 제대로 작동하려면, 필요한 화학적 성분이 제대로 결합되어야 할 뿐 아니라, 극단적으로 특별한 모양으로 접혀야만 한다. 일반적으로 "접힘folding"이라는 말을 쓰기는 하지만, 그것이 기하학적으로 단순한 것을 뜻할 수도 있어서 오해의 가능성이 있다. 단백질은 고리 모양이나 코일 모양을 만들기도 하고, 오그라들기도 해서 언뜻 보면 지나칠 정도로 복잡해 보인다. 단백질은 잘 접은 수건이 아니라 마구잡이로 구겨놓은 옷걸이처럼 보인다.

더욱이 (고풍스러운 표현을 쓸 수 있다면) 단백질은 생물학의 세계에서 유행의 첨단을 달리는 물질이다. 단백질은 그 기분과 대사 환경에 따라서 인산화, 글리코실화, 아세틸화, 유비퀴틴화, 황산화가 되거나 글리코실포스파티딜이노시톨glycophosphatidy linositol 등 놀라울 정도로 다양한 화학적 변환을 일으킨다. 대부분 그런 변화는 아주 쉽게 일어나는 듯 보인다. 「사이언티픽 아메리칸」에서 지적했듯이, 포도주를 한 잔만 마셔도 몸속에 있는 단백질의 수와 종류가 바뀐다. 술을 마시는 사람에게는 좋은 일이지만, 몸속에서 무슨 일이 일어나는지를 알고 싶어하는 유전학자에게는 조금도 도움이 되지 않는다.

모든 것이 도저히 불가능할 정도로 복잡해 보이기도 하고, 어떤 면에서는 실제로 그렇기도 하다. 그러나 그런 속에도 생명체가 작동하는 방법에 숨어 있는 근본적인 통일성 때문에 나타나는 단순성도 숨어 있다. 염기의 협동과 DNA의 RNA로의 전사를 비롯해서 세포를 살아 움직이도록 해주는 작고 재치 있는 화학 과정은 단 한 번의 진화가 이루어진 후로는 자연계 전체에 변하지 않고 유지되어왔다. 프랑스의 위대한 유전학자인 자크 모노가 반쯤 농담처럼 말했듯이, "대장균에 적용되는 것은 대부분 코끼리에도 그대로 적용되어야 한다. 오히려 더 그래야 한다."

살아 있는 모든 생물은 단 하나의 계획에서 비롯되었다. 우리 인간도 점진적으로 만들어진 것에 불과하다. 38억 년에 걸친 케케묵은 조절, 적응, 변이 그리고 행운의 수선 결과일 뿐이다. 놀랍게도 우리는 흔히 생각하는 것보다 과일과 채소에 훨씬 더 가깝다. 바나나에서 일어나는 화학적 기능의 거의 절반 정도가 근본적으로는 우리의 몸에서 일어나는 화학적 기능과 똑같다.

다시 한번 강조하지 않을 수가 없다. 모든 생명체는 하나이다. 그것이 이 세상에서 가장 심오한 진리이고, 앞으로도 영원히 그럴 것이라고 믿는다.

제6부

우리의 미래

제27장

빙하의 시대

전혀 꿈이 아닌 꿈을 가지고 있습니다.

빛나는 태양이 사그러들고, 별들이 희미해지면……

— 바이런, "어둠"

1815년 인도네시아 숨바와 섬의 아름답고 오랫동안 잠잠했던 탐보라 화산이 극적인 폭발을 일으켰다. 폭발과 그에 이은 해일로 10만 명이 사망했다. 지금 살아 있는 사람 중에서 그런 격렬한 폭발을 본 사람은 아무도 없다. 탐보라 화산 폭발은 지난 1만 년 동안 발생한 가장 큰 화산 폭발이었다. 1980년 워싱턴 주에서 일어난 세인트 헬렌스 화산 폭발의 150배, 히로시마 원자폭탄 6만 개에 해당하는 규모였다.

당시에는 소식이 빠르게 전해지지 못했다. 런던의 「타임스」는 폭발이 일어나고 7개월이 지난 후에야 어느 상인이 보내준 편지를 통해서 짤막한 소식을 전했다. 그러나 그때는 이미 영국에도 탐보라 화산 폭발의 영향이 나타나고 있었다. 240세제곱킬로미터의 화산재와 먼지와 잔모래가 대기 중으로 흩어져 햇빛을 가려서 지구를 식게 만들었다. 화가 J. M. W. 터너는 보통 때와는 달리 흐릿하고 다채로운 색깔의 석양을 멋지게 그릴 수 있어 더할 나위 없이 행복해했지만, 세상은 먼지로 가득한 장막 속에 존재할 수밖에 없었다. 앞에서 인용한 바이런의 시도 그런 치명적인 어둠에 대한 것이었다.

봄은 찾아오지 않았고, 여름도 덥지 않았다. 1816년은 여름이 없던 해로 알려져 있다. 전 세계는 흉작으로 고통을 받았다. 아일랜드에서는 기아와 함께 찾아온 장티푸스로 6만5,000명이 사망했다. 뉴잉글랜드에서는 그해가 "19세기 동사凍死의 해"로 널리 알려졌다. 6월까지 서리가 계속되었고, 거의 모든 씨앗에서 싹이 트지 않았다. 가축은 사료 부족으로 굶어 죽거나, 충분히 자라기도 전에 도살해야만 했다. 모든 면에서 무시무시한 해였다. 특히 농부에게는 최악의 해였다. 그렇지만 전 세계적으로 기온은 1도도 떨어지지 않았다. 과학자들은 지구의 자연적인 온도 조절 장치가 놀라울 정도로 정교하다는 사실을 배우게 되었다.

그렇지 않아도 19세기는 추운 시기였다. 유럽과 북아메리카는 200년 동안 소小빙하기를 겪고 있었다. 템스 강에서의 서리 축제, 네덜란드 운하에서의 스케이트 대회를 비롯한 온갖 겨울 행사가 이어졌다. 오늘날에는 그런 행사를 열 수도 없다. 다시 말해서 그 시대는 추위가 사람들의 마음속에 들어 있던 때였다. 그러므로 19세기의 지질학자들이 자신들의 시대가 사실은 그전보다 더 따뜻했고, 자신들이 사는 육지가 서리 축제마저 엉망으로 만들 수 있는 거대한 빙하와 추위에 의해서 만들어졌다는 사실을 뒤늦게 알아낸 것을 이해해주어야 한다.

그들은 과거에 무엇인가 이상한 일이 있었다는 사실은 알고 있었다. 유럽의 곳곳에는 도저히 설명할 수 없는 이상한 흔적이 흩어져 있었다. 따뜻한 프랑스 남부에서 북극 지방에 사는 순록의 뼈가 발견되었고, 거대한 바위가 이상한 곳에 남아 있었다. 당시의 지질학자들은 창의적이었지만 가능성이 있는 설명은 찾아내기에는 역부족이었다. 쥐라 산맥 높은 곳에 있는 석회석 위에 어떻게 화강암 덩어리가 올라앉게 되었는지를 설명하려던 프랑스의 박물학자 드 뤼크는 공기총에서 탄환이 발사되듯이 동굴 속의 압축공기에 의해서 바위가 그곳까지 쏘아올려진 것이라고 주장하기도 했다. 이상한 곳에서 발견되는 바위 덩어리를 표석漂石이라고 부르는데, 19세기에는 그런 말이 실제 바위가 아니라 이론적인 것에 불과했다.

지질학의 아버지인 제임스 허턴이 스위스를 방문했더라면, 깊게 파인 계곡과 마모되어 만들어진 줄무늬와 바위가 굴러내린 자국을 비롯해서 빙하가 남긴 수많은 흔적의 중요성을 곧바로 알아차렸을 가능성이 매우 높다. 애석하게도 허턴은 여행을 즐기지 않았다. 허턴은 전해들은 이야기 이상의 정보가 없었음에도 거대한 바위 덩어리가 홍수에 의해서 1,000미터 높이의 산까지 옮겨졌다는 주장을 반박했다. 그는 바위 덩어리가 세상의 어떤 물속에서도 떠다닐 수 없다는 점을 지적했다. 그 대신 그는 광범위한 빙하작용을 처음으로 주장한 사람 중 한 명이 되었다. 불행하게도 아무도 그의 주장에 관심을 두지 않았고, 그로부터 반세기 동안에도 대부분의 박물학자는 바위 덩어리에 붙어 있는 점토층이 지나가던 수레나 심지어 징이 박힌 부츠에 붙어 있던 흙덩어리 때문에 생겼다고 주장했다.

그러나 과학적인 권위주의에 오염되지 않았던 시골의 농부들은 더 잘 알고 있었다. 박물학자 장 드 샤르팡티에는 1834년에 시골길을 가다가 스위스의 나무꾼과 길옆의 바위에 대해서 나누었던 이야기를 전해주었다. 나무꾼은 그 바위 덩어리가 상당히 멀리 떨어진 지역인 그림젤에서 왔다고 담담하게 말했다. "그 돌이 어떻게 그곳으로 옮겨졌느냐고 물어보았더니 그는 망설이지 않고 '그림젤의 빙하가 계곡의 양쪽으로 옮겨놓은 것이며, 과거에는 그 빙하가 베른까지 확장되어 있었다'고 대답했다."

샤르팡티에는 매우 기뻐했다. 그 자신도 그렇게 생각했지만, 과학자의 모임에서는 그런 이야기가 받아들여지지 않았다. 샤르팡티에의 가까운 친구였던 스위스의 박물학자 루이 아가시도 처음에는 그런 주장에 회의적이었지만, 결국은 적절한 이론이라고 스스로도 주장했다.

파리에서 퀴비에에게 지도를 받은 아가시는 당시 스위스 뇌샤텔 대학교의 자연사 교수로 있었다. 아가시의 또다른 친구인 카를 심퍼라는 식물학자는 1837년에 처음으로 빙하기ice age(독일어로 Eiszeit)라는 말을 만들었고, 한때 두꺼운 얼음층이 스위스의 알프스 산맥뿐 아니라 유럽, 아시아, 북아메리카의 대부분을 덮고 있었다고 주장했다. 과격한 주장이었다. 그는 아가시에게 노트를 빌려주었다. 심퍼는 당연히 자신의 것이라고 여기던 이론이 아가시의 업적으로 점차 인정받는 모습을 보고 그 일을 크게 후회하게 되었다.

샤르팡티에 역시 오랜 친구에게 심한 반감을 품게 되었다. 또다른 친구였던 알렉산더 폰 훔볼트는 그런 아가시를 보면서 과학적 발견에 세 단계가 있다고 주장했다. 처음에는 사람들이 그것이 진실이 아니라고 부정을 하고, 그후에는 그 중요성을 부정하며, 마지막으로는 엉뚱한 사람에게 그 업적을 인정해준다는 것이다.

어쨌든 아가시는 자신의 분야를 확립했다. 그는 빙하작용의 동역학을 이해하기 위해서 위험한 빙하의 틈새와 바위투성이의 알프스 산맥 꼭대기를 비롯해서 어느 곳이든 가리지 않고 찾아갔다. 자신이 최초로 산 정상에 오른 사람이라는 사실을 몰랐던 경우도 있었다. 아가시는 거의 모든 곳에서 자신의 이론을 인정하지 않으려는 극심한 반대에 부딪혔다. 훔볼트는 아가시에게 얼음에 대한 집착을 버리고 그의 원래 전공인 어류화석 분야로 돌아가도록 충고하기도 했다. 그렇지만 아가시는 얼음에 완전히 빠져버렸다.

영국에서는 아가시의 이론이 더 환영받지 못했다. 빙하를 본 적이 없었던 대부분의 영국 박물학자는 얼음덩어리가 엄청난 힘을 가지고 있다는 사실을 이해할 수가 없었다. 한 모임에서 조롱하는 어투로 "그런 생채기와 광택이 모두 **얼음** 때문일 수도 있습니까?"라고 물었던 로더릭 머치슨은 바위에 얇고 유리 같은 서리가 덮여 있는 모습을 상상한 모양이었다. 그는 죽는 날까지 빙하가 많은 것들을 설명할 수 있다고 믿는 "얼음에 미친" 지질학자에 대한 불신을 아주 솔직하게 표현했다. 케임브리지 대학교의 교수였고 지질학회의 주역이었던 윌리엄 홉킨스도 그런 주장에 동의하면서, 얼음이 바위

덩어리를 옮겨놓았다는 주장은 "역학적으로도 명백하게 틀린 것"이기 때문에 학회가 관심을 가질 필요가 없다고 했다. 아가시는 용기를 잃지 않고 자신의 이론을 알리려고 열심히 돌아다녔다. 1840년에 그는 글래스고에서 열린 영국 과학진흥협회의 학술회의에서 논문을 발표했지만, 위대한 찰스 라이엘의 공개적인 비판을 받았다. 그다음 해에 에든버러 지질학회는 그 이론이 맞을 수도 있다는 사실을 인정했지만, 스코틀랜드에는 적용되지 않는다는 결의문에 합의했다.

결국 라이엘은 생각을 바꾸었다. 스코틀랜드에 있던 가족 영지 부근에서 자신이 수백 번이나 지나쳤던 빙퇴석이 빙하에 의해서 그곳으로 옮겨졌다고 받아들여야만 이해가 된다는 사실을 깨달은 그에게는 예수 공현의 순간이었다. 그러나 개종을 한 라이엘은 자신을 잃었고, 빙하기에 대한 주장을 공개적으로 지지할 용기를 내지 못했다. 아가시에게는 불만스러운 시기였다. 그의 결혼도 파탄에 이르렀고, 심퍼는 자신의 이론을 훔쳐갔다며 그를 격하게 비난했으며, 친구였던 샤르팡티에는 그에게 말도 붙이지 않았고, 당시에 생존해 있던 가장 위대한 지질학자의 지원도 아주 미온적이고 확고하지 못했다.

1846년에 미국으로 건너간 아가시는 그곳에서 애타게 바라던 존경을 처음 받았다. 하버드 대학교는 그에게 교수직을 주었고, 최고급의 비교동물학 박물관을 설립해주었다. 뉴잉글랜드에 정착한 것도 분명히 도움이 되었다. 그곳의 긴 겨울은 끝없이 추운 시절에 대한 생각을 가다듬을 수 있게 해주었다. 그가 미국으로 옮기고 6년 후에 이루어진, 그린란드에 대한 최초의 과학 탐사에서 대륙에 버금갈 정도로 거대한 그 섬 전체가 아가시의 이론에 등장하는 옛날의 대륙처럼 빙하로 덮여 있다는 사실이 밝혀졌던 것도 도움이 되었다. 오랜 노력 끝에 결국 그의 주장을 지지하는 사람들이 생겨났다. 다만 그 이론의 핵심적인 약점은 그 빙하시대가 시작된 원인을 밝혀내지 못했다는 것이었다. 그런데 그 해결책은 전혀 기대하지 않던 방향에서 나타났다.

영국의 학술지와 학술서적 출판사들은 1860년대에 글래스고에 있는 앤더슨 대학교의 제임스 크롤이라는 사람으로부터 유체정역학流體靜力學과 전기학을 비롯한 과학 문제에 대한 논문을 받기 시작했다. 1864년의「철학지 *Philosophical Magazine*」에 발표된, 지구 궤도의 변이 때문에 빙하기가 시작되었다는 주장을 담은 그의 논문은 즉시 최고 수준의 논문으로 인정을 받았다. 그래서 훗날 크롤이 대학의 학자가 아니라 청소부라는 사실이 밝혀지자 사람들은 놀라기도 했고, 수치스러워하기도 했다.

1821년에 태어난 크롤은 가난한 집안에서 자랐고, 열세 살까지만 정규교육을 받았다. (오늘날 스트래스클라이드 대학교가 된) 앤더슨 대학교의 청소부가 되기 전에 그는 목수, 보험 판매원, 금주 호텔의 관리인 등 여러 직업을 전전했다. 그는 동생에게 대부분의 일을 맡기고는 저녁 시간이면 대학교 도서관에 조용히 앉아서 물리학, 역학, 천문학, 유체정역학을 비롯해서 당시 유행하던 과학을 혼자 공부했고, 결국은 지구의 운동과 그에 따른 기후의 변화에 특히 중점을 둔 논문들을 쏟아내기 시작했다.

지구 궤도의 모양이 주기적으로 타원형에서 거의 원형으로 바뀌었다가, 다시 타원형으로 바뀌는 것이 빙하기의 시작과 끝을 설명해줄 수 있다고 처음 주장한 사람이 바로 크롤이었다. 그전에는 아무도 천문학과 지구의 기후 변화를 연결짓지 못했다. 크롤의 설득력 있는 논문 덕분에 영국 사람들은 언젠가 지구의 일부가 얼음으로 덮여 있었다는 주장에 관심을 가지기 시작했다. 천재적인 재능을 인정받은 크롤은 스코틀랜드의 지질 탐사소에서 일하게 되었고 널리 존경을 받았다. 그는 런던의 왕립학회와 뉴욕 과학원의 회원이 되었고, 세인트앤드루스 대학교를 비롯한 여러 대학교에서 명예학위를 받았다.

아가시의 이론이 마침내 유럽에서도 인정받기 시작할 때, 불행하게도 그는 자신의 이론을 미국에서 더욱 이국적인 영역으로 확장시키는 일로 바빴다. 그는 찾아간 거의 모든 곳에서 빙하가 있었다는 증거를 찾기 시작했다.

심지어 적도 근처에서도 마찬가지였다. 마침내 그는 지구 전체가 빙하로 덮여 있었기 때문에 모든 생물이 멸종했고, 신이 생물을 다시 부활시켜야만 했다고 확신하게 되었다. 아가시가 인용했던 증거들 중에는 그 주장을 실제로 뒷받침하는 것이 하나도 없었다. 새로 정착한 나라에서 그의 명성은 점점 더 높아져서, 그는 신에 버금가는 존재가 되었다. 1873년에 그가 사망하자 하버드 대학교는 그의 자리를 채우기 위해서 세 명의 교수를 채용해야 한다고 생각했다.

그러나 그의 이론은 곧바로 인기를 잃었다. 그가 사망하고 10년도 지나지 않았을 때, 하버드 대학교 지질학과에서 그의 석좌교수 자리를 이어받은 후계자는 "몇 년 전 빙하 지질학자들 사이에서 유행했던 소위 빙하시대는…… 이제 주저 없이 버려도 좋다"고 했다.

크롤의 계산에 따르면 가장 최근에 있었던 빙하기는 8만 년 전이었는데, 그보다 더 최근에도 지구에 심한 변화가 있었다는 지질학적 증거가 계속 밝혀진 것이 문제였다. 빙하기가 왜 시작되었는지에 대한 가능한 설명을 제시하지 못하면서 그의 이론은 더 이상 관심을 끌지 못했다. 천체의 움직임에는 문외한이었던 세르비아의 기계공학자 밀루틴 밀란코비치가 다시 그 문제에 관심을 가진 1900년대 초반까지 그의 이론은 그 상태로 남아 있었다. 밀란코비치는 크롤의 이론이 틀린 것이 아니라 너무 단순하다는 사실을 깨달았다.

우주에서 움직이는 지구는 궤도의 반경과 모양만이 아니라 태양에 대해서 기울어진 각도와 위치와 흔들리는 정도도 주기적으로 변하며, 그 모든 것이 어느 지역에 햇빛이 비치는 시간과 세기에 영향을 준다. 특히 장기적으로 보면, 지구 궤도의 황도경사黃道傾斜,* 세차歲差,** 이심률離心率***의 세 가

---

* 지구 자전축이 기울어진 정도.
** 지구 자전축이 흔들리는 정도.
*** 타원의 일그러진 정도.

지가 변한다. 밀란코비치는 그런 복잡한 주기와 빙하기의 시작과 끝 사이에 어떤 관계가 있을 것이라고 생각했다. 문제는 그런 주기가 대략 2만 년, 4만 년, 10만 년 등으로 크게 차이가 날 뿐 아니라, 각각의 차이가 몇천 년에 달하기도 해서, 오랜 세월 동안 그것들이 겹쳐지는 시기를 알아내려면 거의 무한히 많은 계산이 필요했다. 특히 밀란코비치는 100만 년 동안 지구의 모든 위도에서 계절에 따라 태양복사의 각도와 기간이 어떻게 변화하는지를 계산해야 했다. 더욱이 끊임없이 변화하는 보정값도 알아내야 했다.

다행스럽게도 그런 반복적인 일은 밀란코비치의 적성에 딱 맞았다. 그로부터 20년 간, 심지어 휴가 중에도 그는 연필과 계산자를 이용해서 자신의 주기에 대한 표를 만들어갔다. 오늘날의 컴퓨터를 이용하면 몇 시간이면 끝낼 수 있는 계산이었다. 그는 시간이 남을 때만 계산을 할 수 있었는데, 1914년 제1차 세계대전이 발발하면서 세르비아 군대의 예비군으로 체포되어 갑자기 많은 여유시간을 가지게 되었다. 부다페스트에서 느슨한 가택 연금 상태에 있었던 4년 동안 그는 1주일에 한 번씩 경찰에 보고만 하면 그만이었다. 그는 대부분의 시간을 헝가리 과학원 도서관에서 계산을 하면서 보냈다. 어쩌면 그는 역사상 가장 행복했던 전쟁 포로였을 것이다.

그의 부지런한 노력의 결과가 바로 1930년에 발간된『수학적 기후학 및 기후 변화에 대한 천문학 이론*Mathematische Klimalehre und Astronomische Theorie der Klimaschwankungen*』이라는 책이었다. 빙하기와 행성의 흔들림 사이에 관계가 있을 것이라는 밀란코비치의 짐작은 적중했다. 그러나 다른 사람과 마찬가지로 그 역시 오랜 빙하기가 추운 겨울이 점진적으로 길어지면서 생긴 결과라고 생각했다. 그런 과정이 훨씬 더 신비롭고 오히려 놀라운 것이라는 사실을 밝혀낸 사람은 판 구조론을 주장한 알프레트 베게너의 장인인 러시아 태생의 독일 기상학자 블라디미르 쾨펜이었다.

쾨펜은 빙하기의 원인을 혹독한 겨울이 아니라 서늘한 여름에서 찾아야 한다고 생각했다. 여름이 너무 서늘해서 일정한 지역에 내린 눈이 녹지 않으면, 들어오는 햇볕이 모두 눈 표면에서 반사되기 때문에 냉각 효과가 더욱 악화되면서 더 많은 눈이 내리게 된다. 그런 일이 계속 반복된다. 눈이 쌓여서 빙원이 만들어지면, 그 지역은 더욱 추워지고 얼음은 더욱 늘어난다. 빙하학자 그웬 슐츠에 따르면, "빙원이 만들어지는 것은 눈의 양 때문이 아니라 눈이 녹지 않기 때문이다." 빙하기는 계절이 맞지 않는 단 한 번의 여름으로 시작될 수 있는 듯하다. 남은 눈이 열(햇볕)을 반사하면, 냉각 효과는 더욱 증폭된다. 맥피에 따르면, "그런 과정이 스스로 증폭되면 멈출 수가 없으며, 일단 늘어나기 시작한 얼음은 움직이게 된다." 빙하가 확대되면서 빙하기가 시작된다.

1950년대에는 연대 측정 기술이 완벽하지 못했기 때문에 밀란코비치가 조심스럽게 계산한 주기와 당시에 알고 있던 빙하기의 연대를 연관시킬 수가 없었다. 결국 밀란코비치와 그의 계산은 잊혀졌다. 그는 자신의 주기가 옳다는 사실을 증명하지 못하고 1958년에 사망했다. 당시의 한 역사학자에 따르면, 그 시기에는 "그의 모형에 역사적인 호기심 이상의 가치가 있다고 생각하는 지질학자나 기상학자가 드물었다." 그의 이론은 1970년대에 고대 해저 퇴적물의 연대를 알아내는 포타슘-아르곤 연대 측정법*이 정립되면서 마침내 인정을 받게 되었다.

밀란코비치 주기만으로는 빙하기 주기를 설명할 수 없다. 대륙의 배치, 특히 극지방에 육지가 있었는지의 여부 등 여러 요인들을 고려해야 하는데 그런 요인들의 구체적인 내용은 완전하게 알려져 있지 않다. 그러나 북아메리카, 유라시아, 그린란드를 북쪽으로 500킬로미터만 옮겨도 피할 길 없는 빙하기가 영원히 계속될 것으로 추정된다. 좋은 기후를 누릴 수 있다는 것만으로도 큰 행운인 듯하다. 빙하기 중간의 비교적 온화한 기간인 간빙기의 주기에 대해서는 더욱 이해하지 못하고 있다. 농업의 시작, 도시의 형성, 수

---

* 포타슘-40의 방사성 붕괴로 칼슘-40과 아르곤-40이 생성되는 비율을 이용해서 암석이나 퇴적물의 연대를 측정하는 방법.

학과 문학과 과학의 발전을 비롯한 인류의 의미 있는 역사 전체가 날씨가 이례적으로 비교적 온화했던 기간에 이루어졌다는 사실은 조금은 놀라운 일이다. 마지막 간빙기는 8,000년 정도 지속되었다. 우리가 살고 있는 간빙기는 이미 1만 년이 지났다.

사실 우리는 놀랍게도 아직도 빙하기에 살고 있다. 많은 사람들이 생각하는 정도는 아니지만 조금은 축소된 빙하기에 해당한다. 지난번 빙하기가 절정에 이르렀던 대략 2만 년 전에는 지구 육지의 약 30퍼센트 정도가 빙하에 덮여 있었다. 지금도 지구의 10퍼센트는 빙하에 덮여 있고, 14퍼센트는 영구 동토층을 이루고 있다. 지구상 민물의 75퍼센트는 얼음에 갇혀 있다. 북극과 남극 모두에 만년설이 있는 지금의 상태는 실제 빙하기를 벗어난 지구의 역사에서 아주 독특한 편이다. 세계적으로 대부분의 지역에 눈이 내리는 겨울이 찾아오고, 뉴질랜드처럼 온화한 지역에도 영구 빙하가 존재한다는 사실이 아주 자연스러워 보일 수도 있지만, 사실은 지구 역사상 가장 특이한 상황에 해당한다.

지극히 최근까지 어느 곳에서도 영구 빙하를 찾아볼 수 없을 정도로 더웠던 것이 지구의 일반적인 기후였다. 현재의 빙하기(정확하게는 빙하세)는 대략 4,000만 년 전에 시작되었고, 그 사이에 살인적으로 혹독했던 빙하기와 전혀 아무렇지도 않았던 빙하기가 섞여 있었다. 우리는 후자에 속하는 빙하기에 살고 있다. 빙하기가 시작되면, 그 이전의 빙하기에 대한 흔적이 씻겨 사라져버리기 쉬워서 과거로 올라갈수록 상황을 정확하게 알아내기가 더 어려워진다. 지난 250만 년 동안에 적어도 17차례의 극심한 빙하기가 있었던 것으로 보인다. 현재의 빙하기가 시작된 주된 원인으로는 두 가지가 꼽힌다. 하나는 히말라야 산맥이 솟아오르면서 공기의 흐름을 차단한 것이고, 다른 하나는 파나마 지협이 형성되면서 해류의 흐름을 막아버린 것이다. 지난 4,500만 년 사이에 한때 섬이었던 인도가 아시아를 2,000킬로미터나 밀면서 히말라야 산맥이 솟아올랐고 광활한 티벳 고원이 형성되었다. 가설에 따르면, 높은 지형은 더 서늘할 뿐 아니라 바람이 북아메리카를 향해서 북쪽으로 불게 만들어서 장기적인 냉각 현상이 더 쉽게 일어나게 되었다. 그런 후에 대략 500만 년 전부터 파나마가 바다 밑에서 솟아올라 북아메리카와 남아메리카 사이의 틈을 가로막으면서 태평양과 대서양 사이에 난류의 흐름을 차단했고, 적어도 전 세계의 절반에 해당하는 지역에서 강우 양상이 바뀌게 되었다. 그 결과 아프리카가 건조해졌다. 유인원들은 나무에서 내려와서 새로 나타난 사바나에 적응하여 살아가는 새로운 생활양식을 터득하게 되었다.

어쨌든 바다와 대륙이 지금과 같이 배열된 상태라면 빙하가 우리의 미래에 오랫동안 남을 것으로 보인다. 물론 우리가 지구 온난화로 빙하를 함부로 녹여버린다면 쉽게 예측할 수 없는 결과가 발생할 것이다.

5,000만 년 이전에는 지구에 규칙적인 빙하기가 없었지만, 일단 빙하기가 시작되면 그 규모는 엄청나게 커졌다. 22억 년 전에 엄청난 빙하기가 있었고, 그로부터 약 10억 년 정도는 온화한 기후가 계속되었다. 그리고 나서는 첫 번째 빙하기보다도 더 큰 규모의 빙하기가 시작되었다. 그 규모가 너무나도 커서 오늘날의 과학자들은 그 시기를 극저온기, 또는 슈퍼 빙하기라고 부른다. 당시의 상황을 일반적으로는 "눈덩이 지구Snowball Earth"라고 한다.

그러나 "눈덩이"라는 표현은 당시의 살인적인 상황을 제대로 드러내지 못한다. 이론에 따르면, 태양의 복사량이 6퍼센트나 감소하고, 온실가스의 생산(또는 보유)이 줄어들면서 지구는 근본적으로 열을 저장하는 능력을 상실했다. 지구 전체가 남극 대륙처럼 되어버렸다. 기온은 섭씨 45도 정도 떨어졌다. 지구의 표면 전체가 단단하게 얼어버렸고, 고위도 지역의 바다에서는 해빙이 최대 800미터, 적도 지방에서도 수십 미터 두께로 얼어붙었다.

그러나 이 이론에는 심각한 문제가 있다. 지질학적 증거에 따르면 적도 지역까지를 포함한 모든 곳에 얼음이 있었던 것으로 보이지만, 생물학적 증거에 따르면 어느 곳인가는 얼지 않은 바다가 존재했던 것이 틀림없다. 무엇보다도 남세균은 그런 상태에서도 살아남아 광합성을 했다. 광합성에는 햇빛이 필요하다. 그러나 얼음을 통해서 보려고 해보면 쉽게 알 수 있는 것처럼, 얼음은 두께가 몇 미터 정도만 되면 불투명해져서 빛을 전혀 통과시키지 않는다. 두 가지 가능성이 제시되었다. 지역적으로 뜨거운 곳이 있어서 얼지 않은 상태의 바다가 있었다는 것이 그중의 하나이다. 또다른 가능성은 자연에서 가끔 볼 수 있듯이 어떤 식으로든지 반투명한 얼음이 생겼다는 것이다.

오랫동안 얼어붙었던 지구가 어떻게 다시 따뜻해졌는지도 흥미롭지만 어려운 문제이다. 얼음으로 뒤덮인 행성은 엄청난 양의 열을 반사시키므로 영원히 얼어붙은 상태로 남게 된다. 아마도 지구의 뜨거운 내부가 구원해주었던 것 같다. 다시 한번 우리는 판 구조 덕분에 이곳에 존재할 수 있게 되었다. 뒤덮인 표면에서 터진 화산이 엄청난 양의 열과 기체를 쏟아내면서 얼음이 녹고 대기가 다시 만들어지고 우리를 구했다는 주장이다. 그러나 평화로운 과정은 아니었다. 지구의 온난화가 시작되면서 상상하기도 어려울 정도로 거친 날씨가 계속되었을 것이다. 태풍은 초고층 건물 높이의 파도를 몰고 왔고, 표현할 수도 없을 정도의 폭우도 쏟아졌을 것이다. 흥미롭게도 이런 극단적인 기후 현상은 복잡한 생명체가 막 등장하기 시작한 에디아카라기와 일치한다. 극단적인 기후 조건이 진화를 가속하는 촉매 역할을 했을 수도 있다. 새로운 생물군의 강인함을 시험하거나, 또는 새로운 생명체가 얕은 바다의 바닥에서 보호받았을 수도 있다. 확실한 것은 대략 1,000만 년 동안 생명체가 과거 어느 때보다 번성했다는 사실이다. 일부 생물종은 1미터 높이까지 자라기도 했다. 그러나 캄브리아기에는 에디아카라 생물군 모두가 완전히, 그리고 매우 신비롭게 사라져버렸다.

극저온기와 비교하면, 가장 최근의 빙하기는 비교적 작은 규모였다. 물론 오늘날 지구상의 규모로 보면 엄청난 것이었다. 유럽과 북아메리카의 대부분을 덮었던 위스콘신 빙원은 두께가 3킬로미터가 넘었고, 1년에 120미터씩 커졌다. 바라보기만 해도 틀림없이 굉장했으리라. 얼음의 두께는 가장자리에서도 800미터나 되었다. 그렇게 높은 얼음벽 밑에 서 있는 모습을 상상해보자. 그 뒤에 펼쳐진 수백만 제곱킬로미터의 지역에는 아주 높이 솟아 있는 몇 개의 산꼭대기 이외에는 얼음뿐인 세상이 펼쳐져 있었다. 대륙 전체가 얼음의 엄청난 무게 때문에 가라앉았다. 그런 대륙은 빙하가 사라지고 1만2,000년이 지난 지금도 제자리를 찾아 솟아오르고 있다. 대륙빙은 단순히 바위 덩이와 자갈로 된 빙퇴석을 옮겨놓은 것만이 아니라, 천천히 움직이면서 롱아일랜드 섬, 코드 곶, 낸터킷 섬을 비롯한 여러 지역의 땅 덩어리 전체를 휩쓸기도 했다. 아가시 이전의 지질학자들이 빙하에 지형을 통째로 바꿔놓을 수 있는 엄청난 위력이 있다는 사실을 이해하지 못했던 것은 당연한 일이다.

오래 전에는 수십만 년에 걸쳐서 점진적으로 빙하기가 시작되고 끝나는 일이 반복되었다고 생각했지만, 이제는 언제나 그런 것은 아니었다는 사실을 알고 있다. 그린란드의 빙하 코어 덕분에 10만 년이 넘는 기간의 기후에 대한 자세한 기록을 얻을 수 있게 되었다. 그러나 밝혀진 사실이 그렇게 마음 편한 것은 아니었다. 최근의 역사에서 대부분의 기간에 지구의 기후는 우리가 문명 세계에서 알고 있는 것처럼 안정적이거나 평온하지 않았으며 온화한 기간과 혹독한 추위 사이를 격렬하게 비틀거리면서 오갔다.

지구는 약 1만2,000년 전에 있었던 대빙하기가 끝날 무렵부터 상당히 빠른 속도로 더워지기 시작했지만, 신新드라이아스기(이 이름은 대륙빙이 사라진 후에 육지에 처음 등장했던 담자리꽃나무dryas라는 극지방의 식물에서 유래되었다. 고古드라이아스기도 있었지만, 그렇게 급격하지는 않았다)라는 추운 기간이 갑자기 찾아와 1,000년 가까이 지속되었다. 1,000년 동안의 맹공격이 끝난 후에는 온도가 다시 올랐다. 20년 동안에 섭씨 4도나 올랐다.

그렇게 굉장한 변화가 아닌 것처럼 보이기도 하지만, 실제로 스칸디나비아의 기후가 20년 만에 지중해의 기후로 바뀐 것과 같은 엄청난 변화였다. 지역적으로는 더욱 변화가 심한 곳도 있었다. 그린란드의 빙하 코어에 따르면 그곳의 온도는 10년 사이에 섭씨 8도나 상승하여 강우 양상과 식물의 성장 조건이 극적으로 변했다. 인구가 많지 않았던 지구를 뒤흔들기에는 충분했을 것이다. 오늘날 그런 변화가 일어난다면 그 결과는 상상을 넘어설 것이다.

더욱 두려운 사실은 어떤 자연현상 때문에 지구의 온도가 그렇게 급속하게 바뀌었는지를 모른다는 것이다. 엘리자베스 콜버트가 「뉴요커」에 쓴 글에 따르면, "알려진 어떤 외부의 힘으로, 또는 심지어 지금까지 제시되었던 어떤 가설로도 지구의 온도가 심하게, 그리고 그렇게 자주 오르내리게 되었는지를 설명할 수가 없다." 그녀는 "거대하고 무시무시한 되먹임 고리"가 존재하는 것 같다고 덧붙였다. 아마도 바다와 정상적인 조류 패턴의 교란과 관련이 있을 것으로 보이지만, 아직 그런 이유를 이해하기까지는 먼 길이 남아 있다.

한 이론에 따르면, 신드라이아스기가 시작될 때에 얼음이 녹은 물이 대량으로 바다로 유입되면서 북쪽 바다의 염도(따라서 밀도)가 낮아져서 멕시코 만류의 흐름이 충돌을 피하려는 운전자처럼 남쪽으로 바뀌었다. 멕시코 만류의 온기를 빼앗긴 북위도 지역은 다시 추워지기 시작했다. 그러나 그런 이론으로는 1,000년 후에 지구가 다시 더워졌을 때 멕시코 만류가 전과 같은 상태로 되돌아오지 않은 이유를 설명할 수 없다. 그 대신 우리가 충적세라고 부르는 지금 살고 있는 비정상적으로 평온한 시기가 찾아왔다.

지금과 같은 안정적인 기후가 아주 오랫동안 지속되리라고 믿을 이유는 없다. 실제로 과거보다 상황이 훨씬 더 나빠질 수도 있다고 믿는 전문가도 있다. 지구 온난화가 빙하기로 되돌아가려는 경향을 상쇄시키는 역할을 하리라고 믿는 것은 당연하다. 그러나 콜버트가 지적했듯이, 예측이 불가능할 정도로 요동치는 기후 앞에서 "아무도 감독할 수 없는 거대한 실험을 시도

하는 것은 무모한 일이다." 심지어는 기온의 상승에 의해서 빙하기가 시작될 수 있다는 주장은 보기보다 훨씬 더 가능성이 높은 듯하다. 약간의 온난화만으로도 증발 속도가 빨라지면, 구름이 많아지고 고위도 지방에는 더 많은 눈이 내려서 쌓이게 된다는 주장이다. 실제로 지구 온난화는 역설적으로 북아메리카와 유럽 북부에 심한 지역적 냉각 효과를 가져올 수도 있다.

기후는 이산화탄소 농도의 증가와 감소, 대륙의 이동, 태양의 활동, 밀란 코비치 주기의 느린 요동 등 아주 많은 요인들에 의해서 결정된다. 과거에 어떠했는지를 이해하는 것만큼 미래의 변화를 예측하는 것도 어렵다. 대부분은 아직 우리의 능력 바깥에 있다. 남극 대륙을 생각해보자. 남극 대륙은 남극에 자리를 잡은 이후로 적어도 2,000만 년 동안 얼음이 없는 상태에서 식물로 뒤덮여 있었다. 그런 일은 도대체 가능하지가 않은 것이다.

이미 사라져버린 공룡이 살았던 지역의 범위도 흥미롭다. 영국의 지질학자 스티븐 드루리는 북극으로부터 위도 10도 이내에 있던 숲이 티라노사우루스 렉스를 포함한 거대한 괴물들의 서식처였다고 지적한다. 그에 따르면, "그런 고위도 지방은 1년 중에 3개월 동안은 계속해서 어둡기 때문에 이상한 일이었다." 더욱이 그런 고위도 지방의 겨울이 매우 혹독했다는 증거도 등장했다. 산소 동위원소 연구에 따르면, 알래스카 주의 페어뱅크스의 기후는 백악기 후기부터 지금까지 큰 변화가 없었던 것으로 밝혀졌다. 그렇다면 티라노사우루스는 어떻게 그런 곳에서 살았을까? 계절에 따라 엄청난 거리를 이동했거나, 1년 중 대부분의 시간을 어둠 속에서 휘날리는 눈과 함께 살아야 했을 것이다. 공룡이 그런 환경에서 어떻게 살아남을 수 있었는지는 짐작만 할 뿐이다.

그런데 정말 장기적인 입장에서 보면, 빙하기가 지구에는 절대 나쁜 소식이 아니었다. 빙하는 돌을 깨뜨려서 아주 비옥한 토양을 만들고, 수백 종의 생물이 살아갈 수 있는 영양분을 제공할 민물 호수도 제공한다. 빙하는 이동을 가속함으로써 지구를 역동적인 상태로 유지시킨다. 팀 플래너리에 따르면, "한 대륙에 사는 사람들의 운명을 결정할 단 한 가지 의문은 '훌륭한 빙하기를 겪었습니까' 하는 것뿐이다." 그런 사실을 염두에 두고, 마지막으로 유인원에 대해서 살펴보자.

제28장

신비로운 이족 동물

1887년 성탄절 직전에 마리 외젠 프랑수아 토마 뒤부아라는, 네덜란드식이 아닌 이름을 가진 젊은 네덜란드 의사가 초기 인류의 유해를 찾아내기 위해서 네덜란드령 동인도 제도의 수마트라 섬에 도착했다.[†]

여기에는 몇 가지 별난 점이 있었다. 우선, 고대 인류의 유골을 찾아내는 일은 드물었다. 현재까지 발굴된 거의 모든 유골은 우연히 발견된 것이다. 더욱이 뒤부아는 그런 일에 적합한 배경도 없었다. 그는 고생물학에 대해서는 아는 것이 전혀 없는 해부학자였다. 게다가 동인도 제도에 초기 인류의 유골이 남아 있을 것이라고 믿을 만한 이유도 전혀 없었다. 논리적으로 보면, 옛사람의 유골이 발견되는 곳은 오래 전부터 많은 사람이 살던 육지이지, 비교적 요새와 같았던 군도는 아닐 것이다. 뒤부아가 동인도 제도로 향한 데에는 예감 이상의 이유는 없었다. 직장을 얻을 가능성도 있었고, 수마트라에는 당시까지 발견된 대부분의 중요한 호미니드의 화석이 발굴된 환경으로 추정되는 동굴이 많다는 정도만 알고 있었다. 그러나 너무 별난, 아니 거의 기적에 가까웠던 점은 그가 찾고 싶어하던 것을 찾아냈다는 것이다.

[†] 뒤부아는 네덜란드 사람이기는 했지만, 벨기에의 프랑스어권에 접한 도시인 에이스던 출신이었다.

뒤부아가 사라진 연결 고리를 찾기 위한 계획을 세우던 때까지만 하더라도 인간의 화석 기록은 거의 없었다. 불완전한 네안데르탈인의 유골 5점, 출처가 불분명한 턱뼈 일부, 얼마 전에 프랑스의 레제지 부근의 크로마뇽 절벽에 있는 동굴에서 철도 공사장 인부들이 발견한 빙하기 인간의 유골 5-6점뿐이었다. 네안데르탈인의 유골 중에서 가장 잘 보존된 것은 런던의 박물관 선반 위에 아무런 표식도 없이 놓여 있었다. 1848년 지브롤터의 채석장에서 바위를 폭파하던 인부들이 발견한 그 화석은 보존 상태가 좋았던 것 자체가 신기한 일이었다. 그러나 불행하게도 그것이 얼마나 특별한지를 누구도 알아보지 못했다.

　화석은 지브롤터 과학학술회의에서 간략하게 소개된 후, 런던으로 보내져서 저명한 자연사학자였던 휴 팔코너에게 전달되었다. 팔코너는 그것이 알려지지 않은 인류 종의 것임을 곧바로 알아차렸지만, 불행하게도 그리고 정말 놀랍게도 더 이상 관심을 보이지 않았다. 그는 만성적으로 건강이 좋지 않았고, 1년이 조금 지난 후에 사망했다는 사실에서 그의 무관심을 이해할 수는 있을 것이다. 어쨌든 두개골은 런던의 헌터리안 박물관으로 보내졌고, 거의 반세기 동안 가끔 먼지를 털어내는 것 이외에는 완전히 방치되었다. 1829년 벨기에의 동굴에서 발굴된 유골도 역시 네안데르탈인으로 밝혀졌지만, 그런 사실도 역시 100년이 넘도록 제대로 인정받지 못했다.

　그래서 최초의 초기 인류 발견에 대한 공로와 명성은 독일의 네안더 계곡에 돌아갔다. 우연히도 그리스어로 네안데르는 "새로운 사람"이라는 뜻이어서 전혀 틀린 것은 아니었다. 인정받지 못한 지브롤터에서의 발견으로부터 8년이 지나고, 마찬가지로 인정받지 못한 벨기에에서의 발견으로부터 27년이 지난 1856년에 뒤셀 강을 내려다보는 절벽에 있던 또다른 채석장의 인부들이 이상한 뼈를 발견하고, 자연의 모든 것에 관심이 있다고 알려진 그 지역의 교사에게 전해주었다. 놀랍게도 요한 카를 풀로트라는 그 교사는 그것이 새로운 인류의 유골이라는 사실을 곧바로 알아보았지만, 자신의 발견을 진지하게 받아들이도록 만들 만큼의 영향력과 인맥이 없었다. 이러한 관심 부족으로 결국 호모속Homo에 최초로 추가되는 새로운 종에 이름을 붙이는 일은 아일랜드 서부의 어느 이름 없는 대학 교수에게 맡겨졌다. 원래의 네안데르탈인 유골을 본 적도 없고, 고생물학에 대한 전문 지식도 없던 그는 그후 곧바로 그 문제에 대한 관심을 잃어버렸다.

그의 이름은 윌리엄 킹이었고, 비록 역사에 한 줄을 차지할 뿐이지만 비범한 인물이었다. 영국 북동부 선덜랜드에서 가난하게 자란 그는 어린 시절부터 화석을 찾아내고 해석하는 놀라운 재능을 보였다. 워낙 뛰어나서 젊은 나이에 뉴캐슬−어폰−타인의 자연사 박물관 관장으로 임명될 정도였다. 그러나 얼마 지나지 않아 그가 관리하던 소장품이 눈에 띄게 줄어들고 있다는 사실이 밝혀졌다. 킹은 다른 기관과 수집가에게 소장품을 몰래 팔아넘기고, 그 수익금을 착복했다.

다른 일자리를 찾도록 권유받은 킹은 학문적 자격이 충분하지 않았는데도 아일랜드 서쪽 끝, 골웨이에 있는 퀸스 칼리지의 광물학 및 자연과학 교수가 되었다. 그곳에서 킹은 어떻게인지는 몰라도, 발견된 동굴의 이름을 따서 펠트호퍼 화석으로 알려져 있던 독일 화석의 석고 모형을 입수했다. 관련 분야의 전문성이 전혀 없었던 그는 이 석고 모형과 출판된 그림 몇 장을 근거로 그 화석이 새로운 인류의 유형이라고 주장하면서 호모 네안데르탈렌시스라고 불렀다. 또한 그는 네안데르탈인이 야만적이고 둔했다고 주장한 최초의 인물이었다. 그리고 그후 이에 대한 매우 오랜 논쟁이 시작되었다. 킹은 1863년 영국 과학진흥협회 지질학 분과의 학술회의에서 자신이 붙인 명칭과 연구 결과를 발표했고, 1864년에는 논문을 통해서 보완했다. 그런 후에 그는 그 문제에 대한 관심을 완전히 잃어버렸다. 그의 논문에서는 네안데르탈인에 대한 언급을 다시 찾아볼 수 없었다.

많은 사람들은 네안데르탈인의 유골이 오래된 것이라는 사실을 인정하지 않았다. 본 대학교의 교수이자 영향력이 있는 인물인 아우구스트 마이어는 그 뼈가 1814년 독일에서 전투에 참전했다가 부상당한 후에 동굴로 기어 들어가서 죽은 몽골 계열의 카자크인 병사의 것이라고 고집했다. 그의 주장을 전해들은 영국의 T. H. 헉슬리는 치명적인 부상을 당한 병사가 18미터나 되는 절벽을 기어올라서 옷과 소지품을 모두 버린 후에 동굴의 입구를 막고, 땅속 60센티미터 깊이에 스스로를 묻었다는 주장이 놀랍다고 냉소적으로 비판했다. 또다른 인류학자는 네안데르탈인의 눈두덩이가 솟아오른 것은 팔뚝 골절을 제대로 치료하지 못해서 오랫동안 찡그리고 있었기 때문이라고 주장했다. 초기 인류의 유골이라는 사실을 반박하는 과정에서 전문가들은 가장 이상한 가능성도 주저 없이 받아들였다. 외젠 뒤부아가 수마트라 섬으로 떠날 무렵에는, 페리괴에서 발굴된 유골이 에스키모의 것이라고 선언되기도 했다. 고대 에스키모가 프랑스 남서부에서 무엇을 하고 있었는지에 대해서는 아무 설명도 없었다. 그 유골은 사실 초기 크로마뇽인이었다.

뒤부아는 이런 상황에서 초기 인류의 유골을 찾기 시작했다. 그는 직접 발굴하는 대신 네덜란드 정부로부터 50명의 죄수를 제공받았다. 그들은 1년 동안 수마트라 섬에서 발굴 작업을 한 후에 자바 섬으로 옮겨갔다. 사실 뒤부아 자신은 발굴 현장에 잘 가보지도 않았다. 1891년에 오늘날 트리닐 두개골 상부라고 알려진, 고대 인류의 두개골 일부를 찾아낸 사람도 그의 발굴단에서 일하던 인부였다. 두개골의 일부였지만, 그 두개골의 소유자가 사람과는 분명하게 닮지 않았고, 다른 유인원보다는 뇌가 훨씬 컸음을 알 수 있었다. 뒤부아는 그것을 안트로피테쿠스 에렉투스(후에는 기술적인 이유로 피테칸트로푸스 에렉투스로 바뀌었다)라고 부르고, 그것이 유인원과 인간 사이의 잃어버린 고리라고 주장했다. 그 동물은 곧 "자바인"으로 알려졌다. 오늘날 우리는 호모 에렉투스라고 부른다.

뒤부아의 발굴단은 그다음 해에 놀라울 정도로 현대적으로 보이는 거의 완벽한 대퇴골을 찾아냈다. 사실 많은 인류학자들은 그 유골이 현대인의 것으로 자바인과는 아무 관련이 없다고 믿는다. 만약 그것이 에렉투스의 뼈라면, 그후에 발견된 다른 유골과도 다르다. 그렇지만 뒤부아는 그 대퇴골을 근거로 피테칸트로푸스가 똑바로 서서 걸었을 것이라고 주장했는데, 실제로 그의 주장이 옳았던 것으로 밝혀졌다. 또한 그는 두개골의 일부와 이빨 하나만으로 완전한 두개골 모형을 제작했고, 그것도 역시 놀라울 정도로 정확했던 것으로 밝혀졌다.

1895년에 뒤부아는 승리의 환영을 기대하면서 유럽으로 돌아갔다. 그러나 실제로는 정반대의 반응에 직면했다. 대부분의 과학자들은 그의 결론은 물론이고 그런 결론을 주장하는 그의 거만한 태도를 좋아하지 않았다. 그들은 그 두개골 상부가 초기 인류가 아니라 유인원의 것이고, 어쩌면 긴팔원숭이의 것일 수도 있다고 반박했다. 뒤부아는 자신의 주장을 강화하기 위해서 1897년 스트라스부르 대학교의 존경받던 해부학자 구스타프 슈발베에게 두개골 상부의 주형을 만들도록 허락했다. 뒤부아에게는 실망스럽게도, 슈발베가 쓴 책은 뒤부아가 직접 쓴 책보다 훨씬 더 환영을 받았고, 그의 강연에서는 마치 그가 두개골을 발굴한 사람인 양 따뜻한 환영을 받았다. 화가 나고 감정이 상한 뒤부아는 암스테르담 대학교의 지질학 교수로 물러났고, 그후 20년 동안 아무에게도 귀중한 화석을 보여주지 않았다. 그는 1940년에 불행하게 사망했다.

최초의 네안데르탈인이 호모속으로 널리 인정을 받기까지는 몇 년이 걸렸고, 그들이 단순히 주먹으로 땅을 짚고 걸어다니는 야만인 이상의 존재라고 권위자로부터 인정받기까지 또다시 반세기 이상이 더 필요했다. 초기에는 몇몇 가지 이름이 제안되었는데, 관대하지는 않지만 가장 인상적인 것은 호모 스투피두스*Homo stupidus*였다.* 네안데르탈인에 대한 최초의 공식 기술은 1907년에야 등장했는데, 해부학에 대한 지식이 그저 겉핥기 수준에 지나지 않았던 윌리엄 솔러스라는 지질학자가 작성한 것이었다.

---

* '어리석은 인간'이라는 뜻.

그리고 20세기가 시작되면서, 우리는 대부분 마지 못해서였지만 마침내 우리 호모 사피엔스에게 고대의 친척들이 존재한다는 사실을 깨달았다. 그러나 인간 기원의 연구 분야가 앞으로 얼마나 더 복잡해지고 끝없이 분열될지는 아무도 예상하지 못했다.

1924년 남아프리카에서는 비트바테르스란트 대학교의 해부학 학과장이었던 레이먼드 다트가 칼라하리 사막 근처의 타웅이라는 곳에서 발굴한 어린이의 두개골을 전달받았다. 그는 곧바로 그 유골이 그때까지 보았던 적이 없는 독특한 존재라는 사실을 깨달았다. 그것은 유인원의 특징과 인간의 특징을 함께 가진 생명체에서 나온, 고인류학이 현대 인류의 진화를 설명하기 위해서 필요했던 바로 그 과도기적 존재의 유골이었다. 다트는 "아프리카의 남부 유인원"이라는 뜻으로 오스트랄로피테쿠스 아프리카누스라고 이름을 붙였고, 그런 유골을 포함시키려면 호모 시미아다이("인간-유인원")라는 새로운 과科가 필요하다고 주장했다.[†]

다트의 결론은 거의 만장일치로 무시당했다. 무엇보다도 누구나 인류가 아프리카가 아니라 아시아에서 시작되었다고 알고 있었다. 더욱이 학계의 입장에서 남아프리카는 변방이었고, 다트는 본질적으로 유럽 중심이었던 이 학문 분야에서 자격 미달의 외부인이었다. 다트는 5년 동안 단행본을 집필했지만, 자신의 책을 출판해줄 출판사를 찾지 못했다. 신경쇠약에 걸린 그는 책의 출판 자체를 완전히 포기했다. 그 이후 30년 동안 사람들은 타웅

---

† 인간은 호미니드과에 속한다. 호미니드라고 부르는 이 과의 구성원들은 전통적으로 현존하는 침팬지보다 우리와 더 가까운 관계인 모든 생물(멸종된 종 포함)을 포함한다. 한편, 유인원은 퐁기드과(Pongidae)로 묶어서 분류한다. 여러 학자들은 침팬지, 고릴라, 오랑우탄 역시 호미니드과에 속하고, 인간과 침팬지는 호미니니아이(Homininae)라는 아과(亞科)에 속한다고 주장한다. 결론적으로, 역사적으로 호미니드라고 부르던 생물은 새로운 분류에서는 호미닌(hominin)이 된다. 호미노이데아(Hominoidea)는 우리를 포함한 유인원의 초과(超科)의 이름이다. 더 간단히 말하면, 호미니드는 현생은 물론 멸종된 모든 유인원과 인간을 포함하고, 호미닌은 인간 계통(즉, 호모속으로 분류된 종)의 구성원만 포함한다.

어린이가 유인원 그 이상도, 이하도 아니라고 믿었다. 대부분의 교과서는 그에 대한 언급조차 하지 않았다. 오늘날 인류학의 가장 뛰어난 보물이라고 인정되는 그 두개골은 몇 년 동안 동료의 책상에 쌓인 서류 더미 위에 놓여 있었다.[†]

그 이후 초기 인류에 대한 조사는 계속 아시아에 집중되었다. 특히 데이비드슨 블랙이라는 재능 있는 캐나다인이 베이징에서 40킬로미터 떨어져 있고, 오래된 유골이 많은 곳으로 유명했던 저우커우뎬 주변을 조사한 이후로는 더욱 그랬다. 안타깝게도 중국 사람들은 유골을 연구용으로 보존하는 대신에 가루로 빻아서 약으로 썼다. 가치를 헤아릴 수도 없이 귀중하고 오래된 유골 중에서 얼마나 많은 유골이 중국식 탄산소다로 변해버렸는지는 짐작만 할 수 있을 뿐이다. 블랙이 도착했을 때에 이미 그 주변은 폐허로 변해 있었지만, 그는 화석화된 어금니 하나를 발견할 수 있었고, 그것을 근거로 곧바로 베이징 원인으로 알려지게 된 시난트로푸스 페키넨시스를 발견했다고 발표했다.

블랙의 요구로 더욱 본격적인 발굴작업이 시작되었고, 곧바로 다른 유골들이 발굴되었다. 그러나 불행하게도 1941년 일본군의 진주만 공습 다음 날 모든 유골이 사라져버렸다. 유골을 가지고 해외로 빠져나가려던 미국 해병대원들은 일본군에 의해서 체포되어 투옥되었다. 그들이 가지고 있던 상자에 유골만 있다는 사실을 알아낸 일본군은 그 상자를 길가에 버려두었다. 그것이 그 유골의 마지막 모습이었다.

그 사이에 자바 섬에서는 랄프 폰 쾨니히스발트가 이끄는 발굴단이 초기 인류의 유골을 발견했다. 응간동의 솔로 강에서 발견되었기 때문에 솔로인으로 알려지게 되었다. 쾨니히스발트의 발견은 더욱 인상적일 수도 있었지

[†] 더욱 놀랍게도, 뒤부아와 다트는 모두 부주의 때문에 자신들의 소중한 보물을 잃어버릴 뻔했다. 1895년에는 넋을 놓아버린 뒤부아가 점심을 먹은 파리의 한 카페에 베이징 원인의 유해를 두고 나왔고, 1931년 다트의 아내는 타웅 어린이의 두개골을 런던 택시에 두고 내렸다. 다행히 두 경우 모두 분실물을 회수했다.

만, 전략적인 실수가 있었음이 뒤늦게 밝혀졌다. 그는 지역 주민들에게 사람 유골 조각 하나를 찾아오면 10센트를 주겠다고 약속했다. 놀랍게도 주민들은 더 많은 수입을 얻기 위해서 큰 조각을 열심히 쪼갰다.

그후로 더 많은 유골들이 발굴되면서 호모 아우리그나켄시스, 오스트랄로피테쿠스 트란수아알렌시스, 파란트로푸스 크라시덴스, 진잔트로푸스 보이세이를 비롯한 새로운 이름이 홍수처럼 쏟아졌다. 거의 모두가 새로운 속과 종을 나타냈다. 1950년대 말에 이르자 이름이 붙은 호미니드과의 수가 100종을 훨씬 넘어섰다. 더욱 혼란스럽게도, 고고인류학자들이 분류를 개선하고 재검토하는 과정에서 각 유골에 서로 다른 이름이 붙은 경우도 많았다. 솔로인은 호모 솔로엔시스, 호모 프리미게니우스 아시아티쿠스, 호모 네안데르탈렌시스 솔로엔시스, 호모 사피엔스 솔로엔시스, 호모 에렉투스 에렉투스, 그리고 단순히 호모 에렉투스 등의 다양한 이름으로 불렀다.

1960년에 시카고 대학교의 F. 클라크 하월은 지난 10년간 에른스트 마이어를 비롯한 다른 사람들이 제안한 바에 따라 오스트랄로피테쿠스와 호모의 두 속屬만 남겨두고, 다른 종들은 합리적으로 재분류하는 방법을 제시했다. 자바인과 베이징 원인은 모두 호모 에렉투스로 분류되었다. 한동안 호모속의 세계는 그 질서가 유지되었다. 그러나 오래 유지되지는 못했다.

대략 10년 정도 비교적 평온하게 지내던 고고인류학계에는 다시 수많은 발견이 쏟아지기 시작했다. 1960년대에는 호모 하빌리스가 발굴되었다. 일부 전문가는 그것이 유인원과 사람 사이의 잃어버린 연결 고리라고 주장하지만, 새로운 종이 아니라고 보는 사람도 있다. 그리고 특히 호모 에르가스테르, 호모 로우이슬레아카케이, 호모 루돌펜시스, 호모 미크로크라누스, 호모 안테케소르는 물론이고, 오스트랄로피테쿠스에 속하는 A. 아파렌시스, A. 프라이겐스, A. 발케리, A. 아나멘시스 등 다양한 종이 발견되었다.

역설적으로 문제의 핵심은 증거가 부족하다는 것이다. 유사 이래 1,100억 명으로 추정되는 인간(또는 인간과 비슷한) 존재가 살았고, 각각이 유전적 다양성에 조금씩 기여했다. 그런 엄청난 숫자 중에서 선사시대 인류에 대한 우리의 이해는 대략 6,000명 정도의 개인(스미스소니언 연구소의 자료에 따르면)이 남긴 지나칠 정도로 단편적인 치아, 정강이뼈 조각, 닳은 두개골 조각을 근거로 할 뿐이다.

2002년에 뉴욕의 미국 자연사 박물관의 인류학 학예사(현재는 은퇴했다) 이언 태터솔에게 호미니드과와 초기 인류 유골의 전 세계적인 규모에 대해서 묻자, "뒤죽박죽 실어도 상관없다면, 모두 모아도 소형 트럭에 실을 수 있는 정도"라고 했다. 물론 그 이후에 더 많은 뼈가 발견되어 이제는 배달용 화물차가 필요할 정도가 되었겠지만, 핵심은 여전히 세계에 존재하는 인류의 화석의 수가 정말 많지 않다는 것이다.

부족하더라도 유골이 시대나 지역에 따라서 균일하게 분포했다면 좋겠지만, 실제로는 그렇지도 못한 형편이다. 유골은 아무 곳에서나 나타나고, 그나마도 감질나게 조금씩 발견된다. 호모 에렉투스는 100만 년이 넘는 기간에 지구를 걸어다녔고 유럽의 대서양 연안에서부터 중국의 태평양 연안에 이르는 모든 지역에 살고 있었지만, 우리가 확인할 수 있는 호모 에렉투스를 모두 살려낸다고 하더라도 한두 대의 스쿨버스를 겨우 채울 정도이다.

기록이 그렇게 고르지 못하기 때문에 새로 발견되는 유골이 모두 갑작스럽고 다른 것과 구별되어 보인다. 역사 전체를 통해서 일정한 간격으로 분포된 수만 개의 유골을 가지고 있다면, 중복되는 유골도 많이 발견될 것이다. 새로운 종은 화석 기록이 보여주는 것처럼 갑자기 순간적으로 등장하는 것이 아니라 이미 존재했던 다른 종으로부터 점진적으로 나타난다. 분화되는 시점에 가까이 갈수록 유사성은 더욱 커지기 때문에 말기의 오스트랄로피테쿠스와 초기의 호모를 구별하는 것은 엄청나게 어렵고, 어쩌면 완전히 불가능할 수도 있다. 둘 모두이기도 하면서 모두가 아닐 수도 있기 때문이다.

선사시대 인류의 역사에 관한 이야기 중에서 언젠가 누군가에 의해서 논란이 제기되지 않을 것은 거의 없다는 사실을 염두에 두고, 우리가 누구이고 어디에서 왔는지에 대해서 우리가 아는 것은 대강 다음과 같다.

생명체로서 우리 역사의 첫 99.99999퍼센트는 침팬지와 같은 조상을 공유했다. 침팬지 이전의 역사에 대해서는 알려진 것이 거의 없지만, 그들이 무엇이었는지 상관없이 그들과 우리는 하나였다. 그런 후에 대략 700만 년 전에 엄청난 일이 일어났다. 새로운 존재가 아프리카의 열대 밀림에서 등장해서 광활한 산림지대를 돌아다니기 시작한 것이다.

그들이 바로 레이먼드 다트가 타웅 어린이를 통해 발견한 오스트랄로피테쿠스로 진화했고, 그들은 200만 년 동안 세계를 지배하던 호미니드 무리였다(오스트랄이라는 말은 오스트레일리아와는 무관한, "남쪽"이라는 라틴어에서 유래했다). 오스트랄로피테쿠스에는 몇몇 변종이 있어서 다트의 타웅 어린이처럼 마르고 약한 종도 있었고 몸이 더 강하고 단단한 종도 있었지만, 모두가 직립 보행을 할 수 있었다. 100만 년을 훨씬 넘도록 존재했던 종도 있었지만, 수십만 년 정도 살았던 종도 있었다. 그러나 가장 성공하지 못한 종이더라도 현재의 우리보다는 더 오랜 역사를 가지고 있었다는 사실을 기억해야 한다.

가장 유명한 호미니드 유골은 1974년에 미국인 도널드 조핸슨의 탐사진이 에티오피아의 하다르에서 발굴한 318만 년 전의 오스트랄로피테쿠스 유골이다. A. L.("아파르 지역Afar Locality"이라는 뜻) 288-1이라고 알려진 이 유골은 비틀스의 "저 하늘의 다이아몬드를 가진 루시"라는 노래 때문에 루시라고 더 잘 알려졌다. 조핸슨은 루시의 중요성을 절대 의심하지 않았다. 그의 말에 따르면, "루시는 우리의 가장 오랜 선조이고, 유인원과 인간 사이의 잃어버린 연결 고리이다."

루시는 신장 1미터에 불과했다. 그녀는 걸을 수 있었으나, 물론 얼마나 잘 걸을 수 있었는지에 대해서는 논란이 있다. 그녀는 나무를 잘 타기도 했다. 다른 것은 밝혀지지 않았다. 두개골이 거의 완전히 사라졌기 때문에 뇌의 크기에 대해서는 확실하게 알 수가 없다. 그러나 두개골의 파편을 보면 크기가 그리 크지는 않았을 것이다. 대부분의 책에서는 루시의 유골이 40퍼센트 정도 남아 있다고 설명하지만, 절반에 가깝다는 주장도 있다. 미국 자연사 박물관에서 펴낸 책에서는 루시의 3분의 2가 남아 있다고 주장한다. BBC의 「유인원」이라는 텔레비전 시리즈에서는 루시의 유골이 완전하지 않다는 사실을 보여주면서도, 루시를 "완벽한 유골"이라고 불렀다.

인간의 몸에는 206개의 뼈가 있지만, 똑같은 것도 많다. 왼쪽 대퇴골만 있다면, 오른쪽 대퇴골이 없어도 크기를 알 수 있다. 겹치는 뼈를 모두 제외하면 120개가 남고, 그것을 반쪽 골격이라고 부른다. 그런 기준을 적용하고 아주 작은 파편까지도 완전한 뼈라고 여기더라도, 루시의 유골은 반쪽 골격의 28퍼센트에 불과하다(완전한 뼈만 고려하면 약 20퍼센트에 지나지 않는다).

앨런 워커는 그의 저서 『뼈에 담긴 지혜Wisdom of the Bones』에서 조핸슨에게 어떻게 40퍼센트라는 수치를 얻었는지 물어본 일화를 소개했다. 조핸슨은 손과 발의 뼈 106개를 제외했다고 간단하게 대답했다. 몸속에 있는 뼈의 절반 이상을 제외했을 뿐만 아니라, 루시의 대표적인 특징이 변화하는 세상에 손과 발을 이용해서 적응한 것이라는 점을 고려하면 아주 중요한 절반을 제외했다고 생각할 수도 있다. 어쨌든 루시에 대해서는 일반적으로 알려진 것보다는 실제로 확실한 것이 많지 않다. 사실 그 유골이 여성의 것인지도 확실하지 않다. 몸집이 작기 때문에 여성일 것이라고 추측했을 뿐이다.

그러나 해부학적 특징을 보면, 그녀가 걸었던 것은 분명하다. 이족보행은 힘들고 위험한 전략이다. 골반이 엄청난 부담을 지탱할 수 있어야만 한다. 필요한 강도를 유지하려면, 여성의 산도가 상당히 압축되어야 하는데, 그런 골격은 두 가지 중요한 직접적인 문제와 하나의 장기적인 문제를 야기한다. 첫째, 아기를 낳는 산모에게 엄청난 고통을 주고, 둘째, 산모와 아기의 사망률을 크게 증가시킨다. 더욱이 아기의 머리가 좁은 공간을 빠져나오려면, 신생아는 뇌가 작아서 성장하기까지 많은 도움이 필요한 상태로 태어나야 한다. 그래서 신생아를 오랫동안 돌봐주어야 하고, 그것은 다시 남성과 여성의 긴밀한 협력을 요구한다. 지구의 지적 지배자에게도 이 모든 것이 충분히 문제가 되겠지만, 뇌가 오렌지만 했던, 작고 취약한 오스트랄로피테쿠스에게는 그 위험이 더 엄청났을 것이다.

그렇다면 루시와 그 동료들은 왜 나무에서 내려와서 빽빽한 숲을 빠져나오게 되었을까? 어쩌면 선택의 여지가 없었을 것이다. 파나마 해협이 서서히 솟아오르면서 태평양에서 대서양으로 흐르는 조류가 단절되었고, 극지방으로 흐르던 난류의 방향이 바뀌며, 북위도 지역에는 갑자기 극심한 빙하기가 시작되었다. 그 결과 계절적으로 가뭄과 추위가 찾아온 아프리카는 점진적으로 밀림이 사바나로 바뀌게 되었다. 존 그리빈에 따르면, "루시와 그 동료들이 숲을 떠난 것이 아니라, 숲이 그들을 떠나버린 셈이다."

그러나 열린 사바나 지역에 발을 들여놓음으로써 초기 인류는 훨씬 더 위험에 노출되었다. 똑바로 선 사람은 더욱 잘 볼 수 있지만, 더욱 쉽게 눈에 띌 수도 있다. 지금도 우리는 야생에서는 거의 믿을 수 없을 정도로 취약한 종이다. 떠올릴 수 있는 거의 대부분의 대형 짐승은 우리보다 더 강하고 더 빠르며 더 예리한 이빨을 가지고 있다. 공격에 직면한 현대 인류에게 장점은 두 가지뿐이다. 우리에게는 전략을 짜낼 수 있는 뛰어난 뇌가 있고, 위험한 물체를 던지거나 휘두를 수 있는 손이 있다는 것이다. 우리는 먼 거리에서 해를 입힐 수 있는 유일한 동물이다. 그래서 우리는 육체적 취약점을 감수할 수 있다.

유능한 뇌가 빠르게 진화할 수 있는 모든 요소들이 구비된 듯했으나 실제로는 그런 진화가 일어나지 않았던 것 같다. 루시와 동료 오스트랄로피테쿠스는 200만 년 이상 동안 거의 변하지 않았다.

루시를 비롯한 한두 가지 중요한 발견 덕분에, 현재 세기 초반에는 약 20종의 호미니드가 확인되었고(그러나 두 명 이상의 전문가가 정확하게 동일한 20종을 인정한 경우는 없다), 우리가 인간이 되는 긴 여정에 대한 이해가 어느 정도 완성을 향해서 나아가는 듯했다.

우리는 완전히 틀렸다. 놀라운 화석이 계속 발견되고 고유전체학palaeo-genomics†이라는 완전히 새로운 과학 분야가 발전하면서, 초기 인류는 고생물학자가 상상하지도 못했고 때로는 설명도 할 수 없는 방식으로 살아가고, 번식하고, 이동했다는 사실이 밝혀졌다. 과거의 생각만큼 선형적이거나 단순했던 것은 아무것도 없었다. 이제 우리는 우리가 추정했던 것보다 훨씬 더 많은 인간 종이 존재했고, 그들이 상상보다 훨씬 일찍부터 지구 구석구석까지 퍼져나갔다는 사실을 알게 되었다. 또한 때로 그들은 어떻게 도달했는지를 설명할 수 없는 곳에서 살기도 했고, 그들 중 상당수가 우리와 충분히 활발하게 또는 자주 번식한 덕분에 우리가 그들의 DNA를 상당히 가지게 되었다. 다양한 유형의 고대 인류 집단이 출현해서 이동했고, 다른 고대 인류와 아이를 낳았고, 더 멀리 나아갔다. 이 방랑하는 부족 중 하나를 제외한 모두가 점진적으로 멸종하거나 우리 호모 사피엔스에 흡수되었다. 이 모든 일은 엄청난 시간에 걸쳐서 진행되었고, 수천 년 간격으로 발생했을 수도 있는 만남을 통해서 유전자가 혼합되고, 다시 혼합되는 일이 반복되었다.

고대 화석에서 DNA를 추출해서 비교하는 기술인 고유전체학 덕분에 이제 과학자들은 그런 고대 종의 교류를 하나하나 밝혀낼 수 있게 되었다. 고유전체학의 기술은 거의 전적으로 스웨덴의 유전학자 스반테 페보에 의해서 개발되었으며, 그는 그 업적으로 2022년 노벨상을 받았다.

페보와 그의 새로운 과학은 2010년부터 널리 퍼지기 시작했다. 그보다 2년 전에 카자흐스탄 국경과 그리 멀지 않은 러시아 중남부 알타이 산맥의 한 동굴에서 손가락 유골이 발견되었는데, 당시에는 크게 주목받지 못했다. 세월에 의해서 짙은 갈색으로 변색된, 셔츠 단추 정도의 작은 손가락 뼈였다. 연구자들은 그것이 고생물 역사에서 가장 위대한 발견 중 하나라는 사

---

† 때로는 고유전학(paleogenetics) 또는 진화유전학(evolutionary genetics)이라고도 부른다.

실을 모른 채 옆으로 제쳐두었다. 유골은 독일 라이프치히에 있는 막스 플랑크 진화인류학 연구소의 페보 연구실로 옮겨졌다. 그 유골에서 네안데르탈인의 DNA 검사를 한 페보의 연구진은 놀랍게도 이 유골이 네안데르탈인도 아니고 호모 사피엔스도 아닌, 그때까지 발견된 적이 없는 새로운 유형의 사람 뼈라는 사실을 발견했다. 이 새로운 인간은 18세기에 그 동굴에 살았던 데니스라는 은둔자의 이름을 따라 데니소바인이라고 불리게 되었다.

데니소바인은 네안데르탈인과 호모 사피엔스 모두와 교배(인류학자는 때로 정중하게 "유전자 유입"이라고 표현한다)한 것으로 밝혀졌고, 그 사실은 오늘날까지 우리의 DNA에 보존되어 있다. 동굴 바닥의 퇴적물에 대한 연구에 따르면, 수천 년에 걸쳐 세 집단이 우여곡절을 거듭하여 동굴을 드나들었다. 데니소바인은 대략 25만 년 전부터 17만 년 전까지 동굴을 독점했고, 그 후에는 네안데르탈인이 약 4만 년에 걸쳐서 합류했다. 그런 후에 데니소바인이 사라지고 3만 년 동안 네안데르탈인이 동굴을 독점했다. 약 10만 년 전에 데니소바인이 다시 돌아왔지만, 이번에는 다른 집단이었다. 그리고 마침내 다른 모든 초기 인류가 영원히 사라진 시기와 거의 일치하는 약 4만5,000년 전에 현대 인류가 동굴을 차지했다. 데니소바인과 네안데르탈인이 수천 년 동안 동굴에서 함께 살았고 분명히 성관계로 자손을 낳았지만, 여전히 유전적으로 구별되며, 단일 종으로 합쳐지지 않았다는 사실은 흥미롭다. 네안데르탈인과 데니소바인 사이의 이 복잡한 관계 때문에 데니소바인은 새로운 종으로 지정되지 않았다(이 집단은 초기에 한동안 주변의 산맥 이름을 따라 호모 알타이엔시스로 알려졌다).

2019년에 또 하나의 놀라운 발견이 있었다. 데니소바 동굴로부터 2,250킬로미터 떨어진 티베트 고원에서 발견된 고대인의 턱뼈가 데니소바인으로 밝혀졌다. 이 턱뼈가 발견된 곳은 해발 약 3,350미터로, 초기 인류가 살기에는 너무 척박해 보였다. 지구상의 다른 지역에 사는 사람이 매우 적었던 시기에 이들이 이처럼 황량하고 험준한 고원 지역을 선택한 이유와 방법은 설명하기 어렵다. 2025년 봄과 여름에 타이완 해안의 해저에서 발견된 턱뼈와 몇 해 전에 중국 하얼빈에서 발견된 두개골 역시 데니소바인의 것으로 밝혀지면서, 데니소바인이 거주했던 지역은 더욱 확장되었다. 따라서 이제는 데니소바인이 매우 오랫동안 다양한 환경에서 번성했고, 광범위한 지역을 차지했다는 것이 상당히 확실해졌다. 그들의 DNA는 수천 킬로미터 떨어진 오스트레일리아와 서태평양 지역의 현대인 집단에서도 발견되었다.

상상도 하지 못했던 종족 전체가 작은 뼈 하나에 의해서 재구성되었다는 사실은 분명 놀라운 일이지만, 동시에 유전학이 우리에게 알려줄 수 있는 정보에는 한계가 있을 수밖에 없다. 유전학은 그들이 어떤 질병에 취약했는지, 고원 지대에서 얼마나 잘 호흡할 수 있었는지, 머리카락 색깔이 무엇이었는지 등의 구체적인 정보를 자세하게 알려주기는 하지만, 그들의 삶의 방식과 언어 능력, 사랑, 예술, 연민, 우정은 물론 외모에 대해서는 거의 아무것도 들려주지 못한다.

그래서 그들은 수수께끼 같은 존재가 되었다. 그러나 2003년 인도네시아 플로레스 섬의 동굴에서 발견된 작고 완전히 신비로운 생명체로, 공식적으로는 호모 플로레시엔시스로 알려졌지만 더 친숙하게는 "호빗"이라고 불리는 집단은 더욱 신비한 수수께끼의 존재이다.

그들에 관한 거의 모든 것이 아무도 예상하지 못한 것이었다. 우선 그들은 키가 고작 1미터로 현대의 어린아이 정도로 작았다. 뇌는 작은 몸집을 고려하더라도 작은 편이었지만, 그들은 사냥과 도축을 위한 도구를 제작했고 불을 사용했다. 다리는 짧고 발이 길어서, 마치 수영용 오리발을 신고 걸을 때처럼 발을 높이 들어올리며 걸었을 것이다. 그럼에도 그들은 섬에 서식하는 빠르고 사나운 코모도 왕도마뱀과 작지만 지금은 멸종한 코끼리인 스테고돈을 사냥했다. 여기서 "작다"는 것은 현재의 일반적인 코끼리와 비교해서 그렇다는 뜻이다. 플로레스 코끼리는 360킬로그램 정도로, 오늘날의 유치원 어린이보다 크지 않았던 (그리고 똑똑하지도 않았던) 사람에게는 물론 현대

인에게도 상당한 도전이었을 것이다.

이언 태터솔이 말했듯이, "어떤 호미니드 화석 발견도⋯⋯이 기이한 현상만큼 예상을 벗어난 경우는 없었다. 이 유골은 지금까지 아무도 본 적이 없던 것이었다."

발견자들은 플로레스인이 왜소화한 호모 에렉투스일 것으로 추정했다. 즉, 100만 년 전에 플로레스에 도달한 후에 (때때로 섬에서 진화한 종들이 그렇듯이) 몸집이 작아졌다는 것이다. 그러나 뇌의 크기, 사지의 비율, 뼈의 두께, 유인원을 닮은 발가락 등 그들의 두드러진 특징은 호모 에렉투스를 비롯한 다른 호모 종들과는 닮은 점이 없고, 오히려 더 원시적이고 유인원과 같은 (그리고 이미 작은) 오스트랄로피테쿠스를 연상시킨다고 지적하는 전문가도 있다. 태터솔이 지적했듯이, "알려진 어떠한 왜소화 과정이라도 플로레스인보다는 훨씬 큰 뇌를 남겼을 것이다. 더욱이 코모도 왕도마뱀이 우글거리는 섬에서 작은 몸집이 어떻게 진화적으로 이익이 될 수 있었는지도 이해하기 어렵다."

이 모든 것이 원시적이고 작은 뇌를 가진 호미니드가 100만 년보다 훨씬 더 오래 전에 아프리카를 떠나, 약 1만 킬로미터가 넘는 극도로 변화무쌍한 지형을 아무 흔적도 남기지 않고 횡단하고, 마침내 열대 아시아에 도달했다는 가능성을 제기한다. 그들이 적어도 2개의 험한 해역을 건너서 위험한 동물이 가득한 외딴 섬에 도달했고, 그후에는 더 이상 움직이지 않았다. 이보다 더 깊은 생각이 필요한 일은 없을 것이다.

플로레스 섬에 도달한 것은 선사시대 전체를 통틀어 인류의 가장 놀라운 성취였을 수도 있지만, 고인류학자들은 그 과정에 대해서 이상할 정도로 애매한 입장을 보여왔다. 대부분의 연구에서는 "그들이 어떤 경로를 선택했든지 간에 이동은 우연히 일어났을 것이다"라는 식으로 가볍게 넘어갔다. 미안하지만, 이런 결론은 만족스럽지 않다. 가장 흔하게 제시되는 가설은 번식이 가능한 연령의 남녀 한 쌍이 해일 때문에 쓰러진 나무에 매달려 떠다니다가 해안으로 밀려왔다는 것이다. 그러나 이는 집단을 이룰 정도의 유전적 다양성을 확보하려면 한 쌍 이상의 개체가 필요하다는 명백한 사실을 간과한 주장이다. 오스트레일리아 플린더스 대학교의 코리 J. A. 브래드쇼 연구진 등이 2019년에 발표한 연구에 따르면, 새로운 지역에 지속 가능한 인구 집단을 형성하려면 1,300명에서 1,550명이 필요하다. 물론 번식 가능한 연령의 개체 수가 약 20명 정도여도 충분하다는 연구도 있다. 그러나 어떻게 계산하든, 원양 항해술이 등장하기 약 100만 년 전에 충분한 수의 사람들이 멀리 떨어진 해안에 우연히 두 번이나 상륙하는 상황을 합리적으로 가정하는 일은 쉽지 않다.

2019년에 북쪽으로 수백 킬로미터 떨어진 필리핀의 루손 섬에서 또다른 소형 원시 인류 종이 발견되면서 수수께끼는 더욱 복잡해졌다. 마찬가지로 호모보다는 오스트랄로피테쿠스에 더 가까운 특징을 가진 이 종은 호모 루소넨시스로 명명되었다. 연구진이 발견한 13개의 뼈는 호모 플로레시엔시스와 같은 약 13만 년 전에 살았던, 호모 플로레시엔시스의 변종이었을 수도 있다. 플로레스 섬의 호빗처럼, 그들이 어떻게 그곳에 도착했는지, 그리고 왜 그곳으로 갔는지는 알 수 없다. 1891년 외젠 뒤부아가 자바인 대신에 이 두 난쟁이 종들 중 하나를 발견했다면, 오늘날 우리의 고생물학적 인식이 완전히 달라졌을 수도 있다.

플로레스 섬이나 루손 섬에서 발견된 뼈에서는 DNA를 추출하지 못했다. 온타리오 주 레이크헤드 대학교의 인류학 교수이자 워싱턴 스미스소니언 연구소 인간 기원 프로그램 소속인 맷 토체리는 "정말 어려운 과제"라고 말했다. "사용 가능한 DNA를 얻기를 바라면서 고대의 유골을 계속 갈아낼 수는 없습니다. 그러나 DNA가 없으면 이 사람이 정확하게 누구였는지를 영원히 알아낼 수 없겠죠."

고생물학의 경이로움은 플로레스인과 루손인에서 끝나지 않았다. 지구 반대편인 아프리카에서는 2013년 남아프리카 공화국 하우텡 주 동굴에서 대량의 뼈가 발견되면서 초기 인류의 진화에 대한 우리의 이해가 또다른 국면을 맞았다. 이 유골은 이전에 발견된 적이 없는, 호모 날레디라고 부르게 된 종에 속한 최소 15명의 개체에서 나온 것이었다.

호모 날레디는 현대인보다 조금 작아서 키는 약 152센티미터, 몸무게는 약 45킬로그램이었지만, 뇌의 크기는 우리의 절반에도 미치지 못했다. 그들의 유골이 구불구불한 동굴 깊숙한 곳에서 발견되었다는 사실이 특히 주목할 만한 수수께끼이다. 이 동굴은 손전등과 현대식 동굴 탐사 장비를 동원해도 들어가기 어려운 곳이다. 유골이 발견된 지점에 도달하려면 동굴의 입구에서 75미터 가까이 떨어진, 일부는 틈새가 25센티미터도 되지 않는 미로를 통과해야 하고, 그 끝에는 거의 12미터 높이의 가파른 절벽이 있다. 불을 다룰 줄 몰랐던 원시인들이 어떻게 그곳까지 들어갈 수 있었는지는 알 수 없고, 왜 그런 수고를 감수했는지도 수수께끼이다.

보편적으로 받아들여지지는 않지만, 그곳이 매장실이었으며 그곳에서 발견된 1,500개의 뼈는 생존자들이 의도적으로 가져다놓았다는 주장이 있다. 매장 가설에 의문을 제기하는 이들은, 유골이 장례식에서처럼 경건하게 배열되지 않고 혼란스럽게 흩어져 있었으므로 의례적인 매장이라는 개념을 오히려 반박한다고 지적한다. 그곳에서 무슨 일이 벌어졌든 간에 지금까지 호모 날레디 화석이 발견된 곳은 그 동굴뿐이다. 우리의 긴 역사에서 집단의 구성원 전체가 등장했다가 사라졌더라도 그들의 존재를 암시하는 가장 흥미로운 단서만 남기거나 아예 아무것도 남기지 않을 수 있다는 사실을 일깨워주는 일이다.

흩어져버린 서로 다른 종들은 더 이상 존재하지 않는다는 매우 분명한 공통점을 가지고 있다. 놀랍게도 우리 호모 사피엔스 역시 한때 거의 멸종 직전까지 갔을 수도 있다. 2023년 상하이의 중국 과학원 연구진은 게놈을 역추적해서 약 93만 년 전의 극심한 기후 불안정기에 초기 인류의 거의 99퍼센트가 사라졌다고 결론지었다. 그들의 계산에 따르면, 지구상에서 번식 가능한 성인 개체 수는 1,280명까지 급감했고 그 위태로운 수준에서 회복되기까지 약 10만 년이 걸렸다.

아주 최근까지도 우리 종의 성공은 거의 예정된 운명처럼 여기는 것이 상식이었다. 이른바 "진보의 행진"이라는 유명한 삽화를 떠올려보자. 주먹으로 땅을 짚고 걷는 왼쪽의 원숭이에서부터 키 크고 근육질이며 당당히 걸어가는 오른쪽의 현대인에 이르기까지 진화 단계를 거쳐 나아가는 이족보행자의 행렬을 보여주는 그림이다. 그러나 우리가 이제 알게 된 것처럼, 우리가 우월한 지위를 가지게 된 과정은 결코 순탄하지 않았고, 우리의 뛰어난 두뇌와 추론 능력만큼이나 운에 의존했을 가능성이 크다. 우리가 곧 보게 될 것처럼, 우리의 우월성에 대해서 가장 겸허하게 받아들여야 할 진실은 그것이 결코 필연적이지 않았다는 사실이다.

제29장

부지런했던 유인원

대략 150만 년 전의 어느 시기에 어느 잊힌 천재적인 호미니드가 뜻밖의 일을 했다. 그 또는 그녀는 돌을 이용해서 다른 돌을 조심스럽게 다듬었다. 간단한 물방울 모양의 손도끼에 불과했지만, 그것은 세계 최초 첨단기술의 결과물이었다. 다른 사람들도 곧바로 그 사람의 도움을 받아서 다른 도구보다 월등히 뛰어난 자신의 손도끼를 만들기 시작했다. 마침내 모든 구성원들이 그 일에만 매달렸던 것으로 보인다.

이에 대한 놀라운 증거가 케냐의 나이로비 남서쪽에 있는 푸른 응공 산 근처에 있다. 우간다로 향하는 고속도로를 따라서 도시를 벗어나면, 갑자기 낮은 지역이 나타나면서 마치 행글라이더에서 보듯이 옅은 초록색의 아프리카 평원이 끝없이 펼쳐지는 장관을 만나게 된다. 그곳이 바로 아프리카를 가로지르며 4,800킬로미터에 걸쳐 펼쳐진 대지구대로, 아프리카가 아시아로부터 떨어져 나오는 판 균열의 흔적을 보여준다. 바로 이곳에 건조한 계곡을 따라서 한때는 크고 멋진 호수 옆에 있었던 올로르게사일리에라는 고대 유적지가 있다. 호수가 말라버리고 아주 오랜 세월이 흐른 1919년에 J. W. 그레고리라는 지질학자가 광물을 찾고자 그 지역을 살펴보다가 사람의 손으로 다듬어진 것이 분명한, 이상할 정도로 검은 돌이 널려 있는 넓은 지역을 발견

했다. 그는 아슐리안 도구를 제작하던 훌륭한 근거지를 찾아낸 것이다.[†]

그레고리의 발견 이후로 올로르게사일리에는 몇 년 동안 방치되었다가, 유명한 부부 지질학자 루이스와 메리 리키가 발굴을 시작했다. 리키 부부는 4만 제곱미터의 부지에서 약 120만 년 전부터 20만 년 전까지 거의 100만 년 동안 수없이 많은 도구가 제작되었다는 사실을 발견했다. 오늘날 그곳은 주석 지붕을 올린 큰 구조물로 덮여 있고, 방문객의 무차별적인 도굴을 막기 위해서 철망으로 둘러싸여 있다. 그 외에는 모든 도구가 생산자가 남겨두었다가 리키 부부가 발견한 모습 그대로 놓여 있다.

내가 2002년에 그곳을 방문했을 때 안내자 역할을 해준 케냐 국립박물관의 세심한 젊은 직원인 질라니 응갈리에 따르면, 당시 도끼를 만들 때 사용된 수정이나 흑요석黑曜石은 부근에서 발견되지 않았다. "저곳으로부터 그 돌을 옮겨와야 했을 것입니다." 그는 유적지의 반대 방향으로 어렴풋이 보이는 상당히 먼 곳에 있는 올로르게사일리에와 올에사쿠트라는 두 산을 가리키면서 말했다. 두 산은 모두 한 아름의 돌을 옮겨오기에는 상당히 먼 거리인 10킬로미터 정도 떨어져 있었다.

물론 올로르게사일리에의 사람들이 그렇게 먼 곳까지 간 이유는 짐작할 수밖에 없다. 그들은 무거운 돌을 상당한 거리에 있는 호수 옆까지 옮겨왔을 뿐 아니라 작업장도 체계적으로 만들었다. 리키 부부의 발굴 결과에 따르면, 도끼를 만드는 곳과 무뎌진 도끼를 가는 곳이 구분되어 있었다. 간단히 말해서 올로르게사일리에는 100만 년 정도 가동되었던 일종의 공장인 셈이다.

여러 번 재현해본 결과, 당시의 도끼는 숙련된 사람도 만들기가 쉽지 않았다. 숙련된 사람도 도끼를 만드는 데에 몇 시간이 걸렸다. 그러나 더욱 이상한 점은 그 도끼가 자르거나 쪼거나 벗겨내거나, 또는 당시에 그 도끼를 사

---

† 19세기에 첫 표본이 발견된 프랑스 북부 아미앵 교외에 있는 생 아슐에서 유래된 이름이다.

용했을 것으로 보이는 어떤 작업에도 특별히 유용하지 않다는 것이었다. 그러니까 우리는 지속적인 협동은 물론이거니와 현대 인류가 존재해왔던 기간보다도 훨씬 더 긴 100만 년이나 되는 세월 동안 초기 인류가 바로 이곳에 모여서 기이할 정도로 쓸모가 없었던 도구를 엄청나게 많이 만들었다는 이상한 사실에 직면하게 된다.

도대체 이들은 누구였을까? 사실 우리는 전혀 알 수가 없다. 다른 후보자가 없다는 이유로 호모 에렉투스였을 것으로 짐작할 뿐이다. 그렇다면 올로르게사일리에의 사람들은 가장 **뛰어났을** 때에도 현대 어린아이 정도의 지능이었을 것이다. 그렇지만 그런 결론을 뒷받침해줄 만한 확실한 근거는 없다. 80년 이상을 발굴했지만, 올로르게사일리에 부근에서 발견된 것은 한 사람의 것으로 보이는 뼈 조각 3개뿐이었다. 그들은 오랫동안 그곳에서 돌을 다듬었지만, 죽음을 맞이할 때에는 모두가 다른 곳으로 가버렸던 모양이다.

"모두가 신비로움 뿐입니다." 질라니 응갈리가 환하게 웃으며 말했다.

올로르게사일리에의 사람들은 대략 20만 년 전에 호수가 말라버리고 동아프리카 대지구대 전체가 오늘날처럼 덥고 살기 어려운 곳으로 바뀌기 시작하면서 그곳에서 사라졌다. 그러나 그때 이미 한 종으로서의 시대는 막을 내리고 있었다. 그곳은 물론 전 세계 모든 곳에서 그들은 오늘날 살아 있는 우리 모두의 조상인, 훨씬 더 똑똑한 새로운 종에게 자리를 물려주었다.

처음 등장한 호모 사피엔스는 놀라울 정도로 실체가 불확실했다. 흥미롭게도 우리는 다른 모든 인류 계통보다 우리 자신에 대해서 아는 것이 더 적다. 이언 태터솔이 지적했듯이, "인류 진화에서 가장 최근에 일어난 주요 사건인 우리 종의 출현이 아마도 가장 불확실한 사건"이라는 사실은 정말 이상한 일이다. 심지어 진정한 현대인이 화석 기록에 처음 등장한 곳이 어디인지에 대해서조차 합의에 이르지 못했다.

1980년대까지만 하더라도 호모 사피엔스가 약 4만 년 전에 독립된 종으로 등장했다는 주장이 널리 받아들여졌다. 더 많은 증거가 밝혀지면서 그런 추정은 점차 대략 20만 년 전까지 거슬러올라갔다. 그러나 2017년에 독일 막스 플랑크 진화인류학 연구소의 연구진이 모로코의 제벨 이루드에서 발견된 호모 사피엔스의 유골이 대략 30만 년 전의 것이라는 사실을 밝혀내면서 인류의 집단적 존엄성은 크게 향상되었다. 이 연구 결과는 호모 사피엔스가 기존의 추정보다 훨씬 더 오래된 존재임을 밝혔을 뿐만 아니라 아무도 예상하지 못했던 아프리카의 구석에서도 살았다는 사실도 알려주었다. 흥미롭게도 그 초기 인류가 남긴 유물은 당시의 다른 호미니드보다 더 정교하지 않았다. 그들이 우리가 진정한 인간이라고 여길 정도로 영리하고, 야심차고, 친절하고, 허영에 들뜨고, 수다스럽고, 감정적이고, 예술을 사랑하는 존재로 진화하는 데에는 약 20만 년에 걸친 여유로운 진화의 과정이 더 필요했다. 제벨 이루드 화석이 호모 사피엔스가 아니라 가까운 친척이었을 수도 있다고 주장하는 학자도 있다는 사실에도 주목할 필요가 있다.

그래서 우리가 **언제부터** 지배적인 종이 되었는지를 말하기는 쉽지 않다. 그러나 그 이유는 상당히 정확하게 추측할 수 있고, 그 답은 상당히 놀랍다. 우리가 달리기에 능숙해졌다는 점이다. 날씬한 몸집과 (예를 들어 달릴 때 머리를 안정적으로 고정해주는 목 뒤쪽의 후두 인대와 같은 구조를 비롯한) 몇 가지 해부학적 변화 덕분에 우리는 이전의 어떤 인류 종보다 훨씬 더 효율적으로, 훨씬 더 먼 거리까지 달릴 수 있었다. 착실하고 끈질긴 장거리 달리기와 같은 기본적인 능력이 우리를 지구상에서 가장 뛰어난 종으로 진화하도록 해주었을 것이다.

우리가 잡아먹고 싶어하는 대부분의 대형 포유류는 단거리 달리기는 잘하지만, 장거리 이동 능력은 충분하지 못하다. 일반적인 영양이나 들소는 15킬로미터 정도 달린 후에 쉬지 못하면 지쳐서 쓰러진다. 그래서 초기의 호모 사피엔스는 사냥감을 지치지 않고 쫓아가기 위한 달리기 요령을 터득했을 것이다. 그들은 사냥감을 끊임없이 괴롭혀서 결국 쓰러뜨린 후에 쉽게 마무리하고, 큰 덩어리로 잘라서 집으로 운반할 수 있었다. 고기가 풍부한 식단은 더 큰 뇌를 유지하는 데에 필요한 단백질을 제공했고, 더 큰 뇌는 언어를 발전시키고, 협업을 정교하게 가다듬어주고, 불을 이용하게 해주었으며, 씹고 소화하기 쉬워진 고기 요리는 뇌가 더욱 커질 수 있도록 했다.

그리고 대략 6만 년에서 7만 년 전의 기후 변화로 인해서 우리의 직계 조상은 비교적 큰 규모로 아프리카를 떠나 유라시아로 퍼져나갔다. 인류의 지구적 확산을 보여주는 지도와 도표에는 거의 언제나 대륙을 가로지르는 대규모 이동을 나타내는 굵은 화살표가 등장한다. 마치 군대의 진격을 보는 듯하지만, 물론 계획적인 이주는 아니었다. 전통적인 이론에 따르면, 이 새로운 호모 사피엔스는 어디를 가든지 간에 둔하고 덜 능숙한 선조를 밀어냈다. 유럽에서는 1868년 프랑스 남서부의 암석 주거지에서 처음 유골이 발견되었기 때문에, 이들 지배적인 새로운 이주민은 크로마뇽인으로 알려지게 되었다.

지금까지 새로운 종에 의한 도살의 흔적은 확인되지 않았다. 그래서 새로운 종이 더 큰 뇌와 뛰어난 교활함으로 기존의 종을 능가하고 경쟁에서 이겼다는 것이 기본적인 가설이 되었다. 20세기 말에 출간된 책에 실린 「뉴욕타임스」의 과학 기자의 논평에 따르면, "현대인은 더 나은 옷, 더 나은 불, 더 나은 주거지를 이용해서 기존 종의 우위[네안데르탈인의 더 건장한 체격 등]를 무력화했다. 반면에 네안데르탈인은 더 많은 양의 식사를 해야 하는 과도하게 큰 몸집에 갇혀 있었다."

다시 말해서 수십만 년간 그들을 생존하도록 해준 바로 그 요소가 갑자기 극복할 수 없는 장애가 된 것이다. 잠시만 생각해보았더라면, 그 기자는 네안데르탈인이 빙하기에 적당한 복장을 갖추는 방법을 알고 있었다는 사실을 깨달았을 것이다. 그들은 피난에 적합한 시기와 장소 또는 사냥하는 장소와 시기를 비롯하여 지형과 기상 패턴에 대해서 최근에 도착한 이주민보다 훨씬 더 잘 알고 있었다. 그들은 극지방을 연구하는 과학자나 탐험가를 제외한 현대인은 경험해본 적이 없는 환경에서 수만 년간 생존했다. 빙하기 최악의 시기에는 허리케인 수준의 강풍을 동반한 눈보라가 흔했다. 기온이 영하 45도까지 떨어지는 일도 일상이었다. 영국 남부의 눈 덮힌 계곡에는 북극곰이 어슬렁거렸다. 당연히 네안데르탈인은 가장 혹독한 환경을 피해서 이동을 했겠지만, 여전히 오늘날의 시베리아 겨울처럼 모진 날씨를 벗어나지는 못했다. 그들은 고통스러운 삶을 살았던 것이 분명하고 정말 운이 좋은 네안데르탈인만이 서른 살을 넘겨서 살았겠지만, 종으로서 그들은 놀라울 정도로 회복력이 강했고 실질적으로 불멸의 존재였을 것이다. 그들이 지브롤터 해협에서 시베리아에 이르는 지역에서 적어도 40만 년을 살았다는 사실은 어떤 생명체의 종에게도 상당히 성공적인 생존 기록이다.

무엇보다도 네안데르탈인의 뇌 용량이 현대인보다 훨씬 컸다는 사실은 거의 알려져 있지 않다. 네안데르탈인의 뇌는 1.8리터였으며 현대인의 뇌는 1.4리터라는 추정이 있다. 현대 호모 사피엔스와 우리가 간신히 인간이라고 여기는 후기 호모 에렉투스 사이의 차이보다 더 큰 차이이다. 물론 뇌의 절대적인 크기가 모든 것을 말해주지는 않는다. 실제로 남성의 뇌가 여성보다 크지만, 그렇다고 남성이 더 똑똑한 것은 아니다. 그러나 네안데르탈인의 뇌가 더 둔했다는 결론은 완곡하게 말해서 논쟁의 여지가 있고, 사실은 완전히 비과학적이다.

요즘에는 우리가 단순히 더 나은 옷과 더 나은 주거지와 "더 나은 불"(도대체 무슨 뜻이든 간에)을 가졌기 때문에 네안데르탈인이 생존 능력을 상실했다고 주장하는 사람은 거의 없다. 그렇지만 여전히 크로마뇽인이 어떤 확인할 수 없는 방식으로, 설명할 수 없는 우월성을 이용해 네안데르탈인을 유럽 남서부의 좁은 지역으로 몰아넣었고, 네안데르탈인은 바다로 떨어지거나 멸종할 수밖에 없었다는 가정이 지배적이다.

그러나 그런 주장은 완전히 틀렸을 가능성도 크다.

2024년 늦여름에 나는 지브롤터 암벽 기슭의 아담하고 매력적인 작은 도시 국가(공식적으로는 영국의 해외 영토)인 지브롤터로 날아갔다. 그곳은 마치 영국의 시골 마을이 마법처럼 지중해 연안으로 옮겨온 듯한, 기분 좋게 방향 감각을 잃게 만드는 곳이다. 나는 오랫동안 지브롤터 박물관의 관장으로 있는 클라이브 핀레이슨이 마지막 네안데르탈인이 거주했던 동굴로 안내해주 겠다는 제안을 받고 그곳으로 향했다. 옥스퍼드 대학교에서 공부한 열정적 이고 친근한 생물학자이자 역사에 대한 박식가인 클라이브는 아마도 네안 데르탈인에 대해서 가장 많이 알고, 더 깊은 관심을 가진 전문가일 것이다. 뜨거운 8월 아침 일찍 나를 데리러 온 그는 농담처럼 말했다. "사람들은 가 끔 저더러 네안데르탈인의 변호인이라고 합니다."

우리는 한 번 만난 적이 있었다. 거의 30년 전, 내가 「내셔널 지오그래픽」 잡지 취재로 지브롤터에 있을 때였다. 지브롤터 사람들이 대부분 그렇듯이 클라이브도 방문객을 오랜 친구처럼 느끼게 해주는 매력적인 태도를 가지 고 있었다.

"당신이 마지막으로 온 이후로 몇 가지를 알게 되었습니다." 마치 우리가 마지막으로 만난 것이 수십 년이 아니라 몇 달 전이었던 것처럼 그가 말했 다. "그동안 밀린 이야기 좀 해야죠!"

운전석에는 클라이브의 아들 스튜어트가 앉아 있었다. 그는 박물관에서 진화 생물학자로 근무하고 있었고, 클라이브의 아내이자 스튜어트의 어머 니이며 저명한 생물학자이면서 해저 고고학자인 제럴딘 역시 박물관에서 일 하고 있었다.

"그래서 저는 이런 환경에서 자랐어요." 스튜어트가 활짝 웃으면서 주변 을 가리켰다. "동굴과 네안데르탈인, 고고학과 자연사, 그리고 박물관이 관 심을 가지는 그밖의 모든 것이 있는 곳에서 말이죠. 사실상 모든 것이 다 포 함됩니다. 정말 멋진 성장 환경이었어요."

우리는 지브롤터 마을에서 바위 뒤편이라고 알려진 지역까지 올라가는 해 안 도로를 따라 달렸다. 우리가 찾아가던 뱅가드 동굴과 고햄 동굴은 해수면 높이에 있지만, 접근로는 높은 곳에서 시작된다. 우리는 군사 검문소 밖에 차를 세웠다. 지브롤터 바위는 여전히 말 그대로 요새이다. 잠긴 문을 통과하고, 의무적으로 안전모를 쓴 뒤, 가파르고 구불구불하며 때로는 위험한 347개의 계단을 따라 걸어 내려가기 시작했다. 이른 아침이었지만, 바위 표면과 철제 난간은 만지기 어려울 정도로 뜨거웠다. 접근이 어려운 탓에 동굴을 일반에 공개하지 않는다.

"처음 이 동굴에 왔을 때는 저도 네안데르탈인과는 전혀 상관이 없었습니다." 클라이브가 조심스럽게 내려가면서 말했다. "젊은 생태학자로 새의 발목에 고리를 달기 위해 왔었죠. 1970년대 초반이었고, 그때는 네안데르탈인에 대한 관심이 별로 없었습니다. 1950년대 이후로는 어떤 고고학자도 이 동굴에서 작업한 적이 없었습니다. 그런데 1980년쯤 런던 자연사 박물관의 연구진이 동굴을 살펴보고 싶다고 해서, 길을 아는 제가 안내를 담당했습니다. 제 관심은 그때부터 시작되었습니다. 그후로 네안데르탈인에 대해 알게 되면서 매력을 느끼게 되었죠. 그들만큼 오랫동안 잘못 알려진 초기 인류는 없다고 해도 과언이 아닐 겁니다."

바위 아래에 도착했을 때 우리는 땀을 흠뻑 흘렸지만, 뱅가드 동굴은 놀라울 정도로 시원했다. 천장의 높이는 약 15미터였고, 어둠 속으로 이어진 경사진 내부 공간은 대성당처럼 웅장했다. 아치형 입구 너머로 바위 해안선과 햇살이 반짝이는 넓은 바다가 보였다. 동굴에서 살게 된다면 바로 이곳을 선택할 것이다. 발굴 기간이 막 끝난 때라 동굴 바닥은 최근에 드러난 표면을 보호하기 위해서 모래주머니로 덮여 있었다. 이곳과 더불어 모퉁이를 돌면 나타나는 고햄 동굴은 네안데르탈인의 마지막 피난처로 알려져 있다.

"네안데르탈인이 살던 때에는 상황이 완전히 달랐을 겁니다." 클라이브가 말했다. "지중해의 해수면이 훨씬 낮았기 때문에, 여기에서 해안까지 약 4킬로미터에 달하는 넓은 평야가 펼쳐져 있었을 겁니다. 평야에는 물웅덩이와 초목이 곳곳에 자리해 있었을 테고, 사냥감도 풍부했겠죠."

동굴에서는 놀라울 정도로 풍성한 식재료의 흔적이 발견되었다. "그들은 사슴, 야생 염소, 토끼, 새, 그리고 해변에서 일광욕하는 물개를 사냥했고, 바다에서 홍합, 온갖 물고기, 심지어 참치와 두 종류의 돌고래도 잡아먹었습니다. 풍요롭고 편안한 삶을 살았을 겁니다. 일종의 낙원이었죠."

"어떻게 참치를 잡았을까요?" 내가 물었다.

"전혀 알 수 없습니다." 클라이브가 즐겁게 대답했다. "참치를 잡기는 쉽지 않습니다. 지금도 그렇죠. 어떻게 해서든 참치를 얕은 곳으로 유인했겠지만, 그 이상은 말하기 어렵습니다."

"그리고 잡은 참치는 훈제했습니다." 스튜어트가 덧붙였다. 그는 최근에 발굴된, 일종의 훈제실로 추정되는 구역을 보여주었다. "음식을 보존했을 겁니다." 클라이브가 덧붙였다. "상하지 않은 상태로 먹기에는 양이 너무 많았겠지요. 아마도 물개 지방으로 훈제를 했을 수도 있다고 추정합니다. 그들은 단순한 사람들이 아니었습니다. 지식이 풍부하고, 진취적이었고, 자연 세계를 깊이 이해하고 있었습니다."

그들은 또한 과일, 견과류, 버섯을 채집했고, 산새, 비둘기, 오리 등 날아다니는 거의 모든 새를 잡아서 구워 먹었다. 그들이 잡아먹었던 새는 유럽에 서식하던 전체 조류의 상당 부분을 차지했다. 지브롤터는 아프리카와 매우 가까운 곳이다. 바위 위에서 모로코의 개별 농가까지 볼 수 있을 정도인 이곳은 언제나 조류의 주요 이동 경로였다. "이 동굴에서 161종의 새를 확인했습니다." 스튜어트가 말했다.

지브롤터의 네안데르탈인은 선사시대에 가장 편안하고 풍족하게 살았던 사람들이었을 것이다. 그들은 확실히 가장 성공한 집단이었다. 그들은 이 동굴에서 약 10만 년 동안 살았다. 현대인의 관점에서는 거의 상상하기도 어려울 정도로 긴 연속적 거주 기간이다.

"우리는 그들이 13만 년 전에 이곳에 있었다는 사실을 알고 있습니다." 클라이브가 나에게 말했다. "그보다 더 일찍이었을 수도 있겠지만, 13만 년 전의 해수면 상승으로 모든 기록이 사라져버렸습니다. 그들이 마지막으로 이 곳에 머물렀던 것은 약 3만2,000년 전으로 추정됩니다. 그런데 대부분의 학자는 그들이 이미 약 4만 년 전에 멸종했다고 주장합니다. 이 부분은 다소 논란의 여지가 있습니다."

클라이브는 그런 논란에 익숙했다. "우리는 네안데르탈인과 선사시대에 그들이 차지했던 위치에 대한 정설에 도전했기 때문에 처음부터 이단자였습니다."

나는 그가 고고학자가 아니라서 문제가 있었는지 물어보았다.

"물론이죠! 처음 학술지에 논문을 제출했을 때, 어느 심사위원이 무시하는 태도를 보였습니다. 논문은 괜찮지만, 제 자격에 문제가 있다고 지적했습니다. 제가 잘못된 종류의 과학자라는 것이었습니다! 지금은 나아졌지만, 처음에는 정말 힘들었습니다."

그러나 외부인이라는 사실이 오히려 장점이 되기도 한다. 클라이브에게는 평생 열정적인 조류 관찰자이자 훈련된 자연학자로 살았던 자신의 경험이 자연과 뗄 수 없는 삶을 살았던 사람들의 행동과 전략을 이해하는 데에 상당한 도움이 되었다.

"서로 다른 새를 161종이나 잡는 일은 쉽지 않습니다." 클라이브가 말했다. "다양한 기술이 필요하고, 그런 점에서 네안데르탈인은 정말 특별했습니다. 그들은 지나가는 거의 모든 것을 잡아 활용했습니다. 단순히 먹거리를 위한 것만이 아니었습니다. 우리는 그들이 황금독수리의 깃털 중에서도 특히 검은 깃털을 골라서 썼다는 사실을 알고 있습니다. 그 이유는 확실하게 말할 수 없지만, 분명히 선택적으로 채취했습니다. 아마도 의식용으로 사용했을 겁니다. 또한 뼈의 절단 흔적을 통해서, 그들이 독수리를 식용으로 쓸 고기를 얻기 위해서가 아니라 아마도 의식용으로 착용하는 일종의 판초를 만들기 위해서 뼈를 절단했다는 사실을 알 수 있었습니다."

한 가지는 확실하다. 이 동굴에 살았던 네안데르탈인이 크로마뇽인의 침입으로 쫓겨온 것이 아니라는 점이다. 그들은 호모 사피엔스가 유럽에 들어오기 훨씬 전부터 이곳에 있었다. 클라이브는 "그들이 호모 사피엔스와 전혀 겹치지 않았다"고 말했다. 그들이 서로 만난 적이 있다는 증거는 없다.

클라이브가 이어서 설명했다. "현대인이 네안데르탈인을 물리치고 살아남았다는 주장은 어디를 발굴하든지 네안데르탈인의 유물이 묻힌 층 위에 현대인의 유물만 발견되는 구분선이 존재한다는 가설에 기반합니다. 그런 사실을 근거로 현대인이 네안데르탈인을 몰살하고 살아남았다고 추측하는 것이지요. 그러나 그런 사실을 네안데르탈인이 모두 떠나버린 **후에** 현대인이 그곳으로 이주한 증거라고 해석할 수도 있습니다. 충서학적 증거만으로는 그 차이를 구분할 수 없습니다."

클라이브는 네안데르탈인이 어떤 면에서든 우리보다 열등했다고 가정할 이유가 전혀 없다고 확신한다. 모든 증거에 따르면, 그들의 삶은 당시의 어떤 호모 사피엔스 집단보다도 편안하고 안전했고, 훨씬 더 안정적이었다.

그렇다면 그들은 어떻게 되었을까? 클라이브는 서로 경쟁하는 두 종이 등장한 환경과 관련이 있을 것이라고 생각한다. "네안데르탈인은 유라시아의 삼림 지대에서 진화했고, 매복 사냥으로 먹거리를 구할 수 있었습니다." 그의 설명이다. 그들은 튼튼하고 근육질이어서 근거리에서 창을 찌르는 데에 특히 능숙했을 것이다. 그러나 약 6만 년 전, 마지막 빙하기가 다가오면서 유라시아 대륙의 상당한 부분이 초원 툰드라로 변하며 나무가 없는 평야가 되었고, 그들은 사냥감에 몰래 접근하기가 훨씬 어려워졌다.

이와 대조적으로 현대인은 세렝게티와 같은 아프리카 사바나에서 자리를 잡았다. 그들이 새로 옮겨간 유라시아는 기본적으로 그들에게 익숙한 환경이었다. 그들은 들소 대신 거대한 순록 떼를 만났지만, 여전히 아프리카에서 사용했던 사냥법으로 그들을 잡을 수 있었다. 클라이브는 "달리기에 익숙하지 않은 체형 때문에 사냥법을 쉽게 바꿀 수 없었던 네안데르탈인에 비해서 분명한 장점이었을 것"이라고 설명했다.

"현대인들은 그저 운이 좋았을 뿐입니다." 그가 덧붙였다. "만약 기후가 반대 방향으로 변해서 숲이 줄어드는 대신 확장되었다면, 반대로 네안데르탈인이 번성했을 것입니다. 지금 우리는 네안데르탈인이 되었을 수도 있었습니다."

그렇다면 우리는 얼마나 달라졌을까? 내가 물었다.

"어쩌면 전혀 다르지 않을 것입니다." 클라이브가 말했다. "결국 우리는 서로 교배할 수 없을 만큼 다르지는 않았으니 말입니다."

실제로 네안데르탈인은 어느 정도는 지금까지 우리와 함께 살아가고 있다. 세계 어디에서 왔는지에 따라 (아프리카 이외의 지역이라면) 여러분은 1-4퍼센트의 네안데르탈인 DNA를 지니고 있을 것이다. 개인적으로는 적은 양이지만, 집단적으로는 현대인에게 약 20퍼센트의 네안데르탈인 DNA가 남아 있다. 그 비율이 50퍼센트에 이른다고 생각하는 전문가도 있다.

황량하고 바람이 세차게 부는 초원이 현재 스페인의 대부분을 포함한 유럽 거의 전역을 뒤덮었지만, 해안까지 닿지는 못했다.

"지브롤터가 그렇게 추웠던 적은 없었습니다." 클라이브가 나에게 말했다. "빙하기가 절정에 달했을 때에도 여기에서는 올리브 나무가 자라고 있었습니다. 이곳의 마지막 네안데르탈인은 최초의 네안데르탈인과 똑같은 환경에서 살았을 것입니다."

지브롤터의 네안데르탈인이 어떻게 되었는지는 아무도 알 수 없다. 한 가지 가능성은 오랜 가뭄으로 그들의 물웅덩이가 말라버렸다는 것이다. 어쨌든 어느 시점에 그들은 짐을 꾸려 떠났지만, 아마도 더 나은 곳으로 갈 수 없다는 사실은 몰랐을 것이다. 물론 자신들이 얼마나 특별한 존재였는지도 알지 못했겠지만, 그들은 아마도 마지막으로 생존한 고대 인류였을 것이다. 호모 사피엔스가 안개 속에서 모습을 드러낸 지 불과 수만 년 만에 다른 모든 종이 사라졌다. 우리의 등장과 그들의 멸종이 단순한 우연의 일치 이상의 의미가 있음이 확실하다는 뜻이다. 스반테 페보가 말했듯이, "우리는 그들에게 불행한 존재였다."

우리가 현대인이 아닌 인류 종을 지구상에서 마지막 한 명까지 흡수하거나 말살해버린 정확한 방법은 아마도 영원히 알아낼 수 없을 것이다. 그들은 수십만 년은 물론 심지어 수백만 년 동안 때로는 가장 가혹한 환경에서도 생존했지만, 거의 불평 한마디 없이 우리에게 굴복하고 말았다.

어떻게 되었든지 지구라는 행성은 이제 우리의 것이 되었다. 곧 보게 되겠지만, 그것이 최선의 결과였는지는 분명하지 않다.

제30장

안녕

에드먼드 핼리와 그의 친구 크리스토퍼 렌과 로버트 훅이 런던의 커피 하우스에서 가벼운 마음으로 내기를 하고, 결국은 아이작 뉴턴이 『프린키피아』를 발간하고, 헨리 캐번디시가 지구의 질량을 알아내는 것을 비롯해서 이 책의 400여 쪽을 차지하는 감동적이고 훌륭한 일이 벌어지던 1680년대 초에 마다가스카르의 동쪽 해안으로부터 약 1,300킬로미터 떨어진 인도양의 모리셔스 제도에서는 그렇게 바람직하지 않은 이정표가 세워지고 있었다.

그곳에서는 이름을 알 수 없는 선원과 그의 반려견이 마지막 도도새를 쫓고 있었다. 지루한 육상 휴가를 받은 뱃사람에게 둔하지만 의심할 줄 모르고 잘 뛰지도, 날지도 못하기로 유명한 새는 거부하기 어려운 목표물이었다. 수백만 년간의 고립 생활을 했던 그 새는 예측할 수 없고 아주 난폭한 인간의 행동에 적응할 준비도 하지 못한 상태였다.

마지막 도도새의 마지막 순간이 구체적으로 어땠고, 언제 그런 일이 있었는지에 대해서는 정확하게 알 수 없다. 『프린키피아』가 있는 세상과 도도새가 없는 세상 중에서 어느 것이 먼저였는지도 알 수 없다. 그렇지만 대체로 같은 시기였다는 사실은 알고 있다. 인간의 성스러우면서도 동시에 흉포한 본성을 함께 보여주는 예로 이보다 더 좋은 경우를 찾기 어렵다는 점을 인정할 수밖에 없다. 우리 인간은 하늘의 가장 심오한 비밀을 파헤치는 능력을 가진 종이지만, 동시에 아무런 목적도 없이 우리에게 어떤 해도 끼치지 않고 우리가 자신들에게 무슨 짓을 하는지도 전혀 이해하지 못하는 생물을 멸종시키는 종이기도 하다. 실제로 도도새는 놀라울 정도로 통찰력이 모자라서, 모든 도도새를 근처로 불러모으고 싶으면 한 마리를 잡아서 울게 만들면 된다고 한다. 그러면 다른 모든 도도새가 무슨 일인지 알아보려고 뒤뚱거리면서 몰려든다고 한다.

불쌍한 도도새에 대한 모욕은 그것으로 끝나지 않았다. 마지막 도도새가 죽고 나서 약 70년이 지난 1755년에 옥스퍼드의 애슈몰리언 박물관의 관장은 소장하고 있던 도도새 박제품이 퀴퀴한 냄새를 풍긴다는 이유로 모닥불 속에 던져버리라고 지시했다. 이미 살아 있는 것은 물론이고 박제품으로도 그것이 마지막 도도새였기 때문에 정말 놀라운 결정이었다. 그 옆을 지나가던 직원이 깜짝 놀라서 새를 구해보려고 했지만, 머리와 한쪽 다리의 일부만 구했을 뿐이다.

상식에 벗어난 그런 일 때문에 지금 우리는 살아 있던 도도새가 어떤 모양이었는지를 전혀 알 수 없다. 우리가 가지고 있는 정보는 많은 사람이 짐작하는 것보다 훨씬 적다. 19세기의 박물학자 H. E. 스트리클런드의 분노에 찬 표현에 따르면, "과학자가 아닌 여행자의 엉성한 설명과 서너 점의 유화, 그리고 몇 점의 뼈 조각뿐이다."

스트리클런드의 한탄처럼, 최근까지 살아 있었고 우리가 없었더라면 여전히 살아 있었을 새에 대해서 아는 것보다 옛날의 바다 괴물이나 느릿한 공룡인 용각류에 대해서 아는 것이 더 많다.

도도새에 대해서 알려진 것은 다음과 같다. 도도새는 모리셔스 제도에서 살았고, 포동포동했지만 맛은 없었으며, 비둘기류 중에서 가장 크지만, 그 몸무게는 정확하게 알려져 있지 않다. 스트리클런드가 "뼈 조각"과 애슈몰리언 박물관에 남아 있는 보잘것없는 잔해를 근거로 추정한 결과에 따르면,

도도새의 키는 75센티미터 정도였고, 부리에서부터 꼬리까지의 길이도 대강 그 정도였다. 날지 못했던 도도새는 땅 위에 둥지를 틀었기 때문에 알과 새끼는 외부에서 섬으로 들여온 돼지, 개, 원숭이의 좋은 먹이가 되었다. 1683년에 이미 멸종되었을 수도 있지만, 1693년에는 완전히 멸종된 것이 확실하다. 그외에 우리가 비슷한 새를 다시는 보지 못한다는 것을 빼고 거의 아무것도 알지 못한다. 번식 습관이나 먹이도 모르고, 어떻게 분포했는지, 평온하거나 놀랐을 때 내는 소리도 모른다. 도도새의 알은 단 하나도 남아 있지 않다.

우리가 살아 있는 도도새를 만난 기간은 겨우 70년뿐이었다. 숨 막힐 정도로 짧은 기간이지만, 이미 당시에도 우리의 돌이킬 수 없는 멸종의 역사는 수천 년에 이르렀다. 인간이 얼마나 파괴적인지는 아무도 정확히 알지 못하지만, 지난 5만 년 정도의 세월 동안 우리가 가는 곳이면 어디에서나 짐승이 사라졌고, 그것도 놀랄 만큼 엄청난 수가 사라졌다.

아메리카에서는 1만 년에서 2만 년 전 사이에 현대 인류가 대륙에 발을 들여놓는 순간부터 30속屬의 대형 동물이 사라졌다. 그중에는 정말 거대한 짐승도 있었다. 뾰족한 창과 고도의 조직력을 갖춘 인간 사냥꾼이 도착하자, 북아메리카와 남아메리카 전체에서 대형 동물의 4분의 3이 사라졌다. 오랫동안 인간에 대한 경계심을 키울 수 있었던 유럽과 아시아에서도 대형 동물 중에서 3분의 1에서 절반 사이가 멸종되었다. 오스트레일리아는 정반대의 이유로 95퍼센트 이상이 사라졌다.

초기의 사냥꾼 집단은 비교적 적었고, 동물의 수는 정말 엄청났다. 시베리아 북부의 툰드라 밑에 얼어붙어 있는 매머드 시체만 하더라도 최대 1,000만 마리에 이를 것으로 추정된다. 그래서 동물의 멸종에는 기후 변화나 전염병과 같은 다른 이유가 있었을 것이라고 생각하는 전문가도 있다. 미국 자연사 박물관의 로스 맥피에 따르면, "필요한 것보다 더 자주 위험한 짐승을 사냥할 필요가 없다. 그런데 먹을 수 있는 것보다 훨씬 더 많은 수의 매머드가 있었다." 사냥감을 잡아서 때려눕히는 일이 놀라울 정도로 쉬웠을 것이라고 주장하는 전문가도 있다. 팀 플래너리에 따르면, "오스트레일리아와 아메리카에서는 동물이 달아날 줄 몰랐을 수도 있다."

이미 사라진 동물 중에는 정말 놀라운 것도 있었다. 만약 지금까지 살아남았더라면, 관리하기가 다소 까다로웠을 것이다. 2층 방의 창문을 들여다볼 수 있는 땅늘보, 거의 소형 자동차 크기의 거북, 오스트레일리아 서부의 사막을 지나는 고속도로 옆에 누워 있는 길이가 6미터나 되는 왕도마뱀을 생각해보자. 맙소사. 그들은 이미 사라졌고, 우리는 그만큼 작아진 지구에서 살게 되었다. 오늘날 전 세계를 통틀어서 1톤 이상 되는 진정한 대형 육상동물은 코끼리, 코뿔소, 하마, 기린의 단 4종뿐이다. 지구상에서 생물이 수천만 년 동안 이렇게 작아지고 길들여진 때는 없었다.

석기시대의 멸종과 근현대의 멸종이 실질적으로 하나의 멸종 사건인지는 의문이다. 짧게 말해서 인류가 다른 생물에게 근본적으로 나쁜 존재인가 하는 문제라는 뜻이다. 안타깝게도 우리가 그런 존재일 가능성이 크다. 시카고 대학교의 화석학자 데이비드 라우프에 따르면, 생물학 역사 전체를 통틀어 지구의 멸종 비율은 평균 4년마다 1종이 사라지는 정도라고 한다. 리처드 리키와 로저 르윈의 저서 『여섯 번째 멸종』에 따르면, 오늘날 인간에 의한 멸종의 규모는 그보다 최대 12만 배나 된다고 한다.

1990년대 중엽 당시에 애들레이드의 사우스 오스트레일리아 박물관의 관장이었던 오스트레일리아의 박물학자 팀 플래너리는 비교적 최근의 사건을 포함해서 수많은 멸종 사건에 대해서 우리가 알고 있는 것이 거의 없다는 생각을 하게 되었다. "어디를 보든 기록에 빈틈이 발견됩니다. 도도새의 경우처럼 잃어버린 조각이 있지요. 전혀 기록되지 않은 것도 있습니다." 2002년 초에 멜버른에서 만난 그의 말이었다.

플래너리는 친구인 화가 피터 샤우텐을 설득해서 전 세계의 중요한 박물관을 뒤져서 무엇이 사라졌고, 무엇이 살아 있으며, 전혀 알려지지 않았던 것은 무엇인지를 밝혀내려는 거창한 작업을 시작했다. 그들은 4년 동안 오래된 가죽과 냄새나는 표본, 옛 그림과 글로 남은 설명을 비롯해서 가능한 모든 것을 훑어나갔다. 샤우텐은 적당히 재현할 수 있는 동물은 모두 실물 크기의 그림으로 그렸고, 플래너리는 설명을 붙였다. 그 결과가 바로 『자연의 빈자리*Gap in Nature*』라는 놀라운 책이었다. 지난 300년 동안에 멸종된 동물에 대한 가장 완벽하고, 가장 감동적인 목록이다.

충분한 기록이 남아 있는 동물도 있었지만, 아무도 그런 기록을 관리하지는 않았다. 듀공과 가깝고 해마처럼 생긴 스텔라 바다소가 가장 최근에 멸종된 정말 큰 동물 중의 하나이다. 다 자란 것은 길이가 거의 9미터에, 몸무게는 10톤이나 되는 정말 거대한 짐승이었는데, 1741년에 배가 난파된 러시아의 탐사진이 그 짐승이 유일하게 서식하고 있던 베링 해의 안개가 자욱한 외딴 코만도르스키예 제도에 도착함으로써 처음으로 그 존재가 밝혀졌다.

다행스럽게도 탐사진에는 그 동물에 관심을 가졌던 게오르크 슈텔러라는 박물학자가 있었다. "그는 풍부한 기록을 남겼습니다." 플래너리의 말이었다. "그는 수염의 지름까지 측정했지요. 그가 제대로 기록하지 않은 유일한 부분은 수컷의 성기였습니다. 어쩐지 암컷의 성기는 충분히 기록했죠. 가죽 조각까지 남겨주었기 때문에 우리는 그 감촉도 알 수 있습니다. 그러나 언제나 그렇게 운이 좋은 것은 아니랍니다."

슈텔러가 할 수 없었던 것이 바로 그 바다소를 구하는 일이었다. 이미 멸종에 가깝도록 사냥을 해버려서, 슈텔러가 발견한 이후 27년 만에 바다소는 완전히 사라졌다. 그러나 알려진 것이 너무 적은 다양한 동물들은 목록에 포함되지도 못했다. 달링 다운스*의 뛰어다니는 쥐, 채텀 제도**의 백조, 어센션 섬***의 날지 못하는 뜸부기, 적어도 다섯 종류의 대형 거북을 비롯한

---

* 오스트레일리아 퀸즐랜드 남동부의 지역.
** 뉴질랜드 동쪽의 제도.
*** 남대서양의 화산섬.

많은 종이 이름만 남기고 우리를 영원히 떠나버렸다.

플래너리와 샤우텐은 대부분의 멸종이 잔인하거나 난폭하게 이루어진 것이 아니라, 단순하고 놀라울 정도로 바보스럽게 이루어졌다는 사실을 발견했다. 뉴질랜드의 노스 섬과 사우스 섬 사이의 험난한 해협에 있는 스티븐스 섬이라는 외딴 바위섬에 등대를 설치했던 1894년에 등대지기의 고양이가 계속해서 이상하게 생긴 작은 새를 잡아왔다. 등대지기는 착실하게 몇 점의 표본을 웰링턴의 박물관에 보내주었다. 박물관 직원은 그것이 어느 곳에서도 발견된 적이 없는 역사 속의 날지 못하는 굴뚝새라는 사실을 확인하고 몹시 흥분했다. 그는 즉시 섬을 향해 출발했지만, 그가 도착했을 때는 이미 고양이가 모든 새를 죽인 후였다. 오늘날 남아 있는 것은 스티븐스 섬의 날지 못하는 굴뚝새의 박제 12점뿐이다.

이 경우에는 그나마 박제라도 남아 있다. 그러나 동물이 사라진 후에도 살아 있을 때보다 크게 다르지 않았던 경우가 대부분이었다. 사랑스러운 캐롤라이나 쇠앵무새의 경우를 보자. 황금빛 머리에 에메랄드 녹색의 이 새는 북아메리카에 살았던 가장 놀랍고 아름다운 새였다. 앵무새는 북쪽 지방에는 잘 살지 않으니 말이다. 전성기에는 그 수가 엄청나서, 나그네 비둘기 다음으로 많았다. 그러나 캐롤라이나 쇠앵무새는 농부에게 해로운 새로 알려졌고, 무리 지어 살면서 총소리가 나면 날아올랐다가도 마치 죽은 사랑하는 동료를 떠나기 싫다는 듯이 곧바로 돌아오는 이상한 습성이 있었기 때문에 사냥하기가 쉬웠다.

19세기 초의 고전인 『아메리카의 조류학*American Ornithology*』에서 찰스 윌슨 필은 쇠앵무새가 둥지를 짓고 사는 나무에 계속해서 산탄총을 쏘아대던 경험을 이렇게 표현했다.

총을 쏠 때마다 많은 새가 떨어졌지만, 살아남은 새의 애정은 더욱 커져만 가는 모양이었다. 주변을 몇 바퀴 돌고 나서는 다시 내 근처로 내려앉아 확실한 동정과 우려의 표정으로 죽은 동료를 내려다보는 새의 모습에 나는 완전히 의욕을 잃고 말았다.

1920년대 무렵에는 끊임없이 사냥을 했던 탓에, 남은 개체는 잡혀서 살던 새 몇 마리뿐이었다. 잉카라는 이름의 마지막 새는 1918년에 신시내티 동물원에서 죽었다(그로부터 4년 후에는 같은 동물원에서 마지막 나그네 비둘기가 죽었다). 그 새는 경건하게 박제로 만들어졌다. 오늘날 어디에서 불쌍한 잉카를 볼 수 있을까? 아무도 모른다. 동물원은 그 박제를 잃어버렸다.

이 이야기에서 흥미롭기도 하면서 이상하기도 한 사실은 찰스 윌슨 필이 새를 좋아했으면서도, 단순한 재미 이외에는 다른 특별한 이유도 없이 많은 새를 죽이는 일을 서슴지 않았다는 것이다. 아주 오랫동안, 세상에 살고 있는 생물에 가장 관심이 많은 사람들이 바로 그들을 멸종시킨 장본인이었다는 사실이 정말 놀랍다.

로스차일드 제2대 남작인 라이어널 월터 로스차일드보다 모든 면에서 더 큰 규모로 그랬던 사람은 없을 것이다. 위대한 은행가 가문의 자손인 로스차일드는 성격도 이상했고 은둔하면서 지내던 사람이었다. 그는 1868년부터 1937년까지 평생을 버킹엄셔의 트링에 있는 집의 아이 방에서 자신이 어릴 때 쓰던 가구를 사용하며 살았다. 그는 몸무게가 135킬로그램이나 되었지만, 여전히 어릴 때 쓰던 침대에서 잤다. 자연사가 취미였던 그는 헌신적인 수집가가 되었다. 그는 세계 어느 곳이나 가리지 않고 훈련된 사람을 보내서 산을 넘고 밀림을 뒤져서 새로운 생물을 찾아내도록 했다. 한번에 400명을 보내기도 했다. 그는 특히 날아다니는 생물을 좋아했다. 그런 생물은 상자에 담겨서 트링에 있는 로스차일드의 영지로 보내졌다. 그와 조수들은 받은 모든 생물을 완벽하게 기록하고 분석해서 끊임없이 책과 논문과 단행본을 발간했다. 모두 1,200편이 넘었다. 로스차일드 자연사 공장은 모두 합처서 200만 점의 표본을 수집했고 5,000종의 새로운 생물을 찾아냈다.

놀랍게도 그런 로스차일드의 수집 노력도 19세기의 가장 광범위하고 풍족한 사례는 아니었다. 그런 칭호는 조금 더 이른 시기에 그보다 더 부유했던 영국의 수집가 휴 커밍에게 돌아가야 한다. 수집에 지나치게 집착했던 그는 거대한 배를 건조해서 전 세계를 항해할 수 있는 전속 선원을 고용했고, 새, 식물, 모든 종류의 동물, 특히 조개류를 비롯해서 찾을 수 있는 것이라면 무엇이나 모아오도록 했다. 그의 따개비 수집품이 다윈에게 전해져서 세기적인 연구의 바탕이 되었다.

그런데 로스차일드는 당시의 가장 과학적인 수집가이면서, 한편으로는 유감스럽게도 치명적인 수집가이기도 했다. 1890년대에 그는 어쩌면 지구에서 가장 유혹적이면서도 가장 취약한 환경일지도 모를 하와이에 관심을 가지게 되었다. 수백만 년 동안 고립되어 있던 탓에 하와이에서는 8,800종의 독특한 동물과 식물이 진화할 수 있었다. 로스차일드에게 특별히 흥미로웠던 것은 섬에 살고 있던 화려하고 독특한 새였다. 그런 새는 지극히 제한된 곳에서만 작은 집단으로 서식하는 경우가 많았다.

하와이 새는 비극적이게도 독특하고 탐나고 희귀할 뿐 아니라, 가슴이 아플 정도로 쉽게 잡을 수 있었다. 최상의 환경일지라도 위험한 조합이었던 것이다. 평화로운 꿀빨기멧새류에 속하는 그레이터 코아 핀치는 코아 나무에 숨어 살지만, 누군가가 노래 소리를 흉내 내면 즉시 날아와서 환영의 표시를 한다. 그 사촌인 레서 코아 핀치가 사라지고 5년이 지난 1896년에 마지막 그레이터 코아 핀치가 로스차일드의 1급 수집가였던 해리 파머에 의해서 사라졌다. 너무 희귀해서 오직 한 마리만 관찰된 레서 코아 핀치도 역시 로스차일드의 수집가가 죽여버렸다. 로스차일드의 적극적인 수집 노력 탓에 10년 남짓한 기간에 모두 합쳐서 적어도 9종의 하와이 새가 사라졌다고 알려졌지만, 실제로는 그보다 훨씬 많았을 것이다.

어떤 대가를 치르더라도 새를 잡으려고 했던 사람이 로스차일드만은 아니었다. 사실 다른 사람들은 더 난폭했다. 발견된 지 10년밖에 되지 않은, 숲에 사는 검은 꿀빨기멧새의 마지막 세 마리를 1907년에 자신이 쏘아 죽였다는 사실을 깨달은 유명한 수집가 앨런슨 브라이언은 그 소식을 듣고 "기쁨"에 들떴다고 했다.

간단히 말해서, 조금도 해가 되지 않을 것 같은 동물까지 괴롭혔던 당시는 정말 이해하기 힘든 시기였다. 1890년에 뉴욕 주는 이미 충분히 괴롭힘을 당해서 확실히 멸종 위기에 처해 있던 동부의 퓨마를 잡기 위해서 100여 명에게 보상금을 지급했다. 1940년대까지만 하더라도 많은 주가 모든 종류의 육식동물에 보상금을 지급했다. 웨스트버지니아 주에서는 유해동물을 가장 많이 잡아온 사람에게 1년치의 대학 등록금을 지급했다. 당시의 "유해동물"은 농장에서 사육하거나 반려용으로 기르지 않는 모든 동물이라고 해석되었다.

사랑스럽고 작은 바크만 휘파람새의 운명만큼 당시의 이상한 상황을 생생하게 보여주는 사례는 없을 것이다. 미국 남부 원산의 휘파람새는 유달리 짜릿한 노래로 유명했지만, 많았던 적이 없던 그 수는 1930년대까지 계속 줄어들어서 결국은 완전히 사라졌고 수년간 보이지 않았다. 그러다가 1939년에 다행스럽게도 서로 아주 멀리 떨어져 활동하던 두 사람이 이틀 간격으로 생존한 새를 보았다. 두 사람은 모두 그 새를 쏘아 잡았고, 그것이 바크만 휘파람새의 최후였다.

멸종을 시키겠다는 충동이 아메리카에서만 발견되는 것은 아니다. 오스트레일리아에서도 개처럼 생겼지만 등에 독특한 "호랑이" 줄무늬를 가진 태즈메이니아 호랑이(또는 태즈메이니아 주머니 늑대)를 잡아오는 사람에게 보상금을 지급했다. 1936년에 이름도 없이 버림받았던 마지막 태즈메이니아 호랑이가 사설 호바트 동물원에서 죽을 때까지도 그런 보상금은 계속되었다. 오늘날 태즈메이니아 박물관에 가서 현대까지 살았던 유일한 대형 육식성 유대류인 이 종에 관해서 물어보면, 그들의 사진과 61초 분량의 오래된 필름 영상을 보여줄 뿐이다. 마지막으로 생존했던 태즈메이니아 주머니 늑대는 쓰레기통에 버려졌다.

이런 사실을 이야기하는 이유는, 만약 우리의 외로운 우주에서 생명이 어디를 지나왔는지를 기록하고 어디로 가고 있는지를 감시할 일을 맡길 생물을 설계하려고 한다면, 절대 인간에게 맡겨서는 안 된다는 사실을 지적하기 위해서이다.

그렇지만 아주 중요한 점이 있다. 우리는 선택되었다는 사실이다. 운명에 의해서나 신에 의해서나, 아니면 당신이 무엇이라고 부르고 싶든 바로 그것에 의해서 선택되었다. 우리가 알고 있는 것은 지금 이곳에 존재하는 생물 중에서 우리가 가장 뛰어나다는 것뿐이다. 그런 생물이 우리뿐일 수도 있다. 우리가 우주에서 살아 있는 가장 훌륭한 성과이면서, 동시에 최악의 공포스러운 존재라는 사실을 생각하면 맥이 빠지기도 한다.

우리는 현재 살아 있거나 그렇지 않거나에 상관없이 다른 생물을 돌보는 능력이 턱없이 부족해서, 얼마나 많은 생물이 영원히 사라졌는지, 곧 사라질지, 아니면 운 좋게 살아남을지에 대해서 아는 것이 거의 없다. 대부분의 추정에 따르면, 적어도 매년 1,000종이 넘는 생물이 사라진다고 한다. 물론 더 큰 숫자를 제시하는 전문가도 있다. 국제연합의 생물 다양성 협약은 2007년에 세계가 매일 최대 150종의 생물종을 잃고 있다고 밝혔지만, 대부분의 전문가는 그런 추정이 지나치게 과장된 것이라고 생각한다. 세계자연기금의 추정이 더 신뢰할 수 있는 것으로 보인다. 세계자연기금은 2020년을 기준으로 의심할 여지 없이 멸종 위기에 놓여 있는 생물종의 수를 약 6,800종으로 추정했다. 그러나 최대 100만 종의 생물이 "멸종 위기"라는, 다소 느슨하지만 여전히 우려스러운 범주에 속한다. 전 세계적인 생물 다양성의 감소도 걱정스럽기는 마찬가지이다. 영국 왕립학회의 보고서에 따르면, 1970년부터 2016년까지 지구상의 척추동물 개체 수는 68퍼센트나 감소했다.

그러나 가장 정확하다는 수치도 추정치에 지나지 않고, 단순한 추측에 지나지 않는 경우도 많다. 우리는 그저 알지 못한다는 것이 사실이다. 우리가 분명하게 아는 것은 생명체가 존재하는 행성은 하나뿐이고, 그 생명체의 건강과 풍요로움에 신중한 차이를 만들어낼 능력을 가진 생물종도 오직 하나뿐이라는 것이다. 에드워드 O. 윌슨은 『생명의 다양성』에서 우리의 상황을 "하나의 지구, 하나의 실험One planet, one experiment"이라고 간결하게 표현했다.

이 책에서 배울 교훈이 있다면, 그것은 우리가 이곳에 존재한다는 것이 엄청난 행운이라는 점이다. 여기에서 "우리"는 살아 있는 모든 생물을 뜻한다. 우리의 우주에서 어떤 형태든지 간에 상관없이 생명을 얻는다는 것 자체가 엄청난 성과이다. 물론 인간인 우리는 두 배의 행운을 얻은 셈이다. 우리는 존재할 수 있는 특권을 얻었을 뿐만 아니라, 그 가치를 인식할 수 있고 다양한 방법으로 삶을 개선할 수 있는 유일한 능력을 가지고 있다. 그것은 우리가 이제 겨우 이해하기 시작한 능력이다. 우리는 놀라울 정도로 짧은 시간만에 이렇게 훌륭한 위치에 도달했다. 우리는 행동적으로 지구 역사의 0.01퍼센트에 불과한 기간 동안 존재해왔다. 그러나 그렇게 짧은 순간 존재하는 데에도 무한히 많은 행운이 필요했다.

우리는 사실 이제 막 시작한 셈이다. 물론 우리는 종말이 오지 않도록 하는 비결을 찾아내야 한다. 그러기 위해서는 이제 단순한 행운 이상의 노력이 필요하다.

감사의 글

2000년부터 2003년까지, 그리고 이번 개정판인 2024년부터 2025년까지 이 책을 준비하는 과정을 도와준 모든 분께 진심으로 감사를 전한다.

특히 나의 훌륭한 편집자인 스테프 덩컨의 끝없는 도움과 격려에 깊이 감사드린다. 「타임스」의 과학 편집자 톰 휘플, 런던 자연사 박물관의 크리스 스트링어, 그리고 글래스고 대학교의 앤디 버클리에게도 감사의 마음을 표한다. 이들은 개정판 원고의 전부 혹은 일부를 읽고 수정과 개선을 위한 수많은 의견을 제안해주었다(물론 남아 있는 오류는 모두 나의 책임이다).

여기에 더해서, 항상 너그럽고 친절하셨으며 "죄송하지만, 다시 설명해주실 수 있나요?"라는 끝없이 반복되는 단순한 질문에 가장 영웅적인 인내심을 보여주었던 다음의 분들에게 감사드린다.

영국 : 런던 임페리얼 칼리지의 다니엘 데이비스와 리처드 크래스터, 캐설 호스티, 그리고 데이비드 캐플린, 더럼 대학교의 카를로스 프렝크, 프랜시스 크릭 연구소의 소장인 폴 너스 경, 전(前) 왕립 천문대장 마틴 리스(러들로의 리스 남작), 옥스퍼드 대학교의 로스 앤더슨과 조지 웨들레이크, 자연사 박물관의 리처드 포티와 렌 엘리스, 조 윌브러햄, 그리고 캐시 웨이, 런던 대학교의 마틴 래프, 웰컴 연구소 소속이었던 로런스 스마지 박사, 그리고 「타임스」 소속이었던 키스 블랙모어.

미국 : 아이오와 시티 소재 아이오와 주 자연자원부의 레이 앤더슨과 브라이언 위츠크, 뉴욕 자연사 박물관의 이언 태터슬, 뉴햄프셔 주 하노버 소재 다트머스 대학교의 존 소스텐슨과 메리 K. 허드슨, 그리고 데이비드 블랜치플라워, 뉴햄프셔 주 레버넌 소재 다트머스-히치콕 메디컬 센터의 윌리엄 압두 박사와 브라이언 마시 박사, 네브래스카 주 대학교의 마이크 부르히스와 네브래스카 주 오처드 인근 애시폴 화석층 주립공원, 아이오와 주 스톰 레이크 소재 부에나 비스타 대학교의 척 오펜버거, 뉴햄프셔 주 고럼 소재 마운트 워싱턴 관측소 연구소장 켄 랭코트, 옐로스톤 국립공원의 전 지질학자인 폴 도스와 그의 아내 하이디, 캘리포니아 대학교 버클리의 프랭크 아사로, 내셔널 지오그래픽 협회의 올리버 페인과 린 애디슨, 인디애나-퍼듀 대학교의 제임스 O. 팔로, 그리고 로드 아일랜드 대학교 해양지구물리학 교수인 로저 L. 라슨.

오스트레일리아 : 애들레이드 소재 사우스 오스트레일리아 박물관의 전 박물관장이자 작가인 팀 플래너리, 뉴 사우스 웨일스 주 헤이즐브룩의 로버트 에번스 목사, 호주 기상청의 질 케이니 박사, 「시드니 모닝 헤럴드」의 앤 밀른, 웨스턴 오스트레일리아 지질학회 소속이었던 이언 노바크, 빅토리아 박물관의 토머스 H. 리치, 호바트 소재 로열 태즈메이니아 식물원의 내털리 팝워스와 앨런 맥페디언, 그리고 시드니 소재 뉴 사우스 웨일스 주립도서관의 매우 친절한 직원들.

그리고 다른 곳 : 지브롤터 박물관의 클라이브와 제럴딘 핀레이슨 부부와 아들 스튜어트 핀레이슨, 캐나다 온타리오 주 선더 베이 소재 레이크헤드 대학교의 맷 토체리, 웰링턴 소재 뉴질랜드 박물관의 정보 센터 담당자 수 슈퍼빌, 나이로비 소재 케냐 국립박물관의 에마 음부아 박사와 퀸 메스 박사, 그리고 질라니 응갈라, 그리고 또한 인도 뉴델리 소재의 공군 발 바라티 고등학교 10학년 학생인 카니슈크 샤르마가 20년 넘게 아무도 알아채지 못했던 이 책의 어원 오류를 바로잡아주었다.

마지막으로, 수재나 웨이드슨, 질리언 블레이크, 에이미 블랙, 래리 핀레이, 패트릭 잰슨-스미스, 제럴드 하워드, 메리앤 벨먼스, 카트리나 혼, 엘리자베스 돕슨, 앤서니 토핑, 데이비드 브라이슨, 샘 브라이슨, 펄리시티 굴드, 캐서린 윌리엄스, 댄 매클레인, 패트릭 갤러거, 그리고 런던 도서관의 매우 친절한 직원들에게도 깊은 감사를 드린다.

무엇보다도 그리고 언제나처럼, 나의 사랑스럽고 인내심 넘치며 비교할 수 없는 아내 신시아에게 깊이 감사한다.

참고 문헌

Aczel, Amir D., *God's Equation: Einstein, Relativity, and the Expanding Universe.* London: Piatkus Books, 2002.

Alberts, Bruce, Dennis Bray, Alexander Johnson, Julian Lewis, Martin Raff, Keith Roberts and Peter Walter, *Essential Cell Biology: An Introduction to the Molecular Biology of the Cell.* New York and London: Carland Publishing, 1998.

Allen, Oliver E., *Atmosphere.* Alexandria, Va.: Time-Life Books, 1983.

Alvarez, Walter, *T. Rex and the Crater of Doom.* Princeton, NJ: Princeton University Press, 1997.

Annan, Noel, *The Dons: Mentors, Eccentrics and Geniuses.* London: 2000.

Ashcroft, Frances, *Life at the Extremes: The Science of Survival.* London: HarperCollins, 2000.

Asimov, Isaac, *The History of Physics.* New York: Walker & Co., 1966.

——*Exploring the Earth and the Cosmos: The Growth and Future of Human Knowledge.* London: Penguin Books, 1984.

——*Atom: Journey Across the Subatomic Cosmos.* New York: Truman Talley/Dutton, 1991.

Atkins, P. W., *The Second Law.* New York: *Scientific American,* 1984.

——*Molecules.* New York: *Scientific American,* 1987.

——*The Periodic Kingdom.* London: Weidenfeld & Nicolson, 1995.

Attenborough, David, *Life on Earth: A Natural History.* London: Collins, 1979.

——*The Living Planet: A Portrait of the Earth.* London: Collins, 1984.

——*The Private Life of Plants: A Natural History of Plant Behaviour.* London: BBC Books,

1984.

Baeyer, Hans Christian von, *Taming the Atom: The Emergence of the Visible Microworld*. London: Viking, 1993.

Bakker, Robert T., *The Dinosaur Heresies: New Theories Unlocking the Mystery of the Dinosaurs and their Extinction*. New York: William Morrow, 1986.

Ball, Philip, *H2O: A Biography of Water*. London: Phoenix/Orion, 1999.

Ballard, Robert D., *The Eternal Darkness: A Personal History of Deep-Sea Exploration*. Princeton, NJ: Princeton University Press, 2000.

Barber, Lynn, *The Heyday of Natural History: 1820–1870*. London: Jonathan Cape, 1980.

Barry, Roger C., and Richard J. Chorley, *Atmosphere, Weather and Climate*, 7th edn. London: Routledge, 1998.

Biddle, Wayne, *A Field Guide to the Invisible*. New York: Henry Holt, 1998.

Bodanis, David, *The Body Book*. London: Little, Brown, 1984.

——*The Secret House: Twenty-Four Hours in the Strange and Unexpected World in Which We Spend Our Nights and Days*. New York: Simon & Schuster, 1984.

——*The Secret Family: Twenty-Four Hours Inside the Mysterious World of Our Minds and Bodies*. New York: Simon & Schuster, 1997.

——*E = mc²: A Biography of the World's Most Famous Equation*. London: Macmillan, 2000.

Bolles, Edmund Blair, *The Ice Finders: How a Poet, a Professor and a Politician Discovered the Ice Age*. Washington DC: Counterpoint/Perseus, 1999.

Boorse, Henry A., Lloyd Motz and Jefferson Hane Weaver, *The Atomic Scientists: A Biographical History*. New York: John Wiley & Sons, 1989.

Boorstin, Daniel J., *The Discoverers*. London: Penguin Books, 1986.

——*Cleopatra's Nose: Essays on the Unexpected*. New York: Random House, 1994.

Bracegirdle, Brian, *A History of Microtechnique: The Evolution of the Microtome and the Development of Tissue Preparation*. London: Heinemann, 1978.

Breen, Michael, *The Koreans: Who They Are, What They Want, Where Their Future Lies*. London: Texere, 1998

Broad, William J., *The Universe Below: Discovering the Secrets of the Deep Sea*. New York: Simon & Schuster, 1997.

Brock, William H., *The Norton History of Chemistry*. London: W. W. Norton, 1993.

Brockman, John, and Katinka Matson (eds), *How Things Are: A Science Tool-Kit for the Mind*. London: Weidenfeld & Nicolson, 1995.

Brookes, Martin, *Fly: The Unsung Hero of Twentieth-Century Science*. London: Phoenix, 2002.

Brown, Cuy, *The Energy of Life*. London: Flamingo/HarperCollins, 2000.

Browne, Janet, *Charles Darwin: A Biography*, vol. 1. London: Jonathan Cape, 1995.

Brusatte, Steve, *The Rise and Reign of the Mammals*, London: Picador, 2022.

Burenhult, Cöran (ed.), *The First Americans: Human Origins and History to 10,000 BC*. London: HarperCollins, 1993.

Cadbury, Deborah, *Terrible Lizard: The First Dinosaur Hunters and the Birth of a New Science*. New York: Henry Holt, 2000.

Calder, Nigel, *Einstein's Universe*. London: BBC Books, 1979.

——*The Comet Is Coming! The Feverish Legacy of Mr Halley*. London: BBC Books, 1980.

Canby, Courtlandt (ed.), *The Epic of Man*. New York: Time/Life, 1961.

Carey, John (ed.), *The Faber Book of Science*. London: Faber, 1995.

Chorlton, Windsor, *Ice Ages*. New York: Time-Life Books, 1983.

Christianson, Cale E., *In the Presence of the Creator: Isaac Newton and his Times*. New York: Free Press/Macmillan, 1984.

——*Edwin Hubble: Mariner of the Nebulae*. Bristol, England: Institute of Physics Publishing, 1995.

Clark, Ronald W., *The Huxleys*. London: Heinemann, 1968.

——*The Survival of Charles Darwin: A Biography of a Man and an Idea*. London: Daedalus Books, 1985.

——*Einstein: The Life and Times*. London: HarperCollins, 1971.

Cobb, Matthew, *The Egg and Sperm Race: The Seventeenth-Century Scientists Who Unravelled the Secrets of Sex, Life and Growth*. London: Free Press, 2006.

Coe, Michael, Dean Snow and Elizabeth Benson, *Atlas of Ancient America*. New York: Equinox/Facts on File, 1986.

Colbert, Edwin H., *The Great Dinosaur Hunters and their Discoveries*. New York: Dover Publications, 1984.

Cole, K. C., *First You Build a Cloud: And Other Reflections on Physics as a Way of Life*. San Diego: Harvest/Harcourt Brace, 1999.

Conard, Henry S., *How to Know the Mosses and Liverworts*. Dubuque, Iowa: William C. Brown Co., 1956.

Conniff, Richard, *Spineless Wonders: Strange Tales from the Invertebrate World*. London and New York: Henry Holt, 1996.

Corfield, Richard, *Architects of Eternity: The New Science of Fossils*. London: Headline, 2001.

Coveney, Peter, and Roger Highdeld, *The Arrow of Time: The Quest to Solve Science's Greatest Mystery*. London: Flamingo, 1991.

Cowles, Virginia, *The Rothschilds: A Family of Fortune*. London: Futura, 1975.

Crick, Francis, *Life Itself: Its Origin and Nature*. London: Macdonald, 1982.

——*What Mad Pursuit: A Personal View of Scientific Discovery*. London: Penguin Press, 1990.

Cropper, William H., *Great Physicists: The Life and Times of Leading Physicists from Galileo to Hawking*. Oxford: Oxford University Press, 2002.

Crowther, J. C., *Scientists of the Industrial Revolution*. London: Cresset, 1962.

Czerski, Helen, *Blue Machine: How the Ocean Shapes Our World*. London:Torva/Transworld, 2023.

Darwin, Charles, *On the Origin of Species by Means of Natural Selection, or the Preservation of Favoured Races in the Struggle for Life* (facsimile edn). London: AMSPR, 1972.

Davies, Paul, *The Fifth Miracle: The Search for the Origin of Life*. London: Penguin Books, 1999.

Dawkins, Richard, *The Blind Watchmaker*. London: Penguin Books, 1988.

——*River Out of Eden: A Darwinian View of Life*. London: Phoenix, 1996.

——*Climbing Mount Improbable*. London: Viking, 1996.

Dean, Dennis R., *James Hutton and the History of Geology*. Ithaca, NY: Cornell University Press, 1992.

de Duve, Christian, *A Guided Tour of the Living Cell*, 2 vols. New York: Scientific American/Rockefeller University Press, 1984.

Dennett, Daniel C., *Darwin's Dangerous Idea: Evolution and the Meanings of Life*. London: Penguin, 1996.

Dennis, Jerry, *The Bird in the Waterfall: A Natural History of Oceans, Rivers and Lakes*. London and New York: HarperCollins, 1996.

Desmond, Adrian, and James Moore, *Darwin*. London: Penguin Books, 1992. Dewar, Elaine, *Bones: Discovering the First Americans*. Toronto: Random House Canada, 2001.

Diamond, Jared, *Guns, Germs and Steel: The Fates of Human Societies*. New York: Norton, 1997.

Dickinson, Matt, *The Other Side of Everest: Climbing the North Face through the Killer Storm*. New York: Times Books, 1997.

Drury, Stephen, *Stepping Stones: The Making of our Home World*. Oxford: Oxford University Press, 1999.

Durant, Will and Ariel, *The Age of Louis XIV*. New York: Simon & Schuster, 1963.

Dyson, Freeman, *Disturbing the Universe*. London and New York: Harper & Row, 1979.

Easterbrook, Gregg, *A Moment on the Earth: The Coming Age of Environmental Optimism*. London: Penguin, 1995.

Ebbing, Darrell D., *General Chemistry*. Boston: Houghton Mi in, 1996.

Elliott, Charles, *The Potting-Shed Papers: On Gardens, Gardeners and Garden History*. Guilford, Conn.: Lyons Press, 2001.

Engel, Leonard, *The Sea*. New York: Time-Life Books, 1969.

Erickson, Jon, *Plate Tectonics: Unravelling the Mysteries of the Earth*. London and New York: Facts on File, 1992.

Fagan, Brian M., *The Great Journey: The Peopling of Ancient America*. London: Thames & Hudson, 1987.

Falk, Dean, *The Fossil Chronicles: How Two Controversial Discoveries Changed Our View of Human Evolution*. Berkeley: University of California Press, 2022.

Fell, Barry, *America B.C.: Ancient Settlers in the New World*. London: Random House, 1976.

——*Bronze Age America*. London and Boston: Little, Brown, 1982.

Ferguson, Kitty, *Measuring the Universe: The Historical Quest to Quantify Space*. London: Headline, 1999.

Ferris, Timothy, *The Mind's Sky: Human Intelligence in a Cosmic Context*. New York: Bantam Books, 1992.

——*The Whole Shebang: A State of the Universe(s) Report*. London: Phoenix, 1998.

——*Seeing in the Dark: How Backyard Stargazers Are Probing Deep Space and Guarding Earth from Interplanetary Peril*. New York: Simon & Schuster, 2002.

——*Coming of Age in the Milky Way*. London: HarperCollins, 2003.

Feynman, Richard P., *Six Easy Pieces*. London: Penguin Books, 1998.

Fisher, Richard V., Crant Heiken and Jeffrey B. Hulen, *Volcanoes: Crucibles of Change*. Princeton, NJ: Princeton University Press, 1997.

Flannery, Timothy, *The Future Eaters: An Ecological History of the Australasian Lands and People*. London: W. W. Norton, 1995.

——*The Eternal Frontier: An Ecological History of North America and its Peoples*. London: Heinemann, 2001.

——and Peter Schouten, *A Gap in Nature: Discovering the World's Extinct Animals*. London: Heinemann, 2001.

Fortey, Richard, *Life: An Unauthorised Biography*. London: Flamingo/ HarperCollins, 1998.

——*Trilobite! Eyewitness to Evolution*. London: HarperCollins, 2000.

——*Dry Store Room No. 1: The Secret Life of the Natural History Museum*. London: HarperCollins, 2008.

Frayn, Michael, *Copenhagen*. London: Methuen, 1998; New York: Anchor Books, 2000.

Gamow, George, and Russell Stannard, *The New World of Mr Tompkins*. Cambridge: Cambridge University Press, 2001.

Gawande, Atul, *Complications: A Surgeon's Notes on an Imperfect Science*. New York: Metropolitan Books/Henry Holt, 2002.

Gee, Henry, *A (Very) Short History of Life on Earth*. London: Picador, 2021.

Giancola, Douglas C., *Physics: Principles with Applications*. London: Prentice Hall, 1997.

Gjertsen, Derek, *The Classics of Science: A Study of Twelve Enduring Scientific Works*. New York: Lilian Barber Press, 1984.

Godfrey, Laurie R. (ed.), *Scientists Confront Creationism*. New York: W. W. Norton, 1983.

Goldsmith, Donald, *The Astronomers*. New York: St Martin's Press, 1991.

'Gordon, Mrs', *The Life and Correspondence of William Buckland*, D.D., F.R.S. London: John Murray, 1894.

Gould, Stephen Jay, *Ever since Darwin: Reflections in Natural History*. London: Deutsch, 1978.

——*The Panda's Thumb: More Reflections in Natural History*. London and New York: W. W. Norton, 1980.

——*Hen's Teeth and Horse's Toes*. London: Penguin Books, 1984.

——*The Flamingo's Smile: Reflections in Natural History*. New York: W. W. Norton, 1985.

——*Wonderful Life: The Burgess Shale and the Nature of History*. London: Hutchinson Radius, 1990.

——*Bully for Brontosaurus: Reflections in Natural History*, London: Hutchinson Radius, 1991.

——*Time's Arrow, Time's Cycle: Myth and Metaphor in the Discovery of Geological Time*. Cambridge, Mass.: Harvard University Press, 1987.

——(ed.), *The Book of Life*. London: Ebury, 1993.

——*Eight Little Piggies: Reflections in Natural History*. London: Penguin, 1994.

——*Dinosaur in a Haystack: Reflections in Natural History*. London: Jonathan Cape, 1996.

——*Leonardo's Mountain of Clams and the Diet of Worms: Essays on Natural History*. London: Jonathan Cape, 1998.

——*The Lying Stones of Marrakech: Penultimate Reflections in Natural History*. London: Jonathan Cape, 2000.

Green, Bill, *Water, Ice and Stone: Science and Memory on the Antarctic Lakes*. New York: Harmony Books, 1995.

Gribbin, John, *In the Beginning: The Birth of the Living Universe*. London: Penguin, 1994.

——*Almost Everyone's Guide to Science: The Universe, Life and Everything*. London: Phoenix, 1998.

——and Mary Gribbin, *Being Human: Putting People in an Evolutionary Perspective*. London: Phoenix/Orion, 1993.

——*Fire on Earth: Doomsday, Dinosaurs and Humankind*. New York: St Martin's Press, 1996.

——*Ice Age*. London: Allen Lane, 2001.

——and Jeremy Cherfas, *The First Chimpanzee: In Search of Human Origins*. London: Penguin Books, 2001.

Grinspoon, David Harry, *Venus Revealed: A New Look Below the Clouds of our Mysterious Twin Planet*. Reading, Mass.: Helix/ Addison-Wesley, 1997.

Guth, Alan, *The Inflationary Universe: The Quest for a New Theory of Cosmic Origins*. London: Jonathan Cape, 1997.

Hafer, Abby, *The Not-So-Intelligent Designer: Why Evolution Explains the Human Body and Intelligent Design Does Not*. Eugene, Ore.: Cascade Books, 2015.

Haldane, J. B. S., *Adventures of a Biologist*. New York: Harper & Brothers, 1937.

——*What is Life?* New York: Boni & Caer, 1947.

Hallam, A., *Great Geological Controversies*, 2nd edn. Oxford: Oxford University Press, 1989.

Hamblyn, Richard, *The Invention of Clouds: How an Amateur Meteorologist Forged the Language of the Skies*. London: Picador, 2001.

Hamilton-Paterson, James, *The Great Deep: The Sea and its Thresholds*. London: Random House, 1992.

Hapgood, Charles H., *Earth's Shifting Crust: A Key to Some Basic Problems of Earth Science*. New York: Pantheon Books, 1958.

Harrington, John W., *Dance of the Continents: Adventures with Rocks and Time*. Los Angeles: J. P. Tarcher, Inc., 1983.

Harrison, Edward, *Darkness at Night: A Riddle of the Universe*. Cambridge, Mass.: Harvard University Press, 1987.

Hartmann, William K., *The History of Earth: An Illustrated Chronicle of an Evolving Planet*. London: Workman Publishing, 1991.

Hawking, Stephen, *A Brief History of Time: From the Big Bang to Black Holes*. London: Bantam Books, 1988.

——*The Universe in a Nutshell*. London: Bantam Press, 2001.

Hazen, Rombert M., and James Tredl, *Science Matters: Achieving Scientific Literacy*. New York: Doubleday, 1991.

Heiserman, David L., *Exploring Chemical Elements and their Compounds*. Blue Ridge Summit, Pa.: TAB Books/McCraw Hill, 1992.

Hitchcock, A. S., *Manual of the Grasses of the United States*, 2nd edn. London: Peter Smith, 1971.

Holmes, Hannah, *The Secret Life of Dust*. London: John Wiley & Sons, 2001. Holmyard, E. J., Makers of Chemistry. Oxford: Clarendon Press, 1931.

Horwitz, Tony, *Blue Latitudes: Boldly Going Where Captain Cook Has Gone Before*. London: Bloomsbury, 2002.

Hough, Richard, *Captain James Cook*. London: Coronet, 1995.

Jardine, Lisa, *Ingenious Pursuits: Building the Scientific Revolution*. London: Little, Brown, 1999.

Johanson, Donald, and Blake Edgar, *From Lucy to Language*. London: Weidenfeld & Nicolson, 2001.

Jolly, Alison, *Lucy's Legacy: Sex and Intelligence in Human Evolution*. Cambridge, Mass.: Harvard University Press, 1999.

Jones, Steve, *Almost Like a Whale: The Origin of Species Updated*. London: Doubleday, 1999.

Judson, Horace Freeland, *The Eighth Day of Creation: Makers of the Revolution in Biology*. London: Penguin, 1995.

Junger, Sebastian, *The Perfect Storm: A True Story of Men Against the Sea*. London: Fourth Dimension, 1997.

Jungnickel, Christa, and Russell McCormmach, *Cavendish: The Experimental Life*. Bucknell, Pa: Bucknell Press, 1999.

Kaku, Michio, *Hyperspace: A Scientific Odyssey through Parallel Universes, Time Warps, and the Tenth Dimension*. Oxford: Oxford University Press, 1999.

Kastner, Joseph, *A Species of Eternity*. New York: Knopf, 1977.

Keller, Evelyn Fox, *The Century of the Gene*. Cambridge, Mass.: Harvard University Press, 2000.

Kemp, Peter, *The Oxford Companion to Ships and the Sea*. London: Oxford University Press, 1979.

Kevles, Daniel J., *The Physicists: The History of a Scientific Community in Modern America*. London: Random House, 1978.

Kitcher, Philip, *Abusing Science: The Case against Creationism*. Cambridge, Mass.: MIT Press, 1982.

Kolata, Cina, *Flu: The Story of the Great Influenza Pandemic of 1918 and the Search for the Virus that Caused It*. London: Pan, 2001.

Krebs, Robert E., *The History and Use of Our Earth's Chemical Elements*. Westport, Conn.: Creenwood, 1998.

Kunzig, Robert, *The Restless Sea: Exploring the World Beneath the Waves*. New York: W. W. Norton, 1999.

Kurlansky, Mark, *Cod: A Biography of the Fish That Changed the World*. London: Vintage, 1999.

Lane, Nick, *Power, Sex, Suicide: Mitochondria and the Meaning of Life*. Oxford: Oxford

University Press, 2005.

——*Life Ascending: The Ten Great Inventions of Evolution*. London: Prodle Books, 2009.

——*The Vital Question: Why Is Life the Way It Is?*. London: Prodle Books, 2016.

Leakey, Richard, *The Origin of Humankind*. London: Phoenix, 1995.

——and Roger Lewin, *Origins*. New York: E. P. Dutton, 1977.

——*The Sixth Extinction: Biodiversity and its Survival*. London: Weidenfeld & Nicolson, 1996.

Leicester, Henry M., *The Historical Background of Chemistry*. New York: Dover, 1971.

Lemmon, Kenneth, *The Golden Age of Plant Hunters*. London: Phoenix House, 1968.

Lewin, Roger, *Bones of Contention: Controversies in the Search for Human Origins*, 2nd edn. Chicago: University of Chicago Press, 1997.

Lewis, Cherry, *The Dating Game: One Man's Search for the Age of the Earth*. Cambridge: Cambridge University Press, 2000.

Lewis, John S., *Rain of Iron and Ice: The Very Real Threat of Comet and Asteroid Bombardment*. Reading, Mass.: Addison-Wesley, 1996.

Lewontin, Richard, *It Ain't Necessarily So: The Dream of the Human Genome and Other Illusions*. London: Cranta, 2001.

Little, Charles E., *The Dying of the Trees: The Pandemic in America's Forests*. New York: Viking, 1995.

Lynch, John, *The Weather*. Toronto: Firefly Books, 2002.

McChee, Jr, George R., *The Late Devonian Mass Extinction: The Frasnian/Famennian Crisis*. New York: Columbia University Press, 1996.

McCrayne, Sharon Bertsch, *Prometheans in the Lab: Chemistry and the Making of the Modern World*. London: McCraw-Hill, 2002.

McCuire, Bill, *A Guide to the End of the World: Everything You Never Wanted to Know*. Oxford: Oxford University Press, 2002.

McKibben, Bill, *The End of Nature*. London: Viking, 1990.

McPhee, John, *Basin and Range*. New York: Farrar, Straus & Ciroux, 1980.

——*In Suspect Terrain*. New York: Noonday Press/Farrar, Straus & Ciroux, 1983.

——*Rising from the Plains*. London: Farrar, Straus & Ciroux, 1987.

——*Assembling California*. New York: Farrar, Straus & Ciroux, 1993. McSween, Harry Y., Jr, *Stardust to Planets: A Geological Tour of the Solar System*. New York: St Martin's

Press, 1993.

Maddox, Brenda, *Rosalind Franklin: The Dark Lady of DNA*. London: HarperCollins, 2002.

Margulis, Lynn, and Dorion Sagan, *Microcosmos: Four Billion Years of Evolution from Our Microbial Ancestors*. London: HarperCollins, 2002.

Marshall, Nina L., *Mosses and Lichens*. New York: Doubleday, Page & Co., 1908.

Matthiessen, Peter, *Wildlife in America*. London: Penguin Books, 1995.

Moore, Patrick, *Fireside Astronomy: An Anecdotal Tour through the History and Lore of Astronomy*. Chichester: John Wiley & Sons, 1992.

Moorehead, Alan, *Darwin and the Beagle*. London: Hamish Hamilton, 1969.

Morowitz, Harold J., *The Thermodynamics of Pizza*. New Brunswick, NJ: Rutgers University Press, 1991.

Musgrave, Toby, Chris Cardner and Will Musgrave, *The Plant Hunters: Two Hundred Years of Adventure and Discovery around the World*. London: Ward Lock, 1999.

Norton, Trevor, *Stars Beneath the Sea: The Extraordinary Lives of the Pioneers of Diving*. London: Arrow Books, 2000.

Novacek, Michael, *Time Traveler: In Search of Dinosaurs and Other Fossils from Montana to Mongolia*. New York: Farrar, Straus & Ciroux, 2001.

Nuland, Sherwin B., *How We Live: The Wisdom of the Body*. London: Vintage, 1998.

Nurse, Paul, *What Is Life?*. London: David Fickling, 2020.

Officer, Charles, and Jake Page, *Tales of the Earth: Paroxysms and Perturbations of the Blue Planet*. New York: Oxford University Press, 1993.

Oldroyd, David R., *Thinking about the Earth: A History of Ideas in Geology*. London: Athlone, 1996.

Oldstone, Michael B. A., *Viruses, Plagues and History*. New York: Oxford University Press, 1998.

Overbye, Dennis, *Lonely Hearts of the Cosmos: The Scientific Quest for the Secret of the Universe*. London: Macmillan, 1991.

Ozima, Minoru, *The Earth: Its Birth and Growth*. Cambridge: Cambridge University Press, 1981.

Pääbo, Svante, *Neanderthal Man: In Search of Lost Genomes*. New York: Basic Books, 2014.

Parker, Ronald B., *Inscrutable Earth: Explorations in the Science of Earth*. New York:

Charles Scribner's Sons, 1984.

Pearson, John, *Serpents and Stags: The Story of the House of Cavendish and the Dukes of Devonshire*. London: Macmillan, 1983.

Peebles, Curtis, *Asteroids: A History*. Washington: Smithsonian Institution Press, 2000.

Plummer, Charles C., and David McCeary, *Physical Geology*. London: McCraw-Hill Education, 1997.

Pollack, Robert, *Signs of Life: The Language and Meanings of DNA*. London: Viking, 1995.

Powell, James Lawrence, *Night Comes to the Cretaceous: Dinosaur Extinction and the Transformation of Modern Geology*. New York: W. H. Freeman, 1998.

——*Mysteries of Terra Firma: The Age and Evolution of the Earth*. New York: Free Press/ Simon & Schuster, 2001.

Psihoyos, Louie, with John Knoebber, *Hunting Dinosaurs*. London: Cassell Illustrated, 1995.

Putnam, William Lowell, *The Worst Weather on Earth*. London: Mountaineers Books, 1991.

Quammen, David, *The Song of the Dodo*. London: Hutchinson, 1996.

——*The Boilerplate Rhino: Nature in the Eye of the Beholder*. London: Touchstone, 2001.

——*Monster of God*. New York: W. W. Norton, 2003.

Rees, Martin, *Just Six Numbers: The Deep Forces that Shape the Universe*. London: Phoenix/Orion, 2000.

——*On the Future: Prospects for Humanity*. Princeton, NJ: Princeton University Press, 2018.

Ridley, Matt, *The Red Queen: Sex and the Evolution of Human Nature*. London: Penguin, 1994.

——*Genome: The Autobiography of a Species*. London: Fourth Estate, 1999.

Ritchie, David, *Superquake! Why Earthquakes Occur and When the Big One Will Hit Southern California*. London: Random House, 1989.

Roberts, Callum, *Ocean of Life: How Our Seas Are Changing*. London: Allen Lane, 2012.

Rose, Steven, *Lifelines: Biology, Freedom, Determinism*. London: Penguin, 1997.

Rudwick, Martin J. S., *The Great Devonian Controversy: The Shaping of Scientific Knowledge among Gentlemanly Specialists*. Chicago: University of Chicago Press, 1985.

Rutherford, Adam, *Creation: The Origin of Life*. London: Viking, 2013.

——*A Brief History of Everyone Who Ever Lived: The Stories in Our Genes*. London:

Weidenfeld & Nicolson, 2016.

Sacks, Oliver, *An Anthropologist on Mars: Seven Paradoxical Tales*. London: Picador, 1996.

——*Oaxaca Journal*. London: National Geographic, 2002.

Sagan, Carl, *Cosmos*. London: Random House, 1980.

——and Ann Druyan, *Comet*. London: Random House, 1985.

Sagan, Dorion, and Lynn Margulis, *Garden of Microbial Delights: A Practical Guide to the Subvisible World*. Boston: J. Harcourt Brace Jovanovich, 1988.

Sayre, Anne, *Rosalind Franklin and DNA*. London: W. W. Norton, 2002.

Schneer, Cecil J. (ed.), *Toward a History of Geology*. London: MIT Press, 1970.

Schopf, J. William, *Cradle of Life: The Discovery of Earth's Earliest Fossils*. Princeton, NJ: Princeton University Press, 1999.

Schultz, Cwen, *Ice Age Lost*. Carden City, NY: Anchor Press/Doubleday, 1974.

Schwartz, Jeffrey H., *Sudden Origins: Fossils, Genes and the Emergence of Species*. New York: John Wiley & Sons, 1999.

Semonin, Paul, *American Monster: How the Nation's First Prehistoric Creature Became a Symbol of National Identity*. New York: New York University Press, 2000.

Shore, William H. (ed.), *Mysteries of Life and the Universe*. San Diego: Harvest/Harcourt Brace & Co., 1992.

Silver, Brian, *The Ascent of Science*. New York: Solomon/Oxford University Press, 1998.

Simpson, George Gaylord, *Fossils and the History of Life*. New York: *Scientific American*, 1983.

Slimak, Ludovic, *The Naked Neanderthal*. London: Penguin Books, 2024.

Smith, Anthony, *The Weather: The Truth about the Health of our Planet*. London: Hutchinson, 2000.

Smith, Robert B., and Lee J. Siegel, *Windows into the Earth: The Geologic Story of Yellowstone and Grand Teton National Parks*. Oxford: Oxford University Press, 2002.

Snow, C. P., *Variety of Men*. London: Macmillan, 1967.

——*The Physicists*. London: House of Stratus, 1979.

Snyder, Carl H., *The Extraordinary Chemistry of Ordinary Things*. London: John Wiley & Sons, 1995.

Stalcup, Brenda (ed.), *Endangered Species: Opposing Viewpoints*. San Diego: Creenhaven, 1996.

Stanley, Steven M., *Extinction*. New York: *Scientific American*, 1987.

Stark, Peter, *Last Breath: Cautionary Tales from the Limits of Human Endurance*. New York: Ballantine Books, 2001.

Stephen, Sir Leslie, and Sir Sidney Lee (eds), *Dictionary of National Biography*. Oxford: Oxford University Press, 1973.

Stevens, William K., *The Change in the Weather: People, Weather, and the Science of Climate*. New York: Delacorte, 1999.

Stewart, Ian, *Nature's Numbers: Discovering Order and Pattern in the Universe*. London: Phoenix, 1995.

Strathern, Paul, *Mendeleyev's Dream: The Quest for the Elements*. London: Penguin Books, 2001.

Sullivan, Walter, *Landprints*. New York: Times Books, 1984.

Sulston, John, and Georgina Ferry, *The Common Thread: A Story of Science, Politics, Ethics and the Human Genome*. London: Bantam Press, 2002.

Swisher III, Carl C., Carniss H. Curtis and Roger Lewin, *Java Man: How Two Geologists' Dramatic Discoveries Changed our Understanding of the Evolutionary Path to Modern Humans*. London: Little, Brown, 2001.

Sykes, Bryan, *The Seven Daughters of Eve*. London: Bantam Press, 2001.

Tattersall, Ian, *The Human Odyssey: Four Million Years of Human Evolution*. New York: Prentice-Hall, 1993.

——*The Monkey in the Mirror: Essays on the Science of What Makes Us Human*. Oxford: Oxford University Press, 2002.

——*The Strange Case of the Rickety Cossack*. London: Palgrave/Macmillan, 2015.

——and Jeffrey Schwartz, *Extinct Humans*. Boulder, Colo.: Westview/ Perseus, 2001.

Thackray, John, and Bob Press, *The Natural History Museum: Nature's Treasurehouse*. London: Natural History Museum, 2001.

Thomas, Cordon, and Max Morgan Witts, *The San Francisco Earthquake*. London: Souvenir, 1971.

Thomas, Keith, *Man and the Natural World: Changing Attitudes in England, 1500–1800*. London: Penguin Books, 1984.

Thompson, Dick, *Volcano Cowboys: The Rocky Evolution of a Dangerous Science*. New York: St Martin's Press, 2000.

Thorne, Kip S., *Black Holes and Time Warps: Einstein's Outrageous Legacy*. London: Picador, 1994.

Tortora, Gerard J., and Sandra Reynolds Crabowski, *Principles of Anatomy and Physiology*. London: John Wiley & Sons, 1999.

Trefil, James, *The Unexpected Vista: A Physicist's View of Nature*. New York: Charles Scribner's Sons, 1983.

——*Meditations at Sunset: A Scientist Looks at the Sky*. New York: Charles Scribner's Sons, 1987.

——*Meditations at 10,000 Feet: A Scientist in the Mountains*. New York: Charles Scribner's Sons, 1987.

——*101 Things You Don't Know About Science and No One Else Does Either*. London: Cassell Illustrated, 1997.

Trinkaus, Erik, and Pat Shipman, *The Neandertals: Changing the Image of Mankind*. London: Pimlico, 1994.

Tudge, Colin, *The Time before History: Five Million Years of Human Impact*. New York: Touchstone/Simon & Schuster, 1996.

——*The Variety of Life: A Survey and a Celebration of All the Creatures that Have Ever Lived*. Oxford: Oxford University Press, 2002.

Vernon, Ron, *Beneath our Feet: The Rocks of Planet Earth*. Cambridge: Cambridge University Press, 2000.

Vince, Caia, *Adventures in the Anthropocene: A Journey to the Heart of the Planet We Made*. London: Chatto and Windus, 2014.

Vogel, Shawna, *Naked Earth: The New Geophysics*. New York: Dutton, 1995.

Walker, Alan, and Pat Shipman, *The Wisdom of the Bones: In Search of Human Origins*. London: Weidenfeld & Nicolson, 1996.

Wallace, Robert A., Jack L. King and Gerald P. Sanders, *Biology: The Science of Life*, 2nd edn. Clenview, Ill.: Scott, Foresman & Co., 1986.

Ward, Peter D., and Donald Brownlee, *Rare Earth: Why Complex Life is Uncommon in the Universe*. New York: Copernicus, 1999.

Watson, James D., *The Double Helix: A Personal Account of the Discovery of the Structure of DNA*. London: Penguin Books, 1999.

Weinberg, Samantha, *A Fish Caught in Time: The Search for the Coelacanth*. London:

Fourth Estate, 1999.

Weinberg, Steven, *The Discovery of Subatomic Particles*. London: W. H. Freeman, 1990.

——*Dreams of a Final Theory*. London: Vintage, 1993.

Whitaker, Richard (ed.), *Weather*. London: Warner Books, 1996.

White, Michael, *Isaac Newton: The Last Sorcerer*. London: Fourth Dimension, 1997.

——*Rivals: Conflict as the Fuel of Science*. London: Vintage, 2001.

Wilford, John Noble, *The Mapmakers*. London: Random House, 1981.

——*The Riddle of the Dinosaur*. London: Faber, 1986.

Williams, E. T., and C. S. Nicholls (eds), *Dictionary of National Biography*, 1961–1970. Oxford: Oxford University Press, 1981.

Williams, Stanley, and Fen Montaigne, *Surviving Galeras*. Boston: Houghton Mifflin, 2001.

Wilson, David, *Rutherford: Simple Genius*. London: Hodder, 1984.

Wilson, Edward O., *The Diversity of Life*. London: Allen Lane/Penguin Press, 1993.

Winchester, Simon, *The Map That Changed the World: The Tale of William Smith and the Birth of a Science*. London: Viking, 2001.

Woolfson, Adrian, *Life without Genes: The History and Future of Genomes*. London: Flamingo, 2000.

주

제1부 우주에서 잊혀진 것
제1장 우주의 출발

21 양성자는 알파벳 i의 점에 : 어쩔 수 없이 거친 근사라는 사실을 강조하면서도 계산을 해 준 임페리얼 칼리지 런던의 다니엘 데이비스, 리처드 크래스터, 캐시 호스티에게 감사한다. 비록 핵심을 약간 벗어난 것으로 보일 수도 있지만, 양성자들이 매우 높은 밀도로 밀집되어 중성자로 변환되면 계산에 사용하는 수학이 완전히 달라져야 하기 때문에 그런 계산은 절대 가능하지 않다고 주장하는 임페리얼의 다른 과학자가 있었다는 사실을 밝혀둔다.

21 이제 그렇게 작고 작은 : Guth, *The Inflationary Universe*, p. 254.

23 NASA 우주선으로부터 얻은 자료를 : *New York Times*, 'Cosmos Sits for Early Portrait, Gives up Secrets', 12 Feb. 2003, p. 1.

23 "흰색의 유전(誘電)물질"이라고 : Lawrence M. Krauss, 'Rediscovering Creation,' in Shore, *Mysteries of Life and the Universe*, p. 50.

24 홈델에 있던 벨 안테나가 : Overbye, *Lonely Hearts of the Cosmos*, p. 153, and *New York Times*, 'Where the Universe Began,' September 5, 2023.

24 실제로 두 사람은 대략 : *Scientific American*, 'Echoes from the Big Bang,' January 2001, pp. 38−43.

25 길바닥에서 1센티미터 정도까지 : Guth, *The Inflationary Universe*, p. 101.

25 방송이 없는 채널에서 보이는 : Gribbin, *In the Beginning*, p. 18.

26 "이런 의문은 종교적인" : *New York Times*, 'Before the Bing Bang, There Was……What?' May 22, 2001, p. F1.

26 즉 1초의 1조의 1조의 : Alan Lightman, 'First Birth,' in Shore, *Mysteries of Life and the Universe*, p. 13.

27 당시 서른두 살이던 그는 : Overbye, *Lonely Hearts of the Cosmos*, p. 216.

27 디키의 강연에 감명을 받은 : Guth, *The Inflationary Universe*, p. 89.

27 우주는 탄생 직후 10^{-34}초마다 : Overbye, *Lonely Hearts of the Cosmos*, p. 242.

27 손바닥에 들어갈 정도의 : *New Scientist*, 'The Fist Split Second,' March 31, 2001, pp. 27-30.

28 별과 은하와 다른 복잡한 : *Scientific American*, 'The First Stars in the Universe,' December 2001, pp. 64-71: and *New York Times*, 'Listen Closely : From Tiny Hum Came Big Bang,' April 30, 2001, p. 1.

28 우주가 어떻게 빛의 속도보다 : *BBC Sky at Night Magazine*, 'Does the Universe expand faster than light?', 26 January 2024.

29 "얼마나 많은 우주가 실패했는지는" : Quoted by Guth, *The Inflationary Universe*, p. 14.

29 "다양한 종류의 옷이" : *Discover*, 'Why Is There Life?', Nov. 2000, p.66.

29 숫자가 조금만 바뀌어도 : Rees, *Just Six Numbers*, p. 147.

30 다시 모든 과정이 반복될 : *Financial Times*, 'Riddle of the Flat Universe,' July 1-2, 2000; and *Economist*, 'The World Is Flat After All,' May 20, 2000, p. 97.

30 "태양계와 은하가 팽창하는" : Weinberg, *Dreams of a Final Theory*, p. 26.

31 언제나 똑같아야 한다고 : Hawking, *A Brief History of Time*, p. 47.

31 가시적 우주는 그 지름이 : Hawking, *A Brief History of Time*, p. 13.

31 대략 940억 광년(光年)이다 : NASA website, 'Age and Size of the Universe,' undated.

31 "0을 10개나 100개가 아니라" : Rees, *Just Six Numbers*, p. 147, 그리고 2024년 8월 6일 케임브리지에서 마틴 리스와의 인터뷰.

제2장 태양계에 온 것을 환영한다

33 작은 진동과 흔들림으로부터 : *New Yorker*, 'Among Planets,' December 9, 1996, p. 84.

33 "눈송이 하나가 땅에" : Sagan, *Cosmos*, p. 261.

34 흐릿하고 불확실한 무엇인가가 : U.S. Naval Observatory press release, '20th Anniversary of the Discovery of Pluto's Moon Charon,' June 22, 1998.

34 가장 작은 행성인 수성보다도 : *Atlantic Monthly*, 'When Is a Planet Not a Planet?' February 1998, pp. 22-34.

34 2023년에만 하더라도 : *New York Times*, 12 May 2023.

34 토성의 위성이 놀랍게도 : *Nature*, 'Saturn has a whopping 274 moons and scientists want to know why,' 13 March 2025.

35 모두 5개의 위성이 : *Scientific American*, 'Pluto's Secrets Revealed,' 1 December 2017.

35 1년 동안 끈질긴 노력 끝에 : Tombaugh paper, 'The Struggles to Find the Ninth Planet,' from NASA website.

36 카이퍼 벨트라고 부르게 : *Nature*, 'Amost Planet X,' May 24, 2001, p. 423.

36 명왕성이 다른 행성처럼 : *Scientific American*, 'Pluto's Secrets Revealed,' 1 December 2017.

36 명왕성은 1999년 2월 11일에 : *Economist*, 'Pluto Out in the Cold,' February 6, 1999, p. 85.

37 유별난 궤도를 가진 천체를 : *London Review of Books*, 'When is a planet not a planet?', 18 August 2005; *Nature*, 'The planet that never was,' 3 February 2011; *New York Review of Books*, 'In Search of Planet X,' 24 October 2019; *New York Times*, 'Do You Think Pluto Should Be a Planet?', 27 October 2023.

38 그러나 그 안에 있는 : *Natural History*, 'Between the Planets,' October 2001. p. 20.

38 "자동차 문을 여는" : quoted in *Scientific American*, 21, July 2022.

40 오르트 구름이 어디에서 : NASA website, 'Oort Cloud: Facts,' undated.

40 혜성들은 대략 시속 : Sagan and Druyan, *Comet*, p. 195.

41 가장 완벽한 진공도 : Ball, H_2O, p. 15.

41 우주에서 우리와 가장 : Guth, p. 1; and Hawking, *A Brief History of Time*, p. 39.

41 별 사이의 평균 거리는 : Dyson, *Disturbing the Universe*, p. 251.

42 고등 문명의 수는 : *New Yorker*, 25 January 2021, and *New York Times*, 5 September 2022.

43 K2-18b라는 행성이 : *New York Times*, 'Astronomers Detect a Possible Signature of Life on a Distant Planet', 16 April and *Nature*, 'Signs of life on a distant planet? Not so fast, say these astronomers', 17 April 2025.

43 "만약 우주 공간에" : Sagan, *Cosmos*, p. 52.

제3장 에번스 목사의 우주

45 초신성은 우리 태양보다 : Ferris, *The Whole Shebang*, p. 37.

45 "초신성은 1조 개의" : 로버트 에번스, 오스트레일리아 헤이즐브룩에서의 인터뷰, 2001년 9월 2일.

45 "그가 자폐증에 걸렸다는" : Sacks, *An Anthropologist on Mars*, p. 198.

46 "신경이 쓰이는 익살꾼" : Thorne, *Black Holes and Time Warps*, p. 164.

47 동료였던 월터 바데조차도 : Ferris, *The Whole Shebang*, p. 125.

47 죽여버리겠다고 협박한 적도 : Overbye, *Lonely Hearts of the Cosmos*, p. 18, and *New York Review of Books*, 'The Power of Morphological Thinking,' 16 January 2020, and 'All Things Great and Small,' 1 July 2021.

47 원자들이 문자 그대로 : *Nature*, 'Twinkle, Twinkle, Neutron Star,' November 7, 2002, p. 31.

47 츠비키는 별이 그렇게 : Thorne, *Black Holes and Time Warps*, p. 171.

48 중성자별이 실제로 확인된 : *University of Chicago News*, 'Cosmic rays, explained,' 5 December 2023.

48 "물리학과 천문학의 역사에서" : Thorne, *Black Holes and Time Warps*, p. 174.

48 "그는 물리학 법칙을" : Thorne, *Black Holes and Time Warps*, p. 175.

48 츠비키의 주장에는 거의 : Overbye, *Lonely Hearts of the Cosmos*, p. 18.

49 지구에서 맨눈으로 볼 : Harrison, *Darkness at Night*, p. 3.

51 로런스 버클리 연구소의 : BBC *Horizon* documentary, 'From Here to Infinity,' transcript of program first broadcast February 28, 1999.

52 그가 47개의 초신성을 : *Australian Sky and Telescope*, Robert Evans obituary, 10 November 2022.

52 "아닙니다. 그런 소식이" : 2001년 12월 5일 뉴햄프셔 주 하노버에서 존 소스텐슨과의 인터뷰.

53 맨눈으로 볼 수 있을 : Note from Evans, December 3, 2002.

54 "우주론 학자였으며 논쟁가" : *Nature*, 'Fred Hoyle(1915−2001),' September 17, 2001, p. 270.

54 우주에서 떨어지는 병원균을 : Gribbin and Cherfas, *The First Chimpanzee*, p. 190.

54 호일은 우주가 끊임없이 : Rees, *Just Six Numbers*, p. 75.

54 호일은 만약 별이 : Bodanis, $E = mc^2$, p. 187.

55 태양계에 존재하는 질량의 : Asimov, *Atom*, p. 294.

55 여전히 녹은 상태였던 : Stevens, *The Change in the Weather*, p. 6.

55 달의 물질 대부분은 : *New Scientist* supplement, 'Firebirth', 7 Aug. 1999, n. p.

55 사실은 1940년대에 하버드 대학교의 : Powell, *Night Comes to the Cretaceous*, p. 38.

56 그런 온실 효과가 아니었다면 : Drury, *Stepping Stones*, p. 144.

제2부 지구의 크기

제4장 사물의 크기

60 그는 평생 선장 : Sagan, *Comet*, p. 52.

61 "아주 특별하고 정밀한 곡선" : Feynman, *Six Easy Pieces*, p. 90.

61 남의 아이디어를 마치 : Gjertsen, *The Classics of Science*, p. 219.

62 그저 "안구와 뼈 사이에" : Quoted by Ferris in *Coming of Age in the Milky Way*, p. 106.

62 27년 동안 아무에게도 : Durant, *The Age of Louis XIV*, p. 538.

64 미적분학의 정립을 둘러싸고 : Durant, *The Age of Louis XIV*, p. 546.

65 "어느 책보다도 읽기 어려운 책"으로 : Cropper, *The Great Physicists*, p. 31.

65 두 물체가 서로를 : Feynman, *Six Easy Pieces*, p. 69.

66 당시의 관습에 따라 : Calder, *The Comet Is Coming!* p. 39.

66 왕립학회는 연봉 대신 : Jardine, *Ingenious Pursuits*, p. 36.

68 "나무 부스러기 정도"의 : Wilford, *The Mapmakers*, p. 98.

70 지구 적도에서의 둘레가 : Asimov, *Exploring the Earth and the Cosmos*, p. 86.

72 기욤 르 장티는 더욱 : Ferris, *Coming of Age in the Milky Way*, p. 134.

72 높은 파도 때문에 : Jardine, *Ingenious Pursuits*, p. 141.

74 "탄광에서 출생한" 것으로 : *Dictionary of National Biography*, vol. 12, p. 1302.

74 1772년에 매스켈린의 요청으로 : *American Heritage*, 'Mason and Dixon: Their Line and its Legend', Feb. 1964, pp. 23–9.

74 허턴은 산의 밀도가 : Jungnickel and McCormmach, *Cavendish*, p. 449.

75 독일 태생의 음악가 : Calder, *The Comet Is Coming!*, p. 71.

76 "거의 병적일 정도"로 : Jungnickel and McCormmach, *Cavendish*, p. 306.

76 "허공에 이야기하듯이" : Jungnickel and McCormmach, *Cavendish*, p. 305.

78 "조류(潮流)의 마찰에 의한" : Crowther, *Scientists of the Industrial Revolution*, pp. 214–215.

78 기계의 중심에는 : *Dictionary of National Biography*, vol. 3, p. 1261.

79 마침내 계산을 끝낸 : *Economist*, 'G. Whiz,' May 6, 2000, p. 82.

제5장 채석공

81 모든 면에서 예리한 통찰력을 : *Dictionary of National Biography*, vol. 10, pp. 354–356.

81 "수사학적인 표현을 모르는" : Dean, *James Hutton and the History of Geology*, p. 18.

82 그는 오이스터 클럽이라는 : McPhee, *Basin and Range*, p. 99.

84 완성된 내용 중 거의 절반은 : Gould, *Time's Arrow*, p. 66.

84 더 형편이 없었던 : Oldroyd, *Thinking About the Earth*, pp. 96–97.

84 19세기의 가장 위대한 : Schneer (ed.), *Toward a History of Geology*, p. 128.

85 1807년 겨울, 런던에서 : Geological Society papers, *A Brief History of the Geological Society of London*.

85 회원들은 11월에서 6월 : Rudwick, *The Great Devonian Controversy*, p. 25.

85 "문학적 매력은 찾을" : Trinkaus and Shipman, *The Neandertals*, p. 28.

86 그는 1794년에 극장에서 : Cadbury, *Terrible Lizard*, p. 39.

86 "떨리는 마비"라고 : *Dictionary of National Biography*, vol. 15, pp. 314–315.

87 그는 스코틀랜드에서 태어났지만 : Trinkaus and Shipman, *The Neandertals*, p. 26.

88 "여보, 멸종한 파충류" : Annan, *The Dons*, p. 27.

88 이상한 자세를 취하는 : Trinkaus and Shipman, *The Neandertals*, p. 30.

88 아주 깊은 생각에 : Desmond and Moore, *Darwin*, p. 202.

89 라이엘의 책이 더 : Schneer, *Toward a History of Geology*, p. 139.

89 "화가 나서 포커판을" : Clark, *The Huxleys*, p. 48.

89 "그런 주장보다 더" : Quoted in Gould, *Dinosaur in a Haystack*, p. 167.

89 그는 산맥이 어떻게 : Hallam, *Great Geological Controversies*, p. 135.

89 "지구의 냉동" : Gould, *Ever Since Darwin*, p. 151.

89 동물과 식물이 갑작스러운 : Stanley, *Extinction*, p. 5.

90 "『지질학의 원리』의 가장" : quoted in Schneer (ed.), *Toward a History of Geology*, p. 288.

90 "드 라 베슈는 더러운" : Quoted in Rudwick, *The Great Devonian Controversy*, p. 194.

91 J. J. 도말리우스 달로이라는 : McPhee, *In Suspect Terrain*, p. 190.

91 본래 라이엘은 : Gjertsen, *The Classics of Science*, p. 305.

92 모두 합치면 "수백 개"나 : McPhee, *In Suspect Terrain*, p. 50.

93 산업혁명 이후 인간의 활동이 : *Nature*, 'Defining the Anthropocene,' 12 March 2015, and 'The Meaning of the Anthropocene,' 26 August 2024.

93 "생명의 역사에서 은유적으로" : Fortey, *Trilobite!*, p. 238.

93 어룡류(魚龍類)에 속하는 : Cadbury, *Terrible Lizard*, p. 149.

93 성서의 기록을 비롯한 : Gould, *Eight Little Piggies*, p. 185.

94 "라이엘이 책을 내기 전까지" : Gould, *Time's Arrow*, p. 114.

94 "지질학계에서 인정을 받는" : Rudwick, *The Great Devonian Controversy*, p. 42.

94 성서는 하늘과 땅이 : Cadbury, *Terrible Lizard*, p. 192.

95 지구의 나이가 7만5,000년에서 : Hallam, *Great Geological Controversies*, p. 105 and Ferris, *Coming of Age in the Milky Way*, pp. 246-7.

95 1859년에 찰스 다윈이 : Gjertsen, *The Classics of Science*, p. 335.

96 켈빈이 자신이 만나본 : Cropper, *Great Physicists*, p. 78.

96 순수수학과 응용수학 분야의 : Cropper, *Great Physicists*, p. 79.

96 스물두 살에 글래스고 : *Dictionary of National Biography*, supplement 1901-1911, p. 508.

제6장 성난 이빨을 드러낸 과학

98 그 유골은 미국의 : Colbert, *The Great Dinosaur Hunters and their Discoveries*, p. 4.

99 그런 유행은 앞에서 : Kastner, *A Species of Eternity*, p. 123.

99 네덜란드의 코르네일러 : Kastner, *A Species of Eternity*, p. 124.

101 퀴비에는 1796년에 최초의 : Trinkaus and Shipman, *The Neandertals*, p. 15.

101 제퍼슨 역시 모든 : Simpson, *Fossils and the History of Life*, p. 7.

101 1796년 1월 5일 : Harrington, *Dance of the Continents*, p. 175.

102 "나는 지층이 어떻게" : Lewis, *The Dating Game*, pp. 17-18.

102 최근에 있었던 홍수만 : Barber, *The Heyday of Natural History*, p. 217.

103 1806년 루이스와 클라크의 : Colbert, *The Great Dinosaur Hunters and their Discoveries*, p. 5.

103 유명한 우스갯소리가 그녀로부터 : Cadbury, *Terrible Lizard*, p. 3.

104 그녀가 10년에 걸쳐서 : Barber, *The Heyday of Natural History*, p. 127.

105 화석화된 이빨이라는 사실을 : *New Zealand Geographic*, 'Holy Incisors! What a Treasure!', April-June 2000, p. 17.

105 그 이름을 추천해준 : Wilford, *The Riddle of the Dinosaur*, p. 31.

106 결국 그는 빚을 : Wilford, *The Riddle of the Dinosaur*, p. 34.

107 그곳은 세계 최초의 : Fortey, *Life*, p. 214.

107 해부용 시체에서 팔다리와 : Cadbury, *Terrible Lizard*, p. 133.

108 방금 죽은 코뿔소의 : Cadbury, *Terrible Lizard*, p. 200.

108 토끼보다 작고 : Wilford, *The Riddle of the Dinosaur*, p. 5.

108 그러나 더욱 심각한 : Bakker, *The Dinosaur Heresies*, p. 22.

109 그는 공룡에 새의 : Colbert, *The Great Dinosaur Hunters and their Discoveries*, p. 33.

100 다윈이 유일하게 싫어했던 : *Nature*, 'Owen's Parthian shot', 12 July 2001, p. 123.

109 "유감스러울 정도로 가슴이" : Cadbury, *Terrible Lizard*, p. 321.

109 오언이 국립 광산학교의 : Clark, *The Huxleys*, p. 45.

110 그의 휘어진 척추는 : Cadbury, *Terrible Lizard*, p. 291.

111 "그의 논문은 그렇게" : Cadbury, *Terrible Lizard*, pp. 261–2.

111 1856년부터 그는 : Colbert, *The Great Dinosaur Hunters and their Discoveries*, p. 30.

111 지식인이 드나들며 공부하는 : Thackray and Press, *The Natural History Museum*, p. 24.

112 전시품에 자세한 설명을 : Thackray and Press, *The Natural History Museum*, p. 98.

113 "공룡 화석이 나무토막처럼" : Wilford, *The Riddle of the Dinosaur*, p. 97.

113 자신의 틀니를 빼서 : Wilford, *The Riddle of the Dinosaur*, p. 100.

113 마시는 레이크스의 요청을마시는 레이크스의 요청을 : Colbert, *The Great Dinosaur Hunters and their Discoveries*, p. 73.

114 9개에서 거의 150개까지 : Colbert, *The Great Dinosaur Hunters and their Discoveries*, p. 93.

114 대부분 이 두 사람이 : Wilford, *The Riddle of the Dinosaur*, p. 90.

114 22차례나 "발견하기도" 했다 : Psihoyos and Knoebber, *Hunting Dinosaurs*, p. 16.

115 다행스럽게도 독일군의 : Cadbury, *Terrible Lizard*, p. 325.

115 1840년에 뉴질랜드로 이민을 : Newsletter of the Geological Society of New Zealand, 'Cideon Mantell–The New Zealand Connection', April 1992; *New Zealand Geographic*, 'Holy Incisors! What a Treasure!' April–June 2000, p. 17.

116 그것으로 오두막을 짓기도 : Colbert, *The Great Dinosaur Hunters and their Discoveries*, p. 151.

116 지구의 나이가 : Lewis, *The Dating Game*, p. 37.

116 19세기가 끝날 때까지도 : Hallam, *Great Geological Controversies*, p. 173.

제7장 근원적인 물질

118 자신을 투명인간으로 만들 : Ball, *H_2O*, p. 125.

119 인 30그램의 판매가격은 : Durant, *Age of Louis XIV*, p. 516.

119 1,200파운드 정도에 해당하는 : Bank of England online inflation calculator.

119 8가지 원소를 발견했지만 : Strathern, *Mendeleyev's Dream*, p. 193.

120 두 분야로 갈라지게 : Davies, *The Fifth Miracle*, p. 14.

121 오늘날의 화폐로 거의 : White, *Rivals*, p. 63.

121 상급자의 열네 살 된 딸과 : Brock, *The Norton History of Chemistry*, p. 92.

121 "행복의 날"이라고 부르던 : Gould, *Bully for Brontosaurus*, p. 366.

121 부정적인 의견을 발표했던 : Brock, *The Norton History of Chemistry*, pp. 95–6.

122 단 하나의 원소도 : Strathern, *Mendeleyev's Dream*, p. 239.

123 제2차 세계대전 중의 : Brock, *The Norton History of Chemistry*, p. 124.

123 "아주 즐거운 느낌" : Cropper, *Great Physicists*, p. 139.

123 "웃음 기체의 저녁" : Hamblyn, *The Invention of Clouds*, p. 76.

124 물에 떠 있는 꽃가루가 : Silver, *The Ascent of Science*, p. 201.

124 "자유에 대한 열의가 없다" : *Dictionary of National Biography*, vol. 19, p. 686.

126 결국 원자의 지름이 : Asimov, *The History of Physics*, p. 501.

127 특별한 이유 없이 : Ball, *H_2O*, p. 139.

128 그의 가족이 항상 : Brock, *The Norton History of Chemistry*, p. 312.

128 능력은 있었지만, 엄청나게 : Brock, *The Norton History of Chemistry*, p. 111.

129 피아노 건반의 옥타브 : Carey (ed.), *The Faber Book of Science*, p. 155.

130 세는 것으로 충분하다 : Ball, *H_2O*, p. 139.

130 "화학 원소의 주기율표는" : Krebs, *The History and Use of our Earth's Chemical Elements*, p. 23.

130 오늘날에는 118종의 원소가 : *Nature*, 'Extreme chemistry: experiments at the edge of the periodic table', 30 Jan. 2019.

132 어디까지 커질 수 있는지는 : *Chemistry World*, 'Moving beyond element 118', March 2016; *Nature*, 31 Jan. 2019; *Scientific American*, 'The Quest for Superheavy Elements and the Island of Stability', 1 March 2018.

132 2016년에 IUPAC와 IUPAP가 : *Chemistry World*, 'The periodic table name game', 5 Jan. 2016, and *Chemistry World*, 'Iupac announces new element names', July 2016.

133 마리 퀴리는 그런 현상을 : Bodanis, *$E = mc^2$*, p. 75.

135 숫자를 인정하지 않았고 : Lewis, *The Dating Game*, p. 55.

135 "불안정한 원소에 적당하다" : Strathern, *Mendeleyev's Dream*, p. 294.

136 "방사성 미네랄 온천" : advertisement in *Time magazine*, 3 Jan. 1927, p. 24.

136 방사성 물질의 사용이 : Biddle, *A Field Guide to the Invisible*, p. 133.

136 노트는 납으로 밀폐된 : *Science*, 'We Are Made of Starstuff', 4 May 2001, p. 863.

제3부 새로운 시대의 도래
제8장 아인슈타인의 우주

140 학기마다 한 명 정도에 : Cropper, *Great Physicists*, p. 106.

140 카드 더미를 이용해 : Ebbing, *General Chemistry*, p. 755.

141 거의 모든 열역학 법칙을 : Cropper, *Great Physicists*, p. 109.

141 기브스의 연구 덕분에 : Snow, *The Physicists*, p. 7.

141 "열역학 분야의『프린키피아』" : Kevles, *The Physicists*, p. 33.

142 가난한 유대 상인의 아들로 : Kevles, *The Physicists*, pp. 27-8.

143 "빛의 속도는 방향과" : Thorne, *Black Holes and Time Warps*, p. 64.

143 "가장 유명한 부정적 결과였다" : Cropper, *Great Physicists*, p. 208.

144 20세기에 과학 연구가 : *Nature*, 'Physics from the Inside', 12 July 2001, p. 121.

145 "물리학 역사상 가장 훌륭한" : Snow, *The Physicists*, p. 101.

145 빨대에 들어 있는 : Bodanis, $E = mc^2$, p. 6.

145 기브스가 이미 1901년에 : Boorse et al., *The Atomic Scientists*, p. 142.

146 「움직이는 물체의 전기동력학에 대하여」 : Ferris, *Coming of Age in the Milky Way*, p. 193.

146 "누구의 도움을 받지두 않고" : Snow, *The Physicists*, p. 101.

147 특별히 건장하지 않더라도 : Thorne, *Black Holes and Time Warps*, p. 172.

147 우라늄 폭탄도 : Bodanis, $E = mc^2$, p. 77.

148 "아니요. 전혀 그럴 필요가" : *Nature*, 'In the Eye of the Beholder', 21 March 2002, p. 264.

148 "한 사람에 의해서" : Boorse et al., *The Atomic Scientists*, p. 53.

148 우연히 중력 문제를 : Bodanis, $E = mc^2$, p. 204.

148 마침내 1917년 초에 : Guth, *The Inflationary Universe*, p. 36.

149 "그의 이론이 없었더라면" : Snow, *The Physicists*, p. 21.

149 거의 모든 것을 엉터리로 : Bodanis, $E = mc^2$, p. 215.

149 "누가 세 번째 사람인지를" : quoted in Hawking, *A Brief History of Time*, p. 91; Aczel, *God's Equation*, p. 146.

150 공간과 시간이 절대적이지 않고 : Guth, *The Inflationary Universe*, p. 37.

150 시속 160킬로미터로 던진 : Brockman and Matson, *How Things Are*, p. 263.

151 우리가 일상적으로 경험하는 : Bodanis, $E = mc^2$, p. 83.

152 "축 늘어진 매트리스와" : Overbye, *Lonely Hearts of the Cosmos*, p. 55.

152 "휘어진 시공간의 부산물" : Kaku, 'The Theory of the Universe?' in Shore (ed.),

Mysteries of Life and the Universe, p. 161.

154 부모로부터 건강한 육체를 : Cropper, *Great Physicists*, p. 423.

154 1906년 고등학교 육상경기 : Christianson, *Edwin Hubble*, p. 33.

156 애니 점프 캐넌이 고안한 : Ferris, *Coming of Age in the Milky Way*, p. 258.

156 오늘날에는 세페이드 변광성이 : Ferguson, *Measuring the Universe*, pp. 166-7.

157 "표준 촛불"로 사용할 : Ferguson, *Measuring the Universe*, p. 166.

157 달에 나타나는 검은 지역이 : Moore, *Fireside Astronomy*, p. 63.

157 그는 M31이라고 알려진 : Overbye, *Lonely Hearts of the Cosmos*, p. 45; *Natural History*, 'Delusions of Centrality', Dec. 2002-Jan. 2003, pp. 28-32; *Scientific American*, 'How Astronomers Revolutionized Our View of the Cosmos', 1 Sept. 2020; *Nature*, 'The expanding universe-do ongoing tensions leave room for new physics?', 24 March 2025.

158 누구도 팽창하는 우주를 : Hawking, *The Universe in a Nutshell*, pp. 71-2.

159 1936년에 허블은 특유의 : Overbye, *Lonely Hearts of the Cosmos*, p. 13.

159 위대한 천문학자의 행방은 : Overbye, *Lonely Hearts of the Cosmos*, p. 28.

제9장 위대한 원자

160 "모든 것이 원자로 되어 있다" : Feynman, *Six Easy Pieces*, p. 4.

161 450억 개의 10억 배 : Gribbin, *Almost Everyone's Guide to Science*, p. 250.

161 우리 몸속에 있는 원자 : Davies, *The Fifth Miracle*, p. 127.

161 원자는 실질적으로 영원히 : Rees, *Just Six Numbers*, p. 96.

162 짚신벌레를 맨눈으로 보기 : Feynman, *Six Easy Pieces*, pp. 4-5.

163 "수소 원자를 새로" : Boorstin, *The Discoverers*, p. 679.

163 1826년에 프랑스의 화학자 : Gjertsen, *The Classics of Science*, p. 260.

164 위대한 사람을 보고 : Holmyard, *Makers of Chemistry*, p. 222.

164 4만 명의 조문객이 : *Dictionary of National Biography*, vol. 5, p. 433.

164 그러나 돌턴의 주장은 : von Baeyer, *Taming the Atom*, p. 17.

164 1906년에 스스로 생을 : Weinberg, *The Discovery of Subatomic Particles*, p. 3.

165 그의 부모는 약간의 : Weinberg, *The Discovery of Subatomic Particles*, p. 104.

165 "투우사에게 갔다면" : quoted in Cropper, *Great Physicists*, p. 259.

165 "물리학을 제외한" : Cropper, *Great Physicists*, p. 317.

166 "언제나 가능한 한" : Wilson, *Rutherford*, p. 174.

166 "이 세상 전부를" : Wilson, *Rutherford*, p. 208.

166 냉소적으로 물은 적도 : quoted in Cropper, *Great Physicists*, p. 328.

166 '조금씩 치수가 늘어나는군요 : Snow, *Variety of Men*, p. 47.

167 그러나 앞으로 무선 통신이 : Cropper, *Great Physicists*, p. 94.

167 원자가 빈틈없이 잘 : Asimov, *The History of Physics*, p. 551.

168 원자의 화학적 정체는 : Guth, *The Inflationary Universe*, p. 90.

168 중성자를 1~2개 더하면 : Atkins, *The Periodic Kingdom*, p. 106.

169 원자 부피의 수십억 : Gribbin, *Almost Everyone's Guide to Science*, p. 35.

169 그런데 그 파리의 무게가 : Cropper, *Great Physicists*, p. 245.

169 "그런 것이 아니라" : Ferris, *Coming of Age in the Milky Way*, p. 288.

170 "원자의 거동은" : Feynman, *Six Easy Pieces*, p. 117.

172 어쩌면 다행스러운 일이었다 : Boorse et al., *The Atomic Scientists*, p. 338.

172 하이젠베르크 자신을 포함한 : Cropper, *Great Physicists*, p. 269.

173 더 정밀한 측정기구가 : Ferris, *Coming of Age in the Milky Way*, p. 288.

173 전자는 관찰될 때까지는 : David H. Freedman, 'Quantum Liaisons', in Shore (ed.), *Mysteries of Life and the Universe*, p. 137.

174 "생각하려고 애쓰지 말아야" : Overbye, *Lonely Hearts of the Cosmos*, p. 109.

174 전자 구름 자체도 : von Baeyer, *Taming the Atom*, p. 43.

174 "우리의 머리로는 도저히" : Ebbing, *General Chemistry*, p. 295.

174 "크기가 작은 것은" : Tredl, *101 Things You Don't Know About Science and No One Else Does Either*, p. 62.

174 물질이 갑자기 존재하는 : Feynman, *Six Easy Pieces*, p. 33.

175 똑같이 생긴 당구공 : Alan Lightman, 'First Birth', in Shore (ed.), *Mysteries of Life and the Universe*, p. 13.

175 놀랍게도 그런 사실은 : Lawrence Joseph, 'Is Science Common Sense?', in Shore (ed.), *Mysteries of Life and the Universe*, pp. 42-3.

175 제네바 대학교의 물리학자들이 : *Christian Science Monitor*, 'Spooky Action at a Distance', 4 Oct. 2001.

176 "우주의 현재 상태조차도" : Hawking, *A Brief History of Time*, p. 61.

176 "애써 외면하고 있다" : David H. Freedman, 'Quantum Liaisons', in Shore (ed.), *Mysteries of Life and the Universe*, p. 141.

177 약력은 그 이름과는 : Ferris, *The Whole Shebang*, p. 297.

177 강력이 작용하는 범위는 : Asimov, *Atom*, p. 258.

177 그는 남은 평생을 : Snow, *The Physicists*, p. 89.

제10장 납의 탈출

179 납에 과다 노출되면 : McCrayne, *Prometheans in the Lab*, p. 88.

179 미국 식품의약국은 2023년에야 : *New York Times*, 24 Jan. 2023.

180 "너무 열심히 일을" : McCrayne, *Prometheans in the Lab*, p. 92.

180 너무나도 잘 알고 있었다 : McCrayne, *Prometheans in the Lab*, p. 92.

180 냉장고에서 일어난 누출 : McCrayne, *Prometheans in the Lab*, p. 96.

181 1킬로그램의 CFC는 : Biddle, *A Field Guide to the Invisible*, p. 62.

181 CFC는 이산화탄소보다 : *Science*, 'The Ascent of Atmospheric Sciences', 13 Oct. 2000, p. 299.

181 그의 죽음도 기억에 : *Nature*, 27 Sept. 2001, p. 364.

182 신뢰할 수 있는 연대는 : Willard Libby, 'Radiocarbon Dating', from *Nobel Lecture*, 12 Dec. 1960.

182 반감기가 8차례 정도 : Gribbin and Gribbin, *Ice Age*, p. 58.

182 "오늘날 당신이 읽는" : Flannery, *The Eternal Frontier*, p. 174.

182 오래되지 않은 시료의 : Flannery, *The Future Eaters*, p. 151.

183 특히 사람들이 아메리카에 : Flannery, *The Eternal Frontier*, pp. 174−5.

183 매독이 신세계에서 처음 : *Science*, 'Can Cenes Solve the Syphilis Mystery?', 11 May 2001, p. 109.

184 불행하게도 그는 자신의 : Lewis, *The Dating Game*, p. 204.

186 세계 최초의 청정 실험실을 : Powell, *Mysteries of Terra Firma*, p. 58.

186 "50년이 지난 후에도" : McCrayne, *Prometheans in the Lab*, p. 173.

186 화학 독성학에 대한 : McCrayne, *Prometheans in the Lab*, p. 94.

187 또한 대기 중에 떠다니는 : *Nation*, 'The Secret History of Lead', 20 March 2000.

187 빙핵(氷核) 연구의 시작이었다 : Powell, *Mysteries of Terra Firma*, p. 60.

188 "패터슨을 해임하면" : *Nation*, 'The Secret History of Lead', 20 March 2000.

188 그러자 거의 즉시 : McCrayne, *Prometheans in the Lab*, p. 169.

188 영원히 사라지지 않기 : *Nation*, 20 March 2000.

188 "대부분의 유럽 국가보다" : McCrayne, *Prometheans in the Lab*, p. 191.

188 고약한 작은 악마는 : Biddle, *A Field Guide to the Invisible*, pp. 110−11.

188 그러나 불법적인 생산이 : *New Scientist*, 3 April 2023.

189 이름을 잘못 소개하기도 : 『대지의 신비』와 『데이팅 게임』에서 모두 그의 이름을 '클레어'(Claire)로 적었다. (처음 이 사실을 지적한 후, 『데이팅 게임』의 저자인 체리 루이스가 자신의 표기는 패터슨의 미망인과의 서신을 통해 확인한 의도적 표기였다는 강한 반론을 제기했다. 그러나 두 책이 선택한 이름 표기는 다른 자료에서는 사용하지 않는 것이었고, 주요 학술지에 실렸던 패터슨의 부고 기사와도 맞지 않았다. 부고 기사는 그와 그의 이름에 대한 문자 그대로 마지막 기록이었다. 그렇지만 패터슨의 이름을 의도적으로 다르게 표기한 루이스의 선택을 기꺼이 인정하고, 루이스가 저자의 지적으로 불편하게 느낀 사실에 대해 분명하게 사과한다.)

189 놀라운 실수를 저지르기도 : *Nature*, 'The Rocky Road to Dating the Earth', 4 Jan. 2001, p. 20.

제11장 마크 왕의 쿼크

190 구름이 형성되는 과정을 : Cropper, *Great Physicists*, p. 325.

191 "만약 내가 그런 입자의" : quoted in Cropper, *Great Physicists*, p. 403.

191 27킬로미터의 터널을 1초도 : *Scientific American*, 'Large Hadron Collider Seeks New Particles after Major Upgrade', 27 April 2022.

191 아무리 게으른 입자라고 : Guth, *The Inflationary Universe*, p. 121.

192 원자를 쪼개는 일은 : Tredl, *101 Things You Don't Know About Science and No One Else Does Either*, p. 48.

193 1만 명이 넘는 과학자와 : *London Review of Books*, 'At the Science Museum', 6 March 2014; *New York Review of Books*, 'The Crisis of Big Science', 10 May 2012

194 "그 속에는 엄청나게" : Sagan, *Cosmos*, pp. 265-6.

194 "뮤온과 반(反)중성미자" : Weinberg, *The Discovery of Subatomic Particles*, p. 163.

194 "수많은 강입자를 경제적으로" : Weinberg, *The Discovery of Subatomic Particles*, p. 165.

194 가수 돌리 파턴의 : von Baeyer, *Taming the Atom*, p. 17.

195 원자 표준 모형이라는 것이 : Institute of Physics, 'The Standard Model', undated; *London Review of Books*, 'Cremlin Fireworks', June 2009.

195 보손(boson)은 힘을 생성하고 : *Scientific American*, 'Uncovering Supersymmetry', July 2002, p. 74.

196 "너무 복잡하고, 임의적인" : quoted on the PBS video Creation of the Universe, 1985; also quoted, with slightly different numbers, in Ferris, *Coming of Age in the Milky Way*,

pp. 298-9.

196 아원자 입자의 조각 맞추기에서 : *Scientific American*, 'Beautiful Physics: The Search for New Particles at LHCb', 1 Nov. 2017, and *Nature*, 'Beyond the Higgs', 30 Aug. 2012.

196 그중에 에딘버러 대학교의 : *Scientific American*, 'How the Higgs Boson Ruined Peter Higgs's Life', 24 June 2022.

198 점 입자가 아니라 사실은 : *Science News*, 22 Sept. 2001, p. 185; *Scientific American*, 'The Inner Life of Quarks', 21 May 2013.

198 초끈 이론이 5가지나 : *New York Times*, 'A Crisis at the Edge of Physics', 5 June 2015.

198 5가지의 서로 다른 이론이 : *Scientific American*, 'The Universe's Unseen Dimensions', Aug. 2000, pp. 62-9; *Science News*, 'When Branes Collide', 22 Sept. 2001, pp. 184-5; *New York Review of Books*, 'The Universe We Still Don't Know', 10 Feb. 2011; Centre for Theoretical Cosmology, 'Mtheory, the theory formerly known as Strings', undated.

199 에크파이로틱(ekpyrotic, 대충돌 과정)은 : *New York Times*, 'Before the Big Bang, There Was What?', 22 May 2001, p. F1.

199 "비과학자의 입장에서는" : *Nature*, 27 Sept. 2001, p. 354.

199 "현대 과학철학자의 지도자" : Weinberg, *Dreams of a Final Theory*, p. 184.

199 "지금까지는 다행스럽게도" : Weinberg, *Dreams of a Final Theory*, p. 187.

200 허블은 자신의 식을 : *US News and World Report*, 'How Old Is the Universe?', 25 Aug. 1997, p. 34.

200 허블 상수에 대해서 : *Nature*, 'Mystery over Universe's expansion deepens with fresh data', 15 July 2020.

200 다시 계산한 우주의 나이는 : Tredl, *101 Things You Don't Know About Science and No One Else Does Either*, p. 91.

200 그후 윌슨 산 천문대에서 : Overbye, *Lonely Hearts of the Cosmos*, p. 268.

201 2003년 2월에는 NASA와 : *New York Times*, 'Cosmos Sits for Early Portrait, Cives up Secrets', 12 Feb. 2003, p. 1.

202 "두더지가 파놓은 흙더미" : *Economist*, 'Queerer than we can suppose', 5 Jan. 2002, p. 58.

202 "자료가 얼마나 부족한지를" : *National Geographic*, 'Unveiling the Universe', Oct. 1999, p. 25.

202 암흑 물질은 더 이상 : *Nature*, 'Dark matter and dark energy Q&A', 2 April 2009.

202 빛이 암흑 물질을 그냥 : *New York Review of Books*, 'In Defense of "Dark Matter and the

Dinosaurs'", 21 April 2016.

203 "우주는 자신의 신비를" : 2024년 8월 6일과 11월 30일에 카를로스 프렝크와의 인터뷰.

205 세탁용 세제의 이름에서 : Symmetry, 'The other dark matter candidate', 21 Jan. 2010; *Scientific American*, 'Searching for the Dark: The Hunt for Axions', 1 Jan. 2018.

206 우주를 전례 없이 자세하게 : *New York Times*, 'A Tantalizing "Hint" That Astronomers Cot Dark Energy All Wrong', 4 April 2024; *Quanta Magazine*, 'Dark Energy May Be Weakening', 4 April 2024; *New York Times*, '"More Than a Hint" That Dark Energy Isn't What Astronomers Thought', 19 March 2025.

제12장 움직이는 지구

208 "일부 대륙들 간의 모양이" : Hapgood, *Earth's Shifting Crust*, p. 29.

210 필요한 곳에 "육교(陸橋)"가 : Simpson, *Fossils and the History of Life*, p. 98.

211 설명이 불가능한 문제가 : Could, *Ever Since Darwin*, p. 163.

211 "심각한 이론적 문제" : *Encylopaedia Britannica*, vol. 6, p. 418.

212 사실이라고 믿을까 봐 : Lewis, *The Dating Game*, p. 182.

212 참석자의 과반수가 : Hapgood, *Earth's Shifting Crust*, p. 31.

212 "지질학자의 양심으로는" : Powell, *Mysteries of Terra Firma*, p. 147.

213 석유회사 소속 지질학자들은 : McPhee, *Basin and Range*, p. 175.

213 최신형 수심 측정장치가 : McPhee, *Basin and Range*, p. 187.

213 곳곳에 아널드 기요라는 : Harrington, *Dance of the Continents*, p. 208.

216 "게재가 거절된 가장 중요한" : Powell, *Mysteries of Terra Firma*, pp. 131-2.

217 영향력 있는 지질학 교과서 : Powell, *Mysteries of Terra Firma*, p. 141.

217 당시의 미국 지질학자 : McPhee, *Basin and Range*, p. 198.

217 8-12개의 대형 판과 : Simpson, *Fossils and the History of Life*, p. 113, and *Scientific American*, 'Geology's biggest mystery: when did plate tectonics start to reshape Earth?', 14 Aug. 2024.

217 현재의 대륙과 과거의 대륙 : McPhee, *Assembling California*, pp. 202-8.

218 유럽과 북아메리카가 달팽이와 : Vogel, *Naked Earth*, p. 19.

218 지구 역사의 0.1퍼센트에 : Margulis and Sagan, *Microcosmos*, p. 44.

219 비록 이론적인 추정에 : Tredl, *Meditations at 10,000 Feet*, p. 181.

219 암석의 역사와 생명체의 역사 : *Science*, 'Inconstant Ancient Seas and Life's Path', 8 Nov. 2002, p. 1165.

219 "갑자기 지구 전체를" : McPhee, *Rising from the Plains*, p. 158.

220 절대 나타나지 말아야 할 : Simpson, *Fossils and the History of Life*, p. 115.

220 지표면의 구조 중에서 : *Scientific American*, 'Sculpting the Earth from Inside Out', March 2001.

221 알프레트 베게너는 자신의 : Kunzig, *The Restless Sea*, p. 51.

221 전도유망한 월터 앨버레즈라는 : Powell, *Night Comes to the Cretaceous*, p. 7.

제4부 위험한 행성
제13장 충돌!

225 이상하게 변형된 암석이 : Raymond R. Anderson, Geological Society of America CSA Special Paper 302, '*The Manson Impact Structure: A Late Cretaceous Meteor Crater in the Iowa Subsurface*', Spring 1996, 그리고 2024년 9월 아이오와 시티에서 브라이언 위츠크와 레이 앤더슨과의 인터뷰.

226 토네이도가 옆으로 비켜가기를 : *Des Moines Register*, 30 June 1979.

227 "크레이터를 보려면 어디로" : 2001년 6월 18일 아이오와 주 맨슨에서 슈랍콜과의 인터뷰.

227 오트밀에 돌을 던져 : Lewis, *Rain of Iron and Ice*, p. 38.

228 실험실이 아니라 호텔 방에서 : Powell, *Night Comes to the Cretaceous*, p. 37.

228 "모두 합쳐서 10여 개의" : transcript from BBC *Horizon* documentary, 'New Asteroid Danger', p. 4; programme first transmitted 18 March 1999.

229 "별 모양"이라는 뜻의 : *Science News*, 'A Rocky Bicentennial', 28 July 2001, pp. 61-3.

230 89년 동안 행방불명이었다가 : Ferris, *Seeing in the Dark*, p. 150.

230 시속 10만 킬로미터의 속도로 : Ferris, *Seeing in the Dark*, p. 147.

231 모두가 지구와 충돌할 : transcript from BBC *Horizon* documentary 'New Asteroid Danger', p. 5; first transmitted 18 March 1999.

231 국제천문연합의 소행성 센터는 : *Nature Communications*, 1 March 2024; *Scientific American*, 'Are We Doing Enough to Protect Earth from Asteroids?', 1 June 2021.

231 예상하지 못했던 방문객 : *New Yorker*, 25 Jan. 2021, and *Science News*, 27 Feb. 2019.

223 지구에는 대략 3만 톤의 : Vernon, *Beneath our Feet*, p. 191.

234 "글쎄요. 두 사람은" : 2002년 3월 10일 아사로와의 전화 인터뷰.

235 1942년에 노스웨스턴 대학교의 : Powell, *Mysteries of Terra Firma*, p. 184.

235 1956년에 오리건 주립대학교의 : Peebles, *Asteroids: A History*, p. 170.

235 1970년에는 미국 화석학회의 : Lewis, *Rain of Iron and Ice*, p. 107.

236 "우표 수집가에 더 가깝다" : quoted by Officer and Page, *Tales of the Earth*, p. 142.

236 확실한 증거는 없다고 : *Boston Globe*, 'Dinosaur Extinction Theory Backed', 16 Dec. 1985.

236 1988년까지도 미국 화석학자들의 : Peebles, *Asteroids: A History*, p. 175.

237 "동물 사육업자들"이 정기적으로 : Iowa Department of Natural Resources Publication, *Iowa Geology 1999*, Number 24, and *Iowa Capital Dispatch*, 'Report: Iowa produces the most factory farm waste in the country, report shows', 24 Sept. 2024.

238 "갑자기 우리가 중심에" : 2001년 6월 15일 아이오와 시티에서 앤더슨과 위츠크와의 인터뷰.

238 1985년 미국 지질학회 : *Boston Globe*, 'Dinosaur Extinction Theory Backed', 16 Dec. 1985.

240 석유회사 페멕스가 처음 : Peebles, *Asteroids: A History*, pp. 177−8; *Washington Post*, 'Incoming', 19 April 1998.

241 "나는 그런 일의" : Could, *Dinosaur in a Haystack*, p. 162.

241 "목성이 아무 일 없이" : quoted by Peebles, *Asteroids: A History*, p. 196.

241 G핵이라고 알려진 : Peebles, *Asteroids: A History*, p. 202.

242 슈메이커는 현장에서 사망했고 : Peebles, *Asteroids: A History*, p. 204.

244 거의 모든 중서부 지역에 : Anderson, Iowa Department of Natural Resources, *Iowa Geology 1999*, 'Iowa's Manson Impact Structure', and Iowa DNR publication Iowa Outdoors, 'The Day Iowa Instantly Ignited', July/Aug. 2008.

244 "죽음의 순간을 조금" : Lewis, *Rain of Iron and Ice*, p. 209.

244 지구의 기후가 1만 년 : *Arizona Republic*, 'Impact Theory Gains New Supporters', 3 March 2001.

245 우리의 미사일은 우주에서 : Lewis, *Rain of Iron and Ice*, p. 215.

245 2022년에 NASA가 : *Nature Communications*, 'Planetary defense with the Double Asteroid Redirection Test(DART) mission and prospects', 1 March 2023, and *Scientific American*, 'NASA's Asteroid−Bashing DART Mission Was Wildly Successful', 2 March 2023.

245 1년 전의 경고조차도 : *New York Times* magazine, 'The Asteroids Are Coming! The Asteroids Are Coming!', 28 July 1996, pp. 17−19.

245 1929년부터 분명하게 : Ferris, *Seeing in the Dark*, p. 168.

제14장 땅속에서 타오르는 불

248 "이곳은 유골을 찾기에는" : 2001년 6월 13일 네브래스카 주립 화산재 화석층 공원에서 마이크 부르히스와의 인터뷰.

248 동물이 산 채로 : *National Geographic*, 'Ancient Ashfall Creates Pompeii of Prehistoric Animals', Jan. 1981, p. 66.

250 지구의 내부보다는 태양 내부에 : Feynman, *Six Easy Pieces*, p. 60.

250 지구 표면에서 중심까지의 : Williams and Montaigne, *Surviving Galeras*, p. 78.

251 지진 척도에 자신의 이름을 : Ozima, *The Earth*, p. 49.

251 지수 함수적으로 증가한다 : Officer and Page, *Tales of the Earth*, p. 33.

252 당초 리히터 규모 8.6으로 : *Nature*, 'The biggest one', 6 May 2010.

253 "죽음을 기다리는 도시" : McCuire, *A Guide to the End of the World*, p. 21.

253 도쿄에서 이번 세기 중에 : *Economist*, 'Japan is preparing for a massive earthquake', 31 Aug. 2023.

254 "동부 해안의 보트를" : Tredl, *101 Things You Don't Know About Science and No One Else Does Either*, p. 158.

255 모홀(Mohole) 계획이라고 불렸던 : Vogel, *Naked Earth*, p. 37.

255 "엠파이어스테이트 빌딩의" : Valley News, *'Drilling the Ocean Floor for Earth's Deep Secrets'*, 21 Aug. 1995.

255 작업을 포기할 때까지 : *Nature*, 'Journey to the Mantle of the Earth', 24 March 2011.

255 전체 부피의 0.3퍼센트에 : Schopf, *Cradle of Life*, p. 73.

256 다이아몬드가 만들어지는 : McPhee, *In Suspect Terrain*, pp. 16−18.

256 우리 발밑의 세상이 : *Scientific American*, 'Sculpting the Earth from Inside Out', March 2001, pp. 40−7, and *New Scientist*, 'Journey to the Centre of the Earth', supplement, 14 Oct. 2000, p. 1.

257 젖은 모래 위에 : Earth, 'Mystery in the High Sierra', June 1996, p. 16.

258 암석도 점성을 가지기는 : Vogel, *Naked Earth*, p. 31.

258 대류라고 알려진 뒤섞임 : *Science*, 'Much About Motion in the Mantle', Feb. 2002, p. 982.

258 60년 후에 오즈먼드 피셔라는 : Tudge, *The Time Before History*, p. 43.

258 "갑자기 바람의 존재를 인식한" : Vogel, *Naked Earth*, p. 53.

259 "서로 다른 두 분야에서" : Tredl, *101 Things You Don't Know About Science and No One Else Does Either*, p. 146.

259 지구 부피의 82퍼센트나 : *Nature*, 'The Earth's Mantle', 2 Aug. 2001, pp. 501–6.

259 지구 중심의 압력은 : Drury, *Stepping Stones*, p. 50.

260 공룡이 살던 때에는 : *New Scientist*, 'Dynamo Support', 10 March 2001, p. 27.

260 3,700만 년 동안 지속된 : *New Scientist*, 'Dynamo Support', 10 March 2001, p. 27.

260 "지질학에서 가장 중요한 문제" : Tredl, *101 Things You Don't Know About Science and No One Else Does Either*, p. 150.

261 "지질학자와 지구물리학자들은" : Vogel, *Naked Earth*, p. 139.

261 지진학자들은 여전히 옆으로 : Fisher et al., *Volcanoes*, p. 24.

262 가장 큰 규모의 산사태였고 : Thompson, *Volcano Cowboys*, p. 118.

262 1분도 지나지 않아서 : website of the National Environmental Satellite, Data, and Information Service, part of the National Oceanic and Atmospheric Administration, undated.

262 결국 57명이 사망했고 : Fisher et al., *Volcanoes*, p. 12.

263 48킬로미터 떨어진 곳을 : Thompson, *Volcano Cowboys*, p. 123.

263 화산 폭발에 대한 비상계획을 : Fisher et al., *Volcanoes*, p. 16.

제15장 위험한 아름다움

265 땅에서 연기가 피어오르는 것을 : Smith, *The Weather*, p. 112.

267 영국 해협의 해류에도 : Lewis, *Rain of Iron and Ice*, p. 152.

268 옐로스톤의 마지막 폭발에서 : *Vox*, 'What would happen if the Yellowstone supervolcano actually erupted?', 15 Dec. 2014.

268 가장 마지막 초대형 : McCuire, *A Guide to the End of the World*, p. 104.

269 "그렇게 느껴지지는 않겠지만" : 폴 도스와 진행한, 2001년 6월 16일 옐로스톤 국립공원에서의 인터뷰와 2024년의 전화와 서신 인터뷰.

273 "때로는 사람들이 진실을" : Yellowstone Forever website, undated.

273 고작 0.00014퍼센트로 : *Vox*, 14 Dec. 2014; *Nature*, 'The progression of basalticrhyolitic melt storage at Yellowstone Caldera', 1 Jan. 2025.

273 용융 마그마 덩어리는 : *New York Times*, 'New Estimate Finds More Magma Under Yellowstone Supervolcano', 1 Dec. 2022.

273 헤브젠 호수라는 곳에서 : Smith and Siegel, *Windows into the Earth*, pp. 5–6.

274 아침 10시 직전에 : *New York Times*, 'Hydrothermal Explosion at Yellowstone Sends Tourists Racing for Safety', 23 July 2024.

276 고작 22명이 뜨거운 : *New York Times*, 'Yellowstone Visitor Sentenced to Jail for "Thermal Trespass"', 18 June 2024.

277 이상적인 조건이라면 : Sykes, *The Seven Daughters of Eve*, p. 12.

277 섭씨 80도 이상에서 : Ashcroft, *Life at the Extremes*, p. 275.

제5부 생명, 그 자체
제16장 고독한 행성

281 인간은 이 같은 결정으로 : *New York Times Book Review*, 'Where Leviathan Lives,' April 20, 1997, p. 9.

281 물은 공기보다 1,300배나 : Ashcroft, *Life at the Extremes*, p. 51.

281 그러나 물속에서 같은 : *New Scientist*, 'Into the Abyss,' March 31, 2001.

282 심해 잠수 기록을 : *Science*, 'How Low Can You Go?', 13 July 2021.

282 그는 상승하던 중에 : DeeperBlue.com, 'Herbert Nitsch Talks About His Fateful Dive and Recovery,' 6 June 2013.

282 우리 몸은 대부분 : Ashcroft, *Life at the Extremes*, p. 68.

282 "인간은 생각해왔던" : Ashcroft, *Life at the Extremes*, p. 69.

283 생물학자 J. B. S. 홀데인이 : Haldane, *What is Life?*, p. 188.

284 애슈크로프트는 템스 강 : Ashcroft, *Life at the Extremes*, p. 59.

284 잠에서 깬 홀데인은 : Norton, *Stars Beneath the Sea*, p. 111.

285 홀데인은 수면으로 : Haldane, *What Is Life?*, p. 202.

285 모든 근육이 완전히 : Norton, *Stars Beneath the Sea*, p. 105.

285 "그것이 옥시헤모글로빈인지" : Quoted in Norton, *Stars Beneath the Sea*, p. 121.

285 "내가 알던 사람들" : Gould, *The Lying Stones of Marrakech*, p. 305.

286 아주 특이하게도 : Norton, *Stars beneath the Sea*, p. 124.

286 "거의 모든 실험에서" : Norton, *Stars beneath the Sea*, p. 133.

287 고막에 구멍이 나는 : Haldane, *What is Life?*, p. 192.

287 비슷한 방법으로 : Haldane, *What Is Life?*, p. 202.

287 심한 감정 변화를 : Ashcroft, *Life at the Extremes*, p. 78.

288 "두 사람 모두" : Haldane, *What Is Life?*, p. 197.

288 질소에 취하는 이유는 : Ashcroft, *Life at the Extremes*, p. 79.

288 비교적 온화한 날씨라고 : Attenborough, *The Living Planet*, p. 39.

288 우리가 살 수 있는 : Smith, *The Weather*, p. 40.

289 만약 우리 태양의 : Ferris, *The Whole Shebang*, p. 81.

290 태양의 열기는 지구보다 : Grinspoon, *Venus Revealed*, p. 9.

290 태양계가 생성되던 : *National Geographic*, 'The Planets,' January 1985, p. 40.

290 표면에서의 대기압은 : McSween, *Stardust to Planets*, p. 200.

292 달은 매년 약 4센티미터씩 : Ward and Browniee, *Rare Earth*, p. 33.

293 지각에 존재하는 : Atkins, *The Periodic Kingdom*, p. 28.

294 같은 시기에 프랑스의 : Bodanis, *The Secret House*, p. 13.

294 탄소는 겨우 지각의 : Krebs, *The History and Use of our Earth's Chemical Elements*, p. 148.

294 "탄소가 없었더라면" : Davies, *The Fifth Miracle*, p. 126.

294 인체를 구성하는 : Snyder, *The Extraordinary Chemistry of Ordinary Things*, p. 24.

295 생물이 어떤 원소를 : Parker, *Inscrutable Earth*, p. 100.

296 순수한 소듐 : Snyder, *The Extraordinary Chemistry of Ordinary Things*, p. 42.

296 고대 로마에서는 납이 : Parker, *Inscrutable Earth*, p. 103.

297 물리학자 리처드 파인먼은 : Feynman, *Six Easy Pieces*, p. xix.

제17장 대류권 속으로

299 대기가 없다면 : Stevens, *The Change in the Weather*, p. 7.

300 눈에 보이지 않는 : Stevens, *The Change in the Weather*, p. 56; *Nature*, '1902 and All That,' January 3, 2002, p. 15.

300 여기에서 "pause"는 : Smith, *The Weather*, p. 52.

300 가압 장치를 사용하지 : Ashcroft, *Life at the Extremes*, p. 7.

300 10킬로미터 높이에서의 : Smith, *The Weather*, p. 25.

300 해수면에서는 공기 분자가 : Allen, *Atmosphere*, p. 58.

301 반대로, 진입하려는 : Allen, *Atmosphere*, p. 57.

302 "감염된 고기 조각" : Dickinson, *The Other Side of Everest*, p. 86.

302 사람이 계속해서 : Ashcroft, *Life at the Extremes*, p. 8.

302 더욱이 5,500미터의 : Attenborough, *The Living Planet*, p. 18.

303 "아침에 일어나서" : Quoted by Hamilton-Paterson, *The Great Deep*, p. 177.

304 앤서니 스미스가 지적한 것처럼 : Smith, *The Weather*, p. 50.

304 추정에 의하면 : Junger, *The Perfect Storm*, p. 102.

304 지구에서는 어느 순간이나 : Stevens, *The Change in the Weather*, p. 55.

304 하늘에서 일어나는 : Biddle, *A Field Guide to the Invisible*, p. 161.

306 그래서 시속 500킬로미터로 : Bodanis, $E = mc^2$, p. 68.

306 적도 지방의 허리케인은 : Ball, H_2O, p. 51.

306 대기가 평형을 되찾으려는 : *Science*, 'The Ascent of Atmospheric Sciences', 13 Oct. 2000, p. 300.

307 그러나 그런 상호작용의 : Roberts, *Oceans of Life*, p. 95.

307 코리올리의 또다른 업적은 : Trefil, *The Unexpected Vista*, p. 24.

307 고기압이나 저기압이 : Drury, *Stepping Stones*, p. 25.

308 셀시우스는 물의 끓는점을 : Trefil, *The Unexpected Vista*, p. 107.

308 오늘날 하워드는 1803년에 : *Dictionary of National Biography*, vol. 10, pp. 51–2.

309 세월이 흐르면서 : Trefil, *Meditations at Sunset*, p. 62.

309 "구름을 탄 듯" : Hamblyn, *The Invention of Clouds*, p. 252.

309 "욕조를 채울" : Trefil, *Meditations at Sunset*, p. 66.

310 일반적으로 지구상의 : Ball, H_2O, p. 57.

310 물 분자의 운명은 : Dennis, *The Bird in the Waterfall*, p. 8.

310 지중해 정도의 큰 : Gribbin and Gribbin, *Being Human*, p. 123.

310 실제로 그런 일이 : *New Scientist*, 'Vanished', 7 Aug. 1999.

311 멕시코 만류는 : Trefil, *Meditations at 10,000 Feet*, p. 122.

311 공식적으로 천문학적 : Stevens, *The Change in the Weather*, p. 111.

312 한 방울의 물이 : *National Geographic*, 'New Eyes on the Oceans', Oct. 2000, p. 101.

313 매년 전 세계에서 : Stevens, *The Change in the Weather*, p. 7. MIT Climate Portal, undated.

313 꼭대기까지 끈적끈적한 : *New Yorker*, 'The Climate Fixers,' 14 May 2012, p. 100.

제18장 망망대해

315 맛이나 냄새도 없고 : Margulis and Sagan, *Microcosmos*, p. 100.

315 감자의 80퍼센트 : Schopf, *Cradle of Life*, p. 107.

316 물의 성질을 이용해서 : Green, *Water, Ice and Stone*, p. 29; Gribbin, *In the Beginning*, p. 174.

316 얼음이 되면, 부피가 : Trefil, *Meditations at 10,000Feet*, p. 121.

316 "정말 괴상한 성질" : Gribbin, *In the Beginning*, p. 174.

316 물 분자는 끊임없이 : Kunzig, *The Restless Sea*, p. 8.

317 어느 한순간을 보면 : Dennis, *The Bird in the Waterfall*, p. 152.

317 "마치 도려낸 듯이" : *Economist*, May 13, 2000, p. 4.

317 보통 바닷물 1리터에는 : Dennis, *The Bird in the Waterfall*, p. 248.

317 우리가 흘리는 땀이나 : Margulis and Sagan, *Microcosmos*, pp. 183−184.

318 지구상에는 13억 : Green, *Water, Ice and Stone*, p. 25.

318 바다는 38억 년 : Ward and Brownlee, *Rare Earth*, p. 360.

318 태평양에는 바닷물의 : Dennis, *The Bird in the Waterfall*, p. 226.

318 필립 볼이 지적한 : Ball, H_2O, p. 21.

318 지구에 있는 물의 : Dennis, *The Bird in the Waterfall*, p. 6; *Scientific American*, 'On Thin Ice,' December 2002, pp. 100−105.

319 남극에서는 얼음의 : Smith, *The Weather*, p. 62.

319 모두가 녹아버리면 : Schultz, *Ice Age Lost*, p. 75.

320 "몇 년 동안 계속된" : Weinberg, *A Fish Caught in Time*, p. 34.

320 그렇지만 그들은 거의 : Hamilton-Paterson, *The Great Deep*, p. 178.

320 "역사학자와 기술자" : Norton, *Stars Beneath the Sea*, p. 57.

320 그 직후부터, 그는 : Ballard, *The Eternal Darkness*, pp. 14−15.

321 당시의 기준으로도 복잡한 : *Weinberg, A Fish Caught in Time*, p. 158, and Ballard, The Eternal Darkness, p. 17.

322 그후로는 아무도 : Weinberg, *A Fish Caught in Time*, p. 159.

323 1958년에 그들은 : Broad, *The Universe Below*, p. 54.

324 마침내 그들이 바닥에 : *National Geographic*, 'Unsinkable Don Walsh,' December 2023, and *Scientific American*, 'Diving Deeper Than Any Human Ever Dove,' 1 April 2014.

324 지금까지 발견된 가장 : *Scientific American*, 'Deepest Fish Discovered More Than Five Miles below the Sea Surface,' April 7, 2023.

325 "우리가 심해 잠수를" : Quoted in *Underwater magazine*, 'The Deepest Spot On Earth,' Winter 1999.

325 그러나 문제는 아무도 : Broad, *The Universe Below*, p. 56.

325 앨빈 호는 그동안 : Woods Hole Oceanographic Institution, 'History of *Alvin*,' 29 December 2023.

326 3미터가 넘는 갯지렁이와 : Attenborough, *The Living Planet*, p. 30.

326 그전에는 54도보다 : *National Geographic*, 'Deep Sea Vents,' October 2000, p. 123.

326 지구상의 모든 육지를 : Dennis, *The Bird in the Waterfall*, p. 248.

327 바다를 정화하려면 : Vogel, *Naked Earth*, p. 182.

327 그런 모험에는 비용이 : *Forbes*, 'Victor Vescovo, A Walking Bucket List of Adventure,' 9 June 2022.

327 창을 내다보던 베스코보가 : *MIT Technology Review*, 'The deepest ever dive to the bottom of the Mariana Trench found litter there,' 14 May 2019.

328 2017년까지만 해도 : *Scientific American*, 1 August 2022.

328 우리가 우리의 해저보다 : USGS, 'Why we have better maps of Mars than of the seafloor,' 17 November 2023.

328 해양학자들은 국제 : Engel, *The Sea*, p. 183.

323 흔히 그랬던 것처럼 : Kunzig, *The Restless Sea*, pp. 294-305.

328 그후 우즈 홀은 장비를 : *Nature*, 'Ocean-diving robot will not be replaced,' 10 December 2015.

329 그는 러시아도 17기의 : *New York Review of Books*, 'Where Wonders Await Us," 10 December 2007.

329 수면에서 200미터에서 : *Economist*, 'Mapping the Mesopelagic,' 15 April 2017.

329 전 지구적으로 동물성 : *Nature*, 'The life of diatoms in the world's oceans,' 14 May 2009, and Roberts, *Ocean of Life*, p. 155.

329 지구에서 매일 반복되는 : *Scientific American*, 'Greatest Migration on Earth Happens under Darkness Every Day,' 1 August 2022.

329 개체의 수가 엄청나게 : *Economist*, 15 April 2017, p. 73.

330 바다 밑에 무엇이 : *Nature*, 'Log of life beneath the waves,' 19 November 2009.

330 바다에는 무려 3,000만 종의 : *Time*, 'Call of the Sea,' October 5, 1998, p. 60.

330 흰긴수염고래는 노래를 : Sagan, *Cosmos*, p. 271, and NOAA Fisheries website, Blue Whale, September 28, 2023.

331 전설적인 대왕 오징어와 : London Natural History Museum website, 'Giant and colossal squid: revealing the secrets of the largest invertebrates', undated.

332 수심 5킬로미터에서도 : Kunzig, *The Restless Sea*, pp. 104-105.

332 자연적으로 생산성이 있는 : *Economist* survey, 'The Sea', 23 May 1998.

332 3만6,735킬로미터의 해안선과 : Flannery, *The Future Eaters*, p. 104.

333 많은 어부가 상어의 : *Audubon*, May-June 1998, p. 54.

334 오늘날의 트롤 선(저인망 어선)은 : *Time*, 'The Fish Crisis', 11 Aug. 1997, p. 66, and *Proceedings of the Royal Society: Biological Sciences*, 'Effects of bottom trawling on fish

foraging and feeding', 22 Jan. 2015.

334 "우리는 아직도 암흑기에" : *Economist*, 'Pollock Overboard', 6 Jan. 1996, p. 22.

334 많게는 4,000만 톤에 : *Marine Policy*, 4 July 2009.

334 여전히 27톤의 넙치를 : NOAA website, undated.

334 15세기 말에 탐험가 : *National Geographic*, Oct. 1993, p. 18.

334 1990년에 이르자 : *Economist* survey, 'The Sea', 23 May 1998, p. 8.

335 마크 쿨란스키는 자신의 : Kurlansky, *Cod*, p. 186.

335 쿨란스키는 오늘날의 "생선"이 : Kurlansky, *Cod*, p. 138.

335 2008년에 캐나다의 : *Science*, 'No Recovery for Atlantic Cod Population', 25 Nov. 2008.

335 광산 기업들이 특별히 : Pew Charitable Trusts fact sheet, Dec. 2017, and *Scientific American*, 'Deep-Sea Mining Could Begin Soon, Regulated or Not', 1 Sept. 2023.

337 전체적으로 그 수역의 : BBC Radio 4 programme *Inside Science*, 28 Dec. 2023, and Natural History Museum press release, 25 May 2023.

337 학술지「네이처」는 : *Nature*, 13 July 2023.

337 스코틀랜드 해양과학협회가 : *Nature Geoscience*, 22 July 2024, and Scottish Association for Marine Science press release, 23 July 2024, and *Science*, 'Claim of "dark oxygen" on sea floor faces doubts', 18 Sept. 2024.

337 남극 대륙의 얼음 위에는 : BBC *Horizon* transcript, 'Antarctica: The Ice Melts', p. 16.

제19장 생명의 번성

339 오늘날의 과학자들은 초기의 : University of *Chicago News*, 'The origin of life on Earth, explained,' 19 September 2022.

340 회전판의 수를 실제로 : Crick, *Life Itself*, p. 51.

340 대략 500종의 아미노산이 : *Chemistry World*, 'Why does life use the same 20 amino acids?', September 2019.

341 146개의 아미노산으로 : Sulston and Ferry, *The Common Thread*, p. 14.

341 DNA는 복제의 귀재로 : Margulis and Sagan, *Microcosmos*, p. 63.

342 물리학자 폴 데이비스가 : Davies, *The Fifth Miracle*, p. 71.

342 간단히 말해서, 아미노산이 : Dawkins, *The Blind Watchmaker*, p. 45.

342 자연에서는 많은 분자들이 : Dawkins, *The Blind Watchmaker*, p. 115.

343 "조건이 적당하기만 하면" : quoted in Nuland, *How We Live*, p. 121.

343 금붕어나 상추나 : Schopf, *Cradle of Life*, p. 107.

344 "원시 바다나 산성의" : Wallace et al., *Biology*, p. 428.

344 1950년대가 한참 지날 : Margulis and Sagan, *Microcosmos*, p. 71.

344 "생명이 그렇게 일찍" : *New York Times*, 'Life on Mars? So What?', 11 Aug. 1996.

344 그의 다른 표현을 빌리면 : Could, *Eight Little Piggies*, p. 328.

345 또한 옷을 녹이고 : Ferris, *Seeing in the Dark*, p. 200.

348 캐나다와 그린란드 등에서 : *New York Times*, 'World's Oldest Fossils Found in Greenland', 31 Aug. 2016, and *Scientific American*, 'The Rise of the First Animals', 1 June 2019.

349 지질학자 스티븐 드루리의 : Drury, *Stepping Stones*, p. 68.

349 미토콘드리아는 모래알 : Brown, *The Energy of Life*, p. 101.

350 "생명의 역사에서 가장" : quoted in *New York Review of Books*, 'A Bird's-Eye View of Evolution', 27 June 2002.

351 안타깝게도 그런 결과는 : *Trends in Ecology & Evolution*, 'Fossilisation processes and our reading of animal antiquity', Nov. 2023.

353 소위 대산화 사건이라고 : Gee, *A (Very) Short History of Life on Earth*, p. 9.

353 "동물은 일하는 데에" : Fortey, *Life*, p. 89.

353 이러한 거대한 변화의 : Gee, *A (Very) Short History of Life on Earth*, p. 8.

353 실제로 우리의 백혈구는 : note provided by Dr Laurence Smaje.

제20장 작은 세상

355 프랑스의 위대한 화학자이며 : Biddle, *A Field Guide to the Invisible*, p. 16.

355 상당히 건강하고 위생에 : Ashcroft, *Life at the Extremes*, p. 248; Sagan and Margulis, *Garden of Microbial Delights*, p. 4.

356 소화기관에만 적어도 : Biddle, *A Field Guide to the Invisible*, p. 57.

356 어디에나 있는 장 내 스피로헤타처럼 : *National Geographic*, 'Bacteria', Aug. 1993, p. 51.

356 사람의 몸은 37.2조 개의 : *Annals of Human Biology*, 'An Estimation of the Number of Cells in the Human Body', Nov.–Dec. 2013.

356 우리는 박테리아가 없으면 : *New York Times*, 'From Birth, Our Body Houses a Microbe Zoo', 15 Oct. 1996, p. C–3.

357 조직을 곪게 만드는 : *Outside*, July 1999, p. 88.

357 그런 속도라면 : Margulis and Sagan, *Microcosmos*, p. 75.

357 "충분한 영양분을" : de Duve, *A Guided Tour of the Living Cell*, vol. 2, p. 320.

358 우리가 알기로는 아무 : *National Geographic*, 'Bacteria', Aug. 1993, p. 39.

358 오스트레일리아의 과학자들이 : Davies, *The Fifth Miracle*, p. 145.

358 그로부터 50년 동안 : *New York Times*, 'The Mysterious, Deep-Dwelling Microbes That Sculpt Our Planet', 24 June 2024, and *New York Review of Books*, 'How You Consist of Trillions of Tiny Machines', 9 July 2015.

358 그런 생물이 지칠 : *New York Times*, 'Bugs Shape Landscape, Make Cold', 15 Oct. 1996, p. C-1.

359 코넬 대학교의 토머스 골드는 : *Discover*, 'To Hell and Back', July 1999, p. 82.

359 가장 활발한 것도 : *Scientific American*, 'Microbes Deep Inside the Earth', Oct. 1996, p. 71.

359 "장수의 비결은" : *Economist*, 'Earth's Hidden Life', 21 Dec. 1996, p. 112.

359 118년 묵은 고기 : *Nature*, 'A Case of Bacterial Immortality?', 19 Oct. 2000, p. 844.

359 박테리아 역시 식물로 : Sagan and Margulis, *Garden of Microbial Delights*, p. 22.

361 지금까지 사용하던 : Sagan and Margulis, *Garden of Microbial Delights*, p. 23.

361 지금까지 알려진 생물 : Sagan and Margulis, *Garden of Microbial Delights*, p. 24.

362 우즈에 따르면 : *New York Times*, 'Microbial Life's Steadfast Champion', 15 Oct. 1996, p. C-3.

362 실험실에서 배양할 : *Science*, 'Microbiologists Explore Life's Rich, Hidden Kingdoms', 21 March 1997, p. 1740.

362 "동물원을 찾아가" : *New York Times*, 'Microbial Life's Steadfast Champion', 15 Oct. 1996, p. C-7.

363 우즈는 "아주 실망했다" : Ashcroft, *Life at the Extremes*, pp. 274-5.

364 "그전의 물리학과 마찬가지로" : *Proceedings of the National Academy of Sciences*, 'Default Taxonomy: Ernst Mayr's View of the Microbial World', 15 Sept. 1998.

364 "우즈는 정통 생물학자가" : *Proceedings of the National Academy of Sciences*, 'Two Empires or Three?', 18 Aug. 1998.

365 생물의 23개 분류 중에서 : Schopf, *Cradle of Life*, p. 106.

365 실제로 우즈에 따르면 : *New York Times*, 'Microbial Life's Steadfast Champion', 15 Oct. 1996, p. C-7.

365 지구상에서 가장 사나운 : *Science*, '*Wolbachia*: a tale of sex and survival', 11 May 2001, p. 1093.

366 전체적으로 1,000종의 : *National Geographic*, 'Bacteria', Aug. 1993, p. 39.

366 서양에서는 아직도 미생물이 : *Outside*, July 1999, p. 88.

366 "무시무시한 전염병이" : Diamond, *Guns, Germs and Steel*, p. 208.

368 아마도 가장 끔찍하고 : Cawande, *Complications*, p. 234.

369 미국의 공중보건국장 : *New Yorker*, 'No Prodt, No Cure', 5 Nov. 2001, p. 46.

369 그러나 그 순간에도 : *Economist*, 'Disease Fights Back', 20 May 1995, p. 15.

369 그러나 1997년에 도쿄의 : *Boston Globe*, 'Microbe Is Feared to Be Winning Battle Against Antibiotics', 30 May 1997, p. A-7.

369 제임스 서로위키가 : *New Yorker*, 'No Prodt, No Cure', 5 Nov. 2001, p. 46.

369 예를 들면, 미국의 국립보건원은 : *Economist*, 'Bugged by Disease', 21 March 1998, p. 93.

370 마셜은 1999년에 「포브스」의 : *Forbes*, 'Do Cerms Cause Cancer?', 15 Nov. 1999, p. 195.

370 그후에 이루어진 연구에: *Science*, 'Do Chronic Diseases Have an Infectious Root?', 14 Sept. 2001, pp. 1974-6.

370 노벨상 수상자 피터 메더워의 : quoted in Oldstone, *Viruses, Plagues and History*, p. 8.

370 새로운 종이 등장하거나 : *Virology*, 'Human viruses: an ever-increasing list', March 2025.

370 천연두 바이러스는 : Oldstone, *Viruses, Plagues and History*, p. 1.

371 10년 동안 500만 명을 : Kolata, *Flu*, p. 292.

371 제1차 세계대전으로 : *American Heritage*, 'The Creat Swine Flu Epidemic of 1918', June 1976, p. 82.

372 의료 당국은 백신을 : *American Heritage*, 'The Creat Swine Flu Epidemic of 1918', June 1976, p. 82.

374 1969년에 코네티컷 주의 : Oldstone, *Viruses, Plagues and History*, p. 126.

374 1990년에 시카고에서 살던 : Oldstone, *Viruses, Plagues and History*, p. 128.

제21장 생명의 행진

375 거의 모든 생물체의 : Schopf, *Cradle of Life*, p. 72.

376 1만 종의 생물 중에서 : Tredl, *101 Things You Don't Know About Science and No One Else Does Either*, p. 280.

376 리처드 리키와 로저 르윈이 : Leakey and Lewin, *The Sixth Extinction*, p. 45.

376 오늘날 우리가 가진 화석의 : Leakey and Lewin, *The Sixth Extinction*, p. 45.

377 "많은 것은 사실입니다" : 2001년 2월 19일 런던 자연사 박물관에서 리처드 포티와의 인터뷰.

377 포티에 따르면, 인간이 : Fortey, *Trilobite!*, p. 24.

377 "게 정도로 큰" : Fortey, *Trilobite!*, p. 121.

378 그는 훗날 그것을 : 'From Farmer-Laborer to Famous Leader: Charles D. Walcott (1850–1927)', *GSA Today*, Jan. 1996.

378 1879년에 그는 당시 : Gould, *Wonderful Life*, pp. 242–3.

379 "그의 책이 도서관" : Fortey, *Trilobite!*, p. 53.

379 "현대 생물의 출현을" : Gould, *Wonderful Life*, p. 56.

379 꼼꼼한 굴드는 월컷의 : Gould, *Wonderful Life*, p. 71.

380 엄청나게 다양해서 발견된 : Leakey and Lewin, *The Sixth Extinction*, p. 27.

380 "버제스 이판암에서 발견된" : Gould, *Wonderful Life*, p. 208.

381 "그런 해석에 따르면" : Gould, *Eight Little Piggies*, p. 225.

381 그러던 1973년에 : *National Geographic*, 'Explosion of Life', Oct. 1993, p. 126.

381 알아볼 수 없을 정도로 : Fortey, *Trilobite!*, p. 123.

382 오늘날 선충류에서부터 : *US News and World Report*, 'How Do Cenes Switch On?', 18–25 Aug. 1997, p. 74.

382 굴드에 따르면 "생명의 역사는" : Gould, *Wonderful Life*, p. 25.

382 "생명의 역사를 담은" : Gould, *Wonderful Life*, p. 14.

383 1946년 당시 사우스 오스트레일리아 : Corfield, *Architects of Eternity*, p. 287.

383 그는 오스트레일리아와 : Corfield, *Architects of Eternity*, p. 287.

383 9년이 지난 1957년에 : Fortey, *Life*, p. 85.

385 "스티븐 굴드가 자신의" : Dawkins, *Sunday Telegraph*, 25 Feb. 1990.

386 가장 이상했던 것은 : *New York Times Book Review*, 'Rock of Ages', 10 May 1998, p. 15.

386 "나는 전문가의 책에서" : Fortey, *Trilobite!*, p. 138.

386 포티는 땃쥐와 코끼리를 : Fortey, *Trilobite!*, p. 132.

387 "오늘날의 따개비처럼" : Fortey, *Life*, p. 111.

387 "덜 흥미롭거나" : Fortey, 'Shock Lobsters', *London Review of Books*, 1 Oct. 1998.

387 사실 캄브리아기 대폭발은 : *Nature*, 'What sparked the Cambrian Explosion?', 18 Feb. 2016.

387 고립된 곳에서 완전한 : Fortey, *Trilobite!*, p. 137.

제22장 모두에게 작별을

390 거의 아무것도 살지 않는 : Attenborough, *The Living Planet*, p. 48.

390 "무기질의 돌이 저절로" : Marshall, *Mosses and Lichens*, p. 22.

391 세상에는 2만 종이 넘는 : Attenborough, *The Private Life of Plants*, p. 214.

391 큰 접시 정도의 : Attenborough, *The Living Planet*, p. 42.

391 만약 45억 년에 이르는 : adapted from Schopf, *Cradle of Life*, p. 13.

392 두 팔을 완전히 펴고 : McPhee, *Basin and Range*, p. 126.

394 육상 생물이 번성했던 : Officer and Page, *Tales of the Earth*, p. 123.

395 지구화학자는 그런 구조가 : Officer and Page, *Tales of the Earth*, p. 118.

396 "미국 공군에서는 곤충이" : Conniff, *Spineless Wonders*, p. 84.

396 석탄기의 숲에 살던 : Fortey, *Life*, p. 201.

396 다행스럽게도 탐사단은 : BBC *Horizon*, 'The Missing Link', first broadcast 1 Feb. 2001.

397 이런 이름들은 두개골의 : Tudge, *The Variety of Life*, p. 411.

398 300억 종이라고 흔히 : Tudge, *The Variety of Life*, p. 9.

398 "대략적으로 말하면 모든" : quoted by Could, *Eight Little Piggies*, p. 46.

398 복잡한 생물의 경우에 : Leakey and Lewin, *The Sixth Extinction*, p. 38.

398 "멸종의 대안은 침체이지만" : 2002년 5월 6일 뉴욕, 미국 자연사 박물관에서 이언 태터
솔과의 인터뷰.

399 지구의 역사에서 위기는 : Stanley, *Extinction*, p. 95; Stevens, *The Change in the Weather*,
p. 12.

399 페름기에는 화석 기록으로 : *Harper's*, 'Planet of Weeds', Oct. 1998, p. 58.

399 곤충의 3분의 1도 사라졌는데 : Stevens, *The Change in the Weather*, p. 12.

399 "그것은 지구에서 전에" : Fortey, *Life*, p. 235.

400 페름기 말에 살던 : Gould, *Hen's Teeth and Horse's Toes*, p. 340.

400 개체 수준에서는 희생의 : Powell, *Night Comes to the Cretaceous*, p. 143.

400 말을 비롯한 초식동물은 : Flannery, *The Eternal Frontier*, p. 100.

400 멸종의 원인이나 주된 : *Earth*, 'The Mystery of Selective Extinctions', Oct. 1996, p. 12.

401 "확실한 증거를 찾을" : *New Scientist*, 'Meltdown', 7 Aug. 1999.

402 그런 정도의 충격은 : Powell, *Night Comes to the Cretaceous*, p. 19.

402 KT 충돌에는 다른 : Flannery, *The Eternal Frontier*, p. 17.

403 "예를 찾아볼 수도" : Flannery, *The Eternal Frontier*, p. 43.

403 바다에서도 사정은 : Gould, *Eight Little Piggies*, p. 304.

403 "살아남은 종이 그저" : Fortey, *Life*, p. 292.

404 공룡이 멸종한 직후의 : Flannery, *The Eternal Frontier*, p. 39.

404 "진화는 공백을 싫어할" : Stanley, *Extinction*, p. 92.

404 포유류는 아마도 1,000만 : Novacek, *Time Traveler*, p. 112.

404 코뿔소 정도로 큰 : Dawkins, *The Blind Watchmaker*, p. 102.

405 티타니스라는 거대하고 : Flannery, *The Eternal Frontier*, p. 138.

405 극히 최근까지만 하더라도 : Powell, *Night Comes to the Cretaceous*, pp. 168–9.

406 오늘날 인간이 존재할 수 : Gould, *Eight Little Piggies*, p. 229.

제23장 존재의 풍요로움

409 표본실만 하더라도 : Thackray and Press, *The Natural History Museum*, p. 90.

410 인도양을 탐사했던 존 머리 : Thackray and Press, *The Natural History Museum*, p. 74.

411 지금도 여러 도서관에서 : Conard, *How to Know the Mosses and Liverworts*, p. 5.

415 검역 때문에 리우데자네이루에는 : Barber, *The Heyday of Natural History: 1820-1870*, p. 17.

415 또다른 항해에는 애인을 : *London Review of Books*, 'Keep him as a curiosity', 13 Aug. 2020.

417 린네의 전기 작가 : *London Review of Books*, 'Unicorn or Narwhal?,' 22 Feb. 2024.

417 그래서 대합 조개류의 일부에 : Gould, *Leonardo's Mountain of Clams and the Diet of Worms*, p. 79.

418 식물에게도 사랑이 찾아온다 : quoted by Gjertsen, *The Classics of Science*, p. 237, and at University of California/UCMP Berkeley website.

418 린네는 그 이름을 : Kastner, *A Species of Eternity*, p. 31.

419 1735년에 발간된 그의 걸작 : Gjertsen, *The Classics of Science*, p. 223.

419 한 세대 전에 영국에서 발간된 : Durant, *The Age of Louis XIV*, p. 519.

419 그의 작업은 1730년대부터 : Thomas, *Man and the Natural World*, p. 65.

419 신비의 괴물이나 "괴물 같은 인간"에도 : Schwartz, *Sudden Origins*, p. 59.

419 그의 여러 업적 : Schwartz, *Sudden Origins*, p. 59.

420 이뇨 효과가 있다고 : Thomas, *Man and the Natural World*, pp. 82–5, and *Economist*, 'Namely offensive', 24 Sept. 2022.

422 에드워드 O. 윌슨은 : Wilson, *The Diversity of Life*, p. 157.

422 문제의 핵심은 과학자들이 : *Economist*, 'On the origin of "species"', 28 Aug. 2021.

423 감마루스 포사룸이라는 : *New York Times*, 'What Is a Species Anyway?', 19 Feb. 2024.

423 그러나 몇 년 전에는 : Elliott, *The Potting Shed Papers*, p. 18.

424 추정의 범위가 300만에서 : Audubon, 'Earth's Catalogue', Jan.–Feb. 2002; Wilson, *The Diversity of Life*, p. 132.

424 그는 『생명의 다양성』에서 : Wilson, *The Diversity of Life*, p. 133.

424 종의 수가 조금 더 많은 : *US News and World Report*, 18 Aug. 1997, p. 78.

425 2023년 조사에서는 : Kew Cardens publication, *State of the World's Plants and Fungi*, 2023.

425 이 연구는 알려져서 : *PLoS Biology*, 'How Many Species Are There on Earth and in the Ocean?', 23 Aug. 2011.

426 그로브스가 모든 문제를 : *New Scientist*, 'Monkey Puzzle', 6 Oct. 2001, p. 54.

426 영국의 곤충학자 : *American Naturalist*, 'The Range and Pattern of Insect Abundance', March–April 1960.

426 "생물종 다양성의 위기가" : 2002년 10월 2일 나이로비 소재 국립박물관에서 퀸 메스와의 인터뷰.

427 잡지 「와이어드」의 공동 창간자인 : *The Times*, 'The List of Life on Earth', 30 July 2001.

427 만약 한밤중에 기어나와서 : Bodanis, *The Secret House*, p. 16.

428 영국 의학 곤충학 센터의 : *New Scientist*, 'Bugs Bite Back', 17 Feb. 2001, p. 48.

428 진드기는 아주 오래 전부터 : Bodanis, *The Secret House*, p. 15.

428 그 속에는 100억 마리의 : *National Geographic*, 'Bacteria', Aug. 1993, p. 39.

429 "노르웨이의 두 곳에서" : Wilson, *The Diversity of Life*, p. 144.

429 윌슨은 『생명의 다양성』에서 : Wilson, *The Diversity of Life*, p. 197.

429 열대 우림의 면적은 : Wilson, *The Diversity of Life*, p. 197.

430 "35억 년의 진화라는" : *Economist*, 'Biotech's Secret Carden', 30 May 1998, p. 75.

430 "몇 세대에 걸쳐서 소변을" : Fortey, *Life*, p. 75.

430 지금까지 450여 종이 : Ridley, *The Red Queen*, p. 54.

431 보통 1헥타르의 풀밭에는 : Attenborough, *The Private Life of Plants*, p. 177.

431 "우리는 한정된 자원으로" : *New York Times*, 'Duke Shuts Down Huge Plant Collection, Causing Scientific Uproar', 22 Feb. 2024.

432 그 계곡에 사는 사람들은 : *New York Times*, 'A Stone-Age Horse Still Roams a Tibetan

Plateau', 12 Nov. 1995.

432 멸종된 것으로 걱정했던: Flannery and Schouten, *A Gap in Nature*, p. 2.

432 뉴질랜드의 타카헤라는 : *Scientific American*, 'Which Lost Species May be Found Again? Huge Study Reveals Clues', 17 Jan. 2024, and *New York Times*, 'Scientists Made a List of Lost Birds and Now They Want Us to Find Them', 23 Aug. 2024.

432 곤살로 카르도나라는 보존 활동가가 : *New York Times*, 23 Aug. 2024.

434 크램프턴의 표에서 : Gould, *Eight Little Piggies*, pp. 32-4.

434 그는 2년에 걸친 탐사에서 : Gould, *The Flamingo's Smile*, pp. 159-60.

제24장 세포들

436 예를 들어 가장 간단한 : *New Scientist*, 2 Dec. 2000, p. 37.

437 그중에서 지금까지 우리가 : Brown, *The Energy of Life*, p. 83.

437 그런데 과학자들은 일산화질소가 : Brown, *The Energy of Life*, p. 229.

437 니트로글리세린이 혈액에서 : Alberts, et al., *Essential Cell Biology*, p. 489.

437 우리 몸에는 "수백" 종류의 : de Duve, *A Guided Tour of the Living Cell*, vol. 1, p. 21, and *New York Review of Books*, 'How You Consist of Trillions of Tiny Machines', 9 July 2015.

438 보통 몸집의 성인은 : Bodanis, *The Secret Family*, p. 106.

438 간 세포의 경우에는 : de Duve, *A Guided Tour of the Living Cell*, vol. 1, p. 68.

438 실제로 몸속에 떠돌아다니는 : Bodanis, *The Secret Family*, p. 81.

439 그가 만들었던 가장 인상적인 : *London Review of Books*, 'Rough Trade', 6 March 2003.

439 훅의 계산에 따르면 : Nuland, *How We Live*, p. 100.

440 놀랍게도 그 모든 장치는 : *Federation of European Microscopical Societies Journal*, 6 April 2015.

440 왕립학회에 기증한 현미경은 : *Oxford Dictionary of National Biography*.

441 한 세기가 채 지나지 : *Oxford Dictionary of National Biography*.

441 레이우엔훅이 1676년 후추가 : Jardine, *Ingenious Pursuits*, p. 93.

441 그는 물 한 방울 속에 : Thomas, *Man and the Natural World*, p. 167.

441 존경받던 네덜란드의 니콜라스 하르추커르는 : Schwartz, *Sudden Origins*, p. 167.

442 아주 가까이에서 화약이 : Carey (ed.), *The Faber Book of Science*, p. 28.

442 그러나 살아 있는 것은 : Nuland, *How We Live*, p. 101.

442 세포는 "복잡한 화학 정유공장" : Tredl, *101 Things You Don't Know About Science and*

No One Else Does Either, p. 33; Brown, *The Energy of Life*, p. 78.

443 그렇지만 움직이는 거리를 : Brown, *The Energy of Life*, p. 87.

443 "경질 기계유"와 비슷한 : Nuland, *How We Live*, p. 103.

444 단백질은 특히 활동적이어서 : Brown, *The Energy of Life*, p. 80.

444 "분자의 세계에서는 믿을" : de Duve, *A Guided Tour of the Living Cell*, vol. 2, p. 293.

444 "5만 개 넘게 존재하는" : Nuland, *How We Live*, p. 157.

445 어느 한순간에 보통의 : Alberts et al., *Essential Cell Biology*, p. 110.

445 하루에 만들어서 쓰는 : *Nature*, 'Darwin's Motors', 2 May 2002, p. 25.

446 사람의 경우에는 평균 : Ridley, *Genome*, p. 237.

447 "인간이 찾아낸 가장 훌륭한 생각" : Dennett, *Darwin's Dangerous Idea*, p. 21.

제25장 다윈의 비범한 생각

448 "누구나 비둘기에 관심이 있다" : quoted in Boorstin, *Cleopatra's Nose*, p. 176.

449 "사냥과 개, 쥐 잡기에만" : quoted in Boorstin, *The Discoverers*, p. 467.

449 아파하는 아이를 수술하는 : Desmond and Moore, *Darwin*, p. 27.

450 "미치기 직전까지 갔던" : Hamblyn, *The Invention of Clouds*, p. 199.

450 그는 다윈과 함께 지내는 : Desmond and Moore, *Darwin*, p. 197.

450 환초가 100만 년 이내에 : Moorehead, *Darwin and the Beagle*, p. 191.

451 젊은 다윈이 생명은 영원한 : Gould, *Ever Since Darwin*, p. 21.

451 "지금까지 그런 생각을" : quoted in *Sunday Telegraph*, 'The Origin of Darwin's Cenius',
    8 Dec. 2002.

452 다윈이 발견한 것이 : Desmond and Moore, *Darwin*, p. 209.

452 2년 후에는 230쪽 : *Dictionary of National Biography*, vol. 5, p. 526.

452 "다른 어떤 사람보다도" : quoted in Ferris, *Coming of Age in the Milky Way*, p. 239.

453 다윈이 그 책의 저자일 : Barber, *The Heyday of Natural History*, p. 214.

454 "만약 월리스가 1842년에 쓴" : *Dictionary of National Biography*, vol. 5, p. 528.

454 "이번 여름은 내가 종과" : Desmond and Moore, *Darwin*, pp. 454-5.

455 "어떤 중요성을 가지게 될지에" : Desmond and Moore, *Darwin*, p. 469.

455 "이 논문에서 새로 주장하는" : quoted by Gribbin and Cherfas, *The First Chimpanzee*, p.
    150.

456 다윈이 주장했던 우선권을 : Gould, *The Flamingo's Smile*, p. 336.

456 그는 자신을 "악마의 전도사"라고 : Cadbury, *Terrible Lizard*, p. 305.

456 "살인을 자백하는 것과 같다"고 : quoted in Desmond and Moore, *Darwin*, p. xvi.

457 "현재의 상황은 이해하기" : quoted by Gould, *Wonderful Life*, p. 57.

457 그는 자신의 주장을 합리화하기 : Gould, *Ever Since Darwin*, p. 126.

457 "다윈이 너무 심했다"라고 : quoted by McPhee, *In Suspect Terrain*, p. 190.

458 그는 진화적인 변화가 : Schwartz, *Sudden Origins*, pp. 81-2.

458 "지금까지도 눈의 문제는" : quoted in Keller, *The Century of the Gene*, p. 97.

458 "아무리 생각해도 터무니없다" : Darwin, *On the Origin of Species* (facsimile ed.), p. 217.

458 "결국 다윈은 동료 자연사학자와" : Schwartz, *Sudden Origins*, p. 89.

460 수도원에는 2만 권의 장서를 : Lewontin, *It Ain't Necessarily So*, p. 91.

461 다윈의 경우에도 멘델의 연구 결과를 : Ridley, *Genome*, p. 44.

462 헉슬리는 『창조의 자연사적 흔적』의 저자인 : Trinkaus and Shipman, *The Neandertals*, p. 79.

462 "다윈 씨의 견해를 참고하여 고찰한" : Clark, *The Survival of Charles Darwin*, p. 142.

463 지렁이에게 피아노를 연주해주는 : Conniff, *Spineless Wonders*, p. 147.

464 사촌과 결혼한 다윈은 : Desmond and Moore, *Darwin*, p. 575.

464 다윈은 일생에 여러 차례 영예를 : Clark, *The Survival of Charles Darwin*, p. 148.

464 다윈의 이론이 널리 인정을 : Tattersall and Schwartz, *Extinct Humans*, p. 45.

464 그러나 휘호 더 프리스라는 네덜란드 사람이 : Schwartz, *Sudden Origins*, p. 187.

제26장 생명의 물질

467 사실 고작 7,000년 전으로 : *New York Review of Books*, 'Our Twisted DNA', 7 March 2019.

467 "대략 1,000개의 염기(뉴클레오타이드) 중 하나"에 : Sulston and Ferry, *The Common Thread*, p. 198.

468 여러 가지 체계적인 이유로 : Woolfson, *Life without Genes*, p. 12.

468 "모든 가능성을 고려하더라도" : de Duve, *A Guided Tour of the Living Cell*, vol. 2, p. 314.

469 "생명의 세계에서 가장 반응성이" : Lewontin, *It Ain't Necessarily So*, p. 142.

469 DNA는 독일 튀빙겐 대학교에서 : Ridley, *Genome*, p. 48.

469 누가 보아도 DNA는 아무 일도 : Wallace et al., *Biology*, p. 211.

469 유전에 필요한 복잡성은 : de Duve, *A Guided Tour of the Living Cell*, vol. 2, p. 295.

471 뉴욕에 있는 컬럼비아 대학교의 : Clark, *The Survival of Charles Darwin*, p. 259.

472 "유전자가 무엇이고, 과연 그것이" : Keller, *The Century of the Gene*, p. 2.

472 오늘날 우리는 사고나 기억과 : Wallace et al., *Biology*, p. 211.

472 오스트리아 태생의 생화학자 : Maddox, *Rosalind Franklin*, p. 327.

473 심지어 스톡홀름의 카롤린스카 연구소의 : White, *Rivals*, p. 251.

473 어렸을 때 그는 "어린이 퀴즈"라는 : Judson, *The Eighth Day of Creation*, p. 46.

474 "나는 화학을 전혀 배우지 않고도" : Watson, *The Double Helix*, p. 21.

474 그 실험의 성공은 '행운'이었다 : Jardine, *Ingenious Pursuits*, p. 356.

475 『이중 나선』에서 왓슨은 : Watson, *The Double Helix*, p. 17.

475 "불필요하게 상처를 준다"고 : Jardine, *Ingenious Pursuits*, p. 354.

476 1952년 여름에 그녀는 : White, *Rivals*, p. 257; Maddox, *Rosalind Franklin*, p. 185.

476 "그녀에게 알리거나 동의를" : PBS website, 'A Science Odyssey', n.d.

476 몇 년 후에 왓슨은 : quoted in Maddox, *Rosalind Franklin*, p. 317.

477 1953년 4월 25일에 발간된 : de Duve, *A Guided Tour of the Living Cell*, vol. 2, p. 290.

477 「뉴스 크로니클」에 작은 기사로 : Ridley, *Genome*, p. 50.

477 그녀는 납으로 만든 : Maddox, *Rosalind Franklin*, p. 144.

478 "우리의 DNA 모형이 그저" : Crick, *What Mad Pursuit*, pp. 73-4.

478 1968년에는 「사이언스」에 : Keller, *The Century of the Gene*, p. 25.

478 당신의 DNA 중에서 98퍼센트는 : *Scientific American*, 'Mapping the "Unknome" May Reveal Critical Cenes Scientists Have Ignored', 1 Nov. 2023, and *Scientific American*, 'What Makes Us Different?', 1 Nov. 2012.

478 그런 뜻에서 유전자는 피아노의 : *National Geographic*, 'Secrets of the Cene', Oct. 1995, p. 55.

479 예를 들어 구아닌은 : Pollack, *Signs of Life*, pp. 22-3.

480 두 사람의 유전자가 0.1퍼센트 : *Methods of Molecular Biology*, 'SNPs: impact on gene function and phenotype', 2009.

481 "모든 사람과 아무것도" : *Discover*, 'Bad Cenes, Cood Drugs', April 2002, p. 54.

481 "순전히 복제되기에 좋다는" : Ridley, *Genome*, p. 127.

481 비암호화 DNA는 DNA 지문 : *National Geographic*, 'The New Science of Identity', May 1992, p. 118.

482 "제국은 무너지고, 이드는 폭발하고" : Nuland, *How We Live*, p. 158.

482 5억 년 이상 공통의 조상을 : *BBC Horizon*, 'Hopeful Monsters', first transmitted 1998.

482 적어도 인간 유전자의 90퍼센트는 : *Nature*, 'Sorry, dogs-man's got a new best friend', 19−26 Dec. 2002, p. 734.

482 우리에게도 꼬리를 만드는 : *Los Angeles Times* (reprinted in Valley News), 9 Dec. 2002.

483 ("비슷한"이라는 의미의 그리스어에서) : BBC *Horizon*, 'Hopeful Monsters', first transmitted 1998.

483 우리는 46개의 염색체를 : Gribbin and Cherfas, *The First Chimpanzee*, p. 53.

483 고등 생물 중에서 가장 진화가 : Schopf, *Cradle of Life*, p. 240.

483 처음에는 인간이 적어도 : *Chemistry World*, 'A splice of life', May 2020.

483 유전학적으로 볼 때 여성은 : Lewontin, *It Ain't Necessarily So*, p. 215.

484 실명의 흔한 원인인 색소성 : *New York Review of Books*, 'Seeing the Power in Blindness', 18 April 2024.

484 예를 들면 남자의 수염이 : *Wall Street Journal*, 'What Distinguishes Us from the Chimps? Actually, Not Much', 12 April 2002, p. 1.

485 단백질은 그 기분과 대사 환경에 : *The Bulletin*, 'The Human Enigma Code', 21 Aug. 2001, p. 32.

486 포도주를 한 잔만 마셔도 몸속에 : *Scientific American*, 'Move Over, Human Cenome', April 2002, pp. 44−5.

486 "대장균에 적용되는 것은" : *Nature*, 'From *E. coli* to Elephants', 2 May 2002, p. 22.

제6부 우리의 미래
제27장 빙하의 시대

489 런던의 「타임스」는 폭발이 일어나고 : Williams, *Surviving Galeras*, p. 198.

490 봄은 찾아오지 않았고 : Officer and Page, *Tales of the Earth*, pp. 3−6.

490 쥐라 산맥 높은 곳에 있는 : Hallam, *Great Geological Controversies*, p. 89.

491 지질학의 아버지인 제임스 허턴이 : Hallam, *Great Geological Controversies*, p. 90.

491 박물학자 장 드 샤르팡티에는 : Hallam, *Great Geological Controversies*, p. 90.

492 그는 아가시에게 노트를 : Hallam, *Great Geological Controversies*, pp. 92−3.

492 또다른 친구였던 알렉산더 폰 훔볼트는 : Ferris, *The Whole Shebang*, p. 173.

492 그는 빙하작용의 동역학을 : McPhee, *In Suspect Terrain*, p. 182.

492 케임브리지 대학교의 교수였고 : Hallam, *Great Geological Controversies*, p. 98.

494 그는 찾아간 거의 모든 곳에서 : Hallam, *Great Geological Controversies*, p. 99.

495 마침내 그는 지구 전체가 빙하로 : Gould, *Time's Arrow*, p. 115.

495 1873년에 그가 사망하자 : McPhee, *In Suspect Terrain*, p. 197.

495 그가 사망하고 10년도 : McPhee, *In Suspect Terrain*, p. 197.

496 그로부터 20년간, 심지어 : Gribbin and Gribbin, *Ice Age*, p. 51.

496 쾨펜은 빙하기의 원인을 : Chorlton, *Ice Ages*, p. 101.

497 "빙원이 만들어지는 것은" : Schultz, *Ice Age Lost*, p. 72.

497 "그런 과정이 스스로 증폭되면" : McPhee, *In Suspect Terrain*, p. 205.

497 "그의 모형에 역사적인 호기심" : Gribbin and Gribbin, *Ice Age*, p. 60.

498 사실 우리는 놀랍게도 아직도 : Schultz, *Ice Age Lost*, p. 5.

498 북극과 남극 모두에 만년설이 : Gribbin and Gribbin, *Fire on Earth*, p. 147.

498 지난 250만 년 동안에 적어도 : Flannery, *The Eternal Frontier*, p. 148.

499 5,000만 년 이전에는 지구에 : Stevens, *The Change in the Weather*, p. 10.

499 그 규모가 너무나도 커서 : McCuire, *A Guide to the End of the World*, p. 69.

499 지구의 표면 전체가 단단하게 : *Valley News* (from *Washington Post*), 'The Snowball Theory', 19 June 2000, p. C1; *New York Times*, 'How Earth Might Have Turned Into a Snowball', 7 Feb. 2024.

500 지구의 온난화가 시작되면서 : BBC *Horizon* transcript, 'Snowball Earth', broadcast 22 Feb. 2001, p. 7.

501 지구는 약 1만2,000년 전에 있었던 : Stevens, *The Change in the Weather*, p. 34.

502 "아무도 감독할 수 없는 거대한" : *New Yorker*, 'Ice Memory', 7 Jan. 2002, p. 36.

503 약간의 온난화만으로도 : Schultz, *Ice Age Lost*, p. 72.

503 이미 사라져버린 공룡이 : Drury, *Stepping Stones*, p. 268.

504 "한 대륙에 사는 사람들의 운명을" : Flannery, *The Eternal Frontier*, p. 267.

제28장 신비로운 이족 동물

505 1887년 성탄절 직전에 : *National Geographic*, May 1997, p. 87.

506 얼마 전에 프랑스의 레제지 부근의 : Tattersall and Schwartz, *Extinct Humans*, p. 149.

506 그래서 최초의 초기 인류 발견에 : Trinkaus and Shipman, *The Neandertals*, pp. 3–6.

507 그의 이름은 윌리엄 킹이었고 : *American Anthropologist*, 'We Are Not Alone: William King and the Naming of the Neanderthals', Dec. 2021.

508 그의 주장을 전해들은 : Trinkaus and Shipman, *The Neandertals*, p. 59.

508 그는 직접 발굴하는 대신 : Could, *Eight Little Piggies*, pp. 126–7.

508 사실 많은 인류학자들은 : Walker and Shipman, *The Wisdom of the Bones*, p. 39.

508 만약 그것이 에렉투스의 : Trinkaus and Shipman, *The Neandertals*, p. 144.

509 그는 두개골의 일부와 : Trinkaus and Shipman, *The Neandertals*, p. 154.

509 뒤부아에게는 실망스럽게도 : Walker and Shipman, *The Wisdom of the Bones*, p. 42.

510 그는 곧바로 그 유골이 : Walker and Shipman, *The Wisdom of the Bones*, p. 74.

510 다트는 5년 동안 단행본을 : Lewin, *Bones of Contention*, p. 82.

511 오늘날 인류학의 가장 뛰어난 : Walker and Shipman, *The Wisdom of the Bones*, p. 93.

511 그는 화석화된 어금니 하나를 : Swisher et al., *Java Man*, p. 75.

512 놀랍게도 주민들은 더 많은 수입을 : Swisher et al., *Java Man*, p. 77.

512 솔로인은 호모 솔로엔시스 : Swisher et al., *Java Man*, p. 211.

512 1960년에 시카고 대학교의 : Trinkaus and Shipman, *The Neandertals*, pp. 267-8.

512 대략 10년 정도 비교적 : *Nature*, 'Fifty years after Homo habilis', 3 April 2014.

513 그런 엄청난 숫자 중에서 : *Washington Post*, 'Skull Raises Doubts about our Ancestry', 22 March 2001. Smithsonian Museum website, undated.

513 "뒤죽박죽 실어도 상관없다면" : 2002년 5월 6일 뉴욕 소재 미국 자연사 박물관에서 이언 태터솔과의 인터뷰.

514 생명체로서 우리 역사의 : Tattersall, *The Human Odyssey*, p. 60.

514 그런 후에 대략 700만 년 전에 : *Chemistry World*, 'Dating the Age of Humans', Dec. 2015.

514 "루시는 우리의 가장 오랜" : PBS *Nova*, 'In Search of Human Origins', first broadcast Aug. 1999.

515 조핸슨은 손과 발의 뼈 106개를 : Walker and Shipman, *The Wisdom of the Bones*, p. 147.

516 뇌가 오렌지만 했던 : Stevens, *The Change in the Weather*, p. 3; Drury, *Stepping Stones*, pp. 335-6.

516 "루시와 그 동료들이 숲을" : Gribbin and Gribbin, *Being Human*, p. 135.

516 루시와 동료 오스트랄로피테쿠스는 : 2025년 크리스 스트링어와의 서신 교환.

516 루시를 비롯한 한두 가지 : *Nature*, 'On the origin of our species', 8 June 2017; *New York Times*, 'How Did We Cet to Be Human', 19 Nov. 2018.

517 과거의 생각만큼 선형적이거나 : *Quaternary Science Reviews*, 'Close encounters vs missed connections?', Sept. 2023; *Nature*, 'Human evolution: The Neanderthal in the Family', 26 March 2014; *New York Times*, 'Early Humans Left Africa Much Earlier Than Previously Thought', 11 July 2024.

517 세월에 의해서 짙은 갈색으로 : *Nature*, 'Fossil finger points to new human species', 24 March 2010; *New Scientist*, 'Mystery Relations', 5 April 2014.

518 그 유골에서 네안데르탈인의 : *New York Times*, 'A Blended Family: Her Mother Was Neanderthal, Her Father Was Something Else Entirely', 22 Aug. 2018.

518 수천 년에 걸쳐 세 집단이 : *Nature*, 28 Feb. 2019, p. 445; *Nature Genetics*, 'A history of multiple Denisovan introgression events in modern humans', 5 Nov. 2024.

519 2025년 봄과 여름에 타이완 : *Nature*, 'Mysterious human fossil found in Taiwan was a Denisovan', 11 April 2025.

519 몇 해 전에 중국 하얼빈에서 : *Science*, 'The proteome of the Late Middle Pleistocene individual', 18 June 2025, and *New York Times*, 'Mysterious Ancient Humans Now Have a Face', 18 June 2025.

519 그들의 DNA는 수천 킬로미터 : *Nature*, 'Finding our inner Denisovan', 23 March 2016.

519 그들에 관한 거의 모든 : *Scientific American*, 'Rethinking "Hobbits": What They Mean for Human Evolution', 1 Nov. 2009; *Quaternary Science Reviews*, 'The origins and persistence of Homo floresiensis on Flores', 1 May 2013; *Nature Communications*, 'Early evolution of small body size in Homo floresiensis', 6 Aug. 2024.

520 "어떤 호미니드 화석 발견도" : Tattersall, *The Strange Case of the Rickety Cossack*, p. 192.

520 "알려진 어떠한 왜소화 과정이라도" : Tattersall, *The Strange Case of the Rickety Cossack*, p. 193.

520 이 모든 것이 원시적이고 : *Nature*, 'Hominins on Flores, Indonesia, by one million years ago', 17 March 2010.

520 "그들이 어떤 경로를 선택했든지" : *Proceedings of the National Academy of Sciences*, 'When did Homo sapiens first reach Southeast Asia and Sahul?', 21 Aug. 2018.

521 2019년에 북쪽으로 수백 킬로미터 : *Nature*, 'Unknown human species found in Asia', 11 April 2019.

521 "정말 어려운 과제"라고 : 2024년 8월 맷 토체리와의 전화 인터뷰.

522 이 유골은 이전에 : *Scientific American*, 'Controversy and Excitement Swirl around New Human Species', 1 March 2016; *New York Times*, 'Fossils Are Filling Out the Human Family Tree', 10 April 2019.

522 놀랍게도 우리 호모 사피엔스 : *New York Times*, 31 Aug. 2023.

제29장 부지런했던 유인원

524 바로 이곳에 건조한 계곡을 : 참고로, 이 지명은 케냐의 일부 공식 자료를 포함하여 "Olorgasailie"로도 흔히 표기된다.

526 "인류 진화에서 가장 최근에" : Tattersall, *The Human Odyssey*, p. 150.

526 1980년대까지만 하더라도 : 2024년 11월 25일 리버풀 대학교의 존 가울렛 교수와의 대화.

527 2017년에 독일 막스 플랑크 : *Scientific American*, Sept. 2018.

528 "현대인은 더 나은 옷" : Stevens, *The Change in the Weather*, p. 30.

529 네안데르탈인의 뇌는 : Flannery, *The Future Eaters*, p. 301.

532 "그들은 단순한 사람들이 아니었습니다" : *Nature*, 'How Neanderthal minds took flight', 7 Feb. 2019.

533 "특히 검은 깃털을 골라서" : *Nature*, 'Trail of feathers to the Neanderthal mind', 4 Feb. 2019.

535 세계 어디에서 왔는지에 따라 : *Science*, 'Recurrent gene flow between Neanderthals and modern humans over the past 200,000 years', 12 July 2024.

535 그들은 아마도 마지막으로 : *Smithsonian Magazine*, 'The Rock of Cibraltar: Neanderthals' Last Refuge', 19 Sept. 2012.

제30장 안녕

538 "과학자가 아닌 여행자의 엉성한" : quoted in Gould, *Leonardo's Mountain of Clams and the Diet of Worms*, p. 237.

539 오스트레일리아는 정반대의 : Flannery and Schouten, *A Gap in Nature*, p. xv.

539 "필요한 것보다 더 자주 위험한" : *New Scientist*, 'Mammoth Mystery', 5 May 2001, p. 34.

540 오늘날 전 세계를 통틀어서 : Flannery, *The Eternal Frontier*, p. 195.

540 리처드 리키와 로저 르윈의 : Leakey and Lewin, *The Sixth Extinction*, p. 241.

542 그는 즉시 섬을 향해 출발했지만 : Flannery, *The Future Eaters*, pp. 62-3.

542 총을 쏠 때마다 : quoted in Matthiessen, *Wildlife in America*, pp. 114-15.

543 동물원은 그 박제를 : Flannery and Schouten, *A Gap in Nature*, p. 125.

543 위대한 은행가 가문의 자손인 : *New York Review of Books*, 'A Bird's-Eye View of Evolution', June 27, 2002.

544 수집에 지나치게 집착했던 : Desmond and Moore, *Darwin*, p. 342.

544 수백만 년 동안 고립되어 : *National Geographic*, 'On the Brink: Hawaii's Vanishing Species', Sept. 1995, pp. 2–37.

544 평화로운 꿀빨기멧새류에 : Flannery and Schouten, *A Gap in Nature*, p. 84.

544 너무 희귀해서 오직 한 마리만 : Flannery and Schouten, *A Gap in Nature*, p. 76.

547 에드워드 O. 윌슨은『생명의 다양성』에서 : Wilson, *Diversity of Life*, p. 182.

역자 후기

빌 브라이슨이 20여 년 만에 "21세기 최고의 대중 과학서"의 개정판을 내놓았다. 현대 과학으로 밝혀낸 사실만을 근거로, 빅뱅 이후 오늘에 이르는 장구한 세월 동안 우주, 지구, 생명에 대한 거의 모든 것의 역사를 깔끔하게 정리했던 초판에 지난 20여 년 동안 이루어진 과학적 발견을 반영한 것이다. 특히 고성능 망원경과 우주 탐사를 통해서 알아낸 태양계의 구성, 우주의 가속 팽창을 설명하는 암흑 물질과 암흑 에너지, 유전학의 발전을 통해서 알게 된 초기 인류 등에 대한 새로운 과학적 사실이 흥미롭다.

현대 과학은 우주와 지구, 그리고 만물이 작동하고 변화하는 원리와 생명의 탄생 및 진화에 대한 논리적이고 체계적인 지식으로 구성되는, 이른바 '세상을 보는 창'이다. 오늘날 우리가 알고 있는 과학 지식이 저절로 얻어진 것은 아니다. 오히려 현대의 과학 지식은 대부분 뉴턴의 『프린키피아』 이후 350여 년 동안 인류 역사에 이름이 남을 정도로 뛰어난 재능을 가진 과학자들이 천신만고 끝에 어렵사리 알아낸 것이다. 과학적 사실을 밝혀내는 과정에서 엉뚱한 실수도 있었고, 인간적인 갈등과 고뇌도 있었다.

그런 과학이 누구에게나 재미있고 쉬울 수 없는 것은 당연한 일이다. 여행기 작가인 빌 브라이슨은 자신이 과학에 대해서 문외한이라는 사실을 인정한다. 빌 브라이슨은 자신이 과학을 멀리하게 된 원인을 학교에서 과학을 가르칠 때 사용하는 교과서에서 찾는다. 대부분의 과학 교과서가 "전혀 흥미롭지도 않고, 이해할 수도 없는 것"이 사실이다. 낯선 과학 개념을 소개하는 일에만 매달리면서 정작 학생이 관심을 가질 만한 의문에 대해서는 완전히 침묵한다. 마치 과학 교과서의 저자들이 "모든 것을 비밀로 감추어두면 심오해 보인다"고 믿고, 과학 교과서를 "결코 흥미롭게 만들어서는 안 된다는 비밀스러운 약속"을 한 것처럼 보이기까지 한다. "모든 것을 수식으로 표현하면 명백해지고, 자신이 어린 시절에 심사숙고했던 문제를 학생들에게 설명해주면 고마워할 것"이라는 잘못된 착각에 빠져 있는 것처럼 보이기도 한다.

태평양 상공을 나르던 비행기에서 달빛이 비치는 바다를 무심하게 바라보던 빌 브라이슨에게 불현듯 자신이 지구를 비롯한 세상에 대해서 그야말로 아무것도 모른다는 불편한 생각이 들기 시작했다. 오대호의 물과는 다르게 바닷물이 짠 이유도 모르고, 세월이 흐르면 바닷물의 염도가 어떻게 변하는지도 몰랐다. 바닷물의 염도가 과연 관심의 대상이 될 수 있는지조차 알지 못했다. 그래서 시작한 일이 놀라울 정도로 어설픈 "질문"에 대해서 대답해줄 전문가의 도움을 받아서 완전히 새로운 대중 과학서를 집필하는 것이었다.

과학적 사실을 설명하는 교과서적 접근은 확실하게 포기했다. 그 대신 과학적 사실의 "의미"와 "가치"를 평범한 독자의 눈높이에서 냉정하게 소개해보자는 것이다. 우주, 지구, 생명에 대해서 독자들이 모르는 "과학적 사실"과 함께, 과학자들이 그런 사실을 어떻게 밝혀냈는지를 이해할 수 있도록 해주어야 한다는 것이다. 지구가 얼마나 무겁고, 우주가 언제 어떻게 시작되었고, 원자의 내부에서 어떤 일이 일어나는지를 어떻게 알아냈는지 설명하는 대중 과학서를 만들어보자는 것이었다. 2003년의 초판은 5년 동안의 그런 노력의 결과였다.

현대의 과학은 우리가 자연과 우리 스스로에 대해서 이해하고 싶어하는

614

거의 모든 것을 이해하는 것을 목적으로 한다. 우주가 어떻게 시작되었고, 지구가 언제 어떻게 만들어졌고, 생명은 어디에서 어떻게 등장했는지를 알아내는 것이 현대 과학의 핵심 과제이다. 물론 우주 만물이 어떻게 작동하고 있는지를 알아내는 일도 중요하다. 결국 현대 과학에는 인간을 포함해서 우주에 존재하는 거의 모든 것이 과연 어떻게 시작되어 지금에 이르렀는지에 대한 심오한 역사가 담겨 있다. 결국 과학이란 단순히 자연의 작동 원리를 설명해주고, 인간의 삶을 풍요롭고 편리하게 만들어주는 것이라는 일반적인 인식은 지나치게 편협한 것이다.

단순히 존재하는 수준을 넘어서 우주에 존재하는 거의 모든 것을 이해하고 싶다는 열병에 걸린 우리 스스로에 대한 인식도 놀랍다. 우리 인간이라는 존재는 자연이라는 거대한 틀 속에서 보면 그리 뛰어나지도 않고 선택받지도 않은 그저 평범한 존재일 뿐이고, 오늘날 우리가 놀라울 정도로 짧은 시간에 이렇게 훌륭한 위치에 도달하게 된 것은 행운일 수밖에 없다. 그리고 우리가 살고 있는 자연환경도 끊임없이 변화하는 과정에서 인간을 비롯한 생명의 생존을 심각하게 위협한다는 사실도 겸허하게 받아들일 수밖에 없다. 그리고 우리는 종말이 찾아오지 않도록 하는 비결을 스스로 찾아내야만 한다.

우리가 알고 싶어하는 거의 모든 것을 살펴보는 이 책은 모두 6부로 구성되어 있다. 과학의 세부 분야를 뛰어넘어서 독자들이 궁금해하는 문제의 답을 어떤 과정을 거쳐서 어떻게 알아냈는지, 그리고 그렇게 밝혀낸 결과가 무엇인지를 정말 간결하고 쉬운 글을 통해서 폭넓게 소개한다. 게다가 세상에 대해서 떠올릴 만한 거의 모든 문제들을 자연스럽고 흥미롭게 연결하는 저자의 탁월한 능력에 감탄하지 않을 수 없다.

제1부는 우주의 역사이다. 상상을 넘어설 정도로 광대한 우주의 신비를 어떻게 벗겨냈는지를 보여준다. 우주 만물이 만들어지기 시작한 빅뱅(대폭

발) 이론과 인플레이션 이론은 물론이고 다중 우주론에 이르는 거의 모든 우주론을 소개한다. 45억 년 전에 등장해서 오늘날 우리가 살고 있는 태양계의 구조와 생성에 대한 소박한 이야기도 흥미롭다. 오늘날 우리가 알고 있는 태양계는 깜짝 놀랄 정도로 복잡하다. 8개의 행성, 5개의 왜행성, 적어도 400개의 위성, 1,300만 개가 넘는 소행성도 전부가 아니다. 20세기에 들어서 9번째 행성으로 화려하게 등장했다가 2006년 왜행성으로 지위가 격하된 명왕성이 이야기도 재미있다.

제2부는 우리가 살고 있는 지구에 대한 과학이다. 도대체 지구의 크기를 어떻게 측정했을까에 대한 의문에서 시작해서 지질학의 역사, 지구 생성의 역사 그리고 지구를 구성하는 원소에 대한 과학으로 이어진다. 그 과정에서 뉴턴의 중력 법칙을 비롯한 고전물리학과 지질학, 그리고 화학을 무겁지 않게 소개한다. 돌 속에 감춰져 있던 화석의 과학과 자연사 박물관의 흥미로운 변천사, 2024년의 인류세 논쟁도 간단하게 소개한다.

제3부는 20세기의 이야기이다. 현대물리학의 기초인 열역학, 양자론, 상대성 이론은 물론이고, 현대 천체물리학과 우주론의 등장을 소개한다. 원자의 구조, 가속기를 통해 밝혀진 소립자, 우주의 가속 팽창을 설명하기 위해 구상한 암흑 물질과 암흑 에너지, 그리고 초끈 이론의 과학을 소개하는데 지나치게 어렵지도 않고, 복잡하지도 않다. 지구의 대륙의 움직임을 설명하는 판 구조론과, 지구의 역사를 밝혀내는 수단인 연대 측정법도 알려준다. 유연 휘발유의 생생한 사례를 통해서 현대 기술의 오용과 남용에 대한 경고의 내용을 함께 담아낸 것도 주목해야 한다.

제4부는 공룡의 멸종을 일으킨 소행성과 혜성의 충돌에서 시작해서 지진과 화산 그리고 지자기 반전에 이르기까지 위험한 지구에 대한 과학이다. 옐로스톤의 이야기로부터 지구 내부의 활발한 움직임을 생생하게 읽어낼 수 있고, 심해생물처럼 극한 상황에서 살아가는 생물의 이야기에서 시작해 생명과학의 필수 수단이 되었으며 코로나19 팬데믹을 통해 그 존재가 확실하

게 알려진 PCR에 대한 소개도 흥미롭다.

제5부는 신비로운 생명의 이야기이다. 지구에 살고 있는 생물은 어떻게 그 생명을 이어가고 있으며, 푸른 지구에 어떻게 생명체가 존재하게 되었는 가에 대한 과학적 설명은 다른 데에서 찾아보기 어려운 내용이다. 지구는 우 주에서 생명이 번성하는 유일한 행성이다. 그렇다고 지구가 생명이 살기에 가장 쉬운 곳은 아니다. 물론 과학적으로는 생명이 지구에만 존재해야만 하 는 이유가 없다. 기후 위기의 원인으로 알려지는 온실가스의 과학도 흥미롭 고, 지구를 둘러싸고 있는 대기와 지구 표면의 71퍼센트를 차지하는 바다에 대한 다양한 이야기에 이어지는 생명 출현의 역사도 재미있다. 생물의 분류 학, 세포의 기능, 다윈의 진화론 그리고 DNA를 중심으로 하는 생명과학의 역사도 훌륭한 과학 이야기이다. 미생물에 의한 감염병의 과학에도 주목할 필요가 있다.

마지막인 제6부에는 인간이 적응해야만 했던 기후의 역사와 인류의 역사 가 담겨 있다. 우리가 흔히 믿는 것과는 달리 우리가 살고 있는 지구의 기후 는 다양한 이유에 의해서 크게 변해왔다는 이야기도 재미있지만, 인류의 출 현에 대한 고고인류학 이야기와 첨단 생명과학이 접합된 이야기도 빼놓을 수 없는 흥미를 더해준다. DNA 분석을 통해서 새롭게 알려지고 있는 호모 에렉투스와 호모 사피엔스의 관계도 흥미롭다. 인간에 의한 무의식적인 생 물 멸종의 역사는 과학을 통해서 자연에 엄청난 영향력을 행사하게 된 우리 역시 지속적인 생존을 위해서 끊임없이 노력할 수밖에 없는 냉혹한 운명 앞 에 있음을 일깨워준다.

과학 교과서와 대중 과학서의 체질을 확실하게 바꿔야 한다. 과학자들이 사 용하는 개념을 정확하게 설명해주는 일반적인 시도를 통해서는 독자들에게 현대 과학의 진정한 의미와 가치를 알려줄 수 없다는 사실은 교과서를 통해 서 반복적으로 확인되었다. 우리가 아무것도 없는 곳에서 어떻게 오늘에 이르게 되었는지를 이해할 수 있도록 해주고, 우리의 생존을 위해서 무엇을 해야만 하는지를 신중하게 고민하도록 해주는, 진정한 의미의 대중 과학서가 필요하다. 새로 단장한 『거의 모든 것의 역사 2.0』이 바로 그런 책이다.

2025년 12월 성수동 문진탄소문화원에서

이덕환

찾아보기

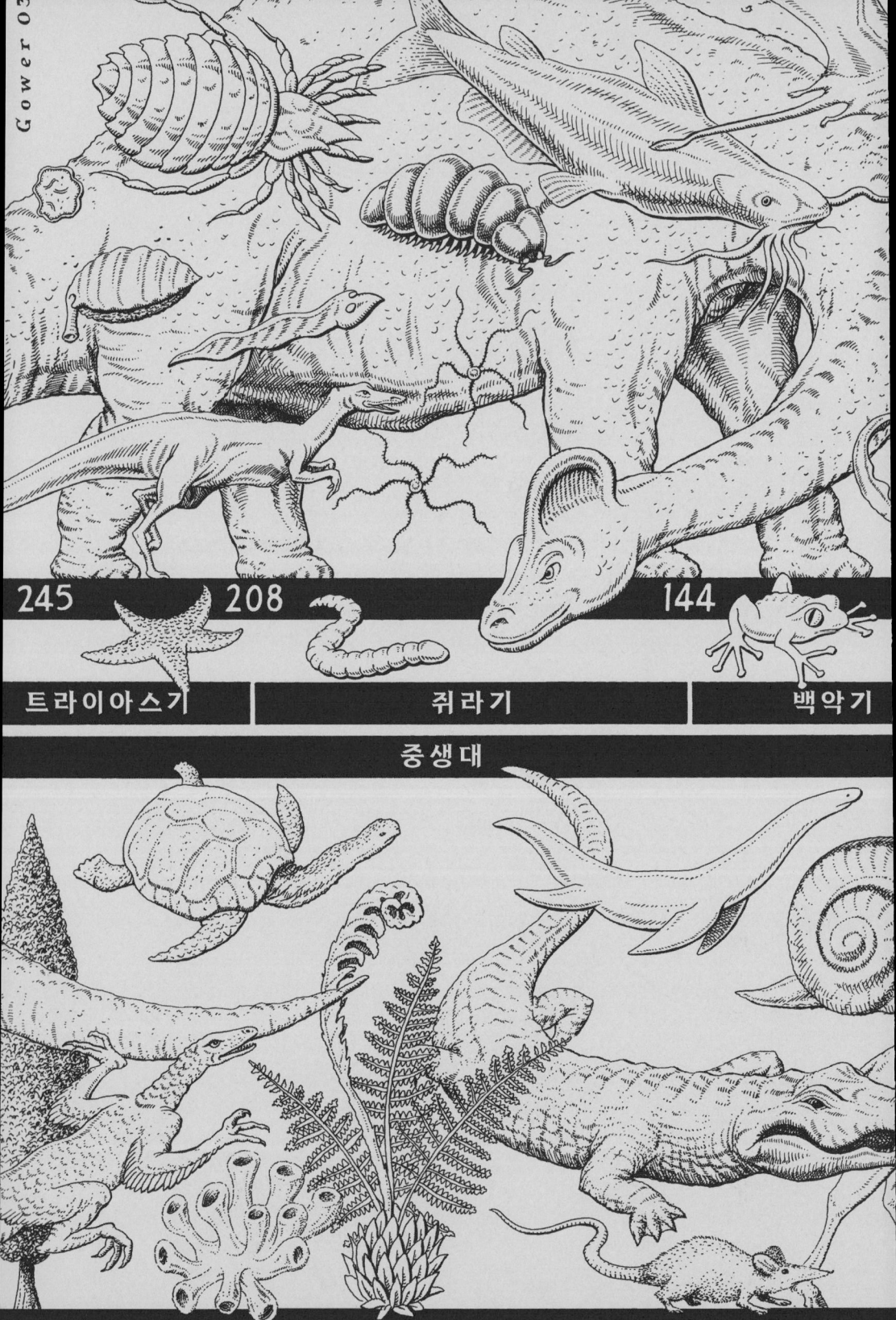

245 208 144

트라이아스기 쥐라기 백악기

중생대

66·4

1·65

제4기

백악기	제3기	
중생대	신생대